U0181077

科學专著：前沿研究

生物基可降解材料的研究与应用

赵黎明　主　编

上海科学技术出版社

图书在版编目（CIP）数据

生物基可降解材料的研究与应用 / 赵黎明主编. --
上海 : 上海科学技术出版社, 2022.8
（科学专著. 前沿研究）
ISBN 978-7-5478-5741-0

Ⅰ. ①生… Ⅱ. ①赵… Ⅲ. ①生物降解－材料科学
Ⅳ. ①TB32

中国版本图书馆CIP数据核字(2022)第128373号

生物基可降解材料的研究与应用
赵黎明　主编

上海世纪出版(集团)有限公司
上 海 科 学 技 术 出 版 社　出版、发行
(上海市闵行区号景路 159 弄 A 座 9F－10F)
邮政编码 201101　www.sstp.cn
浙江新华印刷技术有限公司印刷
开本 787×1092　1/16　印张 23.75　插页 8
字数 500 千字
2022 年 8 月第 1 版　2022 年 8 月第 1 次印刷
ISBN 978－7－5478－5741－0/Q・71
定价：198.00 元

内容提要

《"十四五"生物经济发展规划》将生物基材料纳入优先发展的四大生物经济领域，通过细胞工厂等生物系统生物制造获得单体或聚合物，并可在一定环境和时间内自然降解的生物基可降解材料是发展重点。本书主要介绍了生物基可降解材料的概念、种类、研究和应用进展，以及未来发展趋势，系统介绍了从生物制造到回收利用的整个循环过程，包括从单体生物制造的底盘构建、发酵放大及分离纯化，到材料的化学合成与改性、应用及材料智能化，再到材料的降解、回收与综合利用。此外，书中还介绍了几种最新发展起来的生物基可降解材料，并将工程活体材料纳入了视野。本书是一部具有生物工程学与材料工程学学科交叉特色、突出生物制造的专著，可供相关领域研究人员参考。

本书编委会名单

主　编　赵黎明

副主编　陈　涛　吴　辉　王宜冰

编　委　（按姓氏拼音排序）

范立强　黄娇芳　李玉林　罗远婵　邱勇隽

田锡炜　王明达　展方可　张　迪　张雅敬

《科学专著》系列丛书序

进入21世纪以来,中国的科学技术发展进入到一个重要的跃升期。我们科学技术自主创新的源头,正是来自科学向未知领域推进的新发现,来自科学前沿探索的新成果。学术著作是研究成果的总结,它的价值也在于其原创性。

著书立说,乃是科学研究工作不可缺少的一个组成部分。著书立说,既是丰富人类知识宝库的需要,也是探索未知领域、开拓人类知识新疆界的需要。特别是在科学各门类的那些基本问题上,一部优秀的学术专著常常成为本学科或相关学科取得突破性进展的基石。

一个国家,一个地区,学术著作出版的水平是这个国家、这个地区科学研究水平的重要标志。科学研究具有系统性和长远性,继承性和连续性等特点,科学发现的取得需要好奇心和想象力,也需要有长期的、系统的研究成果的积累。因此,学术著作的出版也需要有长远的安排和持续的积累,来不得半点的虚浮,更不能急功近利。

学术著作的出版,既是为了总结、积累,更是为了交流、传播。交流传播了,总结积累的效果和作用才能发挥出来。为了在中国传播科学而于1915年创办的《科学》杂志,在其自身发展的历程中,一直也在尽力促进中国学者的学术著作的出版。

几十年来,《科学》的编者和出版者,在不同的时期先后推出过好几套中国学者的科学专著。在20世纪三四十年代,出版有《科学丛书》;自20世纪90年代以来,又陆续推出《科学专著丛书》《科学前沿丛书》《科学前沿进展》等,形成了一个以刊物名字样科学为标识的学术专著系列。自1995年起,截至2010年"十一五"结束,在科学标识下,已出版了25部专著,其中有不少佳作,受到了科学界和出版界的欢迎和好评。

为了继续促进中国学者对前沿工作做有创见的系统总结，“十二五”期间，《科学》的编者和出版者决定对**科学**系列学术著作做新的延伸，将**科学**专著学术丛书扩展为三个系列品种，即《**科学**专著：前沿研究》《**科学**专著：生命科学研究》《**科学**专著：大科学工程》，继续为中国学者著书立说尽一份力。

随着中国科学研究向世界前列的挺进，我们相信，在**科学**系列的学术专著之中，一定会有更多中国学者推陈出新、标新立异的佳作问世，也一定会有传世的名著问世！

周光召

（《科学》杂志编委会主编）

2011 年 5 月

序

生物基材料是我国战略性新材料产业和生物制造产业重点发展领域之一，是国际新材料产业发展的重要方向。发展生物基材料产业，是遵循低碳、环保、可持续的经济发展模式，助力实现“碳达峰，碳中和”目标的重要举措。

当前，全球生物基材料的发展已逐步进入部分产品大规模产业化和实际应用阶段，对于生物基材料的研究与开发无论是品类广度，还是研发强度都达到了新高度。其中，生物基可降解材料既是生物基材料，又可自然降解，通过生物体实现了无机碳和有机碳的不断循环，是真正意义上的绿色、清洁、可再生材料，展示出巨大应用前景。随着合成生物学的发展，以生物质为原料，通过以生物系统为基本单元进行物质加工与合成的生物制造，生产生物基可降解材料或其聚合物单体，成为新材料领域快速发展的交叉学科方向。

近年来，随着生物基可降解材料领域科技创新的快速发展，迫切需要对该领域的发展状况和趋势进行客观归纳和梳理，对相关知识体系和研究成果进行系统整合和凝练，为促进该领域的高质量发展提供有益参考。华东理工大学赵黎明教授团队长期从事生物基材料的研究，在聚丁内酰胺、聚乳酸、甲壳素等材料或材料单体的合成生物制造、分离纯化及合成与改性等方面进行了系统研究，承担并完成了包括国家 863 计划和国家重点研发计划在内的多项攻关任务，创制了包括生物基聚丁内酰胺在内的多种生物基材料及材料单体，以及智能活体材料的新技术。他们在研究实践基础上，结合国内外学术界和产业界的相关研究成果和生产实践，对来源于生物制造的生物基可降解材料从概念、生物制造、合成、改性到应用和降解循环的整个生命周期进行了较为全面的梳理、介绍和展望。本书的内容聚焦而系统，立意新颖，紧跟学科前沿和产业发展需求，该专著是已出版同类书籍的有益补充，希望对生物基材料产业发展有所帮助。

中国工程院院士　俞建勇

2022 年 5 月于上海

前　言

生物基材料具有环境友好、原料可再生等特点，在碳减排、可持续、促发展等方面相较传统化石来源化学材料有很大优势，对落实“双碳”目标有重大作用，正逐步成为引领世界科技创新和经济发展的一个新的主导产业，已被纳入我国《“十四五”生物经济发展规划》中优先发展的四大领域。国内外学术、产业及金融界对于生物基材料领域高度重视、积极投入。其中，通过酶或细胞工厂获得单体或聚合物，并可在一定环境和时间内自然降解的生物基可降解材料，是生物基材料领域和生物制造产业的发展热点。

关于生物基材料方面的学术专著，前辈和同行专家们已经出版了几部，对推动科技进步和产业发展发挥了积极作用。但专门聚焦于通过以生物系统为基本单元进行物质加工与合成的绿色生产方式制备生物基可降解材料、系统关注于生物工程学与材料工程学学科交叉方面的专著尚未得见。2019 年，笔者作为大会主席承办了由上海市人民政府、中国科学院、中国工程院共同主办的“高性能生物基材料制造与应用”东方科技论坛，与会的政府与行业领导、生物基材料领域权威专家和企业家达成了关于我国生物基材料发展定位和创新方向的建议的论坛共识，也萌发了将该领域的新理念、新见解、新技术、新产品进行总结梳理的念头，并着手准备这本专注于生物基可降解材料研究与应用的专著。本书内容强调材料或材料单体的绿色生物制造、材料的合成改性及应用、材料智能化以及材料生命周期管理等，主要素材一部分来源于笔者团队及参编者所开展的相关研究实践的成果积累，同时也总结归纳了国内外相关最新研究进展。

全书分 3 编，共 10 章。首先对生物基可降解材料的概念、种类、研究和应用进展、发展前景进行了介绍和展望，然后重点介绍了生物基材料的生物制造、合成与应用、生命周期评价等。全书较为全面系统地介绍了生物基可降解材料从制造到回收的整个循环过程，从源头单体生物制造的概念、代谢途径、底盘构建到发酵过程、分离纯化以及智能化，再到材料的化学合成与改性方法、应用及材料智能化，最后在生命周期方面介绍了材料的降解、回收与综合利用。本书还特别将工程活体材料纳入了视野，并介绍了几种最近新发展的生物基可降解材料，这些材料在未来的应用中具有显著优势。本书可作为行业企业、科研人员、技术人员和研究生的有益参考书。

笔者在该领域的研究得到了国家高技术研究发展计划(863 计划)(2014AA021202)和国家重点研发计划(2017YFB0309300 和 2019YFD0901800)的资助。参与本书的编写者均来自华东理工大学生物反应器工程国家重点实验室和中国轻工业生物基材料工程重点实验室,笔者的十几位博士后和研究生参与了本书的编写工作。本书编写者中,邱勇隽老师、刘佳博士参与编写第 1 章,田锡炜副教授参与编写第 2 章,吴辉教授、罗远婵老师参与编写第 3 章,黄娇芳特聘研究员参与编写第 4 章,展方可博士参与编写第 5 章和第 8 章,陈涛副教授、张雅敬博士参与编写第 6 章,李玉林副教授、蔡智立硕士参与编写第 7 章,张迪博士和张紫薇硕士参与编写第 9 章,王明达博士和王紫莹硕士参与编写第 10 章。另外,范立强副教授、邱勇隽老师、罗远婵老师,博士生陈以佳、卢觉枫、费鹏、吴桦,以及硕士生史金奇、江佳萍、李佳宁、郭鹏业、王钰莹、许明诚、刘方睿等参与编写了第 2、3、5、7 章的部分内容。王宜冰老师和王明达博士协助笔者完成了书稿的统稿和修订工作。在本书编写过程中,得到了领域内相关权威专家、行业领导和企业专家们的指导和帮助,在此一并表示感谢。由于编者水平有限,书中难免有遗漏、不足之处,敬请广大读者指正。

拙作付梓之际,欣逢华东理工大学 70 周年华诞,谨以此书致贺!

2022 年 5 月于上海

目 录

第二编 生物基材料的化学合成与改性

第三编 生物基材料的生命周期

第1章 绪论

生物基材料，这里主要指生物基高分子材料，指以可再生生物质为原料获得的高分子材料，包括直接从原料中提取的高分子材料（如淀粉、纤维素等多糖以及蚕丝、胶原等蛋白质）、由生物来源化学品经化学合成制备的高分子材料（如聚乳酸等），以及由微生物体生物合成的高分子材料（如聚羟基脂肪酸酯等）三大类，应用于生物基纤维、生物基塑料、生物基橡胶、生物基涂料等领域，是传统石油基高分子材料的有益补充。与之对应的生物基材料工程，就是利用生物学、工程学、材料学的理论和方法，根据人类社会的需求，以可再生物质进行研究、开发获得材料并应用的材料工程学。生物基材料的研究和开发涉及许多不同的学科领域，包括化学、工程学、物理学、微生物学、材料科学、生理学、植物学以及结构生物学等，在这些学科领域基础研究所取得的任何进展，都有可能对生物基材料的研究和开发起到促进作用。

参考 GB/T 20197—2006 中的定义，所谓可降解是指材料在特定外界环境中，经过一定时间和包含一个或更多步骤，结构发生显著变化，性能（如完整性、相对分子质量、结构或力学强度等）逐渐消失的过程，通常包括光解降解、化学降解、热解、水解，以及生物降解；生物降解，是由于生物活动，尤其是酶的作用而引起材料降解，使其被微生物或某些生物作为营养源而逐步消解，导致其相对分子质量下降与质量损失、物理性能下降等。

生物基可降解材料，兼具生物基和可降解双重特征。本书所重点涉及的生物基可降解材料，是指以生物质原料通过细胞工厂或生物催化转化获得的具有可生物降解的高分子材料，或者通过上述生物过程先得到单体物质后，再经化学聚合而成的可生物降解高分子材料。必须强调的是，生物基材料并非都可生物降解，具备可生物降解性能的材料也并非都是生物基材料。所以本书聚焦于既是生物基材料，又具备可生物降解的材料。这类生物基材料可在微生物及动植物体的作用下，将材料完全转化成 CO_2、H_2O、CH_4 等小分子化合物，材料的生物降解过程有利于构建土地和环境体系的良性循环。因此，生物基可降解材料具有可再生、环境友好等特点，是真正意义上的绿色、清洁、可再生材料，在资源环境等方面具有卓越优势，已在农业、食品、医疗等领域用于制造农用地膜、食品包装、医疗器械和卫材等方面，展示出巨大的应用前景。生物基可降解材料的发展也为解决“白色污染”这个当今危害环境的世界性问题提供了一个合理方案。随着全社会向实现“碳达峰,碳中和”目标努力奋进,生物基可降解材料领域将迎来巨大的发展机遇,正逐步成为材料领域科技创新和经济发展的支柱产业。

本书主要介绍生物基可降解材料的概念及范围、种类、研究和应用进展、发展前景,强调的是这类材料或材料单体的绿色生物制造和智能制造、材料的合成改性及应用、材料智能化以及材料生命周期等内容。同时,还对生物工程活体材料进行了专门的介绍,以飨读者。

1.1 生物基高分子材料的分类及特点

根据合成过程不同,生物基高分子材料主要分为天然高分子、化学合成高分子以及微生物合成高分子(图1-1)。其中,天然高分子是指在自然环境下,可以从生物体(动物、植物、微生物等)中直接获得的高分子材料,例如淀粉、纤维素、甲壳素、木质素、天然橡胶、蛋白质、多肽、多糖、核酸等。化学合成高分子是指利用可再生生物质为原料(如谷

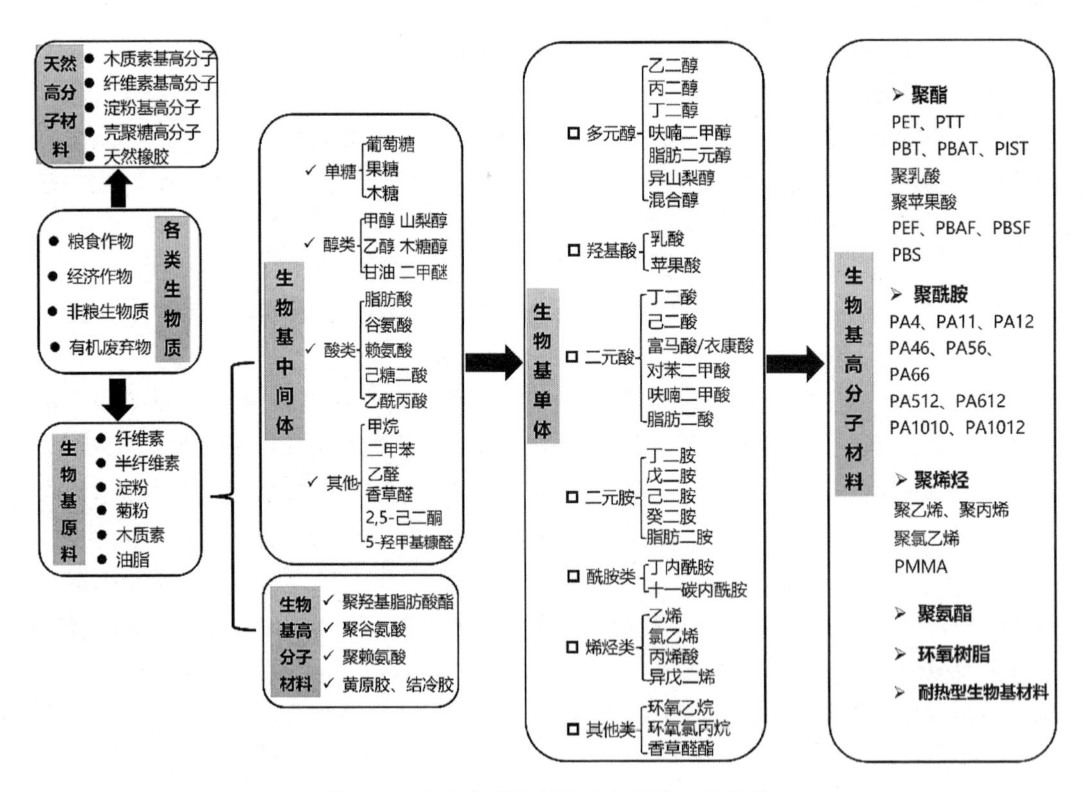

图1-1 从生物质原料到生物基高分子材料

PET,聚对苯二甲酸乙二醇酯;PTT,聚对苯二甲酸1,3-丙二醇酯;PBT,聚对苯二甲酸丁二醇酯;PBAT,聚(己二酸丁二醇酯共对苯二甲酸丁二醇酯);PIST,聚异山梨醇对苯二甲酸酯;PEF,聚呋喃二甲酸乙二醇酯;PBAF,聚(己二酸丁二醇酯-共-2,5-呋喃二甲酸丁二醇酯);PBSF,聚(丁二酸丁二醇酯-共-2,5-呋喃二甲酸丁二醇酯)(PBSF);PBS,聚丁二酸丁二醇酯;PA,聚酰胺;PMMA,聚甲基丙烯酸甲酯。

物、豆科、秸秆、竹木粉等),通过生物合成、生物加工、生物炼制过程获得基础生物基化学品(如生物醇、有机酸、烷烃、烯烃等),通过化学合成的方法制备的生物基高分子,包含生物基聚乳酸(PLA)、生物基聚丁内酰胺(PA4)、生物基呋喃聚酯等。微生物合成高分子,是指以生物质为底物,通过生物合成、生物发酵等方式直接生物合成的高分子材料,如聚羟基脂肪酸酯(PHA)。

1.1.1 生物基高分子分类

1. 天然生物基高分子

(1) 淀粉

淀粉是一种天然的多聚葡萄糖高分子化合物,广泛存在于植物的果实、根、茎及叶中,是植物体中贮藏的养分,也是人类食物中主要的碳水化合物来源。淀粉资源丰富、价格低廉、具有可再生性,与人类的生存息息相关,是食品、造纸、纺织、石油、化工、制药、建筑、环保等各个工业领域的重要原料。淀粉也是天然的可降解高分子。在微生物的作用下,淀粉的高分子长链断裂为葡萄糖等单糖及其他中小分子化合物,并最终转化为 H_2O 和 CO_2。

(2) 纤维素

纤维素是地球上储量最丰富的可再生资源之一。纤维素在来源上具有一系列的优良特性,如易得、廉价、可降解以及良好的生物相容性等。纤维素包括微晶纤维素、甲基纤维素、羟基纤维素、羧基纤维素、细菌纤维素等。

(3) 天然橡胶

天然橡胶是在植物中提取的橡胶,又称生胶。据统计,全球大约有 9 个科,300 多个属,2 500 多种植物可以生产天然橡胶。天然橡胶可以分为顺式-天然橡胶,即顺式-1,4-聚异戊二烯;反式-天然橡胶,即反式-1,4-聚异戊二烯;还有的植物既合成顺式天然橡胶,也合成反式天然橡胶,其所产混合橡胶可称为顺反-天然橡胶。利用可再生的生物资源,发展生物基弹性体将是我国乃至世界橡胶工业未来可持续发展的重要途径。

2. 化学合成生物基高分子

化学合成生物基高分子是指合成这类高分子的单体来自生物质,大部分是生物质通过生物发酵、分离提纯等方式得到生物基单体,然后再通过化学合成的方式制备成生物基高分子。目前比较成熟的生物基高分子大部分是通过这种方式进行制备的,比如聚乳酸、生物基聚酰胺、聚呋喃树脂系列等。

(1) 聚乳酸(PLA)

聚乳酸是目前可生物分解高分子材料中性价比较高,新兴生物塑料市场中产能规模最大、应用最广的品种之一。PLA 的原料乳酸,是葡萄糖等原料经过微生物发酵法制备而成的,其工艺成熟、成本廉价,广泛应用于食品添加领域。PLA 具有良好的生物相容性与生物可吸收性,已广泛应用于药物缓释、手术缝合线、组织支架、骨科修复、运动医学固定材料等领域。

(2) 生物基聚酯

生物基聚酯是指利用生物基二元醇和生物基二元酸等为原料进行反应获得的聚酯，可应用于纤维、织物、热塑性工程塑料、电子连接器和排线。生物基聚酯的核心问题是其单体的制备，其中生物基二元醇可由葡萄糖、蔗糖等生物发酵制备。

(3) 生物基聚酰胺(PA)

聚酰胺，商品名尼龙，是一类分子主链中含有酰胺键(—NH—CO—)的聚合物。自1939年尼龙产业化以来，聚酰胺已被广泛用于纺织、汽车、电子电器、包装、体育产品等方面。PA11是公认的第一个产业化的生物基聚酰胺。PA11的生产以蓖麻油为原料，经过裂解、醇解、高温裂解、水解、溴化、氨解等步骤制成ω-十一碳氨基酸，然后再聚合成PA11。生物基聚丁内酰胺(PA4)通常是以谷氨酸为底物，通过生物催化转化、分离提纯、脱水、精制等步骤得到丁内酰胺(2-pyrolidone)，然后在催化剂作用下，通过开环聚合获得PA4。

3. 微生物合成生物基高分子

生物基高分子的微生物合成是指利用生物质，通过微生物细胞直接合成制备出具有高分子特征的生物基聚合物材料。聚羟基脂肪酸酯(PHA)等是典型的生物合成可降解高分子。聚氨基酸是指由一种氨基酸通过酰胺键连接而成的聚合物，结构与蛋白质相近但有所不同。聚氨基酸具有很好的水溶性、生物相容性、生物可降解性和结构易修饰性，在医药、化工、环保和农业等领域展现出十分广阔的应用前景。

1.1.2 生物基高分子特点

重复结构单元的可修饰性强是生物基高分子材料的一个重要特点。从这些材料的结构单元或衍生物出发，通过生物学或化学的途径而获得具有特殊功能和用途的高分子材料，尤指对外界物理、化学、生物学刺激(如温度、压力、pH、光照、电磁场、化学物质、酶)有响应能力的材料，包括药物的担载或靶向输送、缓释或控制释放，农药、化肥、除草剂等的担载、缓释或控制释放，对污染物、毒物的吸附和絮凝，用于人体组织器官修复或功能再生的医用高分子材料、人造血浆或人造血液、血液透析材料等。所述对外界刺激的响应，包括体积和形状的变化、交联程度的变化、化学组成的变化、吸水状态的变化、溶解或凝聚状态的变化等。

生物基材料可应用于环保、医疗、农业、包装材料等领域，在基于生物基材料的诸多特性中，解决环保问题将成为生物基材料研究和发展的最终目标。

1.2 生物基含量测量与评价

可以用生物基含量来评价高分子材料中生物基的比例，或者用来区分生物基高分子材料与化石来源高分子材料。高分子材料中来自现代碳的含量占整个高分子碳总量的百分比被定义为生物基含量。以现代含碳物质的标准物质中的^{14}C为基准，并假定长期以来宇宙射线的强度没有改变(即^{14}C的产生率不变),则只要测出该含碳物质^{14}C与现代含碳标准物质中^{14}C的比例或减少程度,就可以来计算被测物质碳元素中近代碳的含量,即可求得生物基含量。生物基含量将成为一些发达国家采购生物基制品时的一个技术要求,甚至变成一种技术壁垒。因此,在发展和鼓励生物基高分子材料发展的同时,制定高分子材料中生物基含量的方法并制定标准就极为必要。美国材料与试验学会(ASTM)技术委员会早在2004年就制定了材料生物基含量测试方法(ASTM D6866)并不断更新,当前此标准的有效版本是ASTM D6866-21,于2021年1月开始生效。我国于2013年制定了国家标准:生物基材料中生物基含量测定液闪计数器法(GB/T 29649—2013),利用液体闪烁计数器(LSC)测定^{14}C放射性元素技术,通过计数样品中^{14}C衰变发射出的β粒子的办法来测定^{14}C含量。2021年,新的国家标准《塑料生物基含量第2部分:生物基碳含量的测定(GBT 39715.2—2021)》颁布,于2022年3月实施。

1.3 生物基材料的生命周期与化学回收

材料是有生命周期的。当"使用"这个行为发生时,作为消费品的聚合物材料从此开始了它的生命周期。在使用之后,物质实现了它的使用价值,把它作为垃圾丢弃,其生命终结。但是在此过程中,聚合物材料的物质性质和性能并未发生变化。所以,如何合理地回收被丢弃的材料,尽可能地简化生命周期,实现材料的高效回收循环利用,值得深入研究和探讨。研究生物基可降解材料的生命周期是保障生物基材料资源化、低碳化和环保化的重要任务,也是体现生物基可降解材料性能优势的关键。

生物基材料回收再利用技术可以分为物理回收(材料回收再利用和热回收再利用)和化学回收(化学回收再利用)两大类。其中材料回收再利用成本低廉、操作便捷。但是该方法无法避免再生制品的品质损失,使再生利用受到很大限制。化学回收再利用又可以分为废塑料的气化、油化、甲醇化回收,以及废塑料的单体化回收。对于可以生物降解的生物基材料可以采取生物分解塑料的方式回收处理。

本书将以使用后的生物分解材料和生物基聚合物的生物回收再利用为重点进行介绍。

1.4 生物基材料发展现状

1.4.1 生物基材料产业化现状

从1990年到2020年,全球高分子材料产品的产量从百万吨增加到亿吨以上,石油资源被大量地消耗。20世纪90年代开始,全球范围内各国相继开发可再生化学品以部分替代石油基材料。进入21世纪后,世界各国加大了对可再生资源的开发力度,并进一步加快了非粮来源可再生资源的研发。如从1996年开始,美国能源部同玉米湿磨协会、玉米种植协会和GENENCOR在内的美国企业合作，制定了2020年农作物可再生资源可持续发展规划。我国也已将开发新的可再生资源替代石油列入国家重点科技攻关计划。

许多跨国公司研发了生物基高分子产品，其中最有代表性的是美国Natureworks公司的聚乳酸（PLA），已在美国建成了16万t产量的生产线；美国ADM联手美国Metabolix公司共同开发了聚羟基脂肪酸酯（PHA）5万t产量的大规模生产线；美国宝洁公司P&G联手日本Kaneka公司也开发了聚羟基脂肪酸酯NodaxTM系列产品等。

中国目前已成为世界生产PHA品种最多、产量最大的国家之一。一些国内企业如天津国韵生物科技公司、宁波天安生物材料公司、广东联亿生物工程公司等，均利用微生物发酵技术生产PHA。此外，笔者团队开发的聚丁内酰胺（PA4）也已在恒天纤维集团中试生产。目前随着国内外"禁塑令"的推行，国内资本已开始积极投入生物基可降解材料产品的产业化实施，据不完全统计，聚乳酸产品计划建设的产能已接近300万t。但目前国内大部分有关生物基材料的研究主要由政府提供经费支持，大型公司对于生物基材料开发和应用的研发投入仍然不足，因此应由政府牵头，以企业为主体，大力推动生物基材料的研发和应用。总体而言，生物基高分子材料的商业需求是极大的，有很大的发展空间。未来，生物基高分子材料必将成为一个巨大的支柱产业。

1.4.2 生物基材料应用与发展

各式废弃塑料对生态的危害日趋严重，"白色污染"已成为当下瞩目的危害性问题。发展可再生的环境友好型塑料替代不可降解传统塑料制品，缓解环境污染，是当下世界各国大力倡导的绿色发展思路。生物基可降解高分子材料采用资源丰富、可再生的生物质为原料，可在微生物或动植物体的作用下，将材料完全转化成CO_2、H_2O、CH_4，以及其他一些小分子化合物，在医药、农业以及包装等领域有着广泛的应用。

1. 医药领域

在药物控制释放体系中，高分子材料可分别用在不同的控制释放体系中，如凝胶控制释放、微球和微胶囊控制释放、体内埋置控制释放、靶向控制释放等。由于这些聚合物具有可体内降解的特性，与传统的不可降解药物载体相比，具有缓释速率对药物性质的依赖性小、更适应不稳定药物的释放要求，以及释放速率更为稳定等优点。

2. 农业领域

生物基可降解高分子材料的第二大应用领域是农业。我国是农业大国，每年农用薄膜地膜、农副产品用保鲜膜、育秧钵及化肥包装袋等消费量十分可观。传统的普通农用薄膜难回收，在自然环境中不易降解。废弃的农用地膜不仅污染环境，而且塑料膜在土壤中逐步积累会使得土壤透气性降低，阻碍农作物根系发育和对水分、养分的吸收，导致农作物减产。以生物基可降解高分子材料制作的农用地膜废弃后，可在适当的条件下经有机降解，降解产物可作为混合肥料或与有机废物混合堆肥。

3. 包装材料

在包装领域,可降解的生物基高分子已经完全或部分取代传统不可降解的塑料制品。使用可降解高分子材料通过特定的加工工艺制成的各种成型的制品或膜材,可用于食品、化妆品、洗涤剂和日用品的包装。以淀粉基材料为例,通过控制特定的分子链结构以及共混共聚等改性方案,可以得到兼具耐水性和机械强度的材料,用来生产垃圾袋等。在食品包装中,可以直接使用可降解材料加工包装产品,也可加入少量添加剂,使不可生物降解的塑料制品在光的作用下分解为小分子,进一步被生物降解。

4. 其他方面

生物基可降解高分子材料在其他领域也得到了广泛的应用,如用于林业上的植树袋、绿化防护卷材、苗圃用膜材、渔业上的渔网、钓鱼线以及建筑、土木用膜等。此外,在一次性日用品、尿布、卫生巾、化妆品、手套、鞋套、头套、桌布、园艺等多方面,也有很好的发展前景。

1.4.3 发展生物基塑料的意义

当下,高分子材料产业发展的来源多元化、可持续与环境友好已是大势所趋。“碳达峰,碳中和”目标让人们将目光聚焦到可再生的生物质能源上。因此生物基高分子备受关注,成为绿色循环可持续经济发展的焦点和亮点。

开发生物基塑料的根本出发点,是基于目前大量使用的化石资源的有限性(图 1-2)。CO_2被生物处理器,如植物光合作用等转化成生物质,生物质在一定条件下又被转化成化石资源,这个过程一般需要 100 万年以上;化石资源通过化学工业变为聚合物、化学物质及燃料等得到应用,而其使用后转变为 CO_2仅需要 1～10 年,显然由化学工业的产物形成 CO_2的速度远远超过了 CO_2通过生物处理再转化为化石资源的速度,最终将导致石油资源的枯竭。而生物基塑料是从可再生的生物质直接变为聚合物,缩短了从 CO_2到聚合物的转化过程,这一过程是可持续的。因此,生物基塑料研究对维持国家能源的长久安

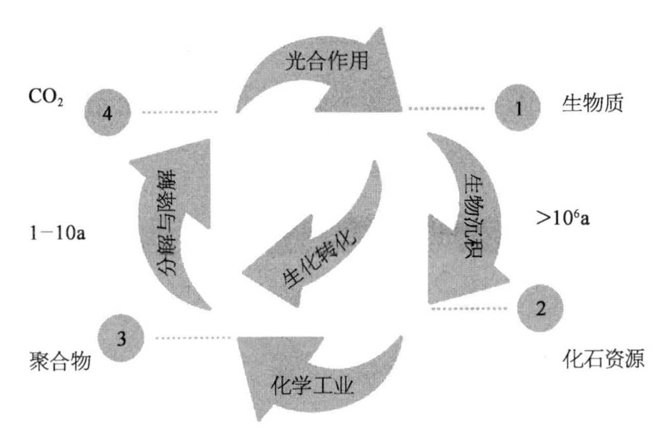

图 1-2 地球碳平衡

全有着重要意义。目前,生物基塑料的原料主要来自以太阳能为能源和以CO_2为碳源的生物质。相对于普通塑料,生物基塑料可降低30%～50%石油资源的消耗,减少我们因塑料化学合成需要石油基炼化得到单体而对石油资源的依赖。

1.5 展望

生物基可降解材料具有生物来源、生物可降解的独特特征,其中许多品类还具有生物相容性以及可调控的物理化学性能等特性,在纺织服装、农业、医疗、包装以及能源等多个领域具有广阔的应用前景。全球生物基可降解材料需求旺盛,研究和应用开发方兴未艾,尤其在近几年,生物基可降解材料领域发展迅猛,关键技术不断突破,产品种类速增,产品经济性增强,已经成为产业投资的热点,显示了强劲的发展势头,有数十条万吨以上的生产线已经或正在建设中。从短期看,由于技术原因,生物基可降解材料的生产成本还是相对偏高,但由于生物基可降解材料具备了生物降解性能,符合各国禁塑令的要求,并符合生态文明建设以及人类与环境和谐发展的政策要求,所以即使成本高也有较大的市场空间。从长远看,随着合成生物学、人工智能等科学技术的飞速发展,生物基材料或单体的合成底盘或生物催化剂水平将得到快速提升,生物制造体系将实现规模化、精准化、智能化,从而使得生物基材料的转化率和收率大大提高,生产成本及能耗大幅降低,生物基材料的大规模应用将成为现实;同时,会有越来越多的新产品被开发出来,丰富生物基材料的品种体系,满足不同领域的应用需求。尽管生物基可降解材料产业正处于大规模研发和向工业化生产和规模应用的阶段,并将逐渐成为工业化大宗材料,但是在微生物合成菌种的构建、生物催化剂的设计、代谢途径优化和发酵过程优化放大、分离纯化、产品成型加工技术及装备、规模化应用示范、生物回收再利用等方面仍需要加大研发力度,持续深入地研究。

未来,生物基材料产业的发展路径将不断优化和清晰,更加突出解决资源、环境问题的具体措施和成效,不断推出有显示度的低成本、高效益的规模化应用产品。生物基材料的生命周期评价将受到关注和重视,从资源与环境两方面明确生物基材料的优势,推进从来源到废弃全过程绿色化及可持续发展。推进生物基材料原料的非粮化对产业发展至关重要,须发展功能性生物单体,结合生物发酵与化学合成技术,实现现有生物基单体的规模化与低成本化以及生物基材料的功能化、高值化。生物基材料作为一类材料,应与其他来源材料协同发展、优势互补,挖掘自身应用特点和应用前景,发挥生物基材料在环境保护、资源回收利用方面的优势。

第一编

生物基材料的生物制造

第2章 生物基材料单体的生物制造

生物基材料是利用谷物、秸秆、豆科等可再生生物质资源为原料制造的新型材料，其单体包括生物醇、有机酸、烯烃等。近年来，随着全球石油资源的日趋紧张，生物能源、生物基化学品、生物基材料产业成为全世界发展的热点，其中生物基材料由于其绿色、环保、资源友好等特点，已经引起科学和产业界以及金融投资领域的极大兴趣。生物基材料生物制造的工具是微生物菌体、细胞株和酶，路径是大规模细胞培养和代谢、生物催化转化和分离纯化。

2.1 生物制造和生物过程优化

生物制造产业的兴起将使得世界各国的综合竞争力以及世界经济格局产生重大改变和调整，抢占生物制造技术和产业的制高点已成为全球竞争的焦点。根据经济合作与发展组织(OECD)预测，到 2030 年约有 35%的化学品和其他工业产品来自生物制造。近年来，我国高性能工业生产菌株自主构建能力不断提升，但是工业生物过程的高效优化和理性放大研究与国外仍有较大差距，工业效率相对低下、污染和能耗大[1]。作为生物制造的核心环节，生物过程的绿色化是实现绿色生物制造的必经途径。美国科学院国家理事会强调科研资助机构应当支持“新的生物学过程模型和实验方法等重大基础性科学技术研究”。帝斯曼首席科学家 Henk 等指出工业生物技术的绿色化和可持续发展必须依赖生物过程工程技术的进步[1]。由于以微生物细胞为主体的生物过程产品生产实际上是以细胞代谢为核心的生命过程，因此具有高度复杂性和典型的非线性特征。生物过程的优化需要从微生物细胞的生理代谢特性入手，充分认知细胞对环境扰动的响应，从而开发合适的工艺及适配的装备，实现细胞的最优代谢。此外，当小试规模优化的菌株或者工艺转移到大规模反应器内进行实际工业生产时，如果对细胞所处流场环境之间的复杂关系理解不够深入，可能会导致放大效果不理想甚至失败。因此，需要整合细胞的生理代谢特性和反应器的流场特性来实现生物过程的理性放大。

在工业生物制造过程中，为了表达目标产品并能更好地认识细胞的智能调控系统，需要开展包括底盘细胞元件挖掘与开发(Mine)、建模和设计(Model)、元件组装与通路搭建(Manipulate)、系统测试(Measure)以及高效智能工业制造(Manufacture)5 个方面研究,即“5M”策略[2]。首先,根据目标分子,利用生化反应数据库智能搜索并构建最优代谢途径。其次,在海量数据中,利用最优代谢途径搜索算法,探索微生物细胞从底物到目标产物的最优代谢途径及其选择的内部规律机制。最后,通过多组学数据整合,利用微生物细胞代谢调控规律的基本原理,实现全基因组代谢网络模型的代谢表型预测及实验验证。生产细胞智能化的过程中可以分为 3 个部分,即分子智能化、途径智能化和底盘细胞智能化。

2.1.1 分子智能化

分子智能化过程涉及大数据时代下工业酶的挖掘、改造和利用,是掌握工业酶设计和改造的核心技术[3]。随着人工智能技术的迅猛发展,蛋白质设计技术得到了巨大的提升,变革性地推动了绿色生物制造的快速发展。传统蛋白质工程改造以实验进化为主,目前更多是利用计算机虚拟设计来辅助蛋白结构的预测以及新功能酶的设计,从而利用生物学、化学、物理学、数学等多学科交叉的优势来实现理性高效设计。中国科学院微生物研究所吴边团队利用人工智能技术,构建了系列新型酶蛋白,实现了未曾报道的催化反应的发现,并在此基础上,完全通过计算机指导,获得了工业级微生物菌株,从而取得了人工智能驱动生物制造在工业化应用层面的率先突破[4]。该项研究不仅降低了传统化学合成中对反应条件的苛刻要求,更重要的是解决了化学合成带来的污染问题,为人工智能赋能传统生物技术打开了新局面。

2.1.2 途径智能化

途径智能化是通过合成生物学的适配性研究,设计、预测并构建具有预期功能的生物元件或模块,并将其有机组合成系统网络,从而在底盘细胞中组装、测试和优化,实现人工构造细胞工厂的高效智能制造。合成生物技术的快速发展大大助力了生物合成中关键元件的挖掘,并丰富了智能生物制造所必需的基础模块库,同时也为底盘细胞的性能测试和优化提供了高效平台。“设计—构建—测试—学习”是创建智能细胞工厂的核心研究内容。天然宿主的系统代谢工程和合成生物学是实现高效生物制造的基础。

2.1.3 底盘细胞智能化

底盘细胞智能化主要涉及细胞代谢传感器件的开发以及细胞代谢途径的智能切换[5]。开发能够感知细胞内生理代谢特性的新型传感器可以加速了解与认识细胞在反应器内动态响应环境扰动过程中的生理代谢特性,从而有助于解析细胞应对秒级至小时级扰动的响应机理。此外,高灵敏代谢探针也能够很好地用于高性能细胞株的高通量筛选等,特别是在结合液滴微流控培养和筛选的过程中,在只有皮升(pL)级、大小均一的微液滴中对酶反应或目标代谢产物进行单细胞水平的检测和筛选,可以实现筛选速度高达

10^8个克隆/天的目标，从而大大提升获得高效催化元件以及高性能菌株的能力[6]。

微生物智能制造过程除了微生物细胞本身，还需要兼顾微生物细胞和生物反应器组成的复杂系统。在工业生产规模下，除了关注微生物细胞的生理特性之外，还要关注其与外界环境之间的复杂关系。

2.2　生物过程及其智能化途径

生物过程是一个涉及复杂细胞生命代谢的系统过程。对于微生物细胞来说，其反应过程存在基因尺度、细胞尺度、反应器尺度等多尺度条件下的多输入和多输出关系，其中物质流、能量流、信息流最为重要，是决定生物过程特性的基础。因此，在进行生物过程优化与放大的过程中，必须对生物反应过程的物质流、能量流、信息流进行跨尺度观察与调控[7]。新型在线传感器的开发和应用，能够对生物过程总关键宏观生理代谢参数进行实时的在线检测，从而认识细胞的代谢特性，同时结合胞内微观生理代谢特性的分析，以及环境中反应器流场特性的研究，形成以宏观和微观代谢相结合、生理和流场特性相结合的多尺度生物过程优化与放大方法[8]。

2.2.1　微生物细胞宏观生理代谢特性

对于生物过程来说，其检测的参数除了常规的温度、转速、流量、pH、DO等，为了更加深入认识细胞在反应器中宏观生理代谢特性的变化，需要引入一系列先进的在线传感器，如过程尾气质谱仪可用于检测尾气中O_2和CO_2的浓度，从而计算生物反应过程中细胞氧摄取速率(OUR)、CO_2释放速率(CER)、呼吸商(RQ)等；电子鼻能够在线检测发酵过程中产生的挥发性物质，例如甲醇、乙醇、丙醇等，从而对关键的底物和产物实现在线监测；活细胞传感仪通过在线检测发酵液电容值，能够很好地表征发酵液中活细胞含量，对深入理解整个发酵过程特性具有重要的意义。此外，低场核磁共振仪、近红外光谱仪、中红外光谱仪、拉曼光谱仪等在线传感器都在发酵过程的在线检测中有所应用，从而构建了底物、产物、中间代谢物的全方位检测体系。在此基础上，利用计算机自动数据采集和显示系统，一方面，通过数据采集与反应器形成完整的控制系统；另一方面，从海量的过程数据中挖掘发酵过程的敏感参数，从而提高生物过程优化和放大的高效性和精准性。

2.2.2　微生物细胞微观生理代谢特性

所有的生化反应过程均是在细胞内完成的，因此细胞代谢过程中各种代谢物会在胞内胞外形成一个动态平衡，而这些代谢物浓度的变化表征着细胞代谢途径中通量的变化，是发酵过程调控中最为关键的核心。随着代谢物组学技术的发展，越来越多的胞内代谢物浓度池能够被准确检测，但是浓度仅仅是一个状态变量，无法实际代表细胞代谢流的改变。从生物过程多尺度系统理论来看，过程参数相关有可能是由某一尺度上的简单变化引起的，也可能是多维尺度中的系统结构性变化，因此仅从单一尺度进行分析，可能无法解释过程中的许多现象。因此，需要对细胞内外的生理代谢特性进行整合分析，才有可能获得潜在的发酵过程调控和优化的线索。

跨尺度观察和跨尺度操作是指通过环境或者操作参数的控制，来实现分子水平、细胞水平和反应器工程水平的调控，从而使细胞达到最优的生长或代谢状态。其中关键的是需要通过多参数相关分析理论，将生物反应过程中各种在线和离线参数、直接和间接参数、状态和过程参数等进行系统分析，并且找到各参数间表现出的某种相关性特征。参数相关是反应器中物质流、能量流、信息流之间平衡或不平衡的结果，不管是细胞微观尺度还是反应器宏观尺度发生了变化，最终都会在宏观参数的变化中有所体现，这也为生物过程大数据的智能关联分析提供了理论基础。

2.2.3 反应器流场特性与细胞生理特性相结合

常规搅拌式反应器虽然结构简单，但其内部流场仍与反应器尺寸、搅拌桨形式、操作条件密切相关，不同条件下表现出显著差异。当实验室小试规模获得优化工艺后，想要在大规模反应器重现相关结果，其关键在于如何实现大反应器中细胞生理状态的重现。虽然在大型和小型反应器中采取相同的工艺操作条件，但是由于反应器流场的差异，其结果有时会相差很大，这就需要通过先进传感技术对过程中细胞生理代谢特性进行很好的表征，使得关键敏感参数在大型反应器中表现出类似于小型反应器的变化趋势，实现优化工艺的放大。反之则需要对大型反应器流场特性进行研究和优化，通过调整反应器结构或者开发现有结构下最优适配的过程工艺来实现细胞的高效生产。这就是以细胞生理特性和反应器流场特性为基础的生物反应器放大方法。

虽然传统的以过程多尺度参数相关分析的理论和方法能够较好地解决生物制造过程中优化和放大问题，但是在敏感参数挖掘时仍以人工经验的分析为主，这就对优化和放大效率以及精准性提出了很大的挑战。传统数据处理时会存在两个关键性的基本问题。首先，以微生物细胞生产产物的过程来说，其经历了从细胞内复杂代谢到细胞外操作的过程，会产生不同维度、不同类型、不同结构的数据，包括基因组、转录组、蛋白组、代谢物组、代谢通量组、环境组、操作参数等，这些参数之间有些能够相互关联，但是更多的参数无法直接在一个层次上进行分析，其复杂程度已经超出了已掌握知识的边界，因此以人工分析为基础的数据处理方式成为海量数据处理不可逾越的局限。其次，目前工业生产过程中存在包括菌种、种子质量、原材料来源、工艺操作条件等波动的问题，因此往往需要人工干预和处理，这就会大量引入人为因素的局限性，从而产生一大堆互不联系的实验或生产数据，形成“数据孤岛”，难以支持高效的生产工艺决策[9]。

随着大数据时代的到来，生产过程智能化能够全链条连接实验室到工厂，以数据流指导研发和生产的各个环节，从而实现生产资源的最优化分配。知识图谱与深度学习是实现人工智能的基本方法，前者是白盒子，能推理，能回溯，胜在场景；后者是黑盒子，不能回溯，无法归因，但是胜在海量数据分析[10]。知识图谱是通过大量计算机可读、结构化、可传递的知识，来构成智能搜索引擎所需的知识库[11,12]。知识图谱的构建有3个部分，首先是知识获取，主要从非结构化、半结构化以及结构化数据中获取知识库所需的知识；其次是数据融合，主要是将不同数据来源的知识进行融合，建立数据之间的相互关系；最后是计算与应用，更多的是开发知识图谱的计算功能以及应用场景。知识获取时，通过自然语言识别等技术在非结构化数据中获得实体识别以及实体间的关系识别，然后通过适当工具对其进行重新组织、清洗、检测，从而得到符合要求的目的数据。数据融合是在统一术语结构的基础上，通过数据映射技术建立本体中术语和不同数据源知识中词汇的映射关系，从而将不同数据源的数据融合在一起，同时使用实体匹配将不同数据源相同客体的数据进行融合，最后融合成具有管理解决方案的知识库[13,14]。知识计算主要是根据图谱提供的信息得到更多隐含的知识。深度学习体现在知识获取时实体与实体间的关系识别。以本体为统一术语的数据映射技术空间形成信息技术的虚拟空间即“赛博空间”，也就是以实时数据驱动的镜像空间动态反映实体状态。

生物制造过程级智能化是以现有生物过程大数据为基础，进行案例学习，并生成知识，从而形成知识库。同时，通过实时模糊推理，发现当前生物过程的异常状态，进而自动寻找过程大数据之间隐含的参数相关性，推理获得过程优化的敏感参数，从而实现生物过程智能化生产。分子级智能化是指在过程级智能化的基础上，对生物过程中细胞代谢可能的分子机制进行研究，从根本上解析过程多参数的相关性。此外，分子级智能系统将合成生物学与人工智能相结合，在合成生物学的设计、构建和检测等环节利用知识推理技术，预测并验证各种假设，从而提高高性能生产菌株的可获得性[15]。此外，从生产企业角度来看，智能生物制造是以智能生物反应器为关键核心，以物联网数据流为基础，针对企业资源、生产过程、生产管理，形成生产过程制造执行系统(MES)和企业资源管理计划(ERP)的适配，从而实现最优生产和智能管理[9]。

2.3　有机酸类生物基材料单体的生物制造

2.3.1　乳酸的生物制造

乳酸(lactic acid，LA)，又称2-羟基丙酸(2-hydroxypropanoic acid)，是一种天然存在的羟基羧酸，为无色无气味液体，具有吸湿性(表2-1)。作为自然界中常见的代谢产物之一，存在于众多生物的生命代谢反应中，例如人类在剧烈运动时便会产生乳酸。1780年，瑞典化学家Scheele最早在酸奶中发现乳酸，但他当时认为乳酸只是牛奶中的一种成分。1789年，Lavoisier将其命名为“acide lactique”，这也可能是现在“乳酸”名称的来源。1857年，Pasteur发现乳酸不是一种牛奶成分，而是由特定微生物发酵代谢后所产生[16]。乳酸分子结构中有一个手性碳原子，因此乳酸表现出两种光学构型，即L(＋)-乳酸和 D(-)-乳酸(图 2-1)。由于人体缺乏代谢 D-乳酸的脱氢酶,会引起酸毒症和脱钙反应,因此美国 FDA 认为 L-乳酸作为食品添加剂时是安全无害的。根据乳酸在不同领域的需求以及用途,往往将乳酸分为医药级、食品级和工业级。

表 2-1 乳酸的物理性质[17]

性 质	数 值
CAS 号	50-21-5
摩尔质量(g/mol)	90.08
熔点(℃)	18(消旋),53(光学纯)
沸点(℃)	122(14 mmHg)
晶型	正交晶体
固体密度(固体,20℃)(g/ml)	1.33
液体密度(100%无色液体,20℃)(g/ml)	1.224
溶解度(20℃,L-乳酸)(%)	86
pKa	3.86
分解常数 Ka(25℃)	0.000 137
分解焓(25℃)ΔH(cal/mol)	−63
分解能 ΔG(cal/mol)	5 000

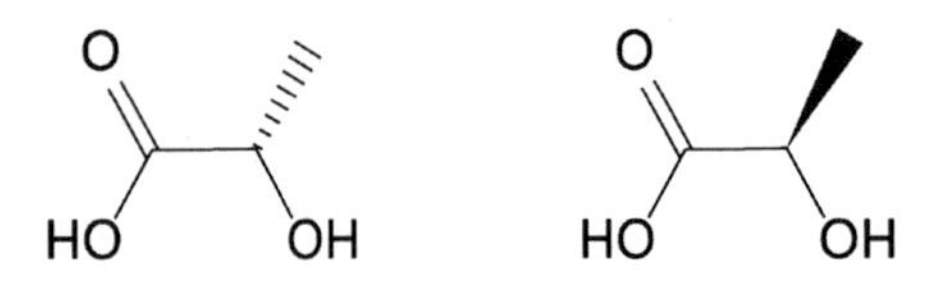

图 2-1 L 型乳酸(左)与 D 型乳酸(右)结构式

乳酸主要应用于食品行业、化妆品领域,以及其他化学品产业。乳酸作为风味剂、pH 调节剂、酸化剂以及防腐剂等,在食品行业应用最为广泛,其占比可达 80%以上。此外,乳酸作为化妆品的天然成分之一,除了具有保湿和 pH 调节作用之外,还拥有抗微生物活性、光泽皮肤以及润肤等功效。同时因为人体中本来就存在乳酸,因此它及其盐作为化妆品的成分也越来越符合当下对于成分天然、安全的追求。乳酸在医药工业的应用通常作为溶剂进入人体静脉从而补充体液。当乳酸作为平台化合物时,能够用于合成许多其他化合物,如酯化形成乳酸酯、脱氢形成丙烯酸、加氢形成 2,3-丙二醇、聚合形成聚乳酸和氧化形成丙酮酸[18-19]。

聚乳酸(polylactic acid,PLA)是一种典型的生物基塑料,具有良好的生物相容性和生物可降解性。随着全球范围环境保护意识的加强以及化石资源的日益枯竭,利用生物可降解塑料代替传统石化来源塑料的想法越来越受到大家的关注,因此对于 PLA 的需求也大大增加。NatureWorks LLC 公司是全世界 PLA 领域的领导者,其生产的 PLA 树脂和 PLA 纤维畅销全球。世界上许多其他著名的乳酸生产公司，包括荷兰 Purac、比利时 Galactic、美国 Cargill，以及许多中国公司都在加快建设以乳酸聚合平台为基础的全新产业，推动环境友好的 PLA 产品来代替传统塑料[20]。

1. 乳酸的生产方法

乳酸可以通过化学合成和微生物发酵来获得(图 2-2)。化学合成法主要是基于乳腈的强酸水解来生产乳酸，除此之外还包括糖在碱性条件下催化，丙二醇的氧化，乙醛、一氧化碳和水在高温高压下反应，氢腈酸的水解以及丙烯的硝酸氧化等方法。但是这些过程产生的乳酸都是外消旋的 DL-乳酸，因此这很大程度上限制了化学合成法生产乳酸的应用。

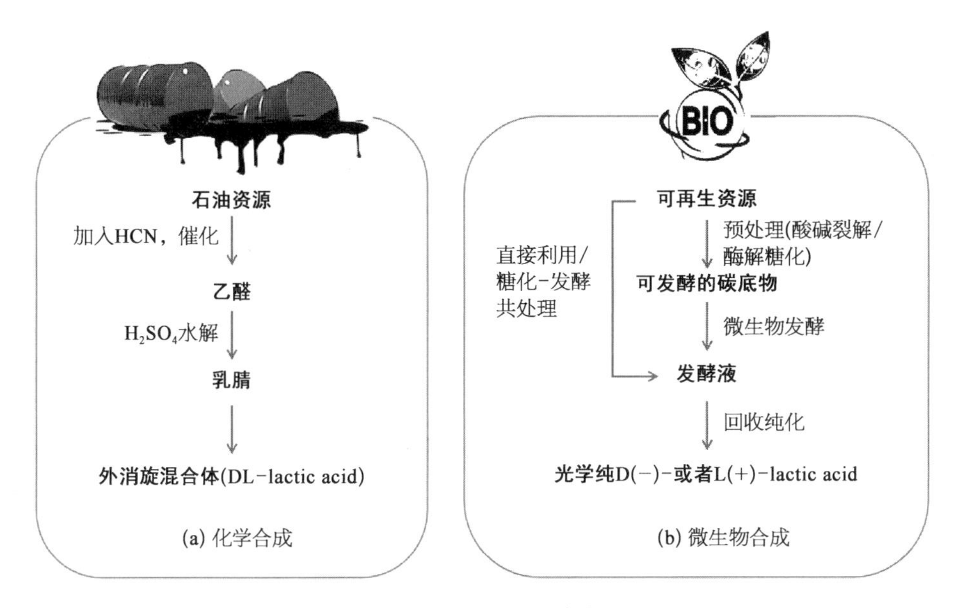

图 2-2　两种乳酸生产方法

发酵法生产乳酸不但能够解决乳酸光学纯度问题，其获得的乳酸可以是光学纯 L-乳酸或者光学纯 D-乳酸，而且还能够利用可持续原料作为底物进行生产[21]，因此不但从经济性上相比于化学合成法有了优势，而且能够有效地解决生产过程中环境污染和减少化石原料利用的问题。相比于化学合成法，生物技术法生产乳酸具有以下优势：① 廉价的底物成本；② 温和的生产温度；③ 较低的能量消耗；④ 单一的光学特异性[21-23]。在工业应用中，全世界乳酸产量的 90% 来自细菌发酵，分批发酵合成的乳酸产率可达 90%～95%(w/w)。

2. 乳酸的生产菌种

乳酸生产菌是乳酸发酵过程中的重要组成部分。乳酸生产菌株一般具有以下几个特征：属于革兰氏阳性细菌，具有耐氧性，不产孢子，不产生过氧化氢酶，对环境挑剔且耐酸，可利用碳水化合物作为底物发酵生成乳酸，并将其作为发酵终产物[24-31]。高性能菌株(高光学纯度和高生产能力)往往是决定乳酸发酵过程能够高效生产的关键。目前能够生产乳酸的微生物有很多，主要包括细菌、真菌、酵母、微藻以及光合细菌。细菌相较于其他微生物具有高产率、高转化率以及高光学纯度等优点，因此常被用于商业化乳酸生产。用于乳酸生产的细菌主要有4类：乳酸菌[24,25]、芽孢杆菌[26,27]、大肠杆菌[28,29]和谷氨酸棒状杆菌[30,31]。

乳酸菌进行乳酸发酵时，其最适条件和菌种特异性有关。根据发酵产物的不同，可以将乳酸菌分为同型乳酸发酵菌和异型乳酸发酵菌（图2-3）。商业应用的乳酸菌多为同型乳酸发酵菌，其乳酸葡萄糖的理论转化率能够达到1.0 g/g，而异型乳酸发酵菌的理论转化率只能达到0.5 g/g。芽孢杆菌则由于其培养基成分简单、能耐高温（>50℃）等特点越来越受到研究者和生产企业的关注。用于发酵生产乳酸的乳酸菌种类繁多，根据代谢方式的不同可以分为：① 可将85%以上的糖类转化为乳酸的同型发酵菌；② 只能将一半左右的糖类转化为乳酸，同时产生CO_2、醋酸、乙醇等副产物的异型发酵菌；③ 少数可以产生D,L-乳酸和醋酸以及CO_2的异型发酵菌。表2-2中列举了近年来与乳酸生物合成相关的研究报道，可见目前乳酸的生物合成一般使用乳酸杆菌属（*Lactobacillus*）、链球菌属（*Streptococeus*）和片球菌属（*Pediococcus*）的同型发酵菌进行发酵生产[31]，因为同型发酵菌在发酵过程中几乎只产生乳酸而不产生其他副产物，而异型发酵菌产生的则是多种副产物的混合物。研究者认为出现这种产物差异的原因在于同型发酵菌株使用的是糖酵解（EMP）途径，可将六碳糖分子转化为两个三碳分子后再转化为乳酸，几乎不走其他代谢途径（图2-3）；而异型发酵菌则利用的是磷酸戊糖途径（6-PG/PK途径）进行碳代谢，六碳糖被转化为五碳糖以及CO_2，五碳糖又被转化为二碳以及三碳分子，其中的三碳分子转化为乳酸，而二碳分子则转化为乙醇、醋酸等副产物（图2-3）[32]。但也有研究者发现一些兼性微生物可以同时存在两种碳代谢方式，既可以通过EMP途径代谢葡萄糖生成乳酸，又可以通过6-PG/PK途径生成乳酸以及一些二碳类的副产物。因此这类微生物会在已糖存在时利用第一种途径（EMP）进行同型乳酸发酵，而在戊糖存在时利用第二种途径（6-PG/PK）进行异型乳酸发酵。

在工业发酵生产乳酸的过程中，乳酸杆菌和芽孢杆菌是应用最为广泛的乳酸生产菌。至于大肠杆菌和谷氨酸棒状杆菌因其遗传背景清晰、易于基因操作等特性，目前仍处于乳酸生产的实验室研究阶段。

3. 乳酸的发酵工艺

乳酸发酵最常见的方式有分批培养、补料分批培养、连续培养以及细胞循环利用培养等。

分批培养是一种最简单，也是应用最普遍的发酵模式。发酵过程中除了补入中和剂控制pH以外，不添加其余的碳源和氮源等成分。因此这种封闭式的系统能够有效降低染菌的风险，并且能够获得较高的乳酸浓度。影响乳酸分批发酵生产效率的因素主要有氮源、pH、中和剂、通气量等。不同氮源及其浓度的选取是提高乳酸生产浓度的有效手段，通过合适的廉价氮源替代昂贵氮源是实现乳酸经济生产的重要途径。食品废弃物、

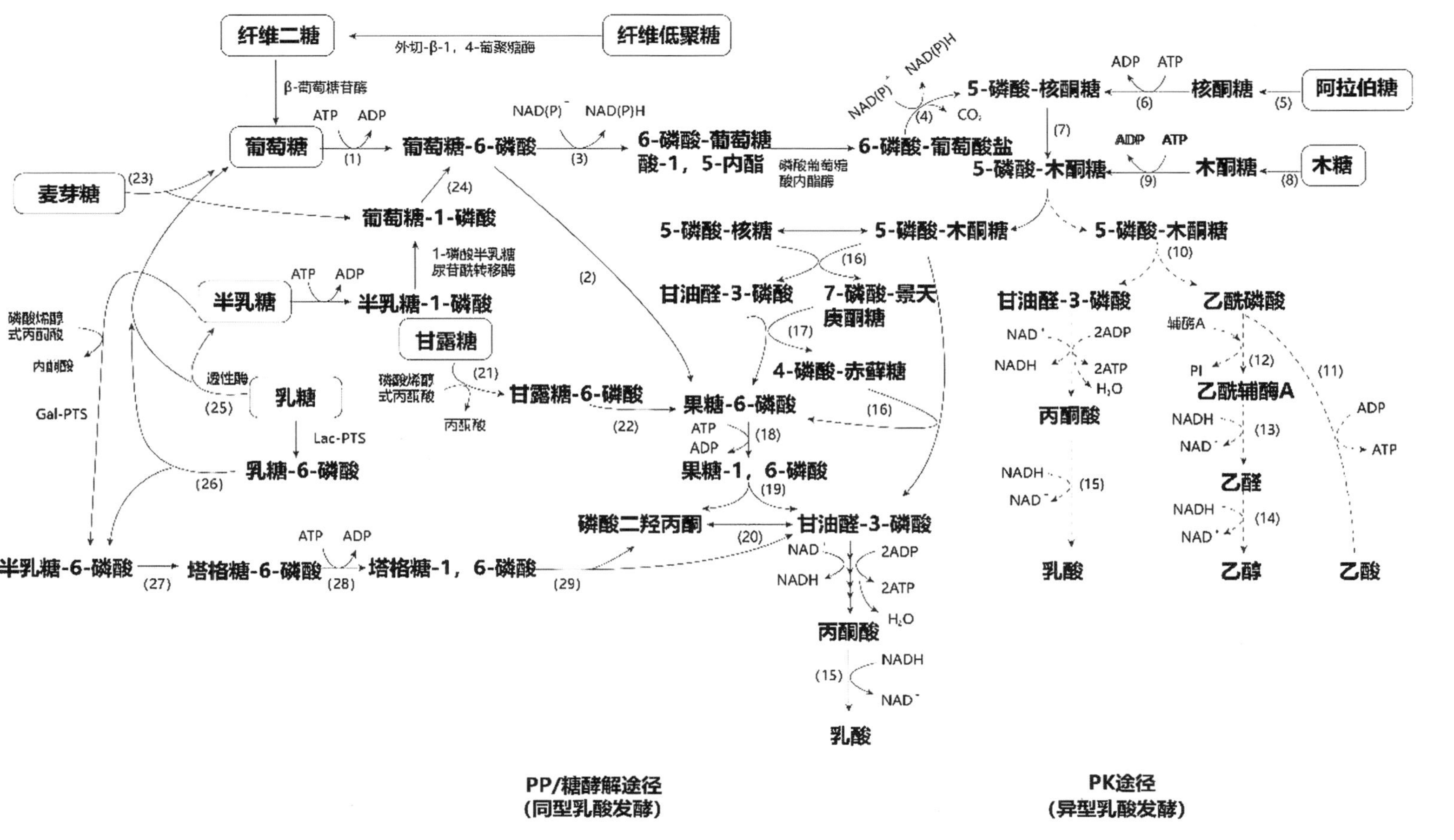

图 2－3　乳酸菌代谢不同糖进行乳酸发酵时的代谢途径[6]

表 2-2 利用基因工程菌发酵生产乳酸的相关研究

菌 株	工程菌株特征	研究结果	文 献
克鲁维酵母(*Kluyveromyces marxianus*)	表达来自表皮葡萄球菌、嗜酸乳杆菌的 L-乳酸脱氢酶(L-LDH)	产量 24.0 g/L 产率 0.48 g/g 葡萄糖	[101]
酿酒酵母(*Saccharomyces cerevisiae*)	表达来自粗糙脉孢菌(*Neurospor-a crassa*)的纤维糊精转运体,β-葡萄糖苷酶以及来自米根霉(*Rh - izopus oryzae*)的 L-LDH	产率 0.358 g/g 葡萄糖	[102]
	表达来自肠膜明串珠菌(*Leucono-stoc mesenteroides*)的 L-LDH,敲除乙醇脱氢酶系(ADH)、甘油磷酸穿梭酶系(GPD)和 D-乳酸脱氢酶(D-LDH, DLD1 酶)	产量 82.6 g/L 产率 0.83 g/g 葡萄糖 pH 3.5时,生产率 1.50 g/L/h	[103]
	表达来自肠膜明串珠菌的高度光学特异性的 D-LDH,敲除酿酒酵母菌自身的 D-LDH(DLD1 酶)、丙酮酸脱羧酶 PDC、ADH 及 GPD,同时过表达氨基酸转运蛋白 HAA	产量 112.0 g/L 产率 0.80 g/g 葡萄糖 生产率 2.2 g/L/h	[104]
	表达来自肠膜明串珠菌的 12 个糖酵解相关基因以及 D-LDH	产量 60.3 g/L 产率 0.646 g/g 葡萄糖 生产率 2.8 g/L/h	[105]
红曲霉(*Monascus ruber*)	导入 LDH 敲除 PDC 基因 敲除 4 个细胞色素依赖型 LDH 基因	pH 3.8,产量 190 g/L pH 2.8,产量 129 g/L	[106]
大肠杆菌(*Escherichia coli*)	以来自乳酸片球菌(*P. acidlatictici*)的 D-LDH 替换 *E. coli* 内源 LDH,过表达蔗糖操纵子(*cscA* 和 *cscKB*)	产量 75 g/L 产率 85% 生产率 1.18 g/L/h 产物光学纯度>99%	[107]
集胞藻(*Synechocystis* sp.)	提高 LDH 的表达水平,共表达异源丙酮酸激酶,敲除磷酸烯醇式丙酮酸羧化酶,通过定点突变进行优化,提高酶与辅酶因子的亲和力	产量 12.99±3.3 g/L 将 50.0±5.9%的碳固定合成乳酸	[108]
植物乳杆菌(*Lactobacillus plantarum*)	使用来自乳酸乳球菌(*L. lactis*)的转酮酶(*tkt*)替换内源的磷酸酮酶(*xpk1*),同时敲除 L-LDH	产量 38.6 g/L	[109]

（续表）

菌　　株	工程菌株特征	研 究 结 果	文　献
植物乳杆菌(*Lactobacillus plantarum*)	敲除 L-LDH，表达来自牛链球菌(*S. bovis*)的 α-淀粉酶	产量 73.2 g/L 产率 0.85 g/g 光学纯度 99.6%	[110]
	敲除 L-LDH，表达来自戊糖乳杆菌(*L. pentosus*)的木糖异构酶和木糖激酶基因	玉米粉发酵： 产量 27.3 g/L 生产率 0.75 g/L/h 高粱杆发酵： 产量 22.0 g/L 生产率 0.55 g/L/h	[111]

玉米浆、豆粉等都是目前研究中使用较为广泛的廉价氮源[33]。中和剂补入能够有效地将 pH 控制在合适范围，从而有利于微生物生长和代谢，提高发酵效率。氢氧化钙、氢氧化钠、氢氧化钾、氢氧化铵、碳酸钙等都是乳酸发酵过程中常用的中和剂[34-36]。不同的中和剂选择对于乳酸发酵效率有着重要的影响[37,38]。通气量的控制在一些菌种(比如芽孢杆菌、大肠杆菌等)发酵乳酸时至关重要，高通气量会导致副产物的生成，而低通气量则又会影响菌体的生长，因此控制发酵过程中合适的通气量是实现高效生产的重要保证[39,40]。

补料分批培养能够有效地缓和底物抑制作用对于微生物细胞生长和代谢所带来的影响，但是对于产物(高乳酸浓度)抑制问题没有效果。为了在发酵过程中获得更高的产物浓度，底物补料的时机和形式、发酵液中维持底物的浓度以及补料方法等因素都是必须考虑的问题。乳酸发酵过程中，常用的补料方式有间歇补料、恒速补料以及指数补料[41-43]。研究显示，在补料分批培养过程中，乳酸最终的浓度能够高达 226 g/L[44]。虽然通过这种培养方式往往能够得到很高的乳酸产物浓度，但是乳酸产率不高的问题一直是限制其广泛应用的关键。

细胞循环利用培养能够很好地解决产率不高的问题，它是将培养的细胞通过离心、膜过滤等模块进行分离，然后重复利用进行产物生产。通过这种方式不但能够获得高乳酸浓度、高乳酸转化率、缩短整体发酵周期，同时产率也较分批培养和补料分批培养有所提高[45-47]。

因为乳酸的生产与细胞生长紧密相关，因此通过连续培养的方式也能够很好地解决分批培养以及补料分批培养中存在的产物抑制问题，同时乳酸的产率能够通过稀释率的改变进行优化。传统的连续培养中，未利用的底物以及细胞会随着发酵液的流出而造成浪费，因此可以在连续培养过程中引入细胞固定化和细胞循环技术，使得发酵过程的稀释率较传统连续培养大大提高，从而增加产率，同时减少未利用底物的流出，提高转化率[48,49]。

4. 乳酸发酵代谢

在实际的工业乳酸生产过程中,由于发酵液中残糖的存在会对乳酸产品的质量造成重大的影响,因此相比之下,分批培养和补料分批培养是较为合适的发酵模式。高效、经济的乳酸发酵过程追求的是培养过程中乳酸的高浓度、高产率、高转化率以及高光学纯度。因此只有在认识乳酸发酵过程中微生物代谢特性的基础上,对发酵过程进行优化才有可能实现上述目标。

对于微生物乳酸发酵代谢的研究由来已久。研究者们通常以模式菌 *Lactococcu lactis*(*L. lactis*)为例来研究乳酸菌的代谢调控。在 *L. lactis* 中,葡萄糖通过糖酵解途径被线性地转化为丙酮酸,并经底物水平磷酸化生成 ATP,甘油醛-3-磷酸脱氢酶(GAPDH)处产生的 NADH,在 LDH 催化丙酮酸生成乳酸的过程中被重新氧化成 NAD^+,而得以维持氧化还原平衡。尽管其代谢相对简单,但始终还没有形成对乳酸菌代谢调控的综合性认识[50,51]。

在缺乏外部电子受体(如 O_2)时,乳酸菌代谢受细胞对 NADH 产生和消耗之间平衡需求的限制,代谢的碳流量与 NADH 紧密耦联;而在有氧条件下,代谢的碳流由于 NADH 氧化酶重新产生 NAD^+ 活性的存在而不与氧化还原代谢紧密耦联[52]。同时 *L. lactis* 由于缺乏功能性电子链,在低氧压力下主要依靠发酵过程底物水平磷酸化来产能,所以 ATP/ADP(胞内的能荷状态)对代谢也可能产生重大影响[53]。

虽然过去很多的报道称乳酸菌发酵生产乳酸是在厌氧条件下进行的,但是也有研究发现适量的氧环境有助于菌体的生长,因此对于乳酸菌进行氧代谢研究具有非常重要的意义。

5. 乳酸发酵过程中氧代谢研究

乳酸发酵所使用的菌种多为兼性厌氧的乳酸菌,整个发酵过程也多为微氧发酵过程。微氧发酵过程由于发酵过程中只提供微量 O_2 供应,在搅拌式通气反应器中往往是通过给予非常小的通气流量来实现。在整个发酵过程中溶氧(DO)很快跌至很低水平,甚至为零。因此在乳酸发酵过程中,DO 电极的作用并不像其在有氧发酵过程中那么明显。

有关 O_2 在乳酸发酵过程中作用的研究历来已久,而且取得了有效的进展。虽然很多研究都提出乳酸菌在无氧条件下的生长状况也比较好,而且有氧的环境可能会在一定程度上抑制其生长,但是也有报道指出在有氧条件下,乳酸菌的生长速率要明显快于无氧条件。这可能是因为在有氧条件下菌体的糖代谢会从乳酸转向乙酸,这就使得发酵产生 ATP 的效率提高一倍,从而有利于菌体的生长[54]。Qin 等[39]对比分析了不同通气条件下 *Bacillus* sp. Na-2 菌株的生长和生产乳酸情况,提出了一种两阶段的通气控制策略,从而增加了产量,提高了发酵效率。

在过去有关乳酸有氧发酵过程的研究中,更多的关注点侧重于乳酸菌在无氧、有氧以及呼吸条件(有氧环境中添加血红素)的对比,从基因水平、转录水平、蛋白水平以及代谢物水平上进行分析,从而阐述 O_2造成乳酸菌生长和代谢差异的机理。Duwat 等[55]发现对于兼性厌氧菌 *L. lactis* 来说,O_2的存在不利于其生长和存活,但是有氧环境下添加了血红素后则能大大延长生长期和存活期。Gruss 课题组[56]通过基因芯片技术对比分析了无氧、有氧以及呼吸条件下 *L. lactis* 转录组的信息,结果表明: ① 应激响应基因主要受到有氧发酵的影响,同时呼吸环境有助于减轻氧化应激;② 在 3 种条件下,呼吸代谢所需的基因表达都类似;③ 呼吸条件下只有 11 个基因表达不同于有氧和无氧条件,其中 *ygf*CBA 操纵子只受到血红素的诱导,因此这是一个与血红素自平衡有关的基因。Vido 等[57]则通过对比分析 *L. lactis* 在无氧、有氧和呼吸条件下的蛋白质组图谱,证实了在这个条件下,21 个蛋白质的水平发生了差异,并鉴别了涉及碳代谢和氮代谢的两组主要蛋白质。Murphy 和 Condon[58]则研究了植物乳杆菌(*Lactobacillus plantarum*)在有氧培养和无氧培养条件下的菌体生长和葡萄糖代谢情况,结果表明有氧培养会造成菌体生长速率的下降,同时生长速率下降起始时间随着 O_2 消耗速率的增加而变早,这与产生的 H_2O_2 积累有关。此外,有氧培养还会造成葡萄糖代谢从乳酸积累向乙酸积累转移。

与此同时,对于乳酸有氧发酵过程中所产生的氧化应激研究也受到广泛的关注。这些研究涉及了从氧化应激产生的机理到其对微生物生长和代谢的影响,再到微生物对氧化应激产生的响应和保护机制。产生氧化应激的氧的种类主要有超氧化物、过氧化氢和羟自由基。在有氧条件下,超氧化物的产生是因为 O_2分子被一个电子还原,通常是由二氢黄素(FADH2)、二氢核黄素(FMNH2)或者对苯二酚(去甲基萘醌、甲基萘醌、泛醇)氧化的结果[59]。过氧化氢来自 O_2分子的两个电子还原,由一些黄素蛋白、对苯二酚和代谢过程中的酶(NADH 过氧化物酶、丙酮酸氧化酶和乳酸氧化酶)引起[60,61]。同时,超氧化物歧化酶在锰存在的情况下能将超氧化物转化为过氧化氢。羟自由基则主要由过氧化氢通过 Fenton 反应得到[62]。这些活性氧物质的氧化应激作用都远强于 O_2分子,并会对细胞中的蛋白质和 DNA 造成损伤,从而影响微生物的生长和代谢。Abbott 等[63]研究发现酿酒酵母菌(*Saccharomyces cerevisiae*)生产乳酸过程中,乳酸的存在会抑制其在有氧条件下的生长,这是由于胞内活性氧物质(ROS)水平的升高引起的,而通过过表达胞质过氧化氢酶能够有效降低 ROS 水平,从而增加菌体的生长速率。乳酸菌同其他微生物一样,对于氧化应激的响应与其他环境应激的响应会有交叉。Porro 课题组[64]指出在酵母中表达抗坏血酸能够有效地保护细胞抵抗环境中的氧化和酸应激。Temple 等[65]同样指出对于酵母来说,氧化应激的适应性响应同样有助于其对于其他应激(热应激、酸应激等)的响应,反之亦然。

在乳酸发酵过程中,虽然对于有氧作用的研究取得了很大的进展,但是对于发酵过程中氧代谢的变化以及其表征参数却少有报道。同时相对于工业乳酸发酵过程,微氧环境往往有助于菌体的生长,而乳酸作为一种生长相关型的产物,从而有利于乳酸的高效生产。但是过量的氧环境则会造成微生物代谢通量的改变,从而影响乳酸的转化效率,因此选择合适的参数来定量表征微氧环境是决定乳酸发酵过程是否高效的关键所在。Tachon 等[65]报道了 *L. lactis* 发酵过程中氧化还原电位(ORP)的变化趋势,并通过基因工程手段揭示了 NADH 氧化酶和电子传递链是造成 ORP 变化的主要原因。但是由于 ORP 并不是 O_2的直接表征参数,它还受到发酵液中许多其他物质的影响,因此在研究乳酸发酵过程中的氧代谢时,ORP 参数并不是最佳的选择。

2.3.2 长链二元酸的生物制造

长链二元酸,也叫长碳链二元酸(long chain dicarboxylic acid,LCDCA),是指含有 10 个或以上碳原子的直碳链脂肪族饱和二元羧酸[$HOOC-(CH_2)_n-COOH$]。长链二元酸是重要的精细化工中间体,可以合成香料、特种尼龙、聚酰胺热熔胶等一系列高附加值产品,被广泛应用于化工、轻工、国防、汽车工业、农业、医药等领域[66-67]。

长链二元酸的生产方法主要是化学合成法和微生物发酵法。化学合成法如十二碳二元酸可以通过丁二烯为原料进行化工合成,但其工艺复杂、条件苛刻,既需要高温、高压,又需要防爆、防毒设备,而且收率低、成本高、环境污染严重。化学合成长链二元酸的另一种生产方法是利用硝酸、高锰酸钾等氧化剂对脂肪酸进行氧化,但是其产物是混合物,需要进行分离,而且有大量废水排放,因此受到很大的应用限制。

微生物发酵法生产长链二元酸的工艺简单、反应温和且成本低。此外,化学法无法合成 C11-C18 的所有长链二元酸,而微生物发酵法可以获得。微生物发酵生产长链二元酸是通过细胞内的酶将正烷烃或脂肪酸催化合成为长链二元酸。用碳链长短不等的混合烷烃/脂肪酸作为底物,发酵生产的产品为混合长链二元酸,即含有几种碳数不同的长链二元酸;用单一烷烃/脂肪酸作为底物发酵,产生的是单一长链二元酸。目前,国外生产长链二元酸主要是利用化学合成法,中国是世界上少有的利用微生物发酵法工业化生产长链二元酸的国家之一,在长链二元酸发酵的研究和生产中处于国际领先地位,上海凯赛生物技术股份有限公司是全球最大的生物法生产长链二元酸系列产品的供应商之一。

长链二元酸发酵技术工业化应用的研究主要集中在 3 个方面:长链二元酸高产菌株筛选、发酵过程工艺优化与调控,以及长链二元酸提纯工艺优化。

1. 长链二元酸的生物合成途径

热带假丝酵母转化烷烃为长链二元酸的过程主要通过 ω-氧化完成,细胞色素 P450 单加氧酶(CYP450)、脂肪醇氧化酶(FAO)、脂肪醇脱氢酶(ADH)和脂肪醛脱氢酶(FALDH)参与了相关反应(图 2-4)[68-71]。烷烃(或脂肪酸)被细胞吸收后,末端甲基在 CYP450 的催化下被氧化从而生成脂肪醇,随后在脂肪醇氧化酶(或脂肪醇脱氢酶)和脂肪醛脱氢酶的相继作用下生成单羧酸(或二元酸),最终分泌到胞外,或以脂质的形式储藏在细胞中[72],抑或通过 β-氧化途径进行分解代谢,为细胞生长提供物质和能量。

CYP450 通常是 ω-氧化过程的关键酶和限速酶,因此可以通过提高 CYP450 的酶活

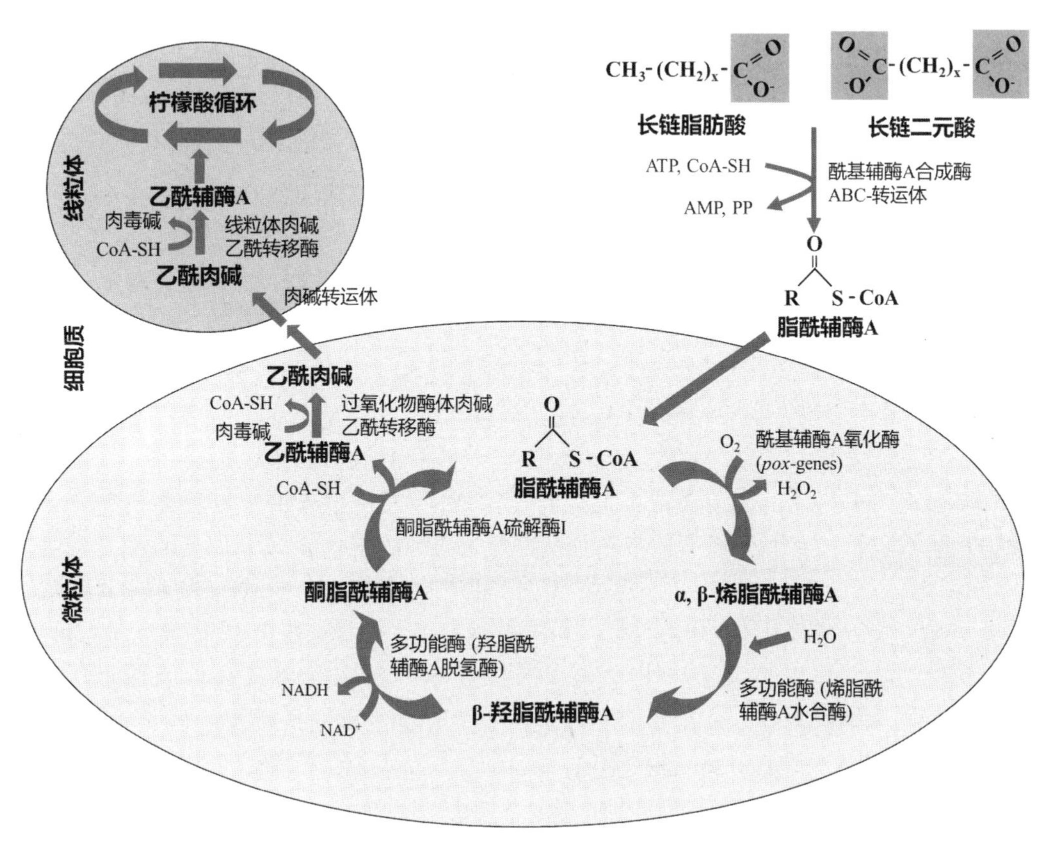

图2-4　酵母过氧化物酶体(微粒体)中β-氧化的途径[56]

力来提升细胞的生产能力,比如添加铁、巴本比妥、青霉素等[73-74]。热带假丝酵母降解长链二元酸的β-氧化酶系包括酰基辅酶A氧化酶、烯酰辅酶A水合酶、3-羟基脂酰辅酶A脱氢酶、3-酮脂酰辅酶A硫解酶和乙酰辅酶A硫解酶等[71]。脂肪酸的β-氧化是降低烷烃转化率的主要因素,因此通过阻断β-氧化途径能够有效积累长链二元酸[75]。酰基辅酶A氧化酶通常是长链二元酸降解的限速酶,因此也可以通过对酰基辅酶A氧化酶的抑制作用来调控β-氧化过程,比如添加酰基辅酶A氧化酶抑制剂、Ag^+、Pb^+、非离子型表面活性剂等,或者通过基因工程手段来实现β-氧化途径的阻断。

2. 高产菌株的选育

能利用石油烃类的细菌、霉菌和放线菌种类很多,在假单胞杆菌、葡萄孢菌等许多微生物中也观察到烷烃氧化成脂肪酸反应的存在,但是它们生成二元酸的量很低,而且大多是短链二元酸[76]。已报道的利用脂肪族正烷烃生长的酵母菌属有假丝酵母属、隐球酵母属、内孢霉属、汉逊氏酵母属、毕赤氏酵母属、红酵母属、球拟酵母属、丝孢酵母属、酵母属、酒香酵母属等。其中假丝酵母属是正烷烃发酵生产长链二元酸的高产微生物。截至目前,用于发酵生产长链二元酸的假丝酵母都是从自然界中筛选得到的野生菌株,然后经过多次诱变筛选后获得，可以氧化从癸烷到十八烷的正烷烃生成相应链长的长链二元酸[77]。由于野生菌株自身β-氧化能力太强，因此很难大量积累长链二元酸。为了积累更多的长链二元酸，避免其经过β-氧化被降解掉，从菌种选育角度降低微生物β-氧化能力和阻断β-氧化途径是必经之路。

诱变育种是微生物高产菌株选育的常规手段，主要包括诱变和筛选两部分。通过对出发菌株进行物理或化学诱变剂的处理，提高菌株突变频率，从而获得大量突变株，再采用快速简便的筛选方法，从中筛选出理想的目的突变株。诱变剂主要有物理诱变剂和化学诱变剂两大类。

在物理诱变方面，紫外诱变技术早在20世纪70年代即得到应用，日本矿业公司利用紫外诱变等手段筛选出热带假丝酵母菌变异株M2030，发酵120 h可产酸130 g/L[78]。赵兴青[79]在筛选产DCA13菌株过程中采用蔗糖(唯一)碳源培养基、烷烃(唯一)碳源的培养基、苯酚红显色培养基复合筛选假丝酵母菌株，并通过紫外诱变方法进一步提高优势菌株的产酸性能，取得了比较理想的摇瓶产酸效果。陈祖华等[80]利用低能粒子束注入技术处理热带假丝酵母SCB412，筛选获得了一株能够利用正十二烷生产DCA12的高产菌株，发酵产酸量从诱变前的43.6 g/L上升到73.3 g/L。在化学诱变方面，陈远童等[81]在筛选十八烯二元酸生产菌株过程中采用$NaNO_2$诱变，也取得了比较好的产酸量。此外，有专利指出采用亚硝基胍作为化学诱变剂，筛选出的高产假丝酵母菌CH-14-204，发酵139 h后产酸量可以达到192.3 g/L[82]。

基因工程技术也是获得高产菌株的重要手段之一。对于长链二元酸的工业生产，大多使用热带假丝酵母。构建高产二元酸(dicarboxylic acid，DCA)的菌株大多数优化步骤均始于脂肪酸和DCA分解代谢相关途径基因的缺失，即β-氧化途径基因的敲除和编码ω-氧化途径关键酶基因的过表达。高弘等[83]构建了肉毒碱酰基转移酶基因单拷贝缺失菌和双拷贝缺失菌，并对基因重组菌的生长及产酸特性进行研究，发现肉毒碱酰基转移酶基因双拷贝缺失菌不能够代谢烷烃。长链脂肪酸和DCA依赖于酰基辅酶A合成酶的激活，然后被转运到过氧化物酶体。因此缺乏酰基辅酶A合成酶的突变菌株在摄取脂肪酸方面存在缺陷。在各种酵母菌中，对酰基辅酶A氧化酶的基因(*pox*基因)进行敲除，是阻断分解代谢β-氧化途径的第一步。Okazaki等[84]指出在热带假丝酵母pK233中存在3个*pox*基因(*pox2*，*pox4*，*pox5*)。其中*pox4*和*pox5*编码酰基辅酶A氧化酶的不同同工酶被敲除后，在该双重缺失菌株中可以发现DCA的富集。解脂酵母是另一个能够利用烷烃生产DCA的酵母菌。自1998年以来，迄今为止已在解脂酵母中表征了6个*pox*同源基因，并通过基因工程构建了*pox*基因缺失的不同突变株(*pox2*、*pox3*、*pox4*和*pox5*基因的双重、三重和四重缺失菌株)。所有基因缺失菌株均能够积累DCA12(7～20 g/L)，同时与野生菌株相比，*pox*基因缺失的数量越高，DCA的产量也越高[85]。

3. 发酵过程的优化

长链二元酸的发酵过程属于非生长偶联型，即酵母菌的增殖与二元酸产物的积累没有明显关联,菌体生长与产物合成在两个不同的阶段进行。目前对于长链二元酸发酵工艺的优化主要集中于培养基、发酵条件、补料控制等方面。

(1) 培养基组分优化

二元酸发酵生产过程分成两个阶段:菌体生长期和产酸期。生长期的碳源通常为蔗糖,产酸期的碳源为正烷烃,菌体利用正烷烃为底物生产二元酸。长链二元酸发酵培养基需要碳源、氮源、生长必需的无机盐及微量生长因子等。刘祖同等[86]研究表明,利用热带假丝酵母生产长链二元酸时,尿素是最好的氮源。但是沈永强等[87]研究发现当尿素含量过高时,并不会积累长链二元酸。高浓度尿素的存在可能会强化菌株磷酸氧化、三羧酸循环和乙醛酸循环等途径,从而促进烷烃的同化作用,但同时也会抑制细胞色素酶的合成,从而减少长链二元酸的积累。

除碳源、氮源外,种子培养基中还要有生长必需的无机物及微量生长因子,如磷酸盐、氯化钠、硫酸镁、维生素、玉米浆以及酵母膏等。Mobley 等[88]指出酵母膏对增加酸产量必不可少,其最适量为 0.05%～0.1%,超过此限度时产酸量明显减少;镁离子的最少添加量为 0.05%,如果镁离子缺乏,酸产量下降约 75%。沈永强等[87]和许晓增等[89]还发现,当磷酸二氢钠含量为 0.1%～0.2%,磷酸氢二钾含量为 0.4%～0.6%时利于长链二元酸的积累。

为提高长链二元酸产率,还可以采用正构烷烃和糖,如葡萄糖、蔗糖构成双底物碳源,这样可提高二元酸产生菌的生长速率,以便使正构烷烃在较短时间转化成二元酸[90]。此外,发酵培养基中添加适量的表面活性剂和乳化剂可以强化发酵过程中的烷烃与 H_2O 的混合,也在一定程度上有利于长链二元酸的生产。

(2) 发酵工艺优化

在耗氧发酵过程中,氧是维持微生物生长和代谢的关键底物。刘树臣等[91,92]发现在 DCA13 发酵中加强搅拌混合效果和控制低溶氧是稳定提高长链二元酸产量的有效方法,控制溶氧水平在 20%～30%最适宜产酸,过高的溶氧水平对提高产酸水平的作用不明显,反而增加能耗。

(3) 补料控制优化

对于补料控制来说,在发酵过程通过补糖的方式可以有效地抑制 β-氧化过程,代替脂肪酸为细胞提供能量。高弘等[93]采用补糖工艺后,原始菌和重组菌的 DCA13 的产量分别提高了 25.0%和 23.4%,烷烃转化率分别提高了 35.5%和 28.6%。此外,初始烷烃浓度、烷烃补加量和时间也与长链二元酸的产量密切相关。在发酵初期加入烷烃时,高浓度的烷烃对于菌体生长有一定的抑制作用,所以在发酵初期最好不加入烷烃或加入少量的烷烃(<2%),让菌体得到快速的生长,待菌体浓度达到一定水平之后,再补加足量的烷烃诱导细胞色素 P450 酶系的表达,从而增加长链二元酸产量[94]。

除此之外,由于碳水化合物呈水溶性,而烷烃为非水溶性物质,要使烷烃在发酵液中分散均匀,烷烃和脂肪酸的吸收很大程度上取决于培养基中介质的乳化程度。因此,控制发酵过程中的搅拌速度、搅拌功率和通气速率等操作条件至关重要，不仅影响发酵罐供氧水平，还对传质过程有显著作用，从而影响微生物生长速度和产物合成速度。

4. 长链二元酸的提取方法

长链二元酸的提取方法主要分两大类：水相法分离提取和溶剂法分离提取[94]。

(1) 水相法分离提取

水相提纯法是用活性炭或超滤膜脱除发酵清液中部分色素、蛋白质及有机杂质等，再用浓 H_2SO_4酸化结晶、冷却、过滤，得到长链二元酸结晶体，但其纯度通常<97.5%，而且色素含量仍比较高。此方法的优点包括投资少、操作简单、安全环保等，但缺点也很明显，主要是产品纯度低、色泽差、晶体粒度不均匀、蛋白质及其他杂质含量高等。因此，要想获得高质量产品，需进一步改进清液除杂与结晶控制的方法。

(2) 溶剂法分离提取

醇溶结晶法是将发酵液经膜过滤除去菌体，活性炭脱色、酸化结晶、过滤，得到的湿滤饼溶解于加热的 C_2-C_5醇类(如乙醇、辛醇、C_2-C_5二元醇等)中，再经活性炭脱色过滤、冷却、结晶，从而得到长链二元酸纯品。因常温下醇类对长链二元酸溶解性比较高，因此此方法存在溶液损失率高(>15%)、产品损失率高(～10%)、产品中残留少量酯化物杂质、结晶颗粒细小等问题。

上海凯赛生物技术研发中心有限公司以烷烃为重结晶的溶剂对粗品二元酸进行精制[95]，将二元酸粗品与烷烃混合，加热到 110℃以上使二元酸溶解，粗品中的大部分杂质不溶于烷烃，形成沉淀而分离出来，然后再对二元酸烷烃溶液进行降温结晶，得到的产品总酸、单酸纯度均较高，总氮含量可降到 70 mg/kg 以下。此工艺中所用溶剂烷烃的腐蚀性低、安全性高，且由于烷烃结晶母液中的杂质含量很低，不需精馏纯化溶剂，简化了工艺流程。此外，还在二元酸发酵液中添加无机酸，生成以菌体和二元酸为主要不溶物的混合溶液，然后进行固液分离，蒸发除去固体混合物中大部分的水分，再加入醋酸或醋酸丁酯作为溶剂，进行溶解、萃取，过滤除去固体杂质，降温析出晶体，得到二元酸产品。李占朝等[96]采用醋酸重结晶法精制十二碳二元酸，当十二碳二元酸粗品与醋酸的固液比在 1∶12.5，溶解温度为 90℃，脱色剂加入量 1%(w/v)，脱色时间 60 min 时，所得产品十二碳二元酸的单酸纯度可达到 99.6%以上。

目前国内二元酸主要生产企业均是以醋酸为溶剂进行二元酸粗品的精制，但醋酸腐蚀性极强，导致生产设备造价昂贵，且醋酸溶剂回用需要蒸馏脱水，能耗较高。中国石化抚顺石油化工研究院采用乙醚、丙醚、丁醚、戊醚或已醚等作为溶剂，在发酵液酸化、过滤得到二元酸滤饼后，与溶剂进行混合、萃取，再进行溶剂相和水相的分离，溶剂相中加入吸附剂进行脱色处理，经过滤除掉固形物、结晶等步骤获得单酸的纯度>98.5%的精产品[97]。另外，中国石化扬子石油化工有限公司还利用二乙醚、甲基叔丁基醚、乙基叔丁基醚等醚类溶剂，对二元酸酸化液进行萃取，可得到总酸纯度>99%、总氮含量低、外观色泽好的二元酸精产品[98]。醚类溶剂对设备的腐蚀性显著低于醋酸溶剂，且不与产物二元酸发生反应，获得的产品品质好。但醚类溶剂通常易燃、易挥发，其蒸汽具有特殊的刺激气味，因此在实际生产中，需要有防火、防爆、防毒装置或措施，另外还存在溶剂回收问题，生产成本较高。

2.3.3　琥珀酸的生物合成

1. 琥珀酸的基本性质及其应用

琥珀酸，学名丁二酸（succinic acid），是一种四碳二元羧酸，作为三羧酸循环（tricarboxylic acid cycle，TCA 循环）的中间产物广泛存在于人体、动植物和微生物中。琥珀酸的分子式为 $C_4H_6O_4$，分子量为 118.09，熔点为 184℃，沸点为 235℃。琥珀酸是无色晶体、味酸可燃。其相对密度为 1.572，易溶于 H_2O，微溶于乙醇、乙醚、丙酮、甘油等，几乎不溶于苯、二硫化碳、四氯化碳和石油醚。

琥珀酸是一种重要的化工原料，广泛应用于化工、食品、医药等行业[99]。目前琥珀酸主要用作表面活性剂、清洁剂、添加剂和起泡剂。此外，琥珀酸也可作为离子螯合剂，被用于电镀行业防止金属的腐蚀和点蚀；琥珀酸在食品行业中可作为酸化剂、风味增强剂、pH 改良剂、抗菌剂等；在医药行业，琥珀酸可用于生产保健类产品，如抗生素、氨基酸、维生素等[100]。琥珀酸具有线性的饱和二元羧酸结构，因此可以作为许多化合物合成的中间体，如可以进一步转化为 1,4-丁二醇、四氢呋喃、γ-丁内酯、己二酸等[100,101]具有重要工业用途的化合物。

琥珀酸另一个潜在的应用市场是可以作为生物基聚合材料的单体。琥珀酸是聚丁二酸丁二醇酯（PBS）的一个重要单体，其合成主要是由 1,4-丁二醇和琥珀酸在一定条件下进行酯化，然后在催化剂及高温高压下进行缩聚反应。PBS 具有与聚对苯二甲酸乙二醇酯（PET）相似的物理性质，可生物降解，可用于制作包装材料以及生物医药材料。PBS 与聚乳酸等其他生物可降解材料相比，力学性能及耐热程度更高，是目前降解材料中加工性能最优良的材料[99]。目前 PBS 价格较高，生产规模有限，但由于 PBS 具有以上诸多优点，未来仍可与 PET 竞争。

2. 生物发酵法产琥珀酸

传统的琥珀酸生产方式为化学合成，即主要依赖于石油化工过程，有多种物质可以在一定条件下转化为琥珀酸。化学合成方法主要依赖石油原料，主要的生产方式包括电解法[102]、催化加氢法[103]、乙炔羰基化法[104]以及氧化法[105]，这些方法都存在能耗较高、污染大的缺点。而用微生物发酵法生产琥珀酸则可在一定程度克服化学合成法存在的缺点，因此，琥珀酸的化学合成工艺正逐步被生物发酵法所取代。

(1) 琥珀酸生产途径

琥珀酸是 TCA 循环的中间代谢物，也是许多微生物厌氧发酵途径的终产物，在微生物的细胞代谢中起着重要的作用。通过代谢工程的手段可以使多种微生物能够在好氧或厌氧条件下合成琥珀酸（图 2-5），该方法合成琥珀酸主要利用的生产途径包括 TCA 循环还原臂、乙醛酸循环和 TCA 循环氧化臂[106]。

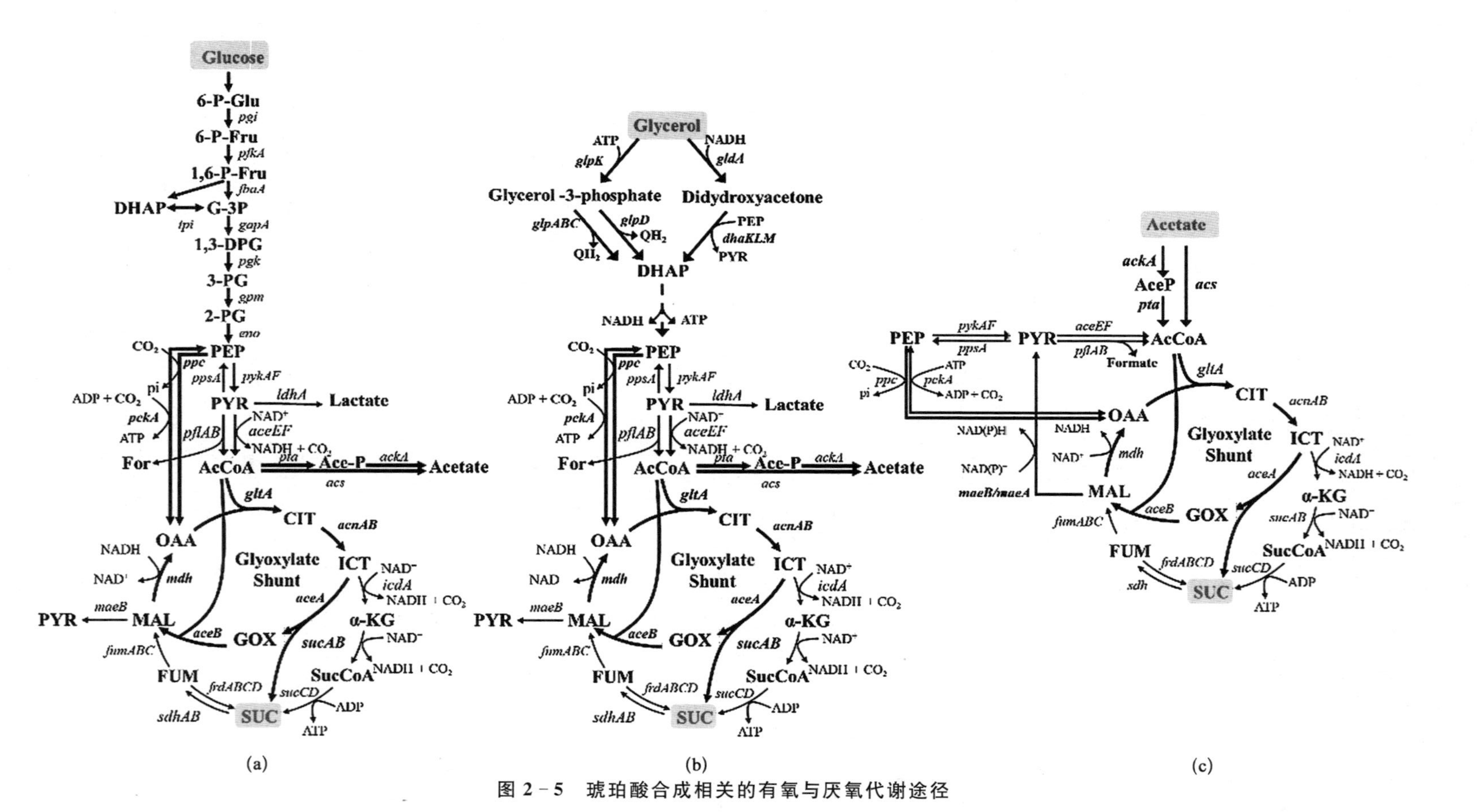

图 2-5 琥珀酸合成相关的有氧与厌氧代谢途径

(a) 葡萄糖为碳源的琥珀酸合成途径；(b) 甘油为碳源的琥珀酸合成途径；(c) 乙酸为碳源的琥珀酸合成途径；Glu，葡萄糖；Glycerol，甘油；6-P-Glu，6-磷酸-葡萄糖；6-P-Fru，6-磷酸-果糖；1，2-P-Fru，1，6-二磷酸果糖；G-3P，甘油醛-3-磷酸；1，3-DPG，1，3-二磷酸甘油酸；3-PG，3-磷酸甘油酸；2-PG，二磷酸甘油酸；OAA，草酰乙酸；MAL，苹果酸；FUM，延胡索酸；SUC，琥珀酸；SucCoA，琥珀酰辅酶 A；α-KG，α-酮戊二酸；ICT，异柠檬酸；CIT，柠檬酸；AcCoA，乙酰辅酶 A；GOX，乙醛酸；PEP，磷酸烯醇式丙酮酸；PYR，丙酮酸；ACE，乙酸；AcP，乙酰磷酸；Glycerol-3-Phosphate，3-磷酸-甘油；DHAP，磷酸二羟丙酮；Dihydroxyacetate，二羟丙酮；LAC，乳酸；FOR，甲酸；*pgi*，葡萄糖-6-磷酸异构酶基因；*pfkA*，果糖-6-磷酸激酶基因；*fbaA*，1，6-二磷酸果糖醛缩酶基因；*gapA*，甘油醛-3-磷酸脱氢酶基因；*pgk*，磷酸甘油酸激酶基因；*gpm*，磷酸甘油酸变位酶基因；*eno*，烯醇酶基因；*acs*，乙酰辅酶 A 合成酶基因；*ackA*，乙酸激酶基因；*pta*，磷酸乙酰转移酶基因；*aceEF*，丙酮酸脱氢酶基因；*poxB*，丙酮酸氧化酶基因；*ppsA*，磷酸烯醇式丙酮酸合成酶基因；*pykAF*，丙酮酸激酶基因；*ppc* / *pckA*，PEP 羧激酶基因；*fumABC*，延胡索酸酶基因；*mdh*，苹果酸脱氢酶基因；*frdABCD*，延胡索酸还原酶基因；*sdhABCD*，琥珀酸脱氢酶基因；*gltA*，柠檬酸合成酶基因；*sucCD*，琥珀酰辅酶 A 合成酶基因；*sucAB*，α-酮戊二酸脱氢酶基因；*icdA*，异柠檬酸脱氢酶基因；*aceAB*，异柠檬酸裂解酶基因；*iclR*，异柠檬酸裂解酶阻遏基因；*acnAB*，乌头酸酶基因 *sfcA* / *maeB*，苹果酸酶基因；*pflB*，丙酮酸甲酸裂解酶基因；*ldhA*，在厌氧条件下，TCA 循环的还原臂是琥珀酸生产的主要途径，在这条途径中，磷酸烯醇式丙酮酸羧化酶（PEP 羧化酶）和磷酸烯醇式丙酮酸羧激酶（PEP 羧激酶）可将磷酸烯醇式丙酮酸（PEP）转化为草酰乙酸（OAA），再依次通过苹果酸脱氢酶、延胡索酸水化酶和延胡索酸还原酶催化的反应转化为琥珀酸。经过此途径，合成 1 mol 琥珀酸可以固定 1 mol CO_2，同时消耗 2 mol NADH。而以葡萄糖为碳源，1 mol 葡萄糖仅能通过糖酵解途径提供 2 mol NADH。因此，NADH 往往是琥珀酸生产的限制性因素。而乙醛酸循环将乙酰辅酶 A（乙酰 CoA）和 OAA 经过一系列酶促反应转化为琥珀酸和苹果酸，通过乙醛酸循环产生 1 mol 琥珀酸只需要消耗 1.25 mol NADH[107]。在厌氧发酵条件下，通过 TCA 循环的还原臂和乙醛酸循环两条途径生产琥珀酸，此时若以葡萄糖为碳源，由于降低了琥珀酸生产过程中对 NADH 的需求，琥珀酸的最大理论得率可以达到 1.71 mol/mol 葡萄糖。乙醛酸循环受到乙醛酸循环抑制因子（IclR）的调节。在厌氧条件下，通过敲除 *iclR* 基因，可以激活乙醛酸循环[108]。此外，通过敲除琥珀酸生产过程中副产物合成的基因，如乙酸激酶基因 *ackA*、磷酸转乙酰酶基因 *pta* 也能激活乙醛酸循环。甘油作为还原性较高的底物，在厌氧条件下适合生产还原性高的产物，但由于厌氧发酵副产物较多，因此需要对生产菌株进行进一步的代谢工程改造。Matthew D 等[109]构建了缺失乙醇脱氢酶基因（*adhE*）、磷酸转乙酰基酶基因（*pta*）、丙酮酸氧化酶基因（*poxB*）、乳酸脱氢酶基因（*ldhA*）以及 PEP 羧激酶基因（*ppc*）的大肠杆菌缺陷菌株，同时再过表达来自乳酸乳球菌（*Lactococcus lactis*）的丙酮酸羧化酶基因（*pyc*），当该菌株以甘油为底物时，琥珀酸的产量达到 14 g/L，得率达到 54%。

随着生物炼制技术要求的不断提高，琥珀酸的好氧发酵底物已从粮食基底物葡萄糖发展为非粮食基发酵底物甘油、乙酸等。康振等[110]以大肠杆菌（*Escherichia coli*）MG1655 菌株为出发菌，敲除琥珀酸脱氢酶基因（*sdh*）、磷酸转乙酰基酶基因（*pta*）、丙酮酸氧化酶基因（*poxB*）、异柠檬酸裂解酶阻遏基因（*iclR*）及葡萄糖-磷酸转移酶系统基因（*ptsG*）后，构建了好氧琥珀酸生产菌株——大肠杆菌 QZ111。该菌株能以葡萄糖为碳源，在摇瓶发酵实验中，琥珀酸产量达到 26.4 g/L，且乙酸是唯一检测到的副产物（2.3 g/L）。Li 等[111]同样以 MG1655 为出发菌株，敲除了丙酮酸甲酸裂解酶基因（*plB*）和乳酸脱氢酶基因（*ldhA*），并通过双阶段发酵的策略解决了厌氧条件下菌体不生长、产量低的问题，同时进一步过表达了内源 PEP 羧激酶基因（*pckA*）后，以甘油为底物时、摇瓶发酵琥珀酸产量达到 118.1 mM，1.5 L 发酵罐琥珀酸产量则可达 360.2 mM，得率高达 0.93 mol/mol。此外，Li 等[112]对以乙酸为碳源合成琥珀酸进行了研究，由于乙酸的活化需要能量，而在厌氧条件下能量受到限制，所以可在好氧条件下利用乙酸生产琥珀酸。在好氧条件下，乙醛酸支路和 TCA 循环的氧化臂均可以产生琥珀酸，但 TCA 循环的氧化臂会有 CO_2 的释放，进而造成碳损失，因此可以敲除 *iclR* 基因来提高乙醛酸支路途径的通量，进而提高琥珀酸的产量，最终构建的 MG03（pTrc99a - *gltA*）菌株在摇瓶发酵 72 h 后能够生产 16.45 mM 的琥珀酸，得率达到 0.46 mol/mol，为理论得率的 92%，且在发酵过程中，未发现有其他副产物形成。Huang 等[113]进一步从 MG03 突变株出发，通过敲除 PEP 羧激酶基因(*pckA*)和过表达甲酸脱氢酶，使琥珀酸产量达到 30.9 mM。由于异柠檬酸脱氢酶基因(*icdA*)的缺失会导致严重的生长缺陷，Huang 等进一步采用静息细胞转化法，使琥珀酸产量提升到 194 mM，得率提高到 0.44 mol/mol。

(2) 琥珀酸的生产菌株

琥珀酸作为 TCA 循环的中间产物及厌氧代谢的终产物之一，几乎能被所有的微生物、动物以及植物细胞合成。可以用来高效生产琥珀酸的微生物主要包括真菌和细菌(表 2-3)。黑曲霉(*Aspergillus niger*)、库德毕赤酵母(*Pichia kudriavzevii*)、酿酒酵母(*Saccharomyces cerevisiae*)、耶氏解脂假丝酵母(*Yarrowia lipolytica*)等真菌在厌氧和好氧条件下都可以合成作为代谢副产物的琥珀酸[16,17]。其中酵母在琥珀酸生产过程中的研究较为透彻，通过失活副产物合成途径的关键酶等策略构建了一系列的酵母突变株，部分突变株能表现出更优秀的琥珀酸发酵生产性能[116-118]。Gao 等[115]对耶氏解脂假丝酵母进行基因工程改造(失活 SDH5)后，以粗甘油为碳源生产琥珀酸，经过发酵条件优化后、琥珀酸的最高产量可达 160 g/L，生产速率为 0.4 g/(L·h)，这是目前通过生物发酵法生产琥珀酸的最高产量。但由于以真菌作为宿主菌发酵生产琥珀酸存在较多的问题，如发酵操作和分离纯化困难、生产效率较低等，因此，采用真菌生产琥珀酸的方法大多局限于食品和饮料制造行业。

表 2-3 琥珀酸的生物合成

宿 主	碳 源	产量 (g/L)	时空产率 (g/L/h)	得率 (g/g)	参 考
M.succiniciproducens	甘油、葡萄糖	97.10	3.01	0.83	[114]
M. succiniciproducens	蔗糖、甘油	69.2	2.50	1.02	[121]
Y. lipopytica	粗甘油	160.2	0.4	0.4	[115]
Y. lipopytica	甘油	110.7	0.8	0.53	[122]
A. succiniciproducens	葡萄糖	32.2	1.2	0.99	[123]
A. succinogenes 130Z	藻类水解液	36.8	3.9	0.92	[124]
Basfia succiniciproducens	玉米淀粉水解液	30.0	0.69	0.43	[125]
E. coli	藻类水解液	17.4	—	0.87	[126]
E. coli	乙酸	3.65	—	0.99	[113]

许多细菌也可以作为生产琥珀酸的宿主菌株，这些菌株可以分为天然宿主和代谢工程改造菌株。天然宿主，如琥珀酸放线杆菌(*Actinobacillus succinogenes*)、曼海姆产琥珀酸菌(*Mannheimiasucciniciproducens*)、产琥珀酸厌氧螺菌(*Anaerobiospirillumsucciniproducens*)本身就能够在一定条件下积累较高浓度的琥珀酸，这些宿主菌大多从反刍动物瘤胃中分

离出来，有 CO_2、CH_4、H_2 等气体形成的厌氧环境为琥珀酸的生产创造了良好的条件[119,120]。由于部分天然宿主菌的遗传信息较清楚，因此，可以通过基因工程改造的方法进一步提高其琥珀酸的生产能力。

(3) 琥珀酸生产的代谢工程策略

好氧发酵条件下，琥珀酸是微生物 TCA 循环和乙醛酸循环的产物，需要阻断琥珀酸的消耗途径才能积累琥珀酸。而厌氧条件下，琥珀酸是微生物氧化还原的末端产物，其生成途径可视为还原性 TCA 循环的一部分。此外，琥珀酸前体琥珀酰 CoA 是自然界固碳途径中 3-羟基丙酸循环和双羧酸/4-羟基丁酸双循环的中间产物[127]。因此可以通过以下代谢工程策略提高琥珀酸的生物合成产量：

① 阻断副产物的合成途径

大肠杆菌进行副产物发酵时，主要产物为乙酸、乳酸、甲酸和乙醇，而琥珀酸仅少量积累。副产物的合成不仅消耗碳源，而且需要消耗 NADH，不利于琥珀酸的生产。Wang 等[128]在乳酸脱氢酶基因(*ldhA*)和丙酮酸甲酸脱氢酶基因(*pflB*)缺失的大肠杆菌双突变株 NZN111 中，在减少了副产物乳酸和甲酸产生的基础上，同时运用双阶段琥珀酸发酵和过表达苹果酸脱氢酶(MDH)的方法，解决了该菌株在厌氧条件下无法生长和生产的问题。此外，乙醇是厌氧发酵的主要副产物之一，通过敲除乙醇脱氢酶的编码基因 *adhE* 可有效提高琥珀酸的得率[129]。乙酸是琥珀酸好氧发酵的主要副产物，为了通过减少乙酸的积累而提高琥珀酸的产量，研究者们通常选择敲除 *pta*、*ackA*-*pta* 以及 *poxB* 基因[130]。

② 增强琥珀酸合成途径中关键酶的表达以及减少合成途径中的碳流失

代谢工程的常用策略是提高合成途径关键酶的表达，以增强流向琥珀酸的代谢流。琥珀酸的生成途径主要包括 TCA 循环和乙醛酸循环。TCA 循环的主要输入节点是乙酰 CoA 和 OAA。过表达柠檬酸合酶编码基因可以明显提高流入 TCA 循环的碳通量，增加琥珀酸的产量[112]，并能有效减少乙酸的积累[131]。目前关于增强前体 OAA 的供应研究较多。大肠杆菌中 OAA 主要有两个来源，一是通过 PEP 羧化酶(PPC)和 PEP 羧激酶(PCK)催化 PEP 固定 CO_2 合成 OAA；二是通过过表达外源的丙酮酸羧化酶(PYC)催化丙酮酸合成 PEP，从而形成 OAA 进入 TCA 循环，增加琥珀酸产量[132]。虽然 PPC 和 PCK 都能催化 PEP 生成 OAA，但两者酶学性质仍存在较大差别。在大肠杆菌中，PPC 是主要固定 CO_2 合成 OAA 的酶，该酶对 CO_2 的 Km 值较低(约为 0.1 μM)[133]，而 PCK 对 CO_2 的亲和力较低，Km 值为 13 μM，因此，PCK 主要在缺失 PPC 或在高浓度 CO_2 下起作用。PYC 是大肠杆菌自身不存在的酶，但广泛存在于真菌细胞中，因此，在大肠杆菌中合成 OAA 的这条途径中会消耗 ATP。Li 等[134]比较了当以甘油为底物时，MLB 菌株(缺失 *ldhA* 和 *pflB* 基因的 MG1655 菌株)分别过表达 *pck*、*ppc* 及 *pyc* 时对琥珀酸生产的影响，结果发现过表达 *pyc* 和 *pck* 时可明显促进琥珀酸的产生，这可能是因为 PYC 通过提高对底物甘油的消耗速率而增加产物琥珀酸的产率；而 PCK 则在催化 CO_2 的过程中生成更多的 ATP,有效减缓了突变株细胞生长受抑制的现象,使细胞维持更大的密度,因而生产更多的琥珀酸。

碳代谢流在 TCA 循环中的流失主要是由苹果酸的糖异生途径以及 TCA 氧化臂的 CO_2释放带来的,它们都降低了碳源的利用率。Huang 等[113]在以乙酸为碳源生产琥珀酸时,敲除了糖异生途径的相关基因 *maeB* 和 *pckA*,可有效提高琥珀酸的产量与得率,另外,通过敲除 TCA 氧化臂的基因 *sucC* 或 *icdA*,可以提高碳原子的利用率。但 *icdA* 敲除后会严重影响细胞的生长,静态调控的方式只能应用于琥珀酸静息细胞转化生产法,故需要进行 *icdA* 生长的动态调控[135]。

此外,NADH 是琥珀酸合成中重要的辅酶因子,San 等[136]在琥珀酸发酵生产中过表达了来自博伊丁假丝酵母(*Candida boidinii*)的甲酸脱氢酶基因(*fdh*),使 1 mol 甲酸反应生成 1 mol NADH 和 1 mol CO_2,不仅减少了发酵过程甲酸的积累,而且为琥珀酸生产提供了更多的还原力来提高其产量。

③ 增强底物摄取、产物转运途径

通过提高微生物对底物的摄取能力,加快其对底物的利用,可有效增加微生物体内琥珀酸的生成速率。研究者在使用不同底物时,运用了不同的策略来增强微生物对底物的利用,如运用基因组编辑技术在大肠杆菌中构建强组成型的乙酸利用表达途径,可有效加快大肠杆菌中乙酸的利用及琥珀酸的转化[113]。此外,将大肠杆菌内源的 *glpK* 甘油利用途径替换为来自克雷伯氏菌的能量节约型 *glpA* 途径,加快琥珀酸的合成[137]。Chen 等[138]在研究四元碳羧酸泵出蛋白对琥珀酸生产的影响时发现,敲除内源的四元碳羧酸泵出蛋白基因后,再过表达 *ducB* 和 *ducC* 可以明显促进琥珀酸的生产,通过 RBS 组合优化表达后,能使琥珀酸产量增加 34%。

④ 实验室进化

代谢工程和进化工程都是菌株构建和优化普遍使用的方法和策略,但它们各有优缺点。近年来,越来越多的研究者将这两种方法结合起来用于促进琥珀酸的生物合成,这样既充分利用了代谢工程的理性设计,又包含了进化工程的非理性设计。如 Ingram 课题组[139]将琥珀酸生产菌株的乙醇、乙酸、乳酸等副产物途径都敲除后,使得琥珀酸的生成途径成为菌体中唯一吸收 NADH 的途径。这样菌体生长和 ATP 的产生则与琥珀酸的生产通过 NADH 的消耗而偶联,从而使得通过进化工程策略筛选到的生长加快的菌株即为琥珀酸产量增加的菌株。在通过多轮的基因敲除和适应性进化后筛选到两株琥珀酸高产菌株,其琥珀酸产量和得率能够达到 73.4～86.5 g/L 和 1.2～1.6 mol/mol 葡萄糖。

⑤ 微生物电合成

微生物电合成是指微生物吸收外部电能作为还原力,并将其转化为胞内可利用的还原力形式 NAD(P)或传递给相应的电子传递介质、电子受体储存为化学能的过程[140]。随着电能的过剩与适应新一代生物炼制的发展需求,越来越多的学者开始研究微生物电合成的代谢工程应用。在厌氧条件下，延胡索酸还原酶作为琥珀酸合成的主要途径，能够吸收利用外部电子将延胡索酸还原为琥珀酸。Wu 等[141]通过异源表达具有电子传递活性的细胞色素蛋白，将大肠杆菌改造成具有一定电子吸收能力的电活性微生物，并在厌氧发酵的条件下进一步提高了工程菌株的琥珀酸生产能力。此外，通过改造大肠杆菌内源的核黄单核苷酸合成途径，大肠杆菌即可通过自身分泌的电子介质进行电合成发酵产琥珀酸[142]。

2.3.4　呋喃二甲酸的生物合成

1. 基本性质及其应用

2,5-呋喃二甲酸(2,5-furandicarboxylic acid,FDCA)是一类重要的二元羧酸，在 20 世纪初时被美国能源部列为 12 种最具潜力的高附加值生物炼制品之一。其分子式为 $C_6H_4O_5$，熔点 342℃，沸点 419.2℃，性质稳定。近年来，FDCA 因被广泛用于各种领域而备受关注，尤其是它还可以作为石油化学衍生物对苯二甲酸的替代物。虽然 FDCA 具有一定的化学稳定性，但它也极易发生典型的羧酸反应，并产生羧基二卤化物、酯类和酰胺。目前 FDCA 材料，包括塑料、塑化剂、热固性材料和涂层等的全球市场总值可达几十亿欧元。以 FDCA 为合成单体的聚呋喃二甲酸乙二醇酯(polyethylene furandicarboxylate, PEF)可以用于替代工业上广泛应用的聚对苯二甲酸乙二醇酯(polyethylene terephthalate, PET)。与 PET 相比，PEF 具有更好的耐热性、更高的力学强度、更强的抗氧化性，以及高约一个数量级的气体阻隔性等优点[143,144]。

2. 生产方法

目前，根据反应起始物种类可以将 FDCA 的合成路线分为二甘醇酸路线、5-羟甲基糠醛(5-hydroxymethylfurfural, HMF)路线、己糖二酸路线、糠酸路线和呋喃路线等。这些反应起始物可以通过氧化还原反应、歧化反应等方式合成 FDCA[145]。目前对于以 HMF 为反应出发物的路线的研究相对较多，以二甘醇酸为反应出发物的反应路线生产工艺简单，但是二甘醇酸合成路径需要由环氧乙烷出发，导致二甘醇酸的价格远高于其他路线的反应起始物，阻碍了该路线在工业上的应用。HMF 路线被认为是最有潜力应用于工业化生产 FDCA 的合成路线之一。同时，由于 HMF 可以通过可再生原料来进行生产[146]，使得 HMF 乃至于 FDCA 的生产成本都不会因为原料成本变化及供应波动而发生剧烈变化，这一优点让以 HMF 为起始物的 FDCA 合成路线更适用于大规模工业化的生产。

现有的催化 HMF 合成 FDCA 的方法主要分为化学催化法、生物催化法和电化学催化法。合成路线涉及的中间产物包括 5-羟甲基-2-呋喃甲酸(5-hydroxymethyl-2-furan carboxylic acid, HMF acid)、2,5-二甲酰基呋喃(2,5-diformylfuran, DFF)以及 5-甲酰基-2-呋喃甲酸(5-formyl-2-furoic acid, FFA)[147,148]。在 3 种合成方法中，对化学催化法的研究最为深入，而电催化法及生物催化法相关的研究则较少。在化学催化法中,需要加入贵金属催化剂对反应体系进行催化,同时需要在反应体系中保持较高的温度与压强。与之相比,生物催化法的优势在于反应进程不需要贵金属催化剂,且反应在常温常压下就可以进行(图 2-6)[149]。

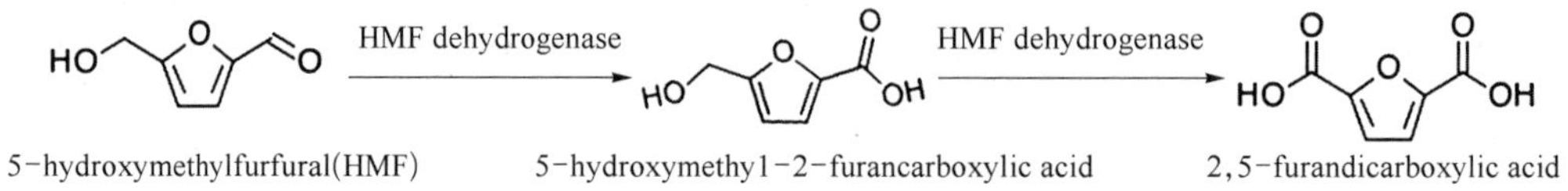

HMF dehydrogenase　　HMF dehydrogenase

5-hydroxymethylfurfural(HMF)　　5-hydroxymethy1-2-furancarboxylic acid　　2,5-furandicarboxylic acid

图 2-6　呋喃二甲酸的生物转化途径

5-hydroxymethyfurfural,5-羟甲基康醛;5-hydroxymethy-2-furancarboxylic acid,5-羟甲基-2-糠酸;2,5-furancarboxylic acid,2,5-呋喃双羧酸;HMFdehydrogenase,5-羟甲基康醛脱氢酶。

3. 生物催化法

(1) 微生物催化 HMF 生成 FDCA

HMF 最初是在木质纤维素的预处理过程中被发现的一种抑制微生物生长和代谢的化合物,它的存在不利于木质纤维素的发酵处理过程。在研究去除木质纤维素的发酵抑制因子的过程中,研究者发现了大量可以氧化降解 HMF 的菌株,随后又对这些菌株中的 HMF 代谢途径开展了研究,并将这些研究应用到 FDCA 的生物合成中。Frank 等[150]对巴西铜绿假单胞菌(*Cupriavidus basilensis*)HMF14 菌株中关于 HMF 以及糠醛的代谢途径进行了研究,他们通过转座子突变方法鉴定出两个与上述代谢途径有关的基因簇 *hmfABCDE* 和 *hmfFGH*。并将这两个基因簇在恶臭假单胞菌(*Pseudomonas putida*)S12 中进行了表达,明确了在有氧条件下,糠醛以及 HMF 在 *C. basilensis* HMF14 和 *P. putida* S12 菌株内的代谢途径。随后发现 *C. basilensis* HMF14 菌株缺失 *hmfFG* 基因的突变体能够积累 FDCA,表明该基因的产物能够以 HMF 和 FDCA 为底物进行反应。Gazi Sakir Hossain 等[151]在高含 HMF 的土壤中筛选得到能利用 HMF 生产 FDCA 的菌株 *Raoultella ornithinolytic* BF60,并对其发酵 pH、温度、HMF 底物浓度以及生物量等进行了优化。并进一步敲除 *R. ornithinolytic* BF60 菌株中 HMF、FDCA 的降解基因 *aldR* 和 *dcaD*,同时过表达 BF60 菌株内源的 FDCA 合成基因 *aldh1*、来自 *C. basilensis* HMF1 菌株的 HMF 氧化还原酶基因 *hmfH*,以及来自 *Methylovorus* sp. MP688 菌株的 FAD 依赖的氧化酶基因 *hmfO*,从而有效地提高了 FDCA 的产率[152]。

(2) 酶法催化 HMF 生成 FDCA

现有的酶催化法在生产 FDCA 的反应过程中往往会涉及多种酶,关于单酶催化 HMF 生成 FDCA 的研究较少。单酶催化反应中用到的酶主要以 DFF 为底物,这些酶包括来自南极假丝酵母(*Candida antarctica*)的脂肪酶 B(CALB)、野生型芳醇氧化酶(aryl alcohol oxidase,AAO)和 FAD 依赖的黄酮蛋白氧化酶 HMFO 等。野生型 HMFO 在辅酶核黄素单核苷酸(FAD)的参与下能够直接将 HMF 氧化为 FDCA,通过定向进化获得的某些突变体甚至可以摆脱 FAD 的依赖直接将 HMF 氧化为 FDCA[153]。

两步法多酶催化生产 FDCA 是目前研究较多的策略，它通过将单步骤中能高效催化反应的酶结合在一起，来获得更高的 FDCA 产率。Karich 等[154] 利用野生型 AAO，将从农杆菌中提取的野生、非特异性过氧化物酶(unspecific peroxygenase，AaeUPO)以及重组半乳糖氧化酶(galactose oxidase，GAO)进行酶串联反应，在 24 h 后获得的 FDCA 产率可达 80%。Wu 等[153] 将 HMFO 与脂肪酶 Novozym 435 结合，使得 FDCA 的产率高达 94.0%。虽然体外酶催化 HMF 合成 FDCA 能够在较为温和的反应条件下获得较高的产率，但是在催化反应的过程中往往需要多种酶进行协同催化，或将化学催化剂与酶联合使用才能获得较为理想的结果，而且还需要先对酶进行纯化，这些都增大了生产操作难度，给 FDCA 的工业化生产带来了很大的阻碍。而全细胞催化无需对酶进行额外的纯化，且对于需要添加辅因子(如 FAD、NADH 等)的酶促反应，在菌体内就能够进行原位补充。此外，全细胞催化过程中各种酶受到毒性底物的影响较小，能够较好地保持酶活性，还可以通过对生产菌株进行改造，将催化不同反应的酶进行异源表达或将多个酶整合到一个菌株中，在提高催化效率的同时降低生产操作难度。因此，相较于体外酶催化，全细胞催化无疑更适合 FDCA 的工业化生产。

2.3.5　己二酸的生物合成

1. 性质与应用

己二酸(adipic acid 或 adipate)是一种常见的饱和二元羧酸，又称肥酸，分子式为 $C_6H_{10}O_4$，易溶于乙醇、丙酮，微溶于醚，可溶于 H_2O，不溶于苯和石油醚，被国际能源机构认为是最具工业应用价值的二元羧酸之一。全球每年的己二酸产量约为 300 万 t，可带来约 6 亿美元的市场收益，且其产能仍按照每年 3%～5%的速率在增加。己二酸主要应用于尼龙工业领域，在增塑剂、聚氨酯、食品和医药领域亦占有一定的份额[155]。

2. 生产方法

己二酸的合成最早是由脂肪氧化而衍生出来的，而当前的生产主要依赖于石油化学品前体合成(如最常用的苯)。以苯为底物进行的己二酸生产会产生大量的 N_2O，加剧温室效应。因此，迫切需要一种对环境友好的己二酸高效生产新工艺取代传统的化学合成工艺。

近年来，由于生物合成的便捷可靠性和经济环保性，越来越多的研究人员开始探索己二酸的生物合成方法。目前自然界中尚未发现己二酸的生物合成途径，虽然有报道称嗜热放线菌(*Thermobifida fusca*)存在天然的己二酸合成途径，但研究发现，它的细胞裂解液只有在添加了内源的 5 -羧基- 2 -戊烯酰-辅酶 A 还原酶(5 - carboxy - 2 - pentenoyl -CoA reductase)后才能产生己二酸[156]。尽管天然生产菌株具有一定的己二酸生产优势，但因缺乏清楚的遗传背景以及酸耐受性，所以还是难以应用于己二酸的工业化生产。谷氨酸棒状杆菌(*Corynebacterium glutamicun*)、大肠杆菌(*E. coli*)和酿酒酵母(*S. cerevisiae*)作为常见的模式菌株，具有清楚的遗传背景，已被研究者作为底盘细胞用来进行己二酸的生产。己二酸的生产途径主要有己二酸降解途径逆反应[157]、β-氧化途径(或β-逆氧化途径)与ω-氧化途径结合的生产途径、2-氧代-庚二酸途径、2-氧代-己二酸途径和赖氨酸途径等[155]。

己二酸降解途径逆反应天然存在于产黄青霉(*Penicillum chrysogenum*)中,该途径具有高达0.92 mol己二酸/mol葡萄糖的理论得率[158]。该途径以代谢中间产物琥珀酰CoA合成己二酰CoA,其反应过程包括:① 琥珀酸CoA和乙酰CoA生成3-氧代己二酸CoA[159];② 3-氧代己二酸CoA经还原反应得到3-羟基己二酸;③ 3-羟基己二酸经脱水反应得到5-羧基-2-戊烯酰CoA;④ 5-羧基-2-戊烯酰CoA进一步还原生成己二酰CoA(此步骤是该途径的限速步骤);⑤ 最后己二酰CoA经酶催化形成己二酸。这些酶催化反应可以是琥珀酰CoA合成酶或乙酰CoA酯酶催化的反应,也可以是由磷酸丁酰基转移酶和丁酸激酶组成的两步催化反应[155]。利用来自不同生物体的酶在大肠杆菌中构建了几种己二酸反向降解途径,并进行了体内/体外测试,发现其中有些酶组合经优化后,对己二酸的产量有促进作用。当以甘油为碳源时,利用途径优化后的代谢工程菌株,己二酸产量可达68 g/L,产率为0.81 g/L · h^{-1},得率为0.378 g/g[157]。值得一提的是,甘油在微好氧条件下的NADH/NAD^+比率大于葡萄糖,这就可以解释为什么以葡萄糖为碳源时己二酸的产量较低,究其原因可能是由于反应过程中辅酶供应相对较少。此外,乙酰辅酶CoA与琥珀酰CoA的供应也是影响己二酸产量的另一个关键因素,当两者的比率为1∶1时,对己二酸的生产是最理想的。因此对底盘细胞中的乙酰CoA与琥珀酰CoA的含量及比率进行代谢调控也是至关重要的[157]。

以大肠杆菌(*E. coli*)和某些南极假丝酵母(*C. antarctica*)菌株为底盘细胞时,常常将β-氧化途径或逆β-氧化途径与ω-氧化途径相结合生产己二酸。在这种己二酸生产方式中,ω-氧化途径能够将不同长度的碳链的脂肪酸ω碳氧化为羧基形成二元羧酸,而二元羧酸可以通过β-氧化途径被降解,每次循环形成一个乙酰辅酶CoA。因此在二元羧酸生产中,要生产特定长度的二酸羧酸需要能够识别不同碳链长度的酰基CoA氧化酶。来自*C. antarctica*菌株的POX5酰基CoA氧化酶,就能够识别除己二酸之外的二元羧酸,从而使这些二元羧酸被β-氧化降解。此外,将假丝酵母菌(*Candida*)体内能够识别C4-C20底物的POX4酰基氧化酶敲除后,阻断己二酸的降解途径,从而使己二酸得以积累。但β-氧化途径对于己二酸的生产是碳损失的反应,从经济和环境的角度考虑是不理想的。若以大肠杆菌为生产宿主细胞,将乙酰CoA先经β-逆氧化途径延长至六碳脂肪酸后再经ω-氧化途径形成己二酸,相较于β-氧化途径则有更高的得率,但这个途径也需要更多的特异性酶的参与。如硫解酶与硫酯酶就在该生产己二酸的途径中发挥控制碳链长度的作用,来自真氧劳尔氏菌(*Ralstonia eutropha*)的3-酮酯酰CoA硫解酶能够特异性地生成C6-C10的羧酸,而大肠杆菌内源的硫酯酶YdiI能够特异性地识别C6、C8以及C10酰基CoA,并生成相应的二元羧酸[160-162]。

已有研究报道，当在大肠杆菌中过表达 2 -氧代庚二酸途径、以葡萄糖为碳源生产氨基丙酸时，己二酸是该途径的副产物。该途径从 2 -氧代戊二酸出发，经 Aks 系列酶延伸形成 2 -氧代己二酸，2 -氧代己二酸在产甲烷古细菌中可进一步延伸形成 2 -氧代庚二酸和 α -酮辛二酸。2 -氧代庚二酸通过调控 Aks 系列酶中的 AksA 的碳链特异性和下游 2 -氧代庚二酸脱羧酶的活性形成己二酸半醛，后经未知酶催化形成己二酸[163]。

生物法生产己二酸除了可以利用构建的代谢工程生产菌株之外，还可以利用其体外无细胞体系来合成己二酸。Hagen 等[164]就首次采用聚酮化合物合成酶系统利用琥珀酸 CoA 合成了己二酸。该系统以链霉菌来源的疏螺旋体素 PKS 系统(由酮合成酶、酰基转移酶、酮还原酶和酰基载体蛋白构成)为基础，以琥珀酸 CoA 为起点，丙酰 CoA 作为碳延伸单位，最终形成的己二酰 ACP 经由硫酯酶生成己二酸。虽然体外己二酸合成系统的产量较低，仅有 0.3 mg/L，但该系统为我们提供了不同于传统代谢工程的体外合成新思路以及全新的己二酸合成途径[163]。

此外，代谢工程直接合成己二酸除了上述已实现的己二酸生产途径之外，还有诸多理论上的己二酸生产途径，如 3 -氧己二酸途径、2 -氧己二酸途径、己酸的 ω -氧化途径、甲基酯碳延伸途径及以赖氨酸为起点的合成途径等(图 2 - 7)[155]。

2.3.6　生物基对苯二甲酸

1. 对苯二甲酸的性质和应用

对苯二甲酸(terephthalic acid 或 1，4 - benzenedicarboxylic acid，PTA)，分子式为 $C_8H_6O_4$，结构式如图 2 - 8，是目前产量最大的二元羧酸，是重要的大宗有机原料之一。常温下为固体，加热不熔化，300℃以上升华。对苯二甲酸是生产聚酯，尤其是聚对苯二甲酸乙二酯(PET)的原料，广泛用于化纤、轻工、电子、建筑等领域。90%以上的 PTA 用于生产 PET，其他是作为聚对苯二甲酸丙二醇酯(PTT)和聚对苯二甲酸丁二醇酯(PBT)及其产品的原料。PTA 主要是石油化工产品，既是石油的终端产品，也是聚酯的前端产品。从产业链上看，PTA 上承对二甲苯(PX)和原油，下接聚酯、涤纶短纤和长丝，是石化和聚酯产业链的分水岭，具有承前启后的作用[156]。

2000 年后，PTA 生产技术国产化工作受到了企业和国家相关主管部门的重视，国产化进程也开始加速。已取得多项重大成果：济南正昊化纤新材料有限公司作为首个 PTA 国产化工程，目前已完成了氧化反应动力学研究、结晶规律研究及传热传质研究等课题，同时依托济南正昊现有的 PTA 装置，通过改造，进行了多项国产化工艺的工业试验，15 台套关键设备将由国内首次制造和应用，取得预期效果；中国由扬子石化、浙江大学、华东理工大学共同承担的中国石化“十条龙”攻关项目之一的扬子石化精对苯二甲酸成套技术，已开发出具有自主知识产权的新型氧化反应器与更为先进的氧化工艺，可使 PTA 新建项目总投资比引进装置节省 20%～30%，其工艺的能量消耗比目前引进的 PTA 装置降低 20%以上，目前已申请专利 12 项(已获授权 6 项)。上海石化采用消化吸

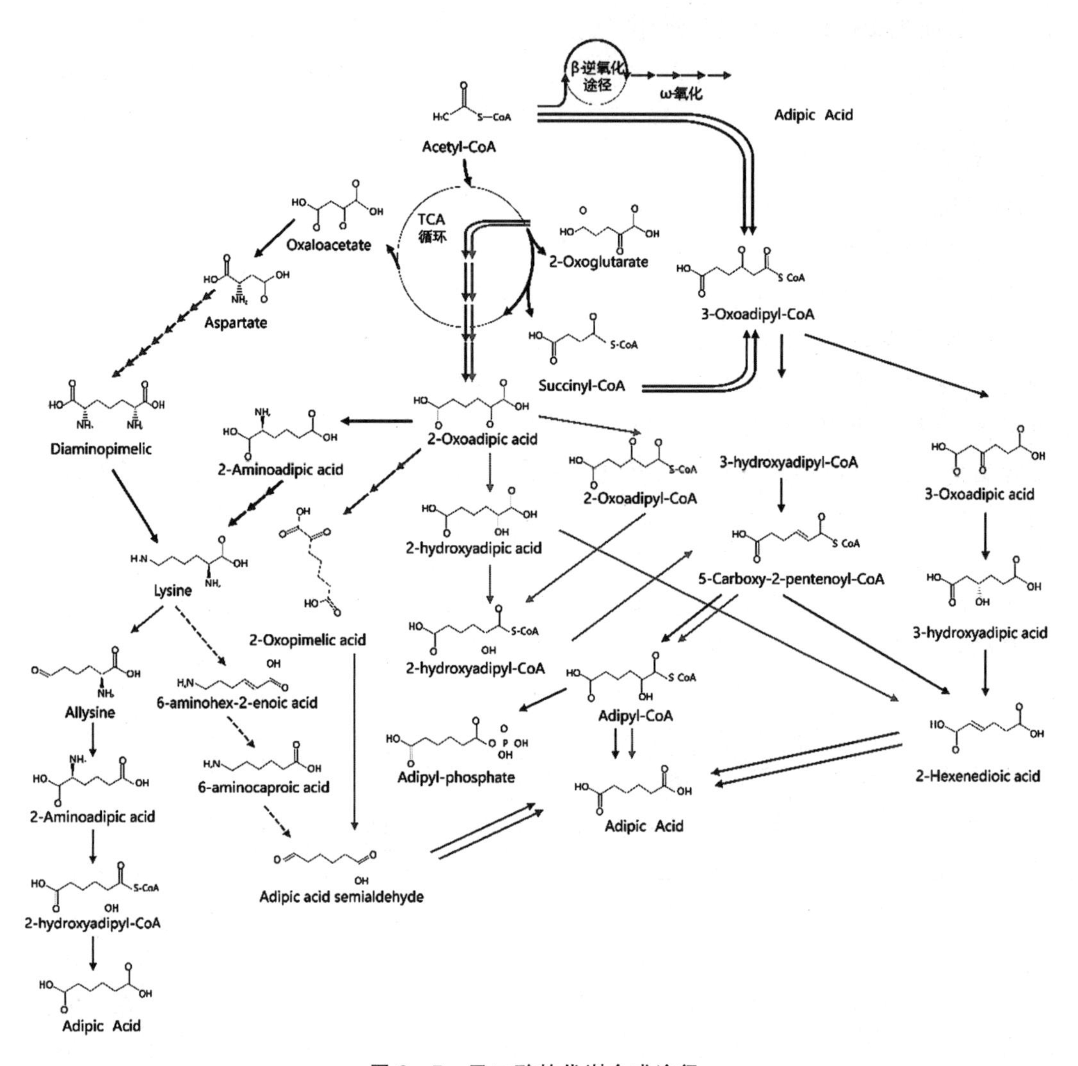

图 2－7　己二酸的代谢合成途径

Adipicacid，己二酸；Acetyl－CoA，乙酰辅酶 A；Oxalacetate，草酰乙酸；Aspartate，天冬氨酸；Diaminopimelic，二氨基庚二酸；Lysine，赖氨酸；2－Aminoadipicacid，二氨基己二酸；2－oxoglutarate，2－氧戊二酸盐；Succinyl－CoA，琥珀酰辅酶 A；3－oxoadipyl－CoA，3－氧己二酰辅酶 A；3－hydroxyadipyl－CoA，3－羟基己二酰辅酶 A；2－oxoadipyl－CoA，2－氧己二酰辅酶 A；3－hydroxyadipic，3－羟基己二酸；2－Hexenedioicacid，2－丁烯－1，4－二羧酸；5－Caroxy－2－pentenoyl－CoA，5－羰基－2－戊烯酰基；Adipyl－CoA，己二酰辅酶 A；2－oxoadipicacid，2－氧己二酸；Adipyl－phosphate，磷酸己二酰；Allysine，醛赖氨酸；Adipicacidsemialdehyde，半醛己二酸；2－oxopimelicacid，2－氧代己二酸；2－Aminoadipicacid，2－氨基己二酸；6－aminohex－2－enoicacid，6－氨基－2－己烯酸；6－aminocaproicacid，6－氨基己酸。

收的富氧氧化 PTA 生产技术，自行设计和建设，将原有的年产 22.5 万 t PTA 装置改扩到 40 万 t，并在机泵和换热器等部分设备上取得了突破，实现国产化；仪化公司 PTA 生产中心设计的催化剂使用了新工艺，自主开发了一种延长钯-碳催化剂寿命的工艺技术，在催化剂可能中毒的早期就进行处理，采用自有技术恢复催化剂活性，延长其使用寿命，创下 MPB5 型钯-碳催化剂使用寿命全国最长纪录，已经达到日本等国的先进水平[157]。

随着国内大型炼油化工一体化项目的建设和调试，我国原料PX的短缺状况将得到改善，这将使芳烃-聚酯(PX-PTA-PET)的工业效益得到平衡。随着世界经济的逐步复苏，PTA产业将逐步进入良性运营状态。在加强环境保护的要求下，上下游设施的整体优势将得到发挥，并将坚持开发高质量、低成本的产品[158]。

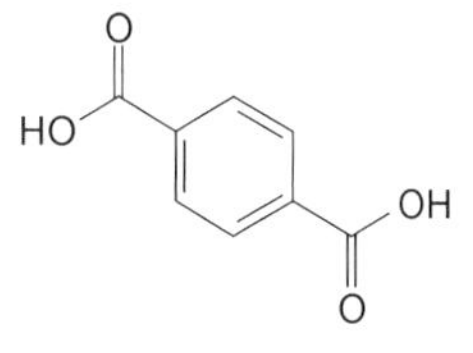

图2-8　对苯二甲酸结构式

2. 对苯二甲酸的生产方法

(1) 石油基对苯二甲酸生产方法

以空气作为O_2的来源，以对二甲苯作为原料，生产精对苯二甲酸。在催化剂的共同作用下，在一定的温度下进行液相的氧化反应，首先生成粗对苯二甲酸(CTA)，接着在催化剂的作用下，加氢制得纯度比较高的精对苯二甲酸(PTA)。第一个步骤为氧化反应，它以醋酸为溶剂，使用空气作为氧化剂将PX液相氧化为CTA；然后精制，在高温和高压下，将CTA反应物溶解于去离子H_2O中，在催化剂作用下，加H_2可以脱除其中的杂质；氧化阶段的反应水平会确定PTA生产过程中的物耗水平和能耗水平。通过氧化反应的温度的不同，分为高温、中温和低温条件下的氧化工艺[159]。

目前，世界上对二甲苯高温氧化、加氢精制制备PTA的工艺技术，以及PX液相氧化工艺都是用醋酸钴、醋酸锰作催化剂，用溴化物做促进剂，使PX在醋酸溶剂中于一定的压力和温度下，用空气氧化生成粗对苯二甲酸。Mitsui-Amoco工艺技术在氧化反应条件中等(温度、压力及催化剂配比等)和氧化反应器设备结构上有其独特性；Lur-gi-Eastman技术的氧化反应器是典型的鼓泡塔，氧化反应压力和温度最低；以Amoco和ICI为代表的其他工艺技术，氧化反应器都是搅拌式反应釜，氧化反应压力和温度较高。CTA加氢精制的PTA工艺基本相同，都是采用Amoco工艺法，仅仅在加热方式和PTA固体分离方式上有所差异[160]。

(2) 生物基对苯二甲酸生产方法

生物基PTA的研究，是对石油基PTA制备方法的有效补充。主要有两条路线，一是由生物质原料经化学法转化为生物基PX，PX再经精制和催化氧化、加氢制备生物基PTA；二是由生物质为原料，通过微生物发酵制备PTA。

以木质纤维素为原料生产生物基PX具有绿色环保的优势，其高效催化合成技术是学术界和产业界共同关注的焦点。由可再生的生物质为原料合成PX的工艺最先得到美国以及日本等国的高度重视，并取得了较为显著的进展，可口可乐及杜邦公司等国际著名公司也投入大量资源进行研发，形成了多条不同原料各具特色的PX生产工艺：Anellotech公司开发了生物质热解制备芳烃(苯、甲苯及PX)工艺，其技术核心为生物质的催化快速热解技术Bio-TCatTM，已经申请PCT专利10项。在战略伙伴日本三得利、丰田通商等巨头的资助下，Anellotech公司于2016年建成了中试验证装置Tcat-8，在2018年3月宣布成功连续运行2周。Virent公司用糖类，经水相重整制备烃类化合物，再经进一步芳香化重整制备生物基PX，开发氢解糖类经催化转化制备PX工艺，已经申请专利5项。Virent公司2016年与特索罗、东丽、庄信万丰和可口可乐结成战略同盟致力于其生物基PX制备技术的升级及放大。Gevo公司将生物基醇转化为包括PX在内的烃类化合物,已申请生物基PX专利5项,也与可口可乐公司及东丽公司等合作致力于生物基PX及生物基PET的开发及扩产,目前其生物基异丁醇制芳烃工艺处于中试阶段。

国内也开展了以2,5-二甲基呋喃(DMF,可由木质纤维素制备)或以2,5-己二酮(可由木质纤维素制备)和乙烯(可由秸秆乙醇制备)为原料的全生物基PX制备工艺开发。北京化工大学谭天伟教授课题组发展了磷酸铌、磷酸锡等具有介孔结构、匹配活性中心组成的含磷系列催化剂,PX选择性为93%,碳平衡高达97%,且制备的磷酸铌、磷酸锡等具有优异的稳定性,连续循环10次(60 h),目标产品收率零降低,具有良好的工业应用前景[161]。大连理工大学张维萍教授开展了Beta分子筛、SO_3H基催化剂的研究[162]。采用生物法来生产化学物质具有反应条件温和、三废少、对环境的有害影响小、技术操作简便以及分离提纯简单等优点,因此早在1974年就有学者发明了通过微生物法转化对二甲苯生产PTA(SU 419509)的方法,该发明所筛选到的微生物(土壤丝菌属)能够在十六烷的诱导下合成氧化酶氧化对二甲苯生产PTA。1995年,日本学者发明了通过微生物法氧化各种芳香族化合物生产芳香族羧酸(JP 9023891)的方法,该方法以各种芳香族化合物为唯一碳源筛选到的微生物菌株能够氧化各种芳香族化合物生成芳香族羧酸。2002年,Mogen等报道了微生物酶法氧化对苯二甲醇生产对苯二甲酸的方法:采用氯过氧化物酶和黄嘌呤氧化酶催化对苯二甲醇,PTA最高得率达到65%[163]。从目前研究进展看,生物法制备PTA存在产量低、转化率低以及副产物多等问题,仍处于实验室阶段,产业化实施仍需更多投入。

2.4 其他生物基聚酯单体

2.4.1 生物基乙二醇

1. 乙二醇的理化性质及应用

乙二醇(ethylene glycol,EG)又名甘醇、1,2-亚乙基二醇,简称EG。化学式为$(CH_2OH)_2$,是一种双碳二羟醇,是最简单的二元醇。乙二醇是无色无臭、有甜味的液体,对动物有低毒性,乙二醇能与H_2O、丙酮互溶,但在醚类中溶解度较小。由于分子量低,EG性质活泼,可起酯化、醚化、醇化、氧化、缩醛、脱水等反应。EG是一种重要的化工基础有机原料,主要用于生产聚酯、防冻液、润滑剂、增塑剂等,其中用于生产聚酯的乙二醇比例超90%。近年来,受聚酯需求拉动影响,我国乙二醇消费量快速增长,2010—2020年年均表观消费量增长率为8.04%[164]。

2. 乙二醇的制备方法

(1) 非生物基乙二醇制备方法

根据生产原料的不同,乙二醇生产工艺主要分为油头(石油)、气头(天然气)和煤头

(煤炭),还可分为乙烯法和草酸酯法,其中乙烯法可以分为石油乙烯法、乙烷乙烯法及甲醇制乙烯法(MTO 法);草酸酯法则是以煤炭或天然气为原料制合成气,生产草酸二甲酯,再生产乙二醇[165,166]。

油制乙二醇生产工艺的优点是工艺成熟,缺点是生产过程水耗大、能耗大、成本高,目前其关键技术主要由荷兰皇家壳牌公司、美国科学设计公司及联合碳化物公司所控制;在中东和北美地区,以乙烷为原料制乙烯生产乙二醇的乙烷乙烯法工艺,因资源丰富且价格便宜,具有最强的竞争力[167]。煤制乙二醇是我国独有的生产工艺,通常以煤为原料,生产 CO 和 H_2,CO 通过氧化偶联合成、精制生产草酸酯,加氢还原、精制后获得聚酯级乙二醇,但该工艺存在副产物 1,2-丁二醇、碳酸乙烯酯等杂质,接受程度还有待提高。天然气路线首先通过蒸汽转化反应将 CH_4 转化为以 CO 和 H_2 为主的合成气,然后采用草酸酯路线合成乙二醇。除了以上主要工艺路线外,在我国还有焦炉煤气制乙二醇这条独特的路线。以焦炉气为原料,经过气柜储存、加压、纯氧转化、脱硫脱碳、精脱硫、合成气分离、乙二醇合成及精馏等工艺流程,也可制得乙二醇[168]。

(2) 生物基乙二醇制备方法

近年来,在环保监管日益严格、能源转换速度加快的背景下,生物经济发展迅速,生物基乙二醇受到全球各国关注。生物基乙二醇是以糖或其他非粮生物质资源为原料转化而来,相比于石油基乙二醇,具有工艺流程短、环保性高、原料选择灵活度高等优势。生物基乙二醇主要有两条路线:一是以生物质原料经化学转化生成乙二醇,又分为一步法路线和乙烯路线两大类;二是生物质原料经发酵法制备乙二醇。

国际上生物基乙二醇产能主要集中在北美、欧洲等地区,相关生产企业有 Braskem、Avantium、UPM 芬欧汇川等。我国生物基乙二醇行业近年来在政府扶持下也取得一定成果,2021 年生物基材料、生物降解材料纳入“十四五”国家重点研发计划,将进一步推动生物基乙二醇产业发展。

一步法是以木质纤维素为原料,在水热条件下催化氢解制备乙二醇,这种方法首先是在催化剂的作用下,使纤维素水解产物分子中 C—C 键断裂生成乙醇醛,接着乙醇醛在催化剂的作用下加氢生成乙二醇。该路线不需要大量消耗 O_2,也不会大量产生废水、废气的排放,属于环境友好可持续的绿色技术[169]。

乙烯路线是以生物质为原料发酵制备的乙醇为原料,脱水制备乙烯,乙烯再催化制备乙二醇。安徽丰原集团采用玉米→淀粉→燃料乙醇→乙烯→环氧乙烷→乙二醇的工艺路线,建设利用玉米、木薯等淀粉原料年产 18 万 t 乙二醇的生产装置。吉林博大生化有限公司以玉米为原料,建设年产 10 万 t 乙二醇的生产装置。长春大成集团开发了以淀粉为原料,制备以乙二醇为主的混合多元醇的工艺,建成了年产 20 万 t 的多元醇生产线。

生物发酵法是另一种生物基乙二醇的制备途径。通过使用大肠杆菌、谷氨酸棱菌、酿酒酵母或乳克鲁维酵母作为宿主,已经建立了从戊糖或己糖或乙醇中微生物生产 EG 的几种合成途径,如图 2-9 所示[170]。而木糖酸是该过程的中间产物,许多微生物,包括醋酸杆菌铜绿假单胞菌、弗雷吉假单胞菌和氧化革兰氏菌具有将木糖转化为木糖酸的能力,木糖酸可用作野生型阴沟肠杆菌生产乙二醇和乙醇酸的碳源。利用该技术,获得了较高的底物转化率和较高的生产率。大肠杆菌是构建乙二醇产生菌的常用宿主[171]。

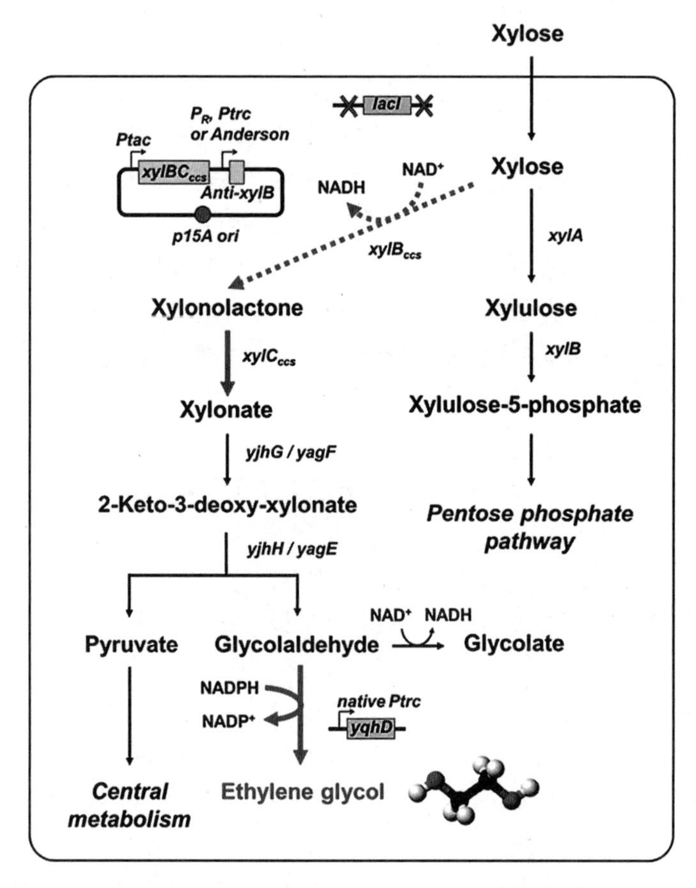

图 2-9　乙二醇的代谢合成途径(见彩插)[171]

xylose,木糖;xylulose,木酮糖;xylulose-5-phosphate,5-磷酸木酮糖;xylonolactone,木糖酸内酯;xylonate,木酸盐;2-keto-3-deoxy-xylonate,2-酮基-3-脱氧木酸盐;pyruvate,丙酮酸;glycolaldehyde,羟乙醛;glycolate,羟基乙酸;ethylene glycol,乙二醇。

2.4.2　1,4-丁二醇的生物制造

1. 1,4-丁二醇性质与应用

1,4-丁二醇(1,4-butanediol,BDO)分子式为 $C_4H_{10}O_2$,分子量为 90.12。外观为无色或淡黄色油状液体,可燃,能溶于甲醇、乙醇、丙酮,微溶于乙醚。BDO 是一种重要的有机化工原料,由其生产的四氢呋喃(THF)、γ-丁内酯(GBL)、1,3-丁二烯(BDE)、聚对苯二甲酸丁二醇酯(PBT)、聚氨酯弹性体(PU)等化工产品,可广泛应用于医药中间体、农

业除虫剂、工业溶剂、日用化工、精细化工品等领域[172]。随着中国和韩国等多套新建或扩建的装置陆续建成投产，1,4-丁二醇在全球范围内的生产能力急剧提高。预计到 2025 年，全球 1,4-丁二醇市场将达到 126 亿美元，中国 1,4-丁二醇制造产能将超过世界产能的 55%[173]。

2. 1,4-丁二醇的生产方法

1,4-丁二醇可以通过化学合成和微生物发酵来获得。1,4-丁二醇的化学法生产工艺主要包括 Reppe 法[174]、DavyNokee 法、Mitsubishi Chemical 法、Lyondell 法等，其中 Reppe 法可由煤基原料出发，通过煤基甲醛与乙炔反应生成丁炔二醇，加氢后制得 1,4-丁二醇。该法凭借其原料来源广泛、经济效益好等优点，已经成为国内应用最为广泛的 1,4-丁二醇生产工艺[175]。

(1) 环氧丙烷生产法

环氧丙烷工艺所使用的催化剂可以循环利用，生产工艺简单，成本投入较少，对环境的影响较小，可以减少蒸汽消耗，并保障 1,4-丁二醇生产率，可实现对于生产负荷的有效调节，具备较强的市场变化适应能力。但环氧丙烷生产工艺的使用中所采用的磷酸锂、三苯基膦、十六羰基六铑等原材料，在运输与储存方面面临一定的困难，且生产过程中所产生的中间产物具有较大毒性，如羟基丁醛本身就具有毒性，并且会受热分解产生有毒的巴豆醛气体，因此需要采取更加合理的运输与存储措施，并削弱中间产物毒性。

(2) 丁二烯生产法

丁二烯生产法包括氯化工艺与醋酸工艺[176]。利用氯化技术生产制备 1,4-丁二醇，是在 260～300℃的环境下，通过对丁二烯的气相氯化处理，生成 1,4-二氯-2-丁烯，经碱性水解产生丁烯二醇，加氢生成 1,4-丁二醇；利用醋酸工艺制备 1,4-丁二醇，催化剂选用钯-碲材料，反应原料选用 O_2、醋酸与丁二烯，进行加氢生成 1,4-二乙酰氧基-2-丁烯，以钯对 1,4-二乙酰氧基-2-丁烯进行催化加氢处理产生 1,4-二乙酰氧基丁烷，再采用硫黄型阳离子交换树脂催化经过水解反应产生 1,4-丁二醇。

(3) 顺酐生产法

生产工艺包括酯化加氢及直接加氢两种制备方法。在酯化加氢制备工艺中，混合顺酐及过量乙醇，通过单酯化反应，将中间产物与乙醇反应，生成物质精馏除水后采用气相加氢生成 1,4-丁二醇；直接通过加氢制备工艺以镍-铼进行催化，采用顺酐液相加氢处理，生成 γ-丁内酯加氢后，最后生成 1,4-丁二醇[176]。

(4) 炔醛生产法

通过对甲醇进行氧化处理，生成甲醛，将甲醛及乙炔进行炔醛反应，生成丁炔二醇，加氢产生 1,4-丁二醇。该技术在应用过程中有发生爆炸的可能性，可能出现由于聚乙炔材料导致管道堵塞的现象，影响生产安全、生产效率及生产工期，为此该技术的应用正在逐渐被其他效率更高、安全性更好的技术所取代[177]。

生物发酵法生产 BDO 具有非常重要的前景。1,4-丁二醇是一种新的天然化合物，目前还没有已知的生物体具有天然合成 1,4 -丁二醇的能力。此外,1,4 -丁二醇是一种含有两个羟基的高度还原化合物,其生物合成过程需要大量的细胞内还原功率和能量供应。因此,通过在底盘微生物中引入能够将内源性前体库或外源性廉价可再生原料转化为所需产品的人工代谢途径,可以实现高效、可持续的 1,4 -丁二醇生物合成过程(图 2-10)[178]。到目前为止,一些研究已经证明,通过将不同的合成途径引入大肠杆菌,使细胞能够利用葡萄糖或木糖作为 1,4-BDO 生产的主要碳源,可以实现 1,4-BDO 的生物合成。这些研究利用质粒表达 1,4-BDO 产生的人工途径中的关键基因。同时,为了避免使用昂贵且不必要的抗生素和化学诱导剂,需要在该菌株中整合通路或辅助基因并在组成性启动子下表达。此外,最终的生产菌株通常需要通过突变、删除和插入多个基因来进行烦琐且反复的基因组工程[179]。

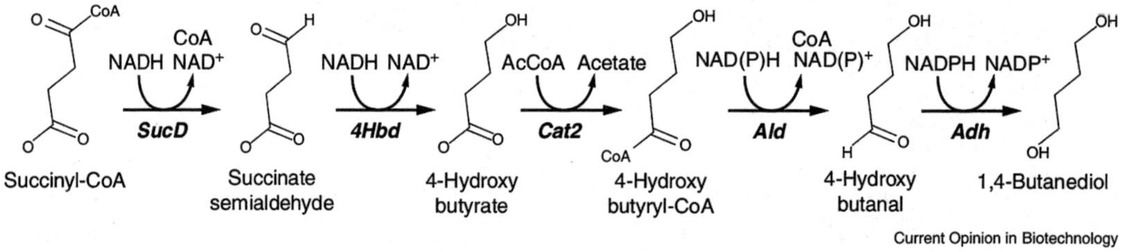

图 2-10　1,4 -丁二醇的代谢合成途径[180]

succinyl-CoA, 琥珀酰辅酶 A; succinatesemialdehyde, 琥珀酸半醛; 4-hydroxy-butyrate, 4 -羟基丁酸酯; 4-hydroxy-butyryl-CoA, 4 -羟基丁酰辅酶 A; 4-hydroxy-butanal, 4 -羟基丁醛; 1,4-butanediol, 1,4 -丁二醇。

同时,构建工程菌株时需要减少代谢副产物的产生,从而提高碳收率和降低下游分离成本。菌株构建的工作首先集中在减少乙酸盐、乙醇、谷氨酸盐和 4 -氨基丁酸盐的生产。醋酸盐直接从 BDO 途径的 CoA 转移酶步骤产生。通过组成性启动子分别提高编码醋酸盐激酶和磷酸转乙酰酶的 *ackA-pta* 的表达,使得醋酸盐积累得到缓解。在产生 BDO 的细胞中,氧化三羧酸循环提供了强大的不可逆拉力,使乙酰辅酶 A 的浓度保持在足够低的水平,从而推动 *ackA-pta* 平衡向乙酰辅酶 A 的产生发展。乙醇是乙酰辅酶 A 的另一种副产物,由催化 4 -羟基丁基辅酶 A 生成 BDO 的 Ald 和 Adh 酶产生。当 *ppc* 表达增加时,乙醇产量减少 50%,这增加了从丙酮酸到草酰乙酸和进入氧化 TCA 循环的通量,并将乙酰辅酶 A 浓度降至最低。通过组成型过表达增加 *AKGDH* 亚基基因,如 *Cab-lpdA*,可以克服谷氨酸溢出。最后,通过删除编码氨基转移酶的 *gabT* 和 *puuE* 基因,对丁二酸半醛的形成进行催化,从而基本上消除了 4 -氨基丁酸盐[180]。

2.4.3　1,3 -丙二醇的生物制造

1. 1,3 -丙二醇的性质与应用

1,3 -丙二醇(1,3-propanediol, 1,3-PDO)是无色透明的黏稠液体,无臭,有吸湿

性，与 H_2O、醇及多种有机溶剂混溶。它可直接用于防冻剂，是多种增塑剂、洗涤剂、防腐剂和乳化剂的合成原料，它也用于食品、化妆品和制药等行业。此外，1,3－PDO 还可以作为聚酯、聚醚和聚氨酯的单体。目前，1,3－PDO 最重要的用途是作为生产聚对苯二甲酸丙二醇酯(PTT)的原料，PTT 纤维与聚对苯二甲酸乙二醇酯(PET)和聚对苯二甲酸丁二醇酯(PBT)相比，由于 1,3－PDO 具有合适的碳链长度和特殊的角度构型，因而具有优良的回弹性、易染性、蓬松性、与尼龙相当的韧性、抗污性、抗静电性和抗紫外线等性质，在工程塑料、服装面料和地毯等领域应用广泛，具有非常广阔的发展前景。

2. 1,3－丙二醇的生产方法

1,3－丙二醇可以通过化学合成和微生物发酵来获得。化学合成法有环氧乙烷氢醛在氢醛化催化剂作用下可得 1,3－丙二醇，丙烯醛水合－加氢合成 1,3－丙二醇，以及乙烯经 Prins 反应合成 1,3－丙二醇。其中环氧乙烷氢醛化路线催化剂体系复杂，制作工艺苛刻且不稳定，配位体有剧毒，1,3－丙二醇合成工艺需高压，对设备要求较高，采用这个技术路线需具备较高的综合技术水平和产业群体素质。该路线 1,3－丙二醇的收率约为 44%。丙烯醛路线总收率近 70%，水合工艺条件缓和，加氢工艺成熟，对设备要求不高，符合我国国情。乙烯路线所用原料廉价易得，收率也很可观，副产物醋酸酯可转化为 1,3－丙二醇[181]。

在发酵法生产 1,3－PDO 的微生物中，克雷伯氏肺炎杆菌、丁酸梭状芽孢杆菌和弗氏柠檬酸菌由于具有较高的生产效率和 1,3－PDO 收率而受到较多的关注，野生菌种由于其酶系复杂，在制备 1,3－PDO 的过程中会产生多种副产物，毒害菌种，而且给分离提纯带来困难，因此需要通过基因工程对菌种进行改造[182]。

发酵生产 1,3－PDO 的原料主要有甘油和葡萄糖两类。美国杜邦公司构建了以葡萄糖为原料生产 1,3－PDO 的工程菌株，将来自酿酒酵母的甘油合成途径和来自克雷伯氏菌的 1,3－PDO 合成途径导入大肠杆菌中，同时减少进入 TCA 循环的碳代谢流，促使葡萄糖向甘油代谢，显著提高了 1,3－PDO 的积累，产量达 135 g/L，生产速率达 3.5 g/L/h，摩尔转化率达 121%，与传统的石油化工路线相比，能耗降低了 40%，CO_2 排放降低了 40%[3]。目前，杜邦公司生物基 1,3－PDO 的产能已达到 7.5 万 t/年，销量占据 1,3－PDO 全球市场的 1/3。

国内另辟蹊径，以生物柴油产生的副产物甘油(每生产 1t 生物柴油会产生 100 公斤甘油)为原料，开展发酵生产生物基 1,3－PDO 的技术研究。甘油发酵通常在厌氧条件下进行，主要分为氧化和还原两条途径。氧化途径中，甘油在厌氧条件下，以 NAD^+ 为辅酶，由甘油脱氢酶(GDH)催化形成二羟基丙酮(DHA)，腺苷三磷酸(ATP)和 2－羟基丙酮激酶(DHAK)共同作用，将 DHA 生成磷酸二羟基丙酮(DHAP)，DHAP 进一步被氧化生成乙醇、2,3－丁二醇和乙酸等代谢产物和 ATP、$NADH_2$。还原途径中，在甘油脱水酶(GDHt)的作用下，甘油生成 3－HPA，然后在 1,3－PDO 氧化还原酶(PDOR)的作用下，被还原生成 1,3－PDO，同时消耗氧化途径中生成的 $NADH_2$，保持细胞内的氧化还原物质的平衡。GDH、GDHt 和 PDOR 酶对 1,3 - PDO 的形成具有关键作用。而且甘油的浓度影响酶的活性,其中,GDHt 是甘油消耗和 1,3 - PDO 形成的限速酶,如图 2 - 11 所示[183]。

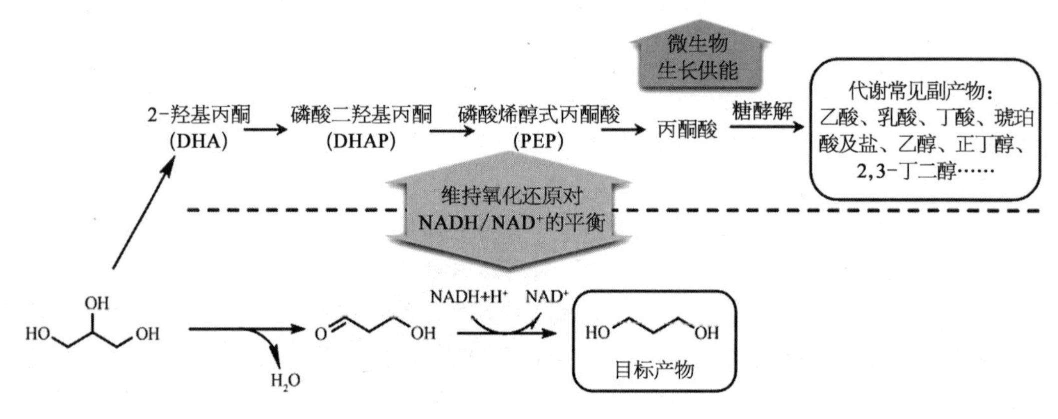

图 2 - 11　发酵法制备 1,3 -丙二醇的主体代谢路径

清华大学、华东理工大学、大连理工大学、山东大学、江南大学、南京工业大学、东南大学、沈阳农业大学、安徽省科苑(集团)股份有限公司等单位围绕以甘油为原料发酵法生产 1,3 - PDO 这一路线,开展了菌种选育、基因改造、发酵过程优化、高效反应器研制、精制提纯以及工艺集成等方面的研究。"十五"期间,清华大学刘德华教授与黑龙江辰能生物工程有限公司合作建成了 2 500 t/年甘油发酵制备生物基 1,3 - PDO 的生产线,现已扩产至 2 万 t/年;刘德华教授新开发的全生物法联产生物柴油与 1,3 - PDO 工艺在盛虹集团苏州苏震生物工程有限公司实现产业化,建成 2 万 t/年的生物基 1,3 - PDO 生产线。华东理工大学宫衡教授与华美生物工程有限公司合作,建成 2 万 t/年的生物基 1,3 - PDO 生产线。大连理工大学修志龙教授采用益生菌丁酸梭菌发酵甘油生产 1,3 -丙二醇技术已完成千吨级生产试车,正与企业合作建设 1.5 万 t/年生产线。

2.5　生物基聚丁内酰胺(PA4)单体制备

随着石油资源的日益紧缺和环境污染的逐渐加重,人们对绿色可降解材料的需求不断增加,聚丁内酰胺(PA4)作为一种可降解材料受到关注。聚丁内酰胺的聚合单体是丁内酰胺。目前,丁内酰胺主要以石油基为原料,采用化学法经过高温高压反应制备,成本很高,因此丁内酰胺的生产成本也居高不下。由于单体来源的限制,PA4 这一优良的合成纤维目前在全世界尚未工业化生产。以生物基 γ -氨基丁酸为原料生产生物基聚丁内酰胺,近年来受到了关注。通过生物转化将生物基原料(淀粉、菊芋、秸秆等水解糖)经发酵转化成为谷氨酸,再经谷氨酸脱羧酶转化制得 γ -氨基丁酸,γ -氨基丁酸环化形成聚丁内酰胺的单体丁内酰胺,并最终通过阴离子开环聚合得到生物基聚丁内酰胺[184]。聚丁内酰胺的生物基路线为其大规模低成本制造提供了可行路径,其单体生物基丁内酰胺和前体γ-氨基丁酸是聚丁内酰胺工业化的关键。

2.5.1 聚丁内酰胺及其性质

聚丁内酰胺(polybutyrolactam)又称聚酰胺4(polyamide 4,PA4),是由丁内酰胺(butyrolactam)经过阴离子开环聚合得到的一种半透明或乳白色热塑性树脂,是一种新型的聚酰胺(也称尼龙、锦纶)高分子化合物,其分子结构如图2-12所示。PA4的相对密度$d=1.22\sim1.24$,熔点为260~265℃。室温下溶于氯化锌或其他无机盐溶液,也能溶于过热水中,在0.1 mol/L的氢氧化钠、盐酸中于100℃发生水解。

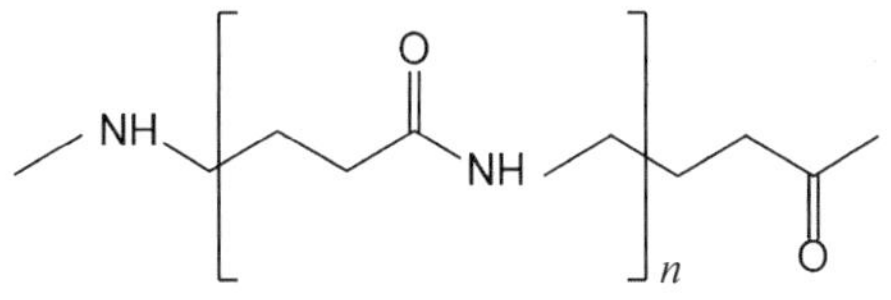

图2-12　聚丁内酰胺结构式

PA4的结构主要由酰胺键和次甲基组成,次甲基为疏水性基团,具有优异的亲水性,其吸湿性与天然棉、丝接近,且具有防静电的特性。PA4比其他聚酰胺(尼龙)有更好的热稳定性,同时具有非常好的耐磨损性能和力学性能,用PA4制得的人造革有弹性、多孔性、无静电产生,可用于制备合成纤维、人造革、合成纸等。与PA4相比,尼龙610、1010、12这些次甲基数目在7以上的聚酰胺疏水性强、吸水性极差;尼龙2、3这类聚合物,虽然吸湿性优异,但加工性能差。综合材料的吸湿性和加工性能,在所有尼龙产品中,PA4纤维比其他合成纤维更接近天然纤维,因此可以替代棉、丝纤维满足人类需求[184]。

一般的聚酰胺类产品,如尼龙6、尼龙66,在自然环境下是不能自然降解的。但是PA4却有优异的生物降解性,它可以在海洋环境和土壤中自然降解,是典型的可生物降解高分子材料,因此具有巨大的潜在应用前景。尽管PA4具有诸多诱人的材料特性,但同时也存在一些需要克服的局限性。例如,PA4的热分解温度非常接近熔点,这造成了PA4难以通过热塑成型工艺进行加工应用。通过共聚、共混或端基衍生化或改性,有望改善其热加工性能。但由于PA4不溶于适合阴离子聚合的常见有机溶剂(如甲苯和四氢呋喃),因此上述合成改性有一定困难,也使得聚丁内酰胺的许多性质尚未被研究探索出来。

2.5.2 γ-氨基丁酸及其生物合成

γ-氨基丁酸(γ-aminobutyric acid,GABA),别名4-氨基丁酸,简称GABA,是一种天然存在的、四碳非蛋白质氨基酸,化学式为$C_4H_9NO_2$,分子质量为103.1 Da,熔点为203℃。GABA作为一种活性氨基酸,主要存在于动物的脑、脊髓和肝脏等器官中,在哺乳动物脑和脊髓中具有重要功能,是一种重要的中枢神经系统抑制性神经递质。

γ-氨基丁酸在哺乳动物中枢神经系统中起到重要的信息传递作用,约30%的中枢神经突触的神经传递由γ-氨基丁酸及其突触靶标GABA-A受体介导完成。GABA-A受体可调节各种医用药物的作用,是巴比妥类药物、苯二氮类药物和阿普唑仑等药物的作用靶标;GABA－A受体对于中枢神经系统的精神活动也具有重要影响,如果它出现功能异常则可能引发焦虑、失眠甚至癫痫等疾病。新的研究报道显示,γ-氨基丁酸能够提高葡萄糖磷酸酯酶的活性,促进脑组织新陈代谢,从而可以通过外源补充γ-氨基丁酸改善神经功能。在日本,以γ-氨基丁酸为主要成分的促进脑功能代谢的药品已经问世,用于治疗和改善脑梗死所引起的头疼和耳鸣等症状,还可以用于改善脑细胞功能障碍等[185]。

γ-氨基丁酸具有降血压、改善脑部血液循环、安神等生理活性,是一种很好的医疗药物及保健品的原料。日本是最早开始研究γ-氨基丁酸在食品中应用的国家,最有代表性的产品是茶饮料Gabaron。我国也于2009年将γ-氨基丁酸批准为新资源食品(现更名为新食品原料),目前已经广泛地应用于风味饮料、果酱糕点、饼干曲奇和调味品的配料。此外,应用乳酸菌等益生菌生产的高浓度γ-氨基丁酸饮料以及富含γ-氨基丁酸的食品配料,均可直接用于降血压、增强大脑机能、改善肝功能的日常饮食。

1. 微生物发酵法

γ-氨基丁酸的生物制备主要通过植物富集法和微生物发酵获得,微生物发酵及固定化酶技术是目前通过微生物法富集γ-氨基丁酸的主流方法[186]。其最早以大肠杆菌为生产菌株,得到的γ-氨基丁酸粗制品经纯化后用于化工生产或材料制备,而如果要应用于食品中,使用大肠杆菌则存在安全性问题。迄今为止,乳酸菌、曲霉菌和酵母菌等微生物已被报道用于γ-氨基丁酸的生产,也已成为研究的热点,目前产业化的方法是通过微生物发酵获得谷氨酸脱羧酶(glutamate decarboxylase, GAD, EC4.1.15),以谷氨酸(glutamate,GA)或其钠盐或富含谷氨酸的物质为底物,再由GAD催化谷氨酸等底物脱羧生成GABA。很多微生物能够产生γ-氨基丁酸,例如酿酒酵母、乳酸菌、大肠杆菌及红曲菌等。通过对菌株的改造和强化以及培养条件的优化后,微生物产生γ-氨基丁酸的能力可以得到大幅提高[187]。

另外一种方法是通过固定化酶技术来制备γ-氨基丁酸。固定化酶不但具有酶的专一性、高效性的特点,还具备可回收、能够重复使用的优点。该方法的具体流程是以大肠杆菌、酿酒酵母等微生物为表达宿主,构建谷氨酸脱羧酶高表达的基因工程菌,发酵培养后提取纯化谷氨酸脱羧酶,用合适的固定化方法获得固定化酶,用于转化制备γ-氨基丁酸。该方法转化效率高、副产物少、不含内毒素、产生的废水量少、制备的γ-氨基丁酸纯度高,是制备高纯度γ-氨基丁酸的不错选择[188]。

国内有关γ-氨基丁酸的研究起步虽然较晚,但发展十分迅速,尤其是生物发酵和酶转化方面,目前的技术水平已经达到国际领先水平。我国江南大学的江波、许建军等对生物发酵生产进行了研究,用乳酸菌或乳酸菌和酵母菌复合用作为菌种,以L-谷氨酸钠为底物,添加碳源、氮源以及无机盐组成发酵培养基,利用发酵法生物转化制备γ-氨基丁酸。发酵后经检测,γ-氨基丁酸在发酵液中的质量浓度高达300～500 mg/100 mL。另外,江南大学的刘清[189]和浙江工业大学的徐冬云等[190]通过对食品安全级(GRAS)乳酸菌的筛选,得到一株可高产谷氨酸脱羧酶的菌株,并且对该菌株的发酵培养基与发酵条件进行了优化,发酵液中γ-氨基丁酸含量可达到3.10 g/L以上。

γ-氨基丁酸合成的主要途径是L-谷氨酸(L-Glu)脱羧,该反应由GAD催化。在某些情况下,γ-氨基丁酸可由鸟氨酸和丁二氨转化而来,但这些物质都是由谷氨酸生成的,所以说谷氨酸是γ-氨基丁酸的唯一来源。在细菌和哺乳动物的大脑中,γ-氨基丁酸首先在γ-氨基丁酸转氨酶(7-Aminobutyrate transaminase)的催化下,同α-酮戊二酸发生转氨作用形成琥珀酸半醛(succinic semialdehyde,SSA)和谷氨酸,然后琥珀酸半醛在琥珀酸半醛脱氢酶(succinate semialehydedehydrogenase,SSADH)氧化形成琥珀酸进入三羧酸循环,这些反应和GAD催化的谷氨酸脱羧反应一起,构成了α-酮戊二酸氧化成琥珀酸的另一条支路,称之为GABA支路[191],如图2-13所示。

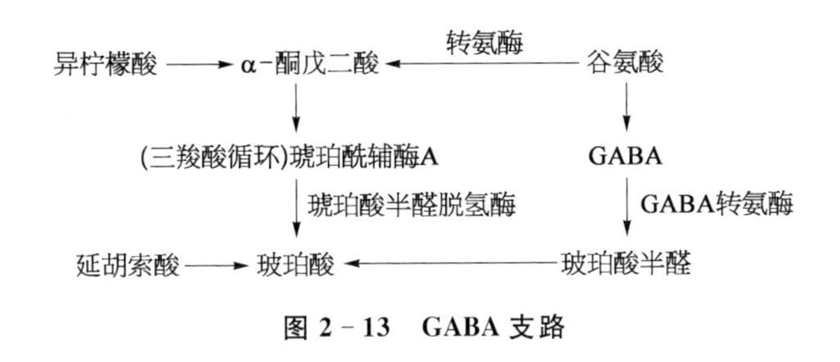

图2-13　GABA支路

2. 植物富集法

作为一种非蛋白天然氨基酸,γ-氨基丁酸广泛分布于多种植物中。如参属、豆属、中草药等的种子、根茎和组织液中都含有γ-氨基丁酸,同时在豆科植物的根瘤和植物木质部的韧皮液中也有存在,而且在许多植物如大叶种茶树中γ-氨基丁酸以高浓度(0.03～32.5 μmol/g)存在,超过了许多蛋白类氨基酸。植物富集法是通过植物组织的应激代谢来富集γ-氨基丁酸,植物在逆境的胁迫下,体内γ-氨基丁酸含量会显著上升,借助这一特性,可以在植物富集一定量的γ-氨基丁酸。植物富集γ-氨基丁酸有两种途径[192]:一是利用谷氨酸脱羧酶催化谷氨酸脱羧生成γ-氨基丁酸;二是由化学物质多胺降解——腐胺由二胺氧化酶(DAO)通过Pas降解反应中的γ-氨基丁醛中间体转化为GABA。其中第一种为主要途径,是植物在生长过程中对于外界的胁迫作用,如温度、压力、氧浓度和机械损伤等而应激代谢产生的,目前主要用于高γ-氨基丁酸含量植物的开发,如糙米、茶叶、大豆等。植物富集法安全环保,也可以提高原材料的营养价值,米类、豆类、麦类等粮食及其他经济作物在经过γ-氨基丁酸富集后,可以直接加工成食品、功能性饮料以及牲畜的饲料等。该生产方法可以比较好地满足消费者对γ-氨基丁酸的需求,是将来粮食深加工的发展方向之一,但是目前生产效率很低,不足以满足市场的需求。

3. 化学合成法

化学合成法是最早用于生产γ-氨基丁酸的方法,主要有两种途径:一是将邻苯二甲酰亚氨钾与γ-氯丁氰反应,然后将产物与浓硫酸回流,再结晶提纯得到成品;二是使用氢氧化钙、碳酸氢铵水解吡咯烷酮获得 GABA[193]。化学合成法生产过程中反应条件剧烈、能耗大、副产物多，采用的试剂多具有毒性和腐蚀性，不符合绿色环保和可持续发展理念，主要应用于化工和医药领域，不适合在食品领域应用。

2.5.3 PA4 单体丁内酰胺的制备及合成

目前，用来开环生产 PA4 的单体是丁内酰胺(butyrolactam，BL)。丁内酰胺又称 2-吡咯烷酮(2-pyrolidone)、氮戊环酮，是一种有机化合物，分子式为 C_4H_7NO，无色结晶，可用作溶剂和有机合成中间体，具有微弱的碱性，能与盐酸形成盐酸盐；又具有微弱的酸性，能与氢氧化钠形成钠盐[197]。丁内酰胺可用来制备 PA4 及乙烯基吡咯烷酮，同时还是一种重要的工业溶剂和医药、化工原料，常用作动物注射剂的溶剂、活性药物成分的组成部分、水性油墨配方的光学助溶剂、膜过滤器的工艺溶剂共聚物和地板抛光剂。全世界丁内酰胺的年消耗量为 15 万 t，而国内年产量不足 500 t。随着各种应用的开发，丁内酰胺已成为具有巨大商业潜力的产品。

1. 化学合成法

内酰胺大多是从化石原料合成的。针对各类内酰胺化合物的合成，目前已经发展出一系列行之有效的方法，其中原子转移自由基环合反应(ATRC)是构建内酰胺的一种有力手段[193]。丁内酰胺的工业生产，目前主要利用化学法以化石基原料生产，有多条生产工艺：① 塔费首先在 1907 年于实验室中，用丁二酰亚胺电解还原制得 4-丁内酰胺，由于电耗大、产品收率低和原料不易得等原因，该法没有实现工业化；② Reppe 法[194]以乙炔和甲醛为原料，在高温高压下加氢生成 1,4-丁二醇，脱氢环化生成 4-丁内酯，然后氨解反应生成丁内酰胺，Reppe 法是最早实现工业化的生产方法，美国通用苯胺和胶片公司，德国的 BASF 公司均曾采用此路线生产 4-丁内酰胺(图 2-14)；③ 顺丁烯二酸酐

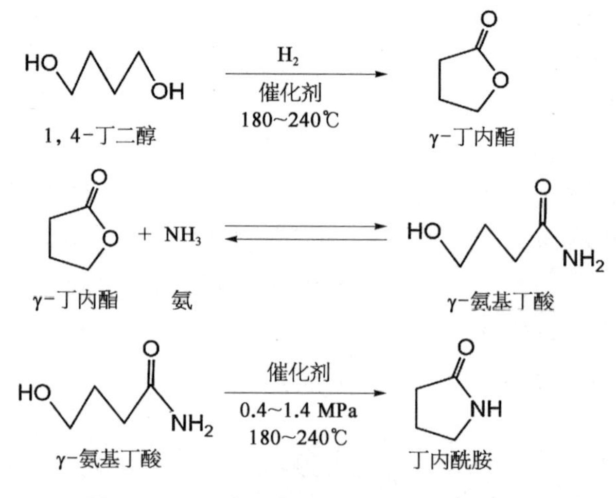

图 2-14 生产丁内酰胺的巴斯夫石化路线

法[195]，此法又分一步法和两步法，美国石油化学公司采用一步法，用顺丁烯二酸酐（以下简称“顺酐”）与氢气、氯，加温加压一步得到丁内酰胺，日本三菱化学公司采用两步法，由顺酐催化加氢生成 4 -丁内酯，然后再氨化生成 4 -丁内酰胺；④ 丙烯酸甲酯或乙酯与氢氰酸反应得到氰基丙酸甲酯或乙酯，然后再加氢得到丁内酰胺；⑤ 另外从丙烯腈或丁二烯为原料都可以制备得到丁内酰胺。这些方法都需使用不可再生化石资源作为原料，经过高温高压反应生产得到丁内酰胺，使得丁内酰胺的生产成本居高不下。

2. 微生物合成法

随着合成生物技术的发展，利用微生物生产可再生资源的化学品和材料对可持续化学工业越来越重要。探索生物发酵制备丁内酰胺，是克服现有化石原料通过化学法生产的种种弊端的有效替代方案。

美国加州伯克利生物工程研究所在 2016 年报道了谷氨酸的两步丁内酰胺生物合成路线。在该方案中，通过融合大肠杆菌突变体 GadB_ΔHT（表达谷氨酸脱羧酶的变异株）和 ORF27 - MBP（表达 2 -吡咯烷酮合酶的变异株），通过 ORF27 是链霉素 A（*Streptomyces aizunensis*）生物合成簇中的一种辅助酶，在温和发酵条件下执行 γ -氨基丁酸活化步骤以形成丁内酰胺，来达到使用大肠杆菌直接合成丁内酰胺的目的。这也是首次在大肠杆菌中将 ORF27 与谷氨酸脱羧酶偶联，利用重组大肠杆菌株直接合成丁内酰胺。在含有 9 g/L L -谷氨酸的 ZYM - 5052 型培养基中培养时，约有 7.7 g/L L -谷氨酸在 31 h 内转化为 1.1 g/L 丁内酰胺，达到了约 25%的摩尔产率[196]。图 2 - 15 展示了由谷氨酸生物合成丁内酰胺的两步酶促过程。

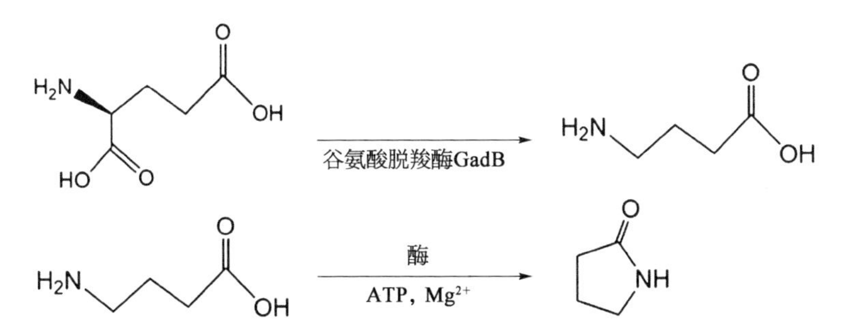

图 2 - 15　谷氨酸脱羧形成 γ -氨基丁酸（GABA）再酶促闭环成丁内酰胺

韩国生物分子工程国家研究实验室的 Sang Yup Lee 等在 2017 年报道了以葡萄糖为底物的从头合成丁内酰胺的解决方案[198]，构建了一种新的高效平台代谢途径，用于生产丁内酰胺。该途径使用 γ -氨基丁酸作为前体，包括两个步骤，即由丙酸梭菌的 β -丙氨酸辅酶 A 转移酶（Act）催化 γ -氨基丁酸活化，随后被活化的 γ -氨基丁酸发生自发的环化，形成丁内酰胺。具体来说，天然谷氨酸脱羧酶 *GadB* 基因被突变为异变体 *GadB* E89Q Δ452—466 以增强该酶的酶活 pH 范围，并与 *Act* 基因（编码 ω -氨基酸环化酶 β -丙氨酸辅酶 A 转移酶）一起过表达以创建完整的代谢途径。该实验的最终补料分批发酵实验在葡萄糖基本培养基中产生了 54.14 g/L 的丁内酰胺，产率为 0.58 g/L/h，产量为 0.12 g/g 葡萄糖。

江南大学于 2020 年发表在《食品与发酵工业》的一篇研究成果首次报道了在谷氨酸棒杆菌中建立的丁内酰胺合成途径。该途径首先通过敲除 N -乙酰谷氨酸激酶基因(*argB*)阻断 L -精氨酸合成途径，促使更多葡萄糖流向 L -谷氨酸；然后通过表达，将 L -谷氨酸转化为 γ -氨基丁酸的谷氨酸脱羧酶(Gad)突变体，获得合成 γ -氨基丁酸的重组菌。同时，异源表达经 N -端 RBS 优化的丙酸厌氧菌(*Anaerotignum propionicum*)来源的辅酶 A 转移酶，实现了 γ -氨基丁酸向丁内酰胺的转化。最终构建的 *C.glutamicum EAGAN2* 重组菌株在 5 L 发酵罐补料分批发酵 72 h 时，积累了(8±0.3)g/L 的丁内酰胺。该研究同样实现了利用谷棒杆菌以廉价原料葡萄糖为底物一步法合成丁内酰胺，为利用可再生资源生产丁内酰胺提供了新思路[199]。

3. 展望

目前，相较于传统的石油基来合成丁内酰胺，微生物合成法产量少，且生产效率尚低，但其优点则在于可以通过廉价底物葡萄糖来直接合成丁内酰胺，保证底物及生产过程的绿色。内酰胺合成所面临的主要挑战之一是缺乏能够环化 ω -氨基酸的高效(特异性)酶。一种高效的酶必须具有高活性、良好的热稳定性、所需的底物选择性和高对映选择性。通过对各种生物体中的酶活性进行批量测试来鉴定新酶，通过使用算法分析生物数据库来计算检测酶，以及酶工程计算方法一直是内酰胺环化酶发现的主要手段。今后，利用微生物合成丁内酰胺的研究将聚焦在如下几个方面：① 通过对 CoA 转移酶理性改造，拓宽底物与酶结合口袋进而提高酶的催化效率；② 采用非理性策略对 CoA 转移酶随机突变，高通量筛选突变度高的酶；③ 挖掘新酶，高效催化丁内酰胺合成；④ 拓宽更多的碳源，如果糖、蔗糖、淀粉、木聚糖、纤维素等来合成丁内酰胺。

2.6 有机酸类生物基材料单体的分离纯化

在生物基材料单体中，有机酸类占主导。有机酸的分离纯化方法有很多种，其中常见的有沉淀法、萃取法、膜分离法和离子交换法等。

2.6.1 沉淀法

沉淀法是根据溶解度的不同，改变溶液条件使溶液中的化合物或离子分离的方法。沉淀法是从发酵液中回收有机酸的经典方法。由于该方法具有选择性高和产生有毒副产物比率低的优势，多年来一直在使用和改进。选择合适的沉淀剂对目标产品进行特定的沉淀是这一方法开发过程中的核心挑战。有机酸必须在一定条件下，才能在水中形成稳定的溶液，改变溶液的理化参数会破坏其水溶液的稳定性[200]。常用的沉淀法有盐析、结晶、有机溶剂沉淀、等电点沉淀、聚合沉淀及亲和沉淀等。

在工业规模上回收有机酸的常用沉淀剂包括氢氧化钙、氧化钙和氨等。在发酵过程中,要沉淀回收 1 M 的有机酸,需要消耗等量的 $Ca(OH)_2/CaCO_3$ 和 H_2SO_4,但这种方法会产生一种低价值的副产物——硫酸钙[201]。用钙沉淀法分离纯化琥珀酸的具体步骤是: ① 将目标产物发酵液经离心或膜过滤去除细菌细胞;② 将所得的上清液与 3%活性炭混合 1 h 进行脱色;③ 过滤含有活性炭的悬浮液,在过滤所得的清液中加入约 20%的氢氧化钙溶液,将清液的 pH 值调节到 13.5 左右,然后在摇床上 200 rpm、39℃孵育 20 h;④ 过滤出沉淀的琥珀酸钙,并用水冲洗去除杂质;⑤ 在琥珀酸钙沉淀中加入过量的 H_2SO_4 形成硫酸钙,当 pH 值达到 2.5 时,过滤除去硫酸钙沉淀物;⑥ 用蒸馏水将硫酸钙沉淀物洗涤两次,洗出残留的琥珀酸,将洗涤液合并到含有琥珀酸的滤液中;⑦ 对所得的含琥珀酸的滤液进行真空蒸发,以除去残留的挥发性羧酸,并将溶液浓缩至初始溶液体积的 20%;⑧ 让浓缩后的琥珀酸溶液在 4℃下结晶 24 h,滤出晶体,然后用冷饱和的琥珀酸溶液洗涤,然后在 70℃下干燥 12 h,最终得到琥珀酸固体成品[202]。图 2 - 16 是 Datta 等[203]提出的一种琥珀酸分离纯化的工艺流程。

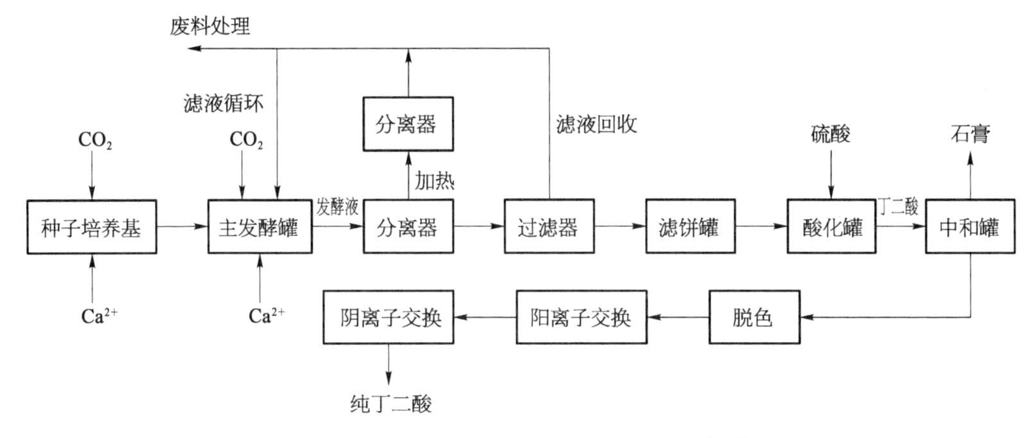

图 2 - 16 钙盐法分离丁二酸工艺流程图[203]

结晶法是根据物质在同一溶剂中不同温度下的溶解度不同,而使其中的物质结晶析出的方法。用结晶法获得琥珀酸的步骤包括: 目标产物发酵液经离心、过滤、脱色、酸化后在 60℃下真空蒸发,以去除挥发性羧酸(如乙酸和甲酸);持续真空蒸发,直至溶液浓缩到其原始体积的约 20%;浓缩液在 4℃下结晶 24 h;所得晶浆过滤、烘干后得到的晶体用饱和的琥珀酸合成溶液仔细洗涤去除杂质,即得到琥珀酸成品。与钙沉淀法相比,用直接结晶法所得琥珀酸的收率和纯度都更高[201]。

2.6.2 萃取法

萃取法是利用物质在两种互不相溶(或微溶)的溶剂中溶解度或分配比的不同来达到分离、提取或纯化目的的一种方法。根据萃取机理的不同,萃取法可分为物理萃取法和化学萃取法;根据参与溶质分配两相的不同,萃取法可分为固-液萃取法和液-液萃取法[200]。

从发酵液中萃取目标产物则是基于发酵液中所用溶剂和目标化合物的不混溶性和密度差异来分离目标化合物的。合适溶剂的选择取决于分配系数、对微生物生产菌株的毒性、两种溶剂之间的不混溶程度、对目标产物的选择性以及溶剂的稳定性。此外,采用萃取和反萃取相结合,能提高发酵液中产品有机酸的回收率[204]。胡曼曼等[205]采用萃取和反萃取结合的方法,将含有 2,5 -呋喃二甲酸的发酵液经过滤、活性炭脱色、有机溶剂萃取、碱水反萃取和组合有机溶剂结晶后,获得了 2,5 -呋喃二甲酸。该方法操作灵活,回收率高。

除上述萃取法外,还有研究者提出了一种可从水溶液中回收琥珀酸的电化学诱导萃取法,该方法主要通过电化学操作使 pH 值发生变化,进而完成琥珀酸分离。在总 pH 为 5~7 的条件下,直接用电化学萃取法可从含量约为 50 g/L 琥珀酸的水溶液中将其回收。而用电化学操作的 pH 变换装置代替加碱和加酸操作来调节 pH,可以为生物基琥珀酸的生产提供更环保的分离策略。且电化学结晶得到的琥珀酸的粒径分布均匀,更符合产品的商业化标准。电化学驱动琥珀酸的分离过程基于 3 个原理: 通过水电解和离子交换在空间上分离产生 pH 梯度;进行萃取/反萃取反应;琥珀酸因在不同 pH 下溶解度的不同,而实现 pH 移位结晶。从长远来看,电化学装置的应用提供了一种利用电能提纯羧酸的方法。而像琥珀酸这样的羧酸是很重要的精细化工原料,是以生物为基础生产高附加值化学品的基本单元。各种研究表明,在萃取中所选择的操作 pH 值对萃取效率非常重要,只有将水溶液酸化到较低的 pH 条件下,才能获得较高的萃取率。然而,适合产物提取的 pH 不一定与最佳发酵条件所需的 pH 相匹配[206],尤其是当酸碱形成无机盐、需要在发酵和分离之间调节 pH 时,就使得原位分离方法的使用受到了限制。大多数羧酸发酵是在 35~43℃的温度下进行,所需 pH 为 5.5~7.0。而现在原位或在线分离既可以通过原位沉淀来实现,也可以在提取前在线调节 pH,然后在发酵过程的循环中进一步调节 pH[208,209]。

2.6.3 离子交换法

离子交换法是利用离子交换剂中的活性基团与溶液中的带电粒子之间结合能力的差异来进行物质分离或纯化的技术手段。

离子交换树脂是一种不溶于酸、碱和有机溶剂的固态高分子化合物,其内部由高分子骨架、离子交换基团和孔三部分组成。化学稳定性良好,具有离子交换能力。按活性基团分类,离子交换树脂可分为阳离子交换树脂(含酸性基团)和阴离子交换树脂(含碱性基团)。其又可细分为强酸性阳离子交换树脂、弱酸性阳离子交换树脂、强碱性阴离子交换树脂和弱碱性阴离子交换树脂。使用不同的离子交换树脂可以将不同的有机酸从发酵液中分离纯化出来。

邓禹等[174]开发了一种从发酵液中提取己二酸的方法，该法将发酵液经过固液分离、超滤浓缩后再进行离子交换处理，最后获得己二酸产品。具体步骤包括：将含有己二酸的发酵液进行固液分离和超滤浓缩后，加入经碱洗、去离子水洗、酸洗、去离子水洗至中性的阳离子交换树脂中；搅拌均匀，使树脂充分吸附发酵液后，过滤收集滤液；将收集到的滤液用酸调节 pH 至酸性；然后用有机溶剂萃取，收集萃取液；最后将旋转蒸发剩余的液体于 4～8℃下低温结晶，结晶后于 20～40℃静置干燥，即可得到己二酸成品。

琥珀酸既可以使用阳离子交换树脂进行分离，也可以使用阴离子交换树脂进行分离。Lin 等[175]使用阳离子交换树脂(磺酸型阳离子树脂 Amberlite I)进行琥珀酸分离，发酵液通过 Amberlite I 树脂后的出水 pH 约为 2.0，然后将酸化的介质经真空蒸发、结晶、干燥后得到琥珀酸。而李松等[208]则选用碱性阴离子交换树脂对琥珀酸进行了吸附分离，他们发现在 pH 4～5 的条件下，强碱 201 树脂对琥珀酸具有较好的吸附性能，确定了 201 树脂对琥珀酸的最适操作条件为固液比 1(g)∶20(g)，pH 4.14。

2.6.4　膜过滤法

早在 18 世纪，人们就发现了自然界中存在半透膜。后来，进一步认识到各种动植物体内广泛存在半透膜。所谓膜过滤法的膜，就是在流动相中有一层薄的凝聚相，它能把流体分隔开来。根据推动力的不同，可以将膜分离技术分为透析、电渗析、微滤、超滤、纳滤和反渗透等。

琥珀酸的膜法回收技术被认为是最有前景的技术，因为分离膜具有更好的透性和弹性，且对目标产物具有更好的选择性。此外，膜的分离技术对环境友好且可持续发展，使其具有从实验室转换到工业生产中的巨大潜能。目前，不同的研究人员已开始使用膜技术，在分子水平上通过物理和生化过程来分离固体和液体。

双极膜电渗析(EDBM)技术是一种结合了双极膜和电渗析优势的分离技术，已被证明是可以从发酵液中回收和浓缩琥珀酸的技术之一。利用该法已成功在实验室规模将琥珀酸盐转化成琥珀酸。该法使用了最新的膜分离技术，对环境友好。EDBM 技术利用合适的离子交换膜可以从电渗析得到的非电离化合物中回收琥珀酸[176]。双极膜由两层膜组成，一层膜带阳离子(阳膜)，另一层膜带阴离子(阴膜)。阴、阳膜复合层间的间隔约为 2 nm，当阴、阳膜复合层间的电解质为 H_2O 时，它具有解离 H_2O 分子形成离子(H^+、OH^-)的重要功能，H^+、OH^- 可以分别通过阴膜和阳膜，作为 H^+ 和 OH^- 离子源。分离琥珀酸的除盐膜就是一种双极膜。当进行除盐电渗析时，电势将含有琥珀酸盐的发酵液中的离子化合物与非离子化合物分离。除盐膜带正电的一面只吸附发酵液中的阴离子(如琥珀酸根)，而膜带负电的一面只吸附阳离子。阳膜上所带的来自 H_2O 电解所得的 H^+ 与吸附的琥珀酸根(Suc^{2-})结合形成琥珀酸。用双极膜电渗析法得到的琥珀酸产率可达 77%左右[211]。这项技术虽能使琥珀酸的分离过程较环保，但也存在较大的缺点，如能耗高、膜材料价格高等。此外，由于电渗析无法使一些二价离子化合物溶解，因此，一些

需要使用 Mg^{2+} 和 Ca^{2+} 调节 pH 的发酵液无法使用该法进行琥珀酸盐的酸化和琥珀酸的分离。同时,到目前为止,膜上积累的污垢仍是 EDBM 技术中另一个未能解决的难题,但有研究表明,在使用 EDBM 技术之前对发酵液进行超滤或纳滤预处理,可以缓解污垢对 EDBM 的影响。

琥珀酸回收的超滤技术是指利用压力或浓度梯度作为驱动力,通过半透膜将琥珀酸从混合物的不同组分中分离出来的技术[212]。除了分离保留的分子大小不同外,超滤与反渗透、微滤或纳滤没有本质的区别。超滤过程中使用的压力一般为 0.1～1 MPa。与离心得到的渗透液相比,超滤可以获得更澄清透明的渗透液[201]。超滤已被证明可用于澄清琥珀酸的发酵液,且因其环保、能耗低、常温操作、分离效率高等优点,具有应用于工业生产的巨大潜力。

反渗透也是一种压力驱动的膜分离过程,通常用于海水淡化和水的净化。它的能效很高,通常在环境温度下即可操作,可通过使用外加的压力来克服渗透压。反渗透膜是最受欢迎和广泛商业化的水处理技术之一[213];然而,目前采用反渗透法从发酵液中回收有机酸的报道很少[166]。Li 等[214]用纳滤和反渗透膜相结合的方法从乳清发酵液中分离获得了乳酸。具体操作分为两步,第一步采用纳滤膜将乳酸水溶液从乳清发酵液中与乳糖和细胞分离开来,第二步用反渗透膜对所得的乳酸渗透液进行浓缩,获得乳酸成品。

纳滤也是适用于琥珀酸回收的方法之一[215]。纳滤是使用孔径为纳米(1×10^{-9} 米)量级的膜进行过滤,但纳滤膜对物质的去除或分离机理不是纯过滤,而是渗透作用。因此,纳滤膜是介于超滤和反渗透之间的压力驱动膜。纳滤广泛应用于发酵液中部分脱盐和去除一些非解离性化合物(如甘油、乙醇等)的步骤中。在纳滤过程中,渗透通量和料液各组分的截留率取决于所用膜的性质以及料液的初始组成和 pH。一方面,纳滤膜因筛子效应(基于大小的排除)会保留摩尔质量大于所用膜截留值的分子,大于膜孔径的分子被膜截留,而小于膜孔径的分子可以通过。另一方面,由于离子与膜带电表面的静电相互作用,纳滤膜对多价离子的保留率比单价离子更高。然而,使用压力驱动膜的主要问题是随着膜使用时间的增加、在压力不变的情况下,渗透通量会降低,而渗透量的降低将增加分离过程的时间和成本,并进一步降低其分离效果[215]。聚酰亚胺(polyimide,PI)纳滤膜因其优异的机械性能、高耐化学腐蚀性、良好的热稳定性及易于加工等优点,被用于发酵液中琥珀酸的回收。Zaman 等[216]用聚酰亚胺纳滤膜对人工配置的模拟发酵液中的琥珀酸进行了分离,考察了不同聚酰亚胺聚合物组成对纳滤膜性能的影响,结果表明,当有机盐浓度为 10～50 g/L 时,聚酰亚胺聚合物含量为 15 wt%的纳滤膜对琥珀酸盐的选择性截留率最高达 73%。Choi 等[217]也利用 NF270 纳滤膜,从废水中有效分离得到琥珀酸。且无论操作压力和进料浓度如何改变,由于琥珀酸的分子量与所用 NF270 膜的相对分子质量很接近,其截留率都可达 90%以上。

2.6.5 分子蒸馏法

早在 18 世纪,人们就发现了一种在高真空条件下可进行的液液分离技术,即分子蒸馏法,又称为短程蒸馏。该方法具有温度低、真空度高、物料受热时间短、分离程度高等特点,适合于高沸点、热敏性和易氧化物质的分离[200]。

琥珀酸回收蒸馏技术是一种根据组分挥发温度的不同来分离混合物的工艺。大多数有机酸结构中的羰基存在很强的吸附电子效应,使得它们的沸点通常比 H_2O 高,因此导致有机酸的萃取蒸馏更具优势[201]。含有高浓度有机酸的发酵液会促进蒸馏过程中恒沸物的形成。因此,当发酵液中有机酸的浓度相对较低时,蒸馏通常能较有效地将有机酸分离出来。在这种情况下,采用连续反应蒸馏可以减少恒沸物的形成[201]。尼龙酸(含有大量琥珀酸和戊二酸)在酯化或者形成酸酐后会转化成更容易被分离的体系,然后通过减压蒸馏即可将其中组分进行分离;琥珀酸和戊二酸可以通过尼龙酸的酯化、酸酐后通过减压蒸馏分离得到[218]。

乳酸的提取和纯化工艺是获得高纯度乳酸的关键,这对整个聚乳酸(PLA)生产过程有着十分重要的意义。微生物发酵法产生的乳酸粗产品中含有多种杂质,通常包括酸类(甲酸、乙酸)、醇类(甲醇、乙醇)、酯类、金属元素以及少量的糖或者其他营养物质。这些残留的杂质对后续 PLA 的制备和产品性能有很大的影响。例如乳酸中含有的酸类物质(如醋酸、丙酮酸等)、醇类物质(如甲醇、乙醇等)以及酯类物质会使乳酸制品带有异味,而糖类杂质的存在则使 PLA 制品更容易变色。传统的提取工艺采取中和的方法进行乳酸的提取,即先向发酵液中加入过量的碳酸钙中和乳酸生成乳酸钙,随后过滤分离并用硫酸等强酸溶解乳酸钙得到稀乳酸,稀乳酸经活性炭过滤、蒸发和结晶等浓缩纯化过程后得到乳酸产品[219]。此外,还有很多纯化技术可以用来纯化乳酸(表 2-4),实际生产中可以根据生产线的具体需求进行选择[220]。

表 2-4　近年有关乳酸纯化、提取工艺的研究[220]

方　法	操作步骤	优　点	缺　点	回收率(%)	纯度(%)
沉淀法	添加钙盐以中和乳酸,然后进行结晶或进一步分离	技术成熟 纯度高 产量高	高能耗 高污染 操作复杂	95.0 80.6	99.5 95.0~96.0
溶剂萃取	根据溶解度不同,将化学物质在两种溶液间转移	产率高 成本低	使用有毒性的溶剂	86.0	93.0
膜分离	使用具有选择性透过的膜进行分离	高产率 低能耗 易放大	膜成本高 膜寿命短 膜污染高	46.0 / 76.0	98.0 85.6 99.5

（续表）

方　法	操作步骤	优　点	缺　点	回收率(%)	纯度(%)
电渗析	基于电位差，通过离子交换膜从一种溶液萃取到另一种溶液	高回收率 高纯度 不添加碱	高能耗 高膜损耗	51.5	98.7
				69.5	/
吸附	吸附剂/离子交换材料	高选择性 低能耗 操作简单	低吸附量	42.5	/
				80.0	99.5
分子蒸馏	基于高真空条件下分子平均自由程差进行分离	高回收率 高纯度 低停留时间	高真空 设备要求高	74.9	92.39

2.7　发酵过程智能化

生物工业发酵过程涉及两种反应器系统，细胞生物反应器系统和细胞大规模生物反应器系统。细胞代谢过程中的基因、蛋白质和代谢产物是海量的，可以说细胞自身就是一个复杂的反应器系统。要实现工业发酵优化和放大的关键，是对这两种反应器系统的工程进行研究。微生物的生命活动是该系统的主体，对工业生物发酵过程中活体细胞生命活动的认识是实现高效生物制造的基础。细胞反应过程是存在着基因尺度、细胞尺度、反应器尺度等多尺度、多输入、多输出的复杂系统，为了实现生物过程的优化与放大，需要对生物反应过程进行跨尺度的检测与调控。由于活体细胞调控网络十分复杂，因此宏观的过程控制技术难以精确调控微观的活细胞生命活动。

智能制造是基于新一代信息通信技术与先进制造技术深度融合，贯穿于设计、生产、管理、服务等制造活动的各个环节，具有自感知、自学习、自决策、自执行和自适应等功能的新型生产方式。智能制造和生物发酵工业融合发展可以推动发酵过程的智能化和信息化。在工业生物制造过程中，建立多尺度的细胞生理代谢检测数据以及参数变化信息的数据库，并进行大数据分析，对发酵过程进行建模、深度学习、数据挖掘，实现实时生物过程智能分析、诊断与精确控制，从而实现发酵过程的智能制造(图 2 - 17)。

2.7.1　发酵过程参数

发酵过程参数检测可以了解发酵过程各参数之间的多样性、时变形、相关耦合性和不确定性，了解复杂的发酵过程，得到反应细胞尺度、分子尺度和工程尺度的反应特性，并通过分析区分不同尺度的问题。通过参数的检测与相关分析，可进一步优化发酵工

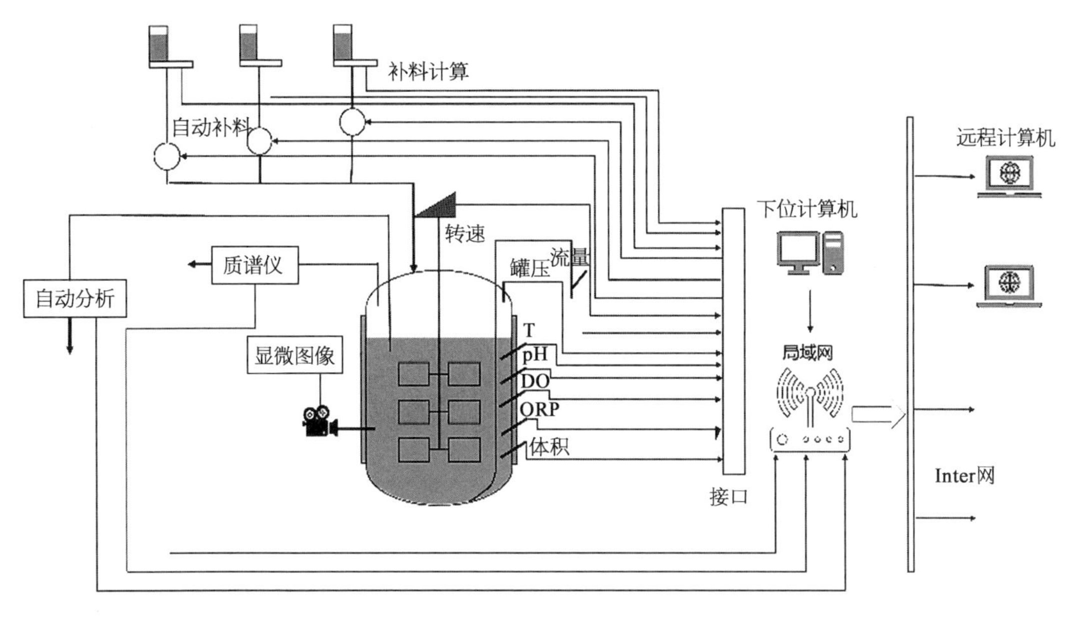

图 2-17　带有计算机系统的生物反应器检测参数

T：温度；pH：酸碱度；DO：溶氧；ORP：氧化还原电位。

艺，最终提高产品产量。

发酵过程数据采集系统主要由传感器、计算机硬件及其他外围系统组成。按照数据采集方式，发酵过程参数可以分为直接参数和间接参数。直接参数指通过传感器把非电量变化直接转化为电量变化，实时地递送给计算机进行数据采集的参数。间接参数是由一些直接参数计算得到的各种反应过程特性的参数（表 2-5）[221]。

表 2-5　发酵过程参数表[221]

直接参数			间接参数
温度	pH	成分浓度	摄氧率(OUR)
压力	氧化还原电位	糖	CO_2释放率(CER)
功率输入	溶解氧浓度	氮	呼吸商(RQ)
通气流量	溶解 CO_2浓度	前体	总氧利用
泡沫水平	排气 O_2分压	诱导物	体积氧传递系数(K_{La})
加料速率	排气 CO_2分压	产物	细胞浓度(X)
基质	其他排气成分	中间代谢物	细胞生长速率
培养液重量		金属离子	比生长速率(μ)
培养液体积		脱氢酶活力	细胞得率($Y_{a/b}$)
生物热		各种酶活力	糖利用率
培养液表观		细胞内成分	氧利用率

（续表）

直接参数		间接参数
黏度 积累消耗量 基质 酸 碱 消泡剂 细胞量 气泡含量 气泡表面积 表面张力	蛋白质组 转录组 代谢物组	比基质消耗率 前体利用率 产物量(P) 比生产率

2.7.2 检测技术

1. 过程尾气质谱仪

工业规模发酵过程的控制主要基于过程控制样品的化学和物理分析。为了有效地控制流程，人们需要确切地知道流程中的变化发生在何时何地，这就产生了对快速、准确和高通量分析方法的需求。离线方法既耗时又容易出错，通常不能满足这些要求。因此，各种在线分析方法，如液相色谱(HPLC)、红外光谱(IR)、气相色谱(GC)和质谱(MS)等在发酵监测中得到了越来越广泛的应用[222]。

过程尾气质谱仪能够实现发酵过程尾气组分，如 N_2、O_2、CO_2 等的实时在线检测，从而对于认知发酵过程中细胞的代谢活性具有重要意义。一台质谱仪主要由 4 个部分组成：进样系统、离子源、预设磁场和检测器。王然明等[223]在乳酸发酵过程中成功应用过程尾气分析质谱仪及相应的处理软件，使用尾气分析质谱仪进行耗氧发酵过程供氧水平的控制，成功实现对 L-乳酸发酵产量和质量的在线控制。

2. 细胞大小检测技术

细胞大小的分布情况可以为过程的开发、优化和控制提供有价值的信息，其与细胞周期和比生产速率密切相关。通过观测细胞大小的改变，可监测细胞培养过程中是否被病毒感染。通常，粒度的分布是通过离线方法来确定的，这些方法包括一系列手动步骤，如样品稀释和聚集体的破碎等。这些步骤可能会极大地影响测量数据的准确性。而直接在生物反应器内进行在线粒度的分布分析，更有利于获得实时的细胞生长信息，避免因外部样品处理操作带来的干扰。在线电容的频率与细胞大小分布的变化之间也有一定关系。偏最小二乘(PLS)模型可用于预测细胞直径和大小的分布情况。对生物细胞悬浮液施加电场后，由于细胞质膜的绝缘性而使细胞发生极化。悬浮介质以及细胞质中包含的离子都将向相反电荷的电极移动，当它们被完整的质膜阻止后，将在细胞表面形成介电双层。因此，这时的生物细胞就像电场中的微型电容器。在不同频率的交流电上测量电容会产生一种称为“β 色散”的频谱。细胞膜的完全极化将产生低频平台，在低频平台上开始的 β 色散范围内，电容是减小的。当激发频率较低时，细胞有足够的时间发生完全极化，此时细胞悬浮溶液有很高的电容。但随着激发频率的提高，细胞的不完全极化导致细胞悬浮溶液的电容减小。而高频平台是在激发频率太高而导致细胞不能极化，悬浮介质或液体发生极化时才会产生。如图 2－18 所示，ΔC 与生物量成正比增加，而临界频率(Fc，极化速率完成一半的频率，电容在高低两个平台值之间的一半)则主要取决于细胞直径和电导率[224]。随着细胞尺寸的增大，β 色散的低频将增加，最终导致 Fc 变小。此外，细胞尺寸的减小也使 β 色散的低频电容变小，进而使 Fc 变大[225]。Ansorge[226] 等将这一概念应用于腺病毒载体的生产，因为在腺病毒载体中，细胞大小的变化对于衡量感染成功率非常重要。该技术不仅可用于在线预测病毒是否感染成功，也可用于病毒感染细胞过程的优化。

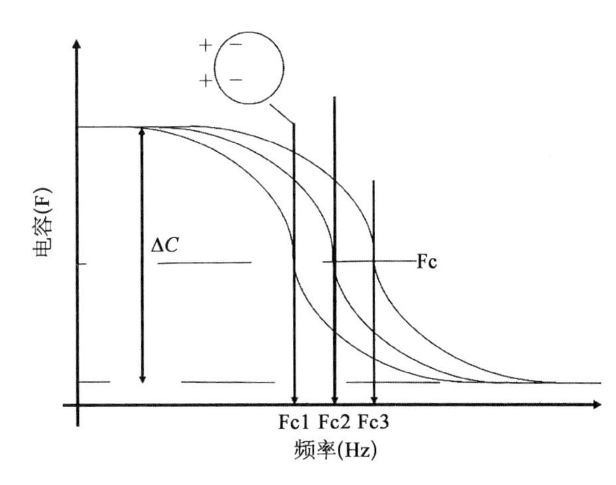

图 2－18　几种频率的培养电容测量原理[225]

ΔC：生物量浓度的函数；Fc：临界频率。

3. 活细胞检测技术

在生物过程中，活细胞生物量是一个重要的生理参数，它与细胞的生长、代谢和生产力密切相关。菌体干重(DCW)、光密度(OD)和菌丝生长量(PMV)是生物量的常规离线检测指标。然而，这些检测都较耗时，不能准确反映微生物的生存能力。虽然计算菌落形成单位(CFU)的数量时仅检测活细胞数量，但是这种检测方法也很耗时且很难重现。目前，利用先进的仪器对微生物生理状态进行监测和控制已成为工业发酵的主流。生理参数的在线检测有利于及时了解细胞的状态和培养条件的变化，因此生物量监测仪已成为评价活细胞生物量浓度的有效工具。最近已有一些用于检测活细胞生物量的仪器被开发出来，如原位近红外分析仪、阻抗测试仪、荧光检测仪和电容检测仪等。电容检测仪的工作原理，是质膜完好的细胞在射频电场的影响下会极化成微型电容器。利用具有 β 色散的最佳激发频率对细胞悬浮液进行处理后，细胞悬浮液的电容值与活细胞的浓度成正比，而死亡细胞和其他没有完整细胞膜的细胞则不产生电容信号。因此，可以通过电容值的变化来检测活细胞的浓度。活细胞检测技术已成功地用于监测各种细胞的浓度，如细菌、酵母、植物细胞、昆虫细胞和哺乳动物细胞等[226]。蔡萌萌[227]等研究了活细胞在线监控补料技术对 L－羟脯氨酸发酵的影响，他们在 30 L 发酵罐上安装了活细胞在线检测仪,根据活细胞数量调整补料策略,分析了活细胞在线监控补料对 L-羟脯氨酸发酵补糖速率、产量、糖酸转化率和代谢流量分布的影响,最终采用新的补料策略有效降低了副产物的积累,提高了 L-羟脯氨酸的产量。

4. 近红外光谱仪

近红外(NIR)光谱分析是一种无损分析技术,与其他分析技术相比,具有需要制备和/或预处理的样品量少、光谱采集快速(一秒或更短)、能同时检测和/或定量多种组分,以及可耦合光纤探针用于现场测量等诸多优势,因此越来越受到生物技术行业的关注。近红外光谱分析通常通过 3 种模式进行,即透射率、反射率和透过反射率。透射率适用于低细胞密度发酵液、透明液体和悬浮液;反射率适用于高细胞密度发酵液、不透明液体、固体和粉末;而透过反射率结合了透射和反射模式,适用于测量透明和浑浊的液体及半固态样品。在发酵过程中获取的光谱信息包括所有发酵液近红外活性成分产生的信息。近红外光谱的复杂性通常需要多变量统计分析,如主成分分析(PCA)和偏最小二乘法(PLS)分析(PLS 可用于光谱的解释和建模)等。近红外光谱已被用于多种微生物的生物过程建模及监测,如木质葡萄球菌(*Staphylococcus xylosus*)ES13 菌株发酵过程中的生物量及葡萄糖、乳酸和乙酸含量的监测;霍乱弧菌(*Vibrio cholerae*)在分批补料培养模式下生产霍乱毒素(choleratoxin)过程中的生物量及葡萄糖和醋酸含量的监测;毕赤酵母(*Pichia pastoris*)生产单克隆抗体过程中的生物量及甘油和甲醇含量的监测等[228]。

5. 膜进样质谱仪

膜进样质谱(membrane inlet mass spectrometry, MIMS)是一种分析水和气态样品中挥发性有机物的特异、灵敏而简便的方法。它通过安装有气体过滤膜的取样针,直接从水或气体样品中将挥发性有机分析物分离出来,随后有机化合物溶解在滤膜中,有机化合物渗透过膜后蒸发到质谱仪中,最后用质谱仪对样品中的挥发性成分进行精确的分析。有机硅膜是 MIMS 最常用的膜类型,相对于水或空气的主要成分,有机硅膜对有机化合物有更高的选择性,其对有机化合物的富集作用可以达到水或空气的 10～100 倍。MIMS 最大的优点是可以在线同时监测多种不同的发酵产物,且 MIMS 在线监测系统的所有操作都可以自动化,还可以将自动反馈控制连接到监测仪器上。但 MIMS 也有其缺点,如该方法缺乏组分的色谱分辨率,不能获得通过膜的所有分析物的多组分光谱;当分析含有大量不同化合物的生物样本时,也会给分析带来一定的困难。啤酒发酵液是一种非常复杂的混合物,含有糖、酵母细胞、溶解气体和少量的盐等。尽管啤酒发酵液的成分很复杂,增加了利用 MIMS 分析其挥发性物质成分的难度,但目前已有报道成功利用 MIMS 仪器对啤酒连续发酵过程进行监测[222]。

6. 低场核磁共振仪

低场核磁共振(low field nuclear magnetic resonance, LF-NMR)作为一种对脂肪进行定量的便捷方法,已广泛应用于石油勘探、农业和食品等行业。不同样品中氢质子存在的状态不同,当 LF-NMR 发射的射频脉冲被氢质子吸收后会产生共振,而样品中不同状态的氢质子会产生不同的弛豫(在共振现象中、终止射频脉冲后、氢质子恢复到原来平衡状态的过程)时间,LF-NMR 正是根据以上原理对脂肪进行定量。在多种样品中,碳水化合物和蛋白质等样品的弛豫时间最短,为微秒量级;而结合水、游离水和脂肪的弛豫时间相对较长,分别为几百微秒、几秒和几百毫秒。最近 NMR 永磁体的发展使得 LF-NMR 设备的性能有了相当大的提高,因此 LF-NMR 仪可以比传统 NMR 仪体积更小,且成本也更低,同时,它使用的频率较小(<60 MHz),这些优点都使得它能在大规模生物发酵中与生物反应器连接在一起进行简单且经济的发酵实时监测[229]。Wang 等[229]就利用 LF-NMR 技术,建立了一种快速、精准的小球藻(*Chlorella protothecoides*)体内细胞脂肪含量的定量方法。

7. 在线显微摄像技术

次级代谢产物的发酵生产过程与微生物生产菌株,特别是放线菌和霉菌等丝状菌的细胞形态变化有着非常重要的联系。因此,对发酵过程中的细胞形态进行统计分析和实时记录,对于其发酵工艺的调控有很重要的指导意义。

把显微技术和分光光度技术相结合形成的显微分光光度技术,是一种以物质的光吸收、荧光发射和光反射特性作为测量基础,对细胞内重要的生物分子进行定量检测的技术。在发酵过程中,这种检测技术能提供细胞水平的观察依据[221]。

2.7.3　展望

生物行业在采用先进工艺控制(advanced process control,APC)方面,特别是在使用创新的工艺分析技术(process analytical technologies,PAT)解决方案时,仍明显落后于其他行业。在石油天然气、半导体和汽车等其他高度复杂的行业,自动化和精益制造早已更好地融入了公司实践和文化。在过去的 20 年里,模拟复杂工业过程的第一原理数学模型的发展帮助了 APC 解决方案的开发和部署,使其能够在模拟过程中测试和验证新的控制策略,但没有在真实过程中实施。工业 4.0 的未来时代设想了一个高度智能化的数据驱动的制造环境,其中融合了多种先进的在线过程分析,因此对现代生物制造行业来说,模拟是至关重要的需求[230]。

1. 人工神经网络

人工神经网络模型(artificial neural network,ANN)是一种模拟大脑神经网络结构的信息处理黑箱模型,是由输入、输出数据共同组成建立,通过网络中神经元连接矩阵反映输入与输出的非线性关系,可用于生物发酵过程中的工艺控制和工艺优化[231]。

ANN 在许多不同的研究领域都取得了令人满意的结果,因为它们能够对高度非线性的复杂过程进行建模。ANN 在数据处理和建模方面具有能有效处理噪声和强非线性数据的优势,且 ANN 在没有先验知识(priori knowledge,PK)的情况下具有对过程进行概括、估计和学习的能力,这使得这项技术在工业生物生产过程中非常有用。在许多生物过程建模研究中,ANN 与粒子群算法(particle swarm optimization,PSO)常被结合在一起用来优化模型的目标输出变量。该算法采用散布在模型多维域上的粒子群，让粒子寻找输入变量的一组值以获得输出变量的最优解。而粒子在搜索空间中寻找最优解的运动受其较优已知位置和其他粒子在每次交互中达到的较优位置的影响。Wong 等[232]使用粒子群算法对生物柴油发动机的性能进行了优化，在目标函数的选择过程中考虑了燃油经济性、排放标准和发动机运行范围；与另一种优化方法相比，粒子群算法具有较低的标准偏差，且使用的计算处理时间更短。因此，可以构建一个基于人工智能技术的框架，将 ANN 和粒子群算法相结合，获得更优的提高生物产量的操作条件，这种方法可以用于改进不同生物生产的过程，特别是那些具有高度非线性行为的生物生产过程[233]。

2. 过程信息表

发酵生物技术研究正在产生前所未有的非结构化信息流，也因此产生了新的过程智能。这种情况使得研究人员很难迅速获得最新信息，因此有研究者希望开发一个基于 Web 的结构化发酵信息存储库以解决这个问题。发酵信息以过程情报表(process information sheet or process intelligence sheet，PIS)的形式存储，它是对上游、生产和下游阶段的过程智能行为的抽象，而不是大量的非结构化信息。存储库使用传输控制/网络(TCP/IP)协议，研究人员都可以通过中央存储库对所有的发酵过程进行全球交流。新型发酵智能化将 PIS 标准格式提交给服务器，而信息则以 PIS 或过程智能趋势(process intelligence trend，PIT)的形式从服务器中检索获得，用来阐明发酵过程中可能出现的趋势。完整的 PIS 包括发酵相关的一般信息(如所用底物、预计的产量、所用的微生物等)、培养基成分、接种菌株和培养基的制备、发酵过程、产物的回收策略、主要得到的观察结果，以及少量关于产物或生产菌株的交叉引用文献等。PIS 并非想取代发酵研究成果的传统出版物，而只是一种科学家之间通过全球存储库及时交换发酵信息的简单而快速的格式[234]。PIS 可以让研究者快速获得更多、更精确的自己感兴趣的目标菌株或产物的发酵过程信息。

参考文献

[1] 石维忱，关丹，卢涛. 中国生物发酵产业现状与发展建议. 精细与专用化学品，2014，22：7-11.

[2] 刘乐诗，谭高翼，王为善，等. 微生物，高智商，大产业——合成生物学助力阿维菌素的高效智能制造. 生命科学，2019，31(5)：516-525.

[3] 郁惠蕾，张志钧，李春秀，等. 大数据时代工业酶的发掘、改造和利用. 生物产业技术，2016，9(2)：48-55.

[4] Li Y, Zhong Z, Hou P, et al. Resistance to nonribosomal peptide antibiotics mediated by d-stereospecific peptidases. Nat Chem Biol, 2018, 14: 381-387.

[5] 田锡炜，王冠，张嗣良，等. 工业生物过程智能控制原理和方法进展. 生物工程学报，2019，35(10)：2014-2024.

[6] 马富强，杨广宇. 基于液滴微流控技术的超高通量筛选体系及其在合成生物学中的应用. 生物技术通报，2017，33(1)：83-92.

[7] 庄英萍,田锡炜,张嗣良. 基于多尺度参数相关分析的细胞培养过程优化与放大. 生物产业技术, 2018,11(1): 49-55.

[8] Zhang S, Chu J, Zhuang Y. A multi-scale study on industrial fermentation processes and their optimization. Adv Biochem Eng Biot, 2004, 87: 97-150.

[9] 张嗣良. 大数据时代的生物过程研究. 生物产业技术,2016,9(3): 34-39.

[10] 漆桂林,高桓,吴天星. 知识图谱研究进展. 情报工程,2017,3(1): 4-25.

[11] Sowa J F. Principles of semantic networks: exploration in the representation of knowledge. The Frame Problem Artif Intell, 1991, 5: 135-157.

[12] Berners-Lee T, Hendler J, Lassila O. The semantic web: a new form of web content that is meaningful to computers will unleash a revolution of new possibilities. Sci Am, 2001, 284(5): 34-43.

[13] Otero-Cerdeira L, Rodriguez-Martinez F J, Gomezrodriguez A. Ontology matching: a literature review. Expert Syst Appl, 2015, 42(2): 949-971.

[14] Dong X L, Gabrilovich E, Heitz G, et al. From data fusion to knowledge fusion. Proc Vldb Endow, 2015, 7(10): 881-892.

[15] 阳国军,杨忠华,罗莉. 我国燃料乙醇产业管理体制和运行机制初探. 酿酒科技,2020,307: 114-116.

[16] Konings W N, Kok J, Kuipers O P, et al. Lactic acid bacteria: the bugs of the new millennium. Curr Opin Microbiol, 2000, 3(3): 276-282.

[17] Schouten A, Kanters J A, Krieken J. Low temperature crystal structure and molecular conformation of l-(+)-lactic acid. J Mol Struct, 1994, 323: 165-168.

[18] Gao C, Ma C, Xu P. Biotechnological routes based on lactic acid production from biomass. Biotechnol Adv, 2011, 29(6): 930-939.

[19] Kumar V, Ashok S, Park S. Recent advances in biological production of 3-hydroxypropionic acid. Biotechnol Adv, 2013, 31(6): 945-961.

[20] Datta R, Tsai S P, bonsignore P, et al. Technological and economic potential of poly(lactic acid) and lactic acid derivatives. FEMS Microbiol Rev, 1995, 16: 221-231.

[21] Abdel-Rahman M A, Tashiro Y, Sonomoto K. Recent advances in lactic acid production by microbial fermentation processes. Biotechnol Adv, 2013, 31(6): 877-902.

[22] John R P, Nampoothiri K M, Pandey A. Fermentative production of lactic acid from biomass: an overview on process developments and future perspectives. Appl Microbiol Biot, 2007, 74(3): 524-534.

[23] Wee Y, Kim J, Ryu H. Biotechnological production of lactic acid and its recent applications. Food Technol Biotechl, 2006, 44: 163-172.

[24] Abdel-Rahman M A, Tashiro Y, Zendo T, et al. Efficient homofermentative L-(+)-lactic acid production from xylose by a novel lactic acid bacterium, Enterococcus mundtiiQU 25. Appl Environ Microbiol, 2011, 77(5): 1892-1895.

[25] Okano K, Yoshida S, Tanaka T, et al. Homo-D-lactic acid fermentation from arabinose by

redirection of the phosphoketolase pathway to the pentose phosphate pathway in L-lactate dehydrogenase gene-deficient Lactobacillus plantarum. Appl Environ Microbiol, 2009, 75(15): 5175 - 5178.

[26] Ou M S, Ingram L O, Shanmugam K T. L(+)-Lactic acid production from non-food carbohydrates by thermotolerant Bacillus coagulans. J Ind Microbiol Biot, 2011, 38(5): 599 - 605.

[27] Maas R H, Springer J, Eggink G, et al. Xylose metabolism in the fungus Rhizopus oryzae: effect of growth and respiration on L+-lactic acid production. J Ind Microbiol Biot, 2008, 35(6): 569 - 578.

[28] Chang D E, Jung H C, Rhee J S, et al. Homofermentative production of D-or L-lactate in metabolically engineered Escherichia coli RR1. Appl Environ Microbiol, 1999, 65(4): 1384 - 1389.

[29] Zhou S, Causey T B, Hasona A, et al. Production of optically pure D-lactic acid in mineral salts medium by metabolically engineered Escherichia coli W3110. Appl Environ Microbiol, 2003, 69(1): 399 - 407.

[30] Yukawa H, Omumasaba C A, Nonaka H, et al. Comparative analysis of the Corynebacterium glutamicumgroup and complete genome sequence of strain R. Microbiology, 2007, 153(4): 1042 -1058.

[31] Biddy M J, Scarlata C, Kinchin C. Chemicals from biomass: a market assessment of bioproducts with near-term potential. National Renewable Energy Lab.(NREL), Technical Report. Golden, Co (United States), 2016.

[32] Vinderola G, Ouwehand A, Salminen S, et al.Lactic acid bacteria: microbiological and functional aspects. CRC Press, 2004.

[33] Rivas B, Moldes A B, Dominguez J M, et al. Development of culture media containing spent yeast cells of Debaryomyces hansenii and corn steep liquor for lactic acid production with Lactobacillus rhamnosus. Int J Food Microbiol, 2004, 97(1): 93 - 98.

[34] Tashiro Y, Kaneko W, Sun Y, et al. Continuous D-lactic acid production by a novel thermotolerant Lactobacillus delbrueckii subsp. Lactis QU 41. Appl Microbiol Biot, 2011, 89(6): 1741 - 1750.

[35] Romero-Garcia S, Hernandez-Bustos C, Merino E, et al. Homolactic fermentation from glucose and cellobiose using Bacillus subtilis. Microb Cell Fact, 2009, 8: 23 - 30.

[36] Moon S K, Wee Y J, Choi G W. A novel lactic acid bacterium for the production of highpurity L-lactic acid, Lactobacillus paracase isubsp paracasei CHB2121. J Biosci Bioeng, 2012, 114(2): 155 - 159.

[37] Karp S G, Igashiyama A H, Siqueira P F, et al. Application of the biorefinery concept to produce L-lactic acid from the soybean vinasse at laboratory and pilot scale. Bioresource Technol, 2011, 102(2): 1765 - 1772.

[38] Nakano S, Ugwu C U, Tokiwa Y. Efficient production of D-(—)-lactic acid from brokenrice by

Lactobacillus delbrueckii using $Ca(OH)_2$ as a neutralizing agent. Bioresource Technol, 2012, 104: 791 - 794.

[39] Qin J, Wang X, Zheng Z, et al. Production of L-lactic acid by a thermophilic Bacillu smutant using sodium hydroxide as neutralizing agent. Bioresource Technol, 2010, 101(19): 7570 - 7576.

[40] Zhu Y, Eiteman M A, DeWitt K, et al. Homolactate fermentation by metabolically engineered Escherichia coli strains. Appl Environ Microbiol, 2007, 73(2): 456 - 464.

[41] Bai D, Wei Q, Yan Z, et al. Fed-batch fermentation of Lactobacillus lactis for hyper-production of L-lactic acid. Biotechnol Lett, 2003, 25(21): 1833 - 1835.

[42] Ding S, Tan T. L-lactic acid production by Lactobacillus casei fermentation using different fed-batch feeding strategies. Process Biochem, 2006, 41(6): 1451 - 1454.

[43] Li Z, Lu J, Zhao L, et al. Improvement of L-lactic acid production under glucose feedback controlled culture by Lactobacillus rhamnosus. Appl Biochem Biotech, 2010, 162(6): 1762 - 1767.

[44] Wang L, Zhao B, Li F, et al. Highly efficient production of D-lactate by Sporolactobacillussp. CASD with simultaneous enzymatic hydrolysis of peanut meal. Appl Microbiol Biot, 2011, 89(4): 1009 - 1017.

[45] Kim H O, Wee Y J, Kim J N, et al. Production of lactic acid from cheese whey by batch and repeated batch cultures of Lactobacillus sp. RKY2. Appl Biochem Biotech, 2006, 132: 694 - 704.

[46] Wee Y J, Yun J S, Kim D, et al. Batch and repeatedbatch production of L(+)-lactic acid by Enterococcus faecalis RKY1 using wood hydrolyzate and corn steep liquor. J Ind Microbiol Biot, 2006, 33(6): 431 - 435.

[47] Zhao B, Wang L, Li F, et al. Kinetics of D-lactic acid production by Sporolactobacillus sp. strain CASD using repeated batch fermentation. Bioresource Technol, 2010, 101(16): 6499 - 6505.

[48] Chang H N, Kim N J, Kang J, et al. Multi-stage high cell continuous fermentation for high productivity and titer. Bioproc Biosyst Eng, 2011, 34(4): 419 - 431.

[49] John R P, Nampoothiri K M. Co-culturing of Lactobacillus paracasei subsp. Paracasei with a Lactobacillus delbrueckii subsp. delbrueckii mutant to make high cell density for increased lactate productivity from cassava bagasse hydrolysate. Curr Microbiol, 2011, 62(3): 790 - 794.

[50] Neves A R, Pool W A, Kok J, et al. Overview on sugar metabolism and its control in Lactococcus lactis — the input from in vivo NMR. FEMS Microbiol Rev, 2005, 29(3): 531 - 554.

[51] Ramos A, Neves A R, Santos H. Metabolism of lactic acid bacteria studied by nuclear magnetic resonance. Anton Leeuw, 2002, 82(1 - 4): 249 - 261.

[52] Garrigues C, Loubiere P, Lindley N D, et al. Control of the shift from homolactic acid to mixed-acid fermentation in Lactococcus lactis: predominant role of the NADH / NAD+ ratio. J Bacteriol, 1997, 179(17): 5282 - 5287.

[53] Koebmann B J, Solem C, Pedersen M B, et al. Expression of genes encoding F-1-ATPase results in uncoupling of glycolysis from biomass production in Lactococcus lactis. Appl Environ

Microbiol, 2002, 68(9): 4274 - 4282.
[54] Condon S. Responses of lactic acid bacteria to oxygen. FEMS Microbiol Lett, 1987, 46(3): 269 - 280.
[55] Duwat P, Sourice S, Cesselin B, et al. Respiration capacity of the fermenting bacterium Lactococcus lactis and its positive effects on growth and survival. J Bacteriol, 2001, 183(15): 4509 - 4516.
[56] Pedersen M B, Garrigues C, Tuphile K, et al. Impact of aeration and heme-activated respiration on Lactococcus lactis gene expression: identification of a heme-responsive operon. J Bacteriol, 2008, 190(14): 4903 - 4911.
[57] Vido K, Le Bars D, Mistou M Y, et al. Proteome analyses of heme-dependent respiration in Lactococcus lactis: involvement of the proteolytic system. J Bacteriol, 2004, 186(6): 1648 - 1657.
[58] Murphy M G, Condon S. Comparison of aerobic and anaerobic growth of Lactobacillus plantarum in a glucose medium. Arch Microbiol, 1984, 138: 49 - 53.
[59] Huycke M M, Moore D, Joyce W, et al. Extracellular superoxide production by Enterococcus faecalis requires demethylmenaquinone and is attenuated by functional terminal quinol oxidases. Mol Microbiol, 2001, 42(3): 729 - 740.
[60] Goffin P, Muscariello L, Lorquet F, et al. Involvement of pyruvate oxidase activity and acetate production in the survival of Lactobacillus plantarumduring the stationary phase of aerobic growth. Appl Environ Microbiol, 2006, 72(12): 7933 - 7940.
[61] Barre O, Mourlane F, Solioz M. Copper induction of lactate oxidase of Lactococcus lactis: a novel metal stress response. J Bacteriol, 2007, 189(16): 5947 - 5954.
[62] Temple M D, Perrone G G, Dawes I W. Complex cellular responses to reactive oxygen species. Trends Cell Biol, 2005, 15(6): 319 - 326.
[63] Abbott D A, Suir E, Duong G H, et al. Catalase overexpression reduces lactic acid-induced oxidativestress in Saccharomyces cerevisiae. Appl Environ Microbiol, 2009, 75(8): 2320 - 2325.
[64] Branduardi P, Fossati T, Sauer M, et al. Biosynthesis of vitamin C by yeast leads to increased stress resistance. PLoS One, 2007, 2(10): e1092.
[65] Tachon S, Brandsma J B, Yvon M. NoxE NADH oxidase and the electron transport chain are responsible for the ability of Lactococcus lactis to decrease the redox potential of milk. Appl Environ Microbiol, 2010, 76(5): 1311 - 1319.
[66] 任刚,陈远童. 十二碳二元酸的发酵研究. 生物工程学报,2000,16(2): 82 - 86.
[67] 张忠茂,李建琦,崔棣章,等. 长链二元酸的应用及市场前景. 山东食品发酵,2009,13(3): 14 - 17.
[68] Hettema E H, Tabak H F. Transport of fatty acids and metabolites across the peroxisomal membrane. Biochim Biophys Acta, 2000, 1486(1): 18 - 27.
[69] Mauersberger S, Drechsler H, Oehme G, et al. Substrate specificity and stereoselectivity of fatty alcohol oxidase from the yeast Candida maltosa. Appl Microbiol Biot, 1992, 37(1): 66 - 73.

[70] Gurvitz A, Hamilton B, Ruis H, et al. Peroxisomal Degradation of trans-Unsaturated Fatty Acids in the Yeast Saccharomyces cerevisiae. J Biol Chem, 2001, 276(2): 895 - 903.

[71] Kawamoto S, Nozaki C, Tanaka A, et al. Fatty acid beta-oxidation system in microbodies of n-alkane-grown Candida tropicalis. Eur J Biochem, 1978, 83(2): 609 - 613.

[72] Yamada T, Nawa H, Kawamoto S, et al. Subcellular localization of long-chain alcohol dehydrogenase and aldehyde dehydrogenase in n-alkane-grown Candida tropicalis. Arch Microbiol, 1980, 128(2): 145 - 151.

[73] Chen Q, Sanglard D, Vanhanen S, et al. Candida yeast long chain fatty alcohol oxidase is actypehaemoprotein and plays all important role in long chain fatty acid metabolism. Biochim Biophys Acta, 2005, 2735(3): 192 - 203.

[74] 肖云智,焦鹏. 烷烃对 P450 酶的诱导及二元酸发酵工艺改进. 生物工程学报,2001,17: 218 - 220.

[75] Picataggio S, Rohrer T, Deanda K, et al. Metabolic engineering of Candida tropicalis for the production of long-chain dicarboxylic acids. Nat Biotechnol, 1992, 10(8): 894 - 898.

[76] Kester A S, Foster J W. Ditermical oxidation of long-chain alkanes by bacteria. J Bacteriol, 1963, 85: 859 - 869.

[77] 徐成勇,诸葛健. 发酵法生产长链二元酸研究进展. 生物工程进展,2002,22: 66 - 69.

[78] 许晓增,佟明友. 长链二元酸发酵技术. 现代化工,1996,16(1): 22 - 24.

[79] 赵兴青.发酵法生产十三碳二元酸的试验研究. 东北大学,2003.

[80] 陈祖华,叶晴,尹光琳,等. N^+ 离子注入热带假丝酵母对长链二元酸产量的影响. 微生物学通报,2000,27(3): 174 - 177.

[81] 陈远童,庞月川. Δ9 - 1,18 -十八烯二元酸生产菌株的筛选和诱变. 微生物学报,1997,37(1): 65 - 67.

[82] 佚名.生物合成生产十二碳二元酸的新方法. CN1928100,2007.

[83] 高弘,李春,华玉涛,等. 长链二元酸代谢中肉毒碱脂酰转移酶的作用. 中国生物工程杂志,2003,23(6): 14 - 16.

[84] Okazaki K, Takechi T, Kambara N, et al. Two acyl-coenzyme A oxidases in peroxisomes of the yeast Candida tropicalis: primary structures deduced from genomic DNA sequence. Proc Natl Acad Sci, 1986, 83(5): 1232 - 1236.

[85] Fickers P, Benetti P H, Waché Y, et al. Hydrophobic substrate utilisation by the yeast Yarrowia lipolytica, and its potential applications. FEMS Yeast Res, 2010, 5(6 - 7): 527 - 543.

[86] 刘祖同,高忠翔. 微生物发酵法生产二羧酸. 石油学报,1989,5(2): 84 - 90.

[87] 沈永强,楼纯菊,徐可仁,等. 石油发酵长链二元酸的研究——热带假丝酵母(Candida tropicalis)多倍体变种生产十三烷 1∶3 二羧酸的发酵条件研究. 植物生理学报,1979,4: 70 - 78.

[88] Mobley D P, Shank G K. Fermentation medium and method for producing α, ω-alkanedicarboxylic acids. US6004784 A, 1999.

[89] 许晓增,佟明友. 长链二元酸发酵技术. 现代化工,1996,16: 22 - 24.

[90] Borowitzka M A. Fats, oils and hydrocarbons. Micro Algal Biotechnology, Cambridge University

Press, 1988.

[91] 刘树臣,李淑兰,方向晨. 十三碳二元羧酸发酵技术的研究. 微生物学报,2000,40: 318 - 322.

[92] 刘树臣,李淑兰,金平,等. 十二碳二元酸发酵研究. 微生物学报,2002,42(6): 748 - 750.

[93] 高弘,刘铭,黄英明,等. 热带假丝酵母及其重组菌产十三碳二元酸的补糖发酵实验. 过程工程学报,2006,6(5): 814 - 817.

[94] 李晓姝,高大成,乔凯,等. 发酵法长链二元酸分离提取研究进展. 石油化工,2017,46(9): 1214 - 1218.

[95] 上海凯赛生物科技研发中心有限公司.长链二元酸的精制方法. CN103965035,2014.

[96] 李占朝,陈光,喻长远. 十二碳二元酸的重结晶精制工艺研究. 合成纤维工业,2009,32: 31 - 34.

[97] 中国石油化工股份有限公司,中国石油化工股份有限公司抚顺石油化工研究院. 一种获得高纯度二羧酸的方法. CN102911036,2013.

[98] 中国石油化工股份有限公司,中国石化扬子石油化工有限公司. 萃取精制长链二元酸的方法. CN103121935,2013.

[99] Choi S, Song C W, Shin J H, et al. Biorefineries for the production of top building block chemicals and their derivatives. Metab Eng, 2015, 28: 223 - 239.

[100] Zeikus J G, Jain M K, Elankovan P. Biotechnology of succinic acid production and markets for derived industrial products. Applied Microbiology and Biotechnology, 1999, 51(5): 545 - 552.

[101] 詹晓北,朱一晖. 琥珀酸发酵生产工艺及其产品市场. 食品科技,2003(2): 44 - 49.

[102] Pinazo J M, Domine M E, Parvulescu V. Sustainability metrics for succinic acid production: A comparison between biomass-based and petrochemical routes. Catalysis Today, 2015, 239: 17 - 24.

[103] 马兴全.顺丁烯二酸酐一步催化加氢制备丁二酸酐的新工艺. 应用化工,1984(1): 4 - 8.

[104] 刘蕊,穆新元,熊绪茂,等. 乙炔羟基化反应催化剂研究进展. 天然气化工,2015,40(5): 76 - 80.

[105] 李英杰,安磊,佟天宇,等. 浅谈琥珀酸制备技术. 山东化工,2013,42(9): 54 - 57.

[106] Zhu L W, Tang Y J. Current advances of succinate biosynthesis in metabolically engineered *Escherichia coli*. Biotechnol Adv, 2017, 35(8): 1040 - 1048.

[107] Sánchez A M, Bennett G N, San K Y. Novel pathway engineering design of the anaerobic central metabolic pathway in *Escherichia coli* to increase succinate yield and productivity. Metab Eng, 2005, 7(3): 229 - 239.

[108] Lin H, Bennett G N, San K Y. Metabolic engineering of aerobic succinate production systems in *Escherichia coli* to improve process productivity and achieve the maximum theoretical succinate yield. Metab Eng, 2005, 7(2): 116 - 127.

[109] Blankschien M D, Clomburg J M, Gonzalez R. Metabolic engineering of *Escherichia coli* for the production of succinate from glycerol. Metab Eng, 2010, 12(5): 409 - 419.

[110] 康振,耿艳平,张园园,等. 好氧发酵生产琥珀酸工程菌株的构建. 生物工程学报,2008(12): 78 - 82.

[111] Li Q, Huang B, Wu H, et al. Efficient anaerobic production of succinate from glycerol in engineered Escherichia coli by using dual carbon sources and limiting oxygen supply in preceding

aerobic culture. Bioresource Technology, 2017, 231: 75 - 84.

[112] Li Y, Huang B, Wu H, et al. Production of Succinate from Acetate by Metabolically Engineered *Escherichia coli*. ACS Synth Biol, 2016, 5(11): 1299 - 1307.

[113] Bing H, Hao Y, Fang G, et al. Central pathway engineering for enhanced succinate biosynthesis from acetate in *Escherichia coli*. Biotechnology & Bioengineering, 2018, 115(4): 943 - 954.

[114] Ahn J H, Jang Y S, Lee S Y. Production of succinic acid by metabolically engineered microorganisms. Curr Opin Biotechnol. 2016, 42: 54 - 66.

[115] Gao C, Yang X, Wang H, et al. Robust succinic acid production from crude glycerol using engineered *Yarrowia lipolytica*. Biotechnol Biofuels, 2016, 9(1): 179.

[116] Arikawa Y, Kuroyanagi T, Shimosaka M, et al. Effect of gene disruptions of the TCA cycle on production of succinic acid in *Saccharomyces cerevisiae*. J Biosci Bioeng, 1999, 87(1): 28 - 36.

[117] Raab A M, Gebhardt G, Bolotina N, et al. Metabolic engineering of *Saccharomyces cerevisiae* for the biotechnological production of succinic acid. Metab Eng, 2010, 12(6): 518 - 525.

[118] Arikawa Y, Kuroyanagi T, Shimosaka M, et al. Effect of gene disruptions of the TCA cycle on production of succinic acid in *Saccharomyces cerevisiae*. Biosci Bioeng, 1999, 87(1): 28 - 36.

[119] Kamra D N. Rumen microbial ecosystem. Current Science. 2005, 89(1): 124 - 135.

[120] Park D H, Zeikus J G. Utilization of electrically reduced neutral red by *Actinobacillus succinogenes*: physiological function of neutral red in membrane-driven fumarate reduction and energy conservation. J Bacteriol, 1999, 181(8): 2403 - 2410.

[121] Lee P C, Lee S Y, Hong S H, et al. Isolation and characterization of a new succinic acid-producing bacterium, Mannheimia succiniciproducens MBEL55E, from bovine rumen. Appl Microbiol Biotechnol, 2002, 58(5): 663 - 668.

[122] Cui Z, Gao C, Li J, et al. Engineering of unconventional yeast *Yarrowia lipolytica* for efficient succinic acid production from glycerol at low pH. Metab Eng, 2017, 42: 126 - 133.

[123] Nghiem N P, Davison B H, Suttle B E, et al. Production of succinic acid by Anaerobiospirillum *succiniciproducens*. Appl Biochem Biotechnol, 1997, 63 - 65: 565 - 576.

[124] Marinho G A S, Alvarado-Morales, Merlin Angelidaki I. Valorization of macroalga *Saccharina latissimaas* novel feedstock for fermentation-based succinic acid production in a biorefinery approach and economic aspects. Algal Res. 2016, 16: 102 - 109.

[125] Salvachúa D, Mohagheghi A, Smith H, et al. Succinic acid production on xylose-enriched biorefinery streams by *Actinobacillus succinogenes* in batch fermentation. Biotechnol Biofuels, 2016, 9: 28.

[126] Bai B, Zhou J M, Yang M H, et al. Efficient production of succinic acid from macroalgae hydrolysate by metabolically engineered *Escherichia coli*. Bioresour Technol, 2015, 185: 56 - 61.

[127] Liu X, Feng X, Ding Y, et al. Characterization and directed evolution of propionyl-CoA carboxylase and its application in succinate biosynthetic pathway with two CO_2 fixation reactions. Metab Eng, 2020, 62: 42 - 50.

[128] Wei W, Li Z, Xie J, et al. Production of succinate by a *pflB ldhA* double mutant of *Escherichia coli* overexpressing malate dehydrogenase. Bioprocess & Biosystems Engineering, 2009, 32(6): 737.

[129] Donnelly M, Millard C, Stols L. Mutant *E. coli* strain with increased succinic acid production. US Patent, RE37393, 2001.

[130] De Mey M, De Maeseneire S, Soetaert W, et al. Minimizing acetate formation in *E. coli* fermentations.Ind Microbiol Biotechnol, 2007, 34(11): 689 - 700.

[131] Tovilla-Coutiño D B, Momany C, Eiteman M A. Engineered citrate synthase alters Acetate Accumulation in *Escherichia coli*. Metab Eng, 2020, 61: 171 - 180.

[132] Vemuri G N, Eiteman M A, Altman E. Effects of growth mode and pyruvate carboxylase on succinic acid production by metabolically engineered strains of *Escherichia coli*. Appl Environ Microbiol, 2002, 68(4): 1715 - 1727.

[133] Kai Y, Matsumura H, Inoue T, et al. Three-dimensional structure of phosphoenolpyruvate carboxylase: a proposed mechanism for allosteric inhibition. Proc Natl Acad Sci U S A, 1999, 96(3): 823 - 828.

[134] Li Q, Wu H, Li Z, et al. Enhanced succinate production from glycerol by engineered *Escherichia coli* strains. Bioresour Technol, 2016, 218: 217 - 223.

[135] 黄兵. 大肠杆菌利用乙酸生产琥珀酸的系统代谢工程研究. 上海: 华东理工大学,2019.

[136] Alzer G J, Thakker C, Bennett G N, et al. Metabolic engineering of *Escherichia coli* to minimize byproduct formate and improving succinate productivity through increasing NADH availability by heterologous expression of NAD(+)-dependent formate dehydrogenase. Metab Eng, 2013, 20: 1 - 8.

[137] Yu Y, Zhu X, Xu H, et al. Construction of an energy-conserving glycerol utilization pathways for improving anaerobic succinate production in *Escherichia coli*. Metab Eng, 2019, 56: 181 - 189.

[138] Chen J, Zhu X, Tan Z, et al. Activating C4-dicarboxylate transporters DcuB and DcuC for improving succinate production. Appl Microbiol Biotechnol, 2014, 98(5): 2197 - 2205.

[139] Jantama K, Haupt M J, Svoronos S A, et al. Ingram LO. Combining metabolic engineering and metabolic evolution to develop nonrecombinant strains of *Escherichia coli* that produce succinate and malate. Biotechnol Bioeng, 2008, 99(5): 1140 - 1153.

[140] Chen H, Dong F, Minteer S. The progress and outlook of bioelectrocatalysis for the production of chemicals, fuels and materials. Nature Catalysis, 2020, 3: 225 - 240.

[141] Wu Z, Wang J, Liu J, et al. Engineering an electroactive *Escherichia coli* for the microbial electrosynthesis of succinate from glucose and CO_2. Microb Cell Fact. 2019, 18(1): 15.

[142] Wu Z, Wang J, Zhang X,et al. Engineering an electroactive *Escherichia coli* for the microbial electrosynthesis of succinate by increasing the intracellular FAD pool. Biochem. Eng. J., 2019, 146: 132 - 142.

[143] Rodriguez D M,李静. 2,5 -呋喃二甲(FDCA)——一种非常有前景的基础原料. 国际纺织导报,

2018(10)：4 - 6.

[144] Mckenna S M, Leimkühler S, Herter S, et al. Enzyme cascade reactions: synthesis of furandicarboxylic acid (FDCA) and carboxylic acids using oxidases in tandem. Green Chemistry, 2015, 17(6): 3271 - 3275.

[145] 王静刚，刘小青，朱锦. 生物基芳香平台化合物 2,5 -呋喃二甲酸的合成研究进展. 化工进展，2017,36(2)：672 - 682.

[146] Motagamwala A H, Won W, Sener C, et al. Toward biomass-derived renewable plastics: Production of 2,5-furandicarboxylic acid from fructose. Sci Adv. 2018, 4(1): 9722.

[147] Yan D , Wang G , Gao K , et al. One-pot synthesis of 2,5-furandicarboxylic acid from fructose in ionic Liquids. Industrial & Engineering Chemistry Research, 2018: 1851 - 1858.

[148] Zhou W, Wu Z , Kong Z , et al. Efficient oxidation of biomass derived 5-Hydroxymethylfurfural into 2,5-Diformylfuran catalyzed by NiMn layered double hydroxide. Catalysis Communications, 2021, 151(10): 106279.

[149] 张博越. 全细胞催化 5 -羟甲基糠醛合成 2,5 -呋喃二甲酸的研究.大连：大连理工大学，2020.

[150] Koopman F, Wierckx N, de Winde J H, et al. Identification and characterization of the furfural and 5-(hydroxymethyl) furfural degradation pathways of *Cupriavidus basilensis* HMF14. Proc Natl Acad Sci U S A, 2010, 107(11): 4919 - 4924.

[151] Hossain G S, Yuan H, Li J, et al. Metabolic engineering of *Raoultella ornithinolytica* BF60 for production of 2, 5-furandicarboxylic acid from 5-hydroxymethylfurfural. Appl Environ Microbiol, 2016, 83(1): e02312 - 16.

[152] Yuan H, Li J, Shin H D, et al. Improved production of 2, 5-furandicarboxylic acid by overexpression of 5-hydroxymethylfurfural oxidase and 5-hydroxymethylfurfural / furfural oxidoreductase in *Raoultella ornithinolytica* BF60. Bioresour Technol, 2018, 247: 1184 - 1188.

[153] Wu S, Liu Q, Tan H, et al. A novel 2, 5-furandicarboxylic acid biosynthesis route from biomass-derived 5-hydroxymethylfurfural based on the consecutive enzyme reactions. Appl Biochem Biotechnol, 2020, 191(4): 1470 - 1482.

[154] Karich A, Kleeberg S B, Ullrich R, et al. Enzymatic preparation of 2,5-furandicarboxylic acid (FDCA)-a substitute of terephthalic acid-by the joined action of three fungal enzymes. Microorganisms. 2018, 6(1): 5.

[155] Skoog E, Shin J H, Saez-Jimenez V, et al. Biobased adipic acid — The challenge of developing the production host. Biotechnol Adv., 2018, 36(8): 2248 - 2263.

[156] 李西春，李媛. 浅析国内精对苯二甲酸技术和生产现状. 合成纤维，2021,50(9)：1 - 4.

[157] 姚新星，杨世芳，周雪普. PTA 生产工艺简介. 广东化工，2009,36(12)：76 - 77.

[158] 王铭松.精对苯二甲酸产业及新技术发展应用.精细石油化工，2018,35(3)：71 - 75.

[159] 郭亚琴，向丽娟. 精对苯二甲酸生产工艺的发展研究. 化工管理，2019(33)：194.

[160] 沈林.国内精对苯二甲酸(PTA)产业现状及发展趋势. 化工管理，2019(20)：1 - 2.

[161] Shen C, Feng X, Ji K, et al. Production of p-xylene from bio-based 2,5-dimethylfuran over high performance catalyst WO3/SBA-15. Catalysis Science & Technology, 2017.

[162] Zhao R, Zhang L, Xu L, et al. One-pot selective synthesis of renewable p-xylene by completely biomass-based ethanol and dimethylfuran with functionalized mesoporous MCM-41. ChemistrySelect, 2021, 6.

[163] John A M, Lu Z, Douglas S C. Toward the development of a biocatalytic system for oxidation of p-xylene to terephthalic acid: oxidation of 1,4-benzenedimethanol. Journal of Molecular Catalysis B: Enzymatic, 2002, 18: 147 - 154.

[164] 李瑞琦,宋艺凡. 我国乙二醇市场供求预测与发展建议.合成纤维工业,2021,44(5): 77 - 82.

[165] 吴良泉.非石油路线乙二醇生产技术的研究开发现状及其探讨. 上海化工,2008(5): 18 - 22.

[166] 赵宇培,刘定华,刘晓勤,等. 合成气合成乙二醇工艺进展和展望. 天然气化工,2006(3): 56 - 60.

[167] 崔小明.乙二醇生产技术进展及国内市场分析. 聚酯工业,2012,25(1): 1 - 6.

[168] 郎群,宁德才. 焦炉煤气制乙二醇的工艺及成本分析.石化技术,2017,24(5): 46.

[169] Na, Ji, Tao. Cover picture: direct catalytic conversion of cellulose into ethylene glycol using nickel-promoted tungsten carbide catalysts (angew. chem. Int. Ed. 44 / 2008). Angewandte Chemie International Edition, 2008, 47(44): 8321.

[170] Tong U C, Choi S Y, Ryu J Y, et al. Production of ethylene glycol from xylose by metabolically engineered Escherichia coli. AIChE Journal, 2018.

[171] Zivkovic J, Zekovic Z, Mujic I, et al. EPR spin-trapping and spin-probing spectroscopy in assessing antioxidant properties: example on extracts of catkin, leaves, and spiny burs of castanea sativa. Food Biophysics, 2009, 4(2): 126 - 133.

[172] 米容立,冯子健,伊春海,等.1,4 -丁二醇脱水产物间歇精馏分离动态过程与优化.化工进展,2020,39(8): 2972 - 2979.

[173] 尚如静,穆仕芳,牛刚,等. 煤基 1,4 -丁二醇及其衍生精细化学品市场分析. 现代化工,2018,38(2): 11 - 13.

[174] 赵新明.1,4 -丁二醇制备工艺的现状分析. 化工管理,2017,26: 49.

[175] 山秀丽.1,4 丁-二醇生产工艺技术评价. 化学工程,2006,7: 67 - 70.

[176] 康莉.世界 1,4 -丁二醇(BDO)各种生产工艺产能. 石油与天然气化工,2003,2: 106.

[177] 李芳芳,赵新民. 1,4 -丁二醇生产工艺及其技术进展探讨. 化工管理,2018,27: 125 - 126.

[178] Wu M Y, Sung L Y, Li H, et al. Combining CRISPR and CRISPRi systems for metabolic engineering of E.coli and 1,4-BDO biosynthesis. Acs Synthetic Biology, 2017: 2350.

[179] Burgard A, Burk M J, Osterhout R, et al. Development of a commercial scale process for production of 1,4-butanediol from sugar. Curr Opin Biotechnol, 2016, 42: 118 - 125.

[180] Butler M. Animal cell cultures: recent achievements and perspectives in the production of biopharmaceuticals. Applied Microbiology & Biotechnology, 2005, 68(3): 283 - 291.

[181] 薛丽梅,王琲,韩大维,等. 1,3 -丙二醇的化学合成法. 化学与黏合,2000,1: 38 - 40.

[182] 王少博,肖阳,黄鑫,等.生物基聚对苯二甲酸丙二醇酯纤维制备技术的研究进展.纺织学报,2021,42(4): 16 - 25.

[183] Nakamura C E, Whited G M. Metabolic engineering forthe microbial production of 1, 3-

propanediol. Current Opinionin Biotechnology, 2003, 14(5): 454 - 459.
[184] 吴德,唐亮琛,唐颂超,等. 生物基丁内酰胺及聚丁内酰胺的合成及性能. 功能高分子学报, 2019,32(1): 110 - 116.
[185] Chae T U, Ko Y S, Hwang K S, et al. Metabolic engineering of Escherichia coli for the production of four-, five- and six-carbon lactams. Metabolic Engineering, 2017, 41: 82 - 91.
[186] 林亲录,王婧,陈海军. γ-氨基丁酸的研究进展. 现代食品科技,2008,5: 496 - 500.
[187] Jun H. Biosynthesis of γ-aminobutyric acid (GABA) using immobilized whole cells of Lactobacillus brevis. World Journal of Microbiology and Biotechnology, 2007, 23(6): 865 - 871.
[188] 张术聪. 固定化植物乳杆菌合成 γ-氨基丁酸及分离纯化的初步研究.无锡: 江南大学,2010.
[189] 刘清,姚惠源,张晖. 生产 γ-氨基丁酸乳酸菌的选育及发酵条件优化. 氨基酸和生物资源, 2004,1: 40 - 43.
[190] 徐冬云,周立平,童振宇,等. 产 γ-氨基丁酸乳酸菌的分离筛选. 现代食品科技,2006,3: 59 - 61,64.
[191] 宋红苗,陶跃之,王慧中,等. GABA 在植物体内的合成代谢及生物学功能. 浙江农业科学, 2010,2: 225 - 229.
[192] Zhang J, Kao E, Wang G, et al. Metabolic engineering of Escherichia coli for the biosynthesis of 2-pyrrolidone. Metab Eng Commun, 2016, 3: 1 - 7.
[193] Segal S A. Blockade of central nervous system GABAergic tone causes sympathetic mediated increasesin coronary vasculas resistance in cats. Circulation Res., 1984, 55: 404 - 408.
[194] 于辉,高瑞. Ugi/原子转移自由基环合反应合成 γ-丁内酰胺的研究. 有机化学,2011,31(10): 1683 - 1686.
[195] Jean M. Chemie and technik der acetylen-druck-reaktionen. Analytica Chimica Acta, 1952, 6: 98 - 99.
[196] Dr, J W, Youn. Metabolic engineering of Escherichia coli for the biosynthesis of mandelic acid. Chemie Ingenieur Technik, 2014, 86(9): 1421.
[197] 宋波.4-丁内酰胺的制备与应用. 化学工程师,1990,2: 17 - 19.
[198] Chae T U, Ko Y S, Hwang K S, et al. Metabolic engineering of Escherichia coli for the production of four-, five- and six-carbon lactams. Metabolic Engineering, 2017, 41: 82 - 91.
[199] 马振锋,徐美娟,杨套伟,等. 以葡萄糖为底物合成 2-吡咯烷酮重组谷氨酸棒杆菌的构建及发酵研究. 食品与发酵工业,2020,46(11): 1 - 8.
[200] 刘立明,陈修来. 有机酸工艺学.北京: 中国轻工业出版社,2020: 138 - 157.
[201] Sadare O O, Ejekwu O, Moshokoa M F, et al. Membrane purification techniques for recovery of succinic acid obtained from fermentation broth during bioconversion of lignocellulosic biomass: current advances and future perspectives. Sustainability, 2021, 13(12): 6794.
[202] Maria A, Anestis V, Harris P, et al. Downstream separation and purification of succinic acid from fermentation broths using spent sulphite liquor as feedstock. Sep. Purif. Technol, 2019, 209: 666 - 675.
[203] Lemme C, Datta R. Process for the production of succinic acid by an aerobic fermentation. US

Patent: 5143833, 1992.

[204] Kurzrock T, Weuster-Botz D. Recovery of succinic acid from fermentation broth. Biotechnol Lett, 2010, 32(3): 331 - 339.

[205] 胡曼曼,胡晓,王理想,等. 从发酵液中提取 2,5 -呋喃二甲酸的方法. CN108558799A,2018.

[206] López-Garzón C S, Straathof A J. Recovery of carboxylic acids produced by fermentation. Biotechnol Adv, 2014, 32(5): 873 - 904.

[207] Gorden J, Geiser E, Wierckx N, et al. Integrated process development of a reactive extraction concept for itaconic acid and application to a real fermentation broth. Eng Life Sci, 2017, 17(7): 809 - 816.

[208] Gausmann M, Kocks C, Doeker M, et al. Recovery of succinic acid by integrated multi-phase electrochemical pH-shift extraction and crystallization. Sep. Purif. Technol., 2019, 240 (4): 116489.

[209] 李松,姚忠,刘辉,等. 碱性树脂分离丁二酸性质研究. 食品与发酵工业,2007,7: 54 - 57.

[210] Lin S K C, Du C, Blaga A C, et al. Novel resin-based vacuum distillation-crystallisation method for recovery of succinic acid crystals from fermentation broths. Green Chem, 2010, 12(4): 666 - 671.

[211] Thuy N, Boontawan A. Production of very-high purity succinic acid from fermentation broth using microfiltration and nanofiltration-assisted crystallization. J. Membr. Sci., 2017, 524: 470 - 481.

[212] Arola K, Bruggen B, Manttari M, et al. Treatment options for nanofiltration and reverse osmosis concentrates from municipal wastewater treatment: A review. Critical reviews in environmental science and technology, Crit Rev Environ Sci Technol., 2019, 49(19/24): 2049 - 2116.

[213] Pandey S R, Jegatheesan V, Baskaran K, et al. Fouling in reverse osmosis (RO) membrane in water recovery from secondary effluent: a review. Rev Environ Sci Bio, 2012, 11(2): 125 - 145.

[214] Li Y, Shahbazi A, Williams K, et al. Separate and concentrate lactic acid using combination of nanofiltration and reverse osmosis membranes. Appl. Biochem. Biotechnol., 2008, 147(1 - 3): 1 - 9.

[215] Antczak J, M Szczygiełda, Prochaska K. Nanofiltration separation of succinic acid from post-fermentation broth: Impact of process conditions and fouling analysis. J Ind Eng Chem, 2019, 77: 253 - 261.

[216] Zaman N, Rohani R, Mohammad A. Polyimide membranes for organic salts recovery from model biomass fermentation. Malays. J. Anal. Sci, 2016, 20: 1481 - 1490.

[217] Choi J, Fukushi K, Yamamoto K. A study on the removal of organic acids from wastewaters using nanofiltration membranes. Sep. Purif. Technol., 2008, 59(1): 17 - 25.

[218] 李甜,朱建华. 己二酸副产物的应用及其分离纯化技术进展.化工技术与开发,2017,46(10): 34 - 38.

[219] 李德茂,陈吴西,郭蔚,等. 工业生物发酵过程模拟: 进展与发展趋势. 生物工程学报,2019,35

(10): 1974 - 1985.

[220] Lee E G, Moon S H, Chang Y K, et al. Lactic acid recovery using two-stage electrodialysis and its modelling. J Membr Sci, 1998, 145(1): 53 - 66.

[221] Huang H J, Ramaswamy S, Tschirner U W, et al. A review of separation technologies in current and future biorefineries. Sep Purif Technol, 2008, 62(1): 1 - 21.

[222] Tarkiainen V, Kotiaho T, Mattila I, et al. On-line monitoring of continuous beer fermentation process using automatic membrane inlet mass spectrometric system. Talanta. 2005, 65(5): 1254 - 1263.

[223] 王然明,王泽建,田锡炜,等. 生物过程尾气质谱仪在乳酸发酵工艺控制中的应用. 华东理工大学学报(自然科学版),2013,39,3: 289 - 295.

[224] Henry O, Ansorge S, Aucoin M, et al. On-line monitoring of cell size distribution in mammalian cell culture processes Computer Applications in Biotechnology, 2007, 40(4): 277 - 282.

[225] Ansorge S, Henry O, Aucoin M, et al. Monitoring the cell size distribution of mammalian cell cultures using on-line capacitance measurements. Springer Netherlands, 2010.

[226] Li L, Wang Z J, Chen X J, et al. Optimization of polyhydroxyalkanoates fermentations with on-line capacitance measurement. Bioresour Technol, 2014, 156: 216 - 221.

[227] 蔡萌萌,户红通,刘子强,等. 活细胞在线监控 L-羟脯氨酸补料发酵工艺的研究. 食品与发酵工业,2018,44(5): 10 - 15.

[228] Cruz M V, Sarraguça M C, Freitas F, et al. Online monitoring of P(3HB) produced from used cooking oil with near-infrared spectroscopy. J Biotechnol, 2015, 194: 1 - 9.

[229] Wang T, Liu T, Wang Z, et al. A rapid and accurate quantification method for real-time dynamic analysis of cellular lipids during microalgal fermentation processes in Chlorella protothecoides with low field nuclear magnetic resonance. J Microbiol Methods, 2016, 124: 13 - 20.

[230] Goldrick S, Duran-Villalobos C, Jankauskas K, et al. Modern day monitoring and control challenges outlined on an industrial-scale benchmark fermentation process. Comput Chem Eng, 2019: 130.

[231] 迟雷,王静雨,侯俊超,等. 基于人工神经网络和遗传算法的普鲁兰酶重组大肠杆菌高密度发酵工艺优化. 食品科学,2021. 42(10): 73 - 78.

[232] Wong K, Wong P, Cheung C, et al. Modeling and optimization of biodiesel engine performance using advanced machine learning methods. Energy, 2013, 55(15): 519 - 528.

[233] Pereira R, Badino A, Cruz A. Framework based on artificial intelligence to increase industrial bioethanol production. Energy Fuels, 2020, 34(4): 4670 - 4677.

[234] Kana E. A repository of intelligence of industrial fermentation (Riif) using web enabled technology. Biotechnol Biotec Eq, 2011, 25(1): 2290 - 2294.

第3章
生物基聚合物的生物制造

生物基可降解材料注重原料的生物来源性和可再生性,避免了传统高分子材料对化石原料的依赖性,具有保护环境和节约资源的双重功效。生物基可降解材料的生产方法主要分为3种:一是单独使用化学法转化生物基原料进行生产;二是单独使用生物法转化生物基原料进行生产;三是联合使用生物法和化学法转化生物基原料进行生产。目前,大多数生物基材料通过第3种方法生产而来。而第2种方法,即通过生物法直接将生物基原料转化为高分子材料,因为减少了中间化学合成的步骤,因此在节能、安全和经济性方面都是最优选项,是生物基材料未来研发的一个重要方向。本章内容聚焦较为常见的可以直接生物转化制备的生物基可降解高分子材料:聚羟基脂肪酸酯/聚-β-羟基丁酸(PHA/PHB)、聚乳酸(PLA)、几丁质、聚丁内酰胺(PA4),以及聚赖氨酸等生物基聚合物,对它们的背景、优点及合成方法进行介绍。

3.1 生物基大分子的合成生物学途径和底盘细胞的构建方法

相较于单纯使用化学法的生产方式,单独使用生物法或联合使用生物法和化学法进行生物基大分子材料生产,具有对环境友好、操作安全和原料可再生等优点。在使用生物法或联合使用生物法和化学法进行生物基大分子生产时,选择合适的底盘细胞可对产物的生产起到事半功倍的作用。众多工业微生物底盘细胞的开发为生物基大分子材料的合成提供了优秀的细胞工厂,有利于实现资源可再生型和环境友好型生物基大分子材料的生产。本节将从实际出发,介绍一些在生物基大分子材料生产过程中已有应用或具有较大发展潜力的底盘细胞,并简单介绍用于改造不同种类底盘细胞的常见分子工具,便于读者系统地了解这些底盘细胞及其构建方法。使用基因重组技术对细胞代谢途径进行有目的的改造,能够改善细胞的代谢特性,实现高效生产特定目标产物的目的。了解细胞中与生物基大分子或其单体合成有关的代谢途径以及常见的改造策略,能够提高生物基大分子材料的生产效率,降低其生产成本,有利于其产业的进一步发展。由于大肠杆菌具有遗传背景清楚、培养操作简单、转化和转导效率高、生长繁殖快、成本低廉等优点,因此可作为生物基大分子生产中最常见的底盘细胞,本节将以大肠杆菌等底盘细胞为例,介绍细胞中与生物基大分子及其单体合成有关的常见代谢途径以及常见的代谢改造策略。

3.1.1　底盘细胞

1. 大肠杆菌

大肠杆菌(*Escherichia coli*)是革兰氏阴性细菌,属于变形菌门、肠杆菌科、埃希氏菌属,是生物发酵中最常用的原核宿主之一,具有遗传背景清楚、繁殖速度快、培养操作简单、成本低廉等优点,能够高效地表达外源基因[2]。大肠杆菌因其清楚的遗传代谢背景,常作为生物基大分子生成过程中的底盘细胞,且能够利用不同的基因编辑工具,适用于不同物质的生产。因此,大肠杆菌在生物基大分子材料的合成过程中得到广泛应用[3]。

目前,已经有许多利用大肠杆菌作为底盘细胞生产生物基大分子材料单体或聚合物的研究,其中部分产品已经实现了工业化规模的生产,如基因工程大肠杆菌可以作为 PHA 合成的底盘细胞,利用生物质原料直接合成 PHA[2];利用葡萄糖生产 1,3-丙二醇(PDO)[4],为生物基聚对苯二甲酸丙二醇酯提供单体;此外,利用大肠杆菌还能够生产作为生物纤维原料的乙二醇[5],以及生产聚对苯二甲酸 1,4-丁二醇酯(PBT)的聚合物单体 1,4-丁二醇[6]。

同源重组是大肠杆菌中最常用的基因修饰方法,大肠杆菌自身的 RecA 同源重组系统编码的 RecA 和 RecBCD 蛋白能够介导外源基因进行同源重组,其中 RecA 能够与 DNA 单链结合识别 DNA 中的同源序列,是该系统的核心[7]。由于 RecA 同源重组系统具有需要同源臂长、重组效率低和操作困难等缺点,因此难以广泛应用。然而,使用 λ 噬菌体基因的 Red 重组技术(图 3-1)则因具有效率高、周期短和必需同源臂短等优点而得

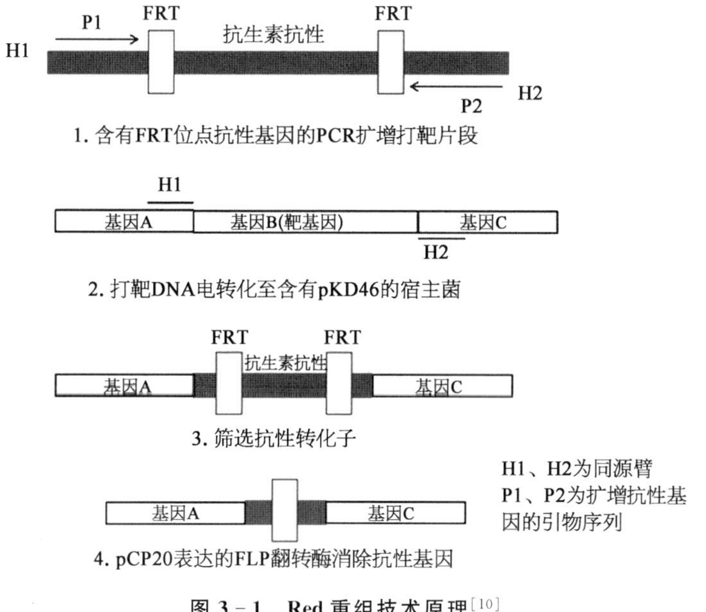

图 3-1　Red 重组技术原理[10]

到了广泛的应用[8]。Red 重组技术使用 PKD46 作为功能质粒，由 *exo*、*bet*、*gam* 3 个基因组成，其中 *exo* 编码双链核酸外切酶 Exo，*bet* 编码单链退火蛋白 Beta，*gam* 编码辅助蛋白 Gam。Exo 能够从 5′末端向 3′末端降解 DNA 单链，在 3′末端产生黏性末端，随后 Beta 介导单链退火修复，完成同源重组。Gam 能够抑制大肠杆菌内源的 RecBCD 核酸外切酶活性，防止外源 DNA 在胞内被降解[9]。

CRISPR/Cas9 是一种能够用于大肠杆菌的基因编辑系统（图 3-2），利用该系统能够实现在大肠杆菌中敲除内源基因和插入外源基因，常被用于构建工程大肠杆菌[11,12]。该系统是古细菌和细菌用于应对病毒等外源基因的免疫系统。最常见的双质粒 CRISPR/Cas9 系统由 Cas9 核酸酶与向导 RNA（guideRNA，即 gRNA，包含活化 Cas 蛋白的 tracrRNA 和识别目标 DNA 序列的 crRNA）组成。向导 RNA 能够特异性识别特定的 DNA 序列，并且在 Cas9 核酸酶的作用下，在特定的位点使 DNA 双链断裂，通过大肠杆菌内源的 DNA 修复系统，高效地实现基因敲除或插入。

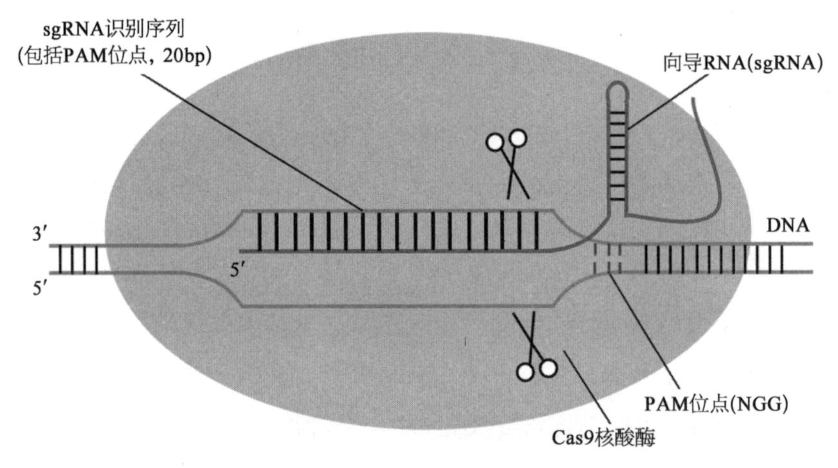

图 3-2　Crisp /Cas9 技术原理（见彩插）[10]

2. 嗜盐微生物

嗜盐微生物（*Halophilic microorganism*）是一类在生存环境中存在较高浓度的盐才能生长的微生物，在古菌界、细菌界和真核生物界中都广泛存在。根据最适合生长的盐浓度不同，嗜盐微生物可以分为中度嗜盐微生物和极端嗜盐微生物。嗜盐微生物作为底盘细胞具有多种优点，由于杂菌难以在其适合生长的高盐环境下存活，因此在工业生产中能够实现不灭菌的开放式发酵，这样不仅降低了设备、原料和人力的成本，还缩短了生产周期，提高了生产效率。自从 1972 年首次在嗜盐微生物中发现生物可降解塑料 PHA 以来，嗜盐微生物就开始在生物基大分子材料的生物合成领域备受关注[13]。例如，嗜盐微生物盐单胞菌在 PHA 的生产中表现出优良的性状[13-14]。

嗜盐微生物是生物基大分子材料 PHA 生产中的一种常见的底盘细胞，为了生产不同性质的PHA并得到性状更优良的菌株，适合嗜盐微生物分子操作的工具也得到了开发。

由自杀质粒诱导的同源重组是嗜盐微生物中较为成熟的基因敲除技术(图3-3)，该系统由含有*pyrF*(乳清酸核苷-5-磷酸脱羧酶)基因作为标记的自杀质粒和缺失*pyrF*基因的营养缺陷型宿主构成[15]。通过将含有目标基因同源臂的自杀质粒转入营养缺陷型宿主中，使用不含尿嘧啶的培养基对同源重组菌株进行阳性筛选，随后使用5-氟乳清酸反选双交换的*pyrF*基因缺失的重组菌株，对目标基因进行PCR和Southern印迹分析，完成基因敲除。但该方法效率低、耗时长(在嗜盐微生物编辑单个基因需要一个月以上的时间)，严重限制了嗜盐微生物工程菌株的构建效率。

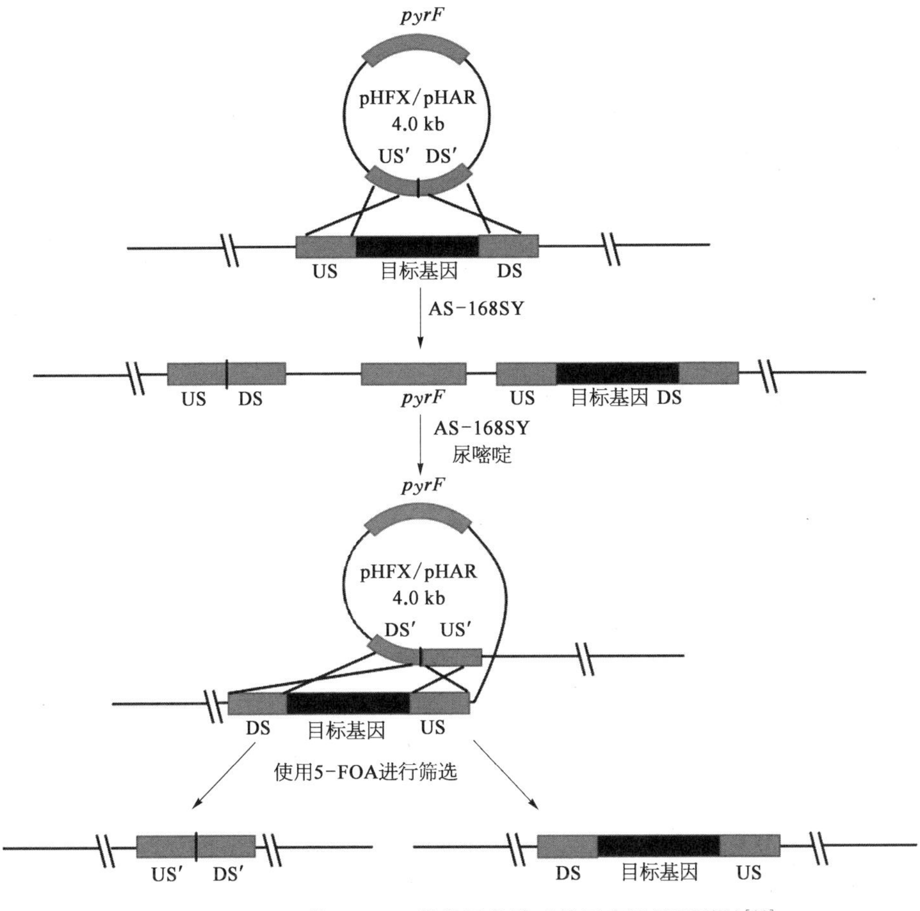

图3-3　基于*pyrF*的基因敲除系统示意图(见彩插)[16]

US/US′，待敲除目的基因的上游片段；DS/DS′，待敲除的目标基因的下游片段；Target，目标基因；5-FOA，5-氟乳清酸；*pyrF*，乳清酸核苷-5-磷酸脱羧酶的编码基因。

CRISPR/Cas9是一种理论上能应用于众多原核和真核细胞的基因编辑工具，如今已有适用于嗜盐微生物嗜盐单胞菌(*Halomonas* sp.)的CRISPR/Cas9系统，该系统由能够表达 Cas9 基因的低拷贝质粒 pSEVA321 和能够表达单链向导 RNA(sgRNA)及含有 500～1 000 bp 同源臂的供体 DNA 的高拷贝质粒 pSEVA241 组成[17]。通过开发适用于嗜盐微生物的 CRISPR/Cas9 技术,可使短时间、高效率地编辑嗜盐微生物的基因成为可能。

3. 真养产碱杆菌

真养产碱杆菌(*Alcaligenes eutrophus*)是一种从土壤中分离来的革兰氏阴性细菌,属于产碱杆菌属。早在 20 世纪 80 年代,英国 ICI 公司就曾利用真养产碱杆菌以葡萄糖和丙酸为原料,成功发酵生产出生物可降解塑料的聚 3-羟基丁酸酯-*co*-3-羟基戊酸酯(PHBV)。如今,真养产碱杆菌已经被广泛地应用于生物可降解塑料 PHB 和 PHBV 的生产中,是一种性能优秀的、可以用于直接生产生物基大分子材料的底盘细胞[18]。

真养产碱杆菌作为一种能够生产生物基大分子材料的底盘细胞,也有多种有效的基因编辑工具适用于它。

使用自杀质粒是一种传统的真养产碱杆菌突变体构建的方法,该方法以具有筛选标记(抗性或营养缺陷型)的自杀质粒作为分子工具,原理与嗜盐微生物中使用的自杀质粒系统类似,也存在效率低和时间周期长等缺点[19]。

基于可移动Ⅱ组内含子的基因敲除策略是一种在真养产碱杆菌中效率较高的基因敲除方法。该技术通过计算机算法计算内含子插入的最佳位点,随后通过核糖核蛋白介导的 DNA 整合机制(后归巢),将内含子插入目的基因的特殊位点,从而完成定向的基因敲除[20]。在真养产碱杆菌中构建该基因敲除系统时,使用能够在多种宿主中存在的广宿主质粒 pBBR1MCS2 搭载该敲除系统,并且使用 IPTG 诱导型 *tac* 启动子,实现较高的敲除效率。

4. 乳酸菌

乳酸菌(*Lactic acid bacteria*)是一类能够利用碳水化合物发酵产生大量乳酸的革兰氏阳性细菌的总称,属于乳杆菌目、乳杆菌科。这类细菌在自然界中种类多样并且分布极为广泛,在工业、食品和医药等领域中被广泛使用。在生物基高分子材料的生产过程中,乳酸菌主要作为 PLA 单体——乳酸的生产者来使用,是联合使用生物法和化学法生产生物基大分子材料 PLA 时使用的底盘细胞。根据发酵终产物的不同,乳酸菌可以分为同型发酵乳酸菌和异型发酵乳酸菌。同型发酵的乳酸菌占乳酸菌种类的 90%以上,这类乳酸菌发酵终产物的主要成分为乙酸,并且具有醛缩酶。在乳酸发酵的过程中,葡萄糖会在这类乳酸菌中被降解为丙酮酸,随后丙酮酸在乳酸脱氢酶的催化作用下被还原成乳酸。同型乳酸发酵的过程中,1 分子葡萄糖将被转化为 2 分子乳酸,碳原子利用率的理论值能达到 100%,因此,这类乳酸菌是用于发酵生产乳酸的理想菌株。而在异型发酵乳酸菌中,消耗葡萄糖发酵生产乳酸时,还会有副产物乙醇、乙酸和 CO_2 等的生成[21],因此并不是理想的乳酸生产菌株。

5. 米根霉

米根霉(*Rhizopus oryzae*)是一种能够用于生产乳酸的根霉菌,属于接合菌亚门、接合菌纲、毛霉目、毛霉科、根霉属，在酿酒业等领域中被广泛应用，具有直接利用淀粉的能力，其产生的L-乳酸相较于乳酸菌所生产的L-乳酸具有更高的光学纯度[22]。此外，米根霉具有发达的菌丝，能够在发酵过程中形成菌丝团以便于与发酵液分离，但是过大的菌丝团也会导致O_2和营养物质传递困难并加大搅拌的阻力，从而带来生产速率降低、得率降低和生产过程不稳定等问题。通过固定化技术能够提高乳酸发酵过程中米根霉的浓度，从而提高乳酸的得率，并提高生产效率。此外，有报道称通过诱变来改变米根霉的形态也能够提高乳酸的产量和产率[23]。

6. 土曲霉

土曲霉(*Aspergillus terreus*)是一种具有很高生产价值的丝状真菌，属于半知菌纲、壳霉目、杯霉科、曲霉属，具有耐受较高渗透压的能力，广泛存在于各种生境中。如今，土曲霉已经广泛应用于生物化工和医药等领域。在生物基大分子材料领域，土曲霉可以用来发酵生产衣康酸(图3-4)，为衣康酸环氧树脂的合成提供单体。早在20世纪40年代，洛克伍德等人就对土曲霉发酵生产衣康酸的影响因素进行了研究，为土曲霉工业化生产衣康酸奠定了基础[24]，如今，土曲霉深层发酵已经成为衣康酸最主要的生产方式[25-26]。

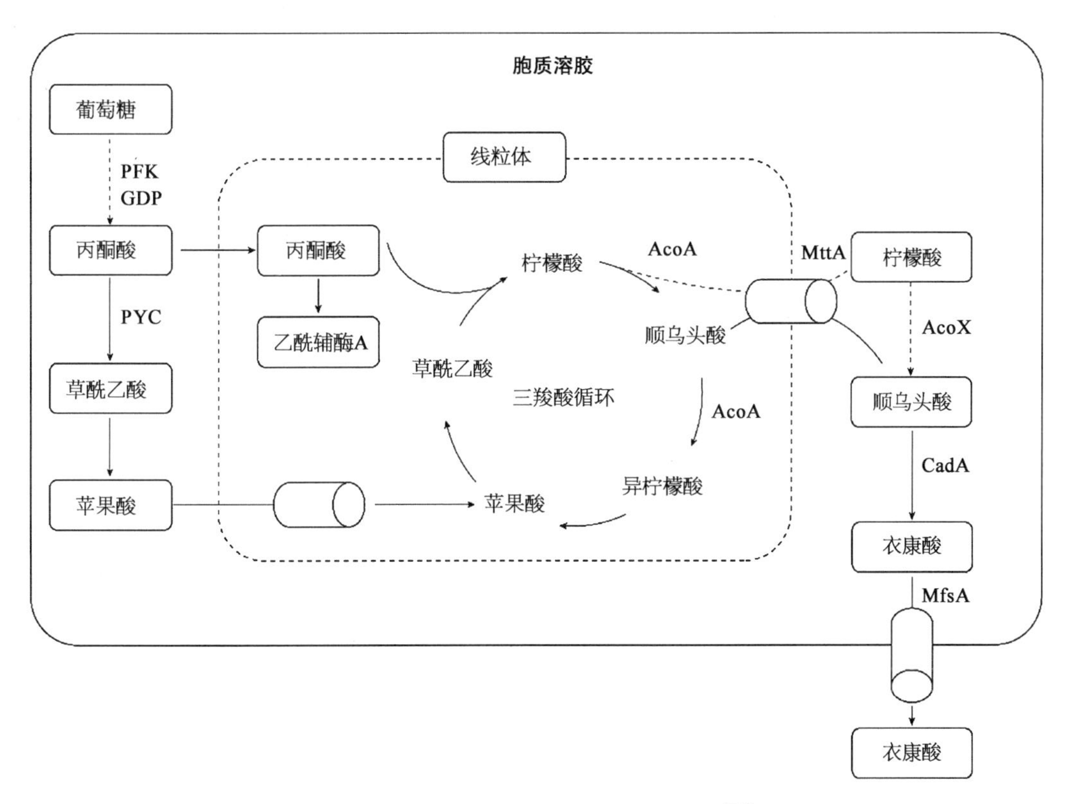

图3-4 土曲霉的衣康酸生物合成途径[27]

PFK：6-磷酸果糖激酶；GDP：三磷酸甘油醛脱氢酶；PYC：丙酮酸羧化酶；AcoA：乌头酸酶；AcoX：脂酰-CoA氧化酶；MttA：三羧酸转运蛋白；CadA：顺乌头酸脱羧酶；MfsA：衣康酸分泌蛋白。

为了改造土曲霉等丝状真菌的遗传性状，适用于土曲霉的遗传改造元件和基因操作工具已被开发出来。

土曲霉内源的启动子以及来自其他丝状真菌中的启动子，如 P*trpC*、P*adhA*（构巢曲霉）和 P*mgpd*（红曲霉），都能够在土曲霉中驱动目的基因的表达，调节土曲霉的代谢通路[27]。这些启动子都是在土曲霉基因改造中常用的遗传元件。

土曲霉等丝状真菌由于自身 DNA 修复的特点，同源重组效率很低，导致土曲霉的遗传改造难度较大。通过失活土曲霉中用于双链 DNA 修复的非同源末端连接途径，能够提高外源基因同源重组的效率和特异性。在土曲霉中最常使用的同源重组系统是在 *ku80* -/ *pyrG* -双突变体中建立的基于双向选择性标记 $pyrG_{An}$ 的营养转化系统，其中缺失 *ku80* 基因可阻断非同源末端连接途径，提高同源重组的效率，而缺失 *pyrG* 基因能够形成尿嘧啶营养缺陷菌株，为同源重组提高筛选标记（图 3－4）[28]。

7. 克雷伯氏菌

克雷伯氏菌（*Klebsiella* sp.）是革兰氏阴性细菌，属于变形菌门、肠杆菌科、克雷伯氏菌属，具有较厚的荚膜，大多数有鞭毛。在生物基大分子领域，克雷伯氏菌是一种可以用于联合生物法和化学法生产生物基大分子材料的底盘细胞，它能够以甘油为唯一的碳源和能源发酵生产生物基聚对苯二甲酸丙二醇酯的单体 1,3－丙二醇[28-29]（图 3－5）。在厌氧条件下，克雷伯氏菌主要通过二羟丙酮途径（DHA 途径）代谢甘油，该途径包含甘油脱水酶（GDHt）、1,3－丙二醇氧化还原酶（PDOR）、甘油脱氢酶（GDH）和二羟丙酮激酶（DHAK）。在好氧条件下，克雷伯氏菌中的甘油发酵通过 3－磷酸甘油系统（GLP 系统）进行，该系统包含甘油激酶（GK）、好氧 3－磷酸甘油（G3P）脱氢酶和厌氧 3－磷酸

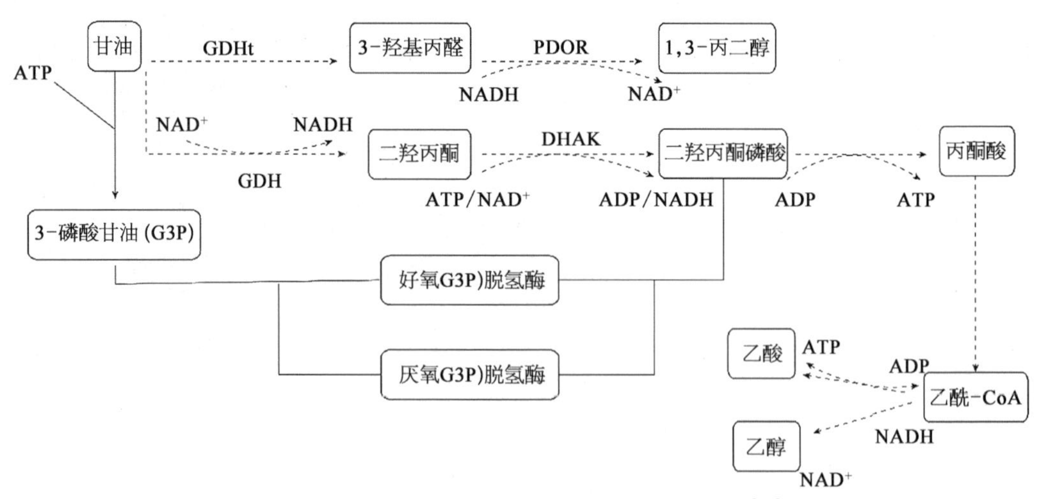

图 3－5　甘油在克雷伯氏菌细胞内的歧化途径图[37]

GDHt：甘油脱水酶；PDOR：1,3－丙二醇氧化还原酶；GDH：甘油脱氢酶；DHAK：二羟丙酮激酶；NADH/NAD+：烟酰胺腺嘌呤二核苷酸；ATP：腺嘌呤核苷三磷酸；ADP：腺嘌呤核苷二磷酸；实线代表 GLP 系统代谢途径，虚线代表 DHA 系统代谢途径。

甘油(G3P)脱氢酶等。克雷伯氏菌一般在厌氧或微氧条件下利用甘油生产1,3-丙二醇[30]。

为了实现对克雷伯氏菌的改造,得到性状更优良的底盘细胞,多种编辑克雷伯氏菌基因的相关生物方法也已被开发出来。

电穿孔转化法是一种经常用于在大肠杆菌中引入外源基因的方法,而该方法也能够在克雷伯氏菌中使用。由于克雷伯氏菌具有较厚的荚膜,该荚膜造成菌体回收和表面穿孔困难,因此与大肠杆菌相比,克雷伯氏菌的电穿孔转化效率很低。通过使用荚膜缺陷型的克雷伯氏菌菌株并在固体培养基上培养以改变其菌体形态,能够极大程度地提高电穿孔转化法对它的转化效率[31]。

在大肠杆菌中常用的Red重组技术,也能够用于克雷伯氏菌的基因改造[32-33]。例如,运用Red重组技术在克雷伯氏菌中敲除乳酸脱氢酶基因(*ldhA*),能够有效地提高1,3-丙二醇的产量[34]。

CRISPR/Cas9也能够应用于克雷伯氏菌中。为了正常使用CRISPR/Cas9对克雷伯氏菌进行编辑基因,首先需要构建能够在克雷伯氏菌中表达的CRISPR功能质粒。如今,已经有许多实例证明CRISPR/Cas9技术能够在克雷伯氏菌中实现高效地基因编辑[35,36]。

8. 谷氨酸棒状杆菌

谷氨酸棒状杆菌(*Corynebacterium glutamicum*)是一种经常在工业中被用来生产氨基酸和有机酸等产物的革兰氏阳性细菌,属于放线菌目、棒状杆菌属。谷氨酸棒状杆菌具有安全性好和培养容易等优点,是一种常见的底盘细胞。在生物基大分子领域,谷氨酸棒状杆菌可以用于合成聚酰胺(PA56)纤维的单体戊二胺[38]。

为了提高产物的产量,改良谷氨酸棒状杆菌的性能,适用于谷氨酸棒状杆菌的基因编辑技术被不断开发出来。

自杀质粒介导的同源重组是一种在谷氨酸棒状杆菌中较为成熟的基因编辑技术。按照同源重组的方式不同,自杀质粒介导的同源重组可以分为一次交换同源重组和双交换同源重组。其中,一次交换同源重组一般使用抗性基因作为标记,这种方法会使抗性基因残留在基因组中,可能会对工程菌株产生不利影响。而双交换同源重组,一般联合使用营养缺陷型菌株和相应基因作为筛选标记,其原理与前文介绍的嗜盐微生物自杀质粒诱导的同源重组系统相同[39]。

Cre/loxP介导的位点特异性重组系统通过在同源序列两段引入特异性*loxP*位点,并使用Cre重组酶识别该位点完成同源重组,该技术提高了谷氨酸棒状杆菌基因操作的效率[40-41]。

RecT介导的单链重组系统不依赖于谷氨酸棒状杆菌内源的RecA重组系统,而是直接使用来自Rac原噬菌体的RecT重组系统,该系统操作简单,能够在基因组任意点进行基因操作,可大幅度提高效率,使得原来难度较大的基因操作成为可能[41,42]。

CRISPR/Cas9 同样能够用于谷氨酸棒状杆菌中的基因编辑[43-45]。该系统具有周期短、筛选容易等特点,为谷氨酸棒状杆菌基因操作提供了很大的便利。由于谷氨酸棒状杆菌缺乏非同源末端修复机制,引入来自 Rac 原噬菌体的 RecT 重组酶提高了同源修复效率,可以有效地提高 CRISPR/Cas9 在谷氨酸棒状杆菌中的编辑效率。如今,谷氨酸棒状杆菌中的 CRISPR/Cas9 系统已经较为成熟,而适用于该菌的其他 CRISPR 系统也得到了一定程度的发展[46-49]。

3.1.2 生物基材料合成相关代谢途径改造及应用

代谢工程利用多基因重组技术对细胞代谢途径进行有目的的改造,从而改善细胞的代谢特性,实现高效生产特定目标产物的目的[50]。代谢工程的常见菌种改造方式一般有两种:一是将工程菌中不存在的途径引入工程菌种进行异源表达,从而达到生产某种异源产品的目的,这一过程称为从无到有的过程;二是针对某些自然状态下产量很低的产品,通过引入高效途径或者改造原有代谢流分布从而提高产品得率,这一过程称为从有到优的过程。实际上,对从无到有的细胞改造也需要再经历一个从有到优的改造过程才能进一步提高产品转化率,从而降低产品生产成本[51]。

大肠杆菌是第一个用于重组蛋白生产的宿主菌,具有很多优点[52],表达外源基因产物的水平远高于其他基因表达系统,因此在原始生产菌生产能力不理想的情况下,大肠杆菌往往被当作目的产物人工合成途径底盘细胞的第一候选。如今已有许多利用大肠杆菌作为底盘细胞生产生物基大分子材料单体或聚合物的实例,研究大肠杆菌的代谢特性对生物基材料合成相关代谢途径的改造及应用具有重要意义。

1. 不同大肠杆菌宿主对碳源的代谢特性

作为培养基中最广泛采用的碳源,葡萄糖和甘油在一定水平上影响着大肠杆菌的生理特性[53](图 3-6)。葡萄糖通过磷酸葡萄糖转移酶系统(PTS)途径进入细胞内,与此同时,磷酸烯醇式丙酮酸转化为丙酮酸[54]。大肠杆菌通过 3 个途径将葡萄糖转分解为丙糖,包括糖酵解途径、ED 途径和 PP 途径[55]。大肠杆菌 BL21 和 JM109 两个菌株以葡萄糖为碳源,当碳源代谢流经过丙酮酸时,若该碳源代谢流超过了三羧酸循环的处理能力就会产生乙酸,而乙酸的聚集有培养基和菌株特异性[56]。对于上述两个大肠杆菌菌株而言,BL21 菌株作为宿主细胞表达重组蛋白有优势,而 JM109 产生的乙酸浓度要高于 BL21,但当细胞密度增加时两个菌株的乙酸聚集速率均降低[57]。甘油在甘油脱氢酶(GDH)和二羟丙酮激酶(DHAK)的催化下转变为二羟丙酮磷酸进入糖酵解途径[58]。在利用甘油作为碳源转化为磷酸烯醇式丙酮酸或丙酮酸时,其产生的氧化还原当量是葡萄糖的两倍。甘油转化为琥珀酸或乙醇是氧化还原平衡的过程。

2. 糖酵解途径的代谢改造及应用

糖酵解途径(glycolysis pathway)又称 EMP 途径,是将葡萄糖和糖原降解为丙酮酸并伴随着 ATP 生成的一系列反应,是一切生物有机体中普遍存在的葡萄糖降解途径。

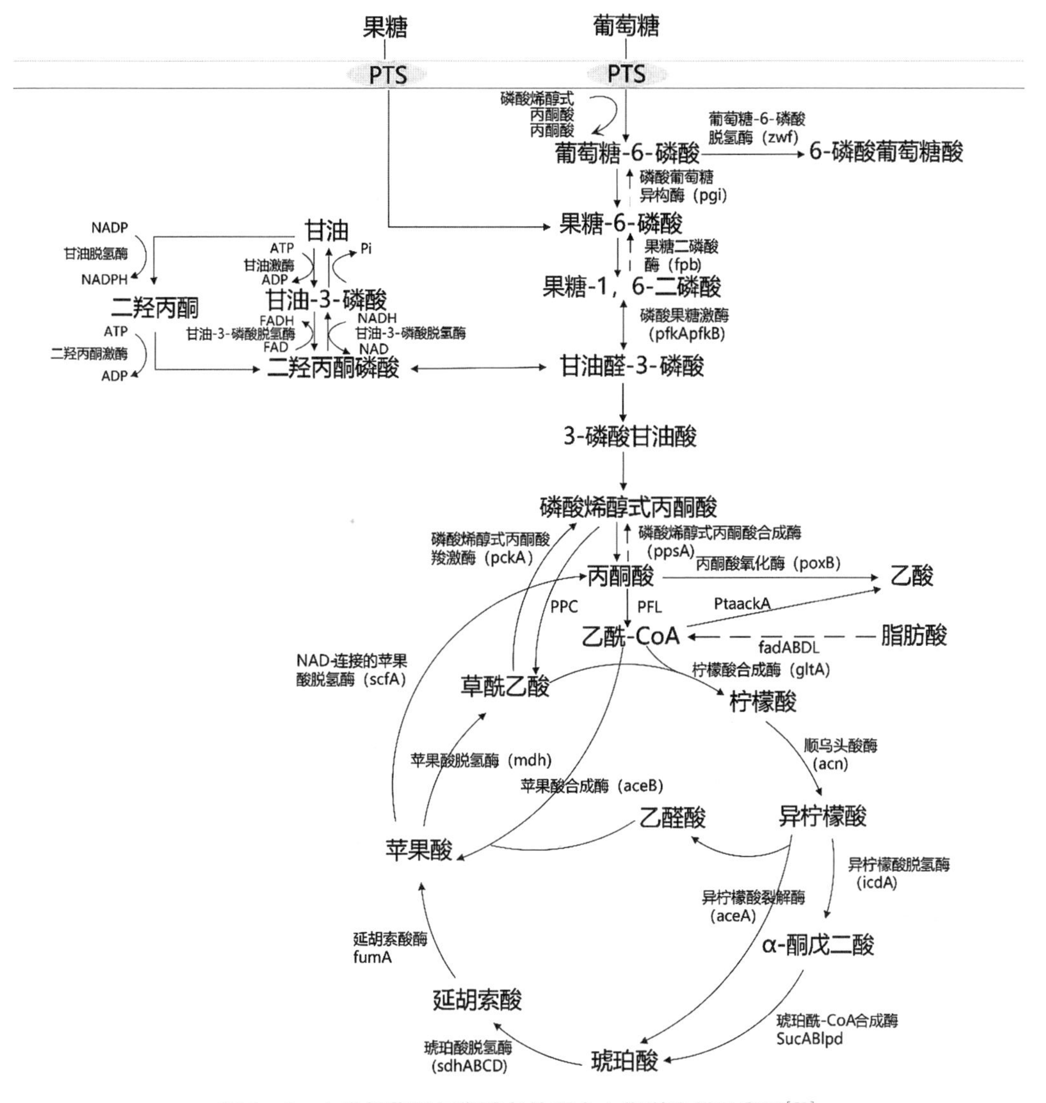

图 3-6　大肠杆菌耗氧发酵条件下中心代谢途径示意图[53]

糖酵解途径在无氧及有氧条件下都能进行，是葡萄糖进行有氧或者无氧分解的共同代谢途径。

很多研究者在大肠杆菌中通过调控糖酵解中关键酶的表达来提高乙酰 CoA 的合成通量，从而提高相应目标产物的产量。图 3-7[59] 所示为大肠杆菌中乙酰 CoA 相关的代谢途径和参与反应的各种酶，目前提高乙酰 CoA 通量的代谢工程策略可分为 5 类：乙酸途径的代谢调控、丙酮酸合成乙酰 CoA 的代谢调控、中心碳代谢途径的代谢调控、β 氧化合成乙酰 CoA 途径的代谢调控和乙酰 CoA 合成新途径等(图 3-7)。生物基材料的合成主要是对中心碳代谢途径的调控和改造。

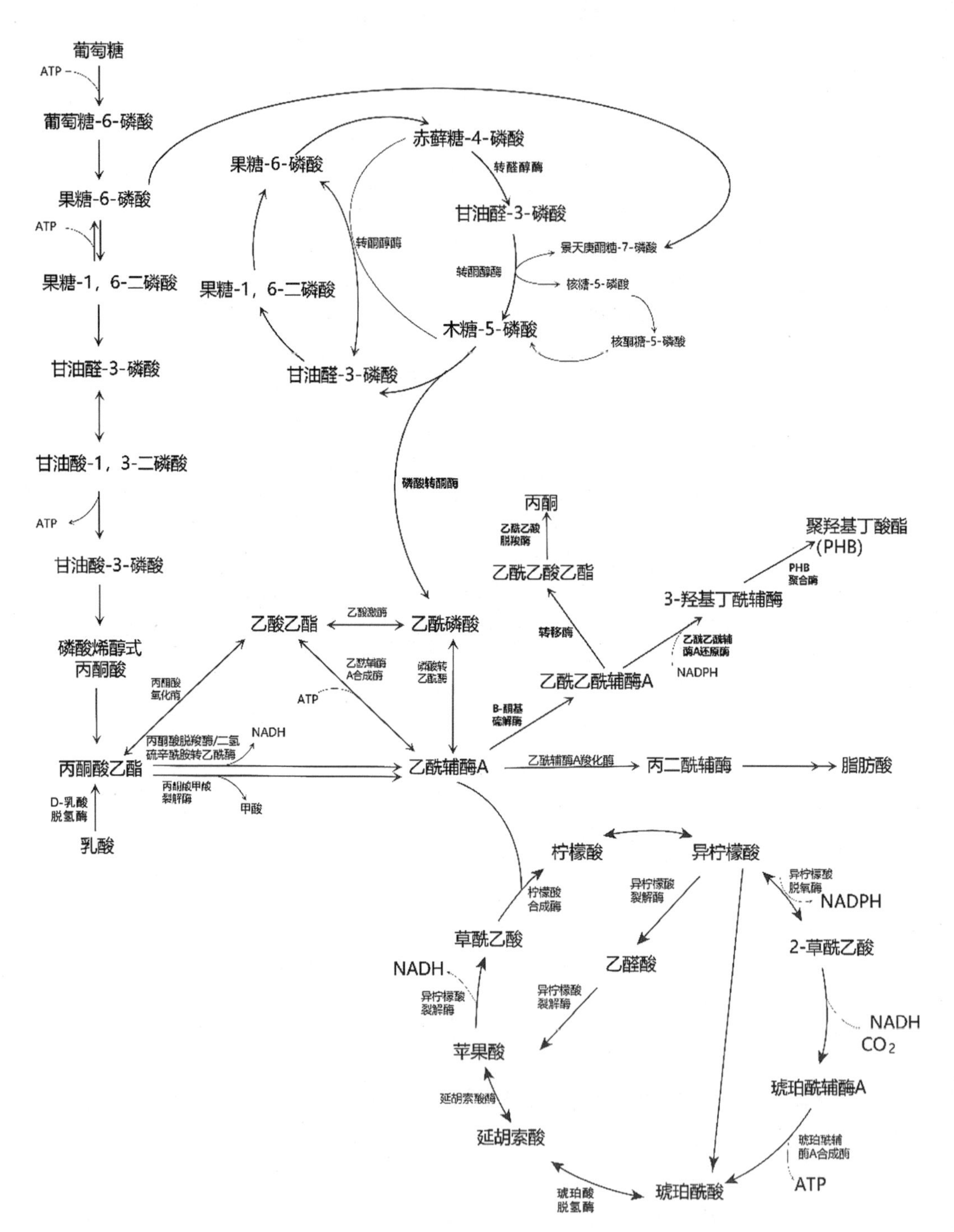

图 3－7　大肠杆菌乙酰辅酶 A 相关代谢途径和酶[59]

Han 等[60]对高产 PHB 的大肠菌株进行蛋白质组学分析发现，糖酵解途径中果糖二磷酸醛缩酶(FBA)和磷酸丙酮异构酶(TPIA)的表达水平上调，FBA 催化果糖-1,6-二磷酸转化成磷酸二羟基丙酮和甘油醛-3-磷酸，TPIA 将磷酸二羟基丙酮转化为甘油醛-3-磷酸，这两种酶都能催化合成甘油醛-3-磷酸。提高 FBA 和 TPIA 的表达水平有利于甘油醛-3-磷酸的合成，从而提高乙酰 CoA 的合成通量，最终提高 PHB 的产量。Lee 等[61]利用上述蛋白质组学的分析结果，在大肠杆菌胞内过表达了 *fba* 和 *tpiA*，提高了乙酰 CoA 的合成通量，将 PHB 的产量从 0.4 g/L 提高到了 1.6 g/L。

大肠杆菌糖酵解途径中，*gapA* 编码的 3-磷酸甘油脱氢酶(GAPDH)是生成 NADH 的主要来源。厌氧条件下，大肠杆菌的糖酵解途径仍保持比较高的通量，能满足NADH-依赖型反应[62]，而较低的 PP 途径通量限制了 NADPH 的供给。有研究者用来自丙酮丁醇梭菌(*Clostridium acetobutylicum*)的编码 $NADP^+$-依赖型 GAPDH 的 *gapC* 基因替换了大肠杆菌自身的 *gapA* 基因后，使胞内的 NADPH 合成得到了增强，而 NADPH-依赖型产物番茄红素和己内酯的产量分别提高了 150%和 95%[63]。Wang 等[64]用枯草芽孢杆菌(*Bacillus subtilis*)中编码 $NADP^+$-依赖型 GAPDH 的 *gapB* 基因替换了大肠杆菌自身的 *gapA* 基因后，也提高了番茄红素、己内酯和氯丙酸 3 种 NADPH 依赖型化合物的生成。

3. 磷酸戊糖途径的代谢改造及应用

磷酸戊糖途径(pentose phosphate pathway，PP 途径)是葡萄糖氧化分解的一种方式。由于此途径是由 6-磷酸葡萄糖(G-6-P)开始，因此也称为己糖磷酸旁路。此途径在胞浆中进行，可分为两个阶段。第一阶段由 G-6-P 脱氢生成 6-磷酸葡糖酸内酯开始，然后水解生成 6-磷酸葡萄糖酸，再氧化脱羧生成 5-磷酸核酮糖。NADP 是所有上述氧化反应中的电子受体。第二阶段是 5-磷酸核酮糖经过一系列转酮基及转醛基反应，经过磷酸丁糖、磷酸戊糖及磷酸庚糖等中间代谢物最后生成 3-磷酸甘油醛及 6-磷酸果糖，后两者还可重新进入糖酵解途径而进行代谢(图 3-7)。

PP 途径是合成 NADPH 的主要代谢途径。葡萄糖-6-磷酸脱氢酶(G6PDH)和 6-磷酸葡萄糖酸脱氢酶(6PGDH)是 PP 途径还原 $NADP^+$ 合成 NADPH 的关键酶，G6PDH 和 6PGDH 的过表达可有效地提高 PP 途径的通量和胞内 NADPH 的水平[65]。

调节 PP 途径的通量可以调控 NADPH/$NADP^+$的比例水平，进而控制乙酰 CoA 的胞内水平。NADPH 的产生主要和 PP 途径的两个关键酶有关，一是葡萄糖-6-磷酸脱氢酶(G6PD，由 *zwf* 基因编码)，二是 6-磷酸葡萄糖酸脱氢酶(6-PGDH，由 *gnd* 基因编码)[66]。在大肠杆菌中过表达 *zwf* 基因，NADPH/$NADP^+$ 比例可提高 6 倍；而过表达 *gnd* 基因，NADPH/$NADP^+$ 可提高 2 倍，因此这两个基因的过表达都能提高乙酰 CoA 的合成通量。Song 等[67]在大肠杆菌中过表达 *talA* 基因(编码转醛醇酶)，使 NADPH/$NADP^+$ 增加了 1.62 倍，最终使 PHB 的产量提高了一倍多。Jung 等[68]通过过表达 *tktA* 基因(编码转酮醇酶)，将非氧化 PP 途径的代谢流导向生成甘油醛-3-磷酸，提高了大肠杆菌乙酰 CoA 合成的通量，同时增加了 NADPH 的供给，最终使 PHB 的产量提高了 1.7 倍。

pgi 基因编码的磷酸葡萄糖异构酶催化葡萄糖- 6 -磷酸进入 EMP，敲除 *pgi* 后将阻断葡萄糖- 6 -磷酸进入 EMP 途径，更多的葡萄糖- 6 -磷酸将进入 PP 途径，增加了 PP 途径的碳通量。研究表明，敲除大肠杆菌的 *pgi* 基因，可使 NADPH -依赖型的无色花青素和儿茶素的生物转化率分别提高 4 倍和 2 倍[69]。此外，*pgi* 的敲除也使得大肠杆菌的胸苷合成能力增加 4 倍，这不仅是因为 NADPH 可驱动 UDP 转化为 dUDP，而且是因为其促使四氢叶酸转化为二氢叶酸，生成的二氢叶酸可与 dTMP 共同转化成胸苷[70]。编码磷酸果糖激酶(PFK)的 *pfkA* 和 *pfkB* 的敲除，可以促使 PP 途径产物之一的 6 -磷酸果糖经糖异生途径生成葡萄糖- 6 -磷酸，额外的葡萄糖- 6 -磷酸的生成将进一步提高 PP 途径的碳通量和 NADPH 的水平。在大肠杆菌中，敲除 *pfkA* 和 *pfkB* 后，NADPH -依赖型的 3 -甲基羟丁酸(MHB)的 YRPG(产品摩尔量/糖耗摩尔量)比敲除 *pgi* 时提高了 44%[71-72]。

4. 2 -酮- 3 -脱氧- 6 -磷酸葡萄糖酸途径的代谢改造及应用

2 -酮- 3 -脱氧- 6 -磷酸葡萄糖酸(ED)途径是 TCA 循环的重要竞争途径。葡萄糖通过 ED 途径，仅需 4 步反应就生成了丙酮酸，其中由 6 -磷酸葡萄糖酸脱水酶和 2 -酮- 3 -脱氧- 6 -磷酸葡糖酸醛缩酶催化的反应为途径中的关键反应步骤，催化 6 -磷酸葡糖酸生成 3 -磷酸甘油醛和丙酮酸，又可进入 EMP 途径和 PP 途径。

在大肠杆菌中，以葡萄糖为碳源时，ED 途径处于沉默状态，Zhang 等[73]通过在大肠杆菌中过表达 *edd* 基因(编码 6 -磷酸葡萄糖酸脱水酶)和 *eda* 基因(编码 2 -酮- 3 -脱氧- 6 -磷酸葡糖酸醛缩酶)激活了 ED 途径，同时再通过过表达 *zwf* 基因增强 ED 途径的代谢流，强化丙酮酸和 NADPH 的供给。虽然并未发现 PHB 的产量有所提高，但丙酮酸的积累量却显著提高。随后进一步过表达丙酮酸脱氢酶复合体基因，将乙酰 CoA 的浓度提高了 3 倍多，有效提高了大肠杆菌生产 PHB 的能力。

5. 柠檬酸循环的代谢改造及应用

柠檬酸循环(citric acid cycle)，也称为三羧酸循环(tricarboxylic acid cycle，TCA)，是用于将乙酰 CoA 中的乙酰基氧化成 CO_2 和还原当量的酶促反应的循环系统，该循环的第一步是由乙酰 CoA 与草酰乙酸缩合形成柠檬酸。反应物乙酰 CoA(由一分子辅酶 A 和一个乙酰相连)是糖类、脂类和氨基酸代谢的共同的中间产物，进入循环后会被分解，最终生成产物 CO_2 并产生 H，H 将传递给辅酶 I——尼克酰胺腺嘌呤二核苷酸(NAD^+)(或称烟酰胺腺嘌呤二核苷酸)和黄素腺嘌呤二核苷酸(FAD)，使它们转化成 $NADH^+$、H^+ 和 $FADH_2$。$NADH^+$、H^+ 和 $FADH_2$ 携带 H 进入呼吸链，呼吸链将电子传递给 O_2 产生 H_2O，同时偶联氧化磷酸化产生 ATP，提供能量。

大肠杆菌以葡萄糖为碳源，且在 O_2 充足的条件下进行发酵时，细胞代谢速度较快，乙酰 CoA 的大部分代谢流会因为柠檬酸合成酶(CS)的高亲和性($K_m = 0.07$ mmol/L)进入 TCA 循环中，降低 TCA 循环的通量可以增加乙酰 CoA 的积累，从而提高目标产物的生成。Fowler 等[74]敲除了大肠杆菌的琥珀酸脱氢酶(SDH)基因和柠檬酸裂解酶(CITE)基因，阻断了进入 TCA 循环的乙酰 CoA 的代谢流，最终将丙二酰 CoA 产量从 0.95 nmol/mg 提高到 2.60 nmol/mg。Xu 等[75]通过在大肠杆菌中敲除延胡索酸酶(FUM)和琥珀酰 CoA 合成酶(SUC)基因，下调了 TCA 循环的通量；同时通过过表达磷酸甘油醛激酶(PGK)、甘油醛-3-磷酸脱氢酶(GAPD)以及 PDH，显著提高了大肠杆菌乙酰 CoA 的代谢流；结合过表达乙酰 CoA 羧化酶(ACC)基因，在不影响细胞生长的同时，将丙二酰 CoA 的产量提高了将近 4 倍，将下游产物黄烷酮的产量提高了 5.6 倍。

6. 丙酮酸代谢的改造及应用

在大肠杆菌中，丙酮酸是糖酵解途径中重要的代谢中间体，可用于乳酸、丙氨酸、醋酸酯和乙酰 CoA 的合成，也可用于乙二醇、2,3-丁二醇和异丁醇等的合成[76,77]。目前对丙酮酸途径的改造主要有 3 种方式：一是降低丙酮酸脱氢酶复合体(pyruvate dehydrogenase complex，PDHC)的活性，PDHC 由 3 个亚基组成，包括 *aceE* 基因编码的 EI 亚基，即丙酮酸脱氢酶(pyruvate dehydrogenase)；*aceF* 基因编码的 E2 亚基，即二氢硫辛酰胺转乙酰酶(dihydrohpoamide transacetylase)；*IpdA* 基因编码的 E3 亚基，即二氢硫辛酰胺脱氢酶(dihydrolipoamide dehydrogenase)。宋灿辉等[78]利用 Red 重组系统构建了营养缺陷型大肠杆菌菌株 MG1655，敲除大肠杆菌 PDHC 中的 *aceE* 基因后，阻断了丙酮酸流向 TCA 循环，从而促进了丙酮酸的累积。二是降低 α-酮戊二酸脱氢酶复合体(α-ketoglutarate dehydrogenase complex，AKGDH)的活性，AKGDH 也由 3 个亚基构成，包括 *sucA* 编码的 E1 亚基，即 α-酮戊二酸脱羧酶(α-ketoglutaratedecarboxylase，KCBX)；*sucB* 基因编码的 E2 亚基，即硫辛酰转琥珀酰酶(lipoyl transsuccillylase，LTS)及 *IpdA* 基因编码的 E3 亚基。Causey 等[79,80]通过敲除大肠杆菌的 *atpFH*、*adhE*、*sucA* 基因来降低其 ATP 的合成，以及降低其细胞生长和 CO_2 产生的速率，从而加强其从葡萄糖到丙酮酸的积累。三是通过减少丙酮酸代谢支路，减少丙酮酸的消耗。大肠杆菌 YYC202 菌株是一种被成功改造的用于丙酮酸积累的营养缺陷型菌株，在该菌株中将编码丙酮酸脱氢酶、磷酸烯醇式丙酮酸合酶、丙酮酸甲酸裂解酶和丙酮酸氧化酶的基因进行突变，从而去除了可以消耗丙酮酸的下游代谢途径[81,82]。综上可见，目前促进大肠杆菌中丙酮酸的积累主要有两个策略，一是提高丙酮酸的合成速度，降低反馈抑制调节；二是去除丙酮酸的代谢支路，减少丙酮酸消耗。

7. 乙醛酸循环的代谢改造及应用

乙醛酸循环(glyoxylate cycle)主要的控制点是异柠檬酸脱氢酶(IDH)的激活和去激活。当大肠杆菌利用乙酸作为碳源时，约 75%的 IDH 处于去激活状态，可导致异柠檬酸浓度的增加，从而使异柠檬酸裂解酶发挥作用[83]。另外，当 TCA 循环通量低并有乙酸存在时，细胞内乙醛酸循环支路的异柠檬酸裂解酶也会被激活。异柠檬酸裂解酶调节因子(ICLR)能够调节 TCA 循环某些基因的表达水平，将碳代谢流引向乙醛酸支路方向，从而改变乙酰 CoA 的合成通量。ICLR 抑制编码乙醛酸支路中的苹果酸合酶(MS)、异柠檬酸裂解酶(ICL)和异柠檬酸脱氢酶激酶/磷酸酶(ACEK)这 3 个酶基因组成的 *aceBAK* 操纵子的表达,在敲除 *iclR* 基因后,激活了乙醛酸支路,使乙酸和 PEP 合成乙酰 CoA 的代谢流提高,进而使以乙酰 CoA 为前体的 3HP 产量提高了 1.9 倍[84]。

大肠杆菌厌氧发酵合成琥珀酸的一般代谢通路是:每分子葡萄糖经糖酵解生成两分子 NADH 和两分子磷酸烯醇式丙酮酸(PEP),每分子 PEP 经 TCA 还原臂消耗两分子的 NADH 生成琥珀酸,由于 NADH 的限制,琥珀酸的理论得率只有 1 mol/mol 葡萄糖。乙醛酸支路也可生成琥珀酸,并且有助于降低辅因子 NADH 的消耗。敲除乙醛酸支路操纵子(*aceBAK*)阻遏蛋白的编码基因 *iclR*[85] 可激活乙醛酸循环,同时阻断琥珀酸合成乙酸、乳酸、乙醇的溢流代谢途径,通过上述改造得到的重组大肠杆菌 SBS550MG 菌株的琥珀酸得率达到 1.6 mol/mol 葡萄糖,平均每摩尔琥珀酸的生成消耗 1.25 mol NADH[86]。Zhu 等[87]发现,在厌氧条件下,将大肠杆菌琥珀酸的竞争途径敲除后可激活其乙醛酸支路,其中乙酸合成相关基因 *ackA*(编码乙酸激酶)和 *pta*(编码磷酸转乙酰酶)的敲除对乙醛酸支路的激活起到关键作用。当在大肠杆菌中敲除了 *ackA* - *pta* 和其他竞争途径后,厌氧条件下、乙醛酸循环的通量从 0 增加到 31%,琥珀酸的发酵浓度也提高了 5 倍。由此可见,大肠杆菌厌氧条件下合成琥珀酸时,乙醛酸支路的激活可有效地降低 NADH 的消耗,从而提高琥珀酸的得率。

3.2 聚羟基脂肪酸酯的生物合成

聚羟基脂肪酸酯(polyhydroxyalkanoates,PHA)是一类完全由微生物合成的高分子聚酯的统称[190]。PHA 可以根据其单体碳原子数的多少分为短链(short-chain-length,SCL)PHA 和中长链(medium-chain-length,MCL)PHA。SCL - PHA 单体通常含 3~5 个碳原子,如聚羟基丁酸酯(polyhydroxybutyrate,PHB)、聚羟基戊酸酯(polyhydroxyvalerate,PHV)等;而 MCL - PHA 单体一般含 6~14 个碳原子,如聚羟基己酸酯(polyhydroxyhexanoate,PHHx)、聚羟基辛酸酯(polyhydroxyoctanoate,PHO)等。由于不同单体的聚合需要不同底物特异性的 PHA 合酶,因此大多数天然微生物只能合成一类 PHA。由短链和中长链单体组成的 PHA 可以结合短链 PHA 和中长链 PHA 的优异性能,因此引起了学术界和产业界越来越多的关注。由 PHA 合成的材料,可以通过对 PHA 部分结构(侧链含苯环、卤素、不饱和键等功能团)进行化学修饰,使其具有新的功能;也可以通过嵌段共聚,使不同性能的高聚物通过化学键连在一起,获得性能不同的各种材料,这些材料的性能可通过调节不同嵌段的比例来控制[191]。由于 PHA 的单体种类多样,彼此之间链长差别也很大,使得不同 PHA 材料的性质(如坚硬和柔软程度)有较大差异。PHA 具有生物可降解性和生物相容性,因而被认为是有助于解决日益严重的环境污染问题的环境友好型材料。PHA 的生产由合成、提取、加工到最终产品的形成等多个环节组成,涉及发酵工程、材料提纯和加工工艺等多个领域。合成生物学领域的飞速发展，极大地推动了各种 PHA 生产菌株的发掘及其生产策略的开发。本节内容主要介绍 PHA 的发展历史、种类及其主要生产策略。

3.2.1　PHA 的多样性与生物合成

1. PHA 的多样性

自 PHA 从自然界的微生物中第一次被发现至今已经有 100 多年的发展历程。早在 20 世纪初期，研究人员就首次在细菌中观察到了脂质样包裹体，随后在巨大芽孢杆菌(*Bacillus megaterium*)中发现了类似的脂质样包裹体{聚 3 -羟基丁酸酯[P(3HB)]}，因此 P(3HB)被认为是 PHA 的第一位成员[192]。根据这一发现，研究人员对蜡样芽孢杆菌(*B. cereus*)和巨大芽孢杆菌(*B. megaterium*)等芽孢杆菌属(*Bacillus*)的菌种都进行了研究，发现这个属的微生物可以利用不同的底物合成和降解 PHA[193]。研究人员进一步研究发现，PHA 可以在细菌中作为能量储存物质，且它们积累或降解 PHA 时易受环境变化的影响。目前，已鉴定出超过 160 种不同的羟基脂肪酸(HA)可以作为 PHA 的单体，由不同 HA 合成的塑料表现出从热塑性塑料到弹性体的各种特性[194-195]。

HA 有多种侧链，其碳链的长度各不相同，所以以 HA 为单体聚合形成的 PHA 也多种多样。绝大多数 PHA 的单体为 3 -羟基脂肪酸(3HA)，但是羟基在其他位置的脂肪酸也同样可以作为单体合成 PHA。例如重组恶臭假单胞菌(*Pseudomonas putida*)就能够合成含有 5 -羟基己酸、4 -羟基庚酸和 4 -羟基辛酸的 PHA[196]。Li 等研究发现利用含有不饱和双键侧链的 HA 作为单体也可以合成 PHA[197]，且含有不饱和双键的 PHA 经后续的化学修饰和加工后(如在 PHA 的线性骨架上嫁接其他具有特殊功能的聚合物)，可以带来新的高附加值应用。

不同单体之间的聚合方式是影响 PHA 多样性的另一重要因素。只有一种单体的 PHA 被称为均聚物，而由两种或两种以上单体聚合形成的 PHA 被称为共聚物。天然微生物合成的共聚 PHA 一般为随机共聚物，并且由于微生物受代谢背景的影响，有些单体无法合成对应的均聚物。如以长链脂肪酸作为底物时，微生物会通过脂肪酸代谢来减少脂肪酸的碳链长度，致使微生物合成的 PHA 是由不同碳链长度的单体形成的随机共聚物。然而随着分子生物学和遗传学的发展，微生物合成 PHA 的过程开始变得可控，科学家们开始尝试利用重组微生物生产天然微生物无法合成的新型 PHA，如敲除虫媒假单胞菌(*Pseudomonas entomophila*)中脂肪酸代谢途径的相关酶的基因后，可利用它以某一碳链长度的长链脂肪酸作为底物，合成对应碳链长度的均聚 PHA[198]。现在共聚 PHA 的合成过程也开始变得可控，从而促使了新型聚合物——嵌段共聚物的出现[199-200]。嵌段共聚物理论上可以大大增加 PHA 的多样性。根据嵌段的组成和顺序可以分为多种单体的均聚物之间的嵌段、均聚物和随机共聚物之间的嵌段、均聚物和嵌段共聚物之间的嵌段、随机共聚物和嵌段共聚物之间的嵌段等多种形式，这使得 PHA 的多样性被无限拓宽。

PHA 的分子量可以从几万到上千万道尔顿，这也是 PHA 多样性的一个体现。即便是在同一个微生物细胞中，其合成的 PHA 的分子量也仅分布在某一范围内，因此现今的检测方法给出的都是所有 PHA 分子的平均分子量。PHA 合成过程的可控使得 PHA 的分子量也可以实现可控，如可对 PHA 合酶基因的 N 端进行突变来增大 PHA 聚合能力[201]，利用甲醇诱导终止 PHA 合成链[202]，或者在培养基添加聚乙二醇调控 PHA 的分子量[203]等。若能通过分子生物学手段精确调控 PHA 合成过程中的关键酶的活性，将有可能实现对 PHA 分子量的更精准控制。

2. PHA 的生物合成

PHA 可以分为短链长度(SCL)的 PHA 和中链长度(MCL)的 PHA。

SCL - PHA 的单体通常包含 3～5 个碳原子，其代表性的例子是 P(3HB)和 P(3HB - *co* - 3HV)。P(3HB)是最广泛研究的 PHA 之一，在其生物合成途径中，β -酮硫醇酶(PhaA)将两个乙酰- CoA 缩合为乙酰乙酰- CoA，然后经 NADPH 依赖性乙酰乙酰- CoA 还原酶(PhaB)还原为(*R*)- 3 -羟基丁酰- CoA，最后，(*R*)- 3 -羟基丁酰- CoA 在 PHA 合酶(PhaC)的作用下聚合成 P(3HB)。PHA 的生物合成操纵子 *phaCAB* 最初是在杀虫贪铜菌(*Cupriavidus necator*)中鉴定出来的[204]。据报道，有几种微生物可以生产 P(3HB)，这些微生物包括杀虫贪铜菌(*C. necator*)、深红红螺菌(*Rhodospirillum rubrum*)、印度拜叶林克氏菌(*Beijerinckia indica*)、棕色固氮菌(*Azotobacter vinelandii*)、阔显核菌(*Caryophanon latum*)、长春花异色菌(*Allochromatium vinosum*)、耐冷假单胞菌(*Pseudomonas* sp.)、肥大产碱杆菌(*Alcaligenes latus*)和芽孢杆菌属(*Bacillus* sp.)等的某些菌株[205]。

在假单胞菌(*Pseudomonads* sp.)中发现的 MCL - PHA 的单体通常包含 6～14 个碳原子。MCL - HA - CoA 可以经脂肪酸代谢产生，如利用 β -氧化或从头开始的脂肪酸生物合成途径合成[206]。β -氧化途径的脂肪酸代谢会生成不同碳链长度的(*R*)- 3HA - CoA，然后在 PhaC 的作用下聚合成 MCL - PHA。乙酰- CoA 则可以通过从头开始的脂肪酸生物合成途径转化为(*R*)- 3HA - CoA，因此能够利用廉价的碳源合成 MCL - PHA。已有许多研究在铜绿假单胞菌(*P. aeruginosa*)和臭假单胞菌(*P. putida*)的不同菌株中，成功构建了 MCL - PHA 的生物合成途径[205]。

早在 20 世纪 90 年代初期，研究人员就从用己酸作为碳源培养的深红红螺菌(*R. rubrum*)[207]、胶质红假单胞菌(*Rhodocyclus gelatinosus*)[208]和柴油脱硫菌(*Rhodococcus* sp.)[209]等细菌中发现了由 SCL 和 MCL 单体(主要是 3HB、3HV 和 3HHx)组成的 PHA。此外还发现，当使用三月桂酸酯、椰子油和橄榄油等碳原子数超过 12 的脂肪酸作为碳源时，在两个气单胞菌属(*Aeromonas*)的菌株中也可以生成 P(3HB - *co* - 3HHx)，且这些菌产生的 P(3HB - *co* - 3HHx)中的 3HHx 组分会随着碳源浓度和培养条件的变化而变化[210]。对豚鼠气单胞菌(*Aeromonas caviae*)的 PHA 生物合成基因进行研究后发现,参与该菌 PHA 生物合成的关键酶是 PhaC,且 PhaC 酶对 3HB-CoA 和 3HHx-CoA 具有很高的底物特异性。此外,在该菌中还发现,(*R*)-特异性烯酰-CoA 水合酶(PhaJ)负责利用相应的烯酰-CoA 来生产 3HB-CoA 和 3HHx-CoA[211]。目前,在 *P. aeruginosa*、*P. putida* 和埃希氏杆菌属(*Escherichia*)的菌株中也已鉴定出几种烯酰-CoA 水合酶的基因,这些烯酰-CoA 水合酶都参与脂肪酸 β-氧化途径中 PHA 的生物合成[212]。

PHA 通常以无规共聚物的形式产生,因为生产菌株会同时生成各种 HA-CoA 单体并在细胞质中混合。为了使 PHA 的材料特性多样化,可以通过控制每种单体的体内生成顺序等来合成嵌段型 PHA。例如,*C. necator* 可以通过控制两种底物(果糖和戊酸)的进料顺序来生产 P(3HB)和 P(3HV)[P(3HB)-*b*-P(3HV)]的嵌段共聚物,其中 P(3HB)片段主要在果糖利用过程中形成,而戊酸在 *C. necator* 体内则主要用于转化为 3HV 的前体[213]。

重组大肠杆菌(*E. coli*)是生产嵌段 PHA 共聚物的重要底盘细胞。基于合成途径的构建与调控,并结合使用合成生物学工具,目前已可利用重组 *E. coli* 生产 P(3HB)-*b*-P(3HP)。在重组 *E. coli* 中,3HB 和 3HP 的合成具有独立的调控系统,可以分别用不同的诱导剂[L-阿拉伯糖和异丙基-β-D-1-硫代吡喃半乳糖苷(IPTG)]进行调节[214]。已有研究表明,生物合成的嵌段共聚物显示出与由相似单体组成的无规共聚物不同的材料性能。例如,与 P(3HB-*co*-4HB)无规共聚物以及 P(HB)和 P(4HB)的嵌段共聚物相比,P(3HB)-*b*-P(4HB)嵌段共聚物表现出更好的物理性能,尤其是在屈服强度和拉伸强度方面[215]。

3.2.2　生物合成 PHA 的主要策略

1. 代谢工程调控策略

对微生物进行代谢工程改造,引入新的代谢途径能够实现利用低成本底物合成 PHA 的目标,而想要提高 PHA 的产量,还需要通过调控代谢途径中基因的表达量和调控整个细胞的代谢网络来实现优化。通过调节代谢途径中基因启动子的转录强度或核糖体结合位点 RBS 的翻译强度,可以实现对 PHA 合成代谢流的强弱调控。然而 PHA 的合成途径并非独立于微生物自身的代谢网络,盲目地过表达 PHA 合成途径,并不一定会提高 PHA 的生产,有可能还会影响细胞中的其他代谢途径,反而会抑制细胞生长和 PHA 积累。系统生物学可以从细胞的全体代谢网络出发,系统地分析各个代谢途径对于目标产物的影响,通过对其他代谢途径的调控来优化 PHA 的合成。例如,相比于葡萄糖,*P. putida* 更倾向于利用脂肪酸作为底物,敲除了葡萄糖脱氢酶基因 *gcd* 之后,重组 *P. putida* 菌株中葡萄糖代谢及 PHA 合成相关基因的表达量都得到了上调,而其他代谢途径的基因表达几乎没有受到影响,重组菌合成 PHA 的能力也提高了 100%[216]。在敲除 *gcd* 基因的重组菌中过表达编码丙酮酸脱氢酶亚基的 *acoA* 基因,比野生型 *P. putida* 相比,PHA 的合成能力提高了 121%[217]。

β-氧化途径是 PHA 合成的 3 条主要途径之一，选用脂肪酸作为底物来提供短链和中长链单体是利用该途径生产 PHA 的常用方法[218-222]，改造 β-氧化途径对于促进 MCL-PHA 或短中长链共聚 PHA(SCL-*co*-MCL-PHA)的合成具有重要意义。1994 年研究人员首次发现 *A. caviae* 能利用烷酸和油生产聚 3-羟基丁酸-3-羟基己酸(PHBHHx)的随机共聚物[223]。β-氧化是这个过程中的主要通路，其中脂酰辅酶 A 脱氢酶(*fadE*)催化脂酰辅酶 A 生成烯酰辅酶 A 的反应是 β-氧化过程中的限速步骤。有研究表明，在 *E. coli* 中过表达 *fadE* 可以使烯酰辅酶 A 的量增多，此时再表达 *phaJ* 和 *phaC* 可以使重组菌积累更多的 PHA[224]。然而在 β-氧化过程中，细胞可能会将大部分脂肪酸转化为乙酰-CoA 用于细胞生长，从而将昂贵的脂肪酸浪费在能用葡萄糖等廉价底物生产的乙酰-CoA 上[225-227]。由于 β-氧化的存在，利用脂肪酸转化为 PHA 的效率较低，导致 MCL-PHA 生产成本较高。因此，改造 β-氧化途径也是提高 PHA 生产效率的一种重要策略。在 *P. putida* 或 *P. entomophila* 内敲除 β-氧化途径中的 3-羟基脂酰-CoA 脱氢酶(*fadB*)及 3-酮脂酰-CoA 硫解酶(*fadA*)编码基因，可以使大多数脂肪酸转变成 3-羟基脂酰 CoA 用于合成 PHA，而不是被氧化成乙酰-CoA，从而显著提高底物到 MCL-PHA 的转化率[228-230]。据报道，部分敲除 β-氧化途径或者利用丙烯酸抑制 β-氧化，可以获得与底物添加脂肪酸链长相同或更长的 PHA 合成单体[231]。此外，底物中各种脂肪酸的比例也可以影响 PHA 的组成成分[42]。如用部分敲除 β-氧化的 *P. putida* KT2442 菌株作为可控的 PHA 生产平台，可以通过添加预定比例的脂肪酸精确调节 PHA 的单体比例，并以此合成随机和嵌段共聚物聚 3-羟基丁酸-3-羟基己酸[P(3HB-*co*-3HHx)]，该共聚物的单体组成和材料性能都比较稳定[232-233]。类似地，通过部分敲除 β-氧化途径和导入利用乙酰-CoA 直接合成 PHB 的途径，重组 *P. entomophila* LAC32 菌株被成功开发成了 SCL-*co*-MCL PHA 的合成平台，利用该平台可以合成聚 3-羟基丁酸-3-羟基癸酸[P(3HB-*co*-3HD)]、聚 3-羟基丁酸-3-羟基十二酸[P(3HB-*co*-3HDD)]等多种新型 PHA[234]。此外，*Pseudomonas* sp.菌株的脂肪酸氧化突变体也可以生成如 3-羟基己酸(3HHx)、3-羟基辛酸(3HO)、3-羟基癸酸(3HD)和 3-羟基十二酸(3HDD)的均聚、无规共聚或嵌段共聚的中链 PHA[235]。虽然许多研究表明改造 β-氧化途径可以提高生物合成 PHA 的产率，但值得注意的是，只使用脂肪酸培养的 β-氧化缺陷型菌株，可能会出现生长缓慢或只积累少量 MCL-PHA 的现象[236-237]。

合成生物学技术也是调控 PHA 合成途径的重要手段之一。例如 CRISPR 技术可以实现基因的敲除、替换等编辑目的，而其衍生技术——CRISPRi 则能够通过抑制目标基因的表达量从而实现代谢途径的调控，现已用于调控 PHA 的合成。Lü 等在含有利用葡萄糖合成 P3HB4HB 代谢通路的重组大肠杆菌中，利用 CRISPRi 技术抑制了编码琥珀酸半醛脱氢酶的 *sad* 基因的表达，从而调控了 4HB 合成方向的代谢流[238]。他们通过设计不同的 sgRNA，来抑制 *sad* 基因不同的表达量，从而使流向 4HB 合成的代谢流强度不同,最终合成了4HB摩尔比例含量从1%到9%的不同P3HB4HB[238]。在此基础上再抑制琥珀酰-CoA合成酶基因(*sucC*和*sucD*)和琥珀酸脱氢酶基因(*sdhA*和*sdhB*)的表达则可进一步增强4HB合成的代谢流,使P3HB4HB中4HB的组成比例的调控范围扩大到1.4%～18.4%[238]。如按照传统的分子生物学手段,对这些基因逐个进行敲除,不但费时费力,而且由于有些基因是必需基因,敲除后将严重影响菌株的生长,而使用CRISPRi技术则能够实现包括必需基因在内的多个目标基因的同时抑制,且可以通过设计不同的sgRNA实现对目标基因不同程度表达量的抑制,对代谢途径进行精细调控。

2. PHA合成途径的关键酶及其改造

迄今为止,已经鉴定出许多与PHA生物合成和降解有关的酶,如PHA合酶(PhaC)、β-酮硫解酶(PhaA)、NADPH依赖性的乙酰乙酰-CoA还原酶(PhaB)、3HA-ACP:CoA转酰酶(PhaG)、烯酰-CoA水合酶(PhaJ)等;参与脂肪酸β-氧化的酶,如3-酮酰-CoA硫解酶(FadA)、3HA-CoA脱氢酶(FadB)、酰基-CoA合成酶(FadD)和酰基-CoA脱氢酶(FadE);从头开始的脂肪酸生物合成途径的酶,如β-酮酰-ACP还原酶(FabG)、3HA-ACP脱水酶(FabA)、β-酮酰-ACP合酶I(FabB)、β-酮酰-ACP合酶Ⅱ(FabF)、β-酮酰-ACP合酶Ⅲ(FabH)、烯酰-ACP还原酶(FabI)、丙二酰-CoA: ACP-转酰酶(FabD)、PHA解聚酶(PhaZ)、转录调节子(PhaD);几种PHA颗粒相关蛋白(PhaF、PhaI、PhaP和PhaM等)[205]。

在这些酶中,PhaC在聚合HA-CoA用以生产PHA的途径中起着重要作用。根据底物特异性和酶亚基的类型,PhaC可分为四类(Ⅰ、Ⅱ、Ⅲ和Ⅳ类)。包含单亚基酶的Ⅰ类PhaC(例如在*C. necator*和*A. latus*中发现的PhaC)以均二聚体的形式存在,可以将SCL-HA-CoA聚合。Ⅲ类和Ⅳ类PhaC也可以利用SCL-HA-CoA作为底物,但它们由不同的亚基构成。以*A. vinosum* PhaC为代表的Ⅲ类PhaC由两个不同的亚基PhaC和PhaE组成。在*Bacillus*中发现的Ⅳ类PhaC则由PhaC和PhaR亚基组成。而在*Pseudomonas*中发现的Ⅱ类PhaC(包含单亚基酶,由*phaC1*和*phaC2*编码)则可以利用MCL-HA-CoA为底物合成PHA。迄今鉴定出来的PhaC包括Ⅰ类: *A. caviae* PhaC,Ⅱ类: *Pseudomonas* sp. 61-3和*Pseudomonas* sp. MBEL 6-19 PhaC,Ⅲ类: 普氏荚硫菌(*Thiocapsa pfennigii*)PhaC和Ⅳ类: *B. cereus* PhaC[205]。

除了PhaC外,PHA颗粒还包裹着多种蛋白质,如Phasin、PhaZ和PhaM等。其中Phasin是一种两亲性蛋白,是PHA颗粒表面上最丰富的蛋白质。现已鉴定出来的Phasin包括来自*C. necator*的PhaP1-5、来自*P. putida*的PhaF和PhaI,以及来自*B. megaterium*的PhaP等。Phasin可以改变PHA颗粒的数量、大小和分布,还能调节PHA的积累。与Phasin相似,PhaM通过形成PhaC/PhaM复合物来影响PHA颗粒的形态并激活PHA的生物合成。对*C. necator*的*phaM*缺失突变体研究发现,PhaM能够在细胞分裂期影响PHA颗粒的大小及分布情况,这是因为该酶既可以结合PHA颗粒,也可以结合基因组DNA[239]。

3. 生产菌株的开发与改造

由于 PhaC 可以确定所生产的 PHA 的一般特征(包括单体类型和组成、生产率、分子量和多分散性等),因此为了调节 PHA 的单体组成,研究者们已致力于设计更多活性强和对不同的底物具有特异性的 PhaC[240]。PhaC 的晶体结构近期才解析出来,以前 PhaC 改造的方法主要依赖于随机诱变加筛选或是基于序列同源性的结构预测[205]。利用这些方法发现了许多重要结果,如通过随机诱变和筛选获得了可以合成 P(3HB-*co*-3HHx)的 *A. caviae* PhaC 突变体;随后将这些突变引入生产 P(3HB)的 *E. coli* 菌株 JM109 中,并让 JM109 菌株在含有亲脂燃料——尼罗红的培养基上生长,然后进一步目测筛选 PHA 含量高(尼罗红含量高)的突变株;将选定的突变株的突变基因再次引入可以使用十二烷酸钠作为唯一碳源来生产 P(3HB-*co*-3HHx)的 *E. coli* LS5218 菌株中,结果发现在 Asn149Ser 和 Asp171Gly 两处的单个氨基酸取代会促进 P(3HB)和 P(3HB-*co*-3HHx)的产量,同时增加 3HHx 组分的含量[241]。此外,还发现具有 Asn149Ser 和 Asp171Gly 突变的 *A. caviae* PhaC 的双突变体可以将 3HO 单体与来自辛酸的 3HHx 结合[242]。通过随机诱变和筛选,*Pseudomonas* sp. 61-3 PhaC1 中的氨基酸残基 Glu130、Ser325、Ser477 和 Gln481 被鉴定为可改变底物特异性和活性的重要残基。与野生型菌株相比,具有 Glu130Asp、Ser325Thr、Ser477Gly 和 Gln481Lys 四重突变的 *Pseudomonas* sp. 61-3 突变株的 P(3HB)的产量增加了 400 倍[243]。

目前已开发出多种微生物菌株用于生产 PHA。最典型的案例是带有来自 *C. necator* 菌株的 *phaCAB* 操纵子的重组 *E. coli*。与天然 *C. necator* 相比,该重组 *E. coli* 菌株具有更高的生产效价和 P(3HB)的生产率。利用该重组 *E. coli* 菌株可以生产超高分子量的 P(3HB)(分子量为 20 MDa)。除细菌外,酵母和植物也被报道可以用于生产 PHA[205]。

为降低 PHA 的生产成本,可以从节约发酵过程中各环节的成本入手。生物发酵过程中需要控制的成本涉及多个环节,包括底物成本、耗水问题、灭菌带来的能耗、批次发酵造成的低效率生产、不锈钢设备需要投入的固定资产成本以及人力成本等。虽然通过菌种改造可以部分解决上述问题,但仍是一个非常庞大而复杂的工程。因此,寻找一种能部分解决上述问题的新的 PHA 生产菌株作为底盘菌,再经过菌种改造解决剩余的其他问题,就有可能实现 PHA 生产成本的大幅度下降。上述问题多是由发酵的灭菌过程引起的,例如灭菌需要高温高压的蒸汽,而制备蒸汽就需要较大的能耗;设备需要耐受高温高压(需用不锈钢);为了防止染菌,发酵过程要分为多个批次;灭菌相关的操作复杂、耗时耗力,最终会算进人力成本中。因此,新的底盘菌若是无需灭菌,同时也不会被其他杂菌污染的 PHA 生产菌则能大幅降低 PHA 的生产成本。极端微生物因其生长条件的特殊性,其他杂菌难以在其适合生长的条件中生存,因此恰好符合上述条件,是理想的新型 PHA 生产菌。

嗜盐微生物作为极端微生物的一种,已被用于进行 PHA 的无灭菌发酵研究。这种微生物生长所需条件为高浓度的盐(NaCl),很多嗜盐微生物还同时喜欢碱性条件,在这种双重压力下，普通的细菌无法生长，因此用嗜盐微生物进行 PHA 的发酵生产，可进行无需灭菌的连续发酵，大幅降低了因灭菌过程带来的相关成本（能耗、设备、人力成本等）[244]。除此以外，嗜盐微生物的生长需要含盐培养基，这意味着能够用海水来替代发酵培养基中的淡水，因而不需要占用日益短缺的水资源。这种基于海水的发酵生产技术被称为蓝水生物技术。

嗜盐微生物中能够合成 PHA 的代表菌株，如盐单胞菌属（*Halomonas*）的玻利维亚盐单胞菌（*Halomonas boliviensis*）、*Halomonas* sp. TD01、坎帕尼亚盐单胞菌（*Halomonas campaniensis*）LS21 和富盐菌属（*Haloferax*）的地中海富盐菌（*Haloferax mediterranei*）等。这些菌株都可以在无需灭菌的条件下发酵生产 PHA，且不会发生杂菌污染。例如，*Halomonas* sp. TD01 在无灭菌条件下连续发酵 14 d，细胞干重达到 40 g/L 时 PHB 在细胞中的含量达到 70%以上[245]；而 *H. campaniensis* LS21 在无灭菌条件下连续发酵了 65 d 也没有发生杂菌污染，细胞干重可以达到 70 g/L，PHB 含量达到 74%[246]。经粗略估算，使用蓝水生物技术后，PHA 的生产成本能够降低将近一半[247]。

合成生物学和代谢工程改造手段也可以应用于嗜盐微生物的改造。近年来，越来越多的嗜盐微生物有了全基因组序列和分析信息，使嗜盐微生物的改造更具有靶向性。Yin 等就对 *Halomonas* sp. TD01 及其衍生菌进行了代谢工程改造，他们在 TD01 及其衍生菌株中表达异源基因，构建了以葡萄糖为唯一碳源合成 PHBV 的代谢途径[248]。而 Tan 等在 *Halomonas* sp. TD01 中过表达细胞分裂抑制因子 MinCD 的基因，发现可以改变该菌株细胞的形态，使其纤长化，长度可达近百微米，有效增加了 TD01 菌株胞内积累 PHA 的空间，使 PHA 含量从野生型菌株（对照）的 69%提高到了突变株的 82%[249]。此外有报道称，在 *H. mediterranei* 中敲除 *pyrF* 基因（乳清酸核苷-5-磷酸脱羧酶），再用 5-氟乳清酸和尿嘧啶作为选择压力，可以大大提高基因重组的效率，而这种高效基因敲除技术也可应用于其他嗜盐微生物的基因组改造[250]。

随着嗜盐微生物改造技术的日益成熟，所有的 PHA 合成代谢途径都有可能被转移到嗜盐微生物这一底盘菌中，随后用合成生物学手段改造这一底盘菌，将有可能通过蓝水生物技术实现低成本生产所有种类的 PHA 的目标。综上所述，将代谢工程、合成生物学、形态学工程等改造手段与蓝水生物技术整合，可以有效提高微生物生产 PHA 的竞争性，并获得多样性的 PHA 材料。

4. 构建重组通路、利用廉价原料生产 PHA

合成某一种 PHA 需要以相应结构的化合物作为底物。例如合成中长链的 PHA 需要以中长链脂肪酸作为底物，而合成含有 4HB 单体的 PHA 时则需要以丁酸、1,4-丁二醇、γ-丁内酯等作为底物。然而这些底物本身成本过高，大大增加了 PHA 的生产成本。使用糖类化合物等廉价底物直接合成各种 PHA，是降低生产成本的一种思路。天然微生物以糖类为底物时，合成的 PHA 主要是 P(3HB)，这也是在自然界中被发现的第一种 PHA[251]。也有一些微生物以糖类为底物时，能合成 3-羟基丁酸和 3-羟基戊酸的共聚物(PHBV)[252]。但目前尚无天然微生物以糖为单一碳源合成其他种类 PHA 的报道。大量研究表明,运用合成生物学和代谢工程技术,可以在微生物中构建全新的代谢途径,实现非天然化合物的合成。以葡萄糖为单一碳源合成 PHA 为例,Wang[253]等在 *E. coli* 中构建了两种葡萄糖合成 3-羟基丁酸和 3-羟基己酸共聚物(PHBHHx)的代谢途径;此外,Wang[253]等还在 *E. coli* 中构建了两种不同的葡萄糖合成 PHBV 的代谢途径,且这两种代谢途径之间组合可以得到不同单体组成比例的 PHBV。加上已经报道的葡萄糖合成 P3HB4HB(3-羟基丁酸和 4-羟基丁酸共聚物)[254]和 P4HB(聚 4-羟基丁酸酯)[255]的代谢途径,以及天然微生物具有的可从葡萄糖合成 PHB 的途径,所有商业化的 4 代 PHA 从理论上都可以实现以葡萄糖为底物进行生产。除了已商业化的 PHA 外,其他种类的 PHA 也实现了以葡萄糖为底物进行合成的代谢途径的构建,如 Meng[256]等在重组 *E. coli* 中构建了利用葡萄糖合成聚 3-羟基丙酸(P3HP)、3-羟基丁酸和 3-羟基丙酸共聚物(P3HB3HP)的代谢途径;Zhuang[257]等通过在重组 *E. coli* 中构建了反式脂肪酸氧化途径来合成含有中链单体的 PHA;而聚乳酸的单体乳酸也可以通过在新的代谢途径引入 PHA 的合成过程,形成含有乳酸单体的新型 PHA[258]。截至目前,几乎所有常见的 PHA 都已实现了可以葡萄糖为唯一碳源来进行合成[259]。

为了降低 PHA 的生产成本,近几年来各种生物废料也开始被用作原料来生产 PHA,这些生物废料包括农业废料、食品加工废料、乳制品废料、生物柴油废料和合成气等[260]。如表 3-1 所示,目前已可通过各种微生物利用多种生物废料进行 PHA 的生产。利用生物废料生产 PHA 不仅可以降低成本,而且可以将人类生产活动所产生的生物废料转化成生物塑料,对环境起到保护作用。虽然目前还不能大规模地利用生物废料来生产 PHA,但是相信随着科学技术的不断发展,利用生物废料大规模低成本生产 PHA 这个设想终将会实现。

表 3-1 利用不同生物废料生产 PHA 的相关研究

原　　料	生产菌株	发酵规模/类型	聚合物类型及浓度	参　考
木质素水解物	帕拉伯克霍尔德菌(*Paraburkholderia sacchari*)	摇瓶	聚-β-羟丁酸 34.5 g/L	[261]
龙舌兰酒甘蔗渣水解物	糖伯克霍尔德菌(*Burkholderia sacchari*)	摇瓶	聚-β-羟丁酸 24 g/L	[262]
废鱼油	盐弧菌种 M318(*Salinivibrio species* M318)	分批补料(10 L 发酵罐)	聚-β-羟丁酸 69.1 g/L	[263]

（续表）

原　　料	生产菌株	发酵规模/类型	聚合物类型及浓度	参　考
废煎炸油	热液盐单胞菌（*Halomonas hydrothermalis*）	摇瓶	聚(3-羟基丁酸酯-*co*-3-羟基戊酸酯) 50.5 g/L	[264]
城市垃圾和污水污泥的有机成分	混合微生物培养	分批补料（380 L 发酵罐）	聚羟基脂肪酸酯 0.36±0.05 g/L	[265]
全/粗乳清	巨大芽孢杆菌 Ti3（*Bacillus megaterium Ti3*）	摇瓶	聚-β-羟丁酸 2.20±0.11 g/L	[266]
奶酪乳清水解物	嗜盐单胞菌（*Halomonas halophila*）	摇瓶	聚-β-羟丁酸 3.26 g/L	[267]
合成气	红色红螺菌（*Rhodospirillum rubrum*）	分批补料（3.6 L 发酵罐）	聚-β-羟丁酸 5.32±0.09 g/L	[268]

PHA 因其具有良好的生物可降解性和生物相容性，以及种类和性能的多样性，受到广泛关注。随着越来越多具有新功能的 PHA 被开发出来，PHA 的应用面也将进一步扩大。然而生产成本和热力学性能依然是制约 PHA 大规模生产和商业化的最大难题。通过合成生物学与系统生物学、代谢工程，以及下一代生物工业技术等手段，以极端微生物作为 PHA 的低成本生产平台菌株，经无需灭菌的开放式连续发酵，可大大简化 PHA 的生物制造过程；同时，利用代谢工程和合成生物学技术对 PHA 的生产菌株进行改造，使更多的代谢流转向 PHA 合成，可提高底物转向 PHA 的转化率；对菌株进行形态学、自絮凝改造，可简化 PHA 下游提纯加工流程，大幅降低 PHA 的生产成本。此外，还需要不断开发能够改善 PHA 性能的新单体（及最优的单体比例）、新结构和加工工艺等，使 PHA 热力学性能可以接近甚至超越石油基塑料，进一步促进 PHA 的应用与推广。

3.3　聚乳酸的生物合成

由于传统的 PLA 化学合成法存在许多缺陷，如工艺单元多、生产成本高、金属催化剂和有机溶剂的使用易对环境造成污染等，因此研究者们希望用绿色环保的生物法来合成 PLA。

许多研究通过在重组细菌中构建 PHA 的生物合成途径和新的代谢途径，开发了利用可再生资源生产 PLA 和 PLA 共聚物的完全生物过程。这可以通过引入丙酰辅酶 A 转移酶和工程化的 PHA 合成酶,并结合系统代谢工程的途径来实现。由于聚酯是在体内通过 PHA 合成酶聚合不同代谢途径中产生的各种 HA - CoA 合成的,并且它们在细胞中会积累为各种不同的颗粒,因此通过聚酯生物合成途径合成的含乳酸的共聚物也可以在细胞内合成并积累[269]。PHA 合成酶是各种单体底物特异性聚合的关键酶,携带 PHA 合成酶的大肠杆菌工程菌株无需提取和纯化即可将乳酸转化为 PLA。因此,可用 LPE 代替金属催化剂建立 PLA 的生物合成工艺。这种生物合成方法除了温和之外,还具有以下几个优点[270]:

一是不需要使用高纯度的单体。生物法不需要像化学法那样要求使用高纯度的单体来限制聚合过程中的副反应和避免因使用含金属催化剂带来的毒性,因为 PLA 共聚物是通过工程化的 PHA 合成酶催化,以微生物中的各种代谢中间体作为底物在细胞内合成的产物。

二是可以合成各种具有新材料性能的 PLA 共聚物。由于微生物体内原有的代谢途径或异源代谢途径可以提供至少 150 种羟基羧酸作为单体,因此通过微生物体内的 LPE 可以将它们合成各种具有新材料性能的 PLA 共聚物。

三是可以在细胞中合成和积累超高分子量的 PLA 和 PLA 共聚物。因为在化学法中,合成期间,化学聚合物的黏度会随着反应的进行而增加,而高黏度会导致混合不均匀的问题,因此限制了合成的 PLA 的分子量,而生物法则不存在这个问题。

四是合成的材料性质易控制。由于 PHA 合成酶只接受 R -构型的 HA - CoAs,因此生物法合成的 PLA 及其共聚物的单体具有单一的光学活性,其材料性质较易控制。

五是不存在因未反应的残留单体引起的产品加工问题。在 PLA 的化学聚合反应中,反应体系中剩余的未反应丙交酯单体会引起 PLA 聚合物的加工问题,但在通过微生物发酵合成的含乳酸酯的聚合物中不存在未反应的残留单体,因此不会带来后续因残留单体引起的产品加工问题。

Song 等在谷氨酸棒杆菌中设计了新的代谢途径,以产生单体底物——乳酰辅酶 A (LA - CoA)和 3 -羟基丁酰辅酶 A(3HB - CoA),用于 LPE 催化的共聚反应生成 PLA[271]。LA - CoA 由乳酸脱氢酶(LDH)和丙酰辅酶 A 转移酶合成,3HB - CoA 由 β -酮硫解酶(PhaA)和 NADPH 依赖的乙酰乙酰辅酶 A 还原酶(PhaB)提供,最终产生了高乳酸组分(96.8 mol%)的聚(乳酸-共 3 -羟基丁酸)[P(LA - co - 3HB)]。新设计的谷氨酸棒状杆菌具有成为生产食品级和生物医学级 PLA 及其类聚酯的新应用平台的潜力。

Tajima 等发现,他们分离的耐热假单胞菌(*Pseudomonas* sp. SG4502)即使在 55℃下也能积累 PHA,因此可以作为耐热 PHA 合成酶的来源[272]。他们从该菌中鉴定并克隆了两个编码 PHA 合成酶的基因(PhaC1SG 和 PhaC2SG),并将 Ser324Thr 和 Gln480Lys 两个突变(与嗜中性假单胞菌 *Pseudomonas* sp. 61 - 3 中 LPE 的突变相对应)引入 PhaC1SG 中,以评估所产生的蛋白质作为"耐热 LPE"的潜力。突变后的 PhaC1SG

[PhaC1SG(STQK)],在体外高温反应体系中合成了 P(LA-co-3HB)。这种耐热的 LPE 可用于合成各种类型的乳酸基共聚物。使用此类工程酶和工程微生物可以不用提取和纯化乳酸,而通过丙交酯开环聚合法直接利用生物质发酵合成 PLA 均聚物及共聚物,从而开发出更绿色的 PLA 合成工艺。

Taguchi 等构建了具有辅酶 A 转移酶基因的产 LA-CoA 的重组 *E.coli*,通过毛细管电泳/MS 分析证明了 LA-CoA 的产生,并引入基于底物相似性原则开发的工程化 PHA 合酶基因,得到了共聚酯 P(94 mol%3HB-co-6 mol%LA),通过凝胶渗透色谱法、气相色谱/MS 和 NMR 测得其平均分子量为 1.9×10^5,首次建立一步法合成 LA 基聚酯的微生物代谢工艺[273]。微生物一步发酵法生产 PLA 是目前最优选的 PLA 合成方法,可以在一步工艺中通过以不同比例结合乳酸单体的代谢中间体来控制聚合物的组成。LDH 和 LPE 酶对乳酸对映体的对映选择性是合成乳酸基聚酯的关键因素,LPE 可以将 LA 组分构入聚合物中。Yamada M 等通过对 LPE 的 392 位点(F392X)进行饱和突变,从而实现对 P(3HB-co-LA)中 LA 组分所占比例的精细调控[274]。在 19 个饱和突变体中,有 17 个突变体产生了具有各种 LA 组分(16～45 mol%)的 P(3HB-co-LA),F392S 突变体表现出最高的 LA 组分,为 45 mol%,并且聚合物含量增加至 62 wt%,而未饱和突变菌株在相同培养条件下所产聚合物中 LA 的组分为 26 mol%,聚合物含量为 44 wt%。F392S 突变体在厌氧条件下[275]培养可促进 LA 的产生,从而导致 LA 组分的进一步增加,最高达到 62 mol%。这说明 LPE 中 392 位点的突变极大地促进了共聚物中 LA 组分的微调,有利于增强共聚物的热性能。Yang 等通过在大肠杆菌中表达丙酸梭菌(*Clostridium propionicum*)进化后得到的丙酰辅酶 A 转移酶和假单胞菌(*Pseudomonas* sp.)MBEL 6—19 菌株中的 PHA 合成酶,构建了生产 PLA 共聚物的大肠杆菌代谢工程菌株[276]。该菌株不仅生产 PLA,还生产 PLA 共聚物——聚(3-羟基丁酸-共乳酸)[P(3HB-co-LA)][276-277]。该菌株不仅可利用葡萄糖产生质量分数高达 11 wt%的 PLA 均聚物,还可以利用葡萄糖和 3HB 生产质量分数高达 57 wt%的含 55～86 mol%乳酸的 P(3HB-co-LA)共聚物[276-277]。Jung 等在大肠杆菌中通过引入来自钩虫贪铜菌(*Cupriavidus necator*)的β-酮硫解酶和乙酰乙酰辅酶 A 还原酶,仅从葡萄糖中就可以制备出乳酸含量高达 70 mol%的 P(3HB-co-LA)共聚物,其质量分数为 46 wt%[277]。

Utsunomia 等报道了一株大肠杆菌工程菌株可以用一步法生产 D-乳酸基低聚物(D-LAO)并自主将其分泌到细胞外。这源于他们发现该菌株因特异性表达 D-LPE,而无需引入外源分泌蛋白即可自主将少量寡糖——乳酸-共 3-羟基丁酸酯[LA-co-3HB]分泌到细胞外[278]。此外,他们为了增加 D-LAO 的产量,还尝试使用链转移(CT)试剂来增加 LPE 的链转移反应频率,结果发现在培养基中添加二甘醇特别有效,利用 20 g/L 的葡萄糖生产 D-LAO,最高产量可达 8.3 ± 1.5 g/L,为理论最高产量的 57%[278]。在这个一步分泌系统中,细胞内合成的乳酸只需一个步骤即可直接转化为聚合物,而无需任何下游过程。因此认为乳酸杆菌也可以作为克隆和表达 LPE 基因的宿主,从而使乳酸可以直接转化为 PLA,而无需使用中和剂来维持发酵过程中的 pH 值。可联合使用基因工程、代谢工程和系统生物学等方法构建此类乳酸杆菌工程菌株。

Shozui F 等[279]用表达 LPE 的重组 *E.coli* LS5218 生产了由 96 mol%乳酸、1 mol% 3-羟基丁酸酯和 3 mol% 3-羟基戊酸酯组成的三元聚酯——聚乳酸-3-羟基丁酸酯-3-羟基戊酸酯[P(LA-co-3HB-co-3HV)]。该菌株在葡萄糖中生长,并以戊酸酯作为单体前体进料。三元聚酯的玻璃化转变和熔融温度与具有相似分子量的化学合成的 PLLA 接近。此外,由于严格的 LPE 对映体特异性,由(R)-LA(D-LA)完全组成的三元聚酯与 PLLA 的共混物形成了熔点更高(201.9℃)的立体复合物。结果表明,通过微生物过程生产的生物类聚乳酸具有与化学合成的 PLA 相似的热性能。

尽管生物法合成 PLA 有很多优点,但是与典型的化学方法相比,它仍存在几个需要解决的问题,如聚合物合成期间存在链终止的现象,这会限制 PLA 的分子量;细菌的生产率低,则 PLA 在细胞中的含量也低;此外,还有研究发现,随着乳酸比例的增加,乳酸共聚物的分子量会降低,这也限制了乳酸共聚物的应用。因此,筛选底物特异性强的新型 PHA 合成酶,并通过代谢工程、细胞形态改造及酶融合等技术增加 PLA 的生物合成量是生物发酵法合成 PLA 亟待解决的问题。

虽然一步生物发酵合成 PLA 的方法反应条件温和,且合成的聚合物中不存在未反应的残留单体,可将廉价的原料一步合成具有精细结构的聚合物,比化学聚合合成 PLA 更具吸引力,但是该方法目前尚处于实验室研究阶段,如何提高 PLA 的生物合成量仍是待进一步研究的难题,该难题的解决将大力推进其日后的产业化进程。

3.4 甲壳素及其生物合成

3.4.1 甲壳素简介

甲壳素(Chitin),又叫几丁质,是由 N-乙酰-2-氨基-D-葡萄糖通过 β-1,4 糖苷键连接而成的直链多糖,是一种天然高分子化合物。壳聚糖(Chitosan),是甲壳素脱乙酰化的产物。甲壳素是地球上自然合成数量仅次于纤维素的第二大天然高分子多糖,年生物合成量约为 10^{10}~10^{11} t,是一种由大量活生物体合成的可再生资源[280]。甲壳素的分子式为$(C_8H_{15}NO_6)_n$,其化学结构和纤维素非常相近(图 3-8),差异是 C2 位上的取代基不同,纤维素 C2 位上的取代基是羟基(—OH),甲壳素在 C2 位的取代基是乙酰氨基(—$NHCOCH_3$),而壳聚糖作为甲壳素的脱乙酰化产物,在 C2 位的取代基是氨基(—NH_2),所以也常把甲壳素和壳聚糖称作动物纤维素。在自然界中,甲壳素广泛存在于一些昆虫生物、甲壳类生物(如虾类、蟹类)和软体类动物的骨骼,也存在于真菌(如酵母和绿藻)的细胞壁中。甲壳素一般不溶于水和普通溶剂,这限制了它的应用,但壳聚糖的溶解性较好,应用领域更广泛。事实上,壳聚糖主链上氨基的存在为其提供了一个重要的结构特征,可以很容易地将其化学修饰成其他衍生物,并且具有良好的生物可降解性、生物相容性、无毒性和抑菌性[281-283]。

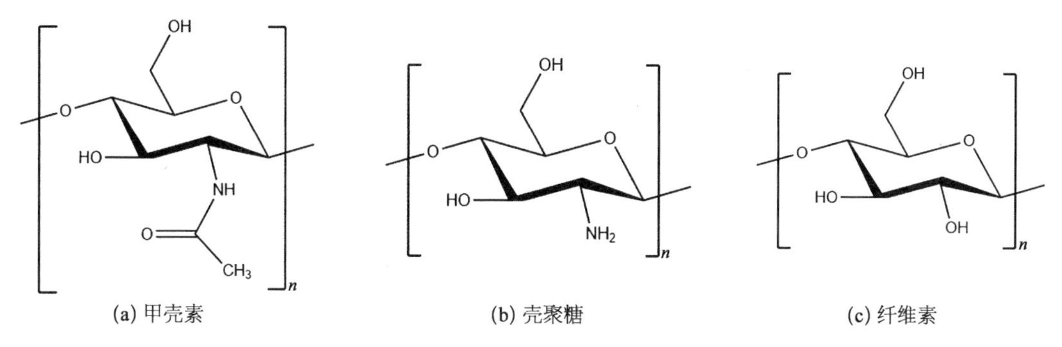

图 3-8　甲壳素、壳聚糖和纤维素的分子结构式

甲壳素是一种具有巨大潜力的可再生资源,如图 3-9 所示,根据 PubMed 数据库中以 Chitin 为关键词检索得到的数据统计结果显示,甲壳素受到的关注和重视持续升高,特别是有关如何获得品质优良的甲壳素及其衍生物并开发应用成为当前的研究和开发热点。甲壳素及其衍生物广泛应用于纺织、食品、农业、生物医药、化妆品等领域。在生物医药领域已应用到组织工程、药物输送、诊断、分子成像、抗菌和伤口愈合治疗等方面[281],经济价值和社会效益十分可观。

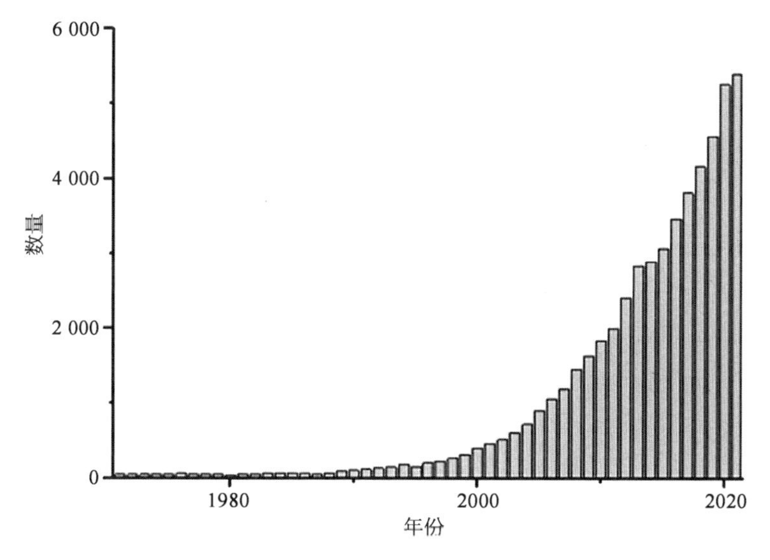

图 3-9　PubMed 检索的与甲壳素及其衍生物相关文献数量

1. 结构和性质

甲壳素的物理化学性质中,非常重要的是脱乙酰度(deacetylation degree,DD)和聚合度(degree of polymerization,DP)。脱乙酰度和聚合度(影响分子量)的差异主要取决

于甲壳素的来源及其生产工艺条件。甲壳素的分子量决定了自身的黏度和降解速度，这些指标可以通过黏度计、光散射法以及凝胶渗透色谱法进行测定。甲壳素的脱乙酰度会影响溶解性、化学反应性以及生物活性在内的多种功能特性。

甲壳素和壳聚糖的脱乙酰度，是指脱去乙酰基的氨基葡萄糖单元数占总的糖单元数的百分数。当然，还可以定义乙酰度为乙酰氨基化的糖单元数占总的糖单元数的百分比。脱乙酰度是甲壳素和壳聚糖重要的结构参数之一。一般情况下，我们将脱乙酰度＞55%的甲壳素称为壳聚糖，壳聚糖可以溶于稀酸溶液。脱乙酰度是壳聚糖的重要理化性质，壳聚糖的溶解性、柔韧性、离子交换能力、絮凝性以及黏度等性质在一定程度上都取决于脱乙酰度[284]，所以无论甲壳素和壳聚糖的生产、研究或应用，都少不了脱乙酰度的测定。目前用来测定壳聚糖脱乙酰度的方法已有很多种，包括化学分析法中的酸碱滴定法、胶体滴定法、电位滴定法、热分解法等，还有仪器分析法中的红外光谱法、近红外光谱法、^{1}H 核磁共振法、^{13}C 核磁共振法、紫外光谱法、凝胶色谱法、高效液相色谱法等。

甲壳素在自然界中有 3 种不同晶型的异构体：α 型、β 型和 γ 型，这 3 种形态由晶胞中分子链的不同排列方式来决定。在 3 种晶体结构中，α-甲壳素是最稳定的一种，主要存在于真菌和细菌的细胞壁、龙虾与蟹的肢和壳，以及普通小龙虾的甲壳等[285]。β-甲壳素比较少见，在鱿鱼或者乌贼的顶骨内存在。γ-甲壳素是以 α 型和 β 型混合的形式存在。β-甲壳素和 γ-甲壳素在适当条件下也可转化为稳定的 α-甲壳素。β-甲壳素用 6mol/L 的盐酸处理，γ-甲壳素用饱和 LiSCN 溶液处理后，都会变成 α-甲壳素，但这一过程不可逆[286]。

2. 应用

甲壳素的衍生物主要有脱乙酰产物壳聚糖、甲壳素及壳聚糖降解后得到的不同聚合度的低聚糖和单糖，以及这些物质的化学改性衍生物，如甲壳低聚糖、壳寡糖、N-乙酰氨基葡萄糖、葡萄糖盐酸盐、羧甲基壳聚糖等。甲壳素及其衍生物由于其特殊的分子结构、生物相容性、生物降解性和其他特有的功能特性，从 20 世纪 70 年代末就已经引起了科学界和工业界的广泛关注，下面重点介绍几个方面。

(1) 生物与医药

甲壳素及其衍生物的阳离子特性和结构，使其具有独特的理化性质，如 pH 敏感性、低免疫原性、生物相容性、低毒性、生物降解性等，已被应用于伤口愈合药物及材料、药物递送、组织工程和特医食品等。此外，甲壳素及其衍生物还具有其他生物学特性，如抗肿瘤[287]、抗菌[288]和抗氧化活性[289]。甲壳素及其衍生物因其免疫抗原性小，在生物体内一般不会与机体发生免疫排异反应，有良好的生物相容性；并且具有良好的生物降解性，在生物体内一般可以被降解成低聚糖、N-乙酰氨基葡萄糖以及氨基葡萄糖等，安全性能好，没有毒副作用[290]。

(2) 食品工业

在食品工业方面，甲壳素及其衍生物有较强的抗氧化能力和抗菌能力[291]，从而可以改善食品的安全性、食品质量和食品的贮藏寿命；甲壳素作为功能性食品添加剂，一方面可以预防和饮食相关的疾病，另一方面还可以达到食品治疗和缓解疾病的功效；据报道，甲壳素可以防止微生物引起的食品腐败变质、延长货架期，可制成可生物降解薄膜和食品包装[292]。我国已经有甲壳素(GB1886.312—2020)、壳聚糖(GB29941—2013)等作为食品添加剂的国家标准，壳寡糖被列为新食品原料并有行业标准(QB/T 5503—2020)。壳聚糖也已成为被美国食品和药物管理局批准(FDA)公认的有食品添加剂、膳食纤维(低胆固醇效应)和功能性食品成分。日本和韩国也批准壳聚糖作为食品添加剂。

(3) 农业

在农业领域，甲壳素及其衍生物可以用作种子涂层剂来防治害虫、促进植物抵抗有害微生物，作为植物免疫诱抗剂抵抗寒害、旱害、盐碱等逆境胁迫[293]，还可以抑制真菌、病毒、细菌性疾病和线虫等，因此也可以被用作生物农药的替代物[294]。已经上市的产品有农药制剂、生物杀虫剂、生物杀真菌剂、生物肥料、肥料保护剂、抗病抗逆剂、防冻剂等[292]。壳聚糖、壳寡糖等可以激活植物的许多防御反应，所以通常把它作为一种强有力的激发因子用于植物病害防治[295]。

(4) 化妆品

甲壳素及其衍生物可以用作化妆品和其他生活用品的活性载体，应用于皮肤、头发、口腔的护理以及皮肤美容等[296]，可以制成洗发水、着色产品、发胶、化妆水、乳霜和洗剂、彩妆、除臭产品、活性剂的微胶囊和牙科保健等[297]。大多数壳聚糖产品的分子量很高，不能穿透皮肤，这是一个重要的优点，使其适合于皮肤护理。甲壳素在美容方面也有广泛的应用，因为它能被皮肤很好地耐受。一般用它提供补水，具有避免脱水的作用。

3.4.2　甲壳素的制备方法

尽管甲壳素在自然界中普遍存在，但其主要来源于甲壳类动物和低等的真菌和藻类。前者大量存在于水体之中，以虾、蟹中含量最高，且原料易于富集，虾、蟹壳中的甲壳素干重含量为10%～30%[298]，具有工业化提取利用价值。到目前为止，市场上生产甲壳素的主要方式也是通过蟹和虾为主的甲壳类动物获得。

获得甲壳素的过程中主要有两个困难，一是甲壳素虽然存在于甲壳类动物中，但其中的甲壳素与蛋白质和附着于蛋白质的碳酸钙组成了复杂的网络结构，甲壳素与蛋白之间形成的相互作用力较强，有的蛋白质还参与了多糖-蛋白复合物结构；二是在生产甲壳素的过程中，还存在一些脂肪和以虾青素为主的类胡萝卜素及其形成的酯。只有克服这两种困难将杂质除去，才能达到食品、药品或材料等应用所需的纯度。因此，生产甲壳素最主要的步骤是蛋白质和 $CaCO_3$ 的脱除，同时，脂肪和色素在以上脱除过程中要一起去除。

当前提取甲壳素的传统方法有酸碱法、酶解法和微生物发酵法。非常有前景的方法是利用合成生物学技术人工生物合成甲壳素。

1. 酸碱法

传统生产甲壳素的工艺，主要有脱除蛋白质、脱除无机盐和脱除色素三大部分。由于甲壳素和蛋白之间存在化学键的作用，所以脱除蛋白质是三者之中最为困难的一步，一般用碱液来脱蛋白，常用 NaOH，有时也会用到 Na_2CO_3、$NaHCO_3$、KOH、K_2CO_3、$Ca(OH)_2$、Na_2SO_3等。蛋白的脱除过程要具体情况具体分析，尽量做到不过度，也不能让蛋白有残留，这是因为如果过度会造成甲壳素的脱乙酰化和水解，从而影响甲壳素的最终品质；如果有蛋白的残留，首先就是纯度不够高，会影响到其在生物医药和食品方面的应用，应用范围会大大缩小；其次是部分人群对甲壳类动物蛋白有过敏症状。第二步是脱除无机盐，主要为了脱除甲壳素中残留的 $CaCO_3$。脱盐一般用酸液处理，常用的试剂是 HCl，有时也会用到 HNO_3、H_2SO_4、CH_3COOH、HCOOH 等。脱盐这一步骤由于 $CaCO_3$ 易酸解，所以相对容易完成。第三步是脱除色素，当前工业上最流行的甲壳素脱色素是用光照射和 $KMnO_4$ 氧化脱色的办法。光照射的时间长短要根据具体情况具体分析，如果日光照射脱色时间过长，会造成产物偏黄色[299]。如果使用 $KMnO_4$ 进行脱色则需要加 $NaHSO_3$ 等还原剂进行还原处理。未反应的 $KMnO_4$ 会给环境造成污染。近年来，双氧水是也是工业上常用的氧化脱色剂，有价格低廉且分解产物无污染等优点，备受人们青睐[300]。所有工艺流程的确定并不是一成不变的，需要反反复复地试验，才能确定最适合产品的工艺流程。

从以往利用酸碱法生产甲壳素的工艺流程来看，工艺流程虽然千变万化，但相对于酶法和微生物发酵法，酸碱法的优点是工艺流程简单、适合大规模制备、工艺流程周期短等。但是，酸碱法也有许多缺点，主要是因为酸碱法在提取甲壳素的过程中使用了大量的酸和碱，并且需要不同温度的处理，消耗能源的同时，环境污染严重，并且甲壳素后续的纯化过程复杂，增加了生产成本。使用酸和碱也会造成甲壳素分子量及乙酰化程度的降低，从而影响甲壳素产品的品质。

2. 酶解法

酶解法提取甲壳素，是利用商业蛋白酶或从发酵液中分离得到的蛋白酶水解甲壳中的蛋白质，然后再与酸或微波等物理方法共同作用去除灰分来制备甲壳素。蛋白酶以碱性蛋白酶居多，也有胃蛋白酶、木瓜蛋白酶、胰蛋白酶等，有利于从甲壳动物外壳中将蛋白质分离出来，可以用于甲壳素的提取，该方法具有条件温和、环境友好、产品纯度高等优点[301]。

Angel 等[302]对虾头进行碱性蛋白酶处理后，虾头的干基失重率为 61%，残留蛋白质含量为 275 mg/g；随后在 400 W 微波辐射下用乳酸脱盐，灰分含量仅为 0.2%。使用酶法和物理化学结合法处理回收甲壳素，其产量为 22%。Laila 等[303]从蜡样芽孢杆菌发酵液中提取蛋白酶用于处理废弃虾壳，再用 1.25 M HCl 去除灰分，最终得到的甲壳素产量为 $16.55\pm1.5\%$，灰分含量仅为 $0.433\pm0.05\%$，蛋白质含量为 $10.78\pm0.2\%$。Islem 等[304]采用不同的微生物粗蛋白酶从虾壳中提取甲壳素。最终得到产量为 $18.5\pm2.3\%$的甲壳素，其蛋白质去除率为88±5%，灰分含量为1.9%。

相比酸碱法而言，酶法结合化学法制备甲壳素的反应条件更加温和，能够较好地保护甲壳素不被降低分子量和脱乙酰化，但酶解法所用时间较长，且并不能彻底地去除蛋白质，而有蛋白的残留会影响生物医药和食品方面的应用。还有就是商业酶价格较高，如果需要大规模生产甲壳素需要耗费大量的蛋白酶，这就使得生产甲壳素的成本变高。但是在甲壳素生产过程中，酶催化作为新的蛋白质脱除方法，具有非常大的应用潜力[305]。

3. 生物发酵法

微生物发酵法制备甲壳素是指利用虾蟹壳的废料为原料，接种微生物，微生物在生长过程中会产生有机酸，有机酸可以将虾、蟹等原料中的碳酸钙等盐溶解，从而起到脱盐的作用，同时也会产生一些蛋白酶，从而达到脱除蛋白质的目的，进而得到纯度比较高的甲壳素。一般来说需要外接微生物，菌种的种类也非常多。一般采用产酸和产蛋白多的菌种，如乳酸菌、芽孢杆菌、铜绿假单胞菌等。接种一种菌株有时达不到理想的脱盐脱蛋白效果，因此常采用混合菌种发酵的方式。

Flores-Albino等[306]利用乳酸杆菌发酵蟹壳，通过响应面优化后脱盐率达到了88%，脱蛋白率为56%，最终甲壳素产量为34%。Jen-KuoYang等[307]利用分离得到的一株产蛋白酶的枯草芽孢分别对未处理的虾壳、蟹壳和龙虾壳废物进行脱蛋白实验，结果显示蛋白质去除率分别为88%、67%和83%；相比之下，酸处理废物的蛋白质去除率分别为76%、62%和56%。由此可见，酸处理废物的蛋白质去除率远远不如发酵法。Ghorbel-Bellaaj等[308]用响应面分析法优化绿脓假单胞菌A2发酵虾壳的条件，在优化后的发酵条件下，脱盐率可以达到96%，脱蛋白率达到89%。混合菌发酵的效率要比单一菌种的效率要高很多，但是有关混合发酵的工艺流程的研究要困难许多。

微生物发酵法制备甲壳素具有绿色环保、成本低廉等优点，但是到目前为止，利用微生物发酵法工业化生产甲壳素未见报道，基本都停留在实验室水平上，这就需要研究者们不断地创新，基于该方法研究出更为有效、环保、成本低廉的生产甲壳素的工艺流程。

3.4.3　甲壳素的生物合成

传统可规模化生产甲壳素的工艺是化学法，即酸碱法，该工艺对原料资源依赖性强、环境污染严重，且产品不适用于对海鲜过敏的人群和素食人群。利用合成生物技术在生物体内合成甲壳素在一定程度上可以避免上述问题，因此利用生物合成途径制备甲壳素具有很大的研究潜力。如果利用合成生物学来合成甲壳素，可以从两方面来考虑，一是微生物底盘中本身含有甲壳素，例如黑曲霉、酿酒酵母[309]的细胞壁中含有甲壳素，通过基因工程的方法可以将其过量生产，再通过分离纯化就可以绿色生产甲壳素；二是在胞内引入合成甲壳素的酶，目前已知可以合成甲壳素的酶有几丁质酶和糖基转移酶，但是由于甲壳素的聚合度比较高，在胞内生产较为困难，因此首先在胞内合成甲壳低聚糖，也可以绿色生产甲壳素及其衍生物。

有关甲壳素合成途径的研究多数集中于甲壳类动物和大多数真菌，从 KEGG 数据库中的代谢途径来看，这两者从果糖-6-磷酸到甲壳素的合成途径大致相同，如图 3-10 所示。

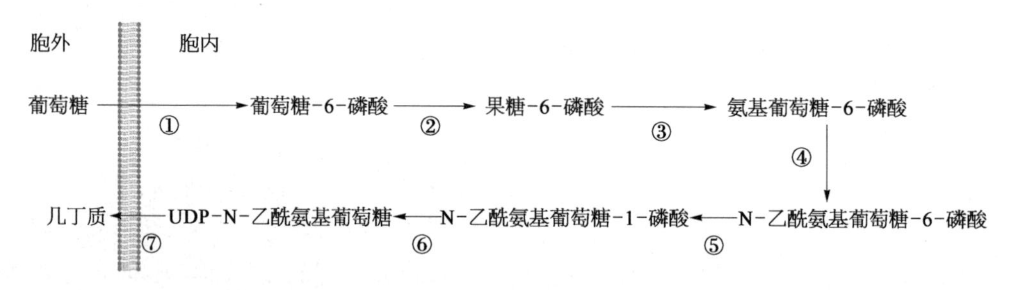

图 3-10　KEGG 数据库中甲壳素的合成路线

①：葡萄糖激酶；②：葡萄糖-6-磷酸异构酶；③：谷氨酰胺-果糖-6-磷酸转氨酶；④：氨基葡萄糖 6-磷酸 N-乙酰基转移酶；⑤：乙酰葡糖胺磷酸变位酶；⑥：UDP-N-乙酰氨基葡萄糖焦磷酸化酶；⑦：几丁质合成酶。

参考 KEGG 数据库中的 *Komagataella phaffii* 和 *Penaeus vannamei*（Pacific white shrimp）甲壳素合成通路，从果糖-6-磷酸到甲壳素的合成过程可以概括为 5 步：① 谷氨酰胺：果糖-6-磷酸转氨酶（GFAT）催化谷氨酰胺和果糖-6-磷酸生成氨基葡萄糖-6-磷酸。② 氨基葡萄糖磷酸乙酰转移酶（GNA1）催化GlcN-6-P乙酰化为 GlcNAc-6-P。③ 由磷酸乙酰氨基葡萄糖变位酶（AGM1）负责的 GlcNAc-6-P 到 GlcNAc-1-P 的转换。④ GlcNAc 的活化步骤，即由 UDP-GlcNAc 焦磷酸化酶（UAP）催化 GlcNAc-1-P 生成 UDP-GlcNAc。⑤ 由甲壳素合成酶（CHS）负责的将前体 UDP-GlcNAc 连接到甲壳素链上的过程，不同种属生物中甲壳素合成酶的种类和功能也不尽相同。

关于甲壳素的合成生物学技术制备，尚处于起步阶段。研究成果少之又少，基于前面所述的两种思路，各举一例供读者参考。

笔者研究团队在甲壳素的生物合成方面进行了大量探索，尝试用毕赤酵母作为底盘，首先克隆了甲壳素合成相关功能基因。构建了两种菌株 GS-1.10 和菌株 GS-2.6，其中菌株 GS-1.10 过表达了果糖-6-磷酸转氨酶（GFAT）、UDP-GlcNAc 焦磷酸化酶（UAP）、甲壳素合酶 1（CHS1）后，甲壳素含量提高了 44.3%；菌株 GS-2.6 过表达了果糖-6-磷酸转氨酶（GFAT）、氨基葡萄糖磷酸乙酰转移酶（GNA1）、磷酸乙酰氨基葡萄糖变位酶（AGM1）、UDP-GlcNAc 焦磷酸化酶（UAP）及甲壳素合酶 1（CHS1）后，甲壳素含量提高了 244.4%，团队在此基础上又过表达了另一种甲壳素合酶 3（CHS3）得到菌株 GS-3.10，此菌株的甲壳素含进一步得到了提高，在细胞壁中的含量为 162.4 μg/mg，比原始菌株 GS115 的甲壳素含量高 4.43 倍，最后通过发酵条件的优化，使得甲壳素的最终产量达到 2.23 g/L[310]。

江南大学刘龙课题组利用组合途径工程在枯草芽孢杆菌实现了甲壳素低聚糖的从

头生产，在枯草芽孢杆菌中构建了甲壳低聚糖合成途径。首先在枯草芽孢杆菌中表达N-乙酰氨基葡萄糖糖基转移酶 NodC，得到摇瓶产量为 30 mg/L 的甲壳低聚糖寡糖，其聚合度低于 6。然后引入 6 个不同来源的 N-乙酰氨基葡萄糖糖基转移酶 NodC，其中根瘤菌 nodCM 产生的甲壳低聚糖产量最高，为 560 mg/L。最后，通过对 UDP-GlcNAc 的从头途径和挽救途径的设计，进一步促进甲壳低聚糖的生物合成，在 3 L 发酵罐中，甲壳低聚糖产量达到 4.82 g/L，为现有报道的最高水平[311]。

以上两种案例为甲壳素的人工生物合成制造提供了新的思路，通过合成生物学验证了从头合成甲壳素的可行性，为进一步实现商业化提供了良好的起点。

3.5 聚丁内酰胺及生物合成

3.5.1 酶转化法

目前，聚丁内酰胺(PA4)是重要的可降解生物基材料之一。在其生物合成途径中，GAD 谷氨酸脱羧酶将谷氨酸脱去羧基形成 γ-氨基丁酸，在 β-丙氨酸辅酶 A 转移酶的作用下进行 GABA 活化，随后其自发成环。因此，PA4 合成过程中亟待解决的问题是 PA4 聚合酶的筛选与改造。虽未有报道表明已在实验室和工厂范围内通过酶法或底盘微生物细胞的方法能一步合成 PA4，但目前已有部分课题组研究表明，某些聚谷氨酸的合成酶及膜酶复合物，如用于生产聚-γ-谷氨酸的 pgsb 酶系，在体外酶催化过程中表现出了一定的直接聚合 γ-氨基丁酸的潜力，通过 pgsb 酶系纯化并以 GABA 为底物的体外酶反应获得了不溶性白色沉淀。不同于丁内酰胺的亲水性，PA4 的物理性质为不溶于水的白色粉末，从分子聚合机理上来说，可以聚合谷氨酸合成酶 pgsb 的最适底物为 L-谷氨酸，与 GABA 在空间结构上相差一个羧基。因此，倘若后续通过 3D 结果模拟和酶分子定向改造来提高该酶对 GABA 的亲和度，也许可以填补 PA4 酶法合成这一空白。从 PA4 聚合的反应过程来看，在这一过程中起到关键性作用的酶系为酰胺键聚合酶，酰胺聚合过程中适用性和催化活性兼具的生物催化剂是固定化南极假丝酵母脂肪酶 B (CALB)。CALB 在高温下稳定，并对各种基材具有接受度。CALB 对从丁酸到十八烷酸的直链脂肪酸具有广泛的特异性。此外，CALB 对比己酸短的羧酸表现出高活性。虽没有关于由 CALB 催化的任何长度的氨基羧酸的体外环化的报道。但使用 CALB 作为催化剂已经可以成功从 6-氨基己酸合成 ε-己内酰胺。过短的氨基羧酸在催化过程中没有显示出自身内部酰胺键的聚合和成环反应，可能是由于底物本身长度的原因，但高效的酰胺聚合效率使 CALB 仍作为潜在的酰胺聚合酶用以直接进行单体间的聚合[312]。

3.5.2 PA4 合成的代谢工程调控策略与底盘细胞筛选

从头合成 PA4 是以工程菌的 TCA(三羧酸循环)为起点，通过谷氨酸脱羧酶 GadB 为催化剂，催化菌体中的谷氨酸，脱去末端的一个羧基，生成 γ-氨基丁酸。而后多种辅酶转移酶,例如 ACT(辅酶 A 转移酶)、PCT(丙氨酸辅酶 A 转移酶)等都具有良好的催化活性,通过将辅酶 A 转移到 GABA 末端,降低活化能壁垒,实现自发的成环反应,从而形成丁内酰胺。通过将这一胞内反应与酶法偶联,构建静息细胞催化与酶催化复合体系,有望实现从葡萄糖到 PA4 聚合物的从头合成。但同时,需要对底盘细胞进行代谢工程改造,引入新的代谢途径,首先 PA4 合成中初始的 α-脱羧反应是不可逆的,由吡哆醛 5′-磷酸(PLP)依赖性 GAD 酶催化。PLP 是维生素 B6 的活性形式,是多种酶促反应中的辅酶,其供应对 GAD 活动至关重要,因此想要提高 PA4 的相对产量和前体积累,可以通过改变代谢途径分支,阻断 PA4 合成中前体的分支消耗,从而提高前体的积累量。例如,在一些微生物中,PA4 前体 GABA 被 γ-氨基丁酸转氨酶(由 *gab*T 编码)降解,它与琥珀酸半醛脱氢酶(由 *gab*D 编码)和谷氨酸脱羧酶形成 GABA 分流,通过基因敲除,改造形成缺陷型宿主细胞双歧杆菌,在其基因组中尚未发现 *gab*T,但存在 *gab*D。这表明双歧杆菌不具备 GABA 降解所必需的遗传库,以此来达成目的。此外,由于内源性 GAD 的较高活性和生物安全性(GRAS)问题,乳酸菌(LAB)是生产 PA4 前体的主要宿主之一。然而,添加 L-谷氨酸或 MSG 是提高野生型和工程化 LAB 菌株中 GABA 产量的必不可少的方法。大部分消耗的葡萄糖负责细胞生长和能量供应,而用于 PA4 合成的代谢通量相对较少。因此,需要通过重新连接 LAB 中的代谢途径来增强 L-谷氨酸的供应,减少在竞争生化途径时朝向不希望的副产物的代谢通量。目前,基因组尺度代谢模型(GSMM)为系统分析菌株的代谢功能提供了一个有用的框架,将用于实验室的代谢系统工程,以制定先进的菌株改良策略。由于 PA4 本身为细胞的次级代谢产物合成的大分子聚合物,因此其本身会对宿主细胞产成较大影响。合理调控物质与能量代谢流比例,才能兼顾底盘微生物的生长与生产。同时,通过高表达启动子的更新和高效复制子的取代,可以大大加快前体积累速度,增加聚合反应前体量,从而提高聚合效率,降低对酶活性要求。到目前为止,PA4 单体可以由各种微生物菌株生物合成,主要为乳杆菌属、谷氨酸棒状杆菌、枯草芽孢杆菌(*Bacillus subtilis*)、明串珠菌属、双歧杆菌、肠球菌属和链球菌属,特别是乳杆菌属、乳球菌属和肠球菌显示出显著的 GABA 滴度,并具有高活性的内源性 GAD。

1. 谷氨酸棒状杆菌

作为近 40 年来全球用以氨基酸发酵工业的主要生产菌和谷氨酸主要生产菌株,以谷氨酸棒状杆菌为底盘,改造构建 PA4 合成细胞是一个潜在选择,但需要对改造工具进行开发。有研究表明,以谷氨酸棒状杆菌 CZ04 为出发菌株,利用 pK19 mobsacB 载体的反向筛选,通过在 *PPC* 和 *PYC* 基因前面敲入超氧化物歧化酶基因启动子(*Psod*),相应获得磷酸烯醇式丙酮酸羧化酶(PPC)上调的重组菌株 CZ05 和丙酮酸羧化酶(PYC)上调的重组菌株 CZ06,以及 *PPC*、*PYC* 双上调的重组菌株 CZ07,结果发现强启动子的敲入尽管对菌株生长没有明显影响,但增强了谷氨酸棒状杆菌的羧化代谢途径,能促进转基因菌株中有机酸的生成和积累[313]。该研究同时开发了完备的基因组编辑操作系统,包括同源重组介导的基因编辑体系、CRISPR - Cas9 和最新的 CRISPR - Cpf1/dCpf1 等技术。2016 年,美国麻省理工学院 Timothy Lu 课题组将基于 dCas9 的 CRISPRi 系统成功应用于谷氨酸棒杆菌中,为低效率重组手段带来了重大改革。浙江大学徐志南课题组在谷氨酸棒杆菌中设计了 RE - CRISPR 系统,可实现基因组编辑和转录抑制的双功能。最近,中国科学院天津工业生物技术研究所郑平和孙际宾团队开发了基于 CRISPR - dCpf1 的多基因表达调控技术,实现了多个目标基因的快速表达调控[314]。这些技术体系的建立推动了谷氨酸棒杆菌底盘细胞的优化改造,成功实现了谷棒杆菌中各类能量、物质的代谢控制,是生产 PA4 的理想载体。

2. 枯草芽孢杆菌

枯草芽孢杆菌也是良好的生产聚谷氨酸与 GABA 以及聚丁内酰胺的底盘微生物,工业上的枯草芽孢杆菌通常使用甘油、柠檬酸盐和谷氨酸作为碳源合成。通过对枯草芽孢杆菌的改造可以构建利用葡萄糖作为聚丁内酰胺合成的唯一碳源的菌株。通过替换聚丁内酰胺合成酶操纵子的天然启动子,使用 VEG 或木糖诱导型启动子 Pxyl 来起到增强生产能力的作用。枯草芽孢杆菌作为生产谷氨酸的良好宿主,具有除聚合丁内酰胺之外的全部酶系和代谢通路,且经过多年迭代和商业化,已经具备良好的应用前景[315]。

3. 重组甲醇双歧杆菌

甲醇最近作为生物技术过程的潜在原料引起了人们的兴趣,近些年来大量的酵母发酵工业使用甲醇作为碳源正是因为它与传统碳源相比具有许多优势,例如可用性、成本价格更低、化学纯度以及无需与食品工业的竞争等。BLAST 搜索显示,甲醇双歧杆菌在其基因组中缺乏谷氨酸脱羧酶基因。通过对甲醇双歧杆菌的基因重组,增加 PLP 再生途径,用于辅助 GABA 合成,避免了额外补充昂贵的 PLP,减少了发酵生产成本。此外,天然的高 L -谷氨酸生产、吡哆醇激酶和缺乏 GABA 降解途径,使得甲醇双歧杆菌可以成为 PA4 生产的潜在宿主细胞。

4. 酿酒酵母

酿酒酵母是合成多种天然产物的微生物细胞工厂,合理利用酿酒酵母底盘细胞内源的代谢途径,可生产高附加值的生物医药、食品保健和精细化学品类产物,因此,如何精细调控和优化酿酒酵母胞内代谢流是实现目标化学物高产量、高产率和高转化的关键问题。乙酰辅酶 A 是 PA4 代谢途径的关键基团,也是诸多天然产物合成的基本前体,精细调控乙酰辅酶 A 的合成是实现目标化合物高产的重要策略;优化脂肪酸合成途径合成特定链长的脂肪酸及脂肪酸衍生物,强化酿酒酵母中乙酰辅酶 A 积累的代谢工程策略,重构脂肪酸途径从头合成氨基酸衍生物等代谢工程改造策略,使得酿酒酵母底盘细胞在天然产物生产中具有独特的优势。

3.5.3　结语

随着近年来生物基材料产业的发展,科研工作者们将 PA4 的生物法合成的目光聚焦于通过酶法或胞内直接合成。与化学法 PA4 生产方法相比,生物法生产 PA4 被认为是一种必然趋势,已发现的诸多具有酰胺键聚合催化活性的商品酶,支撑了生物法制备在理论上具有极高的可行性,并且满足低成本绿色制造的要求。虽然纯葡萄糖和味精的价格不是很高,但通过更换底盘宿主细胞和更换底物,如利用木质纤维素衍生的可发酵糖(葡萄糖和木糖)、甲醇等低价和可再生的底物仍然可以进一步降低 PA4 生产总体成本。此外,典型的发酵工程策略优化还包括: ① 开发具有较少抑制剂形成的预处理/解毒技术;② 构建对抑制剂具有高耐受性的稳健工程菌株;③ 增强葡萄糖/木糖/甲醇的共发酵;④ 优化发酵过程和新发酵系统的开发,人工联合体开发综合生物加工(CBP),以及将原料底物通过微生物法直接合成胞内 PA4 都是可选择的策略。倘若实现这一过程,PA4 的大规模低成本绿色生物制造将转化为现实,凭借 PA4 的良好生物学性质以及生物降解性,将大规模用于缓解国内白色污染问题。

3.6 γ-聚谷氨酸

聚谷氨酸(poly glutamic acid,PGA)是谷氨酸通过酰胺键连接起来的、可生物降解、水溶性好、对环境和人体均无毒性的多聚阴离子型生物高分子材料,广泛应用于农业生产、食品、医药等领域。按照参与形成酰胺键的谷氨酸羧基(—COOH)类型,聚谷氨酸(PGA)可分为 α-聚谷氨酸(α-PGA)和 γ-聚谷氨酸(γ-PGA)两类(图 3-11)。α-PGA 一般是化学合成的,而天然存在的 PGA 多为 γ-PGA。根据 γ-PGA 中谷氨酸是 D-构型还是 L-构型,γ-PGA 可分为 γ-D-PGA(D-谷氨酸组成的均聚物)、γ-L-PGA(L-谷氨酸组成的均聚物)和 γ-D/L-PGA(D-谷氨酸和 L-谷氨酸按不同比例组成的共均聚物)3 种。γ-PGA 的相对分子量会随菌种、培养基组成、培养条件等的变化而变化,通常在 10~10 000 kDa 范围内。不同相对分子量的 γ-PGA 的特性与功能有所差异,也有着不同的应用范围[320-325]。相对分子量低的 γ-PGA 可以作为食品添加剂和抗冻剂[322]、化妆品中的透皮吸收剂、药物载体等[323]。相对分子量高的 γ-PGA 因有成膜性,可添加到化妆品、农业中有效防止水分流失[324];也因其能有效结合重金属离子,可

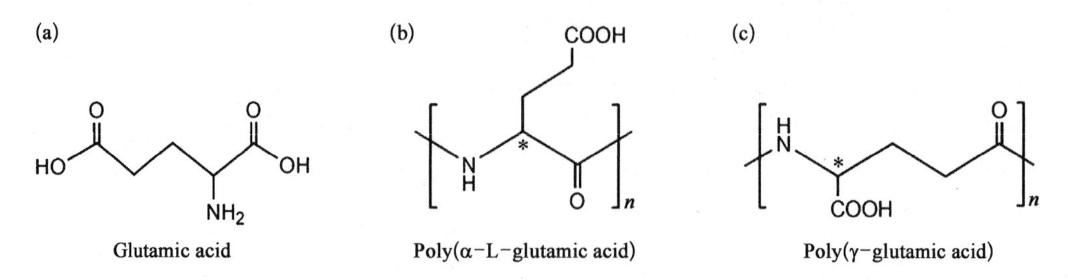

图 3-11 谷氨酸单体、α-聚谷氨酸(α-PGA)和 γ-聚谷氨酸(γ-PGA)的结构示意图[316]

(a) 谷氨酸单体;(b) α-聚谷氨酸(α-PGA);(c) γ-聚谷氨酸(γ-PGA)。

作为环境友好型的环保絮凝剂等[325]。

3.6.1　γ-PGA 的制备方法

γ-PGA 的制备方法有化学合成法、提取法、酶转化法和微生物发酵法四类，它们各有优缺点(表 3-2)。随着基因工程、合成生物学、酶学技术进展，利用基因修饰与(或)改造的微生物进行发酵或酶转化制备 γ-PGA 的优势日趋明显，但该方法距离大规模应用还有一定差距。

表 3-2　γ-PGA 不同制备方法比较[316-320,321,325,326]

	化学合成法	提　取　法	酶转化法	微生物发酵法
优点	多肽合成法 二聚体缩聚法	操作简便	工艺路线简单 产量高 副产物少 生产周期短 生产过程易操控	生产条件温和 提取工艺较简单 生产成本低 产物分子量大 环保
缺点	合成路线复杂 副产物多 收率低 需要用到有毒气体，不环保	受原料产量低 副产物多 成本高	已知可用酶有限 产物分子量低	时间长 代谢途径复杂 产物整体得率低

1. 提取法

提取法的常用原料是日本传统食品纳豆。纳豆是一种黄豆经纳豆菌(枯草芽孢杆菌)发酵制成的豆制品，具有一定的黏性，气味较臭，味道微甜，不仅保有黄豆的营养价值，还具有发酵过程产生的多种生理活性物质。组成纳豆黏性胶体的主要成分就是 γ-PGA。从纳豆中提取 γ-PGA 步骤为：先将纳豆煮熟、浸泡在去离子水中，待 γ-PGA 完全溶于水后，加入不同浓度的有机溶剂(常为乙醇)，将 γ-PGA 从水中沉淀、提取出来。虽然该法简便、易操作，但原料纳豆中 γ-PGA 的含量较低、不同品种与批次的纳豆中 γ-PGA 含量波动大，提取法多用于制备 γ-PGA 粗产品，由于副产物(或杂质)较多，并不适合大规模生产。

2. 化学合成法

化学合成法有传统多肽合成法和二聚体缩聚法两种。γ-PGA 类似于多肽聚合物，可用多肽合成法将谷氨酸经基团保护、活化、氧化偶联和基团脱保护等过程逐个连接形成。Sanda 等改进传统多肽法形成了二聚体缩聚法[339]，先由 D-谷氨酸、L-谷氨酸或 D/L-谷氨酸消旋体反应生成 α-甲基谷氨酸，后者形成谷氨酸二聚体后，与缩合剂 1,3-二甲氨丙基-3-乙基碳二亚胺盐酸盐及 1-羟丙基三吡咯水合物在 N,N-二甲基甲酰胺中发生聚集,获得聚谷氨酸甲基酯,最后经碱水解得到 γ-PGA。总体而言,化学合成法存在操作烦琐、副产物多、收率低等缺点,不适于工业应用。

3. 酶转化法

酶转化法利用酶促反应将谷氨酸单体连接成 γ-PGA 高分子,具有工艺路线简单,反应条件温和,周期短,获得的产物产量高、纯度高、杂质少,可大规模生产等优点。谷氨酸转肽酶(GTP)是目前已知唯一能完成该过程的关键酶[328-329],但谷氨酸转肽酶在微生物菌体中的含量及活性较低。此外,酶转化法产物的聚合度低、分子量小,而 γ-PGA 的分子量决定了其在不同领域的应用,如果分子量达不到要求,相应 γ-PGA 的应用价值也会降低。因此酶转化法中有关酶的开发改造、反应条件优化等均有待改进。

4. 微生物发酵法

微生物发酵法是指对微生物菌体进行摇瓶或发酵罐发酵后,从发酵液中提取产物 γ-PGA 的方法。微生物发酵法是目前工业生产 γ-PGA 普遍采用的方法,分为分批发酵法、连续发酵法、液体两相发酵法、搅拌罐反应器自循环发酵法、固体发酵法等。其特点是反应条件温和、工艺简单、可大规模生产。

影响微生物产 γ-PGA 的原因,主要包括内因(菌株本身的特性)和外因(培养基成分及发酵方式)两方面。针对内因,现发酵采用的菌种以枯草芽孢杆菌(*Bacillus subtilis*)、地衣芽孢杆菌(*Bacillus licheniformis*)和炭疽芽孢杆菌(*Bacillus anthraci*)等芽孢杆菌属为主;可以通过菌种诱变与选育、构建工程菌等手段,从分子水平改造菌种获得高产 γ-PGA 的菌株。针对外因,可以通过统计学的方法(如 PB 设计、CCD 设计、正交实验、响应面分析等)进行培养基成分及培养条件的优化,为微生物提供一个有利于产 γ-PGA 的环境,最大限度地使菌株产 γ-PGA。

3.6.2 合成 γ-PGA 的微生物

γ-PGA 的合成菌种有芽孢杆菌、梭杆菌、古细菌及真核生物等,其中芽孢杆菌最多。已知能合成 γ-PGA 的芽孢杆菌有炭疽杆菌(*Bacillus anthracis*)、枯草芽孢杆菌(*Bacillus subtils*)、纳豆芽孢杆菌(*Bacillus natto*)、地衣芽孢杆菌(*Bacillus licheniformis*)、短小芽孢杆菌(*Bacillus brevis*)、耐热芽孢杆菌(*Bacillus thermotolerant*)、解淀粉芽孢杆菌(*Bacillus anmloliquefaciens*)、暹罗芽孢杆菌(*Bacillus Siamese*)[330]贝莱斯芽孢杆菌(*Bacillus velezensis*)[331]、甲基营养型芽孢杆菌(*Bacillus velezensis*)[332]等,古细菌有嗜盐球菌(*Planococcus halophilus*)、盐藻芽孢八叠球菌(*Sporosarcina halophile*)、亚洲嗜盐碱杆菌(*Natrialba asiatica*)、盐碱球菌(*Natronococcus occultus*)等,真核生物的唯一代表为腔肠动物(*Cnidaria*)。此外,Kocianova 等[326,333]发现表皮葡萄球菌(*Saphylococcus epidermidis*)也能合成 γ-PGA。

根据发酵过程中是否需要添加外源谷氨酸,γ-PGA 的生产菌种分为谷氨酸依赖型(Ⅰ型,需要外源添加谷氨酸才能产 γ-PGA)和非谷氨酸依赖型(Ⅱ型,不需谷氨酸自身

就能生产 γ-PGA)两大类。通常,非谷氨酸依赖型菌株的 γ-PGA 产量远低于谷氨酸依赖型菌株,不适于发酵生产,故我国 γ-PGA 的制备研究主要针对谷氨酸依赖型菌株。因添加谷氨酸会增加成本,故在利用谷氨酸依赖型菌株时,需优化培养基以提高谷氨酸的利用率。

3.6.3　γ-PGA 的生物合成酶系与调控蛋白

γ-PGA 的合成是通过非核糖体依赖的肽合成途径,是由生物膜介导的过程,需要 ATP 和谷氨酸作为底物,金属离子作为辅因子。γ-PGA 合成机制最早由 Troy 等在 *Bacillus licheniformis* 中研究提出[334]:首先,ATP 激活 L-谷氨酸,然后由 ATP 脱去焦磷酸(ppi)形成的 AMP 与谷氨酸在 γ 位结合,形成谷氨酰-γ-AMP;谷氨酰-γ-AMP 与一种带-SH 的酶或者受体(如一些硫脂,暂以 X 代称)结合,并随后异构化为谷氨酰-X;最后,谷氨酰连接到 γ-PGA 片段上,并脱去 X,完成 γ-PGA 片段的延伸。Ashiuchi[335]等根据 *Bacillus subtilis* 体外合成 γ-PGA 时发现 ATP 水解形成的是 ADP,而非 AMP 的现象,提出了另一种机制:ATP 被 ATP 水解酶水解为 ADP 与 Pi,然后磷酸基团结合到小分子 γ-PGA 的 C 末端,之后 D-或者 L-谷氨酸的氨基端与 C 端磷酸化的小分子 γ-PGA 发生亲核攻击,生成 Pi,在 γ-PGA 合成酶的作用下,延伸 γ-PGA 链。然而,具体哪种机制正确尚无定论。不同的微生物因生物特性及代谢调控的不同,合成 γ-PGA 的机制也不完全相同。

根据微生物合成的 γ-PGA 的状态将其分为结合型和游离型,γ-PGA 合成酶基因分为两种,即 cap(capsule)系与 pgs(polyglutamate synthase)系[336]。如果菌种合成的 γ-PGA 结合在菌体的细胞壁上,作为荚膜的结构组成部分,即为结合型,将该菌的 γ-PGA 合成酶基因称为 cap 系基因,其代表菌株为炭疽杆菌(*Bacillus anthracis*);如果合成的 γ-PGA 游离到菌外环境中,就将该菌的基因称为 pgs 系基因,其代表枯草芽孢杆菌(*Bacillus subtilis*)。cap 系基因定位在质粒上,由 *cap*B、*cap*C 和 *cap*A 组成。pgs 系基因存在于基因组中 *pgs* 操纵子上,含有 *pgs*B、*pgs*C、*pgs*A 和 *pgs*E 4 个基因。两者相关基因的相似度很高(50%以上)。

有关 γ-PGA 合成酶及其表达的调控研究主要集中在 Pgs 酶系(图 3-12)。PgsB 是 γ-酰胺连接酶,通过豆蔻酰锚钩定位在质膜上,它有两种分子量大小(35 kDa 和 45 kDa),均有活性,且相互结合后更加稳定;PgsC 通过 4 个跨膜区与多个豆蔻酰锚钩镶嵌在细胞膜中,存在酰胺化位点,有可能与 PgsB 结合共同发挥 ATP 酶的作用,也有可能负责连接 PgsB 和 PgsA,共同形成功能复合体;PgsA 通过 N 端一个跨膜区和豆蔻酰锚钩结合于质膜,具有多种磷酸化位点,主要职责将合成的 γ-PGA 运输到胞外[338,339]。3 个组分 PgsB、PgsC 和 PgsA 只有稳定结合到细胞膜上,并有 ATP 协助时才能合成 γ-PGA;若细胞膜上仅含有 PgsB、PgsC、PgsA、PgsBC、PgsBA 或 PgsCA 蛋白,细胞不能合成长链 γ-PGA。PgsE 为 6.5kD 的小蛋白,有结合金属离子(如 Zn^{2+} 等),可促进枯草芽孢杆菌合成γ-PGA的效应[340],也会影响产物γ-PGA[341]。Ken-Ichi等分析枯草芽孢杆菌产γ-PGA的条件后发现,当PgsE存在时,γ-PGA的分子量(约2 900 000 g/mol)是PgsE不存在时γ-PGA分子量(约47 000 g/mol)的60倍[341]。

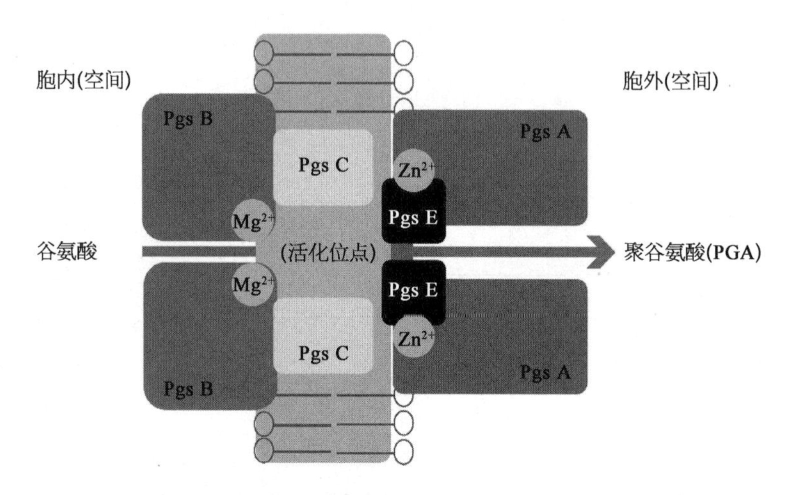

图3-12　聚谷氨酸合成酶复合体细胞定位示意图(见彩插)[338]

D-谷氨酸和L-谷氨酸均可作为γ-PGA合成的前体分子。不同菌种、不同培养条件产生的γ-PGA中D-谷氨酸和L-谷氨酸的比例不尽相同。枯草芽孢杆菌(纳豆)产生的γ-PGA中50%~80%为D-谷氨酸,枯草芽孢杆菌产生的γ-PGA中D-谷氨酸占比为35%~75%,地衣芽孢杆菌产生的γ-PGA中D-谷氨酸占比会随培养时间的延长而增多,而过表达地衣芽孢杆菌*pgs*BCA基因簇的大肠杆菌与谷氨酸棒杆菌生成的γ-PGA中100%为L-谷氨酸[342]。Halmschlag等研究发现,不同菌种聚谷氨酸合成酶与谷氨酸消旋酶对γ-PGA的产量、分子量及D-/L-谷氨酸在γ-PGA中占比有很大影响,因此可合理组合定制γ-PGA[342]。

γ-PGA合成酶的转录、表达水平对菌株产γ-PGA能力也有很大影响。已报道γ-PGA合成酶(PgsBCAE)的转录会受DegS-DegU双组分系统、ComP-ComA群体感应系统、DegQ、SwrAA等的调控(图3-13)[317,343,344]。DegU是*pgs*B基因转录的直接调节剂[345],磷酸化DegU浓度的提高可活化*pgs*BCA的转录[346]。敲除DegQ会阻断γ-PGA合成酶(PgsBCAE)的转录及后续γ-PGA的生成[347]。群体感应系统ComP-ComA通过调节DegQ的表达与磷酸化,间接影响*pgs*BCA簇的表达[317,343]。当细胞密度高时,细胞密度信号ComX结合并磷酸化ComP,磷酸化的ComP促使ComA磷酸化,磷酸化的ComA进一步诱导DegQ的表达与磷酸化,DegQ磷酸化后又促进双组分系统DegS-DegU的磷酸化,磷酸化的DegU(DegU-Pi)结合到*pgs*BCA簇的启动子区域,诱导*pgs*BCA基因簇的转录和表达[317,343]。ComP编码基因*com*P的改变会影响菌株产γ-PGA能力。Nagai等将插入序列IS4Bsu1转座进入菌株*B. subtilis*(*natto*)NAF4的

*com*P 基因后,该菌株 γ-PGA 产生能力自发丢失[348]。芽孢杆菌群集必需蛋白质 SwrA 对 DegU 的磷酸化及 *pgs*BCAE 基因簇的转录调控也有协同作用。Osera 等发现单独的 SwrAA 或磷酸化 DegU 的存在对 *pgs*BCAE 基因簇的转录和 γ-PGA 产生仅有微弱效应,只有 SwrAA 与磷酸化 DegU 共同存在时才会完全激活 *pgs*BCAE 基因簇的转录[349]。插入序列 IS4Bsu1 转座进入菌株 *B. subtilis* 的 *swr*A 基因,同样使菌株的 γ-PGA 产生能力丧失[350]。

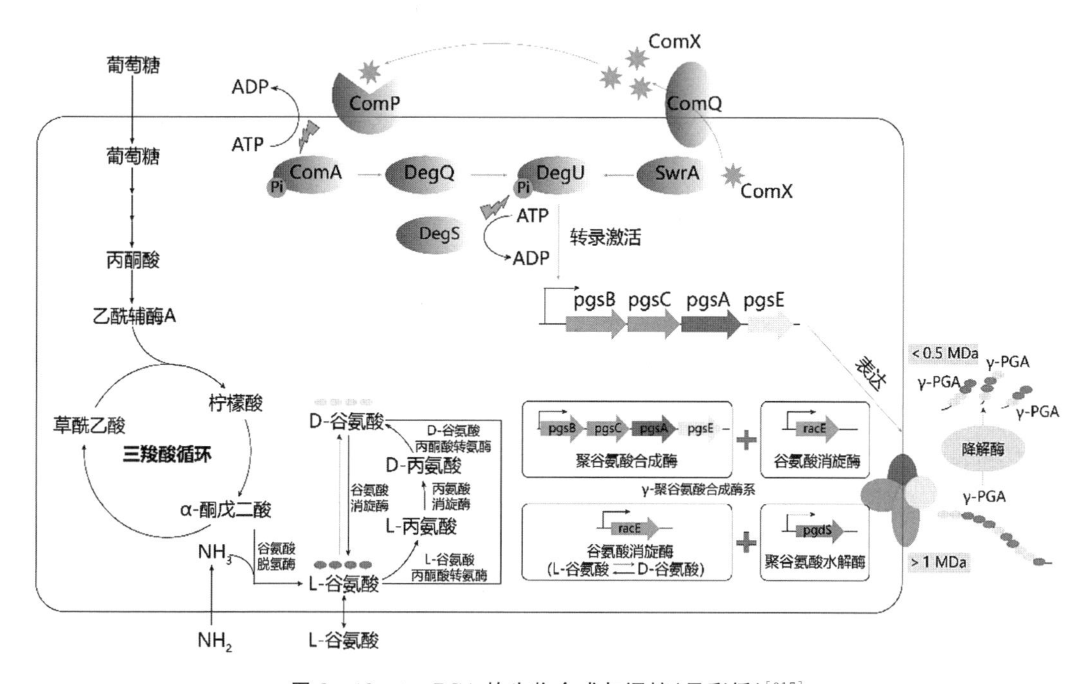

图 3-13 γ-PGA 的生物合成与调控(见彩插)[317]

不同发酵条件下,不同菌种产 γ-PGA 的能力、γ-PGA 中 D-/L-谷氨酸占比,以及产 γ-PGA 的分子量大小不同,除与上述 γ-PGA 合成酶的表达与活力相关外,也可能与该菌中 γ-PGA 解聚酶 YwtD、D-/L-谷氨酸消旋酶等有关。菌株处于饥饿的情况下会启动 γ-PGA 解聚酶 YwtD 的表达,降解 γ-PGA 为菌体提供生长所需氮源。Xu 等发现 *Bacillus subtilis* IFO16449 中 γ-PGA 解聚酶 YwtD 只降解 γ-PGA 的 D-与 L-谷氨酸所形成的 γ-谷氨酰键,并可将该菌产生的 γ-PGA 降解为两种分子量不等的产物:高分子质量产物(490 kD,完全由 L-谷氨酸构成)和低分子质量产物(11 kD,D-谷氨酸与 L-谷氨酸的比为 80:20)[351]。Halmschlag 等将不同菌种来源的聚谷氨酸合成酶和谷氨酸消旋酶组合,获得 D-谷氨酸占比为 4%~60%、分子量为 40~8 500 kDa 的不同种 γ-PGA[352]。

3.6.4 微生物合成 γ-PGA 工艺优化

影响微生物发酵生产 γ-聚谷氨酸的因素很多,下面从菌种、培养基组成与培养条件和发酵方式进行分述。

1. 菌株

不同菌株的特性决定了其生长代谢的不同,因此发酵合成 γ - PGA 的能力也不同。提高菌株的生产能力是聚谷氨酸生产的重要前提。针对天然菌种 γ - PGA 产量较低的问题,人们采用诱变法、基因工程手段(基因克隆、敲除、转录和表达等)构建基因工程菌,提高其菌株的性能。

诱变是借助物理因子(紫外线、γ 射线、激光等)、化学诱变剂(亚硝基胍、硫酸二乙酯、秋水仙素等)和其他手段作用到菌体上,促使其在短时间内产生大量的突变体,再从中人为地挑选出能稳定遗传的高产突变株。张瑞等用紫外线-亚硝基胍复合诱变法选育出一个可稳定遗传的突变菌,其 γ - PGA 产量为 24.2 g/L,较出发菌株提高了 31.5%[351]。陈咏竹等对 *B. Licheniformis* ATCC9945A 用紫外线-亚硝基胍进行复合诱变,筛选到能稳定遗传的高产突变株 Zγ - 29,其 γ - PGA 产量提高了 4 倍[353]。陈双喜等用常压室温等离子体诱变处理 *Bacillus subtilis* HD11 获得高产菌株 HNCL1266,该菌株摇瓶发酵 γ - PGA 的产量为 26 g/L,较出发菌株 HD11 提高了 30%[354]。李楠以纳豆芽胞杆菌 S004 为出发菌经诱变选育后得到 S004 - 50 - 01 菌株,γ - PGA 产量由原菌株的 4.25 g/L 提高到 10.0 g/L,对谷氨酸的利用率由 18.2%提高到 42.8%[355]。刘丹丹等采用常压室温等离子体(ARTP)技术对纳豆菌群进行诱变,经酪蛋白平板透明圈快筛获得 γ - PGA 产量提高 22%的高产菌株[356]。

随着对 γ - PGA 生物合成机理了解的深入和基因工程技术的发展,基因工程技术在产 γ - PGA 微生物育种选育方面的应用也在不断拓展。Su 等将细菌血红蛋白基因(*vgb*)采用同源重组方式整合入枯草芽孢杆菌染色体中,增强了突变株的摄氧能力,成功克服了发酵时黏度增加引起的溶氧不足问题,使发酵菌浓度提高 1.26 倍,γ - PGA 产量增至 60.5 g/L[357];*vgb* 基因的引入也成功提高了解淀粉芽孢杆菌[358]、枯草芽孢杆菌 NX 2[359]、地衣芽孢杆菌[360]、谷氨酸棒杆菌[361]等的产 γ - PGA 能力。Yeh 等通过将高效合成表达控制序列(synthetic expression control sequence,SECS)整合入非 γ - PGA 合成菌枯草芽孢杆菌 DB430ywsC 基因的上游,获得了在不添加额外谷氨酸和氯化铵的培养基中,能产生 28 g/L 的 γ - PGA 重组菌枯草芽孢杆菌 PGA6 - 2[362]。Gao 等通过对谷氨酸代谢相关网络的改造(敲除 *fadR*,*lysC*,*aspB*,*pckA*,*proAB*,*rocG* 及 *gudB* 基因),以及在 *icd* 基因前插入强启动子 P_{C2up},调节基因 *pgi* 与 *gndA* 的表达以增加胞内 NADPH 水平等,获得了 γ - PGA 产量提高 2.5 倍的解淀粉芽孢杆菌菌株[363]。

2. 培养基组成

选定好菌种后,培养基的成分与配比是影响菌株生长代谢的关键因素。目前 γ - PGA 合成所用培养基多为合成培养基,因此碳源、氮源、金属离子和无机盐等培养基关键组分的优化对工业制备 γ - PGA 至关重要。

芽孢杆菌属菌株发酵合成 γ - PGA 的最适碳源多为柠檬酸、甘油、果糖、淀粉、葡萄糖和麦芽糖等，有些以有机氮源（豆浆、蛋白胨、酵母抽提物、玉米浆、玉米浆干粉、黄豆饼粉和花生饼粉等）为最适氮源，有些以无机氮源（如氯化铵、硫酸铵、硝酸铵和尿素等）为最适氮源；不同菌株适用不同的碳源和氮源。*Bacillus licheniform* WBL－3 的最适碳源为柠檬酸和甘油，*Bacillus licheniformis* ATCC 9945a 的最适碳源为葡萄糖和甘油，大多数枯草芽孢杆菌最适碳源为柠檬酸和葡萄糖，但 *Bacillus subtilis* NX－2 的最适碳源为淀粉和麦芽糖。在最佳氮源确定的情况下，*Bacillus licheniformis* ATCC 9945a 以豆浆为氮源时，γ－PGA 的最高产量达 35 g/L；*Bacillus licheniformis* CGMCC3336 用酵母抽提物为氮源时，γ－PGA 的产量比用硝酸铵作为氮源时增加了 17%[364]。

金属离子（K^+、Mn^{2+}、Fe^{3+}、Mg^{2+}、Zn^{2+} 和 Ca^{2+} 等）对芽孢菌属 γ－PGA 的合成量、分子量，以及 γ－PGA 中 D－/L－谷氨酸的比例非常重要[319]。低浓度 Mn^{2+} 有利于枯草芽孢杆菌生长，高浓度 Mn^{2+} 会抑制枯草芽孢杆菌生长；Gross 等发现随着 Mn^{2+} 浓度逐步增加，γ－PGA 的产量呈现先上升后下降的趋势；Cromwick 等也发现培养基中 Mn^{2+} 离子浓度可调节 γ－PGA 中 D－型或 L－型谷氨酸的比例[319]。

一些盐类（如 NaCl）的加入也会影响 γ－PGA 的合成。有研究发现，适当浓度 NaCl 的加入可以减小发酵后期发酵液的黏度，起到消泡的作用；但加入浓度过高则会使发酵液中的渗透压过高，导致细胞脱水死亡，进而影响 γ－PGA 的产量[365-366]。

3. 培养条件

好氧微生物在生长过程中需要给菌体提供足够的溶氧量，当供氧量不足时，好氧微生物在厌氧条件下的正常生理代谢会受到影响。如果转速太低，则传质不均匀、溶氧不足；而如果转速太高，对菌体产生的剪切力过大，则会破坏菌体的细胞壁和细胞膜，不利于菌体的生长，进而影响产物的生成。此外，优化培养转速对发酵制备也非常重要。Cromwick 等对 *Bacillus licheniformis* ATCC 9945a 的研究显示，通过增加搅拌速度（250～800 rpm）和曝气速率（0.5～2.0 L/min）来提高通气量，可使细胞干重加倍，γ－PGA 产量增加近 3 倍[367]。

4. 发酵方式

发酵法可分为液体发酵法和固体发酵法，工业上生产多使用液体发酵法。通过调节培养过程中 pH、温度、培养基离子强度、接种量等优化 γ－PGA 的产量和分子量。*Bacillus licheniformis* ATCC 9945a 在 pH 维持 6.5 时，γ－PGA 的产量最大，而当 pH 小于 5.5 或大于 7.4 时，其 γ－PGA 产量均显著下降[367]。赵晓行等以解淀粉芽孢杆菌 YP－2 为对象，探究初始 pH 和温度对液体发酵法产 γ－PGA的影响，结果显示，初始 pH 为 7～7.5、发酵温度 37℃时，γ－PGA 产量最高（38.39 g/L）[368]。虽然液体发酵具有过程易操控、产率稳定、产物分子量可调控等优点，但是其不足之处是发酵液黏度会随着 γ－PGA 浓度的增大而不断增大，在发酵过程中会产生大量泡沫，难以控制，并增加了染菌概率，而为防止液体 γ－PGA 储存困难而添加防腐剂的话，可能会影响 γ－PGA 的品质。

固体发酵法使用农业、工业产生的固体废弃物作为发酵底物，成功避免了液体发酵带来的不足，而且成本较低。但是，其存在发酵不均匀、发酵规模大、在线监测及过程操控较难等缺点。迄今，牛粪堆肥、味精和食醋生产产生的残留废物等已被研究用于制备γ-PGA，这样做既可获得目标产物，又提高了资源的利用率。武琳慧将利用谷氨酸发酵废弃菌体发酵生产聚谷氨酸的这一成果申请了专利[369]。张彦丽等通过响应面法优化了 *Bacillus subtilis* 168 菌株利用味精厂废水制备γ-PGA的工艺，优化后的γ-PGA产量达 53.51±0.92 g/L[370]。韩文静等也探究了用味精副产品发酵制备γ-PGA的可行性，并通过控制发酵过程中的产酸率，使得γ-PGA的产量最高达到 57.8 g/L，实现了副产物再利用并降低了生产成本[371]。2021 年，Zhang 等探究了杨木屑酶解液制备γ-聚谷氨酸的可行性，经培养条件优化后，培养基中葡萄糖加入量减少，但γ-PGA产量却可达 30.87 g/L，较纯粹添加葡萄糖时增加了 5.11%[372]。

5. 结语

γ-PGA具有水溶性、可生物降解、可食用、多用途和环境友好等优点，在医药、食品、塑料、水处理和农业等领域具有广泛的应用前景。γ-PGA的多样性影响了γ-PGA的应用潜力，根据需求制备特定立体异构体组成、特定分子量的γ-PGA非常重要。虽然在研究人员的努力下，近年来已有一些成功的案例，但远远不能满足市场的需求。低成本、高效制备特定性质的γ-PGA的策略探究之路仍然漫长。充分阐释γ-PGA生物合成的分子调控机制，结合合成生物学、代谢工程等技术改造γ-PGA制备菌株、调控菌株γ-PGA合成酶与水解酶的表达，优化菌株发酵培养条件等，是获得特定的γ-PGA和广泛应用的γ-PGA不可或缺的一步，也是γ-PGA研究开发的重点方向。

3.7 ε-聚赖氨酸

ε-聚赖氨酸(ε-polylysine，ε-PL)一般是由 25～35 个 L-赖氨酸残基的α-氨基和ε-羧基通过酰胺键连接而成的聚合物(图 3-14)，最早于 1977 年由日本学者 Shima 和 Sakai 在白色链霉菌发酵液中分离纯化得到[373]。ε-PL是白色或淡黄色粉末，略有苦味，不稳定，吸湿性强，极易溶于水，难溶于有机溶剂，多数以氢溴酸盐的形式存在。ε-PL具有抑菌谱广、杀菌能力强、安全无毒、水溶性和热稳定性好、耐高温的特点，且在酸和碱性环境中比较稳定，同时具有生物可降解性和可食用性等优良特性，已被美国、日本、韩国和中国等国批准作为食品防腐剂。此外，ε-PL还可用作基因载体、减肥保健品、药物载体、新型吸水材料、芯片及生物电子包被剂等[374-379]。

合成ε-聚赖氨酸的方法有化学合成法、生物合成法和酶法等方法。其中，目前最为理想的方法为利用白色链霉菌(*Streptomyces albulus*)发酵制得ε-聚赖氨酸。该菌先将底物葡萄糖转化为丙酮酸，丙酮酸在丙酮酸羧化酶的催化下结合 CO_2 生成草酰乙酸，草

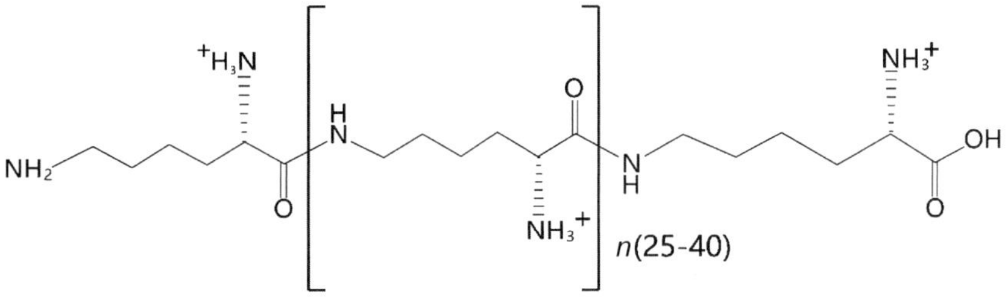

图 3-14　ε-PL 的结构式[321]

酰乙酸在多种酶的作用下生成赖氨酸。随后，赖氨酸在 L-赖氨酸聚合酶的作用下缩合生成 ε-聚赖氨酸[378]。ε-聚赖氨酸的生物合成路线见图 3-15。

3.7.1　ε-PL 高产菌育种

1. 传统诱变育种

传统随机诱变（UV 诱变或化学诱变等）后筛选是目前 ε-PL 高产菌育种的主要方法之一。筛选方式应用最广的是日本学者 Hiraki 的"AEC+Gly"抗性筛选法[380]。其原理是：甘氨酸（Gly）是合成细胞壁的重要组成物质——D-丙氨酸的结构类似物。培养基中加入的甘氨酸（Gly）若被细胞壁吸收并用于合成肽聚糖，会影响肽聚糖的交联度、增加细胞壁通透性，进而促使更多赖氨酸的结构类似物（AEC）进入细胞；筛选得到的 AEC 抗性菌株因可以解除赖氨酸对天冬氨酸激酶（ASK）的反馈抑制，从而增加 ε-PL 合成的前体物质。

有关 ε-PL 高产菌株诱变的筛选，国际上研究最早、最多的主要是日本学者。早在 1998 年，他们筛选的高产突变株的 ε-PL 摇瓶产量便达到 2.11 g/L，为当时的全世界第一[381,382]。国内也有不少学者利用 AEC 作为"筛子"对菌株进行抗性筛选。陈纬纬等[382]利用硫酸二乙酯（DES）对北里胞菌 *Kitasatospora* 诱变后筛选 AEC 抗性突变株，突变株的 ε-PL 摇瓶产量较野生菌提高了 2 倍，达 1.17 g/L；余明洁[383]利用物理（紫外）和化学（亚硝酸）法诱变，获得的 AEC 抗性菌株 *Streptomyces albulus* UN2-71 的 ε-PL 产量为 1.64 g/L，是出发菌的 1.42 倍；Zong Hong[384]等利用常温常压等离子诱变+AEC 抗性筛选法获得了一株 ε-PL 产量为 1.6 g/L 的菌株，较出发菌提高了 31.6%。尽管众多实验结果表明 AEC 可作为筛选高产菌株的良好"筛子"，但该法也存在 AEC 价格昂贵（1000 元/g）且用量较大，筛选耗时、费力等诸多问题。

2002 年，日本学者 Nishikawa 和 Ogawa 发明了基于酸性染料 Poly R-478 可与带正电的 ε-PL 发生静电相互作用，会在菌落周围出现明显的浓缩圈原理的筛选方法[385]。随后，基于类似原理的亚甲基蓝[386]、甲基橙[387]、亚甲蓝[388]等染料相继用于 ε-PL 生产菌株的筛选。张超等利用美兰筛选法获得了高产 ε-PL 的白色链霉菌株 Z-18[386]。杨玉红等用美兰抑菌圈法筛选到产量较出发菌提高了 20.9%的白色链霉菌株突变株。

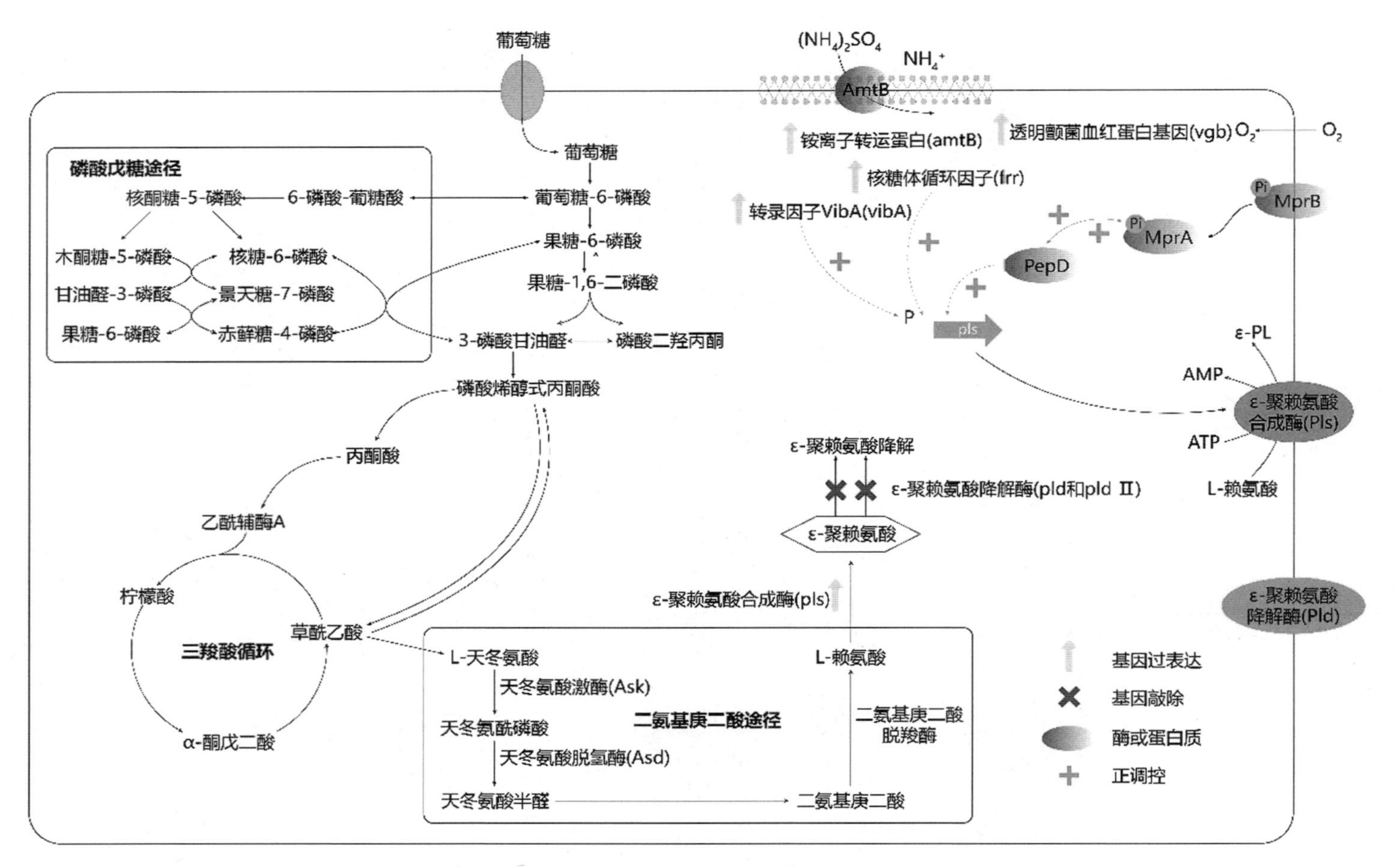

图 3-15 ε-PL 生物合成路线（见彩插）

除了上述两类基于“筛子”的筛选法外，也有研究者不利用“筛子”，经过微波及DES诱变后，仅通过表型明显变化来筛选高产菌株。高产菌 *Streptomyces albulus* SF-21就是经此方法获得的，其摇瓶产量为0.85 g/L，较野生菌提高了41.3%[389]。

随着筛选方法的改进与发展，越来越多高产ε-PL菌株被发现。迄今，高产ε-PL菌株主要集中在链霉菌属(*Streptomyces*)，其中，产量最高、研究最多的是小白链霉菌(*Streptomyces albulus*)，其他还有北孢霉(*Kitasatospora*)、阿氏链霉菌(*Streptomyces ahygroscopicus*)、灰黄霉素链霉菌(*Streptomyces griseofuscus*)和产淀粉酶链霉菌(*Streptomyces diastatochromogenes*)[378]。此外，人们也筛选到有ε-PL生产能力的地衣芽孢杆菌(*Bacillus licheniformis*)、蜡状芽孢杆菌(*Bacillus cereus*)、德氏乳杆菌(*Lactobacillus delbrueckiistrain*)、乳酸乳球菌(*Lactococcus lactisstrain*)和变异棒状杆菌(*Corynebacterium variabile*)等[378]。

传统育种方法的优点是不需了解菌株的遗传背景和基因信息便可进行诱变育种，操作简便，效果良好。其缺点是随机性太强、耗时、耗力，容易造成资源的浪费。

2. 基因组重排育种

Hopwood等于1979年提出了原生质体融合的概念。Stemmer等于1998年提出了一种称为DNA shuffling(genome shuffling，基因组重排，基因组改组)的新型育种方法。该方法的思路是在传统诱变育种获得正向突变株后，通过多轮递推式原生质体融合技术，促使正突变株的原生质体的染色体发生重组或基因组重排，将正突变的基因集中在一起，获得目标性状大大提升的融合突变菌株[390,391]。该法已被广泛用于工业微生物的菌种改良[392-394]。Yin等仅用两轮基因组重排，便将酿酒酵母(*Saccharomyces cerevisiae*)谷胱甘肽的摇瓶产量与上罐产量分别提高了32倍和33倍[392]。而如果通过传统诱变技术则至少需耗时2年多，且需要筛选3万株以上的突变菌才能达到此效果。目前该技术也已成功用于高产ε-PL菌株的筛选[395-397]。Li等采用基因组重排和原生质体融合技术得到突变株 *Streptomyces* sp. FEEL-1，其发酵产量达24.5 g/L，比野生菌株提高81%[396]。Zhou等利用基因组重排技术对ε-PL耐受菌进行筛选，获得了突变重组菌株 *Streptomyces* sp. F4-22，其产量达39.96 g/L，比野生菌株提高32.7%[397]。

相较于传统诱变育种，基因组重排育种操作更简单、耗时短、育种效率更高，且不必先了解菌株的全基因组序列数据、目标产物相关的代谢调控信息以及生物合成信息。

3. 基因工程育种

除随机突变育种外，理性育种法(代谢工程育种、基因工程育种等)也是ε-PL高产菌育种的主要方法之一。理性育种目标性强、效果显著，主要方式是利用代谢工程手段，过表达目标产物代谢途径中的关键酶，敲除或降低分解中间产物的酶，或利用改变密码子偏爱性的方式优化酶的异源表达。该法要求对目标产物的代谢调控机制、生物合成机制等有深入的了解，这样才能选择出关键调控蛋白或关键酶编码的基因，并进行相应的过表达或者敲除。

聚赖氨酸合成酶(Pls)是 ε-PL 合成途径中的关键酶,过量表达 Pls 有望提高 ε-PL 的产量[378]。秦加阳等利用小白链霉菌组成型启动子和核糖体结合位点实现了 Pls 基因的过量表达,过表达菌株发酵产 ε-PL 的量较原始菌株提高了 2 倍以上[378,398]。Ask 酶是菌体合成底物赖氨酸的关键酶,会受 L-Lys 的反馈抑制。Hamano 等基于传统诱变育种 AEC(L-Lys 类似物)抗性筛选原理,构建了一株能解除 *S. albulus* IFO14147 中 L-Lys 反馈抑制的 Ask 酶突变了的 ε-PL 高产菌株 rAsk(M68V)[399]。为解决该菌 ε-PL 发酵过程中溶氧受限的问题,Xu 等将 Vitreoscilla 血红蛋白基因表达框整合到 *S. albulus* PD-1 的染色体上,整合菌株 ε-PL 产量明显提高[399]。随后该研究小组又将铵离子转运蛋白基因导入 *S. albulus* PD-1 中,提高该重组菌的氮源利用率,并将 ε-PL 产量从 22.7 g/L 提高到 35.7 g/L[401]。值得注意的是,不是所有对预期基因的操作均能提升 ε-PL 的产量。Yamanaka 等敲除了 *S. albulus* CRM001 菌株的 ε-PL 降解酶(Plds)基因,但 ε-PL 的产量并未提高[402]。

随着高通量测序技术的发展,以及对 ε-PL 的合成机制、调控系统研究的深入,基因工程法构建 ε-PL 高产菌株的步伐将越来越快。

3.7.2 ε-PL 的发酵生产

1. 培养条件优化

自 1977 年筛选出第一株 ε-PL 产生菌 *S. albulus* 以来,研究者就开始对菌株发酵培养条件进行优化。Shima 等发现以甘油或葡萄糖为碳源,硫酸铵和酵母粉为氮源的培养基比较适合该菌株发酵生产 ε-PL,但产量仅有 0.3 g/L[383]。该研究组继续探究培养基中添加氨基酸对 ε-PL 产量的影响,发现脯氨酸可显著提升菌株的 ε-PL 产量[403]。廖莉娟等发现培养基中添加精氨酸、丙氨酸和甘氨酸时,*S.graminearus* 的 ε-PL 产量显著提高[404]。在众多培养基的成分中,碳源对提高 ε-PL 产量至关重要。印度学者和中国学者的研究几乎同时证明,甘油是发酵制备 ε-PL 的更佳碳源,其 ε-PL 产量是以葡萄糖为碳源时的 2.3～2.8 倍[405,406]。在此基础上,Chen 等用“葡萄糖+甘油”的混合碳源发酵法进一步提高了 ε-PL 的产量[407]。另有学者开发和应用廉价碳源(甘蔗糖蜜)和廉价氮源,探究降低 ε-PL 发酵成本的可行性,结果显示,菌株 *S. albulus* PD-1 在吨级发酵罐中发酵生产 ε-PL 时,产量可达 20.6 g/L[408]。除碳源、氮源外,培养基中添加不同金属离子也会对 ε-PL 的产量有影响。Kobayashi 等的研究表明,金属离子(Fe^{2+}、Mn^{2+} 和 Co^{2+})能够促进北里孢菌 *Kitasatospora kifunense* 发酵合成 ε-PL,且 Fe^{2+} 的促进作用最强[409]。Wang 等也发现 Fe^{2+} 能提升产淀粉酶链霉菌合成 ε-PL 的能力[410]。

2. pH 调控

pH 在 ε-PL 合成分泌过程中起着决定性的作用。2001 年 Kahar 的研究发现采取“先高后低”的 pH 调控策略有利于快速提高 ε-PL 产生菌的发酵产量[411]。该 pH 调控策略具体操作如下:前期菌体培养阶段不控制培养基的 pH,任其自然下降至 5.0,以促使菌体快速增长;后期维持调控 pH 在最适发酵 pH(4.0 左右)直至发酵结束,促进菌体快速合成并分泌目标产物 ε-PL。两阶段 pH 调控结合底物脉冲式流加(维持葡萄糖浓度低于 10 g/L,解除底物抑制)的策略,发酵 192 h,ε-PL 产量达 48.3 g/L[411]。Shih 等结合 pH 两阶段控制工艺(pH 6.8~4.0)与脉冲式底物流加策略,使 ε-PL 产量提高了 2.58 倍[412]。陈旭升等应用"先低后高"的 pH 两阶段调控策略培养 *Streptomyces sp*.M-Z18,ε-PL 产量达 30.11 g/L,比 pH 3.8 恒定发酵提高了 20%[413]。2015 年 Ren 等对 pH 两阶段调控策略进一步改进形成"pH 冲击"策略,即菌丝培养阶段控制 pH 为 5.0,随后让 pH 自然下降至最低点并维持 12 h 进行 pH 冲击,最终将 pH 调回并维持在 pH 4.0 以保证菌株快速合成分泌 ε-PL 直至发酵结束[414]。使用该策略对 *Streptomyces sp*.M-Z18 进行 192 h 发酵,其 ε-PL 产量和时空产率分别为 57.4 g/L 和 6.84 g/L/d。对 *Streptomyces albulus* FEEL-1 突变株 R6 采用 pH 冲击法进行培养,获得 70.3 g/L 的 ε-PL,这是目前报道的 ε-PL 最大产量之一[415]。Pan 等对 pH 冲击法培养不同阶段的菌体进行了比较转录组分析,揭示了 pH 冲击培养法增加 ε-PL 产量的潜在机制[416]。

3. 溶解氧的影响

溶解氧(DO)也是 ε-PL 发酵过程中影响 ε-PL 生物合成、菌丝生物量和基质利用率的重要参数之一。随着细胞密度增加、发酵液黏度增大和氧的过度消耗等,氧的供应经常受限。2011 年 Bankar 和 Singhal 依据不同通气、搅拌和溶解氧水平下 *Streptomyces noursei* NRRL 5126 的生长动力学,提出了提高 ε-PL 产量的两阶段 DO 控制策略[417]。2015 年 Xu 等用类似策略将小白链霉菌 *Streptomyces albulus* PD-1 的 ε-PL 产量提高了 21.8%[418]。为避免高速搅拌和曝气所需的能耗增加问题,Xu 等尝试在小白链霉菌 *Streptomyces albulus PD-1* 的培养中添加了氧载体的方法,结果表明,培养过程中添加 0.5%正十二烷、维持溶氧在 32%以上时,菌体量和 ε-PL 产量均获得提升[419]。

4. 其他

(1) 应用细胞固定化技术

ε-PL 生产菌株发酵时,随菌体量增加,发酵液黏度逐渐增大,液体传质能力逐渐下降。虽然通过改变搅拌转速、搅拌桨性状和通气量可以解决这些问题,但过高的转速会打散菌丝反而对菌体形态和 ε-PL 产量造成不利影响。此外,因 ε-PL 发酵时间较长(至少 8 d),过高的转速或通气量均会导致能耗的增加,从而导致发酵成本的增加。2010 年,Zhang 等利用丝瓜瓤固定化的北里孢菌 MY 5-36 在发酵罐中发酵制备 ε-PL,发酵 120 h,ε-PL 产量和菌体分别达到照组的 1.51 和 1.1 倍;除提高单批次 ε-PL 产量和菌体外,前次发酵留下的固定化细胞可作为下次发酵的"种子液"进行重复发酵,该固定化细胞可重复 5 次,总发酵时间长达 526 h,大幅度减少了 ε-PL 的生产成本[420]。

(2) 应用原位提取技术(ISPR)

随着发酵时间的延长,ε-PL 发酵中产生的有害毒性产物会逐渐积累,影响菌体活性和生产效率。采用原位提取技术能有效分离菌体和有害产物,进而提高生产效率[421]。

Liu 等筛选了强吸附 ε-PL 的树脂 D152,原位吸附产生的 ε-PL,解除其对菌株的抑制效应,摇瓶和发酵罐培养 ε-PL 产量较对照组分别提高 3.62 和 6.22 倍[422]。固定化技术与原位提取技术(ISPR)相结合培养 *Streptomyces ahygroscopicus* GIM8,连续 ISPR、间歇 ISPR(培养过程中进行 3 轮 ISPR)在摇瓶水平下产 ε-PL 水平分别较对照组提高5.88 倍和 2.6 倍,5 L 发酵罐中产 ε-PL 能力分别是对照组的 2.89 倍和 2.74 倍[423]。

(3) 应用气升式反应器(ABR)

为了减少发酵生产中的能耗并降低成本,ABR 技术也被应用于发酵生产 ε-PL 中。Kahar 等的研究表明,ABR 的能耗仅为传统搅拌式发酵罐能量的 70%,并且减少搅拌,避免胞内核酸等物质泄露也有利于下游产物中 ε-PL 的提取与纯化[424]。

3.7.3 小结

近 5 年来,国内 ε-PL 生产菌株的选育和发酵工艺研究取得了较大的突破,ε-PL 的产量和体积生产效率已达到或超过世界先进水平,但除少数研究[416,425]外,多数研究仍停留在菌株选育和工艺优化阶段,对菌株高产机制的探索不够深入。利用比较基因组、比较转录组等方法解析菌株高产机制,为利用基因工程、代谢工程等方法进一步提高菌株的生产能力提供了理论支持,是高效制备 ε-PL 工艺开发的前提与未来研究的方向之一。

L-赖氨酸是 ε-PL 合成的前体,ε-PL 合成酶是将 L-赖氨酸转化为 ε-PL 的关键酶。如何提高胞内 L-赖氨酸的浓度、增强 ε-PL 合成酶的活力也是高产菌株构建的重点研究方向之一。Wu 等在地衣芽孢杆菌中研究了通过代谢途径改造,增强 L-赖氨酸的合成、减少 L-赖氨酸的降解、增加 L-赖氨酸从胞外向胞内的转运、减少 L-赖氨酸的外排等提高胞内 L-赖氨酸浓度的方式[426],后续可模仿该研究进行高产 ε-PL 菌的改造。基因过表达与酶定向进化是提高菌株目标酶活力的有效方法。Bai 等测试了链霉菌中 200 余种启动子和 200 余种核糖体结合位点的强度[427]。合适的启动子与核糖体结合位点的排列组合将对提高 ε-PL 合成酶的表达水平和酶活力提供有效的帮助。

虽然国内浙江新银象、江苏一鸣等生物技术公司相继建立了 ε-PL 的工业生产线,但仍存在产品用途开发不足、产品同质化等问题。目前 ε-PL 的主要用途是食品防腐剂,其在新型抑菌材料、药物载体和核酸载体等领域有良好的应用潜能[427],可能是 ε-PL 未来应用的主要增长点。

3.8 聚苹果酸

聚苹果酸(polymalic acid,PMA)是以苹果酸为单体,以酯键连接形成的高分子聚合物。由于聚苹果酸具有良好的生物学特性,因此在生物医药、食品包装、化妆品及香精香料领域具有广泛的应用。聚苹果酸是天然多聚物,是生物可降解的两亲性聚酯,具有类似聚乳酸的良好的生物相容性和完全可降解性，分子结构中含有丰富的羧基，这些羧基可赋予聚苹果酸特殊的性能，包括良好的水溶性等。聚苹果酸在水溶液中可通过酶催化或自然降解为小分子苹果酸，L-苹果酸作为增味剂和酸味剂，广泛应用于食品添加剂、饮料和化妆品等领域，L-苹果酸进入体内后参与代谢而被生物体吸收，具有良好的生物安全性。同时，苹果酸还可以作为原料用于其他化学品的生产。目前全球的苹果酸产量为每年 8 万～10 万 t，年度市场需求有 20 万 t，在食品和医药领域，苹果酸每年的需求增长率为 4%左右，因此其存在一个稳定可持续发展的市场需求。由于苹果酸的生物制造产物中包含大量其他的有机酸，因此分离纯化难且纯化成本高，而聚苹果酸的分离可以通过简单的超滤或者沉淀方式，其下游工艺简单且费用低，所以通过微生物生产聚苹果酸再降解为苹果酸的工艺更适合 L-苹果酸的生产。

聚苹果酸的生产方法包括化学合成方法和微生物合成方法。化学合成法的产物分子量低、反应条件苛刻，并且难以分离纯化；而微生物发酵生产聚苹果酸所得到的产物具有分子量高、产物纯度高等优势。目前可通过生物合成聚苹果酸的微生物包括出芽短梗霉、氧化黑酵母、青霉、多头绒泡菌等菌株，筛选高产菌株是前期研究的重点，主要集中在对短梗霉类微生物的筛选上。通过对发酵条件的调控，可以提高产量，并降低副产物的产生。对于苹果酸和聚苹果酸，下游的分离提取纯化等过程也是影响其纯度和经济性的主要因素，近些年，研究人员也针对这些方面开展了相关研究。

3.8.1　微生物合成

聚苹果酸主要有 α 型、β 型和 α，β 型混合的 γ 型 3 种结构(图 3-16)。生物体内的聚苹果酸是 β 型的，因此生物合成的聚苹果酸具有可吸收性和可生物降解性。与化学法制备聚苹果酸相比，微生物发酵法利用微生物将可再生资源中的葡萄糖、淀粉等成分直接转化为聚苹果酸，再经下游工序的分离纯化步骤处理后，即可得到聚苹果酸纯品。

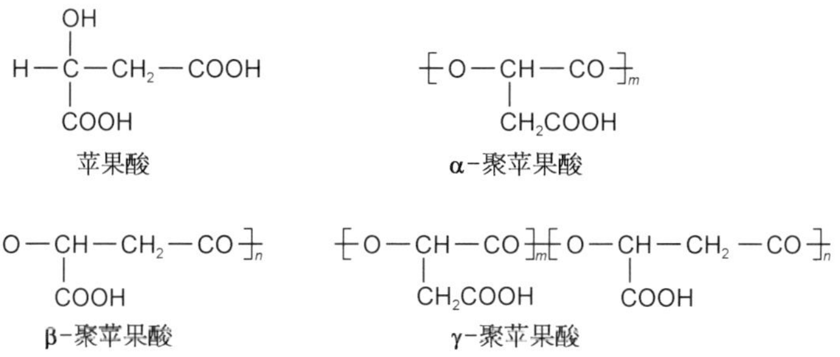

苹果酸　　α-聚苹果酸

β-聚苹果酸　　γ-聚苹果酸

图 3-16　苹果酸和聚苹果酸的结构[428]

表 3-3 详细列举了分别通过化学制备和微生物制备聚苹果酸存在的优势和不足。化学法生产聚苹果酸包含直接缩聚法和开环聚合法，前者反应简单、产率高，但是得到的产物分子量较低；后者得到产物分子量高，但是反应步骤较多，因此产率不高。化学法将

产生 3 种产物,由于多步反应的费用较高和分离纯化有难度,因此不利于商业化应用。从表 3-3 可以看出,微生物发酵法制备聚苹果酸具有显著优势和可观前景。一方面,微生物发酵法只制备 β 型聚苹果酸,产物纯度高,分子量高,有利于后期开发利用,并且微生物发酵法制备聚苹果酸使用可再生资源为原料,原料来源广泛,实现了资源可循环利用。另一方面,微生物发酵法反应条件温和、对环境污染小[428]。

表 3-3　聚苹果酸合成途径比较[429]

聚苹果酸生产方法		优　势	不　足
化学法	直接缩聚法	一步反应,直接简单 产物分离提纯容易 产率高	分子量低 反应温度高 产物构型混杂、规整性差
	开环聚合法	分子量高 产物以 β 型聚苹果酸为主 反应温度较低	步骤多、收率低 中间产物分离提纯复杂 成本高
微生物法		环境污染小 使用可再生资源 产物纯度高 反应条件温和 产物分子量高	产率低 发酵周期长 过程难以控制 目前只能合成 β 型聚苹果酸

β 型聚苹果酸的单体是 L-苹果酸,L-苹果酸作为 TCA 循环的中间代谢物,参与体内转化,可广泛应用于食品等领域。L-苹果酸作为前体,再经过转化,用于生产其他有价值化学品。由于微生物的转化,生产苹果酸和聚苹果酸的过程即实现了对可再生资源的充分利用,并且可以通过微生物菌种选育、代谢调控、基因改造等策略提高产率,降低副产物的产生。通过对下游工艺的优化,提高产品纯度,并显著减低其经济成本。

1. 发酵菌株

1969 年,Shimada 等发现聚苹果酸从圆弧青霉中产生,是一种可抑制蛋白酶活性的酸性高分子化合物。1989 年在黏菌的代谢产物中也发现了聚苹果酸,之后包括环状青霉、出芽短梗霉和多头绒泡菌等菌株都被发现可以发酵产生聚苹果酸。其中,出芽短梗霉形态稳定,易于控制,合成聚苹果酸的能力高于其他菌种。

生产聚苹果酸的主要菌株包括霉菌和酵母,细菌也可以用于生产聚苹果酸。已被广泛研究的出芽短梗霉主要利用葡萄糖为碳源来发酵生产聚苹果酸,产量约为 30～60 g/L,在出芽短梗霉发酵生产聚苹果酸的过程中加入碳酸钙具有重要的意义。多头绒泡菌是一种凝胶性的霉菌,目前利用多头绒泡菌发酵生产聚苹果酸多采用原质团细胞发酵方法,相关研究多集中在合成机制和调控方面[428]。相比于短梗霉,多头绒泡菌更容易合成和分泌分子量为3～200 kDa的聚苹果酸。目前生产聚苹果酸的研究关注点开始转为以酵母为菌株的生产。氧化黑酵母以甘露醇为主要碳源，以硝酸铵为氮源，加入玉米浸泡，以丁二酸作为种子，并加入碳酸钙组成培养基，可用来生产聚苹果酸[428]。

2. 高产菌筛选

目前，聚苹果酸的生产菌种存在发酵周期长、生产成本偏高、单位时间产量较低等问题。因此通过自然筛选或者基因改造来获得高产菌株是提高产量的有效途径。

聚苹果酸是出芽短梗霉的主要代谢产物之一。短梗霉是常见的筛选菌株[429,430]，出芽短梗霉在自然界中广泛存在，它的形态受到Ca^{2+}[431]、pH、通气量[432]等因素的影响，对极端环境也有很好的适应性[433]。西南大学邹祥课题组以出芽短梗霉(*A. pullulans* CCTCC M2012223)为出发菌株进行高通量筛选，所获得的突变株AH-21的细胞生长速率快，发酵76 h后，聚苹果酸产量达到41.9 g/L，发酵180 h后达到127.2 g/L，产酸速率为0.71 g/L，糖酸转化率为0.51 g/g葡萄糖。该突变株具有较好的聚苹果酸发酵性能，可用于工业化生产[434]。魏培莲等从天然环境中筛选得到21株产聚苹果酸的菌株，产量最高可达到43.08±0.36 g/L[435]。

3.8.2 聚苹果酸发酵的优化

筛选得到优势菌株之后，在发酵过程中也要对各种发酵条件进行优化以提高产量，其中包括对培养基、发酵的接种量、温度、时间、产物提取纯化方法等进行的优化[436]。

1. 培养基优化

采用出芽短梗霉生产聚苹果酸，发酵培养基的成分包括葡萄糖、丁二酸铵、碳酸钙、硫酸锰、硫酸镁等无机盐。经过对上述培养基成分的优化，聚苹果酸的发酵产率可以提高2倍。

2. 发酵条件优化

接种量、温度、搅拌、培养时间等条件对聚苹果酸的产量非常重要，聚苹果酸的最佳生长温度为25～30℃，最佳产酸温度为25℃，最适接种量为8%。此外，应用玉米芯水解液和固定化纤维床反应器技术的重复分批发酵方法，可以提高初始水解糖的浓度，从而提高聚苹果酸的产率。

3. 产物的提取和纯化

聚苹果酸发酵过程会产生很多副产物多糖，为了提取聚苹果酸，需要将发酵液中的普鲁兰多糖去除。提取的原则是减少有机溶剂的使用，减少对环境的影响。一般采用两步超滤膜法[437]、离子交换法[438]等对出芽短梗霉发酵产生的聚苹果酸进行提取和纯化。

4. 聚合途径

L-苹果酸是TCA循环的中间代谢物，通过调控TCA循环或rTCA循环可以调控苹果酸的合成。聚苹果酸合成过程中(图3-17)，葡萄糖先发生糖酵解得到丙酮酸。丙酮酸羧化途径及乙醛酸途径是主要的途径，TCA循环在发酵后期比较弱，高产菌株比出发菌株的聚苹果酸合成能力强。在含有 $CaCO_3$ 的介质中，丙酮酸经 TCA 循环产生苹果酸，而在不含有 $CaCO_3$ 的介质中，丙酮酸首先羧化成草酰乙酸，再经还原得到苹果酸。苹果酸在聚合酶的作用下聚合得到聚苹果酸。通过分阶段调节发酵温度对出芽短梗霉积累聚苹果酸途径进行调控，可提高聚苹果酸的产量。

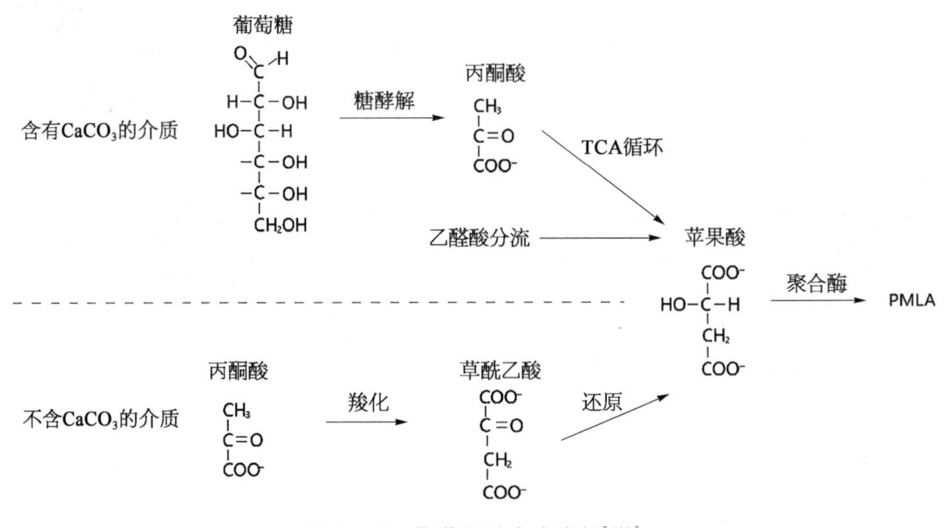

图 3-17　聚苹果酸合成途径[439]

5. 苹果酸和聚苹果酸的代谢工程和代谢调控途径[440]

黑酵母 *A. pullulans* 有较大的基因组，能够分泌大量的水解酶从而降解植物材料，具有多种代谢途径和生物合成途径。能够产生许多胞外代谢产物，包括从低值生物质制备得到的 PMA 聚合物等。PMA 和其单体 L-苹果酸的年需求量很大，然而，目前用于生产 PMA 和 L-苹果酸的化学方法存在局限性，不能实现环保和可持续发展。酵母和丝状真菌的苹果酸产量都较高，但是产苹果酸的菌株还未实现有效的商业化，存在的困难在于苹果酸和其他有机酸在下游工艺中难分离。而通过 PMA 来生产苹果酸，通过简单的超滤或者乙醇沉淀来浓缩纯化 PMA 的工艺简单、操作方便，可以替代苹果酸的生产。另外，PMA 发酵需要的中和试剂更少，不会被产物所抑制，不过相比于苹果酸，PMA 的产量和产率还比较低。一些副产物可能会带来产率低以及再生和纯化困难等问题，所以需要通过代谢调控等策略来改进。

因此，需要对黑酵母等菌株进行深入了解，包括碳代谢和氮代谢，特别是 TOR 信号通路在碳代谢和氮代谢中的作用，以及 PMA 生物合成过程中的细胞生长调控过程。经典的 CRISPR-Cas9 也可以用于产 PMA 的黑酵母的基因编辑。此外，也可对苹果酸聚合形成 PMA 过程中的酶分子进行开发研究，从而优化苹果酸的生产。

3.8.3　应用

由于聚苹果酸具有良好的水溶性、生物相容性及生物可降解性，使得其在食品、生物医药、环保领域存在广泛的应用。

1. 药物载体

可作为药物载体的大分子物质通常要求具有无毒、可生物降解、无免疫原性、可控释放等优良特性。聚苹果酸具有上述众多优势，同时还有着良好的吸附性，便于对药物进行包载，因此被广泛开发研究而应用于药物载体领域。

以聚苹果酸共价结合反义核酸形成纳米共聚物，可构建一类多重靶向的给药体系，该系统同时携带多个反义寡聚核苷酸药物和抗体富集于肿瘤部位，显著降低其他部位的毒性[441-445]。聚苹果酸在水环境中容易降解，为了提高其脂溶性，通过甲基化，可降低聚苹果酸的可溶性，使其更易于破坏脂质体膜，从而易于进入脑癌、乳腺癌等肿瘤细胞[446-448]。

2. 肿瘤诊断和治疗

由于聚苹果酸的可修饰性，可以直接偶联其他的聚合物或生物活性分子，也可以通过连接体来进一步偶联配体等。例如单克隆抗体、转铁蛋白受体等。偶联荧光分子或者成像剂，可以实现对肿瘤的成像以及对药物在体内分布情况的分析。聚苹果酸所形成的纳米结构，可以通过血脑屏障，从而增强脑部肿瘤的成像和治疗效果。微小的物理尺寸、可实现多功能的偶联，以及优越的水溶性，使得聚苹果酸可以作为多种类型的药物载体，发挥其在肿瘤诊断和治疗中的作用。

3. 生物材料

聚苹果酸透析袋具有很好的胶体渗透压，可以作为理想的透析材料。由于其良好的生物相容性和无免疫原性，在生物材料领域，还被用于制成医药绷带和手术缝合线。聚苹果酸本身对伤口没有治愈效果，但其结合交联生长因子的乙酰肝素后可以刺激骨骼的修复，提高伤口的愈合速度。添加聚苹果酸的高分子聚合物可以同时具有可降解性和导电性等多种功能[450]。

以聚苹果酸为基础开发的水凝胶和覆膜等智能型材料，可用于医药领域，具有促进细胞生长等功效。具有扩展羧基链或者 RGD 修饰的聚苹果酸，具有很好的血液相容性。前者连接的血小板因具有很好的细胞亲和力可以用于细胞增殖，而后者的材料上生长了内皮细胞单层膜后可以抑制血小板黏附和血栓的形成。这些功能使得聚苹果酸在组织工程领域具有良好的潜在应用价值。此外，还有具有形状记忆功能的聚苹果酸材料，其形状转变温度可以方便地通过调节固化时间来调控，而通过加热偶联可以实现其形状的永久保持[451]。

3.8.4　发展前景

聚苹果酸作为重要的生物基产品，在生物材料领域有着多方面应用。目前，对聚苹果酸的生物法制备研究还不够丰富，而且大多研究集中在实验室阶段，大量商业化生产的成功案例并不多。因此，需要加大力度从菌种选育、发酵条件优化方面进行投入，同时，对发酵途径和机制方面要深入开展相关的研究以寻求突破。

参考文献

[1] 朱锦,刘小青. 生物基高分子材料.北京：科学出版社,2018.

[2] Terpe K. Overview of bacterial expression systems for heterologous protein production: from molecular and biochemical fundamentals to commercial systems. Appl Microbiol Biot, 2006, 72 (2): 211 - 222.

[3] Solaiman D, Foglia A. Synthesis of poly (hydroxyalkanoates) by *Escherichia coli* expressing mutated and chimeric PHA synthase genes. Biotechnol Lett, 2002, 24: 1011 - 1016.

[4] Przystałowska H, Zeyland J, PowałOwska D S, et al. 1, 3-Propanediol production by new recombinant *Escherichia coli* containing genes from pathogenic bacteria. Microbiol Res, 2015, 171: 1 - 7.

[5] 王玉辉. 大肠杆菌转化木糖合成乙二醇的研究. 济南：山东大学,2018.

[6] Liu H, Lu T. Autonomous production of 1,4-butanediol via a de novo biosynthesis pathway in engineered *Escherichia coli*. Metab Eng, 2015, 29: 135 - 141.

[7] Datta S, Costantino N, Court D L. A set of recombineering plasmids for gram-negative bacteria. Gene, 2006, 379: 109 - 115.

[8] Murphy K C. Use of bacteriophage λ recombination functions to promote gene replacement in *Escherichia coli*. J Bacteriol, 1998, 180(8): 2063 - 2071.

[9] Datsenko K A, Wanner B L. One-step inactivation of chromosomal genes in *Escherichia coli* K-12 using PCR products. PNAS, 2000, 97(12): 6640 - 6645.

[10] 薛藩,韦慧仙,胡珈玮,等. 基因编辑方法研究进展——以大肠杆菌基因敲除方法为例. 南京师大学报(自然科学版),2018,41(3): 108 - 114.

[11] Jiang W, Bikard D, Cox D, et al. RNA-guided editing of bacterial genomes using CRISPR-Cas systems. Nat Biotechnol, 2013, 31(3): 233 - 239.

[12] Lin Y, Lin Z, Huang C, et al. Metabolic engineering of *Escherichia coli* using CRISPR-Cas9 meditated genome editing. Metab Eng, 2015.

[13] 张梦颖,李雅慧,詹元龙,等. 嗜盐菌生物合成聚羟基脂肪酸酯(PHAs)的研究进展. 生物技术通报,2019,35(6): 172 - 177.

[14] Ouyang P, Wang H, Hajnal I, et al. Increasing oxygen availability for improving poly (3-hydroxybutyrate) production by *Halomonas*. Metab Eng, 2017, 45: 20 - 31.

[15] Tao W, Lv L, Chen Go Q. Engineering Halomonas species TD01 for enhanced polyhydroxyalkanoates synthesis via CRISPRi. Microb Cell Factories, 2017, 16(1): 48.

[16] Liu H, Jing H, Liu X, et al. Development of *pyrF*-based gene knockout systems for genome-wide manipulation of the archaea *Haloferax mediterranei* and *Haloarcula hispanica*. J Genet Genomics, 2011, 38(6): 261 - 269.

[17] Qin Q, Ling C, Zhao Y, et al. CRISPR/Cas9 editing genome of extremophile *Halomonas* spp. Metab Eng, 2018, 47: 219 - 229.

[18] Wang Y, Chen R, Cai J Y, et al. Biosynthesis and Thermal Properties of PHBV Produced from Levulinic Acid by *Ralstonia eutropha*. Plos One, 2013, 8(4).

[19] Saeed K A, Eribo B E, Ayorin De F O, et al. Characterization of copolymer hydroxybutyrate/hydroxyvalerate from *Saponified Vernonia*, soybean, and "Spent" frying oils. J AOAC Int, 2019(4): 4.

[20] Ewering C, Heuser F, Benölken J K, et al. Metabolic engineering of strains of *Ralstonia eutropha* and *Pseudomonas putida* for biotechnological production of 2-methylcitric acid. Metab Eng, 2006, 8(6): 587 - 602.

[21] Myoung P J, Yu-Sin J, Yong K T, et al. Development of a gene knockout system for *Ralstonia eutropha* H16 based on the broad-host-range vector expressing a mobile group Ⅱ intron. Fems Metab Eng, 2010(2): 193 - 200.

[22] 王海燕,刘铭,王化军,等. 乳酸生产中的微生物代谢工程. 过程工程学报,2006,3: 178 - 182.

[23] 苏晓明,魏小娅,王珍,等. 固定化米根霉发酵生产乳酸的研究进展. 化工进展,2008,2: 206 - 208.

[24] 孙小龙,付永前. 米根霉复合诱变筛选高产 L -乳酸的形态突变菌株及碳代谢流分析. 江苏农业科学,2019,47(1): 294 - 299.

[25] Lockwood L B, Raper K B, Moyer, A J, et al. The production and characterization of ultravioletnduced mutations in *Aspergillus terreus*. iii. biochemical characteristics of the mutations. Am J Bot, 1945, 32(4): 214 - 217.

[26] Kanamasa S, Dwiarti L, Okabe M, et al. Cloning and functional characterization of the cis-aconitic acid decarboxylase (CAD) gene from *Aspergillus terreus*. Appl Microbiol Biotechnol, 2008, 80(2): 223 - 229.

[27] An L Luijk N V, Beek M T, Caspers M, et al. A clone-based transcriptomics approach for the identification of genes relevant for itaconic acid production in *Aspergillus*. Fungal Genet Biol, 2011, 48(6): 602 - 611.

[28] 黄雪年,唐慎,吕雪峰. 工业丝状真菌土曲霉合成生物技术研究进展及展望. 合成生物学,2020(2): 187 - 211.

[29] Huang X, Mei C, Li J, et al. Establishing an efficient gene-targeting system in an itaconic-acid producing *Aspergillus terreus* strain. Biotechnol Lett, 2016, 38(9): 1603 - 1610.

[30] Menzel K, Zeng A, Deckwer W. High concentration and productivity of 1, 3-propanediol from continuous fermentation of glycerol by *Klebsiella pneumoniae*. Enzyme Microb Technol, 1997, 20(2): 82 - 86.

[31] Zeng A P, Menzel K, Deckwer W D. Kinetic, dynamic, and pathway studies of glycerol metabolism by *Klebsiella pneumoniae* in anaerobic continuous culture: Ⅱ. Analysis of metabolic rates and pathways under oscillation and steady-state conditions. Biotechnol Bioeng, 2015, 52(5): 561 - 571.

[32] Zhang Q, Xiu Z. Metabolic pathway analysis of glycerol metabolism in *Klebsiella pneumoniae* incorporating oxygen regulatory system. Biotechnol Progr, 2010, 25(1): 103 - 115.

[33] 郑艳.肺炎克雷伯氏菌基因转化技术的研究. 上海: 上海交通大学,2007.

[34] 陈利飞.高产 1,3 -丙二醇克雷伯氏菌的菌种改造. 济南: 齐鲁工业大学,2015.

[35] Sun Q, Wang Y, Shen L, et al. Application of CRISPR/Cas9-based genome editing in studying the mechanism of pandrug resistance in *Klebsiella pneumoniae*. Antimicrob Agents Ch, 2019, 63 (7): e00113 - 00119.

[36] Mcconville T H, Giddins M J, Uhlemann A C. An efficient and versatile CRISPR-Cas9 system for genetic manipulation of multi-drug resistant *Klebsiella pneumoniae*. STAR Protocols, 2021, 2(1): 100373.

[37] 王剑锋,修志龙,刘海军,等. 克雷伯氏菌微氧发酵生产 1,3 -丙二醇的研究. 现代化工,2001,5: 28 - 31.

[38] Buschke N, Schröder H, Wittmann C. Metabolic engineering of Corynebacterium glutamicum for production of 1,5-diaminopentane from hemicellulose. Biotechnol J, 2015, 6(3): 306 - 317.

[39] Tan Y, D Xu, Ye L, et al. Construction of a novel sacB-based system for marker-free gene deletion in *Corynebacterium glutamicum*. Plasmid, 2012, 67(1): 44 - 52.

[40] 占米林,阚宝军,张辉,等. 谷氨酸棒状杆菌 CRISPR - Cpf1 和 *Cre / loxP* 基因敲除技术的比较. 微生物学通报,2019,46(2): 65 - 78.

[41] 杨娟娟,马晓雨,王晓蕊,等. 谷氨酸棒杆菌基因编辑的研究进展. 生物工程学报,2020,5: 820 - 828.

[42] Stephan B, Solvej S, Jan M, et al. Recombineering in *Corynebacterium glutamicum* combined with optical nanosensors: a general strategy for fast producer strain generation. Nucleic Acids Res, 2013, 41(12): 6360 - 6369.

[43] 徐燕.谷氨酸棒状杆菌 ATCC 13032 基因敲除和重组工程介导的点突变方法的探索. 南京: 南京师范大学,2019.

[44] Liu J, Wang Y, Lu Y, et al. Development of a CRISPR / Cas9 genome editing toolbox for *Corynebacterium glutamicum*. Microb Cell Fact, 2017, 16(1): 205.

[45] Peng F, Wang X, Sun Y, et al. Efficient gene editing in *Corynebacterium glutamicum* using the CRISPR/Cas9 system. Microb Cell Fact, 2017, 16(1): 201.

[46] 李俊维,刘叶,王钰,等. 谷氨酸棒杆菌碱基编辑的条件优化. 生物工程学报,2020,36(1): 143 - 151.

[47] Jiang Y, Qian F, Yang J, et al. CRISPR-Cpf1 assisted genome editing of *Corynebacterium glutamicum*. Nat Commun, 2017, 8: 15179.

[48] 李露.CRISPR/Cpf1 系统在谷氨酸棒杆菌 ATCC 14067 基因组编辑中的研究. 广州: 华南理工大学,2019.

[49] Mcconville T H, Giddins M J, Uhlemann A C. An efficient and versatile CRISPR-Cas9 system for genetic manipulation of multi-drug resistant *Klebsiella pneumoniae*. STAR Protocols, 2021, 2(1): 100373.

[50] 赵学明,陈涛,王智文. 代谢工程. 北京: 高等教育出版社,2015.

[51] 袁倩倩,李斐然,罗浩,等. 由代谢网络分析发现菌种代谢工程改造新策略. 化工进展,2017,36 (12): 4592 - 4600.

[52] Terpe K. Overview of bacterial expression systems for heterologous protein production: from

molecular and biochemical fundamentals to commercial systems. Appl Microbiol Biotechnol, 2006, 72(2): 211.

[53] Hadicke O, Klamt S. EColiCore2: a reference network model of the central metabolism of *Escherichia coli* and relationships to its genome scale parent model. Sci Rep, 2017, 7: 39647.

[54] Dharmadi Y, Murarka A, Gonzalez R. Anaerobic fermentation of glycerol by *Escherichia coli*: A new platform for metabolic engineering. Biotechnol Bioeng, 2006, 94: 821 - 829.

[55] El-Mansi M. Contrasting effects of isocitrate dehydrogenase deletion of fluxes through enzymes of central metabolism in *Escherichia coli*. FEMS Microbiol Lett, 2019, 366(15): 187.

[56] Mey M, Maeseneire S, Soetaert W, et al. Minimizing acetate formation in *E. coli* fermentations. Journal of Industrial Microbiology and Biotechnology, 2007, 34(11): 689 - 700.

[57] Shiloach J, Kaufman J, Guillard A S, et al. Effect of glucose supply strategy on acetate accumulation, growth, and recombinant protein production by *Escherichia coli* BL21 (λDE3) and *Escherichia coli* JM109. Biotechnol Bioeng, 1996, 49: 421 - 428.

[58] Yu Y, Zhu X, Xu H, et al. Construction of an energy-conserving glycerol utilization pathways for improving anaerobic succinate production in *Escherichia coli*. Metab Eng, 2019, 56: 181 - 189.

[59] 陈露,刘丁玉,汪保卫,等. 大肠杆菌乙酰辅酶A代谢调控及其应用研究进展. 化工进展,2019,38(9): 4218 - 4226.

[60] Han M J, Yoon S S, Lee S Y. Proteome analysis of metabolically engineered *Escherichia coli* producing poly (3-hydroxybutyrate). J Bacteriol, 2001, 183(1): 301 - 308.

[61] Lee S H, Kang K, Kim E Y, et al. Metabolic engineering of *Escherichia coli* for enhanced biosynthesis of poly (3-hydroxybutyrate) based on proteome analysis. Biotechnol Lett, 2013, 35(10): 1631 - 1637.

[62] Bastian S, Xiang L, Meyerowitz J T, et al. Engineered ketol-acid reductoisomerase and alcohol dehydrogenase enable anaerobic 2-methylpropan-1-ol production at theoretical yield in *Escherichia coli*. Metab Eng, 2011, 13(3): 345 - 352.

[63] I Martínez, Zhu J, Lin H, et al. Replacing *Escherichia coli* NAD-dependent glyceraldehyde 3-phosphate dehydrogenase (GAPDH) with a NADP-dependent enzyme from Clostridium acetobutylicum facilitates NADPH dependent pathways. Metab Eng, 2008, 10(6): 352 - 359.

[64] Wang Y, San K Y, Bennett G N. Improvement of NADPH bioavailability in *Escherichia coli* by replacing NAD (+)-dependent glyceraldehyde-3-phosphate dehydrogenase GapA with NADP (+)-dependent GapB from Bacillus subtilis and addition of NAD kinase. J Ind Microbiol Biot, 2013, 40(12): 1449 - 1460.

[65] Lim S J, Jung Y M, Shin H D, et al. Amplification of the NADPH-related genes zwf and gnd for the oddball biosynthesis of PHB in an *E. coli* transformant harboring a cloned phbCAB operon. J Biosci Bioeng, 2002, 93(6): 543 - 549.

[66] Wang Y, San K Y, Bennett G N. Improvement of NADPH bioavailability in *Escherichia coli* through the use of phosphofructokinase deficient strains. Appl Microbiol Biotechnol, 2013, 97(15): 6883 - 6893.

[67] Song B G, Kim T K, Jung Y M, et al. Modulation of talA gene in pentose phosphate pathway for overproduction of poly-β-hydroxybutyrate in transformant *Escherichia coli* harboring phbCAB operon. J Biosci Bioeng, 2006, 102(3): 237 - 240.

[68] Jung Y M, Lee J N, Shin H D, et al. Role of *tktA* gene in pentose phosphate pathway on odd-ball biosynthesis of poly-β-hydroxybutyrate in transformant *Escherichia coli* harboring phbCAB operon. J Biosci Bioeng, 2004, 98(3): 224 - 227.

[69] Kim Y M, Cho H S, Jung G Y, et al. Engineering the pentose phosphate pathway to improve hydrogen yield in recombinant *Escherichia coli*. Biotechnol and Bioeng, 2011, 108(12): 2941 - 2946.

[70] Chemler J A, Fowler Z L, Mchugh K P, et al. Improving NADPH availability for natural product biosynthesis in *Escherichia coli* by metabolic engineering. Metab Eng, 2010, 12(2): 96 - 104.

[71] Lee H C, Kim J S, Jang W, et al. High NADPH/NADP$^+$ ratio improves thymidine production by a metabolically engineered *Escherichia coli* strain. J Biotechnol, 2010, 149(1 - 2): 24 - 32.

[72] Siedler S, Bringer S, Bott M. Increased NADPH availability in *Escherichia coli*: improvement of the product per glucose ratio in reductive whole-cell biotransformation. Appl Microbiol Biotechnol, 2011, 92(5): 929.

[73] Zhang Y, Lin Z, Liu Q, et al. Engineering of Serine-Deamination pathway, Entner-Doudoroff pathway and pyruvate dehydrogenase complex to improve poly (3-hydroxybutyrate) production in *Escherichia coli*. Microb Cell Fact, 2014, 13(1): 172.

[74] Fowler Z L, Gikandi W W, Koffas M A G. Increased malonyl coenzyme A biosynthesis by tuning the *Escherichia coli* metabolic network and its application to flavanone production. Appl Environ Microb, 2009, 75(18): 5831 - 5839.

[75] Xu P, Ranganathan S, Fowler Z L, et al. Genome-scale metabolic network modeling results in minimal interventions that cooperatively force carbon flux towards malonyl-CoA. Metab Eng, 2011, 13(5): 578 - 587.

[76] Atsumi S, Hanai T, Liao J C. Non-fermentative pathways for synthesis of branched-chain higher alcohols as biofuels. Nature, 2008, 451(7174): 86 - 89.

[77] Nielsen D R, Yoon S H, Yuan C J, et al. Engineering Acetoin and meso-2, 3-butanediol biosynthesis in *E. coli*. Biotechnol J, 2010, 5(3): 274 - 284.

[78] 宋灿辉,张伟国. 敲除 *aceE* 基因对大肠杆菌生长和丙酮酸代谢的影响. 生物加工过程,2013,11(6): 15 - 18.

[79] Causey T B, Zhou S, Shanmugam K T, et al. Engineering the metabolism of *Escherichia coli* W3110 for the conversion of sugar to redox-neutral and oxidized products: Homoacetate production. PNAS, 2003, 100(3): 825 - 832.

[80] Causey T B, Shanmugam K T, Yomano L P, et al. Engineering *Escherichia coli* for efficient conversion of glucose to pyruvate. PNAS, 2004, 101(8): 2235 - 2240.

[81] Zelić B, Gostović S, Vuorilehto K, et al. Process strategies to enhance pyruvate production with

recombinant *Escherichia coli*: From repetitive fed-batch to in situ product recovery with fully integrated electrodialysi. Biotechnol Bioeng, 2010, 85(6): 638-646.

[82] Zhu Y, Eiteman M A, Dewitt K, et al. Homolactate fermentation by metabolically engineered *Escherichia coli* strains. Appl Environ Microb, 2007, 73(2): 456-464.

[83] Kurata H, Sugimoto Y. Improved kinetic model of *Escherichia coli* central carbon metabolism in batch and continuous cultures. J Biosci Bioeng, 2018, 125(2): 251-257.

[84] Liu M, Ding Y, Chen H, et al. Improving the production of acetylCoA-derived chemicals in *Escherichia coli* BL21 (DE3) through *iclR* and *arcA* deletion. Bmc Microbiol, 2017, 17(1): 2-9.

[85] Gui L, Sunnarborg A, Pan B, et al. Autoregulation of iclR, the gene encoding the repressor of the glyoxylate bypass operon. J Bacteriol, 1996, 178(1): 321-324.

[86] Sánchez A M, Bennett G N, San K Y. Novel pathway engineering design of the anaerobic central metabolic pathway in *Escherichia coli* to increase succinate yield and productivity. Metab Eng, 2005, 7(3): 229-239.

[87] Zhu L W, Li X H, Zhang L, et al. Activation of glyoxylate pathway without the activation of its related gene in succinate-producing engineered *Escherichia coli*. Metab Eng, 2013, 20: 9-19.

[88] Pandey A, Pandey G C, Aswath P B. Synthesis of polylactic acid-polyglycolic acid blends using microwave radiation. J Mech Behav Biomed Mater, 2008, 1(3): 227-233.

[89] Krull S, Brock S, Prüße U, et al. Hydrolyzed agricultural residues-low-cost nutrient sources for l-lactic acid production. Fermentation, 2020, 6(4): 97.

[90] Marques S, Matos C T, Gírio F M, et al. Lactic acid production from recycled paper sludge: Process intensification by running fed-batch into a membrane-recycle bioreactor. Biochem Eng J, 2017, 120: 63-72.

[91] Schouten A, Kanters J A, Krieken J. Low temperature crystal structure and molecular conformation of l-(+)-lactic acid. J Mol Struct, 1994, 323: 165-168.

[92] Jem K J, Tan B. The development and challenges of poly (lactic acid) and poly (glycolic acid). Adv Ind Eng Polym Res, 2020, 3(2): 60-70.

[93] Payne J, McKeown P, Jones M D. A circular economy approach to plastic waste. Polym Degrad Stab, 2019, 165: 170-181.

[94] de Oliveira R A, Komesu A, Rossell C E V, et al. Challenges and opportunities in lactic acid bioprocess design — From economic to production aspects. Biochem Eng J, 2018, 133: 219-239.

[95] Zhao Z, Xie X, Wang Z, et al. Immobilization of *Lactobacillus rhamnosus* in mesoporous silica-based material: An efficiency continuous cell-recycle fermentation system for lactic acid production. J Biosci Bioeng, 2016, 121(6): 645-651.

[96] Ahmad A, Banat F, Taher H. A review on the lactic acid fermentation from low-cost renewable materials: Recent developments and challenges. Environ Technol Inno, 2020, 20(4): 101138.

[97] Kamm B. Microorganisms in Biorefineries. Microbiology Monographs, Springer. 2015: 26.

[98] Brock S, Kuenz A, Prüße U. Impact of hydrolysis methods on the utilization of agricultural

residues as nutrient source for D-lactic acid production by *Sporolactobacillus inulinus*. Fermentation, 2019, 5(1): 12.

[99] Biddy M J, Scarlata C, Kinchin C. Chemicals from biomass: a market assessment of bioproducts with near-term potential. National Renewable Energy Lab. (NREL), Technical Report. Golden, Co (United States), 2016.

[100] VinderolaG, OuwehandA, Salminen S, et al. Lactic acid bacteria: microbiological and functional aspects. CRC Press, 2004.

[101] Lee J W, In J H, Park J B, et al. Co-expression of two heterologous lactate dehydrogenases genes in *Kluyveromyces marxianus* for L-lactic acid production. J Biotechnol, 2017, 241: 81 - 86.

[102] Turner T L, Kim E, Hwang C H, et al. Conversion of lactose and whey into lactic acid by engineered yeast. J Dairy Sci, 2017, 100(1): 124 - 128.

[103] Baek S H, Kwon E Y, Bae S J, et al. Improvement of D-lactic acid production in *Saccharomyces cerevisiae* under acidic conditions by evolutionary and rational metabolic engineering. Biotechnol J, 2017, 12(10): 1700015.

[104] Baek S H, Kwon E Y, Kim Y H, et al. Metabolic engineering and adaptive evolution for efficient production of D-lactic acid in *Saccharomyces cerevisiae*. Appl Microbiol Biot, 2016, 100 (6): 2737 - 2748.

[105] Yamada R, Wakita K, Mitsui R, et al. Enhanced D-lactic acid production by recombinant *Saccharomyces cerevisiae* following optimization of the global metabolic pathway. Biotechnol Bioeng, 2017, 114(9): 2075 - 2084.

[106] Weusthuis R A, Mars A E, Springer J, et al. Monascus ruber as cell factory for lactic acid production at low pH. Metab Eng, 2017, 42: 66 - 73.

[107] Utrilla J, Licona-Cassani C, Marcellin E, et al. Engineering and adaptive evolution of *Escherichia coli* W for L-lactic acid fermentation from molasses and corn steep liquor without additional nutrients. Bioresour Technol, 2013, 148: 394 - 400.

[108] Angermayr S A, Woude A D, Correddu D, et al. Exploring metabolic engineering design principles for the photosynthetic production of lactic acid by *Synechocystis* sp. PCC6803. Biotechnol Biofuels, 2014, 7(1): 1 - 15.

[109] Angermayr S A, Rovira A G, Hellingwerf K J. Metabolic engineering of cyanobacteria for the synthesis of commodity products. Trends Biotechnol, 2015, 33(6): 352 - 361.

[110] Okano K, Zhang Q, Shinkawa S, et al. Efficient production of optically pure D-lactic acid from raw corn starch by using a genetically modified L-lactate dehydrogenase gene-deficient and α-amylase-secreting *Lactobacillus plantarum* strain. Appl Environ Microb, 2009, 75 (2): 462 - 467.

[111] Zhang Y, Kumar A, Hardwidge P R, et al. D-lactic acid production from renewable lignocellulosic biomass via genetically modified *Lactobacillus plantarum*. Biotechnol Progr, 2016, 32(2): 271 - 278.

[112] Abdel-Rahman M A, Tashiro Y, Sonomoto K. Recent advances in lactic acid production by microbial fermentation processes. Biotechnol Adv, 2013, 31(6): 877 - 902.

[113] Ding S, Tan T. L-lactic acid production by *Lactobacillus casei* fermentation using different fed-batch feeding strategies. Process Biochem, 2006, 41(6): 1451 - 1454.

[114] Yu L, Pei X, Lei T, et al. Genome shuffling enhanced L-lactic acid production by improving glucose tolerance of Lactobacillus rhamnosus. J Biotechnol, 2008, 134(1 - 2): 154 - 159.

[115] Zhou S, Yomano L P, Shanmugam K T, et al. Fermentation of 10% (w/v) sugar to D(—)-lactate by engineered *Escherichia coli* B. Biotechnol Lett, 2005, 27(23): 1891 - 1896.

[116] Zhou X, Ye L, Jin C W. Efficient production of L-lactic acid by newly isolated thermophilic *Bacillus coagulans* WCP10 - 4 with high glucose tolerance. Appl Microbiol Biot, 2013, 97(10): 4309 - 4314.

[117] Pampulha M E, Loureiro-Dias M C. Combined effect of acetic acid, pH and ethanol on intracellular pH of fermenting yeast. Appl Microbiol Biot, 1989, 31(5): 547 - 550.

[118] Mussatto S I, Fernandes M, Mancilha I M, et al. Effects of medium supplementation and pH control on lactic acid production from brewer's spent grain. Biochem Eng J, 2008, 40(3): 437 - 444.

[119] Adsul M G, Singhvi M S, Gaikaiwari S A, et al. Development of biocatalysts for production of commodity chemicals from lignocellulosic biomass. Bioresour Technol, 2011, 102(6): 4304 - 4312.

[120] Abdel-Rahman M A, Tashiro Y, Zendo T, et al. *Enterococcus faecium* QU 50: a novel thermophilic lactic acid bacterium for high-yield l-lactic acid production from xylose. FEMS Microbiol Lett, 2015(2): 1 - 7.

[121] Ramaswamy S, Huang H J, Ramarao B V. Separation and purification technologies in biorefineries. John Wiley & Sons Inc, 2013.

[122] Lee E G, Moon S H, Chang Y K, et al. Lactic acid recovery using two-stage electrodialysis and its modelling. J Membr Sci, 1998, 145(1): 53 - 66.

[123] Wasewar K L, Heesink A B M, Versteeg G F, et al. Reactive extraction of lactic acid using alamine 336 in MIBK: equilibria and kinetics. J Biotechnol, 2002, 97(1): 59 - 68.

[124] Wasewar K L, Pangarkar V G, Heesink A B M, et al. Intensification of enzymatic conversion of glucose to lactic acid by reactive extraction. Chem Eng Sci, 2003, 58(15): 3385 - 3393.

[125] Huang H J, Ramaswamy S, Tschirner U W, et al. A review of separation technologies in current and future biorefineries. Sep Purif Technol, 2008, 62(1): 1 - 21.

[126] Ye L, Zhou X, Hudari M S B, et al. Highly efficient production of L-lactic acid from xylose by newly isolated *Bacillus coagulans* C106. Bioresour Technol, 2013, 132: 38 - 44.

[127] Nakano S, Ugwu C U, Tokiwa Y. Efficient production of d-(—)-lactic acid from broken rice by *Lactobacillus delbrueckii* using Ca $(OH)_2$ as a neutralizing agent. Bioresour Technol, 2012, 104: 791 - 794.

[128] Kumar S, Yadav N, Nain L, et al. A simple downstream processing protocol for the recovery of

lactic acid from the fermentation broth. Bioresour Technol, 2020, 318: 124260.
[129] Phanthumchinda N, Thitiprasert S, Tanasupawat S, et al. Process and cost modeling of lactic acid recovery from fermentation broths by membrane-based process. Process Biochem, 2018, 68: 205 - 213.
[130] Sikder J, Chakraborty S, Pal P, et al. Purification of lactic acid from microfiltrate fermentation broth by cross-flow nanofiltration. Biochem Eng J, 2012, 69: 130 - 137.
[131] Lee H D, Lee M Y, Hwang Y S, et al. Separation and purification of lactic acid from fermentation broth using membrane-integrated separation processes. Ind Eng Chem Res, 2017, 56(29): 8301 - 8310.
[132] López-Gómez J P, Alexandri M, Schneider R, et al. Organic fraction of municipal solid waste for the production of L-lactic acid with high optical purity. J Clean Prod, 2020, 247: 119 - 165.
[133] Wang X, Wang Y, Zhang X, et al. In-situ combination of fermentation and electrodialysis with bipolar membranes for the production of lactic acid: continuous operation. Bioresour Technol, 2013, 147: 442 - 448.
[134] Baral P, Pundir A, Kurmi A, et al. Salting-out assisted solvent extraction of L (+) lactic acid obtained after fermentation of sugarcane bagasse hydrolysate. Sep Purif Technol, 2021, 269: 118788.
[135] Luongo V, Palma A, Rene E R, et al. Lactic acid recovery from a model of *Thermotoga neapolitana* fermentation broth using ion exchange resins in batch and fixed-bed reactors. Sep Purif Technol, 2019, 54(6): 1008 - 1025.
[136] Yu J, Zeng A, Yuan X, et al. Optimizing and scale-up strategy of molecular distillation for the purification of lactic acid from fermentation broth. Sep Purif Technol, 2015, 50(16): 2518 - 2524.
[137] Bailly M. Production of organic acids by bipolar electrodialysis: realizations and perspectives. Desalination, 2002, 144(1 - 3): 157 - 162.
[138] Dorgan J R, Lehermeier H, Mang M. Thermal and rheological properties of commercial-grade poly (lactic acid) s. J Polym Environ, 2000, 8(1): 1 - 9.
[139] Sinclair R G. Copolymers of D, L-lactide and epsilon caprolactone: U. S. Patent, 1977.
[140] 魏顺安,尤新强,吕利平,等. L-丙交酯和 D,L-丙交酯混合制备 PLA 工艺探讨. 化工新型材料,2012,40(5): 45 - 47.
[141] Lu D, Zhang X, Zhou T, et al. Biodegradable poly (lactic acid) copolymers. Prog Chem, 2008, 20(203): 339 - 350.
[142] 苏涛,李超文. 无需高真空度的 D,L-丙交酯合成工艺. 化工时刊,1998,12(6): 14 - 17.
[143] 李南,姜文芳,赵京波,等. D,L-丙交酯的制备及在二甲苯溶液中的开环聚合. 高分子材料科学与工程,2005,21(2): 73 - 76.
[144] 王华林,方大庆,史铁钧,等. 聚 D,L-乳酸中间体——D,L-丙交酯的合成. 高分子材料科学与工程,2005,21(5): 51 - 54.
[145] 景巍巍.高相对分子质量聚乳酸合成工艺的进一步优化研究. 南京: 南京理工大学,2009.

[146] 于江涛,马海洪. 丙交酯合成研究的进展. 聚酯工业,2009,22(2): 4-7.

[147] 李南,姜文芳,赵京波,等. D,L-丙交酯的合成与纯化. 石油化工,2003,32(12): 1073-1077.

[148] 李霞,刘晨光,贺爱华. L-丙交酯的纯化研究. 青岛科技大学学报: 自然科学版,2011,32(5): 509-513.

[149] 孙启梅,王崇辉. L-丙交酯合成技术现状与进展. 化工进展,2015,34(3): 802-809.

[150] Abe H, Takahashi N, Kim K J, et al. Thermal degradation processes of end-capped poly (L-lactide)s in the presence and absence of residual zinc catalyst. Biomacromolecules, 2004, 5(4): 1606-1614.

[151] Zhao D, Zhu T, Li J, et al. Poly (lactic-co-glycolic acid)-based composite bone-substitute materials. Bioact Mater, 2021, 6(2): 346-360.

[152] Nef J U. Dissoziationsvorgänge in der Zuckergruppe. Justus Liebigs Ann Chem, 1914, 403(2-3): 204-383.

[153] Lowe C E. Preparation of high molecular weight polyhydroxyacetic ester: U. S. Patent, 1954.

[154] 陈韶辉,李涛. 生物降解塑料的产业现状及其发展前景. 现代塑料加工应用,2020,2: 50-54.

[155] Gadda T M, Pirttimaa M M, Koivistoinen O, et al. The industrial potential of bio-based glycolic acid and polyglycolic acid. Appita J, 2014, 67(1): 12.

[156] Nofar M, Sacligil D, Carreau P J, et al. Poly(lactic acid) blends: Processing, properties and applications. Int J Biol Macromol, 2019, 125: 307-360.

[157] Liu S, Qin S, He M, et al. Current applications of poly (lactic acid) composites in tissue engineering and drug delivery. Composites Part B: Engineering, 2020.

[158] Södergård A, Stolt M. Industrial production of high molecular weight poly (lactic acid). Poly (Lactic Acid) Synthesis, Structures, Properties, Processing, and Applications, John Wiley & Sons, Inc, 2010, 27-41.

[159] Auras R, Harte B, Selke S. An overview of polylactides as packaging materials. Macromol Biosci, 2004, 4(9): 835-864.

[160] Lasprilla A, Martinez G, Lunelli B H, et al. Poly-lactic acid synthesis for application in biomedical devices — A review. Biotechnol. Adv, 2012, 30(1): 321-328.

[161] Li G, Zhao M, Xu F, et al. Synthesis and biological application of polylactic acid. Molecules, 2020, 25(21).

[162] 李克友,张菊华,向福如. 高分子合成原理及工艺学. 北京: 科学出版社,1999.

[163] Ajioka M, Enomoto K, Suzuki K, et al. Basic properties of polylactic acid produced by the direct condensation polymerization of lactic acid. Bull Chem Soc Jpn, 1995, 68(8): 2125-2131.

[164] Moon S I, Lee C W, Miyamoto M, et al. Melt polycondensation of L-lactic acid with Sn (Ⅱ) catalysts activated by various proton acids: A direct manufacturing route to high molecular weight Poly (L-lactic acid). J. Polym. Sci. , Part A: Polym. Chem, 2000, 38(9): 1673-1679.

[165] Moon S I, Lee C W, Taniguchi I, et al. Melt/solid polycondensation of L-lactic acid: an alternative route to poly (L-lactic acid) with high molecular weight. Polymer, 2001, 42(11): 5059-5062.

[166] 赵耀明,汪朝阳,麦杭珍,等. 熔融-固相聚合法直接合成聚乳酸的研究. 华南理工大学学报：自然科学版,2002,30(11)：155 - 159.

[167] 汪朝阳,赵耀明. 扩链反应在高分子材料合成中的应用. 化学推进剂与高分子材料,2003,19(6)：23 - 26.

[168] Woo S I, Kim B O, Jun H S, et al. Polymerization of aqueous lactic acid to prepare high molecular weight poly (lactic acid) by chain-extending with hexamethylene diisocyanate. Polym Bull, 1995, 35(4): 415 - 421.

[169] Griffith L G. Polymeric biomaterials. Acta Mater, 2000, 48(1): 263 - 277.

[170] Singhvi M S, Zinjarde S S, Gokhale D V. Polylactic acid: synthesis and biomedical applications. J Appl Microbiol, 2019, 127(6): 1612 - 1626.

[171] Discher D E, Ahmed F. Polymersomes. Annu. Rev. Biomed. Eng. , 2006, 8: 323 - 341.

[172] Saeidlou S, Huneault M A, Li H, et al. Poly(lactic acid) crystallization. Prog Polym Sci, 2012, 37(12): 1657 - 1677.

[173] Basko M, Bednarek M, Kubisa P. Cationic copolymerization of L, L-lactide with hydroxyl substituted cyclic ethers. Polym Adv Technol, 2015, 26(7): 804 - 813.

[174] Singhvi M S, Zinjarde S S, Gokhale D V. Polylactic acid: synthesis and biomedical applications. J Appl Microbiol, 2019, 127: 1612 - 1626.

[175] Köhn R D, Pan Z, Sun J, et al. Ring-opening polymerization of D, L-lactide with bis (trimethyl triazacyclohexane) praseodymium triflate. Catal Commun, 2003, 4(1): 33 - 37.

[176] John A, Katiyar V, Pang K, et al. Ni (Ⅱ) and Cu (Ⅱ) complexes of phenoxy-ketimine ligands: Synthesis, structures and their utility in bulk ring-opening polymerization (ROP) of L-lactide. Polyhedron, 2007, 26(15): 4033 - 4044.

[177] 王景昌,商雪航,王卫京,等. 酶催化合成脂肪族聚酯的研究进展. 化工进展,2017,36(7)：2592 - 2600.

[178] Chanfreau S, Mena M, Porras-Domínguez J R, et al. Enzymatic synthesis of poly-L-lactide and poly-L-lactide-co-glycolide in an ionic liquid. Bioprocess Biosyst Eng, 2010, 33(5): 629 - 638.

[179] Whulanza Y, Rahman S F, Suyono E A, et al. Use of Candida rugosa lipase as a biocatalyst for L-lactide ring-opening polymerization and polylactic acid production. Biocatal Agric Biotechnol, 2018, 16: 683 - 691.

[180] Badens E, Masmoudi Y, Mouahid A, et al. Current situation and perspectives in drug formulation by using supercritical fluid technology. J Supercrit Fluid, 2018, 134: 274 - 283.

[181] Fan F, Zhang Z, Xing H, et al. Progress in synthesis of cyclic carbonates under supercritical carbon dioxide. Chem Eng Prog, 2017, 36(8): 2924 - 2933.

[182] Ferrari R, Pecoraro C M, Storti G, et al. A green route to synthesize poly (lactic acid)-based macromonomers in $ScCO_2$ for biodegradable nanoparticle production. RSC advances, 2014, 4(25): 12795 - 12804.

[183] Steinbüchel A, Füchtenbusch B. Bacterial and other biological systems for polyester production. Trends Biotechnol, 1998, 16(10): 419 - 427.

[184] Park S J, Lee S Y, Kim T W, et al. Biosynthesis of lactate-containing polyesters by metabolically engineered bacteria. Biotechnol J, 2012, 7(2): 199 - 212.

[185] Song Y, Matsumoto K, Yamada M, et al. *Corynebacterium glutamicum* as an endotoxin-free platform strain for lactate-based polyester production. Appl Microbiol Biotechnol, 2012, 93(5): 1917 - 1925.

[186] Tajima K, Han X, Satoh Y, et al. In vitro synthesis of polyhydroxyalkanoate (PHA) incorporating lactate (LA) with a block sequence by using a newly engineered thermostable PHA synthase from *Pseudomonas* sp. SG4502 with acquired LA-polymerizing activity. Appl Microbiol Biotechnol, 2012, 94(2): 365 - 376.

[187] Yang T H, Kim T W, Kang H O, et al. Biosynthesis of polylactic acid and its copolymers using evolved propionate CoA transferase and PHA synthase. Biotechnol Bioeng, 2010, 105(1): 150 - 160.

[188] Jung Y K, Kim T Y, Park S J, et al. Metabolic engineering of *Escherichia coli* for the production of polylactic acid and its copolymers. Biotechnol Bioeng, 2010, 105(1): 161 - 171.

[189] Utsunomia C, Matsumoto K, Taguchi S. Microbial secretion of D-lactate-based oligomers. ACS Sustain Chem Eng, 2017, 5(3): 2360 - 2367.

[190] Chen G Q, Patel M K. Plastics derived from biological sources: present and future: a technical and environmental review. Chem Rev, 2012, 112(4): 2082 - 2099.

[191] Raza Z A, Abid S, Banat I M. Polyhydroxyalkanoates: characteristics, production, recent developments and applications. Int Biodeter Biodegr, 2018, 126: 45 - 56.

[192] Lemoigne M. Produits de deshydration et de polymerisation de l'acide beta-oxybutyric. Finanz-Rundschau Ertragsteuerrecht, 1926, 91(1): 449 - 454.

[193] Macrae R M, Wilkinson J F. Poly-beta-hyroxybutyrate metabolism in washed suspensions of *Bacillus cereus* and *Bacillus megaterium*. J Microbiol, 1958, 19(1): 210 - 222.

[194] A Steinbüchel, Valentin H E. Diversity of bacterial polyhydroxyalkanoic acids. FEMS Microbiol. Lett, 1995, 128(3): 219 - 228.

[195] Chen G Q, Wu Q. The application of polyhydroxyalkanoates as tissue engineering materials. Biomaterials, 2005, 26(33): 6565 - 6578.

[196] Valentin H E, Schönebaum A, Steinbüchel A. Identification of 5-hydroxyhexanoic acid, 4-hydroxyheptanoic acid and 4-hydroxyoctanoic acid as new constituents of bacterial polyhydroxyalkanoic acids. Appl Microbiol Biotechnol, 1996, 46(3): 261 - 267.

[197] Li S, Cai L, Wu L, et al. Microbial synthesis of functional homo-, random, and block polyhydroxyalkanoates by β-oxidation deleted *Pseudomonas entomophila*. Biomacromolecules, 2014, 15(6): 2310 - 2319.

[198] Chung A L, Jin H L, Huang L J, et al. Biosynthesis and characterization of poly (3-hydroxydodecanoate) by β-oxidation inhibited mutant of *Pseudomonas entomophila* L48. Biomacromolecules, 2011, 12(10): 3559 - 3566.

[199] Tripathi L, Wu L P, Chen J C, et al. Synthesis of diblock copolymer poly-3-hydroxybutyrate-

block-poly-3-hydroxyhexanoate [PHB-*b*-PHHx] by a β-oxidation weakened *Pseudomonas putida* KT2442. Microb Cell Fact, 2012, 11(1): 44 - 54.

[200] Tappel R C, Kucharski J M, Mastroianni J M, et al. Biosynthesis of Poly [(R)-3-hydroxyalkanoate] copolymers with controlled repeating unit compositions and physical properties. Biomacromolecules, 2012, 13(9): 2964 - 2972.

[201] Zheng Z, Li M, Xue X J, et al. Mutation on N-terminus of polyhydroxybutyrate synthase of *Ralstonia eutropha* enhanced PHB accumulation. Appl Microbiol Biotechnol, 2006, 72(5): 896 - 905.

[202] Ashby R D, Solaiman D K, Strahan G D, et al. Methanol-induced chain termination in poly (3-hydroxybutyrate) biopolymers: molecular weight control. Int J Biol Macromol, 2015, 74: 195 - 201.

[203] Ashby R D, Shi F Y, Gross R A. Use of poly (ethylene glycol) to control the end group structure and molecular weight of poly (3-hydroxybutyrate) formed by *Alcaligenes latus* DSM1122. Tetrahedron, 1997, 53(45): 15209 - 15223.

[204] Schubert P, Steinbüchel A, Schlegel H G. Cloning of the *Alcaligenes eutrophus* genes for synthesis of poly-beta-hydroxybutyric acid (PHB) and synthesis of PHB in *Escherichia coli*. J Biotechnol, 1988, 170: 5837 - 5847.

[205] Choi S Y, Rhie M N, Kim H T, et al. Metabolic engineering for the synthesis of polyesters: A 100-year journey from polyhydroxyalkanoates to non-natural microbial polyesters. Metab Eng, 2020, 58: 47 - 81.

[206] Andin N, Longieras A, Veronese T, et al. Improving carbon and energy distribution by coupling growth and medium chain length polyhydroxyalkanoate production from fatty acids by *Pseudomonas putida* KT2440. Biotechnol Bioproc Eng, 2017, 22: 308 - 318.

[207] Brandl H, Knee E J Jr, Fuller R C, et al. Ability of the phototrophic bacterium *Rhodospirillum rubrum* to produce various poly (β-hydroxyalkanoates): potential sources for biodegradable polyesters. Int J Biol Macromol, 1989, 11: 49 - 55.

[208] Liebergesell M, Hustede E, Timm A, et al. Formation of poly (3-hydroxyalkanoates) by phototrophic and chemolithotrophic bacteria. Arch Microbiol, 1991, 155: 415 - 421.

[209] Haywood G W, Anderson A J, Williams D R, et al. Accumulation of a poly (hydroxyalkanoate) copolymer containing primarily 3-hydroxyvalerate from simple carbohydrate substrates by *Rhodococcus* sp. NCIMB 40126. Int J Biol Macromol, 1991, 13: 83 - 88.

[210] Kobayashi G, Shiotani T, Shima Y, et al. Biosynthesis and characterization of poly (3-hydroxybutyrate-*co*-3-hydroxyhexanoate) from oils and fats by *Aeromonas* sp. OL-338 and *Aeromonas* sp. FA-440. Biodegradable Plastics and Polymers, 1994, 410 - 416.

[211] Fukui T, Kichise T, Iwata T, et al. Characterization of 13 kDa granule-associated protein in *Aeromonas caviae* and biosynthesis of polyhydroxyalkanoates with altered molar composition by recombinant bacteria. Biomacromolecules, 2001, 2: 148 - 153.

[212] Park S J, Lee S Y. Identification and characterization of a new enoyl coenzyme a hydratase

involved in biosynthesis of medium-chain-length polyhydroxyalkanoates in recombinant *Escherichia coli*. J Bacteriol, 2003, 185: 5391 - 5397.

[213] Pederson E N, McChalicher C W J, Srienc F. Bacterial synthesis of PHA block copolymers. Biomacromolecules, 2006, 7: 1904 - 1911.

[214] Wang Q, Yang P, Xian M, et al. Biosynthesis of poly (3-hydroxypropionate-*co*-3-hydroxybutyrate) with fully controllable structures from glycerol. Bioresour Technol, 2013, 142: 741 - 744.

[215] Hu D, Chung A L, Wu L P, et al. Biosynthesis and characterization of polyhydroxyalkanoate block copolymer P3HB-*b*-P4HB. Biomacromolecules, 2011, 12: 3166 - 3173.

[216] Poblete-Castro I, Binger D, Rodrigues A, et al. In-silico-driven metabolic engineering of *Pseudomonas putida* for enhanced production of poly-hydroxyalkanoates. Metab Eng, 2013, 15: 113 - 123.

[217] Borrero-de Acuña J M, Bielecka A, Häussler S, et al. Production of medium chain length polyhydroxyalkanoate in metabolic flux optimized *Pseudomonas putida*. Microb Cell Fact, 2014, 13: 88 - 102.

[218] Andreessen B, Lange A B, Robenek H, et al. Conversion of glycerol to poly (3-Hydroxypropionate) in recombinant *Escherichia coli*. Appl Environ Microbiol, 2010, 76 (2): 622 - 626.

[219] Sánchez R J, Schripsema J, Da Silva L F, et al. Medium-chain-length polyhydroxyalkanoic acids (PHA mcl) produced by *Pseudomonas putida* IPT046 from renewable sources. Eur Polym J, 2003, 39(7): 1385 - 1394.

[220] Kroumova A B, Wagner G J, Davies H M. Biochemical observations on medium-chain-length polyhydroxyalkanoate biosynthesis and accumulation in *Pseudomonas mendocina*. Arch Biochem Biophys, 2002, 405(1): 95 - 103.

[221] Cavalheiro J M, Raposo R S, de Almeida M C, et al. Effect of cultivation parameters on the production of poly (3-hydroxybutyrate-*co*-4-hydroxybutyrate) and poly (3-hydroxybutyrate-4-hydroxybutyrate-3-hydroxyvalerate) by *Cupriavidus necator* using waste glycerol. Bioresour Technol, 2012, 111: 391 - 397.

[222] Doi Y, Segawa A, Kunioka M. Biodegradable poly (3-hydroxybutyrate-*co*-4-hydroxybutyrate) produced from γ-butyrolactone and butyric acid by *Alcaligenes eutrophus*. Polym Commun, 1989, 30 (6): 169 - 171.

[223] Kobayashi G, Shiotani T, Shima Y, et al. Biosynthesis and characterization of poly (3-hydroxybutyrate-*co*-3-hydroxyhexanoate) from oils and fats by *Aeromonas* sp. OL-338 and *Aeromonas* sp. FA440. Stud Polym Sci, 1994, 12: 410 - 416.

[224] Lu X, Zhang J, Wu Q, et al. Enhanced production of poly (3-hydroxybutyrate-*co*-3-hydroxyhexanoate) via manipulating the fatty acid β-oxidation pathway in *E. coli*. FEMS Microbiol Lett, 2010, 221(1): 97 - 101.

[225] Valentin H E, Dennis D. Production of poly (3-hydroxybutyrate-*co*-4-hydroxybutyrate) in recombinant *Escherichia coli* grown on glucose. J Biotechnol, 1997, 58(1): 33 - 38.

[226] Li Z J, Shi Z Y, Jian J, et al. Production of poly (3-hydroxybutyrate-*co*-4-hydroxybutyrate) from unrelated carbon sources by metabolically engineered *Escherichia coli*. Metab Eng, 2010, 12(4): 352 - 359.

[227] Chung A L, Jin H L, Huang L J, et al. Biosynthesis and characterization of poly (3-hydroxydodecanoate) by β-oxidation inhibited mutant of *Pseudomonas entomophila* L48. Biomacromolecules, 2011, 12(10): 3559 - 3566.

[228] Wang H H, Li X T, Chen G Q. Production and characterization of homopolymer polyhydroxyheptanoate (P3HHp) by a *fadBA* knockout mutant *Pseudomonas putida* KTOY06 derived from *P. Putida* KT2442. Process Biochem, 2009, 44(1): 106 - 111.

[229] Chen G Q, Jiang X R. Engineering bacteria for enhanced polyhydroxyalkanoates (PHA) biosynthesis. Synth Syst Biotechnol, 2017, 2(3): 192 - 197.

[230] Liu Q, Luo G, Zhou X R, et al. Biosynthesis of poly (3-hydroxydecanoate) and 3-hydroxydodecanoate dominating polyhydroxyalkanoates by β-oxidation pathway inhibited *Pseudomonas putida*. Metab Eng, 2010, 13(1): 11 - 17.

[231] Qi Q S, Steinbüchel A, Rehm B H A. Metabolic routing towards polyhydroxyalkanoic acid synthesis in recombinant *Escherichia coli* (*fadR*): inhibition of fatty acid β-oxidation by acrylic acid. FEMS Microbiol Lett, 1998, 167(1): 89 - 94.

[232] Tripathi L, Wu L P, Dechuan M, et al. *Pseudomonas putida* KT2442 as a platform for the biosynthesis of polyhydroxyalkanoates with adjustable monomer contents and compositions. Bioresour Technol, 2013, 142: 225 - 231.

[233] Tripathi L, Wu L P, Chen J, et al. Synthesis of Diblock copolymer poly-3-hydroxybutyrate-block-poly-3-hydroxyhexanoate [PHB-*b*-PHHx] by a β-oxidation weakened *Pseudomonas putida* KT2442. Microb Cell Fact, 11: 44 - 54.

[234] Li M, Chen X, Che X, et al. Engineering *Pseudomonas entomophila* for synthesis of copolymers with defined fractions of 3-hydroxybutyrate and medium-chain-length 3-hydroxyalkanoates. Metab Eng, 2018, 52: 253 - 262.

[235] Chen G Q, Hajnal I, Wu H, et al. Engineering biosynthesis mechanisms for diversifying polyhydroxyalkanoates. Trends Biotechnol, 2015, 33(10): 565 - 574.

[236] Green P R, Kemper J, Schechtman L, et al. Formation of short chain length/medium chain length polyhydroxyalkanoate copolymers by fatty acid β-oxidation inhibited *Ralstonia eutropha*. Biomacromolecules, 2002, 3(1): 208 - 213.

[237] Ward P G, O'Connor K E. Bacterial synthesis of polyhydroxyalkanoates containing aromatic and aliphatic monomers by *Pseudomonas putida* CA-3. Int J Biol Macromol, 2005, 35(3/4): 127 - 133.

[238] Lv L, Ren Y L, Chen J C, et al. Application of CRISPRi for prokaryotic metabolic engineering involving multiple genes, a case study: controllable P (3HB-*co*-4HB) biosynthesis. Metab Eng, 2015, 29: 160 - 168.

[239] Pfeiffer D, Wahl A, Jendrossek D. Identification of a multifunctional protein, PhaM, that

determines number, surface to volume ratio, subcellular localization and distribution to daughter cells of poly (3-hydroxybutyrate), PHB, granules in *Ralstonia eutropha* H16. Mol Microbiol, 2011, 81: 936 - 951.

[240] Sim S J, Snell K D, Hogan S A, et al. PHA synthase activity controls the molecular weight and polydispersity of polyhydroxybutyrate in vivo. Nat Biotechnol, 1997, 15: 63 - 67.

[241] Kichise T, Taguchi S, Doi Y. Enhanced accumulation and changed monomer composition in Polyhydroxyalkanoate (PHA) Ccopolyester by in vitro evolution of *Aeromonas caviae* PHA Synthase. Appl Environ Microbiol, 2002, 68: 2411 - 2419.

[242] Tsuge T, Watanabe S, Shimada D, et al. Combination of N149S and D171G mutations in *Aeromonas caviae* polyhydroxyalkanoate synthase and impact on polyhydroxyalkanoate biosynthesis. FEMS Microbiol Lett, 2007, 277: 217 - 222.

[243] Matsumoto K, Aoki E, Takase K, et al. In vivo and in vitro characterization of Ser477X mutations in polyhydroxyalkanoate (PHA) synthase 1 from Pseudomonas sp. 61 - 3: effects of beneficial mutations on enzymatic activity, substrate specificity, and molecular weight of PHA. Biomacromolecules, 2006, 7: 2436 - 2442.

[244] Yin J, Chen J C, Wu Q, et al. Halophiles, coming stars for industrial biotechnology. Biotechnol Adv, 2015, 33: 1433 - 1442.

[245] Tan D, Xue Y S, Aibaidula G, et al. Unsterile and continuous production of polyhydroxybutyrate by *Halomonas* TD01. Bioresour Technol, 2011, 102(17): 8130 - 8136.

[246] Yue H T, Ling C, Yang T, et al. A seawater-based open and continuous process for polyhydroxyalkanoates production by recombinant *Halomonas campaniensis* LS21 grown in mixed substrates. Biotechnol Biofuels, 2014, 7: 108 - 120.

[247] Li T, Chen X B, Chen J C, et al. Open and continuous fermentation: products, conditions and bioprocess economy. Biotechnol J, 2014: 1503 - 1511.

[248] Yin J, Wang H, Fu X Z, et al. Effects of chromosomal gene copy number and locations on polyhydroxyalkanoate synthesis by *Escherichia coli* and *Halomonas* sp. . Appl Microbiol Biotechnol, 2015, 99(13): 5523 - 5534.

[249] Tan D, Wu Q, Chen J C, et al. Engineering *Halomonas* TD01 for the low-cost production of polyhydroxyalkanoates. Metab Eng, 2014, 26: 34 - 47.

[250] Liu H, Han J, Liu X, et al. Development of *pyrF*-based gene knockout systems for genome-wide manipulation of the archaea *Haloferax mediterranei* and *Haloarcula hispanica*. J Genet Genomics, 2011, 38(6): 261 - 269.

[251] Lemoigne M. Products of dehydration and of polymerization of β-hydroxybutyric acid. Bull Soc Chem Biol, 1926, 8: 770 - 782.

[252] Han J, Hou J, Zhang F, et al. Multiple propionyl coenzyme A-supplying pathways for production of the bioplastic poly (3-hydroxybutyrate-*co*-3-hydroxyvalerate) in *Haloferax mediterranei*. Appl Environ Microbiol, 2013, 79(9): 2922 - 2931.

[253] Wang Q, Liu X L, Qi Q S. Biosynthesis of poly (3-hydroxybutyrate-*co*-3-hydroxyvalerate) from

glucose with elevated 3-hydroxyvalerate fraction via combined citramalate and threonine pathway in *Escherichia coli*. Appl Microbiol Biotechnol, 2014, 98(9): 3923 - 3931.

[254] Li Z J, Shi Z Y, Jian J, et al. Production of poly (3-hydroxybutyrate-*co*-4-hydroxybutyrate) from unrelated carbon sources by metabolically engineered *Escherichia coli*. Metab Eng, 2010, 12(4): 352 - 359.

[255] Zhou X Y, Yuan X X, Shi Z Y, et al. Hyperproduction of poly (4-hydroxybutyrate) from glucose by recombinant *Escherichia coli*. Microb Cell Fact, 2012, 11: 54 - 61.

[256] Meng D C, Wang Y, Wu L P, et al. Production of poly (3-hydroxypropionate) and poly (3-hydroxybutyrate-*co*-3-hydroxypropionate) from glucose by engineering *Escherichia coli*. Metab Eng, 2015, 29: 189 - 195.

[257] Zhuang Q, Wang Q, Liang Q, et al. Synthesis of polyhydroxyalkanoates from glucose that contain medium-chain-length monomers via the reversed fatty acid β-oxidation cycle in *Escherichia coli*. Metab Eng, 2014, 24: 78 - 86.

[258] Park S J, Jang Y A, Lee H, et al. Metabolic engineering of *Ralstonia eutropha* for the biosynthesis of 2-hydroxyacid-containing polyhydroxyalkanoates. Metab Eng, 2013, 20: 20 - 28.

[259] Chen G Q, Hajnal I, Wu H, et al. Engineering biosynthesis mechanisms for diversifying polyhydroxyalkanoates. Trends Biotechnol, 2015, 33(10): 565 - 574.

[260] Bhatia S K, Otari S V, Jeon J M, et al. Biowaste-to-bioplastic (polyhydroxyalkanoates): Conversion technologies, strategies, challenges, and perspective. Bioresource Technology, 2021, 326: 124733.

[261] Dietrich K, Oliveira-Filho E R., Dumont M-J, et al. Increasing PHB production with an industrially scalable hardwood hydrolysate as a carbon source. Industrial Crops and Products, 2020, 154: 112703.

[262] González-García Y, Grieve J, Meza-Contreras J C, et al. Tequila Agave Bagasse Hydrolysate for the Production of Polyhydroxybutyrate by *Burkholderia sacchari*. Bioengineering (Basel, Switzerland), 2019, 6(4): 115 - 127.

[263] Van Thuoc D, My D N, Loan T T, et al. Utilization of waste fish oil and glycerol as carbon sources for polyhydroxyalkanoate production by *Salinivibrio* sp. M318. Int J Biol Macromol, 2019, 141: 885 - 892.

[264] Pernicova I, Kucera D, Nebesarova J, et al. Production of polyhydroxyalkanoates on waste frying oil employing selected *Halomonas* strains. Bioresour Technol, 2019, 292: 122028.

[265] Valentino F, Moretto G, Lorini L, et al. Pilot-Scale Polyhydroxyalkanoate Production from Combined Treatment of Organic Fraction of Municipal Solid Waste and Sewage Sludge. Ind Eng Chem Res, 2019, 58(27): 12149 - 12158.

[266] Israni N, Venkatachalam P, Gajaraj B, et al. Whey valorization for sustainable polyhydroxyalkanoate production by *Bacillus megaterium*: Production, characterization and in vitro biocompatibility evaluation. J Environ Manage, 2020, 255: 109884.

[267] Kucera D, Pernicová I, Kovalcik A, et al. Characterization of the promising poly (3-

hydroxybutyrate) producing halophilic bacterium *Halomonas halophila*. Bioresour Technol, 2018, 256: 552 - 556.

[268] Karmann S, Panke S, Zinn M. Fed-Batch Cultivations of *Rhodospirillum rubrum* Under Multiple Nutrient-Limited Growth Conditions on Syngas as a Novel Option to Produce Poly (3-Hydroxybutyrate) (PHB). Front Bioeng Biotech, 2019, 7: 59 - 69.

[269] Steinbüchel A, Füchtenbusch B. Bacterial and other biological systems for polyester production. Trends Biotechnol, 1998, 16(10): 419 - 427.

[270] Park S J, Lee S Y, Kim T W, et al. Biosynthesis of lactate-containing polyesters by metabolically engineered bacteria. Biotechnol J, 2012, 7(2): 199 - 212.

[271] Song Y, Matsumoto K, Yamada M, et al. Corynebacterium glutamicum as an endotoxin-free platform strain for lactate-based polyester production. Appl Microbiol Biotechnol, 2012, 93(5): 1917 - 1925.

[272] Tajima K, Han X, Satoh Y, et al. In vitro synthesis of polyhydroxyalkanoate (PHA) incorporating lactate (LA) with a block sequence by using a newly engineered thermostable PHA synthase from Pseudomonas sp. SG4502 with acquired LA-polymerizing activity. Appl Microbiol Biotechnol, 2012, 94(2): 365 - 376.

[273] Taguchi S, Yamada M, Matsumoto K, et al. A microbial factory for lactate-based polyesters using a lactate-polymerizing enzyme. Proceedings of the National Academy of Sciences, 2008, 105(45): 17323 - 17327.

[274] Yamada M, Matsumoto, Ken'ichiro, et al. Adjustable Mutations in Lactate (LA)-Polymerizing Enzyme for the Microbial Production of LA-Based Polyesters with Tailor-Made Monomer Composition. Biomacromolecules, 2010, 11(3): 815 - 819.

[275] Yamada M, Matsumoto K, Nakai T, et al. Microbial production of lactate-enriched poly (R)-lactate-co-(R)-3-hydroxybutyrate. Biomacromolecules, 2009, 10(4): 677 - 681.

[276] Yang T H, Kim T W, Kang H O, et al. Biosynthesis of polylactic acid and its copolymers using evolved propionate CoA transferase and PHA synthase. Biotechnol Bioeng, 2010, 105 (1): 150 - 160.

[277] Jung Y K, Kim T Y, Park S J, et al. Metabolic engineering of Escherichia coli for the production of polylactic acid and its copolymers. Biotechnol Bioeng, 2010, 105(1): 161 - 171.

[278] Utsunomia C, Matsumoto K, Taguchi S. Microbial secretion of D-lactate-based oligomers. ACS Sustain Chem Eng, 2017, 5(3): 2360 - 2367.

[279] Shozui F, Ken'ichiro M, Motohashi R, et al. Biosynthesis of a lactate (LA)-based polyester with a 96 mol% LA fraction and its application to stereocomplex formation. Polymer Degradation and Stability, 2011, 96(4): 499 - 504.

[280] Shahbaz U. Chitin, Characteristic, sources, and biomedical application. Curr Pharm Biotechnol, 2020, 21(14): 1433 - 1443.

[281] Ahmad S I, Ahmad R, Khan M S, et al. Chitin and its derivatives: Structural properties and biomedical applications. Int J Biol Macromol, 2020, 164: 526 - 539.

[282] Satitsri S, Muanprasat C. Chitin and chitosan derivatives as biomaterial resources for biological and biomedical applications. Molecules, 2020, 25(24): 5961.

[283] Elieh Ali Komi D, Sharma L, Dela Cruz C S. Chitin and its effects on inflammatory and immune responses. Clin Rev Allergy Immunol, 2018, 54(2): 213 - 223.

[284] 戴鹏,郑金路,刘炳荣,等. 甲壳素与壳聚糖的化学改性及应用. 高分子通报,2020,(7): 17.

[285] Younes I, Rinaudo M. Chitin and chitosan preparation from marine sources. Structure, properties and applications. Mar Drugs, 2015, 13(3): 1133 - 1174.

[286] Moussian B. Chitin: structure, chemistry and biology. Adv Exp Med Biol, 2019, 1142: 5 - 18.

[287] Salah R, Michaud P, Mati F, et al. Anticancer activity of chemically prepared shrimp low molecular weight chitin evaluation with the human monocyte leukaemia cell line, THP-1. Int J Biol Macromol, 2013, 52: 333 - 339.

[288] Martins A F, Facchi S P, Follmann H D, et al. Antimicrobial activity of chitosan derivatives containing N-quaternized moieties in its backbone: a review. Int J Mol Sci, 2014, 15(11): 20800 - 20832.

[289] Ngo D H, Kim S K. Antioxidant effects of chitin, chitosan, and their derivatives. Adv Food Nutr Res, 2014, 73: 15 - 31.

[290] Cheung R C, Ng T B, Wong J H, et al. Chitosan: An update on potential biomedical and pharmaceutical applications. Mar Drugs, 2015, 13(8): 5156 - 5186.

[291] Diegelmann R F, Dunn J D, Lindblad W J, et al. Analysis of the effects of chitosan on inflammation, angiogenesis, fibroplasia, and collagen deposition in polyvinyl alcohol sponge implants in rat wounds. Wound Repair Regen, 1996, 4(1): 48 - 52.

[292] Friedman M, Juneja V K. Review of antimicrobial and antioxidative activities of chitosans in food. J Food Prot, 2010, 73(9): 1737 - 1761.

[293] 刘洋，张洋，范立强，等. N-乙酰氨基葡萄糖对水稻的抗寒作用研究. 南方农业学报，2021，52(6): 11.

[294] Malerba M, Cerana R. Recent applications of chitin- and chitosan-based polymers in plants. Polymers (Basel), 2019, 11(5): 839.

[295] El Hadrami A, Adam L R, El Hadrami I, et al. Chitosan in plant protection. Mar Drugs, 2010, 8(4): 968 - 987.

[296] Jimtaisong A, Saewan N. Utilization of carboxymethyl chitosan in cosmetics. Int J Cosmet Sci, 2014, 36(1): 12 - 21.

[297] Aranaz I, Acosta N, Civera C, et al. Cosmetics and cosmeceutical applications of chitin, chitosan and their derivatives. Polymers (Basel), 2018, 10(2): 213.

[298] 李彦艳,张闪闪,任国栋. 甲壳动物,昆虫,真菌中甲壳素的提取进展. 食品研究与开发,2015,36(7): 5.

[299] 陈雪姣,姜启兴,许艳顺,等. 南极磷虾甲壳素的脱色工艺研究. 郑州轻工业学院学报: 自然科学版,2014,29(3): 5.

[300] 高乐平,杜予民,余华堂. 过氧化氢甲壳素脱色反应条件与分子量研究. 武汉大学学报: 理学版,

2002,48(4): 4.

[301] 孙翔宇,魏琦峰,任秀莲. 虾、蟹壳中甲壳素/壳聚糖提取工艺及应用研究进展. 食品研究与开发,2018,39(22): 6.

[302] Valdez-Pena A U, Espinoza-perez J D, Sandoval-fabian G C, et al. Screening of industrial enzymes for deproteinization of shrimp head for chitin recovery. Food Science & Biotechnology, 2010, 19(2): 553 - 557.

[303] Manni L, Ghorbel-bellaaj O, Jellouli K, et al. Extraction and characterization of chitin, chitosan, and protein hydrolysates prepared from shrimp waste by treatment with crude protease from Bacillus cereus SV1. Appl Biochem Biotechnol, 2010, 162(2): 345 - 357.

[304] Younes I, Ghorbel-bellaaj O, Nasri R, et al. Chitin and chitosan preparation from shrimp shells using optimized enzymatic deproteinization. Process Biochem, 2012, 47(12): 2032 - 2039.

[305] Lopes C, Antelo L T, Franco-Uría A, et al. Chitin production from crustacean biomass: Sustainability assessment of chemical and enzymatic processes. Journal of Cleaner Production, 2017, 172(PT. 4): 4140 - 4151.

[306] Flores-Albino B, Arias L, Gómez J, et al. Chitin and L (+)-lactic acid production from crab (Callinectes bellicosus) wastes by fermentation of Lactobacillus sp. B2 using sugar cane molasses as carbon source. Bioprocess Biosyst Eng, 2012, 35(7): 1193 - 1200.

[307] Yang J, Shih I I, Tzeng Y, et al. Production and purification of protease from a Bacillus subtilis that can deproteinize crustacean wastes* . Enzyme Microb Technol, 2000, 26(5 - 6): 406 - 413.

[308] Ghorbel-Bellaaj O, Hmidet N, Jellouli K, et al. Shrimp waste fermentation with Pseudomonas aeruginosa A2: optimization of chitin extraction conditions through Plackett-Burman and response surface methodology approaches. Int J Biol Macromol, 2011, 48(4): 596 - 602.

[309] Roberts R L, Bowers B, Slater M L, et al. Chitin synthesis and localization in cell division cycle mutants of Saccharomyces cerevisiae. Mol Cell Biol, 1983, 3(5): 922 - 930.

[310] Zhang X, Zhang C, Zhou M, et al. Enhanced bioproduction of chitin in engineered Pichia pastoris. Food Bioscience, 2022, 47.

[311] Ling M, Wu Y, Tian R, et al. Combinatorial pathway engineering of Bacillus subtilis for production of structurally defined and homogeneous chitooligosaccharides. Metab Eng, 2022, 70: 55 - 66.

[312] Stavila E, Loos K. Synthesis of lactams using enzyme-catalyzed aminolysis. Tetrahedron Letters, 2013, 54(5): 370 - 372.

[313] 陈俊,曹阳,汪定奇,等. 增强谷氨酸棒状杆菌羧化途径对有机酸产量的影响. 武汉科技大学学报,2021,44(2): 112 - 118.

[314] Li M, Chen J, Wang Y, et al. Efficient multiplex gene repression by CRISPR-dCpf1 in Corynebacterium glutamicum. Frontiers in Bioengineering and Biotechnology, 2020, 8: 357.

[315] Halmschlag B, Putri S P, Fukusaki E, et al. Poly-γ-glutamic acid production by Bacillus subtilis 168 using glucose as the sole carbon source: A metabolomic analysis. Journal of Bioscience and Bioengineering, 2020, 130(3): 272 - 282.

[316] 黄金,陈宁. γ-聚谷氨酸的性质与生产方法. 氨基酸和生物资源,2005,26(003): 4-8.

[317] 杨晓莉,冯志强,胡小红,等. 新型γ-聚谷氨酸吸水树脂的合成. 合成化学,2012.

[318] 朱学亮,罗文亚,李光,等. γ-聚谷氨酸水凝胶对Cd^2+,Pb^2+的吸附性能,2022(13).

[319] 耿鹏,吴坤,蔡亚慧,等. γ-聚谷氨酸的合成及应用. 许昌学院学报,2019,38(5): 92-95.

[320] Ogunleye A, Bhat A, Irorere V U, et al. Poly-γ-glutamic acid: production, properties and applications. Microbiology, 2015, 161(1): 1-17.

[321] 鞠蕾,马霞. γ-聚谷氨酸的提取方法改进. 现代化工,2011(S1): 4.

[322] 彭敏,张迎庆,王婷,等. 聚谷氨酸对食品的功能性影响研究进展. 中国食品添加剂,2021,(7): 138-142.

[323] Balogun-Agbaje O A, Odeniyi O A, Odeniyi M A. Drug delivery applications of poly-γ-glutamic acid. Future Journal of Pharmaceutical Sciences, 2021, 7(1): 1-10.

[324] 王梦娣. 聚谷氨酸合成方法及在农业上的应用. 中国盐业,2021,395(20): 48-50.

[325] Poo H, Park C, Kwak M S, et al. New Biological Functions and Applications of High-Molecular-Mass Poly-γ-glutamic Acid. Chemistry & biodiversity, 2010, 7(6): 1555-1562.

[326] 何宇,吕卫光,张娟琴,等. γ-聚谷氨酸的研究进展. 安徽农业科学,2020,48(18): 18-22.

[327] Sanda F, Fnjiyama T, Endo T. Chemical synthesis of poly-γ-glutamic acid by condensation of γ-glutamic acid dimer: synthesis and reaction of poly-γ-glutamic acid methyester. Polymer Science, 2001, 39(5): 732-741.

[328] Ogawa Y, Hosoyama H, Hamano M, et al. Purification and Properties of γ-Glutamyltranspeptidase from Bacillus subtilis (natta). Agricultural and biological chemistry, 1991, 55(12): 2971-2977.

[329] Shih L, Van Y T. The production of poly-(γ-glutamic acid) from microorganisms and its various applications. Bioresource Technology, 2001, 79(3): 207-225.

[330] 蔡亚慧,王青,王文玉,等. 暹罗芽孢杆菌LW-1产γ-聚谷氨酸发酵培养基的优化. 食品工业科技,2021,42(16): 163-170.

[331] 吴凌天,朱昀兰,曹梦蓉,等. 一株贝莱斯芽孢杆菌及其在联产微生物多糖和γ-聚谷氨酸中的应用. CN202010649356. 3.

[332] 王森林,刘文,吴彦,等. 一株甲基营养型芽孢杆菌、发酵γ-聚谷氨酸方法及应用. CN202110869912. 2.

[333] da Silva Filho R G, Campos A C A, Souza I S, et al. Production of Poly-γ-Glutamic Acid (γ-PGA) by Clinical Isolates of Staphylococcus Epidermidis. The Open Microbiology Journal, 2020, 14(1).

[334] Troy F A. Chemistry and Biosynthesis of the Poly (γ-d-glutamyl) Capsule in Bacillus licheniformis: I. Properties of the Membrane-mediated Biosynthetic Reaction. Journal of Biological Chemistry, 1973, 248(1): 305-315.

[335] Ashiuchi M, Shimanouchi K, Nakamura H, et al. Enzymatic synthesis of high-molecular-mass poly-γ-glutamate and regulation of its stereochemistry. Applied and environmental microbiology, 2004, 70(7): 4249-4255.

[336]　曹名锋,金映虹,解慧,等. γ-聚谷氨酸的微生物合成、相关基因及应用展望. 微生物学通报,2011,38(3): 388-395.

[337]　郑重,吴剑光,邱乐泉,等. 微生物聚谷氨酸(γ-PGA)合成酶及合成机理的研究进展. 生物技术通报,2010,6: 52-56.

[338]　Ashiuchi M. Biochemical engineering of PGA. Microbial Biotechnology, 2013, 6(6): 664-674.

[339]　姚文娟,范文俊,许小乐,等. γ-聚谷氨酸合成酶系PgsBCA结构的生物信息学分析. 南通大学学报(自然科学版),2012,11(2): 41-46.

[340]　Ashiuchi M, Yamashiro D, Yamamoto K. Bacillus subtilis EdmS (formerly PgsE) participates in the maintenance of episomes. Plasmid, 2013, 70(2): 209-215.

[341]　Fujita K I, Tomiyama T, Inoi T, et al. Effect of pgsE expression on the molecular weight of poly (γ-glutamic acid) in fermentative production. Polymer Journal, 2021, 53(2): 409-414.

[342]　Halmschlag B, Steurer X, Putri S P, et al. Tailor-made poly-γ-glutamic acid production. Metabolic engineering, 2019, 55: 239-248.

[343]　Hsueh Y H, Huang K Y, Kunene S C, et al. Poly-γ-glutamic acid synthesis, gene regulation, phylogenetic relationships, and role in fermentation. International journal of molecular sciences, 2017, 18(12): 2644.

[344]　严涛,郗洪生. 微生物合成γ-聚谷氨酸的相关基因,合成机理及发酵的研究进展. 生物技术通报,2015,31(3): 25-34.

[345]　Ohsawa T, Tsukahara K, Ogura M. Bacillus subtilis response regulator DegU is a direct activator of pgsB transcription involved in γ-poly-glutamic acid synthesis. Bioscience, biotechnology, and biochemistry, 2009, 73(9): 2096-2102.

[346]　Mader U, Antelmann H, Buder T. Bacillus subtilis functional genomics: genome-wide analysis of the DegS-DegU regulon by transcriptomics and protiomics. Molecular Genetics and Genomics, 2002, 268(4): 455-467.

[347]　Do T H, Suzuki Y, Abe N, et al. Mutations suppressing the loss of DegQ function in Bacillus subtilis (natto) poly-γ-glutamate synthesis. Applied and environmental microbiology, 2011, 77(23): 8249-8258.

[348]　Nagai T, Phan Tran L S, Inatsu Y, et al. A new IS 4 family insertion sequence, IS 4Bsu 1, responsible for genetic instability of poly-γ-glutamic acid production in Bacillus subtilis. Journal of Bacteriology, 2000, 182(9): 2387-2392.

[349]　Kimura K, Tran L S P, Do T H, et al. Expression of the pgsB encoding the poly-gamma-DL-glutamate synthetase of Bacillus subtilis (natto). Bioscience, biotechnology, and biochemistry, 2009, 73(5): 1149-1155.

[350]　Kimura K, Tran L S P, Funane K. Loss of poly-γ-glutamic acid synthesis of bacillus subtilis (natto) due to IS4Bsu1 translocation to swrA gene. food science and technology Research, 2011, 17(5): 447-451.

[351]　奚新伟,沙长青,王佳龙,等. γ-多聚谷氨酸的生物合成及其相关基因. 中国生物工程杂志,2004,24(8): 38-41,47.

[352] 朱学亮. γ-聚谷氨酸分子量的调控及其对重金属离子的吸附.开封：河南大学,2018.
[353] 陈咏竹. γ-多聚谷氨酸生产菌的诱变选育及重金属吸附的应用研究. 成都：四川大学,2005.
[354] 陈双喜,张二超,张乐乐,等. γ-聚谷氨酸生产菌株的常压室温等离子体诱变选育,中国医药工业杂志,2015,46(9)：960-964.
[355] 李楠. γ-PGA产生菌S004-50-01的筛选和优化培养.食品与发酵工业,2006,6(31)：1-6.
[356] 刘丹丹,臧毅鹏,王利,等. ARTP诱变选育γ-聚谷氨酸高产菌株快速筛选方法的建立. 安徽工程大学学报,2021,36(1)：7.
[357] Su Y, Li X, Liu Q, et al. Improved poly-γ-glutamic acid production by chromosomal integration of the Vitreoscilla hemoglobin gene (vgb) in Bacillus subtilis. Bioresource technology, 2010, 101(12)：4733-4736.
[358] 解慧. 透明颤菌血红蛋白在γ-PGA合成菌B. amyloliquefaciens LL3中的表达. 天津：南开大学,2012.
[359] 汤宝,冯小海,张丹,等. 通过透明颤菌血红蛋白基因表达提高γ聚谷氨酸的生物合成. 生物加工过程,2016,14(002)：1-6.
[360] Cai D, Chen Y, He P, et al. Enhanced production of poly-γ-glutamic acid by improving ATP supply in metabolically engineered Bacillus licheniformis. Biotechnology and bioengineering, 2018, 115(10)：2541-2553.
[361] Xu G, Wang J, Gu L, et al. Functional Characterization of CapBCA in Controlling Poly-γ-Glutamic Acid Synthesis in Corynebacterium Glutamicum, 2021.
[362] Yeh C M, Wang J P, Lo S C, et al. Chromosomal integration of a synthetic expression control sequence achieves poly-γ-glutamate production in a Bacillus subtilis strain. Biotechnology progress, 2010, 26(4)：1001-1007.
[363] Gao W, He Y, Zhang F, et al. Metabolic engineering of Bacillus amyloliquefaciens LL 3 for enhanced poly-γ-glutamic acid synthesis. Microbial biotechnology, 2019, 12(5)：932-945.
[364] 房俊楠,雷娟,许力山,等. 微生物发酵生产γ-聚谷氨酸研究进展. 应用与环境生物学报,2018,24(5)：1041-1049.
[365] Wei X, Ji Z, Chen S. Isolation of halotolerant Bacillus licheniformis WX-02 and regulatory effects of sodium chloride on yield and molecular sizes of poly-γ-glutamic acid. Applied biochemistry and biotechnology, 2010, 160(5)：1332-1340.
[366] 邹水洋,朱丹. 发酵过程中添加NaCl生产γ-聚谷氨酸的方法,CN102533885A. 2012.
[367] Cromwick A M, Birrer G A, Gross R A. Effects of pH and aeration on γ-poly (glutamic acid) formation by Bacillus licheniformis in controlled batch fermentor cultures. Biotechnology and Bioengineering, 1996, 50(2)：222-227.
[368] 赵晓行. 解淀粉芽孢杆菌YP-2产γ-聚谷氨酸的pH调控及变温发酵研究.郑州：河南农业大学,2017.
[369] 武琳慧,刘旭,刘姣姣,等. 一种利用谷氨酸发酵废弃菌体发酵生产聚谷氨酸的方法,CN108841882A. 2018.
[370] 张彦丽.利用味精废水培养枯草芽孢杆菌产γ-聚谷氨酸及初步表征.生态环境学报,2018,27

(10): 1949 - 1957.

[371] 韩文静,梁颖超,张广昊,等.利用味精及副产品发酵产聚谷氨酸条件研究.食品与发酵科技,2019,55(3): 39 - 42.

[372] Zhang C, Ren H, Zhong C. Preparation of γ-polyglutamic acid from enzymatic hydrolysate of poplar sawdust. Arabian Journal of Chemistry, 2021, 14(4): 103095.

[373] Shima S, Sakai H. Polylysine produced by Streptomyces. Agricultural and Biological Chemistry, 1977, 41(9): 1807 - 1809.

[374] Chheda A H, Vernekar M R. A natural preservative ε-poly-L-lysine: fermentative production and applications in food industry. International Food Research Journal, 2015, 22(1): 23 - 30.

[375] Tuersuntuoheti T, Wang Z, Wang Z, et al. Review of the application of ε-poly-L-lysine in improving food quality and preservation. Journal of Food Processing and Preservation, 2019, 43(10): e14153.

[376] Chen S, Huang S, Li Y, et al. Recent advances in epsilon-poly-L-lysine and L-lysine-based dendrimer synthesis, modification, and biomedical applications. Frontiers in Chemistry, 2021, 9: 169.

[377] Patil N A, Kandasubramanian B. Functionalized polylysine biomaterials for advanced medical applications: A review. European Polymer Journal, 2021, 146: 110248.

[378] 王爱霞,王秀文,秦加阳,等. ε-聚赖氨酸的生物合成及其在医药领域的应用. 滨州医学院学报,2020,43(3): 6.

[379] 冯艳芸,郭海娟,李海亮,等. 生物防腐剂聚赖氨酸研究进展. 农产品加工,2019,477(4): 57 - 62.

[380] Hiraki J, Masakazu H, Hiroshi M, et al. Improved ε-Poly-L-Lysine production of an S-(2-Aminoethyl)-L-cysteine resistant mutant of Streptomyces albulus. Seibutsu Kogakkaishi, 1998, 76: 487 - 493.

[381] Hiraki J, Ichikawa T, Ninomiya S, et al. Use of ADME studies to confirm the safety of epsilon-polylysine as a preservative in food. Regulatory Toxicology and Pharmacology, 2003, 37(2): 328 - 340.

[382] Chen W W, Zhu H Y, Xu H. Breeding of mass-producing ε-polylysine mutant and its batch fermentation. Industrial Microbiology, 2007, 37(2): 28 - 30.

[383] 陈玮玮,朱宏阳,徐虹. ε-聚赖氨酸高产菌株选育及分批发酵的研究. 工业微生物,2007,37(2): 28 - 30.

[384] Zong H, Zhan Y, Li X, et al. A new mutation breeding method for Streptomyces albulus by an atmospheric and room temperature plasma. Afr J of Microbiol Res, 2012, 6: 3154 - 3158.

[385] Nishikawa A M, Ogawa K. Distribution of microbes producing antimicrobial epsilon-poly-L-lysine polymers in soil microflora determined by a novel method. Applied and Environmental Microbiology, 2002, 68(7): 3575 - 3581.

[386] Geng W, Yang C, Gu Y, et al. Cloning of ε-poly-L-lysine (ε-PL) synthetase gene from a newly isolated ε-PL-producing Streptomyces albulus NK 660 and its heterologous expression in

Streptomyces lividans. Microbial Biotechnology, 2014, 7(2): 155-164.

[387] Liu Y J, Chen X S, Zhao J J, et al. Development of microtiter plate culture method for rapid screening of ε-poly-L-lysine-producing strains. Applied Biochemistry and Biotechnology, 2017, 183(4): 1209-1223.

[388] 张超,张东荣,贺魏,等. 一种简便的 ε-聚赖氨酸产生菌的筛选方法. 山东大学学报: 医学版, 2006,44(11): 1104-1107.

[389] 张海涛,李燕,欧杰,等. 诱变选育 ε-聚赖氨酸产生菌突变株. 食品科学,2007,28(9): 398-401.

[390] 王珂佳,邱树毅. 微生物菌种选育中基因组重排技术应用的研究进展. 食品工业科技,2020,41(3): 6.

[391] 仝倩倩,李亚亮,王顺昌,等. 微生物基因组重排技术研究进展. 赤峰学院学报(自然科学版), 2019,35(10): 18-19.

[392] Yin H, Ma Y, Deng Y, et al. Genome shuffling of Saccharomyces cerevisiae for enhanced glutathione yield and relative gene expression analysis using fluorescent quantitation reverse transcription polymerase chain reaction. J Microbiol Methods, 2016, 127: 188-192.

[393] Wang Y, Zhang G, Zhao X, et al. Genome shuffling improved the nucleosides production in Cordyceps kyushuensis. Journal of Biotechnology, 2017, 260(1): 42.

[394] Magocha T A, Zabed H, Yang M, et al. Improvement of industrially important microbial strains by genome shuffling: Current status and future prospects. Bioresource Technology, 2018 (6): 1-14.

[395] Wang L, Chen X, Wu G, et al. Genome shuffling and gentamicin-resistance to improve ε-poly-l-lysine productivity of Streptomyces albulus W-156. Applied biochemistry and biotechnology, 2016, 180(8): 1601-1617.

[396] Li S, Chen X, Dong C, et al. Combining genome shuffling and interspecific hybridization among Streptomyces improved ε-poly-L-lysine production. Applied biochemistry and biotechnology, 2013, 169(1): 338-350.

[397] Zhou Y P, Ren X D, Wang L, et al. Enhancement of ε-poly-lysine production in ε-poly-lysine-tolerant Streptomyces sp. by genome shuffling. Bioprocess and biosystems engineering, 2015, 38(9): 1705-1713.

[398] 秦加阳,王爱霞,薛宇斌,等. 一株小白链霉菌基因工程菌及其在 ε-聚赖氨酸生产中的应用. 中国,201911198884. 5.

[399] Hamano Y, Nicchu I, Shimizu T, et al. epsilon-Poly-L-lysine producer, Streptomyces albulus, has feedback-inhibition resistant aspartokinase. Applied Microbiology and Biotechnology, 2007, 76(4): 873-882.

[400] Xu Z X, Cao C H, Sun Z Z, et al. Construction of a genetic system for Streptomyces albulus PD-1 and improving poly (epsilon-L-lysine) production through expression of vitreoscilla hemoglobin. Journal of Microbiology & Biotechnology, 2015, 25(11): 1819.

[401] Xu D, Yao H, Cao C, et al. Enhancement of epsilon-poly-L-lysine production by overexpressing the ammonium transporter gene in Streptomyces albulus PD-1. Bioprocess and Biosystems

Engineering, 2018, 41(9): 1337 - 1345.

[402] Yamanaka K, Hamano Y and Oikawa T. Enhancement of metabolic flux toward ε-poly-l-lysine biosynthesis by targeted inactivation of concomitant polyene macrolide biosynthesis in Streptomyces albulus J Biosci Bioeng, 2020.

[403] Shima S, Sakai H. Poly-L-lysine produced by Streptomyces. Part Ⅱ. Taxonomy and fermentation studies. Agricultural and Biological Chemistry, 1981a, 45: 2497 - 2502.

[404] 廖莉娟,赵福林,陈旭升,等. 氨基酸对禾粟链霉菌生物合成 ε-聚赖氨酸的影响. 工业微生物, 2011,41(4): 7.

[405] Bankar S B, Singhal R S. Optimization of poly-ε-lysine production by Streptomyces noursei NRRL 5126. Bioresource technology, 2010, 101(21): 8370 - 8375.

[406] Chen X S, Tang L, Li S, et al. Optimization of medium for enhancement of epsilon-poly-L-lysine production by Streptomyces sp M-Z18 with glycerol as carbon source. Bioresource Technology, 2011, 102(2): 1727 - 1732.

[407] Chen X S, Ren X D, Dong N, et al. Culture medium containing glucose and glycerol as a mixed carbon source improves epsilon-poly-l-lysine production by Streptomyces sp M-Z18. Bioprocess and Biosystems Engineering, 2012, 35: 469 - 475.

[408] Xia J, Xu Z X, Xu H, et al. Economical production of poly (epsilon-L-lysine) and poly (L-diaminopropionic acid) using cane molasses and hydrolysate of streptomyces cells by Streptomyces albulus PD-1. Bioresource Technology, 2014.

[409] Kobayashi K, Nishikawa M. Promotion of ε-poly-l-lysine production by iron in Kitasatospora kifunense. World Journal of Microbiology and Biotechnology, 2007, 23(7): 1033 - 1036.

[410] Wang G, Jia S, Wang T, et al. Effect of ferrous ion on epsilon-poly-L-lysine biosynthesis by Streptomyces diastatochromogenes CGMCC3145. Current Microbiology, 2011, 62(3): 1062 - 1067.

[411] Kahar P, Iwata T, Hiraki J, et al. Enhancement of ε-polylysine production by Streptomyces albulus strain 410 using pH control. Journal of bioscience and bioengineering, 2001, 91(2): 190 - 194.

[412] Shih I L, Shen M H. Application of response surface methodology to optimize production of poly-epsilon-lysine by Streptomyces albulus IFO 14147. Enzyme and Microbial Technology, 2006, 39(1): 15 - 21.

[413] Chen X S, Li S, Liao L J, et al. Production of epsilon-poly-l-lysine using a novel two-stage pH control strategy by Streptomyces sp. M-Z18 from glycerol. Bioprocess and Biosystems Engineering, 2011, 34(5): 561 - 567.

[414] Ren X D, Chen X S, Zeng X, et al. Acidic pH shock induced overproduction of epsilon-poly-l-lysine in fed-batch fermentation by Streptomyces sp M-Z18 from agro-industrial by-products. Bioprocess and biosystems engineering, 2015, 38(6): 1113 - 1125.

[415] Wang L, Li S, Zhao J, et al. Efficiently activated ε-poly-L-lysine production by multiple antibiotic-resistance mutations and acidic pH shock optimization in Streptomyces albulus.

MicrobiologyOpen, 2019, 8(5): e00728.
[416] Pan L, Chen X; Wang K, et al. Understanding high ε-poly-l-lysine production by Streptomyces albulus using pH shock strategy in the level of transcriptomics. Journal of Industrial Microbiology and Biotechnology, 2019.
[417] Bankar S B, Singhal R S. Improved poly-ε-lysine biosynthesis using Streptomyces noursei NRRL 5126 by controlling dissolved oxygen during fermentation. Journal of microbiology and biotechnology, 2011, 21(6): 652 - 658.
[418] Xu Z, Feng X, Sun Z, et al. Economic process to co-produce poly (ε-l-lysine) and poly (l-diaminopropionic acid) by a pH and dissolved oxygen control strategy. Bioresource technology, 2015, 187: 70 - 76.
[419] Xu Z, Bo F, Xia J, et al. Effects of oxygen-vectors on the synthesis of epsilon-poly-lysine and the metabolic characterization of Streptomyces albulus PD-1. Biochemical Engineering Journal, 2015, 94: 58 - 64.
[420] Zhang Y, Feng X, Xu H, et al. Epsilon-poly-L-lysine production by immobilized cells of Kitasatospora sp. MY 5 - 36 in repeated fed-batch cultures. Bioresource Technology, 2010, 101 (14): 5523 - 5527.
[421] Stark D, von Stockar U. In situ product removal (ISPR) in whole cell biotechnology during the last twenty years. Advances in Biochemical Engineering/Biotechnology, 2003, 80: 149 - 175.
[422] Liu S R, Wu Q P, Zhang J M, et al. Production of epsilon-poly-L-lysine by Streptomyces sp using resin-based, in situ product removal. Biotechnology Letters, 2011, 33(8): 1581 - 1585.
[423] Liu S R, Yang X J, Sun D F. Enhanced production of ε-poly-L-lysine by immobilized Streptomyces ahygroscopicus through repeated-batch or fed-batch fermentation with in situ product removal. Bioprocess and Biosystems Engineering, 2021: 1 - 12.
[424] Kahar P, Kobayashi K, Iwata T, et al. Production of epsilon-polylysine in an airlift bioreactor (ABR). Journal of Bioscience and Bioengineering, 2002, 93(3): 274 - 280.
[425] Zeng X, Miao W, Wen B, et al. Transcriptional study of the enhanced ε-poly-L-lysine productivity in culture using glucose and glycerol as a mixed carbon source. Bioprocess and Biosystems Engineering, 2019, 42(4): 555 - 566.
[426] Wu F, Cai D, Li L, et al. Modular metabolic engineering of lysine supply for enhanced production of bacitracin in Bacillus licheniformis. Applied Microbiology and Biotechnology, 2019, 103(21 - 22) : 8799 - 8812.
[427] Bai C, Zhang Y, Zhao X, et al. Exploiting a precise design of universal synthetic modular regulatory elements to unlock the microbial natural products in Streptomyces Proceedings of the National Academy of Sciences, 2015.
[428] Ding R, Li G J. Synthesis and application prospects of biopolymers poly (malic acid) and its derivatives. Polymer Bulletin, 2005(2): 48 - 56.
[429] 何太波,袁恺,周卫强,等. 出芽短梗霉发酵制备聚苹果酸研究. 生物化工,2020(6): 134 - 139.
[430] 刘滨,于海峰. 短梗霉筛选鉴定及溶氧对其发酵的影响. 食品工业科技,2018,39(6): 102 - 107.

[431] Madi N, McNeil B, Harvey L. Effect of exogenous calcium on morphological development and biopolymer synthesis in the fungus Aureobasidium pullulans. Enzyme and microbial technology, 1997.

[432] Madi N, McNeil B, Harvey L. Influence of culture pH and aeration on ethanol production and pullulan molecular weight by Aureobasidium pullulans. Journal of Chemical Technology and Biotechnology Biotechnology, 2015, 65(4): 343 - 350.

[433] Botic T, Kralj-Kuncic M, Sepcic K, er al. Biological activities of organic extracts of four Aureobasidium pullulans varieties isolated from extreme marine and terrestrial habitats. Natural Product Research, 2014, 28(12): 874 - 882.

[434] 李虹庆. 聚苹果酸生产菌的高通量筛选及发酵特性研究. 重庆: 西南大学,2017.

[435] 吕磊磊,周丹凤,陈林杰,等,聚苹果酸高产菌的筛选与鉴定. 食品工业科技,2020.

[436] 陈珊,黄艳玲,张乐,等. 微生物发酵生产聚苹果酸的测定研究. 农产品加工,2017(5): 51 - 53.

[437] 毕艺成,陆宏艳,王浩,等.两步超滤膜法分离提取发酵液中聚苹果酸. 膜科学与技术,2015,35(1): 97 - 102.

[438] 王浩,郑谊丰,程媛媛,等. 离子交换法从发酵液中提取聚苹果酸. 离子交换与吸附,2010,27(3): 257 - 263.

[439] Wang Y, Quan Y, Song C. Progress in microbial synthesis and application of polymalic acid. Chinese Journal of Biotechnology, 2014, 30(9): 1331 - 1340.

[440] Zou X, Cheng C, Feng J, et al. Biosynthesis of polymalic acid in fermentation: advances and prospects for industrial application. Critical Reviews in Biotechnology, 2019, 39(3): 408 - 421.

[441] Lee B S, Fujita M, Khazenzon N M, et al. Polycefin, a new prototype of a multifunctional nanoconjugate based on poly (β-L-malic acid) for drug delivery. Bioconjugate Chemistry, 2006, 17(2).

[442] Fujita M, Khazenzon N M, Ljubimov A V, et al. Inhibition of laminin-8 in vivo using a novel poly (malic acid)-based carrier reduces glioma angiogenesis. Angiogenesis, 2006, 9(4): 183 - 191.

[443] Fujita M, Lee B S, Khazenzon N M, et al. Brain tumor tandem targeting using a combination of monoclonal antibodies attached to biopoly (β-L-malic acid). J Control Release, 2007, 122(3): 356.

[444] Ljubimova J Y, Fujita M, Khazenzon N M, et al. Nanoconjugate based on polymalic acid for tumor targeting. Chemico-Biological Interaction, 2008, 171(2): 195 - 203.

[445] Ljubimova J Y, Fujita M, Ljubimov A V, et al. Poly (malic acid) nanoconjugates containing various antibodies and oligonucleotides for multi-targeting drug delivery. Nanomedicine, 2008.

[446] Portilla-Arias J, Pati R, Hu J, et al. Nanoconjugate platforms development based in poly (β-L-malic acid) methyl esters for tumor drug delivery. Journal of Nanomaterials, 2010.

[447] Inoue S, Ding H, Portilla-Arias J, et al. Polymalic acid-based nanobiopolymer provides efficient systemic breast cancer treatment by inhibiting both HER2/neu receptor synthesis and activity. Cancer Research, 2011, 71(4): 1454.

[448] Inoue S, Pati R, Portilla-Arias J, et al. Nanobiopolymer for direct targeting and inhibition of EGFR expression in triple negative breast cancer. PLoS ONE, 2012, 7(2): e31070.

[449] Zhang J, Chen D, Liang G, Xu W, et al. Biosynthetic polymalic acid as a delivery nanoplatform for translational cancer medicine. Trends in Biochemical Sciences, 2021, 46(3): 213 - 224.

[450] Li S P, Yan Y H, Zhang Q S, et al. Biodegradable conductive biomedical polymer materials. ZL200810197694. 7, 2009.

[451] Zou X, Li S, Wang P, et al. Sustainable production and biomedical application of polymalic acid from renewable biomass and food processing wastes. Critical Reviews in Biotechnology, 2020, 41(2): 216 - 228.

第4章 工程活体材料

4.1 工程活体材料的概念和组成

工程活体材料(engineered living material,ELM)是由活细胞(主要是微生物)组成的工程材料,活细胞形成或组装材料本身(响应功能或/和支架功能),或以某种方式调节材料的功能性能。工程活体材料的发展将推动合成生物学、材料工程、纳米技术、生物材料、人工智能的边界和前沿,并引导产生新的领域。生命系统所拥有的自我复制、自我修复和环境响应以及与无机物或/和有机物能够发生相互作用的属性使得生物系统能够开发出具有特殊性能的工程活体材料(图 4-1)[1]。

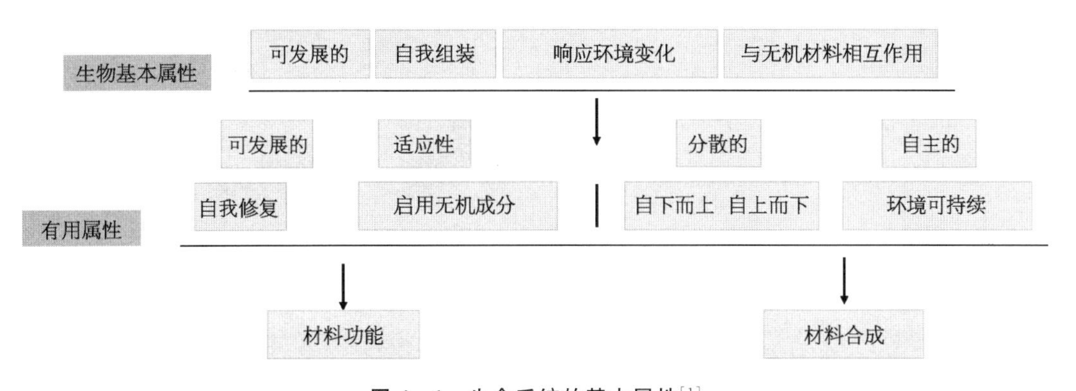

图 4-1 生命系统的基本属性[1]

为了设计工程活体材料,ELM 需将合成生物学和材料科学进行融合。合成生物学主要涉及学习、设计、构建和测试方面的应用,通过基因工程改造的生物体具有新的功能或者某些方面得到了强化(例如材料生产、感应和响应功能)。在合理的设计和规划后,ELM 研究者将其与自然材料和工程材料的工艺、结构和属性相结合,从而实现研究者设计的新功能材料的目标(图 4-2)[2]。已有的 ELM 领域主要涉及藻类、细菌、真菌和植物等的基因工程构建。活细胞充当材料工厂,利用环境中的能量原料来制造生物聚合物物件,并指导所需材料的形成或维持,或者将其他无机聚合物、颗粒或支架以某种方式集成到材料中,作为材料组装的一部分,这是 ELM 和其他生物混合装置之间的一个关键区别(图 4-3)。ELM 工程技术领域存在多种形式,例如材料成分的基因工程改造,或者用简单的空间/机械工程技术来限制或定位细胞。ELM 可由细胞组成,也可由细胞分泌物构成大部分的支架材料(如在生物被膜中)。与大多数利用纯化成分进行自组装的生物材料不同,ELM 能够在包含多种成分,如营养原料或代谢废物的复杂条件下有力地指导材料的形成。如果需要,也可以在特定时期处理 ELM 以清除或杀死活细胞,保留已组装的材料,而不用考虑细胞的维持或潜在的生物安全威胁等问题。

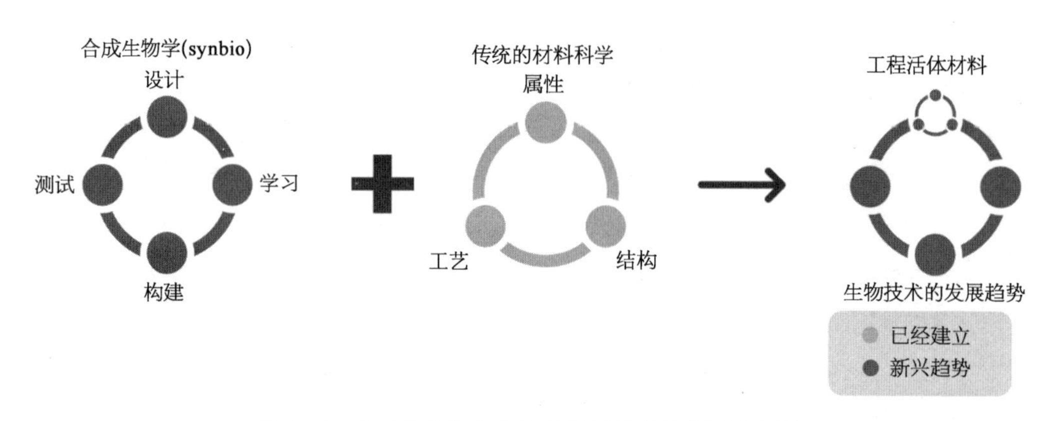

图 4-2　合成生物学与传统的材料科学的交叉融合[2]

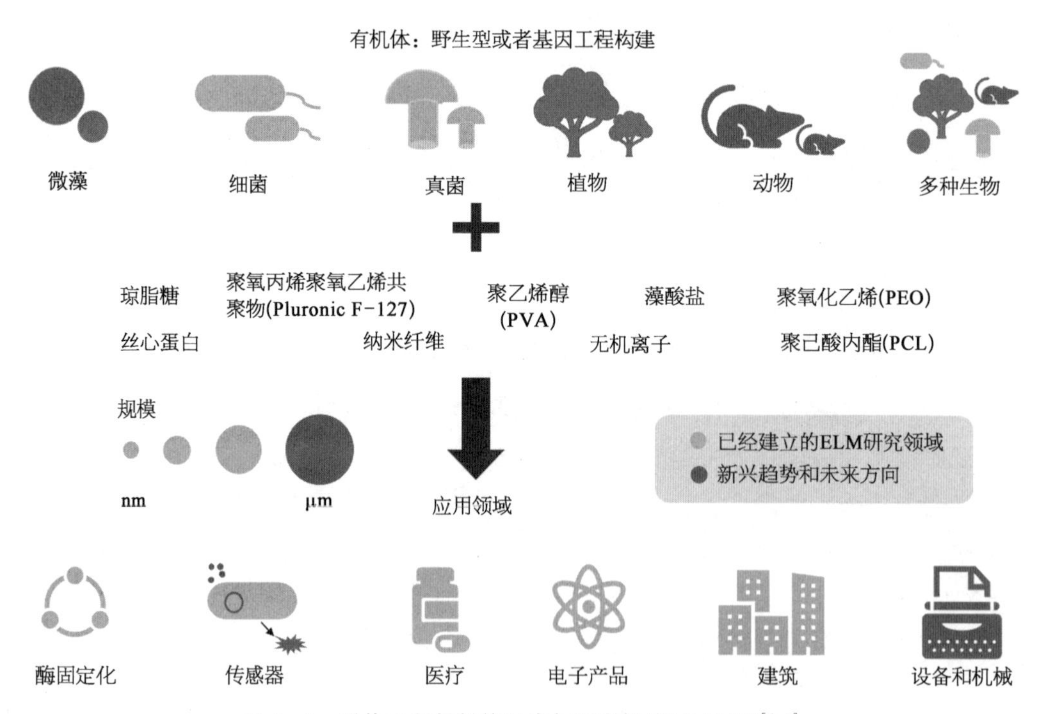

图 4-3　活体工程材料的组成与研究领域(见彩插)[2,3]

4.2　工程活体材料的应用研究

工程活体材料概念的支柱是工程活细胞在材料合成、自组织到更高阶结构，以及维护这些结构以响应环境刺激等方面中发挥积极作用。这些研究的起点是细菌，因为它们繁殖迅速，而且许多细菌在基因上是可控制的。在细胞生物被膜形成的过程中，细胞向胞外分泌胞外多糖、蛋白质和 eDNA 等物质，组装成复杂的空间结构，称为胞外基质(extracellular matrix，ECM)。胞外多糖是 ECM 中含量最高的物质，由各种碳水化合物单体组成，它们结构多样且复杂。在功能上，多糖作为一种"分子胶"，允许细菌在表面和彼此之间非特异性黏附，还可以保护细胞免受恶劣环境的影响。作为一个工程平台，胞外多糖由于其在 ECM 中含量较高、易分离和具有较高的稳定性而具有优势。然而，与蛋白质和核酸相比，使用基因工程技术对多糖进行结构修饰较为困难，这是因为各物种的生物合成途径缺乏标准化。细胞外蛋白也是一种常见的细菌生物被膜基质成分，其形式为功能性淀粉样蛋白、菌毛和鞭毛。特别是功能淀粉样蛋白，最近作为材料工程的支架已引起了诸多关注。与多糖不同，蛋白质是直接由基因编码的，因此它们作为 ELM 具有诱人的功能特征，如催化或特定的结合功能。

绿色、安全和连续的生物催化是酶工程行业的重要需求，因此生物安全性高、生物相容性好，以及可实现连续催化的酶支架显得格外重要。因此，生物支架由于其生物兼容性和可再生性，已成为构建酶组合的理想材料。生物相容性使得生物支架更适宜安全和绿色生产，特别是在食品加工、生物活性剂生产和诊断方面。可再生性使得工程生物催化剂无需复杂的再修复，即可通过简单的自我增殖再生，因此该特性对连续生物催化工艺具有极大的吸引力。鉴于生物支架独特的生物相容性和可再生性，它们可分为非活体(多糖、核酸和蛋白质)生物支架和活体(病毒、细菌、真菌、孢子和生物膜)生物支架。接下来将重点介绍用于酶的组装与催化的活体生物支架。

4.2.1　基于细菌纤维素的活体材料应用研究

细菌细胞表面多糖(如脂质多糖和荚膜多糖)具有极大的结构复杂性，为创造多种功能性的活体材料提供了机会。Yi 等[4]通过使用细胞体内生物合成系统对一种常见的细菌多糖岩藻糖进行修饰。将 *Bacterioides fragilis* 的 GDP-岩藻糖途径合并入大肠杆菌中，取代原生大肠杆菌 GDP-岩藻糖从头合成途径，实现了各种非天然岩藻糖的整合。各种化学功能组，如叠氮化物、炔、酮或氨基酸组，被代谢工程设计成多糖。总的来说，代谢糖工程在化学生物学领域得到了更广泛的应用。利用代谢工程制造具有非标准化学成分的多糖聚合物的这一方法，对 ELM 的发展具有诱惑力。然而，在这项战略对可扩展材料制造更加实用之前，可能需要解决与改性糖的加工效率低有关的问题。

在细菌产生的多种胞外多糖中，纤维素(如黄原胶、葡聚糖、藻酸盐和其他胞外多糖)

近年来最受关注。细菌纤维素和植物或海藻产生的天然纤维素具有相同的分子结构单元,但细菌纤维素纤维却有许多独特的性质,比如其无木质素等伴生产物,具有高结晶度、高抗张强度,超精细网状结构、很强的持水能力、较高的生物相容性、适应性和良好的生物可降解性等。

高纯度和优异的性能使细菌纤维素纤维可在医用材料、食品工业、造纸工业、高级音响设备振动膜等领域广泛应用。人们早在古代就已经发现含有细菌纤维素的物质,如在《齐民要术》中就有在食醋酿制过程中发酵液表面形成凝胶状菌膜的记载。1976 年,布朗(R. M. Brown)及其合作者首次描述了纤维素生物合成过程中醋酸菌的运动。多年来,细菌纤维素就一直是值得研究的课题之一。最近,细菌纤维素成为合成生物学和材料科学领域关注的焦点,一方面是因为自然产生的纤维素产生菌株,如 *Gluconobactesr xylinum*,较容易在实验室条件下培养;另一方面,与其他细菌生成的薄膜(pellicle)相比,*G. xylinum* 产生的薄膜在机械方面更稳健,可适宜进行各种物理操作,包括干燥等。科研人员不断推进细菌纤维素作为材料的新研究,如以开发基因工具来控制其机械和功能特性,以及通过更为先进的制造技术将其塑造成各种有用的形态。

人们可以通过改变或优化纤维素的特定生物合成通路,以及利用代谢工程技术来提高纤维素等生物聚合物的产量或改变其化学成分。Fang 等[5]从商业菌 *Agrobacterium sp*.中提取到生物被膜基质成分——凝胶多糖 curdlan(β-1,3-葡聚糖)。尽管凝胶多糖和纤维素都利用同一种前体(UDP-葡萄糖)进行生物合成,但由于葡萄糖单体之间通过 β-1.3-连接,在人体中凝胶多糖比纤维素更容易降解,这使得它可作为潜在的组织工程化支架。为了创造一种将纤维素的机械稳健性与凝胶多糖的降解性相结合的材料,研究人员将单个凝胶多糖合成酶基团引入纤维素生产菌株 *Gluconobactesr xylinum*,从而实现凝胶多糖和纤维素可同时分泌,以制造出一种复合薄膜,包括混合凝胶多糖和纤维素两种多糖相互交织的纤维,该复合薄膜的表面形态和亲水性特性介于纯凝胶多糖或纯纤维素材料之间。因此,证明了其同时具有对多种生物聚合物进行生物合成和组装的工程细胞类型的能力。Florea 等[6]发现一种新的纤维素产生菌株 *Komagataei bacterrhaeticus* iGEM,该菌株含有一个可基因编码的纤维素生产通路,研究人员将该菌株设计为与“工具包”兼容,如带注释的染色体、一个小质粒库和一组报告基因,从而使得这种菌株的工程化更易被接受。研究人员还基于酰基高丝氨酸内酯(AHL)的群体感应通路搭建了一个可诱导系统,该系统可控制纤维素的生产,并证明了其在细菌生长阶段可用于在空间和时间上对纤维素薄膜进行构图的作用。Mangayil 等[7]通过重组内源性细菌纤维素合成酶(BC)操作子,将 *Komagataeibacter xylinus* 的纤维素产量增加了 4 倍。与野生型菌株相比,BC 操作子中所有 4 个基因过表达,共同促进聚合物的生物合成、调节、链结晶和出口,导致葡萄糖使用效率更高、纤维素膜更厚。除了通过合成生物学相关技术改造细菌以提高纤维素生产效率之外,还可能通过微技术、材料科学技术等对细菌纤维素的产生和性能进行优化,比如利用微流体封装和处理技术,已证明 *G.xvlinus* 被封装在微流体液滴系统中几天后可生产纤维素微球[8]。

由于对细菌纤维素的编码基因修改比较困难,因此,目前的研究大多基于将其作为一种支架材料,通过对其他蛋白编码基因的编辑来实现功能物质在纤维素上的固定,进而利用形成的纤维素膜来实现功能。Gilbert 等[9]将酵母菌株设计成酶表达及分泌的工厂,合成分泌的酶融合有与纤维素固定的标签,酶固定到细菌纤维素中,可产生自主生长的催化材料。此外,工程酵母可以置于生长中的纤维素基质中,创造出能够感知和响应化学和光学刺激的活体材料(图 4-4)。这种细菌和酵母的共生培养是生产细菌纤维素工程活体材料的灵活平台,在生物感应和生物催化方面具有潜在的应用价值。工程生物合成途径为控制 ELM 的化学成分和材料特性提供了新的机会。就其本身来说,从生物制造或新型聚合物的角度来看,这种控制是有价值的,对于 ELM 的发展具有特别的意义。

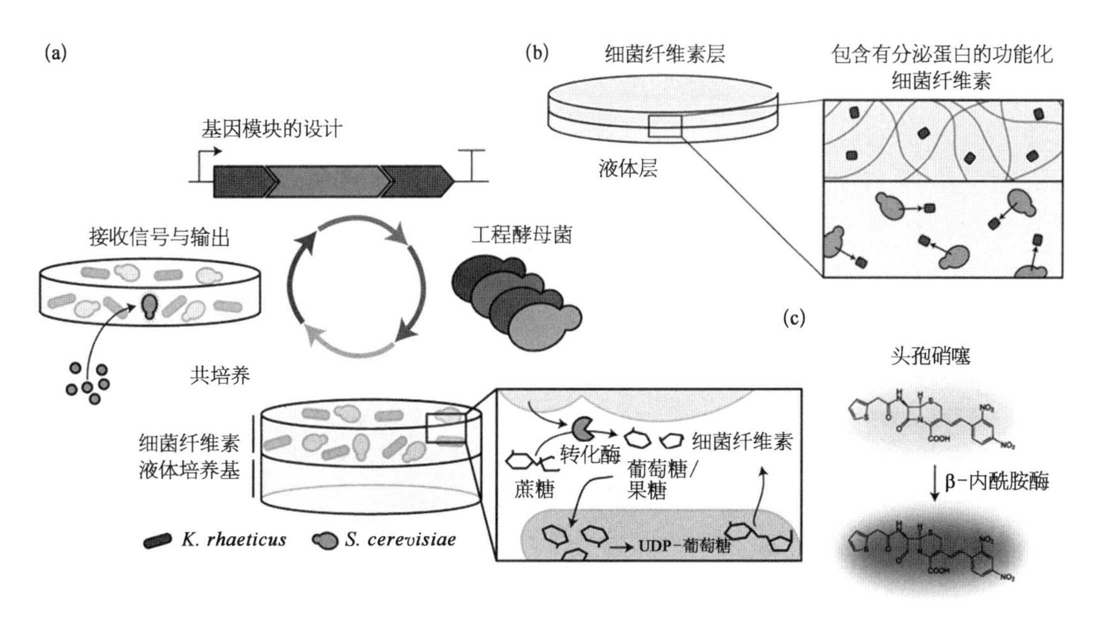

图 4-4 使用工程多糖作为结构基质进行 ELM 制造(见彩插)

(a) 基于康普茶设计合成功能化工程活体材料的原理图;(b) 酿酒酵母细胞(绿色)分泌一种蛋白质(红色),它并入细菌纤维素层(灰色);(c) 头孢硝噻通过 β-内酰胺酶从黄色底物转化为红色产物[9]。

4.2.2 基于生物被膜淀粉样蛋白的活体材料应用研究

蛋白质工程能够调控聚合物序列,从而能够使其具备复杂的功能,如特定的分子识别、有序自组装和催化等,自然产生的生物系统。正是出于这些原因而使用蛋白构建模块,如胶原蛋白、角蛋白和丝绸等。

研究人员早期成功地将微生物细胞表面重构为可编程支架,用于调节细胞之间和细胞外环境的其他元素之间涉及 S-layer 蛋白质的相互作用[10]。S-layer 是一种古老的细胞封装策略，在几乎所有古生物和许多品种的革兰氏阳性和阴性细菌中均有发现，它们依赖蛋白质而组装成二维结构[11]。单层晶格状 lattice-like 蛋白质可以采用具有各种对称的晶体模式，并在膜状屏障功能、细菌黏附和酶支架中发挥作用。将异质结构域与 S-layer 进行基因融合，可以使其成为创造新型合成纳米生物材料的有用支架[11,12]。事实上，将丰富的工具集与从 *Lactobacillus* spp.等来源的 S-layer 蛋白质进行结合的方式，已经用于包括疫苗研发、重金属生物修复、传感器诊断和无细胞纳米生物材料等领域[12]。细菌细胞表面显示的变种侧重于控制对 ELM 开发可能特别感兴趣的高阶相互作用[13]。Morais 等[14]设计了一个由 *Lactobacillus plantarum* 组成的联合体，并将其协同组装成一种细胞外人工纤维素降解酶复合物或纤维素酶。该联合体由 3 种菌株组成，其中 2 种菌株被修饰为可溶性形式的重组纤维素和木聚糖酶，可分别融合到不同的 dockerin 域。第 3 种菌株利用细胞壁锚定方案来展示一个装配支架。联合体能够降解纤维素生物质，其效率与相应的可溶性酶基本一样高，且稳定性更强。这种将任务划分在不同的工程菌株之间的策略可能是一种有效的方法，可避免对任何单个细胞类型的代谢造成过重的负担。

近几年，生物被膜淀粉样蛋白作为工程活体材料支架的相关研究取得较大进展(图 4-5)。研究最清楚的功能淀粉样蛋白是由大肠杆菌产生的Curli系统，在 *Salmonella*、*Citrobacter* 和 *Enterobacter spp*.中也有表征[15]。大肠杆菌的 Curli 纤维由 CsgA 的细胞外自组装形成，CsgA 是一种 13kDa 的蛋白质，以非结构化单体的形式分泌，然后在胞外聚合。已有几个研究组利用 Curli 纤维制作出支架高度可设计的功能材料。

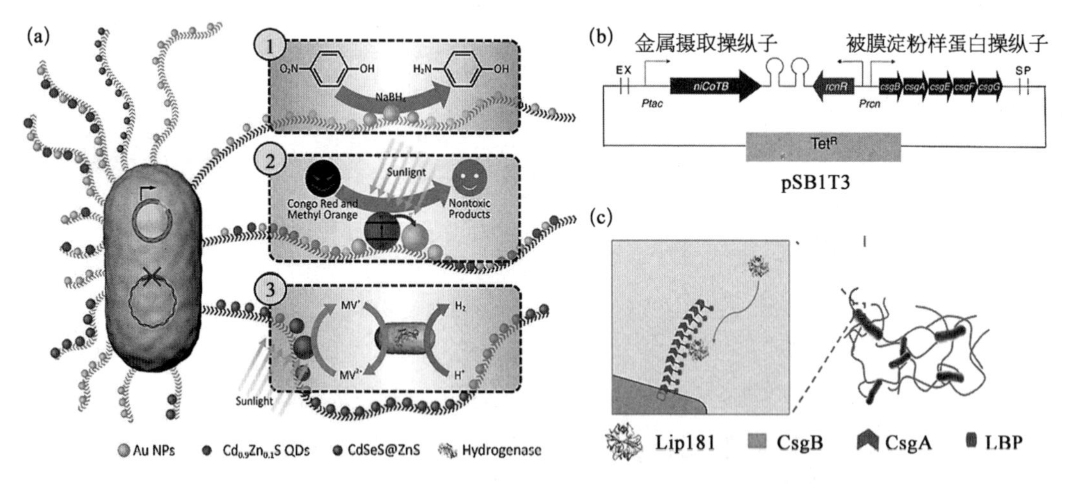

图 4-5 大肠杆菌生物被膜淀粉样蛋白作为工程活体材料支架的相关研究(见彩插)

(a) ① 生物被膜锚定的 Au NP 可将有毒的对硝基苯酚(PNP)可循环催化还原为无害的对氨基苯酚；② 生物被膜固定的多相纳米结构(Au NPs/$Cd_{0.9}Zn_{0.1}S$)基于光诱导电荷分离，光催化有机染料降解为低毒产物；③ 生物被膜锚定的量子点与工程菌株耦合使光诱导制氢成为可能，电子以甲基紫精(MV)为媒介从量子点转移到氢化酶(PAP)[20]。(b) 生物被膜锚定金属捕获蛋白 NicoT，用于捕获金属镍和钴[22]。(c) 生物被膜通过脂肪酶结合肽 LBP 固定脂肪酶 Lip181[25]。

Chen 等证明,这种整体策略可在细胞生长过程中实现细胞外纤维的原位组装[16]。此外,还可通过控制 CsgA 和 Curli 系统中另一种蛋白质 CsgB 的相对浓度,以及蛋白质结构,如融合接头(fused linkers)等,调整 Curli 纤维的纳米力学特性[17]。Nguyen 等开发了生物被膜集成纳米纤维展示技术(BIND)[18]。Botyanszki 等[19]在后续研究中采用了一种流行且高效的工程双组分"SpyTag/SpyCatcher"共价生物偶联技术,可在生物被膜上固定酶。钟超课题组[20]则利用生物被膜锚定金纳米粒子减少了硝基芳烃化合物,如污染物 p-硝基酚的出现,并利用生物被膜锚定混合 $Cd_{0.9}Zn_{0.1}S$ 量子点和金纳米粒子,在半人工光合作用系统中降解有机染料和生物被膜锚定 CdSeS@ZnS 量子点,用于氢气生产。

除了对具有纳米级特性的基因进行控制外,工程化生物被膜活体材料在环境、能源等宏观领域均有应用[21]。为了发挥 ELM 的真正潜力,使其能够根据环境信号做出响应,可对 Curli 基质进行适当的持续重塑,比如对重金属的响应和吸附[22]。研究者利用基因编码的 SpyTag+SpyCatcher 结合方案来制造模块化的细胞外聚合物[23]。Duprey 等设计了一种大肠杆菌菌株来产生一种"细菌生物过滤器",以响应金属离子浓度的提高。NicoT 是一种来自 *Novosphingobium aromaticivorans* 的外源金属转运体,可使其在大肠杆菌中重新表达,以增强细胞对镍离子和钴离子的吸收。该方法与"合成黏附性操作子"相结合,触发了各种生物被膜的形成。由此产生的菌株可以感知环境中的金属,并产生生物被膜来吸附重金属[24]。但是 SpyTag/SpyCatcher 存在阻碍酶功能的问题,因此,董浩和黄娇芳等利用噬菌体亲和肽筛选技术,筛选到脂肪酶的结合肽(LBP),将其改性(LBP2)后与 CsgA 共表达(CsgALBP2),开发了大肠杆菌 BL21△CsgA - CsgB - CsgALBP2(LBP2 功能化)生物被膜作为表面展示平台,以最大限度地提高脂肪酶(Lip181)的催化性能。Lip181 固定到 LBP2 功能化生物被膜材料上后,显示出了更强的恒温性,以及 pH 和存储稳定性。令人惊讶的是,通过这种固定策略,固定 Lip181 的相对活性从 8.43 U/mg 增加到 11.33 U/mg。此外,LBP2 功能化生物被膜材料上乳糖的最高负荷达到 27.90 mg/g 的湿生物被膜材料,相当于 210.49 mg/g 的干生物被膜材料,显示了其具有高酶装载表面的潜力。此外,固定的 Lip181 用于水解邻苯二甲酸酯,对二丁基邻苯二甲酸盐的水解率高达 100%。因此,在最大化酶性能方面,LBP2 介导的脂质固定比传统的 SpyTag/SpyCatcher 策略更有利[25]。

此外,黄娇芳等基于生物被膜淀粉样蛋白 TasA 的工程化改造,构建和开发了一种枯草芽孢杆菌生物被膜活体材料平台(图 4-6),相对于以往报道,该平台能展示更大、更多功能的蛋白质并且已成功实现了功能化应用,比如对具有环境修复功能的有机磷水解酶 OPH 和塑料降解酶 MHETase、黏性可调节的活体胶水以及活体催化的功能验证等[26,27]。

总之,生物被膜工程领域的研究层出不穷,除了上面的几个例子之外,还涉及各种方法和应用,如从生物修复方案到连续流动生物催化系统等[28-30]。科学家们正在重点研究

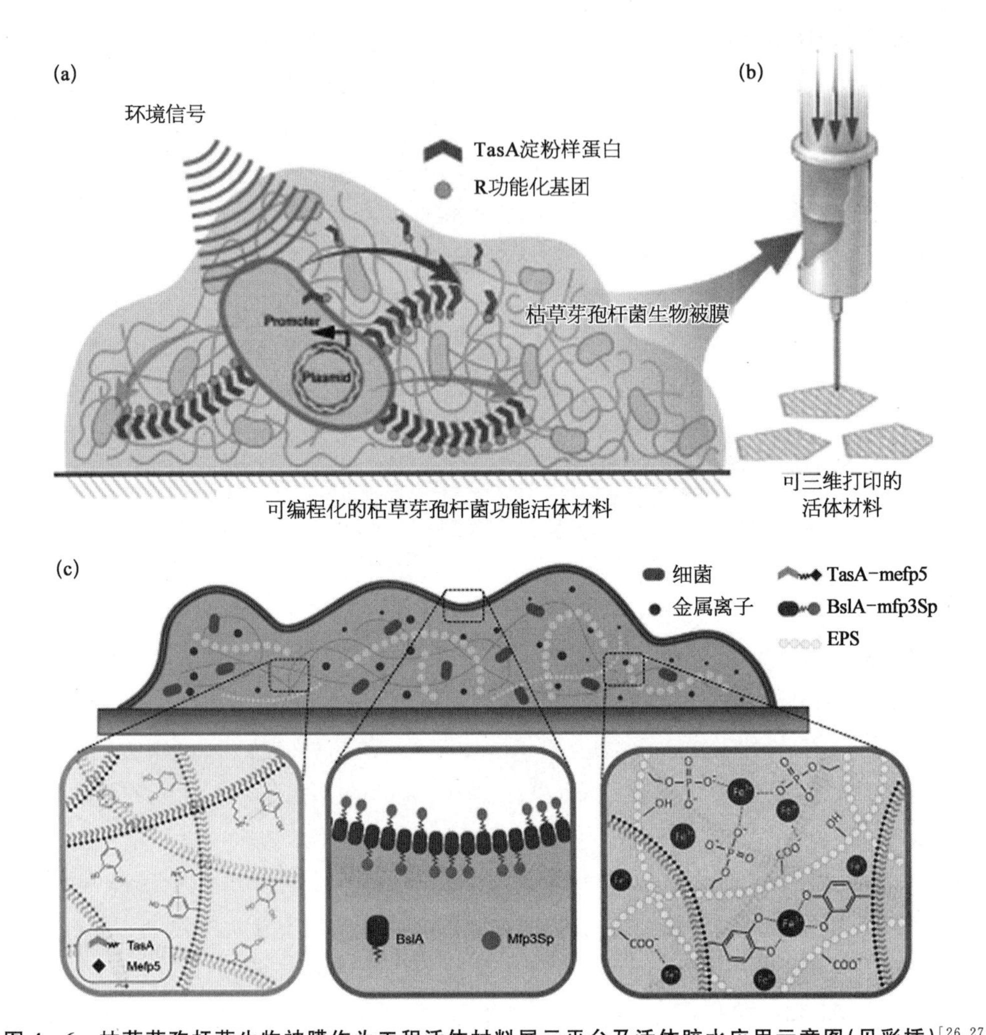

图 4-6　枯草芽孢杆菌生物被膜作为工程活体材料展示平台及活体胶水应用示意图(见彩插)[26,27]

与推进 ELM 相关的应用研究,目标是使用工程工具对活细胞和材料的组装进行时空控制。

4.2.3　活体材料用于生物传感的应用研究

由于生物系统能够接收外界信号从而做出响应,因此在某些特定的刺激下,可以激活特定基因表达,这是生物系统用于开发工程活体传感器的重要前提。而这样的刺激和响应一般情况下是通过启动子开关来实现的。比如,细菌生物传感可以通过修饰激酶、转录因子、阻遏物或 RNA 核糖体开关,进而激活报告蛋白的合成以响应信号的输入[31]。目前的研究一般是以荧光蛋白或者生物发光蛋白作为报告分子,这样有利于检测和定量分析。单一的被检测信号输入可实现报告基因的表达,并且报告基因的表达是持续性的积累,从而达到信号放大的效果[32]。生物传感器在使用时,生物安全性问题是研究者必须要考虑的问题，可以通过引入毒性蛋白基因和自杀基因，控制菌株的繁殖；或者将细菌封装在凝胶中，防止菌体扩散到环境中。如果在微生物体内构建编码检测系统的基因线路，再将其封装到特定的材料中，能够实现菌体的生长以及响应，且菌体不会发生逃逸，避免生物安全问题，整个生物传感器是稳定、可持续，且具有成本效益的[31,33,34]。

生物传感器已经在环境污染物、疾病诊断和穿戴设备等领域得到初步尝试。在环境污染物检测方面，研究者们利用金属离子特异性感应启动子构建细胞传感器，检测环境中的重金属离子[35-37]。He 等[38]利用群体感应系统和酚类检测模块联合运用，用于检测有机磷，同时菌体细胞表达降解有机磷的酶。华东理工大学叶邦策老师团队基于转录因子 YhaJ 的系统在大肠杆菌 MG1655 中设计了人工遗传回路，以检测炸药的爆炸性成分 2,4-二硝基甲苯(2,4-DNT)(图 4-7a)[39]。一种基于工程酵母细胞和产纤维素的细菌 *Komagataeibacter rhaeticus* bacteria 共培养的自生长活材料生物传感器可以通过酵母细胞检测雌激素类固醇激素 β-雌二醇，最低检出限为 5 nM[9]。

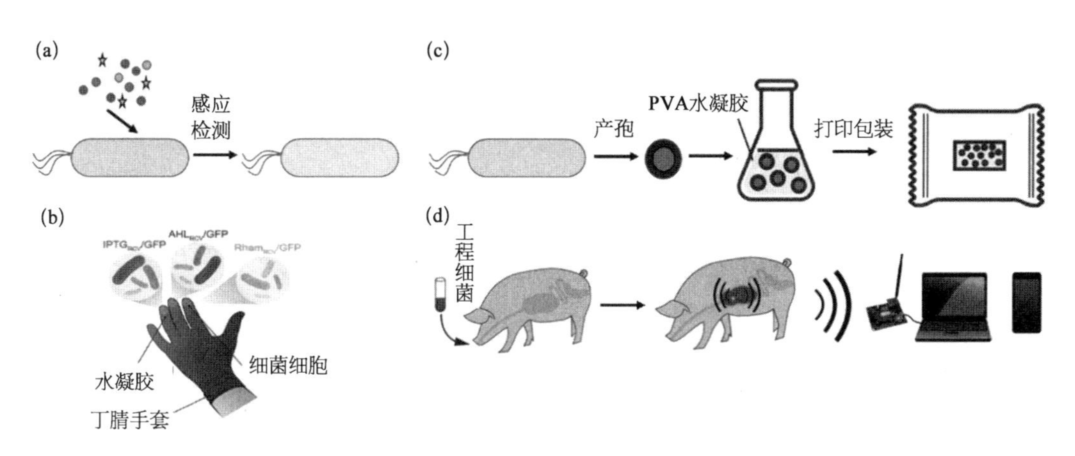

图 4-7　活体材料作为生物传感器(见彩插)

(a) 改造过的细菌可以封装在基质中，用于检测和响应分析物产生的荧光信号[35-37]；(b) 三维打印的活体文身用于检测小分子[33]；(c) 枯草芽孢杆菌封装在材料中，用于检测和杀死致病菌金黄色葡萄球菌[42]；(d) 小药丸可检测肠出血通过无线传输检测结果[34]。

Mora 等[40]通过将转基因大肠杆菌封装在琼脂糖水凝胶中检测牛奶中的乳糖或半乳糖，用于人类食物调节的检测。因大肠杆菌不能产孢子，而且琼脂糖的机械性稳定较差，不能低温保存，因此限制了其规模化生产。令人开心的是，枯草芽孢杆菌一般被认为是安全菌株且能够萌发芽孢，萌发的孢子能够抵御低温、干燥、洗涤剂和酸碱等恶劣环境，有利于其作为传感器的生产需求。Schulz-Schönhagen 等将枯草芽孢杆菌封装在聚乙烯醇(PVA)水凝胶中，检测环境中的 IPTG，这些水凝胶中的休眠孢子可以在－80～－20℃的温度下长期保存(至少 4 周)，也可干燥，达到了生物传感器的行业标准生产要求[41](图 4-7b)。

可穿戴生物传感器是未来智能机器人和疾病检测等方面的重要需求。生物传感器通过检测体液(例如汗液)中的生化物质,实现非侵入性实时健康监测,可通过躯体肌肉的收缩变化来感应躯体的运动等。与纯水凝胶生物材料相比,生物活性穿戴传感器设备需要由柔性材料制成且需要具有较好的耐磨性,同时被封装的活体细胞能够保持正常的生理代谢,用于感应和检测不同的信号输入和输出。例如,Liu 等将工程大肠杆菌封装在海藻酸聚丙烯酰胺水凝胶中,从而允许营养物和产物的扩散,传感器可以由支持气体交换的弹性隔层构成,该装置可拉伸至最初长度的 1.8 倍,当应用于皮肤或丁腈手套上时,能够检测不同的小分子[IPTG、鼠李糖和 N 酰基高丝氨酸内酯(AHL)]。除此之外,作者还将这种细菌用 Pluronic F-127 二丙烯酸酯包裹,作为油墨打印成一种灵活的活体文身,它可以感知皮肤上的 IPTG、鼠李糖和 AHL(图 4-7b)[33]。另外,枯草芽孢杆菌孢子被打印在材料内,可以感知或杀死金黄色葡萄球菌,这项工作展示了具有活体功能的材料,可用于需要存储或暴露于环境压力的场景中(图 4-7c)[42]。

除了外部生物传感,活体生物传感器也可以被设计来感知身体内部的疾病。例如,一种可吞咽的细菌电子胶囊可以感知胃肠出血(图 4-7d)[34]。

合成生物学的进步与微技术和纳米技术的发展,将使得传感器易于处理、便携和多路使用,实现基因线路的设计,并实现同时对多个信号分子的检测。

4.2.4 基于微生物的活体治疗应用

利用生物代谢物治疗和预防疾病有着悠久的历史,中国的中药正是利用不同的植物和微生物的代谢物来实现疾病的治疗与预防。天然的和转基因的微生物在传统的工业上是用来生产某些特定的代谢产物。随着合成生物学、材料科学和计算机科学的发展,将具有能产生药物的活细胞与生物相容性好、免疫原性低、药物可释放以及安全性高的材料结合后,作为活体治疗材料用于治疗和预防疾病,以期达到其他治疗手段无法达到的治疗效果。

因此,具有机械坚固性和选择透过性的生物相容营养水凝胶,是制造活体治疗装置的首选人工材料。例如,柔软的生物相容性琼脂糖水凝胶可以适合转基因大肠杆菌的生存,大肠杆菌在光照下会将药物分泌到培养基中。复合材料可以通过代谢途径的光的动态调节来调控报告基因的产生、定位和剂量释放。同样,基于生物聚合物的微胶囊和纳米孔膜也可以作为细胞的容器,确保细胞与周围环境之间的物质交换,并为被封装细胞提供持续的营养供应[43,44]。

混合活体治疗法不仅可以在体内输送药物,还可以用于治疗皮肤上的病原体感染。包裹在柔软、水合水凝胶中的可生产抗生素的微生物,可以用于制作具有长期或按需抗菌特性的医用绷带。例如,三维(3D)打印的契合伤口形状的水凝胶贴片含有枯草芽孢杆菌孢子分泌的溶葡萄球菌和硫青霉素,敷于皮肤伤口时可检测和杀死金黄色葡萄球菌(图 4-8a)[42]。转基因细菌也可以通过分泌代谢物来操纵哺乳动物细胞的行为(图 4-8b)[45]。因此,它们也可以用于再生医学领域。例如,可以在细胞外生物被膜上

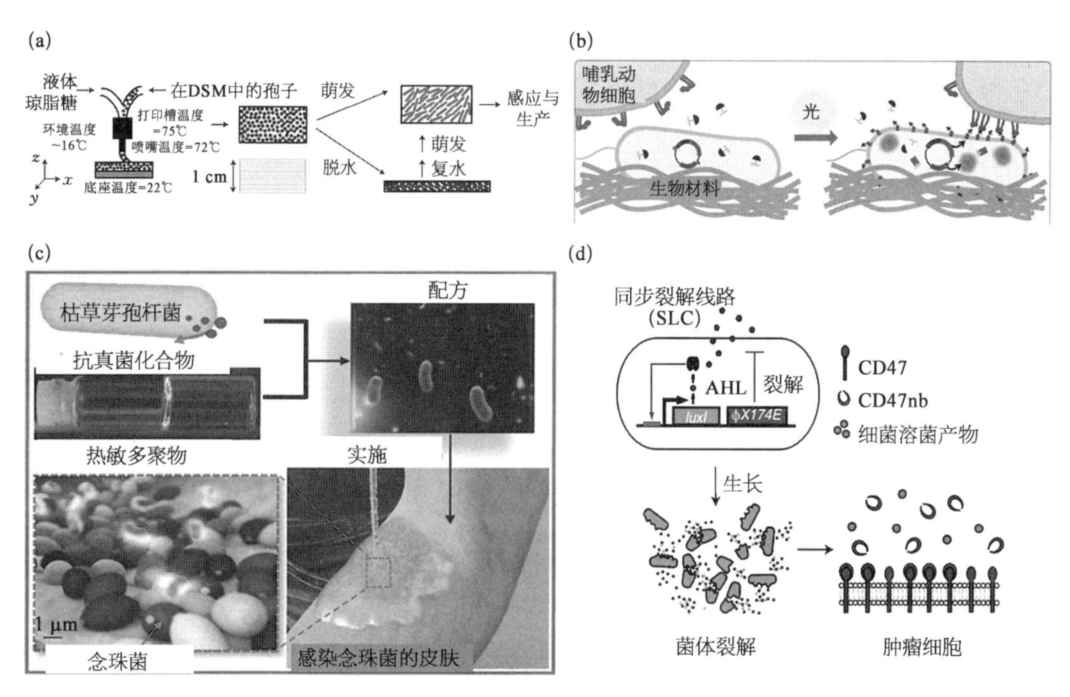

图 4-8　活体材料治疗应用示意图(见彩插)

(a) 打印枯草芽孢杆菌孢子用于活体材料[42]；(b) 转基因细菌通过分泌代谢物操纵哺乳动物细胞的行为[45]；(c) 枯草芽孢杆菌被包裹在热敏水凝胶中，用于抗真菌感染的皮肤治疗[48]；(d) 含有同步裂解线路的大肠杆菌生长达到一定数量并诱导噬菌体裂解蛋白 ϕX174E 的表达，导致细菌裂解并释放一种组成型生成的抗 CD47 阻断纳米抗体，该纳米抗体与肿瘤细胞表面的 CD47 结合，从而达到治疗的效果[49]。

展示重组人纤维连接蛋白的非致病性细菌乳酸乳球菌，可定植于有机或无机表面并形成“活生物界面”，诱导间充质干细胞的分化[46,47]。

合成生物学提供了通过重编程基因线路来设计具有定制功能的生命系统的可能性。因此，药物释放细胞也可以用于其他医疗保健领域，如生产低成本的化妆品或具有病毒分解能力的口罩等。除了具有工程生命系统的动态特性，人工合成材料还可以赋予混合复合材料定制的特性，如响应性等。一种由热敏聚合物 Pluronic F-127 制成的智能、适应性强的凝胶含有活的枯草芽孢杆菌孢子，可以用于治疗浅表真菌感染。当温度上升到37℃时，这种凝胶将从液体状态转变为水凝胶状态(图 4-8c)[48]。

研究表明，通过肿瘤结肠细菌传递 CD47nb 可促进肿瘤渗透 T 细胞的活化，刺激肿瘤快速回归，防止转移，并在小鼠的合成肿瘤模型中长期存活。此外，局部注射 CD47nb 表达细菌会刺激全身肿瘤-抗原特异性免疫反应，减少未治疗肿瘤的生长，为工程细菌免疫疗法诱发的潜逃效应提供概念验证。因此，工程细菌可安全、局部地传递免疫治疗有效载荷，从而产生系统性抗肿瘤免疫(图 4-8d)[49]。

4.2.5　活体建筑材料

利用微生物可创造或“生长”具有结构和持续生物学功能的活建筑材料(living building

materials,LBM)。LBM 需要两个主要组件：惰性支架和结构支架。惰性支架为活体组件提供结构支持,与结构支架一起赋予 LBM 结构和生物功能。生命成分必须对一系列环境条件保持相对稳定,并对物理变化(如温度、pH、光、湿度、压力)和代谢活动的变化做出反应。目前,微生物诱导的碳酸钙沉淀(MICP)被用于土壤稳定、原位混凝土裂缝修复、油气井的裂缝密封等领域。具有 MICP 能力的微生物可用于制造具有自我维持功能的承重建筑材料。通过环境转换控制微生物代谢,将实现 LBM 的按需生长、生物矿化、休眠和随后的再生。这些环境转换可以使 LBM 从一种亲本接种物中再生,这将为基础设施材料的制造、使用和使用后的再制造提供新的可能性(图 4-9)。该活体建筑材料是将微生物细胞与含钙营养介质、明胶和沙子混合而成,而后通过使用温度和湿度开关,使其可以呈指数级再生,然后再通过干燥获得结构完整性。作为承重结构材料提供服务后,LBM 可以解构并回收,作为新 LBM 的来源[50]。

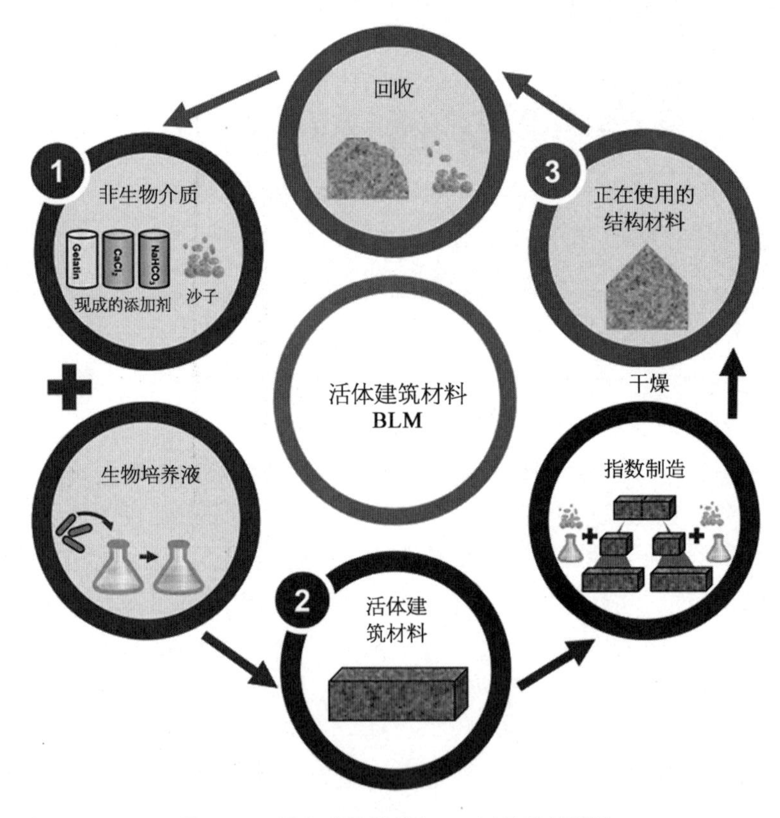

图 4-9　活体建筑材料(LBM)(见彩插)[50]

珊瑚礁作为活体建筑材料,是微生物参与无机纳米材料的生物矿化的典型例子。它们本质上是碳酸钙矿床,海洋生物产生的酶来催化 Ca^{2+} 和 CO_3^{2-},生成碳酸钙沉淀[51,52]。以类似的方式,可以研究其他自然发生和工程化的微生物,它们能够催化有机材料(如聚合物)的合成,或以其他方式协调组装非生物模块,这些积木可以在其环境中找到。在其他示例中,由合成聚合物或无机材料组成的预制结构可作为指导细胞生长和行为的支架。在这里，工程师可以利用丰富的微制造和纳米制造技术，调节一系列长度尺度上的细胞行为。

如前面所述，已有研究将细菌产生的碳酸钙作为结合材料应用于建筑施工中砖块的制造。微生物诱导的钙化物沉淀(MICP)作为提高砖块结构性能的替代方法正在被研究。该方案主要利用某些微生物具有分泌尿素酶的能力，这种酶从尿素中产生 CO_2，以催化形成方解石形式的碳酸钙。在这个过程中(需要数天到数周)，方解石充当将黏土或砂粒结合在一起形成砖块的基质。Raut 等[53]利用 *Bacillus pasteurii* 固化了 28d 的砖的压缩强度值≈8 MPa，比传统火烧成的砖低 2～3 倍。McBee 等[54]利用真菌和细菌加上木屑碎片培养微生物活体砖块，其可以支撑住一个成年人的体重。“养殖”砖块的概念是初创公司(bioMASON)提出的，该公司对这种方法产生了浓厚的兴趣，并声称通过基因工程，可以制造出在黑暗中发光的砖块、吸收污染物的砖块和可用于水检测的砖。这些活的碳酸钙可用于生产生物材料，自愈混凝土和 MICP 砖的最终目标是降低结构维护成本，保护结构完整性，并减少砖生产过程中产生的污染物。

4.2.6 活体材料用于电子传递与能量转换

工程活体导电材料可用于一系列传统导电聚合物不适用的领域，包括制成改进的微生物燃料电池电极催化涂层、用于严酷环境的自供电传感器，以及与人类微生物菌群相互作用的生物电子装置的下一代活性组件。研究者们利用微生物生物被膜的导电性或是利用外源产电菌株(*S. oneidensis* 或 *Geobacter spp.*)，可将电子进行转移或将有机物转化为电能。微藻或蓝藻则利用太阳能，将无机物转化为有机物，甚至形成燃料电池等[55]。Seker 等[56]通过在 CsgA 上展示导电金纳米粒子结合域，可制成一种用于导电的生物无机混合材料。

4.3 活体材料的规模化生产和加工

活体材料与由纯化的生物聚合物制造的生物材料相比，其自生长材料在接近其最终形式时，在组装或制造过程中无须过度加工。生物被膜、菌丝体材料、细菌纤维素等都是常见的工程活体材料。其主要的挑战是生产方法的选择，范围可以从小批量分析规模扩大到更大量的半制备生产规模，再到全面的工业级生产规模。ELM 的大规模制备方法主要有半制备和工业级制造方法。该过程可分为两个阶段，首先是生物材料本身的生产，通常是通过原位生物合成，其次是对材料进行加工以获得所需的纯度和形式。

4.3.1 活体材料的规模化生产

1. 菌丝体材料的规模化生产

菌丝体是一种新类别的自生长、纤维状、天然复合的材料，可以大批量和大面积生产。该材料主要基于能够消化木质素和纤维素的白腐真菌和褐腐真菌，是商业上最成功的可大规模制备的活体材料之一。它可以生长并被塑造成各种形状，如在建筑上使用的由菌丝体制备的砖等(图 4 - 10a)。

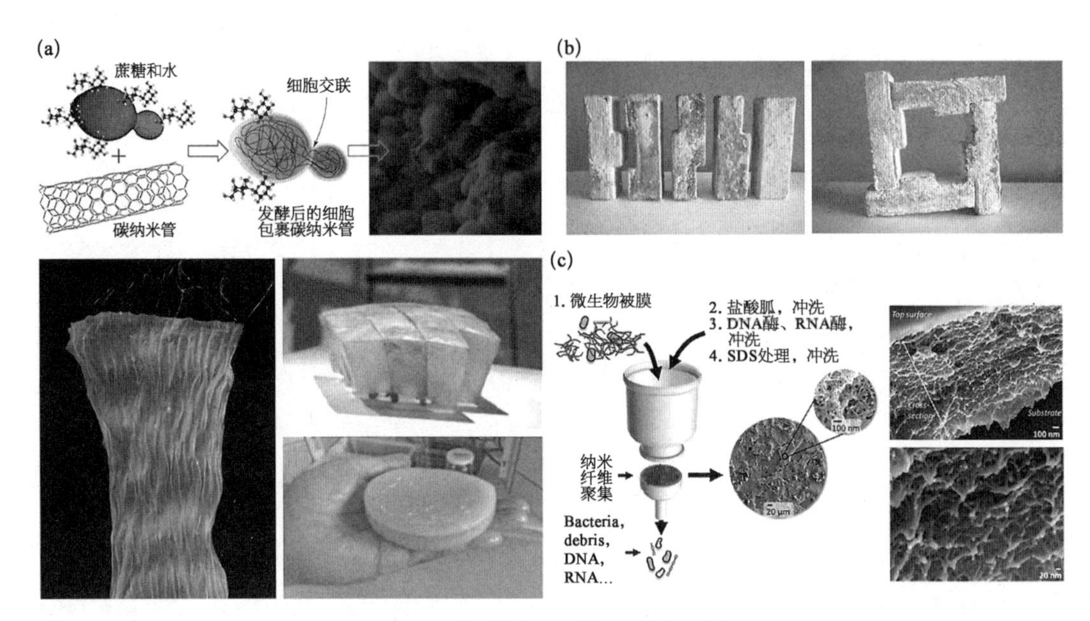

图 4 - 10　活体材料的规模化生产(见彩插)

(a) 碳纳米管和酵母细胞发酵组装的示意图和外观图[59]。(b) 用于建筑领域的菌丝体砖，当砖块放在一起时，菌丝相互生长，砖块将有机地融合在一起生长。在黄麻丝支撑架上由细菌纤维素制成的建筑材料，细菌纤维素组成模块化几何物体[80]。(c) 批量生产制备的生物被膜工程活体材料，右侧的扫描电镜图像显示提取的层状 ELM 淀粉样蛋白材料[21]。

最近的报道也描述了菌丝体的物理特性：既具有热稳定性且疏水，又具有较高的水接触角值和相对较低的吸水值[57]，这些特性对于小规模和大规模的许多应用而言，都是必不可少的。目前，开发的菌丝体材料是天然聚合物复合材料(几丁质、纤维素、蛋白质等)，生产(自生长)所需的能量较少，并且可以通过修改它们的营养基质来调整这些特性的实际情况和潜在的用途。鉴于与其他多细胞组织相比，菌丝体生长更为快速，通过使用模具易于控制最终形态，以及具有改变菌丝理化性质的潜力，该技术在大规模制备工程活体材料方面具有广阔的前景。多项研究表明，菌丝生物模板将真菌的快速生长潜力与理想的无机材料特性相结合，可极大地扩展菌丝体材料的用途范围[58]。

最初，Valentini[59] 专注于环保包装和建筑材料领域，通过利用微生物生长所需的营养来调节其生长的过程(据称能够通过改变真菌物种的混合物来调节菌丝结构的材料特性)，形成生物混合材料，由于这些材料具有非生物过程无法产生的独特特性，因此将其进行商业化(图 4 - 10b)。同时该团队也采用了类似的工艺，在酿酒酵母真菌提取物发酵过程中添加石墨烯纳米片使二者偶联，形成机械性能更好的复合膜。该菌丝体可用于生产皮革状材料，甚至用于形成房屋建筑的砖块[60]。

除了结构材料外，这项技术在生物集成电子电路等高级应用领域中也有潜在用途。有研究表明[61]，在定制设计的集成测试电路上，可使具有精准信号识别能力的菜豆锈病菌长出菌丝，形成细菌管，从而创建一个生物混合集成系统。调节菌丝体材料功能参数的一个前景应用领域，是通过工程改造的真菌产生胞外聚合物(EPS)。目前对来自木质素消化真菌的 EPS 的组成和生物合成过程知之甚少，只知道它是以多糖网络为主，其多糖网络充当分泌酶的固定位点或作为围绕菌丝的结构鞘[62]。大多数可用于改造丝状真菌的遗传工具开发不足，因此很难利用基因工程来了解这些真菌的生物学特性并对其进行充分的工业开发。因此，需要开发可用于遗传操作的非模型丝状真菌的通用方法，现已开发了适用于丝状真菌的基于 CRISPR - Cas9 的系统。该系统简单、通用，可以通过用单个质粒转化目标真菌来实现 RNA 引导的诱变。该系统目前包含 4 个 CRISPR - Cas9 载体，它们均携带常用的真菌标记，允许在广泛的真菌中进行选择，基因定制菌丝体材料均有极其广阔的前景[63]。

2. 细菌纤维素材料的规模化生产

纤维素是自然界中含量最丰富的聚合物之一，它通常与植物、藻类以及一些细菌(根瘤菌、农杆菌等)的细胞壁中的其他聚合物(果胶、木质素、阿拉伯聚糖等)结合。但只有少数在分类学上与木醋杆菌(醋酸菌)相关的细菌物种可在细胞外分泌纤维素。

从醋酸杆菌和类似纤维素生成细菌中获得的细菌纤维素，也可以被认为是活体材料可扩展实施的成功例子，其具有独特的性能，包括高机械强度、高吸水能力、高结晶度，以及超细和高纯度的纤维网络结构。同菌丝体材料一样，大规模制备的工艺主要通过物理作用来改变天然材料的功能形态。如果能够改进其生产工艺，特别是通过深层发酵技术等，细菌纤维素材料将有望成为一种具有多用途的新型商品化产品。

目前，细菌纤维素材料已在一些领域中实现了商业化应用，如利用微生物纤维素材料制成皮肤敷料，在黄麻丝支撑架上制成建筑材料，或用作大型纺织材料制作成各种服装。除此之外，由于其具有强大的机械性，还可用于制造高强度纸。利用其声学性能，可用于制备高端音频扬声器的振膜[64]。目前，正在探索将细菌纤维素用于制造高级显示器[65]和能量存储设备的电活性纸[66]。

目前，关于细菌纤维素的商业化研究主要集中在许多生物医学领域，如由专注于细菌纤维素材料开发的多家公司牵头制备烧伤敷料和组织工程支架等[67,68]。这种多功能材料广泛商业应用的一个主要障碍是生产成本高，这主要是因为细菌的培养过程效率低下，在台式机上形成薄膜可能需要一周或更长的时间。因此，对细菌纤维素的合成途径，及其他微生物底盘细胞(如光合蓝藻)等进行持续地探索，对于提高细菌纤维素的产量并降低培养成本至关重要[6,69]。

3. 生物被膜活体材料的规模化生产

生物被膜是指菌体为适应环境，黏附于接触表面分泌多糖、蛋白质和核酸等不均一的胞外基质，将菌体自身包被在其中而形成的菌体聚集膜状物，是菌体在自然界中的一种常见的生存状态[70-72]。生物被膜具有三维立体结构，坚实稳定，不易被破坏。已有学者对规模化制备大肠杆菌生物被膜活体材料的工艺进行开发研究(图 4 - 10c)[21]。

对于由功能淀粉样蛋白或纤维素等细菌 ECM 组成的 ELM 材料，相关的大规模生产中主要采用传统生物反应器、固定/移动床生物反应器、空心纤维生物反应器和静态生物反应器。生物反应器的广泛使用加速了生物活体材料的发展，但在维持生物过程的稳定性和速率方面仍然存在困难。最简单的生物反应器是静态生物反应器，其成本相对较低、培养物不受干扰，非常适合生产原位组装为漂浮薄膜的材料，例如细菌纤维素。然而，由于营养物和废物转移缺乏有效混合，培养物通常生长缓慢，因此其吞吐量是一个问题。而通过 CFD 建模，由流体振荡产生的微气泡可以提供一种有效的、低能量的方式来增加传质的高界面面积，并改进混合液体循环过程，这种反应器被称为气升反应器。微气泡的使用不仅增加了表面积与体积比，而且通过提高围绕引流管的液体循环速度，进而提高了混合效率。将用于细菌纤维素生产的木醋杆菌在该改进的气升反应器中培养，细菌纤维素的浓度比在传统气泡塔中高了 3 倍左右，这证明该反应器能显著提高细菌纤维素的产量[73,74]。

另一种传统的生物反应器是连续搅拌釜反应器(CSTR)，也是规模化制备中最常见的生物反应器之一。该反应器的特点是可以使用叶轮连续搅拌培养物，同时以与去除产品相同的速度添加营养原料，现已用于培养悬浮细胞的形成自组装的活体材料[75,76]。但对于界面组装的 ELM 材料来说，可大规模生产的一个关键因素是增加可用的吸附表面积，以最大限度地增加生物被膜中的细胞或 ECM 附着，因此 CSTR 并不适合。要增加吸附表面积，可以通过选择支撑结构来实现。支撑物包括玻璃珠、玻璃棉、碳纤维、骨炭、多孔砖颗粒、聚合物支撑物、木片和金属等，它们在成分和几何形状上各不相同[77]。

如果想使生物被膜活体材料在大规模界面生长，可以使用固体载体反应器。根据固定床层是否能浮动，可将其分为固定床或移动床生物反应器。其中，固定床反应器又可以分为填充床反应器(PBR)和滴流床反应器(TBR)。PBR 通过将细胞固定在形成床的合适基质中，使其吸附在基质表面，实现对各细胞系的长期培养。PBR 和 TBR 均已成功用于生产生物催化领域的生物被膜，但通常不用于材料生产领域。PBR 目前被广泛用于有关生物人工肝支持系统的开发，以及骨髓细胞的体外扩增研究[78]。而 TBR 已被用于废水管理系统，现已使用天然生物被膜对污染物进行生物转化[79]。

4.3.2 活体材料的制造和加工

1. 3D 打印

3D 打印是根据设计好的 3D 模型，通过 3D 打印设备逐层增加材料来制造 3D 产品的技术，已经在建筑制造、模具、生物医疗等领域取得了重大的进展[81]。其中，生物打印技术作为 3D 打印的一种，是一系列自下而上的、类生物体的增材制造技术的统称。通过使用生物墨水搭载活细胞直接进行结构构建,能精确控制支架中的细胞及其他生物活性成分的空间分布,这种空间编程方法允许开发具有任意形状的非均质 ELM。现今,使用生物材料可以实现生物支架打印和细胞打印,还可以打印出活的细胞,以及聚合物药物生长因子,实现特定位置的 3D 打印[82-84]。

目前,使用 3D 打印技术,利用细菌生物膜的固有黏弹性,构建可编程、可打印的生物功能材料平台,可以在纳米制造、生物催化、生物医学等技术领域实现新的应用。黄娇芳等[26]开发了一种活性功能材料平台,利用枯草芽孢杆菌生物被膜的淀粉样蛋白表达和组装机制,开发出具有不同结构域组合的可遗传编程的 TasA 融合蛋白。这些融合蛋白可以被分泌并在活细胞周围自组装成各种理化性质可调节的细胞外纳米结构,并且可以在空间上进行灵活的配置(图 4 - 11a)。这些构建的活体材料在保持其自然活性和各种细胞能力(如自我再生)的同时,也可以表现出所结合的功能域的非自然功能,包括改变的酶活性、红色荧光和无机纳米颗粒(NP)的模板化组装能力。

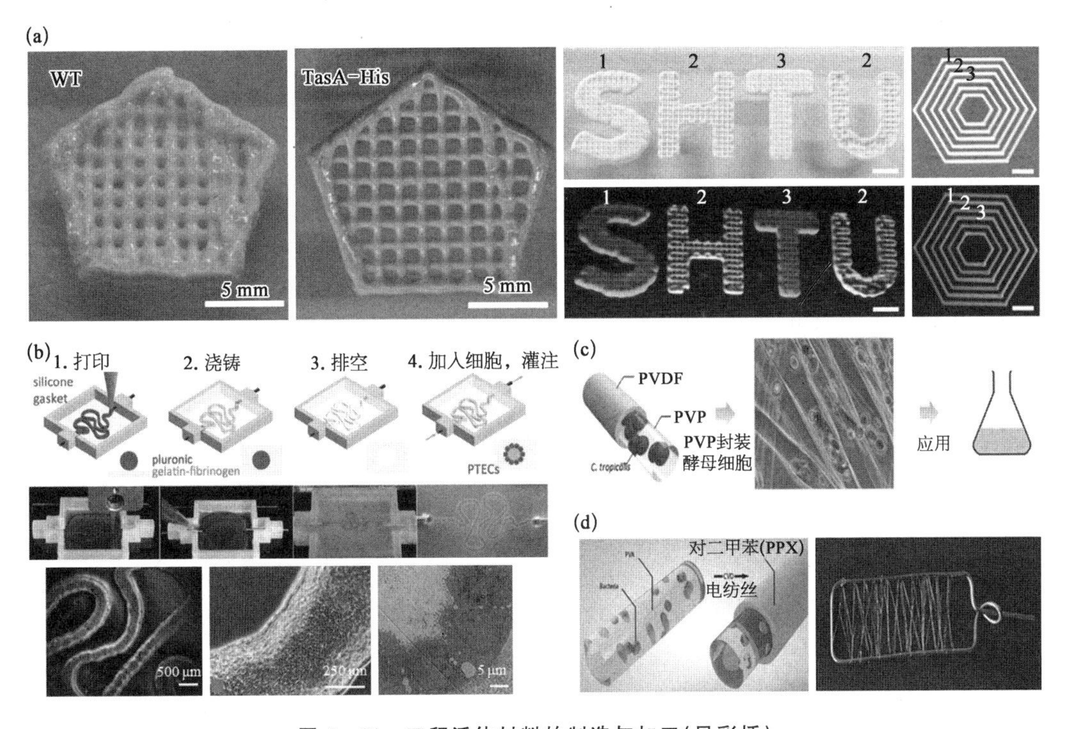

图 4 - 11　工程活体材料的制造与加工(见彩插)

(a) 分别为野生型生物被膜(WT)和 TasA - HisTag 生物被膜(TasA - His),以及 TasA - HisTag 生物被膜绑定量子点纳米颗粒后的 3D 打印图案。在正常(顶部)和紫外线(底部)下拍摄的 3D 打印结构的数码照片[26],比例尺均为 5 mm。(b) 顶部:使用来自 Lewis 实验室的易挥发墨水的 3D 组织打印过程的示意图和照片,此处用于制造模拟肾小管的结构;底部:接种近端小管上皮细胞后,流经打印小管的剪切应力诱导 ECM 的形成和细胞的功能化,形成极化组织,6 周后 3D 打印小管中细胞的相差图像以及 TEM 横截面[86]。(c) 将酵母细胞嵌入水溶性聚乙烯吡咯烷酮(PVP)核基质中,并用聚偏二氟乙烯-共六氟丙烯(PVCF)外壳包裹。在中间面板中,封装的酵母细胞以紫色显示[91]。(d) 使用聚乙烯醇(PVA)核制备电纺活细菌复合纤维,随后通过化学气相沉积涂覆疏水性聚对二甲苯壳(PPX)(左);将纤维安装在可用于净化的线框上(宽 5 cm)(右)[94]。

此外,这些空间排列的细胞材料中的编程群体感应电线路可用于创建随空间和时间变化的动态工程活体材料。Connel 等[85]使用微型 3D 打印策略,使多个细菌群体(相邻、嵌套和自由浮动的菌落)封装定位在高度多孔的交联明胶形成的密封腔内。细胞群在明胶内密封生长并且可获取多肽、抗生素和群体感应信号,能够在几乎任何 3D 几何结构内组织起来。利用凝胶材料,将加工后的结构设计成小型微型室,研究群体感应信号和抗生素在内的双相关分子的快速扩散,为研究细菌的社会行为如何依赖于种群大小和密度、容器形状和周围介质的流速提供了一种手段。使用这种技术展示了包含多个细菌室的结构,这些细菌室具有相互连接的"走廊"以及包含不同细菌种类的嵌套室。

尽管这些 3D 打印的微型腔室迄今为止仅被用作分析工具,但它们有可能适用于在 3D 中将特定的 ELM 生成细胞重新排列,以创建定义良好的非均质材料。最近出现了一种低成本的替代方案,它使用经过修改的低成本 3D 打印机,通过将计算机控制的注射泵与 3D 打印机集成,将工程大肠杆菌加入藻酸盐生物墨水中进行打印。尽管该结构的 3D 分辨率约为 1～2 mm,但鉴于构建成本便宜且资源需求低,这种细菌生物打印机系统应该能够更广泛地用于探索 3D 打印的 ELM。

目前,比较前沿的 3D 打印技术可以打印出生物组织和器官。器官作为细胞的集合,同 ELM 技术也有着密切的关联,细胞以及它们生成的 ELM 发挥着生理学功能。通过选取合适的生物材料、活细胞等,可以直接在体外模拟真实形态的器官及血管网络,并打印用于组织工程。基于 3D 打印高度集成化的特点,可以用于制备人造电子皮肤、肌肉乃至仿生机器人。因此,目前许多研究使用 3D 打印技术,通过在可生物降解的基质中接种细胞来组装复杂器官,例如 Homan 等[86]最近开发了一种在体外创建 3D 人造肾脏近端小管的生物打印方法,并将其嵌入细胞外基质中并置于可灌注的组织芯片(图 4-11b)。该方法能编程定义小管尺寸和几何形状(包括卷积),并且与 2D 对照生长的细胞相比,其制造的近端小管表现出明显增强的上皮形态和功能特性,具有很强的适应制造复杂 ELM 的潜力。

2. 电纺丝

电纺丝是一种利用聚合物溶液或熔体在强电场作用下形成射流,进而形成连续纤维的加工工艺,多采用溶液纺丝,有少量熔融纺丝。该方法是带电荷的熔体或高分子溶液在静电场力的作用下流动而发生变形,经熔体冷却或溶剂蒸发而固化,最终得到纤维状物质[87]。其中,静电纺丝是一种可以较大规模制备均匀、连续的纳米结构材料的通用方法,可以制造具有微米或纳米级直径的连续聚合物纤维,已被用于生产含有活细胞的纤维材料。该材料由聚合物基质支撑,可以实现某种功能[88-90]。

Letnik 等[91]开发了一种新型酵母聚合物的"活复合材料",他们将酵母细胞封装在由核壳电纺纤维制成的聚合物微管中。该电纺复合材料具有独特的结构和较大的表面积,并可使液体自由转移,令细胞不会外泄,为维持细胞活力提供了有利的环境(图 4-11c)。与游离细胞相比,电纺酵母细胞还能够生物降解多酚并产生乙醇。这些发现表明,电纺复合材料能够为可用于水基领域的活性微生物聚合物系统提供更有前景的平台。除此之外,含有藤黄微球菌和硝酸杆菌的复合纤维可以分别用于金属螯合和去除溶液中的硝酸盐。将含细菌的纤维安装在金属丝框架上以形成网状结构,可方便地用于进行金属螯合,之后可以再培养网状物,从纤维对活细菌进行回收和再生处理。

静电纺丝已被用于封装细菌细胞以用于药物递送,以及将活细胞捕获在纤维基质的孔内。Xie 等[92]构建了含有编码绿色荧光蛋白(GFP)的报告基因的质粒,然后通过电穿孔转化到细菌中。通过同轴静电纺丝将工程细菌包裹在芯鞘纤维中,研究者们提供了一种将工程细菌固定在电纺纤维上用于药物输送的策略。Eroglu 等[93]发现电纺壳聚糖纳米纤维垫可有效固定微藻细胞,由于这些固定化的微藻细胞可从废水中提取出硝酸盐,因此可以被用作废水处理的耐用模型系统。

作为可制备超精细纤维的新型加工方法,电纺丝是一种很有前景的方法,未来可以进一步开发将细胞直接封装在具有坚固外壳材料的纤维内的策略,以捕获工程微生物及其细胞外基质,用于制造网状和织物等大型材料,并制造有生命力的可穿戴设备和服装。

参考文献

[1] Chen A Y, Zhong C, Lu T K. Engineering Living Functional Materials. ACS Synth. Biol., 2015, 4(1): 8-11.

[2] Srubar W V. Engineered Living Materials: Taxonomies and Emerging Trends. Trends Biotechnol., 2021, 39(6): 574-583.

[3] Rodrigo-Navarro A, Sankaran S, Dalby M J, et al. Engineered living biomaterials. Nat. Rev. Mater., 2021, 6(12): 1175-1190.

[4] Yi W, Liu X W, Li Y H, et al. Remodeling bacterial polysaccharides by metabolic pathway engineering. Proc. Natl. Acad. Sci. U.S.A., 2009, 106(11): 4207-4212.

[5] Fang J, Kawano S, Tajima K, et al. In Vivo Curdlan/Cellulose Bionanocomposite Synthesis by Genetically Modified Gluconacetobacter xylinus. Biomacromolecules, 2015, 16(10): 3154-3160.

[6] Florea M, Hagemann H, Santosa G, et al. Engineering control of bacterial cellulose production using a genetic toolkit and a new cellulose-producing strain. Proc. Natl. Acad. Sci, 2016, 113(24): E3431-E3440.

[7] Mangayil R, Rajala S, Pammo A, et al. Engineering and Characterization of Bacterial Nanocellulose Films as Low Cost and Flexible Sensor Material. ACS Appl. Mater. Interfaces, 2017, 9(22): 19048-19056.

[8] Yu J, Huang T R, Lim Z H, et al. Production of Hollow Bacterial Cellulose Microspheres Using Microfluidics to Form an Injectable Porous Scaffold for Wound Healing. Adv Healthc Mater, 2016, 5(23): 2983-2992.

[9] Gilbert C, Tang T-C, Ott W, et al. Living materials with programmable functionalities grown from engineered microbial co-cultures. Nat. Mater., 2021, 20(5): 691-700.

[10] Messner P, Sleytr U B. Crystalline bacterial cell-surface layers. Adv. Microb. Physiol., 1992, 33:

213 - 275.

[11] Beveridge T J. Bacterial S-layers. Curr. Opin. Struct. Biol., 1994, 4(2): 204 - 212.

[12] Sleytr U B, Huber C, Ilk N, et al. S-layers as a tool kit for nanobiotechnological applications. FEMS Microbiol. Lett., 2007, 267(2): 131 - 144.

[13] Michon C, Langella P, Eijsink V G, et al. Display of recombinant proteins at the surface of lactic acid bacteria: strategies and applications. Microb Cell Fact, 2016, 15: 70.

[14] Moraïs S, Shterzer N, Lamed R, et al. A combined cell-consortium approach for lignocellulose degradation by specialized Lactobacillus plantarum cells. Biotechnol Biofuels, 2014, 7: 112.

[15] Dueholm M S, Albertsen M, Otzen D, et al. Curli functional amyloid systems are phylogenetically widespread and display large diversity in operon and protein structure. PLoS One, 2012, 7(12): e51274.

[16] Chen A Y, Deng Z, Billings A N, et al. Synthesis and patterning of tunable multiscale materials with engineered cells. Nat. Mater., 2014, 13: 515.

[17] Abdelwahab M T, Kalyoncu E, Onur T, et al. Genetically-Tunable Mechanical Properties of Bacterial Functional Amyloid Nanofibers. Langmuir, 2017, 33(17): 4337 - 4345.

[18] Nguyen P Q, Botyanszki Z, Tay P K R, et al. Programmable biofilm-based materials from engineered curli nanofibres. Nat. Commun., 2014, 5(1): 4945.

[19] Botyanszki Z, Tay P K, Nguyen P Q, et al. Engineered catalytic biofilms: Site-specific enzyme immobilization onto E. coli curli nanofibers. Biotechnol. Bioeng., 2015, 112(10): 2016 - 2024.

[20] Wang X, Pu J, Liu Y, et al. Immobilization of functional nano-objects in living engineered bacterial biofilms for catalytic applications. Natl. Sci. Rev., 2019, 6(5): 929 - 943.

[21] Dorval Courchesne N M, Duraj-Thatte A, Tay P K R, et al. Scalable Production of Genetically Engineered Nanofibrous Macroscopic Materials via Filtration. ACS Biomater Sci Eng, 2017, 3(5): 733 - 741.

[22] Tay P K R, Nguyen P Q, Joshi N S A. Synthetic Circuit for Mercury Bioremediation Using Self-Assembling Functional Amyloids. ACS Synth. Biol., 2017, 6(10): 1841 - 1850.

[23] Ma Q, Yang Z, Pu M, et al. Engineering a novel c-di-GMP-binding protein for biofilm dispersal. Environ. Microbiol., 2011, 13(3): 631 - 642.

[24] Duprey A, Chansavang V, Frémion F, et al. "NiCo Buster": engineering E. coli for fast and efficient capture of cobalt and nickel. J. Biol. Eng., 2014, 8(1): 19.

[25] Dong H, Zhang W, Xuan Q, et al. Binding Peptide-Guided Immobilization of Lipases with Significantly Improved Catalytic Performance Using Escherichia coli BL21(DE3) Biofilms as a Platform. ACS Appl Mater Interfaces, 2021, 13(5): 6168 - 6179.

[26] Huang J, Liu S, Zhang C, et al. Programmable and printable Bacillus subtilis biofilms as engineered living materials. Nat. Chem. Biol., 2019, 15(1): 34 - 41.

[27] Zhang C, Huang J, Zhang J, et al. Engineered Bacillus subtilis biofilms as living glues. Mater. Today, 2019, 28: 40 - 48.

[28] Halan B, Buehler K, Schmid A Biofilms as living catalysts in continuous chemical syntheses.

Trends Biotechnol., 2012, 30(9): 453 - 465.

[29] Singh R, Paul D, Jain R K Biofilms: implications in bioremediation. Trends Microbiol., 2006, 14(9): 389 - 397.

[30] 常璐,黄娇芳,董浩,等.合成生物学改造微生物及生物被膜用于重金属污染检测与修复.中国生物工程杂志,2021,41(1): 62 - 71.

[31] Park M, Tsai S L, Chen W. Microbial biosensors: engineered microorganisms as the sensing machinery. Sensors (Basel), 2013, 13(5): 5777 - 5795.

[32] Gui Q, Lawson T, Shan S, et al. The Application of Whole Cell-Based Biosensors for Use in Environmental Analysis and in Medical Diagnostics. Sensors (Basel), 2017, 17(7): 1623.

[33] Liu X, Tang T-C, Tham E, et al. Stretchable living materials and devices with hydrogel-elastomer hybrids hosting programmed cells. Proc. Natl. Acad. Sci. U.S.A., 2017, 114(9): 2200 - 2205.

[34] Mimee M, Nadeau P, Hayward A, et al. An ingestible bacterial-electronic system to monitor gastrointestinal health. Science, 2018, 360(6391): 915 - 918.

[35] Wei W, Liu X, Sun P, et al. Simple whole-cell biodetection and bioremediation of heavy metals based on an engineered lead-specific operon. Environ. Sci. Technol., 2014, 48(6): 3363 - 3371.

[36] Xue Y, Qiu T, Sun Z, et al. Mercury bioremediation by engineered Pseudomonas putida KT2440 with adaptationally optimized biosecurity circuit. Environ. Microbiol., 2022.

[37] Hsu C Y, Chen B K, Hu R H, et al. Systematic Design of a Quorum Sensing-Based Biosensor for Enhanced Detection of Metal Ion in Escherichia Coli. IEEE Trans Biomed Circuits Syst, 2016, 10(3): 593 - 601.

[38] He J, Zhang X, Qian Y, et al. An engineered quorum-sensing-based whole-cell biosensor for active degradation of organophosphates. Biosens. Bioelectron., 2022, 206: 114085.

[39] Zhang Y, Zou Z P, Chen S Y, et al. Design and optimization of E. coli artificial genetic circuits for detection of explosive composition 2, 4-dinitrotoluene. Biosens. Bioelectron., 2022, 207: 114205.

[40] Mora C A, Herzog A F, Raso R A, et al. Programmable living material containing reporter micro-organisms permits quantitative detection of oligosaccharides. Biomaterials, 2015, 61: 1 - 9.

[41] Schulz-Schönhagen K, Lobsiger N, Stark W J Continuous Production of a Shelf-Stable Living Material as a Biosensor Platform. Adv. Mater. Technol., 2019, 4(8): 1900266.

[42] González L M, Mukhitov N, Voigt C A Resilient living materials built by printing bacterial spores. Nat. Chem. Biol., 2020, 16(2): 126 - 133.

[43] Dai Z, Lee A J, Roberts S, et al. Versatile biomanufacturing through stimulus-responsive cell-material feedback. Nat. Chem. Biol., 2019, 15(10): 1017 - 1024.

[44] Gerber L C, Koehler F M, Grass R N, et al. Incorporation of penicillin-producing fungi into living materials to provide chemically active and antibiotic-releasing surfaces. Angew. Chem. Int. Ed. Engl., 2012, 51(45): 11293 - 11296.

[45] Sankaran S, Zhao S, Muth C, et al. Toward Light-Regulated Living Biomaterials. Adv. Sci.,

2018, 5(8): 1800383.

[46] Rodrigo-Navarro A, Rico P, Saadeddin A, et al. Living biointerfaces based on non-pathogenic bacteria to direct cell differentiation. Sci. Rep., 2014, 4(1): 5849.

[47] Hay J J, Rodrigo-Navarro A, Petaroudi M, et al. Bacteria-Based Materials for Stem Cell Engineering. Adv. Mater., 2018, 30(43): 1804310.

[48] Lufton M, Bustan O, Eylon B-h, et al. Living Bacteria in Thermoresponsive Gel for Treating Fungal Infections. Adv. Funct. Mater., 2018, 28(40): 1801581.

[49] Chowdhury S, Castro S, Coker C, et al. Programmable bacteria induce durable tumor regression and systemic antitumor immunity. Nat. Med., 2019, 25(7): 1057-1063.

[50] Heveran C M, Williams S L, Qiu J, et al. Biomineralization and Successive Regeneration of Engineered Living Building Materials. Matter, 2020, 2(2): 481-494.

[51] Achal V, Mukherjee A, Kumari D, et al. Biomineralization for sustainable construction — A review of processes and applications. Earth-Sci. Rev., 2015, 148: 1-17.

[52] Bertucci A, Moya A, Tambutté S, et al. Carbonic anhydrases in anthozoan corals — A review. Biorg. Med. Chem., 2013, 21(6): 1437-1450.

[53] Raut S H, Sarode D D, Lele S S. Biocalcification using B. pasteurii for strengthening brick masonry civil engineering structures. World J. Microbiol. Biotechnol., 2014, 30(1): 191-200.

[54] McBee R M, Lucht M, Mukhitov N, et al. Engineering living and regenerative fungal-bacterial biocomposite structures. Nat Mater, 2022, 21(4): 471-478.

[55] Tang T-C, An B, Huang Y, et al. Materials design by synthetic biology. Nat. Rev. Mater., 2021, 6(2): 332-350.

[56] Seker U O, Chen A Y, Citorik R J, et al. Synthetic Biogenesis of Bacterial Amyloid Nanomaterials with Tunable Inorganic-Organic Interfaces and Electrical Conductivity. ACS Synth. Biol., 2017, 6(2): 266-275.

[57] Haneef M, Ceseracciu L, Canale C, et al. Advanced Materials From Fungal Mycelium: Fabrication and Tuning of Physical Properties. Sci. Rep., 2017, 7(1): 41292.

[58] Bigall N C, Reitzig M, Naumann W, et al. Fungal templates for noble-metal nanoparticles and their application in catalysis. Angew. Chem. Int. Ed. Engl., 2008, 47(41): 7876-7879.

[59] Valentini L, Bon S B, Signetti S, et al. Fermentation based carbon nanotube multifunctional bionic composites. Sci. Rep., 2016, 6: 27031.

[60] Valentini L, Bittolo Bon S, Signetti S, et al. Graphene-Based Bionic Composites with Multifunctional and Repairing Properties. ACS Appl Mater Interfaces, 2016, 8(12): 7607-7612.

[61] Kozicki M N R R, Whidden T K, et al. Directed growth of Uromyces hyphae on integrated circuit substrates. J. Vac. Sci. Technol. A, 1995, 13: 1808-1813.

[62] Hietala A M, Nagy N E, Steffenrem A, et al. Spatial patterns in hyphal growth and substrate exploitation within norway spruce stems colonized by the pathogenic white-rot fungus Heterobasidion parviporum. Appl. Environ. Microbiol., 2009, 75(12): 4069-4078.

[63] Nodvig C S, Nielsen J B, Kogle M E, et al. A CRISPR-Cas9 System for Genetic Engineering of

Filamentous Fungi. PLoS One, 2015, 10(17): e0133085.

[64] Widmaier D M, Tullman-Ercek D, Mirsky E A, et al. Engineering the Salmonella type III secretion system to export spider silk monomers. Mol. Syst. Biol., 2009, 5: 309.

[65] Shah J, Brown R M, Jr. Towards electronic paper displays made from microbial cellulose. Appl. Microbiol. Biotechnol., 2005, 66(4): 352 - 355.

[66] Li S, Huang D, Zhang B, et al. Flexible Supercapacitors Based on Bacterial Cellulose Paper Electrodes. Adv. Energy Mater., 2014, 4(10): 1301655.

[67] Wood T L, Guha R, Tang L, et al. Living biofouling-resistant membranes as a model for the beneficial use of engineered biofilms. Proc. Natl. Acad. Sci, 2016, 113(20): E2802 - E2811.

[68] Hong S H, Lee J, Wood T K. Engineering global regulator Hha of Escherichia colito control biofilm dispersal. Microb. Biotechnol., 2010, 3(6): 717 - 728.

[69] Qian M, Lei H, Villota E, et al. High yield production of nanocrystalline cellulose by microwave-assisted dilute-acid pretreatment combined with enzymatic hydrolysis. Chem Eng Process, 2021, 160: 108292.

[70] Branda S S, Vik S, Friedman L, et al. Biofilms: the matrix revisited. Trends Microbiol., 2005, 13(1): 20 - 26.

[71] Ma L, Wang J, Wang S, et al. Synthesis of multiple Pseudomonas aeruginosa biofilm matrix exopolysaccharides is post-transcriptionally regulated. Environ. Microbiol., 2012, 14(8): 1995 - 2005.

[72] Stoodley P, Sauer K, Davies D G, et al. Biofilms as complex differentiated communities. Annu. Rev. Microbiol., 2002, 56: 187 - 209.

[73] Al-Mashhadani M K H, Wilkinson S J, Zimmerman W B. Airlift bioreactor for biological applications with microbubble mediated transport processes. Chem. Eng. Sci., 2015, 137: 243 - 253.

[74] Brophy J A, Voigt C A. Principles of genetic circuit design. Nat. Methods, 2014, 11: 508.

[75] Pawar S S, Vongkumpeang T, Grey C, et al. Biofilm formation by designed co-cultures of Caldicellulosiruptor species as a means to improve hydrogen productivity. Biotechnol Biofuels, 2015, 8: 19.

[76] Tian B, Liu J, Dvir T, et al. Macroporous nanowire nanoelectronic scaffolds for synthetic tissues. Nat. Mater., 2012, 11: 986.

[77] Junker L M, Toba F A, Hay A G. Transcription in Escherichia coli PHL628 biofilms. FEMS Microbiol. Lett., 2007, 268(2): 237 - 243.

[78] Sen P, Nath A, Bhattacharjcc C. 2017 9-Packed-Bcd Bioreactor and Its Application in Dairy, Food, and Beverage Industry, In Current Developments in Biotechnology and Bioengineering (Larroche, C., Sanromán, M. Á., Du, G., and Pandey, A., Eds.), Pandey A: Elsevier, 2017: 235 - 277.

[79] Hekmat D, Feuchtinger A, Stephan M, et al. Biofilm population dynamics in a trickle-bed bioreactor used for the biodegradation of aromatic hydrocarbons from waste gas under transient

conditions. Biodegradation, 2004, 15(2): 133 - 144.

[80] Nguyen P Q, Courchesne N-M D, Duraj-Thatte A, et al. Engineered Living Materials: Prospects and Challenges for Using Biological Systems to Direct the Assembly of Smart Materials. Adv. Mater., 2018, 30(19): 1704847.

[81] Xiongfa J, Hao Z, Liming Z, et al. Recent advances in 3D bioprinting for the regeneration of functional cartilage. Regen. Med., 2018, 13(1): 73 - 87.

[82] Koo Y, Kim G. New strategy for enhancing in situ cell viability of cell-printing process via piezoelectric transducer-assisted three-dimensional printing. Biofabrication, 2016, 8(2): 025010.

[83] Kang H-W, Lee S J, Ko I K, et al. A 3D bioprinting system to produce human-scale tissue constructs with structural integrity. Nat. Biotechnol., 2016, 34(3): 312 - 319.

[84] Jakus A E, Rutz A L, Jordan S W, et al. Hyperelastic "bone": A highly versatile, growth factor-free, osteoregenerative, scalable, and surgically friendly biomaterial. Sci. Transl. Med., 2016, 8(358): 358ra127.

[85] Connell J L, Ritschdorff E T, Whiteley M, et al. 3D printing of microscopic bacterial communities. Proc. Natl. Acad. Sci, 2013, 110(46): 18380 - 18385.

[86] Homan K A, Kolesky D B, Skylar-Scott M A, et al. Bioprinting of 3D Convoluted Renal Proximal Tubules on Perfusable Chips. Sci. Rep., 2016, 6: 34845.

[87] 王璐璐,佘希林,袁芳.静电纺丝制备复合纳米纤维研究进展.微纳电子技术,2008,45(7): 392 - 396.

[88] Barth S, Hernandez-Ramirez F, Holmes J D, et al. Synthesis and applications of one-dimensional semiconductors. Prog. Mater Sci., 2010, 55(6): 563 - 627.

[89] Huang Z-M, Zhang Y Z, Kotaki M, et al. A review on polymer nanofibers by electrospinning and their applications in nanocomposites. Composites Sci. Technol., 2003, 63(15): 2223 - 2253.

[90] Lu X, Wang C, Wei Y. One-dimensional composite nanomaterials: synthesis by electrospinning and their applications. Small, 2009, 5(21): 2349 - 2370.

[91] Letnik I, Avrahami R, Rokem J S, et al. Living Composites of Electrospun Yeast Cells for Bioremediation and Ethanol Production. Biomacromolecules, 2015, 16(10): 3322 - 3328.

[92] Xie S, Tai S, Song H, et al. Genetically engineering of Escherichia coli and immobilization on electrospun fibers for drug delivery purposes. J Mater Chem B, 2016, 4(42): 6820 - 6829.

[93] Eroglu E, Agarwal V, Bradshaw M, et al. Nitrate removal from liquid effluents using microalgae immobilized on chitosan nanofiber mats. Green Chem., 2012, 14(10): 2682.

[94] Knierim C, Enzeroth M, Kaiser P, et al. Living Composites of Bacteria and Polymers as Biomimetic Films for Metal Sequestration and Bioremediation. Macromol. Biosci., 2015, 15(8): 1052 - 1059.

第二编

生物基材料的化学合成与改性

第5章 生物基材料的化学合成

随着世界人口的迅猛增长，全球对能源和新材料的需求陡然增加。现如今的大多数化学品和聚合物仍来自化石资源，大约8%的石油用于制造聚合物。然而石油基材料制备生产和使用时常伴随着大量的污染物的产生，其废弃物也与日俱增。并且绝大多数高分子材料在使用完毕后被废弃，其产品长时间的不降解也对地球的生态环境造成极大的威胁，使人类赖以生存的环境日益恶化。据统计，每年全球都将会排放出数以千万吨计的塑料废弃物。人们越来越关注石油化工的不良环境和社会经济后果，同时化石资源的使用寿命同样是人们不得不考虑的重要因素，因此利用天然生物质聚合物作为研究对象，挖掘其合成的不同技术手段，研究对应的原材料创新性开发就凸显出其非凡意义。在本章，我们将着重介绍生物基材料及其化学合成方法，以及现阶段主要的可降解生物基材料的化学合成途径，并总结这些材料在合成中存在的一些实际问题和最新的合成工艺。

5.1 生物基聚酯类

聚酯(Polyester)，是由多元醇和多元酸缩聚而得的一类聚合物总称，其性能优异、用途广泛，是常见的工程塑料，被广泛用于层压树脂、热压成型、表面涂覆、膜、橡胶、纤维、增塑剂等领域，主要包括聚酯树脂和聚酯弹性体两大类。聚酯主要指聚对苯二甲酸乙二酯(PET)，习惯上也包括聚芳酯(PAR)和聚对苯二甲酸丁二酯(PBT)等线型热塑性树脂。本节中只对原材料来源为生物质的可降解生物基聚酯的化学合成过程进行总结和展示。目前多见报道的生物基可降解聚酯包括有聚乳酸(PLA)、聚丁二酸丁二醇酯(PBS)，以及聚β-羟基丁酸酯(PHB)等。下面将针对该类材料进行其最主要化学合成途径的总结和梳理，并且也将对其合成方式的优缺点一并进行总结陈述。

5.1.1 聚丙交酯(PLA)

PLA又名聚丙交酯，是以乳酸为主要原料，经过聚合反应得到的聚酯类聚合物，也是目前研究热度最高的一种新型生物降解材料。近几年来，PLA以其优异的性能、广泛的可应用领域、显著的社会效益和绿色经济的特性，赢得了全球塑料行业的青睐，其相关材料的发掘和应用的研究在生物基材料领域日趋活跃,其相关产品对人类的可持续发展意义非凡。PLA 的化学合成方法包括丙交酯开环聚合法(图 5-1)和乳酸直接缩聚法两种[1,2]。

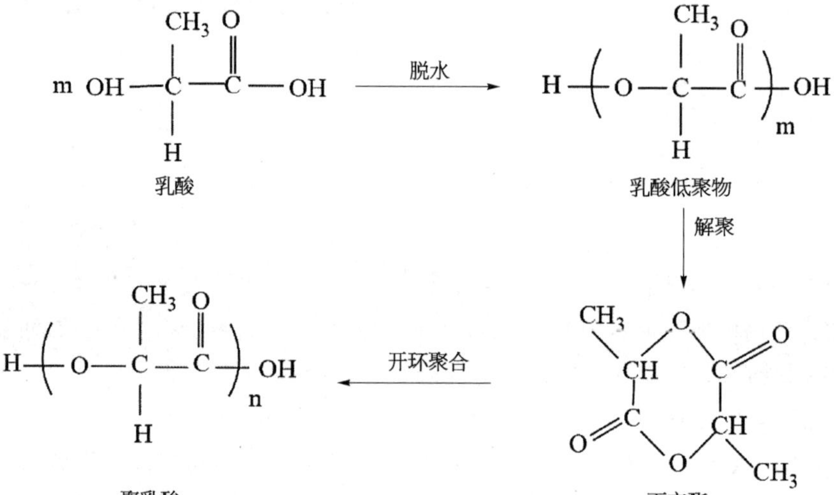

CH3
O
m OH
C
C
OH
H
乳酸
脱水
CH3
O
H
O
C
C
OH
m
H
乳酸低聚物
解聚
CH3
O
O
CH
C
C
CH
O
O
CH3
丙交酯
开环聚合
CH3
O
H
O
C
C
OH
n
H
聚乳酸

图 5-1 丙交酯开环聚合法制备聚乳酸

1. 丙交酯

丙交酯是环状乳酸二聚体,称为 3,6-二甲基-1,4-二氧六环-2,5-二酮。丙交酯由乳酸聚合而来,因此乳酸的环状二聚体存在 3 种不同结构的光学异构体(图 5-2):L-丙交酯、D-丙交酯,以及内消旋丙交酯,L 型与 D 型混合而成的丙交酯称为外消旋丙交酯(表 5-1)。

O
R
O
O
R
O
O
S
O
O
S
O
O
R
O
O
S
O

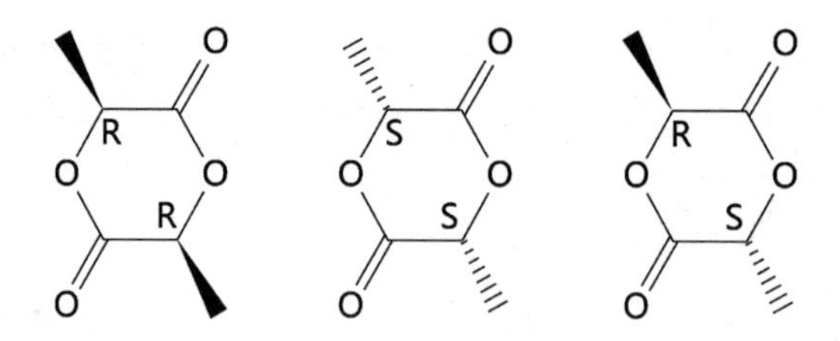

图 5-2 丙交酯的对映体

表 5-1 丙交酯的物理性质[3,4]

物理性质	L-丙交酯	D-丙交酯	内消旋丙交酯	外消旋丙交酯
摩尔质量(g/mol)	144.12	144.12	144.12	/
熔点(℃)	96～97	96	53	125～127
熔融热(J/g)	/	146	128	185

（续表）

物 理 性 质	L-丙交酯	D-丙交酯	内消旋丙交酯	外消旋丙交酯
密度(g/ml)	/	1.32～1.38	1.32～1.38	/
黏度(mPa·s)	/	2.71(110℃)	/	/
旋光度(*)	+260	−260	/	/

2. 丙交酯的制备

Pelouze 在 1845 年首次提出了丙交酯的合成方法。乳酸在加热脱水自酯化的过程中会产生不溶于水的物质,蒸馏后得到的晶体被命名为丙交酯。丙交酯一般用乳酸盐或者直接使用乳酸合成得来,但采用乳酸盐作为原料制取丙交酯太过昂贵,而且产物中容易混杂乙酸等杂质,收率低且纯化成本高,工业上应用极少。采用生物发酵法制取的乳酸作为丙交酯的生产原材料则可以有效降低其生产成本[5],且在能获得较高收率的同时使反应更为经济。丙交酯生产的具体工艺流程如图 5-3 所示：先将乳酸酯化脱水形成乳酸低聚物,然后在高温下通过催化剂裂解解聚合物得到丙交酯。

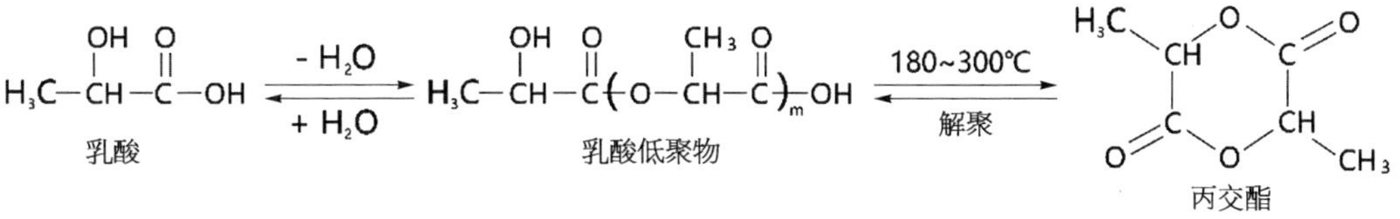

图 5-3　丙交酯制备简图[6]

制备丙交酯的方法一般分为常压法和减压法两种。常压法是向反应体系中通入惰性气体,借助这些惰性气体将丙交酯带出反应体系。Okuyama 等采用 N_2 和 CO_2 作为惰性气体通入反应体系,并通过降低丙交酯蒸汽的分压将生成的丙交酯从反应体系中连续带出[7]。由于惰性气体的存在,避免了氧化引起的变色和焦化反应,从而提高了丙交酯的产率和纯度。常压法虽然技术难度低、操作简单,但是生产效率较低、脱水时间长、产物收率不高。

减压法是目前丙交酯合成过程中使用最为广泛的方法,该方法主要是将反应体系置于高真空度的环境下,通过将反应生成的丙交酯快速蒸出,同时避免 O_2 的氧化效应,进而提高丙交酯的收率[8]。有研究者发现在减压法的基础上,往反应体系中再加入一定量的惰性溶液(如甘油、醇溶液)可以有效改善反应液易焦化、碳化的问题,并可以让丙交酯快速蒸出[9-12]。除此之外,研究者们也对丙交酯解聚时对低聚乳酸分子量造成的影响进行了研究。他们认为低聚乳酸的分子量较小时,解聚产生的丙交酯较少、乳酸较多;然而,低聚乳酸分子量过大时,超出了适合解聚的范围,则解聚时产生的残渣较多,造成丙交酯的收率较低[13]。但目前研究者们对最适合进行解聚的乳酸低聚物的黏均分子量的数值仍未获得一致的结论。

3. 丙交酯的提纯

乳酸高温裂解产生的丙交酯中一般含有水、乳酸以及乳酸低聚物等杂质，这些杂质会使丙交酯重新水解为乳酸，导致丙交酯难以聚合成高分子量的 PLA。因此，如何除去丙交酯粗液中的杂质就成为丙交酯提纯的关键问题。

丙交酯纯化的方法主要分为溶剂重结晶法、熔融结晶法以及精馏法等。

(1) 溶剂重结晶法

在甲苯和乙酸混合液中重结晶获得丙交酯是实验室常用的制取丙交酯的方法，除了甲苯和乙酸之外，还可以使用乙酸乙酯、乙醇等溶剂进行丙交酯的重结晶[14]。李霞等[15]在实验室内通过使用乙酸乙酯和乙醇作为溶剂，结合水解和重结晶方法，得到了收率和光学纯度都较高的丙交酯，其光学纯度达到 99.5%，重结晶收率达到 44.6%，符合作为制备 PLA 单体的标准。

(2) 熔融结晶法

熔融结晶法是利用被分离物质各组分或各关键组分之间凝固点的不同而分离提纯丙交酯的方法。它不需外加溶剂，具有能耗低、操作温度低、选择性高、环境污染少、可制备高纯或超纯产品等特点，是一种绿色提纯技术。熔融分步结晶一般分为结晶和发汗两个过程。将包含杂质的粗丙交酯在收集罐中加热熔融后，用泵抽到降膜结晶器顶部进行逐步降温结晶，首先在 5 min 内将温度降至 90℃ 诱导丙交酯结晶析出，然后以 5℃/min 的冷凝速度进行结晶冷却，当收集罐中的液位降至初始量的 1/5～1/4 时结束结晶、排出母液；随后升温，对已形成的晶体进行发汗，当汗液为初始量的 5%～10%时结束发汗、排出汗液；最后升温至晶体全部融化，则一次提纯过程结束[16]。一般经两次提纯过程后，丙交酯即可以达到很高的纯度，质量分数可达到 99.99%，且产品中检测不到内消旋丙交酯。

(3) 精馏法

精馏法是另一种重要的丙交酯提纯方法。该法是将丙交酯、水、乳酸和乳酸低聚物的混合液加入真空设备中，根据不同物质在精馏塔中停留的时间不同而进行精馏分离[17]。精馏法的设备易于大型化和连续化工业生产，但由于反应塔中会随着反应的进行累积影响反应速率的杂质(如内消旋丙交酯等)，且丙交酯和内消旋丙交酯的沸点相差很小，因此该法对设备有较高的要求[18]。

4. 聚乳酸的合成

早在 1845 年，Pelouze 通过在高温(130℃)下蒸馏乳酸使其脱水得到了乳酸线型二聚体——乳酰乳酸。直到 68 年后，科学家 Nef 首先在低压和高温的条件下，采用乳酸直接脱水缩合得到了低分子量的 PLA[19]，同时这也是目前使用的缩聚法制备 PLA 的起源。1932 年，DuPont 公司的科学家 Wallace Carothers 在前人基础上，采用乳酸的环状二聚体——丙交酯开环聚合得到了几千分子量的 PLA，虽然其力学性能仍达不到工业使用的水平,但为后续 Lowe 的研究提供了基础。1954 年,同公司的 Lowe 进一步完善了这一技术,首次得到了高分子量的 PLA[20],这就是目前 PLA 生产企业普遍采用的开环聚合法的前身。至此,具有实用价值的 PLA 材料才真正出现。PLA 在发现之初被人诟病的缺点是在潮湿的环境中,PLA 并不像其他聚酯纤维一样具有良好的稳定性,而会缓慢水解。然而在数十年后,这个特点却成为科学家们普遍认可的优点。

相应地,PLA 的工业生产开始于 1932 年的 DuPont 公司[21],但是生产成本过高,直到 1987 年他们与 Cargill 公司一起研究出了新的 PLA 制造工艺。Cargill 公司和 Dow 公司在 2001 年共同投资了 PLA 生产线,每年产量在 14 万 t 左右。日本的三井化学公司紧随其后,于 2001 年与 Cargill 公司开展合作,同时期率先参与的还有岛津公司和大日本油墨化学公司[19,21]。此外,德国的 UhdeInventa-Ficher 和巴斯夫,意大利的 Snamprogetti、荷兰的 Hycail 公司也是同时期 PLA 生产行业的参与者。

国内的 PLA 产业兴起较晚,上海工业微生物研究所和江苏省微生物研究所是最早使用发酵法生产乳酸合成 PLA 的国内机构。据资料显示,在 2002 年时我国的 PLA 产量就达到了 2 t/年[21]。浙江海正药业有限公司于 2004 年与中国科学院长春应用化学研究所合作,进行 PLA 制备工艺的研究,从乳酸发酵生产、提取、聚合多个方面开展深度合作研究,对工业技术进行优化,在国家环保生产和清洁生产的要求下,建造了国内最大的可降解型 PLA 树脂工业生产示范线,产量高达 5 000 t/年(如今已扩建至年产 15 000 t)。这条生产线的建立标志着我国在 PLA 生产方面与国际接轨。2013 年,上海同杰良生物材料有限公司在安徽马鞍山建立了一条开发不同等级 PLA 树脂的万吨级生产线,生产出的各类树脂(注塑级、片材级、薄膜级、纤维级)产品质量比肩国内外生产厂家。2016 年中粮集团斥 8.5 亿元巨资建设了 30 000t PLA 原料项目以及 30 000t PLA 下游制品项目。国内还有一条于 2012 年由江苏允友成生物环保材料有限公司投资建设的 50 000t PLA 生产线。

PLA 因其优秀的生物相容性和生物可降解性,已经被广泛应用在各个领域。虽然国内外建设了数量众多的 PLA 生产线,但是尚未成熟的产业链依旧无法供给行业需求。目前 PLA 已经成为重要的可用于人体的可降解高分子医用材料,被广泛应用在生物医用高分子领域[22-24]。同时,由于 PLA 具有高强度、高模量、透明性、易于加工等优点,也被广泛地用于通用塑料领域。目前工业上成熟的 PLA 制备均采用发酵-化学聚合二步法,即先通过细菌利用玉米和甘蔗等可再生资源中的糖发酵来获得并分离乳酸[25],然后使用化学方法将乳酸聚合为均聚物或共聚物。其流程一般为: ① 微生物发酵生产乳酸; ② 纯化乳酸,然后制备其环状二聚体(丙交酯);③ 乳酸缩聚或丙交酯开环聚合成 PLA。

5. **化学法合成聚乳酸**

化学法合成高分子量 PLA 的途径主要有 3 种(图 5-4): 游离乳酸的直接缩聚、共沸脱水缩合和丙交酯开环聚合。

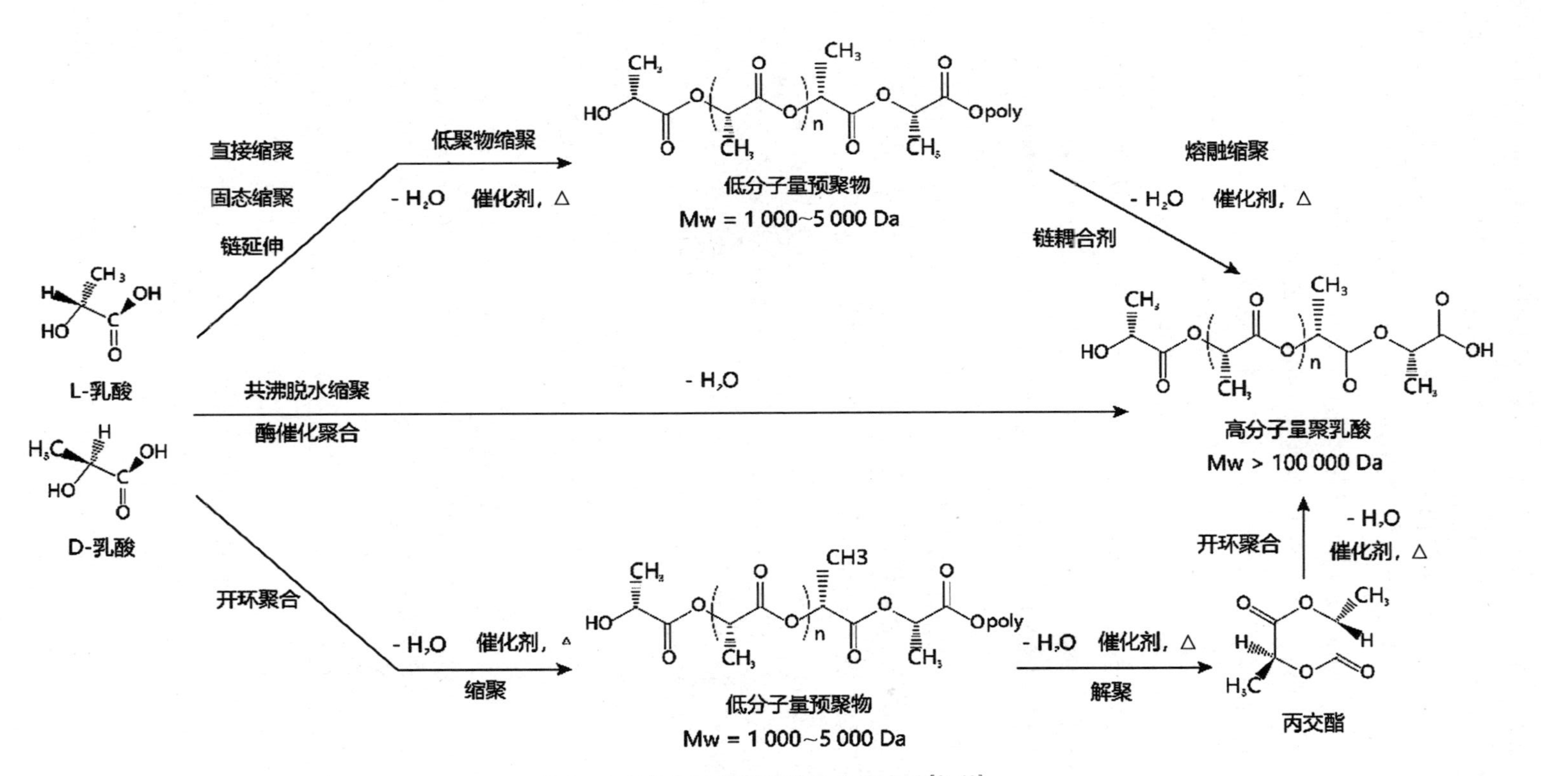

图 5-4 高分子量聚乳酸的合成方法[24-28]

1) 直接缩聚法

乳酸直接缩聚法指的是乳酸(化学或发酵生产)在 50℃的真空下加热,在脱水剂的存在下,乳酸分子之间的羟基和羧基发生直接缩合脱水反应的一种合成工艺(图 5-5)。该反应存在缩聚与解聚的平衡,是一个可逆的过程。整个体系包含游离乳酸、自由水、PLA 和丙交酯,但体系的黏度会随着反应的进行不断增加,而且会产生许多蒸馏副产物(如水、乳酰基乳酸等)[24-28]。与丙交酯开环聚合法相比,直接缩聚法的原料来源丰富、工艺流程简单,并且乳酸单体转化率较高,甚至不需要经过中间体的纯化,成本低廉。直接缩聚法的主要问题是游离乳酸、水、低聚物和丙交酯的共存体系相对稳定,反应生成的水等副产物在黏性熔融物中难以除去。由于在黏性体系中(即使在真空的条件下)去除副产物较难,所以这种方法得到的 PLA 分子量低、机械性能低、分布范围宽,且需要的反应时间长。副产物滞留的直接影响使得反应不易向正方向进行,生产的 PLA 相对分子质量＜5 000,而且当聚合温度高于 180℃时颜色不纯。因此,虽然乳酸的直接聚合是制备 PLA 的最简单方法,但是如何提高聚合产物的相对分子质量并高效除色成为直接缩聚法的关键。在该反应体系中,需设法及时除去缩聚过程中的副产物并控制好温度等反应条件,方可获得较高分子量的 PLA。

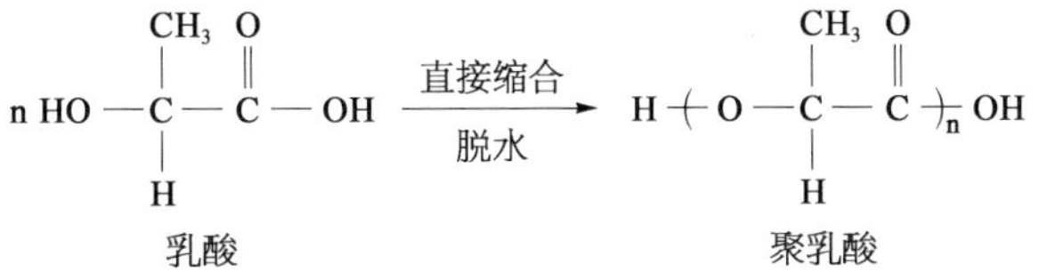

$$
n\,HO-\underset{H}{\overset{CH_3}{C}}-\overset{O}{\overset{\|}{C}}-OH \xrightarrow[\text{脱水}]{\text{直接缩合}} H\left[O-\underset{H}{\overset{CH_3}{C}}-\overset{O}{\overset{\|}{C}}\right]_n OH
$$

乳酸　　　　聚乳酸

图 5-5　直接缩聚法制备聚乳酸

乳酸直接缩聚法又可分为溶液缩聚法和熔融缩聚法。

(1) 溶液缩聚法

溶液缩聚法的关键是有机溶剂、乳酸和反应生成的水进行共沸回流,回流液经除水后返回反应体系,水分的带出推动反应向正方向进行,最后制备得到分子量较高的 PLA。其特点是反应呈溶液状态、热交换好、聚合物不会因温度的变化而分解,以及成本低于开环法。然而,溶液缩聚法也存在一些缺点,如易受溶剂杂质和各种副反应(包括外消旋和反酯化)的影响。此外,该法还需消耗大量的有机溶剂,会增大环境污染的压力。

该法所加入的有机溶剂需要满足两个条件:一是不能参与反应,二是能够使聚合物溶解并与水共沸。而在整个反应过程中,加入的溶剂主要发挥 3 种作用[29]:一是溶解乳酸单体,使得生长的 PLA 发生溶解或者溶胀,促进 PLA 链的增长;二是降低整个反应体系的黏度,吸收反应放出的热量,降低反应的剧烈程度;三是与反应体系中产生的副产物水形成共沸,使得水分能随着回流时间的增加而逐渐被去除。Ajioka 等[30]优化了连续共沸除水缩聚的合成工艺,并通过该工艺获得了分子量＞30 万 Da 的 PLA,且所得 PLA 具有良好的机械性能。

(2) 熔融缩聚法

熔融缩聚法是指乳酸在熔融状态下脱水缩聚成 PLA 的方法,该体系中生成的水等副产物用抽真空或由惰性气体携带等方式排出。熔融聚合是一种相对经济且易于控制的工艺,受反应温度、反应时间、催化剂和压力等因素的影响。常用的酯化反应催化剂有中强酸(如 H_2SO_4、H_3PO_4 等)、过渡金属及其氧化物(Sn、Zn、SnO_2、ZnO)、过渡金属盐($SnCl_2$、$SnCl_4$)以及金属有机物(辛酸亚锡、三乙基铝)等。

Moon 等[31]以 L-乳酸为原料,采用熔融缩聚法制备 PLLA,研究了不同催化剂体系对反应的影响,发现氧化锡和氯化锡可以有效提高 PLA 的分子量。研究发现,在 180℃下将质子酸加入反应体系中,以活化 Sn(Ⅱ)基催化剂(SnO 和 $SnCl_2 \cdot 2H_2O$),最终得到分子量约为 10 万 Da 的 PLLA。引入质子酸作为共催化剂增强了 Sn(Ⅱ)化合物的活性,并且在持续高温的情况下,有效地抑制了乳酸熔融缩聚过程中产品的变色以及消旋问题。

近年来研究者希望通过增加反应时间、降低反应温度、使用更优的催化剂或优化新工艺等来提高 PLA 的分子量,涉及以上条件优化的反应主要有熔融-固相聚合、扩链反应等。

熔融-固相聚合[32,33]这种方法,是将预聚物在高于其 Tg(玻璃化转变温度)且低于其 Tm(熔融温度)下再进一步聚合而得到目标聚合物的方法。其原理是无定形区的低分子与大分子端基发生反应生成高分子,分子链继续增长并在晶区聚结,提高 PLA 的分子量、纯度及结晶度。该方法避免了高温下副反应的发生、工艺简单、成本低,但该反应缩聚时间较长。Moon 等[32]在 180℃下用 $SnCl_2$ 和邻甲苯磺酸催化 L-乳酸缩聚 5 h,得到了分子量高达 2 万 Da 的预聚物,然后再在 105℃下热处理 2 h 使其结晶,在 150℃下固相聚合约 30 h,可制得分子量约为 50 万 Da 的 PLLA。

扩链反应[34]使用扩链剂对预聚物进行扩链反应可获得较高分子量的 PLA。扩链剂是指能与预聚物链端的羟基(—OH)或羧基(—COOH)迅速发生反应,使 PLA 分子量在短时间内成倍增长的双官能团小分子有机化合物。扩链剂有很多种,目前常用于 PLA 扩链合成的扩链剂主要有二元异氰酸酯、二元酰氯、二元恶唑啉、二元酸酐和二元环氧化物等。扩链聚合法有很明显的优点,如反应速度快、反应时间短等;但扩链剂的反应活性越高,其热稳定性往往也越差。Woo 等[35]将 L-乳酸缩聚成分子量为 1.1 万 Da 的预聚物,并在 160℃以下,以 1,6-六亚甲基二异氰酸酯(HDI)为扩链剂对其进行扩链反应,可获得分子量约为 7.6 万 Da 的 PLLA。

总之,这些一步聚合工艺相对经济且易于控制,但它们是受温度、反应时间、催化剂、压力等众多参数影响的平衡反应。这些因素对产物 PLA 的分子量有很大影响。此外,在聚合过程中产生的水会导致高分子量 PLA 在高温下分解。因此,由一步聚合反应产生的 PLA 通常分子量都较低。要想获得高分子量的 PLA,必须在反应过程中注意控制反应动力学、去除形成的水和防止 PLA 链的降解。

2) 丙交酯开环聚合法(ROP)

由于乳酸直接缩聚法存在较多缺点(如体系中存在游离乳酸、水和杂质,得到的聚合物分子量较低,还需要除去生成的水,并且反应需要在高真空和高温下进行,会引起PLA带色和消旋等),因此目前丙交酯开环聚合法是制备高分子量PLA的普遍采用方法。该方法分为两步:首先,由乳酸脱水环化制得丙交酯;然后,由精制的丙交酯开环聚合制得相对分子质量较高的PLA。

乳酸是具有L型和D型异构体的手性分子,其光学纯度是决定PLA物理性质的重要因素。乳酸可以形成3种形式的PLA:聚L-乳酸(PLLA)、聚D-乳酸(PDLA)和聚D,L-乳酸(PDLLA)[36]。其中,PLLA因为优异的生物相容性和力学性能而备受关注,但它也存在如降解速度缓慢、结晶度高、疏水性强等缺点[37]。D-乳酸降解速度更快,因此我们可将L-乳酸和D-乳酸单体相结合来生产PLA,以避免上述提到的PLLA的缺点[38,39]。丙交酯开环聚合可以通过控制停留时间、温度以及催化剂的类型和浓度来控制最终PLA聚合物中D-乳酸和L-乳酸单元的比例和顺序,从而对PLA的分子量和分子链结构形态以及物理化学性质进行调控,所以目前均采用这种方法进行工业化生产PLA。但在该法中使用的重金属基催化剂极有可能污染产品,使PLA的提纯工艺更复杂,同时也限制了PLA在食品包装和生物医学领域的应用。

根据使用的催化剂和反应机理的不同,丙交酯开环聚合法主要可以分为离子开环聚合法和配位开环聚合法。

离子开环聚合法可以分为阳离子开环聚合法和阴离子开环聚合法。

阳离子开环聚合法中用于离子开环聚合的阳离子催化剂主要有质子酸(如HCl、HBr等)、路易斯酸(Lewis acid,如$AlCl_3$、$SnCl_4$等)和烷基化试剂(如CF_3SO_3Me等)三类酸性物质[40]。阳离子聚合催化剂属于亲电试剂,可与丙交酯单体中的氧原子作用,生成中间体鎓离子,引起酰氧键断裂,进而引发丙交酯开环反应生成酰基正离子,并引发单体进行增长。

阴离子开环聚合法中用于丙交酯开环聚合的阴离子催化剂主要有碱金属和碱金属醇氧化剂,如醇钠、醇钾和丁基锂等。阴离子开环聚合的原理是催化剂的负离子攻击丙交酯的酰氧键,形成活性中心内酯负离子,该负离子再插入主链中引发丙交酯的链增长。其反应特点是引发活性高、速度快,但副反应较多,易产生消旋反应,因此不适用于合成高分子量的PLA。

配位聚合又称齐格勒-纳塔聚合,是制备PLA最通用、最有效的方法之一。丙交酯单体首先与有机金属催化剂形成活化的配位络合物,然后插入金属碳键生成高分子量的聚合物。配位聚合的引发剂主要是过渡金属和镧系金属的有机化合物,如烷基(芳基)金属、烷氧基金属、羧酸盐和金属氧化物[41]。烷氧铝作为环酯开环聚合的一类有效催化剂,其中$Al(Oi\text{-}Pr)_3$被广泛应用于乳酸聚合;而羧酸锡类化合物是一类在PLA工业化生产中应用最为广泛的催化剂,如辛酸亚锡,其活性远远大于$Al(Oi\text{-}Pr)_3$。配位聚合反应虽能有效地生产 PLA,但在其反应后期也会发生一些不可控的副反应,如酯的醇解(酯交换)反应等。

催化剂是影响配位聚合反应的关键因素,因此越来越多的研究者开始探索能有效催化丙交酯开环聚合反应的新型催化剂。因 $Pr(OTf)_3$本身的催化活性较差,Köhn 等[42]经研究后首次报道了新型催化剂——双(三甲基三氮杂环已烷)三氟甲磺酸镨 [$(Me3TAC)_2$ $Pr(OTf)_3$](Cat),它能够在不同溶剂(四氢呋喃、二氯甲烷、乙酸乙酯和甲苯)中有效催化 D,L -丙交酯的开环聚合反应。并在 170℃、底物与催化剂比例为 1 000 的条件下反应 18 h,PLA 产率最高可达 95%、分子量可达 18 000 Da。目前,关于铜基催化剂用于丙交酯聚合的研究较少。John 等[43]研究发现在{2 -[1 -(2,6 -二乙基苯基亚氨基)乙基]苯氧基$\}_2$Cu(Ⅱ)的催化作用下,L -丙交酯开环聚合反应产生的 PLA 最高分子量可达 26.3×10^3 Da,单体转化率达到 57%。此外,还有研究者发现另外两种铜配合物{2 -[1 -(2,6 -二甲基苯基亚氨基)乙基]苯氧基$\}_2$Cu(Ⅱ)和{2 -[1 -(2 -二甲基苯基亚氨基)乙基]苯氧基$\}_2$Cu(Ⅱ)也可在无溶剂、熔融的条件下(160℃)催化 L -丙交酯的开环聚合反应,但它们仅能催化产生中等分子量的 PLA(分子量分别为 12.0×10^3 Da 和 15.9×10^3 Da)。

在目前常用的 PLA 生产工艺中,PLA 一般由重金属催化丙交酯开环聚合而成,而丙交酯本身由发酵乳酸转化而得,微量的重金属催化剂的残留不仅对聚合反应造成不利影响,而且严重影响 PLA 在医疗和食品领域的应用,因此亟待开发安全、对环境友好的新型催化剂替代现有常用的重金属催化剂进行新的 PLA 聚合生产。

随着绿色环保理念的深入贯彻,绿色有机合成技术也随之得到了长足的发展,在新的 PLA 聚合技术中,酶促聚合和超临界 CO_2聚合等有机开环聚合的相关研究受到了广泛的关注。近年来,酶促聚合法因其对环境友好的特性正成为替代聚合物传统合成方法最可行的方法之一。与有机合成相比,酶促聚合具有许多优点[44],如催化活性高、反应条件温和、副产物少、能较好地对区域选择性进行控制等。此外,特异性较高的酶促反应还能从廉价的原料中合成结构精细的聚合物,而传统的化学合成反应为了减少副产物的产生,除了需要高纯度的单体外,还需要无水和高温等条件。

利用乳酸聚合酶(LPE)进行酶促聚合反应生产 PLA 是较理想的 PLA 生物合成工艺,可用于替代传统的化学合成法进行 PLA 生产。因此,研究者们的当务之急是发现能产生 PLA 的微生物,并发掘其所携带的乳酸聚合相关酶。

Chanfreau 等发现在离子液体 1 -己基- 3 -甲基咪唑六氟磷酸中,利用南极假丝酵母(Candida antarctica)的脂肪酶 B(Novozyme 435)进行酶促聚合反应生产聚 L -丙交酯(PLLA)和聚 L -丙交酯-共乙交酯(PLLGA)的方法[45]。在 90℃下反应,用尺寸排阻色谱法测得 PLLA 的分子量为 37.89×10^3 g/mol,最高产率为 63%[43]。

Whulanza 等则对假丝酵母脂肪酶(CRL)作为 L -丙交酯开环聚合生物催化剂在生产无金属 PLA 中的作用进行了研究[46]。他们测试了不同温度和不同 CRL 浓度对开环聚合生产 PLA 的影响,结果表明 PLA 的形成与 CRL 活性之间有着密切的联系[46]。在 90℃、CRL 浓度为 2%时,CRL 催化 L-丙交酯进行开环聚合反应的活性最高;且在此条件下,PLA 的产率和分子量也最高[47]。

超临界流体是一种绿色无污染的新型溶剂,可以用于替代传统的有机溶剂,其使用更加安全环保。利用超临界 CO_2($ScCO_2$)做溶剂合成 PLA 及其共聚物,具有多种工艺参数可调、分离提纯简单高效和制备条件温和等优点,特别适用于生物医用聚酯材料的制备[48]。与常规溶剂相比,$ScCO_2$ 主要具备以下几种优异的特性: ① 反应是惰性的。因 $ScCO_2$ 是一种化学性质很稳定的溶剂,不会参与到 PLA 的合成反应过程中。② 溶解度和溶胀性能好。提高溶质在溶剂中的溶解性,有利于提高反应效率。③ 临界条件适中。CO_2 的临界压力为 7.38 MPa,而以 $ScCO_2$ 为介质的聚合反应的压力条件大多高于该临界压力,且较高的压力有助于聚合反应的进行[48]。④ 简化产物纯化流程。与其他溶剂相比,当以 $ScCO_2$ 作为反应介质时,该聚合反应体系不需要进行额外的纯化过程(如反应后的溶解、沉淀和过滤等)。

Ferrari 等以 L-丙交酯为原料,用一种含双键的共聚单体(2-羟基-甲基丙烯酸乙酯)为引发剂,在 $ScCO_2$ 中进行开环聚合反应,合成了具有明确平均链长的生物医用 PLA 大分子单体[49]。该研究利用 $ScCO_2$ 做溶剂,在 90～130℃ 温度下进行了聚合反应,结果表明在最低测试温度 90℃ 下可以生成分子量分布较窄的低聚物,并且在该温度下二次反应对 PLA 合成的不利影响显著降低,从而可以获得纯度更高的 PLA 大分子单体粗品。

近年来,为了便于工业化生产,聚乳酸的合成主要集中在高效催化的开环聚合体系、新型结构和组成的共聚物的合成等方面的研究,以制备更高分子量的 PLA[4]。但 PLA 特性取决于丙交酯的纯度,并且要考虑的重要关键点是残余的单体会引起 PLA 水解。目前,国内聚乳酸商品化生产的主要障碍是生产工艺复杂、流程长,以及产品成本高。若需聚乳酸生产尽快实现工业化,核心是降低生产成本,尤其是合成聚乳酸环节的成本。我国是玉米产量居世界第 2 位的产粮大国。根据我国可持续发展战略,进行粮食深加工,生产高附加值的产品是实现经济跨越式发展的必由之路。因此,以玉米等农产品为原料,采用生物技术生产可生物降解聚乳酸的市场潜力巨大。但现有乳酸品种都是通用的消旋乳酸,质量达不到聚合要求,因此只有加大这方面的研究力度,才能使我国的产品和国际接轨。

5.1.2　聚丁二酸丁二醇酯(PBS)

PBS 是一种重要的具有生物降解性的合成聚酯,是由脂肪族二元酸及其衍生物和脂肪族二元醇经过高效缩聚反应制备而得,属于热塑性树脂。PBS 为白色结晶型聚合物,其密度为 1.27 g/cm^3,熔点为 115℃,结晶化度为 30%～60%,结晶化温度为 75℃。其结构式如图 5-6 所示:

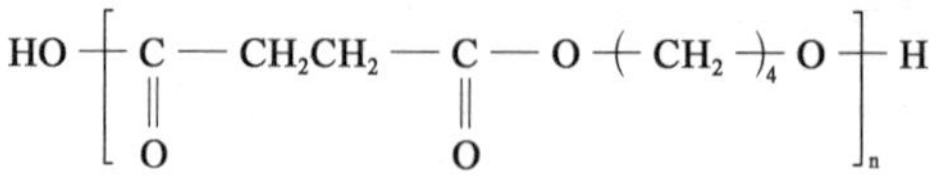

$$HO\left[\begin{array}{c}C\\ \|\\ O\end{array}-CH_2CH_2-\begin{array}{c}C\\ \|\\ O\end{array}-O\left(CH_2\right)_4O\right]_nH$$

图 5-6 PBS 结构式

PBS 的传统合成方法主要为生物发酵法和化学合成法。其中化学合成法包括直接酯化法和酯交换法。

1. 直接酯化法

直接酯化法是二元羧基酸和烷基二醇直接聚合的过程。这种方法的特点是较为简单且能得到较高分子量的 PBS,因此被广泛用于工业生产。其方法可以描述为: 在较低的反应温度下将二元酸与过量的二元醇进行酯化,形成端羰基预聚物,然后在高温、高真空和催化剂的存在下脱除二元醇,得到 PBS 聚酯。反应方程式如图 5-7 所示。此聚合法在酯化过程中所用的催化剂主要使用钛酸酯类和对甲苯磺酸[50]。聚合阶段的温度一般控制在 160℃左右,控制温度是非常重要的步骤,原因是丁二醇的环化和高温氧化这两个因素将导致聚合物色泽发黄。除了利用温度控制防止黄色酯的产生之外,在反应过程中冷阱的方法,抽出环化的副产物四氢呋喃也可以达到同样的效果。同样有其他研究者报道过会使聚酯的颜色发黄的原因,如 $Ti(iOPr)_4$ 和 Ti(OBu)[51] 的存在等。实验室反应在聚合时加入抗氧化剂,在第二步缩聚反应时加入聚磷酸以防止醚化和热分解等副反应,可以改善酯类颜色发黄的程度。目前合成产出高分子量的 PBS 仍是一项挑战,因为多种催化剂使产品具有一定的毒性,同时对环境造成了一定的影响,因此在无毒无害的绿色环保型催化剂的作用下,在低温、短时间条件下合成 PBS 成为研究的关键。

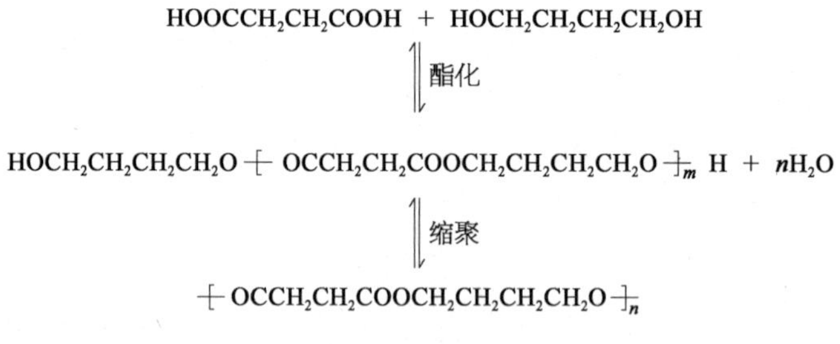

$$HOOCCH_2CH_2COOH + HOCH_2CH_2CH_2CH_2OH$$

$$\Big\Updownarrow \text{酯化}$$

$$HOCH_2CH_2CH_2CH_2O\left(OCCH_2CH_2COOCH_2CH_2CH_2CH_2O\right)_m H + nH_2O$$

$$\Big\Updownarrow \text{缩聚}$$

$$\left(OCCH_2CH_2COOCH_2CH_2CH_2CH_2O\right)_n$$

图 5-7 直接酯化法制备 PBS 聚酯

2. 酯交换法

酯交换法是合成 PBS 最早也是最常用的方法之一。酯交换法合成 PBS 聚酯的反应方程式[52]如图 5-8 所示。

在酯交换法合成过程中,PBS 在由等量的丁二酸二甲酯和 1,4-丁二醇或过量不超过 10%的 1,4-丁二醇在熔融状态下聚合获得,此环境需要催化剂的存在。合成步骤可以大致分为两步: 酯交换和聚合。在反应前,反应器中会事先通入氮气以排除其中的空气,以免在酯化过程中发生氧化反应,然后在氮气气氛下反应器被加热至 150～190℃,酯化反应得以

$$HOCH_2CH_2CH_2CH_2OH + H_3COOCCH_2CH_2COOCH_3$$
$$\Bigg\Updownarrow \text{酯交换}$$
$$HOCH_2CH_2CH_2CH_2O \mathrel{+\!\!\!\!-} OCCH_2CH_2COOCH_2CH_2CH_2CH_2O \mathrel{-\!\!\!\!+}_m H + nCH_3OH$$
$$\Bigg\Updownarrow \text{缩聚}$$
$$\mathrel{+\!\!\!\!-} OCCH_2CH_2COOCH_2CH_2CH_2CH_2O \mathrel{-\!\!\!\!+}_n$$

图5-8 酯交换法合成PBS聚酯

发生,同时可去除反应体系中的甲醇和水分。之后,在真空条件下200℃发生聚合反应。上述反应得到PBS的相对分子质量为59 500,重均相对分子质量为104 100[53]。

直接酯化与酯交换两种方法包含的基本反应步骤是酯化反应和缩聚反应,不同之处在于第一步酯化反应。酯交换反应法是通过酯交换脱去甲醇完成酯化,而直接酯化法是通过醇酸缩水达到酯化。由于沸点低,甲醇易挥发,使反应趋向酯交换反应完成的方向。酯交换反应法在两种方法中的优势在于可有效避免因反应物配比不合理而造成的封端现象。但这种方法的成本较高,需要先得到二元酸二甲酯,其中包含的溶剂毒性较大,会增加引发环境问题的可能性。而直接酯化法的优势就更为突出,其产物为水,对环境无污染且成本较低。

20世纪70年代,从首次合成了聚丁二酸丁二醇酯开始,PBS的合成得到了长久且充足的发展[54],化学合成方法包括:① 熔融缩聚法[55]:丁二酸和丁二醇在一定的温度下酯化,然后进行高温高真空缩聚。② 溶液聚合法[56]:使用不同的溶剂,定温定时让溶剂回流带走一部分水,让丁二酸和丁二醇酯化,最后高温进行缩聚反应。③ 熔融-溶液相结合法:甲苯作溶剂,130～135℃溶液酯化24 h后,蒸馏出甲苯,催化反应下高温高真空熔融聚合得到高分子量的共聚物。④ 酯交换法:二元酸二甲酯与一定量的二元醇进行酯交换脱去甲醇,然后缩聚成酯。⑤ 预聚体扩链法:这种方法的使用使得直接酯化法和酯交换反应法这两种需不断排除小分子物质(水或甲醇)的可逆反应的操作得以简化。缩聚反应以后获得的是低分子量的聚酯,这是由于在缩聚反应中,尤其是反应后期,温度往往高于200℃。在该温度下,不可避免地会出现脱羧、热降解、热氧化等副反应。而扩链反应可以选择利用扩链剂的活性基团与聚酯的端羟基反应,以达到提高聚酯相对分子质量的目的。同时,在用扩链法合成PBS时,缩聚反应的条件比直接酯化法更加宽松。但采用扩链法生产PBS会降低材料的生物安全性,并影响它的生物可降解性[57]。

5.1.3 聚2,5-呋喃二甲酸乙二醇酯(PEF)

PEF的化学结构如图5-9所示。合成PEF的工艺路线有两种:一是以2,5-呋喃二甲酸二甲酯(DMFD)和乙二醇(EG)为原料的酯交换法;二是以FDCA(2,5-呋喃二甲酸)和EG(乙二醇)为原料的酯化法。合成PEF的主要原料有DMFD、FDCA和EG,催化剂主要有钛酸四丁酯、三氧化二锑、乙酸锑和二丁基氧化锡。PEF 的聚合反应通常来讲有溶液缩聚法、熔融缩聚法、熔融-固相缩聚法以及开环缩聚法等[58]。

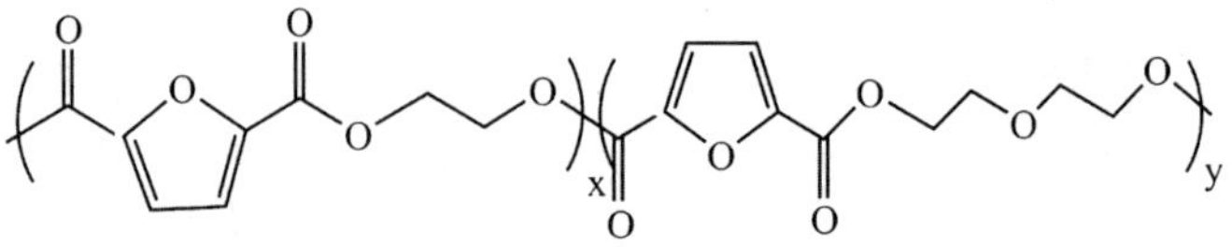

图 5-9　聚 2,5-呋喃二甲酸的化学结构式

1. 溶液缩聚法

溶液缩聚法是在惰性溶剂中进行缩聚的方法。Gandini 等[59]在室温条件下以吡啶为催化剂、1,1,2,2-四氯乙烷为溶剂，使用 2,5-呋喃二甲酰氯与乙二醇制备出聚合度为 70 的 PEF。但是由于 2,5-呋喃二甲酰氯单体合成和溶剂使用与回收带来的技术、环保和能耗方面的巨大挑战，并且产物分子量过低，此法止步于 PEF 工业化生产。

2. 熔融缩聚法

此法包括两种技术路线，即二元羧酸或其二酯与二元醇在常压或加压下经酯化或酯交换反应生成相应的预聚物，然后在高温高真空条件下熔融缩聚合路线。其中，酯化-熔融缩聚是聚酯工业生产的主流路线[60]。PEF 的熔融缩聚会伴随着热分解、变色和醚化副反应，导致产物色泽深、呋喃二甲酸二甘醇酯链节[61]含量高。因此，熔融缩聚法合成 PEF 需要研究解决的关键问题在于，首先选择合适的聚合工艺和催化剂在合适的工艺条件下制备高分子量 PEF，同时严格抑制上述副反应。目前，大多数 PEF 合成研究选用上述中的酯交换路线，其原因是目前 FDCA 精制技术尚不成熟，此外，还有一个重要因素是酯交换路线有利于抑制上述的副反应发生。

3. 熔融-固相缩聚法

Knoop 等[62]通过酯交换-熔融缩聚以钛酸异丙酯为催化剂合成了数均分子量为 5 000 g/mol 的 PEF 预聚物，然后在高真空 180℃条件下进行 72 h 的固相缩聚反应，PEF 分子量可以提高至 3 000 g/mol。Van Berkel 等[63]丙酯-三氧化二锑为催化剂，通过酯交换-熔融/固相缩聚制得特性黏度为 0.80 dL/g 的 PEF。Hong 等[64]通过将熔固态反应的时间延长至 48 h，成功地将 PEF 的特性黏度提高至 0.72 dL/g。Kasmi 等[65]通过熔融冷结晶技术，在 205℃下反应 6 h 进行二次固相缩聚，最终 PEF 聚酯的高分子量特性黏度超过 1 d L/g。固相缩聚的优势在于可以明显提高 PEF 的分子量并抑制副反应，但也存在明显的劣势，即反应速度偏低、反应时间过长。此情况必然导致反应器庞大，投资和生产成本高，难以成为 PEF 工业化生产的首要选择工艺。

4. 开环聚合法

开环聚合法是指以环状单体为原料经开环聚合制得相应聚合物的方法，这种方法在聚乳酸的聚合生产中非常常见。Morales-Huerta 等[66]在三乙烯二胺的催化作用下，将 FDCA

与二氯亚砜在极性溶剂N,N-二甲基甲酰胺中反应得到2,5-呋喃二甲酰氯,然后再将2,5-呋喃二甲酰氯与乙二醇反应得到环状单体。然后利用草酸亚锡的催化作用进行开环聚合,得到较高分子量的PEF。Rosenboom等[67]首先在二丁基氧化锡的作用下,通过呋喃二甲酸二甲酯与乙二醇的酯交换反应得到PEF的预聚物,然后将其解聚,解聚物在塑化剂以及锡催化剂作用下进行开环聚合,同样得到高分子量的无色PEF聚酯。开环聚合确实有利于调控分子量并抑制变色,可获得高分子量PEF,但反应条件较为苛刻,单体制备工艺复杂、成本高且不环保,很难应用到工业生产中。综上,合成聚酯的经典方法均可用于合成PEF,最具工业化价值的是其中的酯化/酯交换-熔融缩聚法。但挑战性依然存在,关于此种方法的深入研究的目标导向是解决促进分子量增长的同时抑制副反应发生的瓶颈问题。

5.1.4 聚乙醇酸(PGA)

聚乙醇酸又称作聚羟基乙酸,是最简单的聚线性脂肪族聚酯,也是一种刚性的高结晶热塑性聚合物(45%～55%)。聚乙醇酸具有优异的生物可降解性、生物相容性、耐热性、阻气性和机械强度,也可以和其他生物基材料共聚,提高可降解速度,改善其主体性能,是迄今研究最广泛、应用最多的生物可降解材料之一。目前,国内外合成聚乙醇酸的方法主要有乙醇酸直接缩聚法、乙交酯开环聚合法、卤代乙酸的缩聚法、甲醛和一氧化碳聚合法以及悬浮聚合法。

1. 乙醇酸直接聚合法

乙醇酸直接聚合法是指采用乙醇酸通过直接加热、脱水缩聚成聚合物的方法。Takahashi[68]等采用直接缩聚熔融/凝固法获得高分子量的聚乙醇酸。比较不同的催化剂,如锌类、锡类等后发现,在乙醇酸本体缩聚的直接聚合法中,$Zn(CH_3CO_2)_2 \cdot 2H_2O$是获得高分子量聚合物最理想的催化剂,但是存在聚合物相对分子质量较高,且合成时间过长等问题。Wang等[69]在锡类催化剂$SnCl_2$的作用下以乙醇酸为原料,合成的聚乙醇酸被证实可用于医用纤维的生物降解材料。Ayyoob[70]等以二苯基砜作为溶剂、甲磺酸作为催化剂,在真空条件下通过溶液成功合成聚乙醇酸,且所得最终产物聚乙醇酸的特性黏度为0.2 dL/g。而通过熔融/固体缩聚合成的聚乙醇酸特性黏度高达0.35 dL/g。吴义斌[71]等采用微波辐射法由乙醇酸或乙醇酸甲酯制备聚乙醇,此法获得的聚乙醇具有较高分子量。相对于传统的熔融法,微波辐射法温度升温快、加热均匀,且与传统熔融法相比,可在较短的时间内完成反应,提高了反应效率。乙醇酸直接缩聚法合成聚乙醇酸的过程省去了中间体乙交酯制备与纯化的环节,工序短、操作简单、仪器设备少、原材料试剂消耗少、有利于降低合成的成本,是制备聚乙醇酸最简单的方法,但缺点是反应时间较长。

2. 乙交酯开环聚合法

乙交酯是乙醇酸的环状二聚体形式,一般采用乙醇酸环化合成乙交酯,再由乙交酯开环聚合成产物聚乙醇酸的简单合成路线,如图5-10所示。

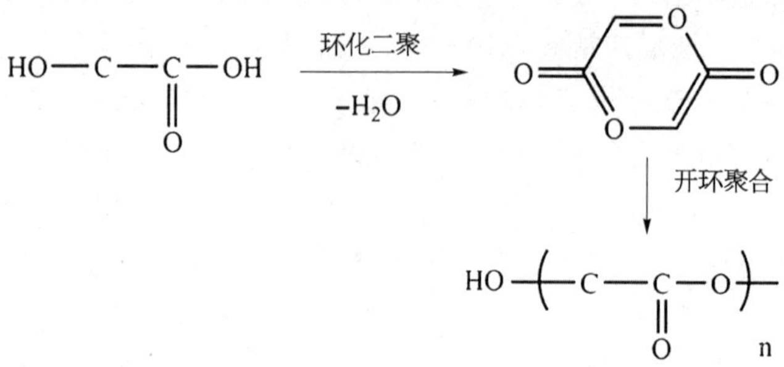

$$HO-C-\underset{\underset{O}{\|}}{C}-OH \xrightarrow[-H_2O]{环化二聚} \text{乙交酯} \xrightarrow{开环聚合} HO\left[C-\underset{\underset{O}{\|}}{C}-O\right]_n$$

图 5-10 乙交酯开环聚合法合成聚乙醇酸

乙交酯开环聚合过程中可使用多种催化剂,常用的催化剂类型同样为锌类(如乙酸锌、二水合乙酸锌)以及锡类(如辛酸亚锡、氯化亚锡),另外还包含铋类(乙酸铋)催化剂。国外最常见的催化剂是辛酸亚锡,它的特点是具有较快的反应速率,获得的聚乙醇酸产率高、分子量高。但是此催化剂的最大特点是反应活性不高,反应不仅需要在较高的温度下进行且时间较长,同时催化剂会残留在产品内部,毒性无法衡量。景遐斌等[72]采用氨钙引发环状酯类的开环聚合反应,在无水和高纯氩气的反应环境下,用溶液聚合的方法引发乙交酯等环状酯类的开环聚合,得到具有高产率、高分子量的聚乙醇酸产物,此方法获得的产物纯度也很高。Yamane 等[73]革新了技术来生产高纯度中间体乙交酯,合成过程中选用非常见的溶剂聚亚烷基二醇二醚溶解乙醇酸低聚物,然后进行蒸馏,蒸馏的作用是将解聚反应产生的乙交酯与溶剂一起回收,得到较高纯度的乙交酯。该聚合反应最初在熔融状态下被诱导,达到适当的反应转化条件后,聚合物以固体形式沉淀出来促进聚合,可制备获得高分子量的聚乙醇酸。吴桂宝等[74]以 $SnCl_2 \cdot 2H_2O$ 为催化剂,研究了高压下乙交酯的开环聚合反应。结果显示,通过精准地控制反应温度、反应时间以及催化剂用量就能获得相对重均分子量可以达到 1.61×10^5 的聚乙醇酸。乙交酯开环聚合法可以得到分子量较高的聚乙醇酸,但是对乙交酯的纯度要求极高,此合成路线缺点突出,即程序长、产品收率低以及生产成本高。由于国内没有生产高纯度乙交酯技术可以进行高效率、大规模生产制备聚乙醇酸,所以聚乙醇酸一般作为一种极其昂贵的高附加值产品少量产出售卖。但是目前国内对于此路线的研究也在逐步深入。胡翠琼等[75]利用乙交酯为单体、甲基硅油作为分散介质,在氮气保护下利用悬浮聚合的方法制备了特性黏度达到 0.9 dL/g 的聚乙醇酸。陆卫良等[76]在上述基础上改良,使用乳化剂 MOA-3 作为分散剂、乙醇酸为单体、辛酸亚锡为催化剂,同样使用悬浮合成法合成出了特性黏度高达 0.845 dL/g 的聚乙醇酸,但是反应时间跨度过长。悬浮聚合法合成聚乙醇酸的方法具有反应体系易于传热、后续处理简单的优点,但是该方法不容易获得高分子量的聚乙醇酸产物。

3. 卤代乙酸的缩聚法

该方法是以卤代乙酸为原料直接缩聚为端基含有活性原子的聚乙醇酸的方法,其合成过程如图 5-11 所示。

$$X—CH_2—COOH \longrightarrow \lnot\!\!\!\leftarrow CH_2COO \rightarrow\!\!\!\!\lnot_n$$

图 5-11　卤代乙酸缩聚法合成聚乙醇酸

Tang 等[77]将氯乙酸溶解在乙酸乙酯中,此后加入三乙胺,在经过搅拌、回流、蒸馏后获得乙酸乙酯,待洗涤除去副产物后对剩下的不溶性聚合物进行收集就得到了产物聚乙醇酸。于娟等[78]以氯乙酸为原料,以丙酮作溶剂,在一定浓度的三乙胺的作用下,65℃加热回流反应 4 h,将产物洗涤干燥再次升温熔融聚合然后洗涤纯化,得到固体聚乙醇酸。所得聚乙醇酸的结晶性较好,并且熔点有所升高。石玉香等[89]在三乙胺、氯仿的作用下,以氯乙酸为反应原料一步聚合生成聚乙醇酸,产物收率超过 80%。卤代乙酸一步聚合生成聚乙醇酸的方法具有反应过程简单、生产工序短、易操作、生产成本较低等优点。

4. **甲醛和一氧化碳聚合法**

甲醛和一氧化碳聚合法是采用甲醛和一氧化碳直接聚合成聚乙醇酸的方法,其合成过程如图 5-12 所示。

$$CO + CH_2O \longrightarrow -\!\!\!\leftarrow CH_2COO \rightarrow\!\!\!-_n$$

图 5-12　甲醛和一氧化碳聚合法合成聚乙醇酸

Göktürk 等[80]提出了一种通过甲醛和一氧化碳的阳离子交替共聚合合成聚乙醇酸的廉价且有效的新技术,成功地避开了通常需要高纯乙交酯的烦琐的途径。在 170℃、5.516 MPa 下,由三噁烷、一氧化碳在三氟甲磺酸作为引发剂下反应一段时间之后,其聚乙醇酸的产率超过 90%。值得注意的是,虽然该反应获得了较高的共聚转化率,但是聚合物的分子量较低。

5.1.5　聚对苯二甲酸乙二酯(PET)

PET 为乳白色或浅黄色、高度结晶的聚合物,表面平滑有光泽。在较宽的温度范围内具有优良的物理机械性能,电绝缘性优良,甚至在高温高频下,其电性能仍然得到较好的保持,并且抗蠕变性、耐疲劳性、耐摩擦性、尺寸稳定性等性能都非常突出。

1. PET **化学合成路线**

PET 的合成是利用单体对苯二甲酸(PTA)和乙二醇(EG)经缩聚反应而成。工业生产中,按其合成路线可分 3 种。

(1) 直缩法

又称直接酯化法,简称 PTA 法。将 PTA 与 EG 直接酯化生成对苯二甲酸乙二醇酯(或称对苯二甲酸双羟乙酯,简称 BHET),再由 BHET 经缩聚反应得 PET。由于此法是先直接酯化后再缩聚,因此称为直缩法。用高纯度的对苯二甲酸与乙二醇反应,可省去对苯二甲酸二甲酯的制造和甲醇的回收环节,因而成本会相对降低。由于 PTA 法连续生产技术具有原料消耗低、反应时间短、产量高、质量稳定、生产成本低等优势,因此得到迅速发展。20 世纪 80 年代以后,新建的 PET 装置均采用 PTA 法的连续化生产技术,其合成主要分为两个步骤:酯化反应和缩聚反应。而酯化反应的整个过程则主要是溶解的 PTA 与乙二醇(EG)发生酯化,其反应过程如图 5-13 所示。之后反应生成的酯化物 BHET 再进行缩聚反应,脱去 EG 并进行链增长,生成 PET[81]。

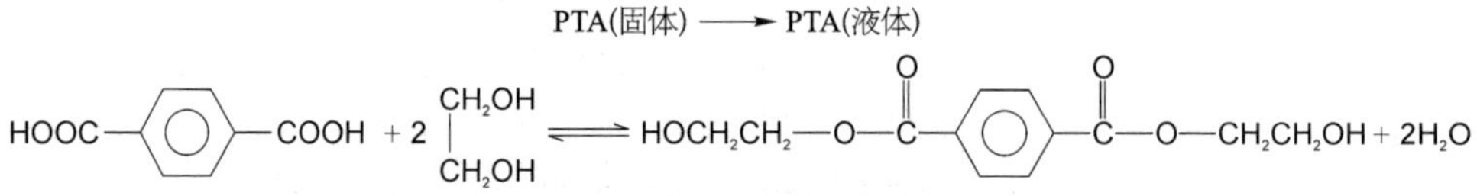

$$\text{PTA(固体)} \longrightarrow \text{PTA(液体)}$$

$$HOOC-C_6H_4-COOH + 2\ \begin{matrix} CH_2OH \\ | \\ CH_2OH \end{matrix} \rightleftharpoons HOCH_2CH_2-O-\overset{\overset{\displaystyle O}{\|}}{C}-C_6H_4-\overset{\overset{\displaystyle O}{\|}}{C}-O-CH_2CH_2OH + 2H_2O$$

图 5-13　PTA 与 EG 发生酯化反应生成 BHET

此法于 1963 年开始工业化生产。对苯二甲酸与乙二醇的混合物与对苯二甲酸二甲酯与乙二醇的混合状态并不相同,前者为浆状物,后者为均匀溶液。要将这种浆状物混合均匀并加热的反应在现实条件下很难实现,这是由于高温条件下 PTA 易升华,不但反应速度缓慢,还易产生一系列的醚化反应。为使浆状物混合良好,往往要加入过量的乙二醇,但是这种过量投入的状况又会使得醚化反应加速,聚合物的质量反而更加低劣。直接酯化法的关键在于解决浆状物的混合问题,提高反应速度,使其达到工业生产的要求,并同时抑制醚化反应。

(2) 酯交换法

简称 DMT 法,也称为对苯二甲酚二甲酯法,早期生产的单体 PTA 纯度不高,同时存在工业提纯困难的问题,当时并不能由直接法制备得到质量合格的 PET。因此,将纯度不高的 PTA 先与甲醇反应生成对苯二甲酸二甲酯(DMT),后者较易提纯。再由 EG 与经过提纯后的高纯度(≥99.9%)DMT 进行酯交换反应生成 BHET,随后进行下一步的缩聚反应生成合格的 PET。合成步骤中酯交换反应是最为关键且必不可少的,工业中普遍称此法为酯交换法。BHET 合成是在催化剂存在下进行的,催化剂多为乙酸锌、乙酸锰或乙酸钴,或者与三氧化锑混合使用,催化剂用量为 0.01%~0.05%(DMT 重)。

(3) 环氧乙烷加成法

由于乙二醇是由环氧乙烷制成的,若由环氧乙烷(EO)与 PTA 直接加成得 BHET,再缩聚成 PET,这个方法称为环氧乙烷法。此法的优点是可省去由 EO 制取乙二醇这个步骤,大幅度地减少成本,并且此反应发生迅速,从以上两个方面考虑是大大优于直缩法。但此法存在 EO 易于开环生成聚醚的缺陷,并且 EO 常温下为气体,运输及贮存都带来大量的经济损耗,故尚未大规模应用。

近年来的生物基 PET 技术制备技术取得了新进展:使用玉米秸秆、甘蔗渣、木屑、稻草、麦秆以及高粱秆等纤维素类非粮食生物质资源合成生物基对二甲苯,进而制备 100%

生物基 PET 技术已进入商业化生产阶段[82]。美国可口可乐公司提供了一种包装用生物基 PET 及其制备方法[83]。精炼甘蔗为糖蜜和糖，发酵糖蜜生成乙醇，加入无机酸或强有机酸及催化剂脱水精炼为乙烯，精炼乙烯在催化剂的作用下，与氧反应生产乙二醇，加入生物基对苯二甲酸熔融聚合形成生物基 PET，生物基 PET 固态聚合形成 PET。

2. 合成 PET 的副反应

PET 合成目前基本采用高纯度对苯二甲酸(PTA)与乙二醇(EG)为原料，经过酯化反应阶段和缩聚反应阶段生成 PET。缩聚反应过程总是需要通过一定的固定方法和确切的工艺来实现的，而目前工业上广泛采用的有熔融缩聚、溶液缩聚和界面缩聚等方法。PET 的合成采用的是熔融缩聚，即在反应中不加溶剂，使反应温度在原料单体和缩聚产物熔化温度以上(一般高于熔点温度 10～25℃)进行的缩聚反应。熔融缩聚法的特点是反应温度高(一般在 200℃以上)。温度高有利于提高反应速率和低分子副产物的排除。此法一般用于室温下反应速率很小的可逆缩聚反应。

熔融缩聚生产工艺简单，由于不需要溶剂，减少了溶剂蒸发的损失并省去回溶剂的工序，减少污染，有利于降低成本。由于反应为可逆平衡，在生成大分子的同时，还有若干副反应产生，PET 合成的副反应可分以下 3 个方面：单体或低聚物的环化反应，如生成图 5－14 中的环化物；单体的副反应；聚合物的副反应。而这些副反应皆可看作逆反应。

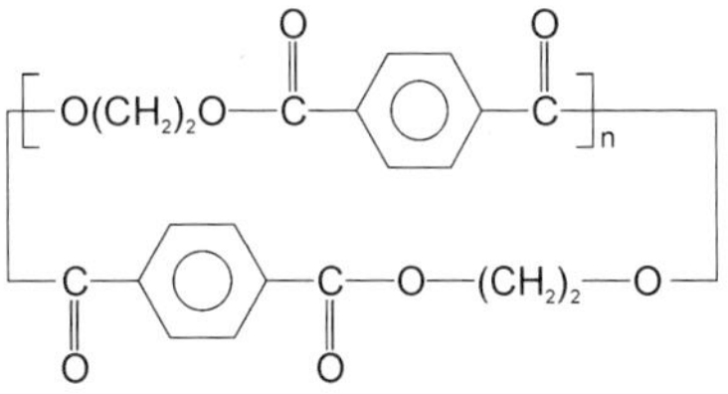

图 5－14　PET 熔融缩聚副反应中的低聚环化产物(n 一般为 2)

针对 PET 的生物降解研究最近也在如火如荼地进行中，如顾冷涛团队通过多次实验，已筛选获得具有降解 PET 颗粒能力的菌株[84]，并已经在 PET 的生物降解过程以及降解机制的探究方面取得一定的进展。综上，可以预期的是，生物基 PET 材料的研究和应用发展在未来的几年内将出现长足的进步。

5.1.6　聚碳酸酯(PC)

聚碳酸酯(polycarbonate，PC)是分子链中含碳酸酯链的一类高分子化合物的总称，可加工成无味、无毒、透明的无定形热塑性材料，是五大工程塑料中唯一具有良好透明性的产品，也是近年来增长速度最快的通用工程塑料。

在聚碳酸酯的合成工艺发展历程中，其合成与制备方法颇多，如低温溶液缩聚法、高温溶液缩聚法、吡啶法和部分吡啶法等，至今仍不断有新的合成方法报道，但已工业化、形成大规模生产的工艺路线并不多，主要原因是这些方法成本较高。目前，世界上大部分生产厂家普遍使用光气法工业化生产聚碳酸酯，但是由于这种工艺需要使用大量的双酚 A 在碱性溶液以及二氯甲烷中合成，且制得的 PC 材料完全不可降解，因此阻碍了其可持续性发展。

巴斯大学的 Gregory 团队[85]成功地使用 CO_2 和糖，制备获得了环保型生物基脂肪族聚碳酸酯塑料(APC),此方法不再使用双酚 A,而是通过一种高产量的 3 步工艺,利用 CO_2作为 C1 合成器,将 2-脱氧-D-核糖转化为一种新型的 6 元环碳酸酯环进行开环聚合,获得了以碳水化合物为基础的 APC,而且这种环保聚碳酸酯塑料可以生物降解,未来的应用前景将非常可观。同时,三菱化学株式会社已开发出一种生物基聚碳酸酯树脂,这种聚碳酸酯以生物基原料异山梨醇作为共聚单体来取代双酚 A,使用异山梨醇作为原料生产出来的成品具有高透明度和卓越的光学属性,且比一般 PC 更耐磨,一旦投入大规模工业生产,发展潜力巨大。

5.1.7 聚氨酯(PU)

聚氨酯(polyurethane, PU),全称聚氨基甲酸酯,是主链中含有氨基甲酸酯基(—NH—COO—)重复单元的一类高分子化合物的统称,通常情况下由异氰酸酯和多元醇发生加聚反应生成,为典型的嵌段型共聚物。PU 是发展最快的高分子材料之一,具有耐磨、抗撕裂、抗挠曲性好等特点,因而被广泛地应用。

聚氨酯的合成最基本的反应,是多异氰酸酯和多元醇聚合物之间生成氨基甲酸酯基团的反应,属于氢转移的逐步加成聚合反应,其合成反应过程如图 5-15 所示。

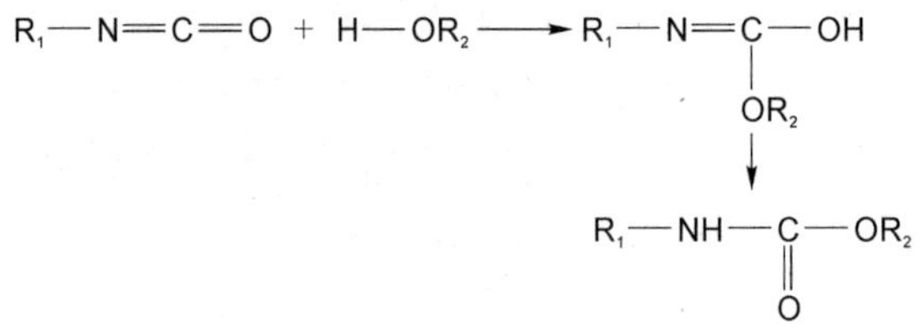

$$R_1—N═C═O + H—OR_2 \longrightarrow R_1—N═C(OR_2)—OH \longrightarrow R_1—NH—C(═O)—OR_2$$

图 5-15 聚氨酯合成反应过程

目前,工业化生产的聚氨酯都是非生物基非可自然降解的聚酯材料,利用生物基原料合成可降解聚氨酯的工作也受到关注。冯照暄等采用脂肪族二异氰酸酯 IPDI、PEG、可降解聚酯二元醇(PBAG)和精氨酸合成了一系列可降解自乳化型阴离子水性聚氨酯的生物基可降解聚氨酯(WBPU)[86]。与普通聚氨酯材料相比,该材料亲水性较强,机械强度更高且具有较好的柔韧性,更重要的是具有可控的降解性能且降解产物无细胞毒性,从而具有良好的生物相容性,在组织工程领域具有很好的应用前景。除此之外,还有很多天然生物材料衍生的可降解聚氨酯被相继开发出来,如淀粉衍生聚氨酯[87-90]、低聚糖衍生聚氨酯[91]、木质素和单宁衍生聚氨酯[92,93],以及农林废弃物和植物纤维衍生聚氨酯[94]等。以可再生天然植物资源为原料制备可生物降解聚氨酯材料,不仅可解决废弃聚氨酯材料对环境污染的问题,而且也减少了对日渐衰退的石油产品的依赖性,特别是农林副产物和废弃物的综合利用,不仅降低了聚氨酯的原料成本,而且还提升了农林副产物和废弃物的附加价值。因此,此类生物可降解聚氨酯材料将具有十分广阔的发展前景。

5.1.8　聚-β-羟基丁酸酯(PHB)

聚-β-羟基丁酸酯(poly-β-hydroxybutyrate,PHB)是由β-羟基丁酸组成的线性多聚物,以折光颗粒形式存在于许多原核生物细胞中,是微生物合成并储存在细胞内的聚酯,是聚羟基脂肪酸酯(polyhydroxyalkanoates,PHA)中的一种。PHB 作为一种重要的可降解物质,因其具有类似于石油基合成塑料(如聚乙烯、聚丙烯等)的材料性能而受到人们的关注。

PHB 的合成目前主要是通过生物法,但目前生物法合成 PHB 的工艺水平存在着生产成本较高、生产周期偏长、合成产量较低等不足,尚不具备规模化产业化应用价值,需要在菌种构建和优化,以及发酵工艺等方面进行深入研究。利用化学法合成 PHB 的方法,根据原料的不同通常可分作以下两类:一是以β-丁内酯作为原材料,通过开环聚合来制备 PHB;二是用 3-羟基丁酸或其酯化物等作为原料,通过缩聚的方式来制取 PHB[95]。目前,关于 PHB 的化学合成工艺研究主要集中在β-丁内酯开环聚合工艺方面,利用 3-羟基丁酸合成 PHB 较少见,有关化学法的工业合成路线还在探究和不断完善中。

5.2　生物基聚丁内酰胺

目前,常见的聚酰胺材料(如尼龙 6、尼龙 66 等)在自然环境下是不能自然降解的,但 PA4 却在自然条件中具有优良的降解性,是目前已知的唯一可降解的聚酰胺,又因其可由生物质原料制备或生物合成,因此 PA4 在可降解高分子材料领域具有非常强势的发展应用前景。

5.2.1　PA4 的化学合成

20 世纪 50 年代,研究人员展开了有关生物基聚丁内酰胺的合成方法的研究,最原始的化学合成方法是在碱性环境中,将 2-吡咯烷酮保持在真空环境中搅拌,通过控制反应温度以及压力进行聚合获得 PA4[96]。紧随其后,研究者相继展开对 PA4 合成方法的催化条件的探索,如在改进了 PA4 的反应条件(温度和除水速率)基础上,通过加入碱金属盐,并使用 SO_2 作为活化剂,不仅提高了产率,还合成了具有适合熔体挤压热特性的 PA4[97]。也有研究者通过将碱金属先与 5-7 元环内酰胺反应获得碱金属内酰胺,让其在反应中充当反应体系的催化剂,成功制备了 PA4[98]。1972 年,Jarovitzky 改进了前人的技术,通过添加亚硫酸盐和亚硫酸氢盐的混合物、控制 SO_2 通入量,同时将碱性金属催化剂的摩尔比控制在 0.20～0.85,获得高转化率、高分子量的白色 PA4[99]。在碱金属催化制备聚丁内酰胺的合成技术中,有研究者证明发挥催化效果的是碱金属的衍生物,并改进了碱金属催化体系,提出了一种

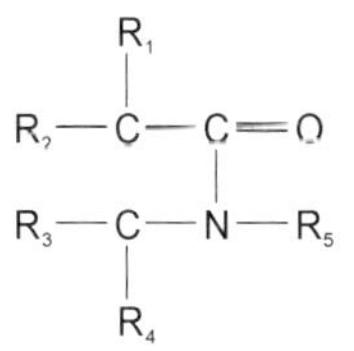

图 5-16　碱金属衍生物催化剂结构简式

CO_2参与杂化的氮杂环丁酮衍生物，其结构简式如图 5－16[100]，其中，R_1－R_5可以为独立的氢原子或C_1－C_6烷基。

20 世纪末，研究者们提出了一项针对合成超高分子量 PA4 的合成方案，主要针对在提高 PA4 分子量的情况下加速聚合反应，使用溴盐或冠醚作为催化剂对 py－K/CO_2[101]（CO_2与氢氧化钾催化 2－吡咯烷酮体系）进行合成，合成速率得到快速提高，图 5－17 为该工作中使用冠醚为催化剂合成 PA4 的技术路线对比示意图[102]。

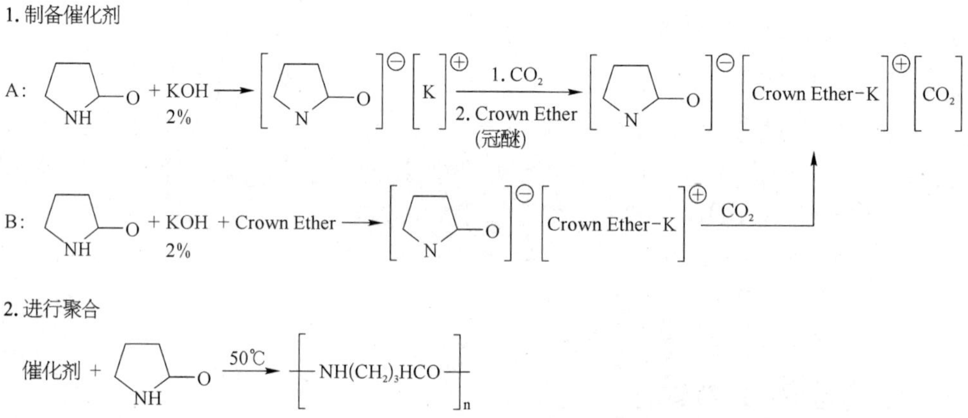

1. 制备催化剂

A: + KOH 2% → [ ]⊖ [K]⊕ —1. CO_2 2. Crown Ether (冠醚)→ [ ]⊖ [Crown Ether－K]⊕ [CO_2]

B: + KOH 2% + Crown Ether → [ ]⊖ [Crown Ether－K]⊕ —CO_2→

2. 进行聚合

催化剂 + —50℃→ $[NH(CH_2)_3HCO]_n$

图 5－17 使用冠醚作为催化剂的 PA4 合成路线

之后，研究者们不断开发更加成熟稳定的 PA4 合成路线。在一项由意大利的团队发表的工作成果中，提出采用易对内酰胺阴离子进行亲核加成的四氯化硅作为催化剂（图 5－18）、以钾代 2－吡咯烷酮作为聚合引发剂的悬浮聚合路线[103]。Chen 等为了提高 PA4 的热稳定性同样使用了悬浮聚合法，悬浮法合成工艺路线如图 5－19 所示。其合成路线在碱性环境中以 CO_2为促媒，结合有机物冠醚或季铵盐化合物的辅助来提高产量和分子量。制备获得的 PA4 具有热稳定性高并且分散性良好的性质[104]。而阴离子聚合反应路线在发展后期由于产物稳定、纯度较高而受到重视。在经典的合成路线中，一般以叔丁醇钾（t－BuOK）为引发剂，CO_2或苯甲酰氯（BZC）为引发剂，冠醚或 TMAC 为催

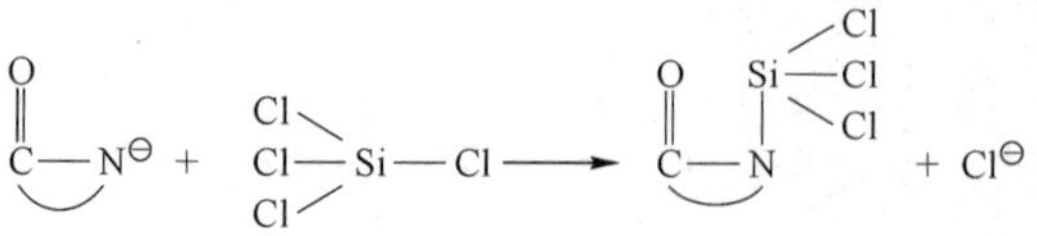

图 5－18 四氯化硅在 PA4 阴离子聚合反应中的作用示意图

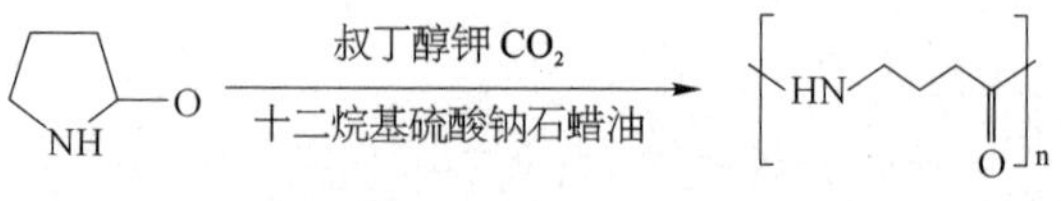

叔丁醇钾 CO_2 / 十二烷基硫酸钠石蜡油

图 5－19 2－吡咯烷酮的悬浮聚合法合成 PA4 工艺路线

化剂的阴离子开环聚合，可制备获得超高分子量的PA4均聚物和共聚物。

在上述阴离子开环聚合的一般路线基础上，Kim的团队研究出一种新的聚合方法：非均相聚合法[105]。此方法是在含十二烷基硫酸钠、叔丁醇钾和苯甲酰氯的石蜡油非均相介质中进行的2-吡咯烷酮的聚合反应，可以制备出产率高达76%的无絮凝PA4微球。日本的Kawasaki等则专注于对PA4不同链结构的合成路线研究，其团队使用聚羧酸氯化物作为引发剂合成了支化PA4，并发现同线状PA4相比，支化PA4保持可降解性能不变，而抗拉神强度有所增加[106]。

经过近几十年的发展，采用较多的PA4传统化学合成方法仍是阴离子聚合法：以丁内酰胺为原料，以氢氧化钠或者氢氧化钾作为活化剂，通过亲核反应，得到高活性的丁内酰胺负离子。之后加入酰氯试剂，在引发聚合合成过程中，开环形成的氨基丁酸加热条件下具有强烈的环化倾向，因此，反应只能在低温下进行，而低温下反应得到的聚合物分子量又较低。为了得到高分子量的产物，还需将第一步得到的低聚物在高温下进行本体聚合。

吴德等[107]采用淤浆沉淀聚合法，先对单体进行预处理，反应前两天将2-吡咯烷酮浸泡在分子筛中，充分除去水分。将活化剂(NaOH、KOH和BuOK)和2-吡咯烷酮混合后。通入氮气除去空气，在减压反应的同时进行搅拌以除去活化过程中的水。然后降温至45℃，加入引发剂苯甲酰氯引发聚合，并通过后处理过程最终得到纯净的PA4粉末。图5-20为其合成PA4的技术路线示意图。

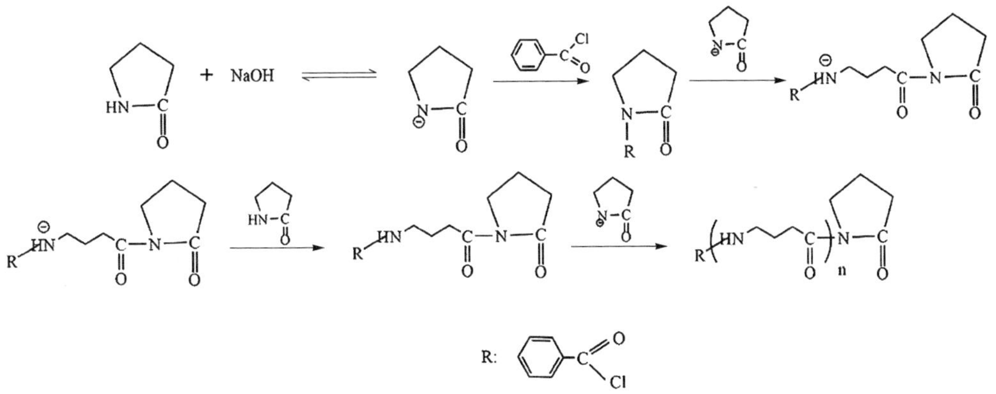

图5-20　PA4合成技术路线示意图[107]

除了以上化学合成路线和方法以外，近几年有关PA4的生物合成方法也有非常大的进展，包括利用乳酸乳球菌和大肠杆菌的微生物谷氨酸脱羧酶合成γ-氨基丁酸(GABA)，再利用化学合成路线将GABA聚合成PA4[108]。或者直接以味精为原料，通过表达谷氨酸脱羧酶的重组大肠杆菌将GABA合成高浓度的GABA，然后再将其转化为2-吡咯烷酮，最终用于PA4的化学合成，且转化率可达96%[109]。

5.2.2 结语

生物基可降解材料的化学合成仍然是研究的重点和热点,不断有新的合成方法和技术涌现并实施。比如来自麦吉尔大学的 Younes 团队[110]通过碳酸乙酯与生物基二胺反应制备羟基聚氨酯,随后羟基聚氨酯引发 ε-己内酯开环聚合,在羟基聚氨酯两端形成 5 个 ε-己内酯单元的远端基团,从而合成生物基、可水解降解的光固化热固性聚氨酯丙烯酸酯材料;Wu 等[111]将 PCL 和 PLLA 二醇作为可生物降解段,将 N,N-双(2-羟乙基)肉桂酰胺(BHECA)作为光响应单体,以己二异氰酸酯作为偶联剂,通过两步聚合加成反应,设计合成了含有可生物降解段和肉桂酰胺基团的多嵌段聚酯聚氨酯。值得一提的是,合成的这种热塑性弹性体不仅可降解,而且还能在室温下表现出优越的光响应特性。Hong 的研究团队在合成了芳香含量高的香草醛基二醛和三醛的基础上,筛选了含有短脂肪链的可再生二胺,然后通过香草醛与二胺的希夫碱反应制备了全生物基热固体,此材料不仅力学性能较好,并且可在温和酸性条件下完全降解[112]。

当然,还有多种可通过生物质材料获得的原石油基生物基材料,其通过生物合成的新型生物基材料已经成功投入市场开始使用,如聚羟基脂肪酸酯(PHA)、聚己内酯(PCL)以及聚羟基乙酸(PGA)及其共聚物。这些生物基产品已经被作为生物可降解的聚合物材料而应用于药物释放和组织工程等领域[113]。另外,一些热塑性聚酯如今也已经被成功制备,且仅通过生物基的二醇和二酸的简单缩聚反应。制备生物基聚酯的单体也是由可再生的生物质制备的,这使得聚酯工业的可持续发展成为可能。目前,生物基聚酯主要分为两类,分别是完全由来自生物质的生物基单体制备的生物基聚酯(100%的生物基聚酯)和来自不同可再生资源的生物基单体制备的生物基聚酯。可以预计的是,在未来几十年中,生物基聚酯家族的队伍还将大幅度地壮大。而我国的生物基聚酰胺,尤其是全生物基聚酰胺的研发和产业化目前由于技术和种类限制,与发达国家相比有一定差距。然而,虽然要实现生物基 PA 的规模化生产仍面临大量问题,但利用生物质资源制备高性能高分子材料是一个非常关键的发展热点。

参考文献

[1] 胡建军. 聚乳酸合成技术研究进展. 化工进展. 2012,31(12): 6.

[2] Gruber P R, Hall E S, Kolstad J J, et al. Continuous process for the manufacture of lactide and lactide polymers. US, 1999.

[3] Bailly M. Production of organic acids by bipolar electrodialysis: realizations and perspectives. Desalination, 2002, 144(1-3): 157-162.

[4] Dorgan J R, Lehermeier H, Mang M. Thermal and rheological properties of commercial-grade poly (lactic acid) s. J Polym Environ, 2000, 8(1): 1-9.

[5] Sinclair R G. Copolymers of D, L-lactide and epsilon caprolactone: U. S. Patent 4045418, 1977.

[6] 魏顺安,尤新强,吕利平,等. L-丙交酯和 D,L-丙交酯混合制备 PLA 工艺探讨. 化工新型材料,

2012,40(5): 45 - 47.

[7] Lu D, Zhang X, Zhou T, et al. Biodegradable poly (lactic acid) copolymers. Prog Chem, 2008, 20(203): 339 - 350.

[8] Chaorong Q I, Huanfeng J. Histidine-catalyzed synthesis of cyclic carbonates in supercritical carbon dioxide. 中国科学: 化学英文版, 2010(7): 5.

[9] 苏涛,李超文. 无需高真空度的 D,L -丙交酯合成工艺. 化工时刊,1998,12(6): 14 - 17.

[10] 李南,姜文芳,赵京波,等. D,L -丙交酯的制备及在二甲苯溶液中的开环聚合. 高分子材料科学与工程,2005,21(2): 73 - 76.

[11] 王华林,方大庆,史铁钧,等. 聚 D,L -乳酸中间体——D,L -丙交酯的合成. 高分子材料科学与工程,2005,21(5): 51 - 54.

[12] 景巍巍.高相对分子质量聚乳酸合成工艺的进一步优化研究. 南京: 南京理工大学,2009.

[13] 于江涛,马海洪. 丙交酯合成研究的进展. 聚酯工业,2009,22(2): 4 - 7.

[14] 李南,姜文芳,赵京波,等. D,L -丙交酯的合成与纯化. 石油化工,2003,32(12): 1073 - 1077.

[15] 李霞,刘晨光,贺爱华. L -丙交酯的纯化研究. 青岛科技大学学报: 自然科学版,2011,32(5): 509 - 513.

[16] 孙启梅,王崇辉. L -丙交酯合成技术现状与进展. 化工进展,2015,34(3): 802 - 809.

[17] Abe H, Takahashi N, Kim K J, et al. Thermal degradation processes of end-capped poly (L-lactide)s in the presence and absence of residual zinc catalyst. Biomacromolecules, 2004, 5(4): 1606 - 1614.

[18] Zhao D, Zhu T, Li J, et al. Poly (lactic-co-glycolic acid)-based composite bone-substitute materials. Bioact Mater, 2021, 6(2): 346 - 360.

[19] Nef J U. Dissoziationsvorgänge in der Zuckergruppe. Justus Liebigs Ann Chem, 1914, 403(2 - 3): 204 - 383.

[20] Lowe C E. Preparation of high molecular weight polyhydroxyacetic ester: U. S. Patent 2668162, 1954.

[21] 陈韶辉,李涛. 生物降解塑料的产业现状及其发展前景. 现代塑料加工应用,2020,2: 50 - 54.

[22] Gadda T M, Pirttimaa M M, Koivistoinen O, et al. The industrial potential of bio-based glycolic acid and polyglycolic acid. Appita J, 2014, 67(1): 12.

[23] Nofar M, Sacligil D, Carreau P J, et al. Poly(lactic acid) blends: processing, properties and applications. Int J Biol Macromol, 2019, 125: 307 - 360.

[24] Liu S, Qin S, He M, et al. Current applications of poly (lactic acid) composites in tissue engineering and drug delivery. Composites Part B: Engineering, 2020: 108238.

[25] Södergård A, Stolt M. Industrial production of high molecular weight poly(actic acid). Poly (Lactic Acid) Synthesis, Structures, Properties, Processing, and Applications, John Wiley & Sons, Inc. 2010: 27 - 41.

[26] Auras R, Harte B, Selke S. An overview of polylactides as packaging materials. Macromol Biosci, 2004, 4(9): 835 - 864.

[27] Lasprilla A, Martinez G, Lunelli B H, et al. Poly-lactic acid synthesis for application in

biomedical devices — A review. Biotechnol. Adv, 2012, 30(1): 321 - 328.

[28] Li G, Zhao M, Xu F, et al. Synthesis and biological application of polylactic acid. Molecules, 2020, 25(21).

[29] 李克友,张菊华,向福如. 高分子合成原理及工艺学. 北京: 科学出版社,1999.

[30] Ajioka M, Enomoto K, Suzuki K, et al. Basic properties of polylactic acid produced by the direct condensation polymerization of lactic acid. Bull Chem Soc Jpn, 1995, 68(8): 2125 - 2131.

[31] Moon S I, Lee C W, Miyamoto M, et al. Melt polycondensation of L-lactic acid with Sn(Ⅱ) catalysts activated by various proton acids: a direct manufacturing route to high molecular weight Poly (L-lactic acid). J. Polym. Sci., Part A: Polym. Chem, 2000, 38(9): 1673 - 1679.

[32] Moon S I, Lee C W, Taniguchi I, et al. Melt/solid polycondensation of L-lactic acid: an alternative route to poly (L-lactic acid) with high molecular weight. Polymer, 2001, 42(11): 5059 - 5062.

[33] 赵耀明,汪朝阳,麦杭珍,等. 熔融-固相聚合法直接合成聚乳酸的研究. 华南理工大学学报: 自然科学版,2002,30(11): 155 - 159.

[34] 汪朝阳,赵耀明. 扩链反应在高分子材料合成中的应用. 化学推进剂与高分子材料,2003,19(6): 23 - 26.

[35] Woo S I, Kim B O, Jun H S, et al. Polymerization of aqueous lactic acid to prepare high molecular weight poly (lactic acid) by chain-extending with hexamethylene diisocyanate. Polym Bull, 1995, 35(4): 415 - 421.

[36] Griffith L G. Polymeric biomaterials. Acta Mater, 2000, 48(1): 263 - 277.

[37] Singhvi M S, Zinjarde S S, Gokhale D V. Polylactic acid: synthesis and biomedical applications. J Appl Microbiol, 2019, 127(6): 1612 - 1626.

[38] Discher D E, Ahmed F. Polymersomes. Annu. Rev. Biomed. Eng., 2006, 8: 323 - 341.

[39] Saeidlou S, Huneault M A, Li H, et al. Poly(lactic acid) crystallization. Prog Polym Sci, 2012, 37(12): 1657 - 1677.

[40] Basko M, Bednarek M, Kubisa P. Cationic copolymerization of L, L-lactide with hydroxyl substituted cyclic ethers. Polym Adv Technol, 2015, 26(7): 804 - 813.

[41] Singhvi M S, Zinjarde S S, Gokhale D V. Polylactic acid: synthesis and biomedical applications. J Appl Microbiol, 2019, 127: 1612 - 1626.

[42] Köhn R D, Pan Z, Sun J, et al. Ring-opening polymerization of D, L-lactide with bis (trimethyl triazacyclohexane) praseodymium triflate. Catal Commun, 2003, 4(1): 33 - 37.

[43] John A, Katiyar V, Pang K, et al. Ni(Ⅱ) and Cu(Ⅱ) complexes of phenoxy-ketimine ligands: synthesis, structures and their utility in bulk ring-opening polymerization (ROP) of L-lactide. Polyhedron, 2007, 26(15): 4033 - 4044.

[44] 王景昌,商雪航,王卫京,等. 酶催化合成脂肪族聚酯的研究进展. 化工进展,2017,36(07): 2592 - 2600.

[45] Chanfreau S, Mena M, Porras-Domínguez J R, et al. Enzymatic synthesis of poly-L-lactide and poly-L-lactide-co-glycolide in an ionic liquid. Bioprocess Biosyst Eng, 2010, 33(5): 629 - 638.

[46] Whulanza Y, Rahman S F, Suyono E A, et al. Use of Candida rugosa lipase as a biocatalyst for L-lactide ring-opening polymerization and polylactic acid production. Biocatal Agric Biotechnol, 2018, 16: 683 - 691.
[47] Badens E, Masmoudi Y, Mouahid A, et al. Current situation and perspectives in drug formulation by using supercritical fluid technology. J Supercrit Fluid, 2018, 134: 274 - 283.
[48] Fan F, Zhang Z, Xing H, et al. Progress in synthesis of cyclic carbonates under supercritical carbon dioxide. Chem Eng Prog, 2017, 36(8): 2924 - 2933.
[49] Ferrari R, Pecoraro C M, Storti G, et al. A green route to synthesize poly (lactic acid)-based macromonomers in $ScCO_2$ for biodegradable nanoparticle production. RSC advances, 2014, 4 (25): 12795 - 12804.
[50] 张昌辉,赵霞. 聚丁二酸丁二醇酯合成研究的进展. 聚酯工业,2008: 11 - 14.
[51] Papageorgiou, G Z, Bikiaris D N. Crystallization and melting behavior of three biodegradable poly (alkylene succinates). A comparative study. Polymer, 26: 12081 - 12092.
[52] 李进博. 可生物降解聚丁二酸丁二醇酯的合成. 郑州: 郑州大学,2013.
[53] 张敏,童晓梅,王晓霞. 对提高可生物降解聚酯 PBS 相对分子质量影响因素的研究. 陕西科技大学学报,2006,24: 8 - 11.
[54] 张昌辉,赵霞,黄继涛. PBS 基聚酯合成工艺的研究进展. 塑料,2008: 8 - 10.
[55] Yoo Y D, Km S C. Crystallization behavior of semi-flexible liquid crystalline polyesters and their blends. Polymer Journal, 1988.
[56] Ajioka M, Suizu H, Higuchi C, et al. Aliphatic polyesters and their copolymers synthesized through direct condensation polymerization. Polymer Degradation & Stability, 1998, 59(1): 137 - 143.
[57] 欧阳平凯. 生物基高分子材料. 北京: 化学工业出版社,2012.
[58] 谢鸿洲,吴林波,李伯耿. 生物基聚酯——聚(2,5-呋喃二甲酸乙二醇酯)合成与改性的研究进展. 生物加工过程,2019(5): 23 - 26.
[59] Gandini A, Coelho D, Gomes M, et al. Materials from renewable resources based on furan monomers and furan chemistry: work in progress. J Mater Chem, 2009, 19 (45) : 8656 - 8664.
[60] Eerhart A, Faaij A, Patel M K. Replacing fossil based PET with biobased PEF; process analysis, energy and GHG balance. Energy & Environmental Science, 2012, 5(4): 6407 - 6422.
[61] 吴佳萍.生物基聚呋喃二甲酸乙二醇酯的合成及链结构和结晶性调控. 杭州: 浙江大学,2017.
[62] Knoop R J I, Vogelzang W, Van Have J, et al. High molecular weight poly(ethylene-2,5-furanoate); critical aspects in synthesis and mechanical property determination. J Polym Sci Part A, 2013, 51(19) : 4191 - 4199.
[63] Berkel J V, Guigo N, Kolstad J J, et al. Isothermal crystallization kinetics of Poly (ethylene 2,5-furandicarboxylate). Macromolecular Materials & Engineering, 2015, 300(4): 466 - 474.
[64] Hong S, Min K D, Nam B U, et al. High molecular weight bio furan-based co-polyesters for food packaging applications: synthesis, characterization and solid-state polymerization. Green Chem, 2016, 18(19): 5142 - 5150.

[65] Nejib K, George P, Dimitris A, et al. Solid-state polymerization of poly (ethylene furanoate) biobased polyester, Ⅱ: an efficient and facile method to synthesize high molecular weight polyester appropriate for food packaging applications. Polymers, 2018(18), 10: 471.

[66] Morales-Huerta J C, Antxon M, MuOz-Guerra S. Poly(alkylene 2,5-furandicarboxylate)s (PEF and PBF) by ring opening polymerization. Polymer, 2016: 148 - 158.

[67] Rosenboom J G, Hohl D K, Fleckenstein P, et al. Bottle-grade polyethylene furanoate from ring-opening polymerisation of cyclic oligomers.Nat Commun, 2018, 9(24): 2701.

[68] Takahashi K, Kimural Y. Melt/solid polondesycation of glycolic acid to obtain high-molecular-weight poly (glycolic acid). Polymer, 2000, 41: 8725 - 8728.

[69] Wang J, You G, Wang F, et al. Synthesis and characterization of polyglycollic acid via direct melt polymerization. China Synthetic Fiber Industry, 2004(19): 44 - 49.

[70] Ayyoob M, Lee D H, Kim J H, et al. Synthesis of poly (glycolic acids) via solution polycondensation and investigation of their thermal degradation behaviors. Fibers and Polymers, 2017, 18(3): 407 - 415.

[71] 吴义斌,孙朝阳,刘伟,等. 由乙醇酸或乙醇酸甲酯制备高分子量聚乙醇酸的方法. CN 107177032A,2017.

[72] 景遐斌,陈学思,张昕照,等. 可生物降解的脂肪族聚酯的合成方法. CN 1306019A,2001.

[73] Yamane K, Sato H, Ichikawa Y, et al.Development of an industrial production technology for high-moleculaweight polyglycolic acid. Polymer Journal, 2014, 46(11): 769 - 775.

[74] 胡翠琼,赵庆章,王平. 乙交酯的悬浮聚合. 北京化工大学学报,2004,31(3): 62 - 65.

[75] 陆卫良,崔爱军,王泽云,等. 悬浮聚合法制备聚乙醇酸的工艺. 化工进展,2013,32: 652 - 656.

[76] 吴桂宝,崔爱军,陈群,等. 高压下开环聚合制备聚羟基乙酸的工艺研究. 高分子通报,2013,3: 55 - 60.

[77] Tang S Y, Zhang R, Liu F, et al. Hansen solubility parameters of polyglycolic acid and interaction parameters between polyglycolic acid and solvents. European Polymer Journal, 2015, 72: 83 - 88.

[78] 于娟.聚羟基乙酸(PGA)的合成及性能表征. 湖北: 武汉理工大学,2006: 1126 - 1129.

[79] 石玉香,张进,袁履冰. 氯乙酸一步合成聚羟基乙酸. 化工时刊,2000(12): 50 - 51.

[80] Göktürk E, Pemba A G, Miller S A. Polyglycolic acid from the direct polymerization of renewable C1 feedstocks. Polymer Chemistry, 2015, 6(21): 3918 - 3925.

[81] 赵德仁.高聚物合成工艺学. 北京: 化学工业出版社,1981.

[82] 芦长椿.聚酯技术的新进展. 合成纤维,2017(6): 1 - 5.

[83] 可口可乐公司. 生物基聚对苯二甲酸乙二酯包装及制备其的方法: 中国,105254858A,2016.

[84] 顾冷涛,颜正飞,吴敬,等. 一株 PET 降解菌株的筛选鉴定及降解特性. 基因组学与应用生物学,2021,40(3): 1179 - 1186.

[85] Gregory G L, Kociok-Khn G, Buchard A. Polymers from sugars and CO_2: ring-opening polymerisation and copolymerisation of cyclic carbonates derived from 2-deoxy-D-ribose\Polymer Chemistry, 2017, 8(1): 2093.

[86] Feng Z X, Wang D, Zheng Y D. A novel waterborne polyurethane with biodegradability and high flexibility for 3D printing. Biofabrication, 2020, 12(3): 035015.

[87] Yao G, Yoshio K, Nobuos. Water absorbing polyurethane foams from liquefied starch. J Appl Polym Sci, 1996, 60(11): 1939 - 1949.

[88] Desai S, Thakore I M, Sarawade B D. Structure-property relationship in polyurethane elastomers containing starch as a crosslinker. Polymer Engineering & Science, 2000, 40(5): 1200 - 1210.

[89] 陈大俊,李瑶君.淀粉改性的生物可降解聚氨酯弹性体.合成橡胶工业,1997,20(4): 244 - 248.

[90] 李勇,陈大俊. 一种制备生物可降解聚酯新方法. 合成橡胶工业,1988,21(6): 359.

[91] Zeterlund. Stereochemical studies of nitrosamines: the induced circular dichroism of achiral nitrosasmines. Polymer International, 1997, 42(12): 1 - 8.

[92] Shida H. Studies on liquefaction of wood meals. J Appl Polym Sci, 1996, 60(7): 1187 - 1198.

[93] 戈进杰,坂井克己. 生物降解性聚氨酯保温隔热材料的合成及性质研究. 复旦学报: 自然科学版, 1999,38 (4): 418 - 421,427.

[94] Pus, Shi R S. Liquefaction of wood withouta catalyst. Mokukzai Gakkaishi, 1993, 39(4): 446 - 458.

[95] 杨文超. 可生物降解材料聚-β-羟基丁酸酯的制备. 广州: 广州大学,2016.

[96] Ney W O, Nummy W R, Barnes C E. Polymers from pyrrolidone: US2638463. 1953.

[97] Barnes C E, Barnes A C. Polymerization of 2-pyrrolidone with cesium or rubidium catalyst: US, US4247684 A. 1981.

[98] Bacskai R. Catalyst for the polymerization of 2-pyrrolidone from alkali metal: US, US4145519 A. 1979.

[99] Jarovitzky P A. Polymerization of 2-pyrrolidone in the presence of SO_2 with mixture of an alkali metal sulfite and an alkali metal bisulfite: US, US3681294 A. 1972.

[100] Jr B. Polymerization of 2-pyrrolidone using azetidinone co-activators and carbon dioxide as activator: US, US3681296 A. 1972.

[101] Bacskai R, Fries B A. The absence of CO_2 in nylon-4 prepared with KOH+ radioactive CO_2 catalyst. Journal of Polymer Science Polymer Chemistry Edition, 1982, 20(8): 2341 - 2344.

[102] Bacskai R. Synthesis of ultrahigh molecular weight nylon 4 with onium salt and crown ether-containing catalysts. Springer US, 1984, 279(5): 32 - 39.

[103] Giovanna C, Marco N, Saverio R. The anionic polymerization of 2-pyrrolidone in bulk and in suspension. Makromol Chem, 1981.

[104] Chen T, Wang C, Zhao L, et al. Suspension polymerization of 2-pyrrolidone in the presence of CO_2 and organic promoters. Journal of Applied Polymer Science, 2020.

[105] Kim N C, Kim J H, Kim J H, et al. Preparation of Nylon 4 microspheres via heterogeneous polymerization of 2-pyrrolidone in a paraffin oil continuous phase. Polymer Korea, 2013, 37(2): 211 - 217.

[106] Kawasaki N, Nakayama A, Yamano N, et al. Synthesis, thermal and mechanical properties and biodegradation of branched polyamide 4. Polymer, 2005, 46(23): 9987 - 9993.

[107] 吴德,唐亮琛,唐颂超. 生物基丁内酰胺及聚丁内酰胺的合成及性能. 功能高分子学报,2019,32(1): 110-116.

[108] Saskiawan I. Biosynthesis of polyamide 4, a biobased and biodegradable polymer. Microbiology Indonesia, 2008, 2(3).

[109] Si J P, Kim E Y, Noh W, et al. Synthesis of nylon 4 from gamma-aminobutyrate (GABA) produced by recombinant Escherichia coli. Bioprocess & Biosystems Engineering, 2013, 36(7): 885-892.

[110] Younes G R, Maric M. Bio-based and hydrolytically degradable hydroxyurethane acrylates as photocurable thermosets. Journal of Applied Polymer Science, 2021(3): 41.

[111] Wu L, Jin C, Sun X. Synthesis, Properties, and light-induced shape memory effect of multiblock polyesterurethanes containing biodegradable segments and pendant cinnamamide groups. Biomacromolecules, 2011, 12(1): 235.

[112] Hong K, Sun Q, Zhang X. Fully Bio-Based High-Performance Thermosets with Closed-Loop Recyclability, 2022.

[113] 鲍甫成.发展生物质材料与生物质材料科学. 林产工业,2008,35(1): 3-7.

第6章 生物基材料的改性

由于具有绿色、环境友好、资源节约等特点，生物基材料正在逐步成为引领当代科技创新和经济发展的又一个新的主导产业。但是由于自身结构的一些问题，这些新兴的生物基材料存在质硬、韧性较差、耐热性差等缺陷，因此需要进行适当的改性处理以适应实际应用需要[1]。通常高分子材料的改性方法均可用于生物基材料的改性，主要有物理改性和化学改性。物理改性主要是通过添加改性剂或者与其他材料的共混等改变生物基材料的可加工性能；化学改性主要是通过支化、共聚、端基改性、表面改性等途径改变生物基材料的主链化学结构或者表面结构来改善其性能。

6.1 物理改性

6.1.1 增韧改性

1. 聚酰胺类

与石油基聚酰胺类似，生物基聚酰胺具有优良的弯曲强度，耐磨、耐蠕变性能好，但在低温及干态下冲击强度差、吸水率大，故需要对聚酰胺进行增韧改性。常用的增韧方法可借鉴石油基聚酰胺，一般有橡胶或热塑性弹性体、其他有机聚合物、无机刚性粒子填充以及核壳共聚物与聚酰胺共混等方法。其中，橡胶类弹性体和热塑性弹性体类是增韧聚酰胺最有效的方法。在聚酰胺中加入少量的橡胶或弹性体，能有效提高聚酰胺的抗冲击性能和低温性能。

(1) 橡胶

橡胶弹性高且玻璃化转变温度很低，具有很好的增韧效果，常用的橡胶有三元乙丙橡胶、乙丙橡胶、丁腈橡胶、丁苯橡胶、顺丁橡胶等。Fletes 等[2]将回收轮胎的丁苯橡胶与 PA6 共混生产热塑性弹性体共混物，断裂伸长率和冲击强度显著增加到 PA6 的 167%和 131%，大大改善了机械性能，实现了回收轮胎的增值应用。

(2) 热塑性弹性体

弹性体改性聚酰胺具有价格低、加工性能和综合力学性能优异等特点。弹性体一般作为软段，聚酰胺链段作为硬段，能够形成结晶微区，且还可以和软段形成氢键起到物理交联点的作用。这有效提高了改性聚酰胺的韧性，其中弹性体的含量会影响共混物的硬度、拉伸强度等物理力学性能，且弹性体的熔体流动速率越低，增韧效果就越好[3]。在研究和生产开发中，由于这些弹性体多为聚烯烃等非极性材料，而聚酰胺属于极性聚合物，因此会存在相容性的问题而使两者不能有效共混。弹性体增韧聚酰胺主要采用弹性体官能化的反应相容技术，通过加工过程中发生的化学反应，生成接枝或嵌段聚合物来作为共混相容剂。例如，在进行熔融共混时，相容剂中接枝的马来酸酐与聚酰胺链末端的胺基和羧基进行原位增容反应，提高了界面相容性，显著改善了增韧剂的分散效果。当材料受到冲击应力时，基体材料可以很好地将应力转移到增韧剂分散相中，从而显著提高材料韧性。通常用于接枝的聚合物有乙烯-辛烯共聚物(POE)、苯乙烯-丁二烯共聚物(SBS)、氢化 SBS(SEBS)、乙烯-乙酸乙烯共聚物(EVA)等。POE 作为一种热塑性弹性体，不但具有塑料的热塑性，而且具有橡胶的交联性，因而在聚酰胺增韧的相关研究中备受关注。[4]

Yu 等[5]在双螺杆挤出机中进行了 PA1010 与 SEBS、POE 和 EVA 3 种增韧剂的熔融共混研究，分别以 3 种增韧剂的马来酸酐接枝物作为相容剂，发现当增韧剂质量分数大于 20%时，3 种共混物的冲击强度均大于 50 kJ/m^2，且随着相容剂质量分数的提高，以 POE 和 EVA 为增韧剂的体系，分散相粒径从 1 μm 下降到 0.1 μm。当 PA 与 POE 接枝增韧剂质量比为 80∶20 时具有最高的低温冲击强度(80 kJ/m^2)。

(3) 其他有机聚合物

其他常用的有机聚合物有聚丙烯(PP)、聚乙烯(PE)、丙烯腈-丁二烯-苯乙烯塑料(ABS)、液晶高分子等。从增韧理论上讲，这些玻璃化转变温度比聚酰胺低的聚合物都会对聚酰胺有一定的增韧作用，但增韧幅度有限。大部分聚合物与聚酰胺的极性差异较大，为热力学不相容体系，常规共混一般形成“海-岛”结构，两相界面张力大，界面作用弱，直接共混制备合金体系力学性能较差，因此需要引入相容剂来降低两界面张力，常用的相容剂一般也为马来酸酐接枝型相容剂，如马来酸酐接枝 PP(PP-*g*-MAH)、丙烯酸丁酯接枝 PP(PP-*g*-BA)、马来酸二丁酯接枝 PP(PP-*g*-DBM)与甲基丙烯酸缩水甘油酯接枝 PP(PP-*g*-GMA)等[6]。

Kawada 等[7]在双螺杆挤出机中进行了 PA11、PP 与马来酸酐接枝乙烯-丁烯共聚物(m-EBR)的熔融共混，发现当 PA11∶PP∶m-EBR 质量比为 60∶30∶10 时，共混物弯曲模量为 1 090±20 MPa，缺口冲击强度为 98±5 kJ/m^2，扫描电镜显示 m-EBR 在 PA 和 PP 双连续相界面形成了 10～20 nm 的颗粒，整个共混物微观结构呈现“salami”结构。由于这种纳米结构弹性体的存在，使得共混物缺口冲击强度比纯的 PA 和 PP 分别提高了近 10 倍和 40 倍，同时还具有良好的弯曲模量，预期在汽车领域有广泛应用。

Quiles-Carrillo 等[8]在双螺杆挤出机中进行了 PA1010、生物基高密度聚乙烯、没食子酸和马来酸酐改性的亚麻籽油的熔融共混研究，发现没食子酸的加入显著提高了生物基高密度聚乙烯的热稳定性，马来酸酐改性的亚麻籽油可以显著提高共混物的塑性和冲击韧性。当 PA1010：生物基高密度聚乙烯：没食子酸：马来酸酐改性的亚麻籽油质量比为 70：30：0.8：5 时，共混物冲击强度从未加入改性剂的 2.8±0.2 kJ/m^2 增加到 4.3±0.2 kJ/m^2，拉伸强度则从 26.9±1.9 MPa 下降到 23.3±0.6 MPa。这是由于加入马来酸酐改性的亚麻籽油后，高密度聚乙烯分散相的粒径从 15 μm 下降到 6 μm，显著提高的分散性有利于共混物冲击强度的提高。

(4) 无机刚性粒子

如果无机填料的粒径达到纳米尺度，会有一定的增韧效果。常用的无机刚性粒子有碳酸钙、滑石粉、蒙脱土、二氧化硅、硅灰石等。李世杰等[9]用蒙脱土(MMT)将 PA6 改性，加入 MMT 后，材料的拉伸强度、断裂伸长率和缺口冲击强度都明显提高，复合材料的拉伸强度、断裂伸长率以及缺口冲击强度分别从纯超支化 PA6 的 52.67 MPa、12.65%、4.75 kJ/m^2提升至 81.78 MPa、26.31%、6.98 kJ/m^2。MMT 的纳米级片层结构很好地增强了与 PA6 的相互作用，复合材料受到外力时 MMT 粒子黏附在基体上难以脱离，这样就能很好地传递并承受外应力，引起周围的基体产生屈服，使拉伸强度和冲击强度都有明显提升。此外 MMT 超大的比表面积对聚合物相对分子质量的黏滞作用起到了交联点的作用，当材料受到外力拉伸时，高分子链沿着拉伸方向取向，同时分子链之间产生滑移，使得复合材料的拉伸强度和断裂伸长率也上升。Jeziórska 等[10]用氨基官能团化的二氧化硅(A - SiO_2)改性 PA11 与聚苯醚(PPO)共混物 PA11/PPO 80/20，A - SiO_2中的氨基能够与 PA11 的羧基反应生成接枝共聚物，共混物硬度显著提高。当 A - SiO_2的添加量为 3wt%时，共混物冲击韧性最高，达到 19 kJ/m^2。

(5) 核壳共聚物

所谓核壳共聚物就是以柔性分子为核、刚性分子为壳的共聚物。这种共聚物对聚酰胺具有很强的增韧作用。Liu 等[11]以高密度聚乙烯(PE)、高密度聚乙烯接枝马来酸酐(PE - *g* - MA)和多壁碳纳米管(CNTs)为基体，制备了一种独特的“核-壳”结构(图 6 - 1)，并将其引入氮化硼(BN)填充的 PA6 中。在“核-壳”结构中，PE 结构域起到“核”的作用，而 CNTs 和 CNTs 局域化 PE - *g* - MA 则构成“壳”，这种“核-壳”结构的引入优化了复合材料的结构，使拉伸强度、断裂伸长率和冲击强度分别提高了 7.3%、86.7% 和 57.9%。

2. 聚酯类

PLA 拉伸强度较高，但质硬、韧性较差，且耐热性差，这些缺陷限制了 PLA 的应用。对 PLA 进行增韧改性后能大大扩展其应用，常用的增韧剂有橡胶、弹性体、天然高分子及共衍生物等。

(1) 橡胶

Chen 等[12]用聚甲基丙烯酸甲酯接枝天然橡胶(NR - PMMA)和天然橡胶(NR)改性 PLA，通过过氧化物(过氧化二异丙苯，DCP)诱导动态硫化法，成功制备了具有平衡刚度和韧性的三元热塑性硫化橡胶(TPV)，制备过程及增韧机理如图 6 - 2 所示。当 NR 和

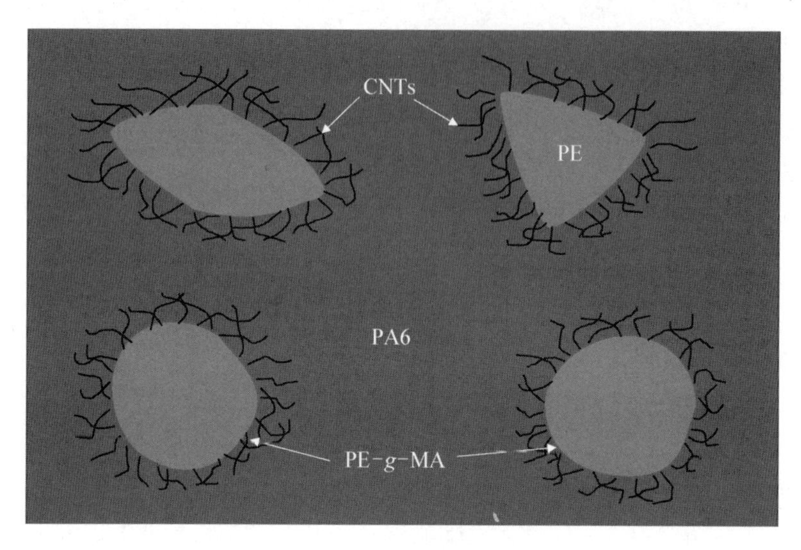

图 6-1 PE/PE-g-MA/CNTs 复合材料 TEM 图和“核壳”结构示意图(见彩插)[11]

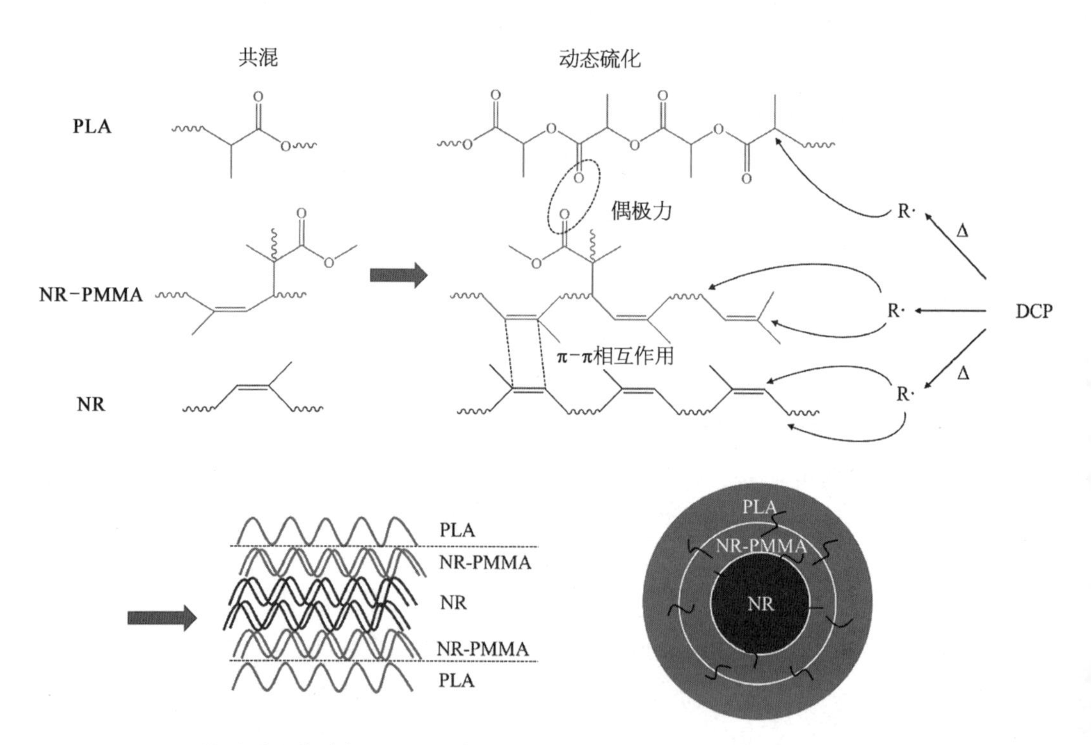

图 6-2 聚乳酸和橡胶相界面以及最终核壳橡胶相结构的原位增容示意图(见彩插)[12]

NR-PMMA 的添加量各为 10%时,PLA/NR-PMMA/NR 三元 TPV 的拉伸强度为 41.7 MPa,比纯 PLA 降低了 38%,冲击强度高达 91.30 kJ/m^2,约为纯 PLA 的 32 倍。这是由于软质 NR 核具有优异的 PLA/橡胶界面黏结性能,以及硬质 NR-PMMA 壳的柔韧性。

Huang 等[13]采用金属配位诱导动态硫化方法,制备出一种具有平衡刚度、韧性和形状记忆性能的 PLA/丁腈橡胶(NBR)/硫酸铜热塑性弹性体(TPV)。在动态硫化过程中,通过“溶解-再溶解反应”将微米级 $CuSO_4$ 颗粒转化为纳米颗粒,并分散在连续的 NBR 相中。$CuSO_4$纳米颗粒通过腈基与铜离子的配位作用交联 NBR,同时增强 NBR 相。交联和增强的 NBR 相可以承受更大的冲击应力,更有效地传递应力。当冲击应力转移到 NBR 相后,规则的 NBR 网络能够有效吸收冲击能量,然后沿冲击方向拉伸产生应变,从而引发明显的塑性变形吸收更多的冲击能量,这使 TPV 具有平衡刚度-韧性特性(悬臂梁缺口冲击强度为 152.88 kJ/m^2,拉伸强度为 22.30 MPa)。Huang 等[14]将 PLA 与基于溴丁基橡胶(BIIR)合成的一系列咪唑类离聚物共混,发现与纯 BIIR 和无极性官能团的 i-BIIR 离子相比在 i-BIIR 的咪唑阳离子中引入不同烷基长度的极性羟基或酰胺基后,由于 i-BIIR 离聚物颗粒的空化作用和界面剥离,引发周围基质产生屈服,会显著提高 PLA/i-BIIR 共混物的相容性和冲击韧性。

杜仲胶(EUG)是天然橡胶的同分异构体,是从杜仲中提取的天然高分子,具有橡胶和塑料的双重特性。EUG 具有硬度高、熔点低、加工性能好等优点,广泛应用于塑料制品、海底电缆、橡胶共混物、医用材料等领域。Kang 等[15]采用熔融共混法制备了高韧性的完全生物基 PLA/EUG 共混物,其断裂伸长率为 81%,抗冲击强度为 21.1 kJ/m^2,远高于纯 PLA(断裂伸长率 5%、抗冲击强度 2.4 kJ/m^2)。热分析表明,PLA 和 EUG 在热力学上是不相容的,所以随着 EUG 含量的增加,PLA/EUG 混合物的抗冲击强度和断裂伸长率逐渐下降。Wang 等[16]通过甲基丙烯酸缩水甘油酯(GMA)本体自由基聚合对 EUG 进行修饰,以改善其与 PLA 的相容性,然后将引入极性基团的 EUG 与 PLA 混合,采用原位动态硫化法制备 PLA/EUG-GMA 混合物。在 EUG-GMA 含量为 40%时,混合物的断裂伸长率和抗冲击强度分别为 285%、54.8 kJ/m^2。同未经改性的 EUG 相比,改性后 EUG 增韧聚乳酸的效果得到大大提升。

(2) 弹性体

弹性体由于具有较低的模量、较高的断裂伸长率以及良好的回弹性,可以对聚乳酸进行有效的增韧改性。Liu 等[17]以氢化二聚酸(HDA)和过量的赖氨酸乙酯二异氰酸酯(LDI)作为增韧单体,采用动态硫化同步实现柔性生物聚酰胺(HDAPA)弹性体的合成及与 PLA 的共混,制备了具有优异冲击韧性的全生物基共混物。当 HDAPA 含量高于 10 wt%时,复合材料出现明显的脆性-韧性转变。当 HDAPA 含量为 40 wt%时,复合材料的悬臂梁缺口冲击强度高达 1 347 J/m,断裂伸长率为 539%。其冲击增韧机制是 HDAPA 内部空化引发的基体屈服以及在界面处许多原位形成的嵌段共聚物的拉出。Wu 等[18]采用反应熔融共混法将乙烯-丙烯酸甲酯-甲基丙烯酸缩水甘油酯三元共聚物(EMA-GMA)弹性体及磷酸锆(ZrP)加入 PLA 基体中,用于提高其韧性,其中 PLA/EMA-GMA/ZrP(82/15/3)纳米共混物的冲击强度为 65.5 kJ/m^2,比纯 PLA 高约 22

倍。断面扫描电镜显示，纳米共混物中呈现典型的核-壳形态，即 ZrP 被 EMA - GMA 相包裹，从而导致塑性变形。因此，PLA 的超韧效应主要通过良好的界面相容性及 EMA - GMA 与 ZrP 在 PLA 基质中的协同作用而产生的大的剪切屈服形变得以实现的。Lebarbe 等[19]通过熔融共混，使用热塑性弹性体的聚(酯-酰胺)(PEA)，由脂肪合成酸为基础的前体，作为增韧剂改性聚(L -丙交酯)(PLLA)。分析表明，PEA 能够有效增韧 PLLA，且观察到 PEA 对 PLLA 的结晶速率的有益作用。

热塑性聚氨酯(PU)弹性体具有优异的力学性能和生物相容性。He 等[20]采用强连续拉伸流场，通过熔融共混方法制备了原位有序取向的 PLA/热塑性聚氨酯(TPU)纳米纤维复合材料。当 TPU 的质量分数达到 25 wt%时，冲击方向平行和垂直于热塑性聚氨酯纳米纤维(TNF)的取向的冲击强度分别达到 73.5 和 58.3 kJ/m^2，分别为纯 PLA 的 30 倍和 20 倍，断裂伸长率达到 113%，为纯 PLA 的 12 倍。特别是当 TPU 含量为 25 wt%、冲击方向与 TPU 纳米纤维取向方向平行时，复合材料不会被完全断裂，未断裂的部分将会继续吸收冲击能量，复合材料完全断裂时抗冲击强度达到 97.7 kJ/m^2。Zhang 等[21]以聚氨酯弹性体预聚体(PUEP)为活性增容剂，对 PLA/TPU 共混物进行增容，制备了超韧 PLA 基共混物。增容剂的加入提高了混合物 PLA/TPU 的相容性，为冲击能量的传递和耗散提供了一个有效的网络。当 TPU 含量为 26 wt%、PUEP 的含量为 4 wt%时，拉伸强度、断裂伸长率和抗冲击强度分别为 44 MPa、92.6%和 81.3 kJ/m^2。Liu 等[22]利用聚(乙二醇)(PEG)和聚亚甲基二苯基二异氰酸酯(PMDI)反应性，通过与 PLA 反应混合制备超强的聚乳酸/交联聚氨酯(PLA/CPU)二元共混物。得到的 CPU 可以很好地分散在 PLA 基质中，共混物断裂伸长率和缺口冲击强度分别为纯 PLA 的 20 倍和 30 倍以上。CPU 能很好地分散在 PLA 基质中并提高其韧性的原因是，分散的 CPU 相是由 PEG 和 PDMI 反应形成，PDMI 的异氰酸酯基团与 PLA 的末端羟基反应生成氨基甲酸酯基团，改善了 CPU 和 PLA 之间界面的相容性。此外，CPU 的 PEG 软链段对 PLA 具有增塑作用。

将 PLA 与橡胶或弹性体共混已成为增韧改性 PLA 的有效方法之一，然而，弹性体的加入虽然提高了 PLA 的韧性，但也会使其强度大幅下降。因此，寻找一种在不降低强度的情况下同时能增韧 PLA 的弹性体显得尤为重要。

(3) 天然高分子及其衍生物

天然高分子是存在于动物、植物及生物体内的高分子物质，如淀粉、纤维素、植物油等。由于其原料廉价、易得等优点而受到科研人员的青睐，广泛用于聚乳酸的增韧改性。表 6 - 1 中列出了采用植物油、纤维素和淀粉等对 PLA 的增韧改性研究。

植物油是可再生资源，具有生物降解性、环境友好、易于获得等优点。Thakur 等[23]用衣康酸改性了生物乙醇炼制过程中产生的副产物玉米油，制备了衣康酸甲酯环氧化玉米油(MIECO)作为 PLA 的增韧剂。当添加 15 wt%的 MIECO 时，PLA - MIECO 的断裂伸长率为 47.14%，悬臂梁缺口冲击强度为 35.48 kJ/m^2，拉伸强度为 47.1 MPa。复合

表 6-1　天然高分子及其衍生物增韧 PLA

增韧剂名称	添加量 (wt%)	拉伸强度 (MPa)	拉伸模量 E (GPa)	断裂伸长率 (%)	冲击强度 (kJ/m²)	参　考
—	—	72.0	3.69	2.57	15.3	[23]
MIECO	15	37.1	2.7	47.14	35.48	
MHO	10	64	2.7	11.65		[24]
MLO	2.5		1.0		14.9	[25]
—	—	60.2		6.7	3.5	[26]
Starch	20	52.8		412	31.4	
CCS-D	15	45		361		[27]
CNCaq-rD/CNCaq-rD-PDLA	10/10			798	7.9	[28]

材料发生断裂时，MIECO 从 PLA 基体中剥离产生空穴，这为 PLA-MIECO 共混物提供了塑性变形及优异的韧性。Quiles-Carrillo 等[24]用马来酸酐化的大麻籽油(MHO)改性 PLA。当 MHO 的含量为 10 wt%时，PLA/MHO 混合物的拉伸模量为 2.7 GPa，拉伸强度和断裂伸长率分别为 64 MPa 和 11.65%。与典型的增塑剂相比，MHO 不仅能提高断裂伸长率和抗冲击性，而且还能提高弹性模量和拉伸强度。MLO 是一种很有吸引力的添加剂，可以为脆性聚合物提供塑化性能，也可以改善不混溶或部分混溶聚合物的相容性。Aguero 等[25]用氧化亚麻籽油(ELO)和顺丁烯二酸化亚麻籽油(MLO)，分别以 2.5 phr(每百树脂)和 5 phr 与 PLA 熔融共混。这两种多功能亚麻籽油均能够有效提高复合材料的延展性、韧性和热稳定性，同时减少了水分的扩散。由于 MLO 在 PLA 基体中的较高溶解度，因此含 MLO 的绿色复合材料的性能很好，这也是亚麻的副产物或废弃物的潜在利用价值。

淀粉是一种廉价、可再生的高分子材料，已被用作环保塑料填料。将淀粉与 PLA 共混可降低 PLA 成本，并扩大其应用。Wang 等[26]采用酯化淀粉形成硬核，然后与丙烯酸乙酯无皂乳液共聚合形成聚丙烯酸乙酯(PEA)的壳层，制备了核壳淀粉基纳米粒子(CSSNP)，合成路线如图 6-3 所示。将其与 PLA 共混制备了增韧纳米复合材料。核-壳结构中硬淀粉和软 PEA 域的协同结合对 PLA 基复合材料具有增韧作用。“硬”淀粉芯可以保持 PLA 的强度，而 PEA 则可以提高韧性/延展性。当加入 20 wt% CSSNP 后，PLA/CSS 纳米复合材料的断裂伸长率和缺口冲击强度分别达到 412%和 31.4 kJ/m²，分别是纯 PLA 的 61 倍和 9 倍，拉伸强度为 52.8 MPa。Dong 等[27]通过无皂乳液聚合方法制备了具有双聚合物壳的核-壳淀粉纳米粒子(CSS-D)，然后与 PLA 熔融共混。加入 15 wt%的 CSS-D 后，PLA/CSS-D 的断裂伸长率达到 361%，是 PLA 的 46 倍。PLA/

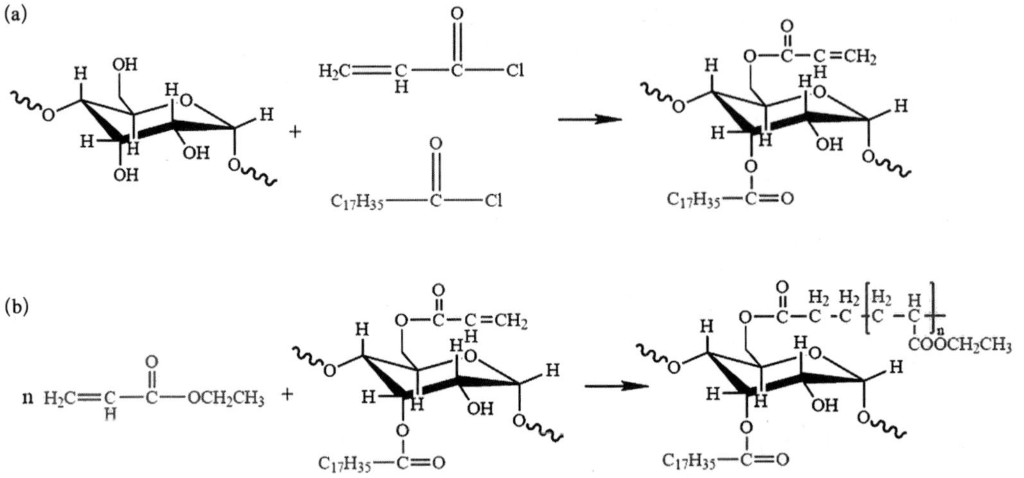

图 6-3　酯化淀粉颗粒(a)和核壳结构淀粉纳米粒子(b)的制备示意图[26]

CSS-D 共混物的韧性高达 130.71 MJ/m^3,是纯 PLA 的 49 倍。

Muiruri 等[28]以纤维素纳米晶(CNC)为核,以 PCL 和右旋聚乳酸(PDLA)为壳分别合成了 CNC_{aq}-rD 和 CNC_{aq}-rD-PDLA 两种具有协同增韧效应的改性剂(合成路线如图 6-4 所示),用于改性 PLLA。与未改性的 PLLA 相比,同时添加 10 wt% CNC_{aq}-rD 和 10 wt% CNC_{aq}-rD-PDLA 后,改性材料的断裂伸长率和冲击强度分别提高了约 100 倍和 3 倍。CNC_{aq}-rD 最外层的 PCL 与 PLLA 不相容,在断裂过程中,CNC_{aq}-rD 在应力作用下促进了空化并产生了空隙,从而吸收了大量的断裂能。CNC_{aq}-rD-PDLA 最外层的 PDLA 与 PLLA 相容性好,在断裂过程中,CNC_{aq}-rD-PDLA 充当银纹成核点,从而在 PLLA 基体中引发银纹。因此,由 CNC_{aq}-rD 产生的空穴和由 CNC_{aq}-rD-PDLA 引发基体产生银纹的协同作用使得 PLLA 拉伸韧性和冲击强度得到巨大改善(表 6-1)。

(4) 其他增韧改性

Doganci 等[29]采用点击化学和开环聚合相结合的方法,制备了以八臂多面体低聚倍半硅氧烷(POSS)为核的星形聚己内酯(PCL)聚合物(SP),合成路线如图 6-5 所示,将不同链长的 SP 与 PLA 共混以提高 PLA 的韧性,当 PLA∶SP 为 90∶10 时,链长为 20 个重复单元的 SP20 聚合物对 PLA 的增韧作用最大,其冲击强度是 PLA 的 2 倍。研究还将 1,4-苯二异氰酸酯(PDI)作为相容剂加入共混体系中,也明显增加了材料的韧性,冲击强度达到了 PLA 的 2～3 倍。

6.1.2　增强改性

纤维增强是提高聚合物力学性能的重要手段。用于纤维增强复合材料的纤维品种很多,其中天然纤维主要有麻纤维、竹纤维、木纤维和棉纤维等,非天然纤维主要有玻璃纤

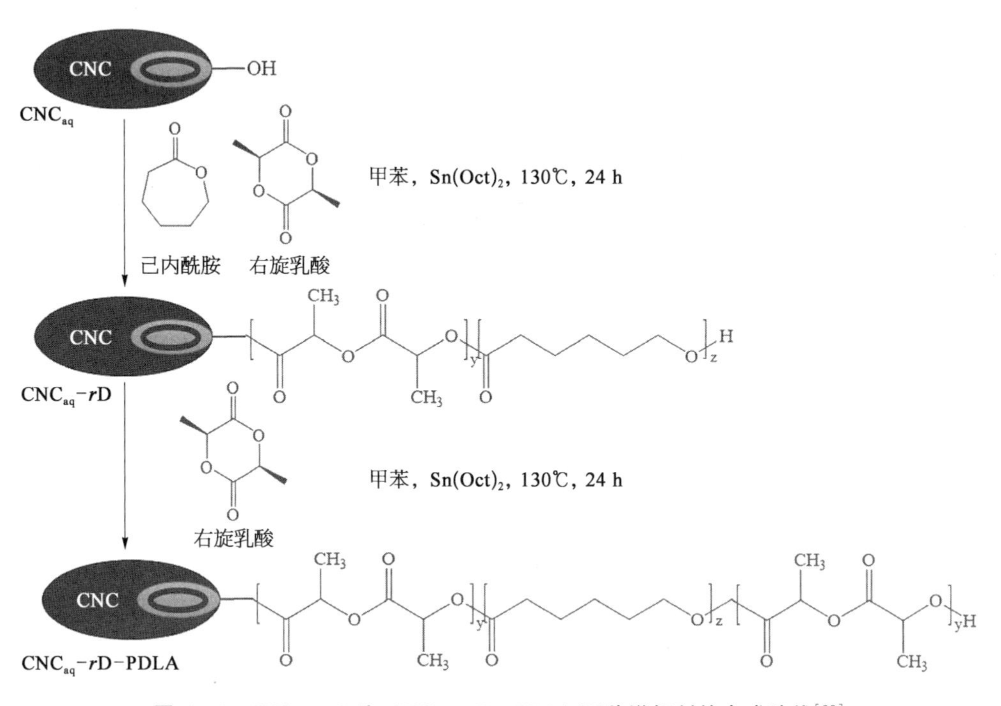

图 6-4　CNC_{aq}-*r*D 和 CNC_{aq}-*r*D-PDLA 两种增韧剂的合成路线[28]

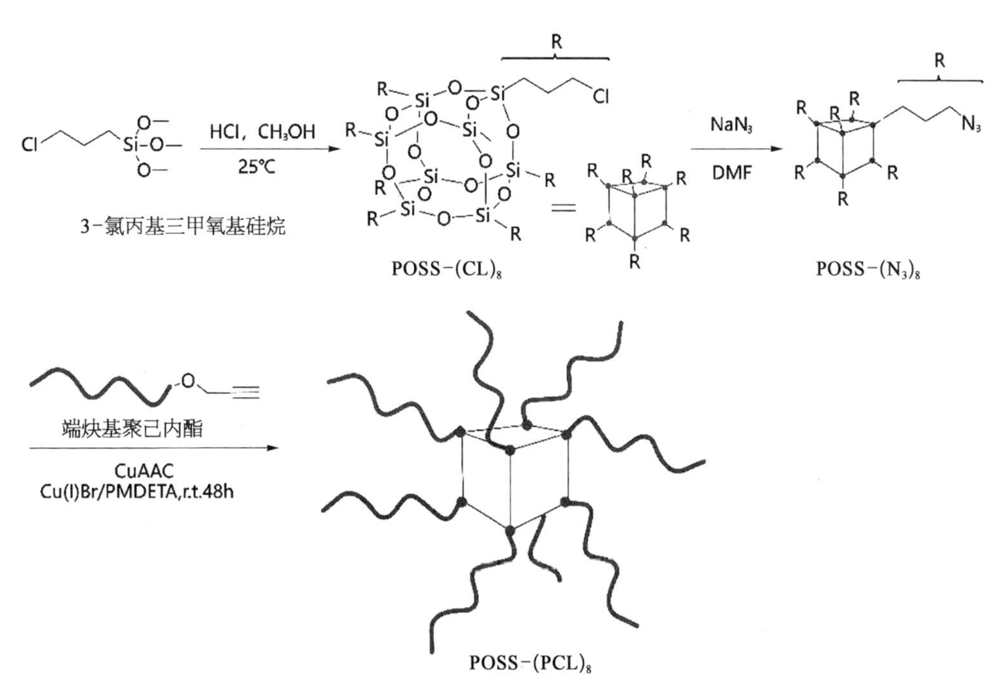

图 6-5　PCL 八臂星形聚合物的制备路线(见彩插)[29]

维、碳纤维、芳纶纤维、聚酯纤维和硼纤维等。晶须也可用于增强复合材料的制备[30]。

1. 天然纤维

在生物基聚酰胺增强改性的研究中，以木质纤维素、木质素及混合纤维作为增强填料进行改性的研究最为广泛。这类天然纤维增强改性生物基聚酰胺材料具有良好的效果。纤维素或者木质素等天然纤维中含有大量的羟基和含氧官能团，在进行熔融共混时，这些基团可以与生物基聚酰胺中的酰胺基团或者链末端的胺基和羧基发生化学反应或氢键链接，从而显著提高天然纤维在尼龙基体中的分散效果。当这种复合材料受到外力冲击时，良好的界面黏结性可以将基体受到的冲击应力有效地传导到纤维中，从而提高材料力学性能。

报纸是一种很重要的回收材料，其中主要是纤维素纤维，以及一些无机填料。采用回收报纸纤维(RNF)可以使材料被二次利用，有利于保护环境。Huda 等[31]用回收报纸纤维制备的增强 PLA 复合材料，与滑石粉增强复合材料具有相似的力学性能，拉伸和弯曲性能相比纯 PLA 都有所提高，拉伸模量可达 6.3GPa。

人造纤维素纤维相对于天然植物纤维有更高含量的纤维素，且机械性能较好，不易变形。Feldmann 等[32]用人造纤维素增强 PA1010，发现当人造纤维素质量分数为 30%时，复合材料的拉伸模量和拉伸强度分别达到了 5 000 MPa 和 120 MPa，是纯 PA1010 的 4.8 倍。

亚麻纤维(FF)富含纤维素，其具有强度大、纤维细、耐用等特点，是一种常用的增强材料。Oksman 等[33]用双螺杆挤出机制备了 FF/PLA 复合材料，得到的材料具有良好的力学性能，材料的强度比用于汽车面板的 FF/PP 复合材料高 50%，且 FF/PLA 复合材料在挤出和模压加工过程中具有与 PP 复合材料相似的易操作性。Lebaupin 等[34]利用热压成型法制备了亚麻纤维增强的 PA11 共混物，发现采用 B 型亚麻纤维、薄膜状 PA11 为原料，210℃、梯度升压条件下制备的共混物力学性能最好，杨氏模量为 36 GPa，拉伸强度为 174 MPa。

Oliver-Ortega 等[35]用木质纤维素增强 PA11，发现木质纤维素的加入促进了 PA11α 晶型的形成，限制了 PA11 链段的运动能力，从而提高了 PA11 的热降解稳定性。Sallem-Idrissi 等[36]用木质素对 PA11 进行增强改性，却发现木质素的加入阻碍了 PA11 的结晶，提高了共混物的屈服应力和杨氏模量。

2. 非天然纤维

(1) 玻璃纤维增强聚酰胺

玻璃纤维(GF)是由石英砂、长石、石灰石、硼酸、$MgCO_3 \cdot Al_2O_3$ 等干混后，在 1 260～1 500℃的耐火炉内形成熔融的玻璃，然后经过耐火炉底部的喷丝孔以极高的速率牵拉而得到的连续长纤维，按纤维直径大小可分为初级、中级、高级和超级几种，其直径分别为大于 20 μm、10～20 μm、3～9 μm 和小于 3 μm。玻璃纤维具有拉伸强度高、抗化学性优异、不吸潮、热膨胀系数低、热导率高、热稳定性好等优点，且玻璃纤维不导电，是理想的电绝缘体，耐热防火，是 PA 增强改性的一种重要途径。与未增强的 PA 相比，GF 增强后的PA拉伸强度、弯曲强度、硬度、抗蠕变性、热变形温度以及耐疲劳性等均得到大幅提高。GF的直径越小,玻璃纤维增强塑料的弯曲性能越好。

玻璃纤维与基体塑料的界面结合情况对复合材料的力学性能影响很大,一般需要添加助剂处理。Xie等[37]研究了用苯乙烯-乙烯/丁烯-苯乙烯三嵌段共聚物(SEBS-g-MA)和环氧树脂单独或组合用于PA6/GF复合材料,发现大多数PA6/GF复合材料非常脆。在没有SEBS-g-MA的情况下,单独添加环氧树脂不会改善PA6/GF复合材料的脆性,因为增强的界面无助于提高复合材料的延展性。类似地,在不存在环氧单体的情况下,即使将20 wt%的SEBS-g-MA添加到PA6/GF复合材料中也不会显著增加其延展性。仅当SEBS-g-MA和环氧单体同时加入才能使复合材料具有延展性。特别是当环氧树脂为1.0 phr且SEBS-g-MA为10 wt%,或当环氧树脂≥0.67 phr且SEBS-g-MA为20 wt%时,PA 6/GF复合材料才表现出非常突出的延展性,如应力白化、颈缩以及断裂伸长率均高于250%。

(2) 碳纤维增强聚酰胺

碳纤维是由聚丙烯腈纤维、黏胶或沥青原丝经碳化而制成的,具有耐高温、导电等特性,相对密度为1.3～1.8,而玻璃纤维的相对密度则为2.5左右。碳纤维增强复合材料是一种质轻、高强的复合材料,不仅在航空、航天工业中有广泛用途,而且已在体育、生活用品中获得应用,其模量明显高于采用玻璃纤维增强的复合材料。

Kuciel等[38]在双螺杆挤出机中进行了两种拉伸强度不同的PA1010与碳纤维的熔融共混。在较高拉伸强度的纯PA1010中加入质量分数20%和40%的碳纤维,共混物拉伸强度从51.4 MPa分别提高到158.0 MPa和184.9 MPa,断裂伸长率从最初的89%下降到4.5%和3.8%。在较低拉伸强度的纯PA1010中加入质量分数10%和30%的碳纤维,共混物拉伸强度从26.7 MPa提高到71.1 MPa和102.8 MPa,断裂伸长率从最初的277%下降到10%和6.2%。此外,随着碳纤维质量分数的提高,共混物的结晶温度逐渐增加、结晶度下降。

(3) 其他纤维增强聚酰胺

晶须(whiskers)是以单丝形式存在的小单晶体。晶须的种类很多,代表性品种有碳化硅晶须和硫酸钙晶须等。晶须具有很高的强度和模量,碳化硅晶须的模量为钢丝的4倍,拉伸强度约为钢丝的3倍。与其他增强纤维材料相比,晶须具有更微细的尺寸和较大的长径比,硫酸钙晶须的长度为100～200 μm,直径仅为1～4 μm[39]。因此,将晶须添加到聚合物中,不仅可以增加熔体黏度,而且还可以使加工流动性得到改善。晶须还具有卓越的耐热性,质量也较轻。硫酸钙晶须具有很高的强度,且价格与其他品种晶须相比较低,有较高的性能价格比。为了获得最大的增强作用,晶须必须具有合适的长度、形状和适当的截面。若晶须在聚合物熔体中能很好地浸润和取向,材料的拉伸强度能够提高10～20倍。用于增强聚酰胺的晶须主要有钛酸钾、硼酸铝、硼酸镁、氧化锌、硫酸钙和碳化钙晶须等。

Wang 等[40]将 PA1012 与硅酸钙晶须通过双螺杆直接共混挤出制备得到纳米复合材料，在未经表面改性的情况下，通过针状形态晶须对基体的插接及聚酰胺链中羰基与晶须表面羟基形成的氢键相互作用，实现了硅酸钙晶须在基体中的均匀分散，大大提高了 PA1012 的机械性能和热稳定性。

Sahnoune 等[41]将高岭土纳米管(HNT)通过 SEBS 共聚物链接枝进行功能化，再将其掺入 PA11 与 SEBS - *g* - MA 共混物中提高其相容性，在不影响 PA11 结晶性能的前提下大大改善了 PA11 的热性能和韧性。Rohner 等[42]将滨刺草属的纤维素纳米纤维和生物基 PA11 共混得到生物纳米复合材料，其中纤维素纳米纤维作为一种新兴的聚合物纳米增强剂，可以大幅度提升复合材料的拉伸强度和韧性。

6.1.3　阻燃改性

聚酰胺作为工程塑料，其耐烧蚀性较差，在火焰烧蚀下无法保持其机械性能和稳定性。PA 材料垂直燃烧等级达到 UL94V - 2 级，极限氧指数(LOI)为 24%左右，于室温下会自动熄灭，具有一定的阻燃性能，但随着应用范围的不断扩大，电子电器和建筑等领域对于 PA 的阻燃性能提出更高的要求，需要垂直燃烧等级达到 UL94 V - 0 级，LOI 达到 28%以上[43]。通过将聚酰胺与具有阻燃特性的材料进行复合，可以显著地提高聚酰胺的阻燃性能和热稳定性。

聚乳酸本身的阻燃性能只有 UL94HB 级，极限氧指数仅为 21%，燃烧时只形成一层刚刚可见的炭化层，然后很快液化、滴下并燃烧。

一般通过以下途径来提高聚合物的阻燃性：① 在复合过程中加入阻燃添加剂；② 在聚合物链上或表面上接枝或键合阻燃基团；③ 与阻燃单体(内酰胺、二元胺或二元酸)进行共聚合。目前普遍采用添加阻燃剂的方法，这种方法虽然容易对材料的力学性能产生影响，但是步骤简单、设备投资小且应用广泛。

1. 卤系阻燃剂

卤系阻燃剂主要包含溴系阻燃剂和氯系阻燃剂。卤系阻燃剂和 PA 具有良好的相容性，对材料力学性能影响小，阻燃效率高，成本低廉，被广泛地应用于阻燃 PA 的工业制备。传统的卤系阻燃剂有双(六氯环戊二烯)环辛烷(DCRP)、十溴二苯醚(DBDPO)、四溴双酚 A(TBBPA)等[44]。其主要是通过气相中依靠受热分解生成的卤化氢终止燃烧过程中的链式反应，使材料的燃烧速度减慢至停止，同时生成卤化氢降低材料表面的温度，稀释可燃气体的浓度，以实现阻燃。虽然卤系阻燃剂有众多优点，但是在阻燃过程中会产生如 CO、HCN、卤化氢、二噁英等有毒气体，对环境产生污染的同时，也会对人体的眼部以及呼吸系统造成不可避免的伤害[45]。因此，许多西方国家已经对卤系阻燃剂采取全面排查和严格限制销售等手段，并禁止了部分卤系阻燃剂的使用。为了符合环保以及安全的理念，开发出了以溴化聚苯乙烯(BPS)、十溴二苯基乙烷为代表的新型高效阻燃剂，在保持了阻燃性能的同时，更加环保与安全，是卤系阻燃剂重要的发展方向。三氧化锑、锡酸锌、硼酸锌和卤系阻燃剂有很好的协同作用，在和 BPS、十溴二苯基乙烷联合使用时，能得到阻燃性能优异，同时能抑烟的卤系阻燃 PA[46,47]。开发卤系阻燃剂和氮系或者磷系阻燃剂的复配协效阻燃剂也是一个重要研究方向。Zhang[48] 将有氨基磺酸夹层的 MgAl 层状双金属氢氧化物和磷酸铝添加到 PA11 中进行复合，提高了 PA11 的阻燃性能、热性能和力学性能。

2. 氮系阻燃剂

氮系阻燃剂主要有三聚氰胺(MA)、聚磷酸三聚氰胺(MPP)和三聚氰胺氰尿酸盐(MCA)，具有环境友好、抗紫外线、阻燃效率高等优点[49]，成为国内外研究与开发的热点。氮系阻燃剂一方面是气相通过燃烧过程中受热分解生成的 N_2、CO_2、H_2O 等不可燃气体，能够稀释可燃气体的浓度，同时降低材料表面的温度，抑制连锁反应的进行。另一方面是固相在受热时在材料表面形成炭层，能够起到隔绝热量、隔绝 O_2、抑制烟气的作用[50]。为了满足实际阻燃的需求，氮系阻燃剂通常和三氧化二锑[51]、卤系阻燃剂、磷系阻燃剂联合使用。

MCA 是目前研究最多、使用增长最快和应用最广的氮系阻燃剂[52]。MCA 不仅具备一般氮系阻燃剂的阻燃能力，而且可以在受热的情况下分解出氰尿酸，加速材料的降解，生成移热的熔滴，一般只需要加入 10% 左右，就可以大幅度地提高材料的阻燃性能。但是，MCA 和 PA 相容性较差，易吸潮，会影响材料的力学性能与电性能，需要与其他助剂协同才能更好地投入实际运用。Liu 等[53] 在磷酸/PA6 溶液中合成了 MCA/磷酸三聚氰胺(MP)复合阻燃剂。磷酸可作为 PA6 的溶剂、三聚氰胺-氰尿酸酯自组装反应的催化剂和三聚氰胺-磷酸反应的反应物。随着酸的消耗，体系的 pH 升高，溶解的 PA6 沉淀在阻燃颗粒表面形成聚合物包封，在一个过程中实现了阻燃剂的合成和表面改性。催化剂和溶剂磷酸最终转化为产物 MP，不需要额外的去除过程。封装的 MCA/MP(EMCMP)复合阻燃剂成功应用于玻璃纤维(GF)，可增强 PA6 的阻燃。由于 EMCMP 的包封层也是 PA6，EMCMP 在 PA6 中具有良好的界面相容性和有效分散性，相应的阻燃材料表现出优异的阻燃性(1.6 mmV－0 等级)和机械性能(拉伸强度 101 MPa、冲击强度 81 J/m、抗弯强度 116 MPa)。

3. 磷系阻燃剂

磷系阻燃剂是环保型阻燃剂中最重要的一种，环境友好、抑制烟气、稳定性良好，是目前研究最广最多、市场应用前景最好的无卤阻燃剂之一。磷系阻燃剂分为无机磷和有机磷两大类，其中无机磷系阻燃剂主要包括红磷和聚磷酸铵(APP)、磷酸盐及其衍生物等，有机磷系阻燃剂包括亚磷酸酯、有机磷酸酯和有机次磷酸盐等[54]。其阻燃机理取决于磷化物的类型、聚合物的化学结构及燃烧条件：① 燃烧时分解成磷酸或多磷酸，进而形成高黏性熔融玻璃质或致密的碳质，将基质与热和氧隔绝开；② 捕捉自由基，在燃烧中分解生成 PO· 或 HPO· 等自由基，在气相状态下捕捉活性·H 或·OH 自由基；③ 促进形成蓬松的高度多孔性炭层，有固相的功能。

基于磷系阻燃剂优良的综合性能，许多研究人员将其引入 PLA 体系。磷酸三苯酯(TPP)是第一代磷酸酯阻燃剂，其水解稳定性和热稳定性欠佳，但由于 PLA 的加工温度不高，可以选用 TPP 阻燃剂。如用美国 SuprestaLLC 的 TPP(PhosflexTPP，含磷质量分数 9.5%)对 PLA 进行阻燃，研究表明，添加 10%能够使 PLA 的 LOI 从 21.4%提高到 25.4%，阻燃级别达 UL94V－0 级，并且在 180℃能够保持良好的热稳定性，在 PLA 制品表面也没有析出现象[55]。Sag 等[56]采用三步法合成了不同化学环境下含两个磷基团的新型聚丙烯酸酯类阻燃剂(FR 1－4)，在 UL94 垂直燃烧试验装置中，10%的 FR 1－4 阻燃剂足以使 PLA 达到 V－0 等级。Zhu 等[57]将磷酸盐与硅基倍半硅氧烷(PSQ)键合，制备了一种磷硅阻燃剂(P_5PSQ)，并将其用于 PLA 的阻燃。结果表明，含 10 wt% P_5PSQ 的 PLA 的 LOI 为 24.1%，锥形量热法测定的 PLA 峰释热速率(PHRR)和总释热速率(THR)分别比纯 PLA 降低 21.8%和 25.2%，表明 P_5PSQ 的阻燃性能优于 PSQ。此外，对聚乳酸燃烧后残炭的形貌和组成以及聚乳酸在燃烧过程中的气体释放进行了研究，结果表明，P_5PSQ 同时具有凝聚相和气相的阻燃作用。在凝聚相中，磷酸盐中的磷促进了更稳定、更好的含 Si、P 碳层的形成，从而抑制了燃烧过程中的热量和 O_2的传递。在气相中，P_5PSQ 中的磷酸盐释放出含磷化合物，抑制含 C－O 产物的释放，对气相中的 PLA 有一定的阻燃作用，P_5PSQ 是一种良好的磷硅协同阻燃剂。

4. 其他阻燃剂

金属氧化物阻燃剂中氢氧化镁(MH)和氢氧化铝(ATH)的应用最为广泛，国内 ATH 阻燃剂的需求量在所有阻燃剂中占比最大，高达总量的 31%。金属氧化物阻燃剂的阻燃机理主要是金属氧化物在受热分解时吸热降温分解后生成 H_2O 和金属氧化物，其中 H_2O 降低了材料表面的 O_2浓度的同时也吸收了部分热量，而金属氧化物起到了隔绝 O_2和热量的作用，保护了剩余的材料[58]。金属氧化物阻燃剂无卤、低毒、热稳定性好、成本低，作为一种环保型阻燃剂也是研究的热点。但是为了获得满足实际需求的阻燃性能，需要添加大量金属氧化物(＞50%)，而由于金属氧化物表面亲水疏油以及金属氧化物和 PA 的相容性较差的问题，因此会影响阻燃 PA 材料的力学性能[59]。对金属阻燃剂进行表面改性、超细化、微胶囊化以及和其他阻燃剂联合使用可以解决上述问题[60]。Li 等[61]用红磷母料/氢氧化镁协同阻燃剂制备了 PA6 复合材料，复合材料通过了 UL94－1.6 mmV－0 等级。Woo 等[62]将 ATH(0 wt%、10 wt%、20 wt%、30 wt%和 50 wt%)与红麻纤维(40 wt%含量)作为主要增强材料改性 PLA。与未加 ATH 的红麻/PLA 共混物相比，阻燃效率提高 66%，储能模量(136%)和拉伸强度(59%)显著提高。

无机纳米阻燃剂具有阻燃效率高、环境友好、可改善相容性等优点，符合当今探索新型无卤环保阻燃剂的大环境。HNTs 具有纳米管状结构、高长径比，其表面有两个羟基，可以提供优异的力学性能、热性能和生物性能，在许多聚合物体系中应用时可以同时改善阻燃性与力学性能，是一个优异的阻燃体系。HNTs 的阻燃机理一方面是 HNTs 在燃烧阶段形成“屏障”隔热绝氧，另一方面 HNTs 的管状结构可防止 O_2 和可燃气体接触[63]。HaoAyao 等[64]在 PA6 中熔融共混了 25%的金属磷酸盐和 2.5%的 HNTs,制备的阻燃 PA6 复合材料的阻燃性能达到了 UL94V－0 级,同时材料的韧性也得到了提升。M.Boonkongkaew 等[65]引入 HNTs 和双酚 A 双(磷酸二苯酯)(BDP),制备了 PA6/HNTs/BDP 阻燃纳米复合材料,燃烧性能达到了 UL94V－0 级,拉伸强度和热稳定性也都得到了保持。

CNTs 具有圆柱形纳米结构,使得 CNTs 呈现优异的导电性、导热性和力学性能,也适用于阻燃纳米材料的制备。在 PA6 中,CNTs 的加入也可以对 UL94 等级和 LOI 有一定的提升,对热释放速率有显著的降低[66]。

随着纳米复合材料的快速发展,基于多种层状硅酸盐(高岭土、蒙脱土等黏土物质)粒子可以被均匀分散到 PA 中的特点,形成了一种新型阻燃工艺方法: 熔融插层法[67]。刘岩等[68]通过熔融插层法制得 PA6/有机蒙脱土(OMMT)复合材料。经测试,OMMT 加速了炭层的形成,使材料的阻燃性能得到提升,显著降低热释放速率。加入质量分数 5%的 OMMT 的 PA6 材料各项力学性能最为优异。

经过改性的无机纳米阻燃剂单独使用时虽然能提升阻燃性能和部分力学性能,但大部分仍然无法满足实际的阻燃需求,所以无机纳米阻燃剂需要通过协同作用来拓宽其应用。LiLili 等[69]发现了 HNTs 和 MCA 之间的协同作用,随着 HNTs 的加入,阻燃 PA6 复合材料的 LOI 值最高提升至 31.7%,呈现优异的阻燃性能的同时力学性能也得到了提高。李建华等[70]也发现了 CNTs 和 OMMT 之间的协同作用,在提升 PA 的阻燃性能、热稳定性的同时对 PA6 还有增强作用。此外,原位聚合和溶胶凝胶法也是阻燃纳米 PA 发展的重要方法[71]。

6.1.4　合金化

高分子合金是指由两种或两种以上高分子材料构成的复合体系。开发高分子合金的目的是实现不同高分子有利性能的结合与提高,克服原有的性能缺陷,并派生出新的有用性能与功能,从而获得满足实际需要的材料。高分子合金材料通常应具有较高的力学性能,可用作工程塑料。因此,在工业上又常常直接称为塑料合金。

1. 聚酰胺类

聚酰胺的尺寸稳定性、耐热性和低温冲击强度有待改善,合金化是改善聚酰胺性能的重要途径。聚酰胺的主链上有强极性酰胺基,酰胺基间的氢键使分子间结合力大,末端有反应性高的氨基和羧基官能团,因此聚酰胺是一种容易进行异种聚合物配混合改性的高分子材料,通过合金化后,可以取长补短,改善聚酰胺材料的性能,采用灵活多变的配方,满足用户在品种和性能上的特殊要求。

(1) 聚酰胺之间的合金化

聚酰胺之间合金化改性是将不同种类的聚酰胺通过混合的方法,综合其优缺点,得到综合性能优异的合金材料,同时在一定程度上降低成本。由于高温下聚酰胺中的酰胺键易打开再聚合,因此合金制备过程中往往伴随着酰胺交换反应,通过打开不同聚酰胺链的酰胺键来实现烷基链之间的交换,从而得到不同种类的聚酰胺共聚物。这种通过酰胺交换反应得到的共聚物可以提高不同种类聚酰胺之间的界面结合力,改善其界面相容性,形成相容性较好的聚酰胺合金。Wang 等[71]采用差示扫描量热法(DSC)、流变仪、核磁共振(NMR)和变温傅里叶变换红外光谱(VT - FTIR)等联用技术研究了 PA1012 和 PA612 的转酰胺化反应(图 6 - 6)。基于储能模量随扫描时间的增加,证实了反应性链端的存在,在高温下促进了聚酰胺中的链增长和二元共混物中的互换反应。NMR 和 VT - FTIR 测试信号充分证明了预期的交换反应。DSC 和 NMR 的定量数据分析表明,提高反应温度或延长反应时间均会加快转酰胺化的速度和程度。共聚酰胺的形成可以改善 LCPA 两组分之间的界面相容性。

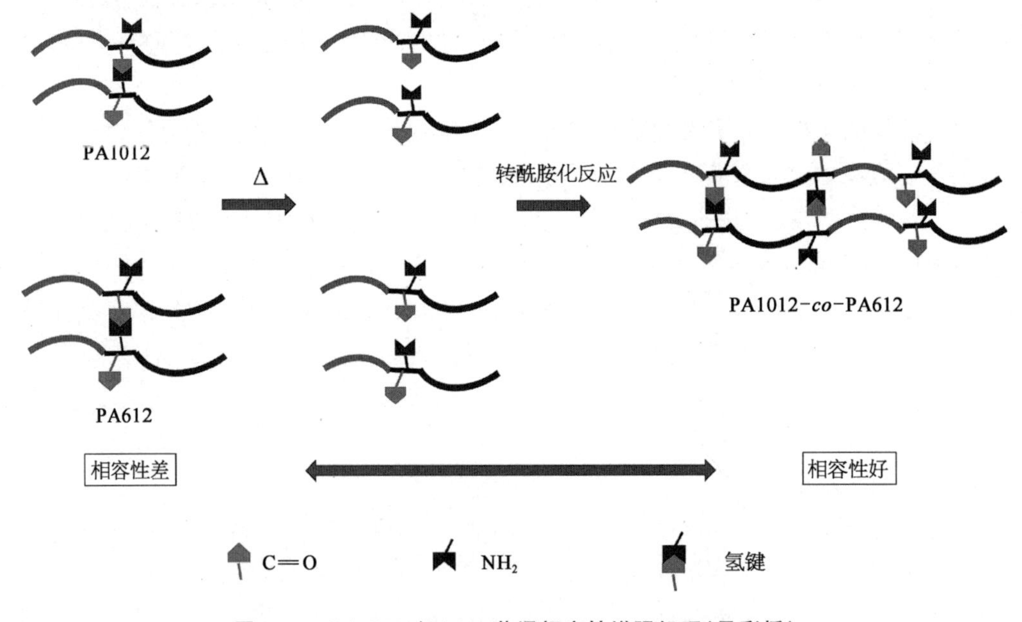

图 6 - 6　PA1012 /PA612 共混相容性增强机理(见彩插)

(2) 聚酰胺与其他聚合物的合金化

Gug 等[72]将 PLA 和 PA11 共混,通过酯基-酰胺基的交换作用使两者发生一定程度上的共聚,从而降低两种聚合物的界面张力,改善了界面相容性,提高了其力学性能。Heshmati[73]研究了 PLA/生物基 PA11 共混物的界面张力、形态和 PLA 相结构演化和热行为,发现共混物的静态和动态性能存在较大的差异。静态条件下两者的界面相互作用较差,而动态条件下两者是一个有着高度相互作用的界面相容体系。这种差异与 PLA 链的有限链运动有关,因此对 PLA 进行塑化可以显著降低静态界面张力。

Walha 等[74]用一种含环氧反应基团的扩链剂 JoncrylADR® - 6368(图 6 - 7)增容 PLA 和 PA11 的共混物。研究表明,先将 PLA 与相容剂熔融挤出,可使基体与分散相之间有良好的黏附性，这一结果突出表现在界面处的间隙和与所提取的颗粒相对应的空腔完全消失，表明界面张力降低，说明通过对聚乳酸大分子链进行改性，可使共混物具有更好的相容性。

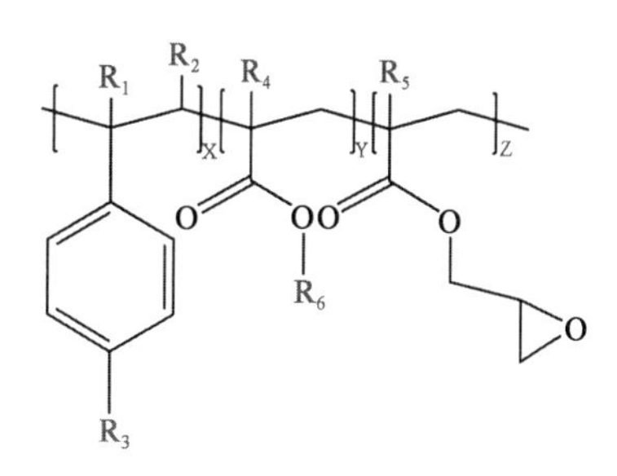

图 6-7　扩链剂 JoncrylADR®-6368 分子结构以及苯丙多官能度低聚扩链剂的一般结构

R_1—R_5 为 H、CH_3、较高级烷基或其组合；R_6 为烷基；X、Y 和 Z 介于 1 和 20 之间[74]。

2. 聚酯类

由于可降解聚酯和 PLA 中都含有酯基，相容性较好，因此可以用聚酯对 PLA 进行增韧改性。通过选择不同的单体结构、性能和调节单体之间的配比可获得理想的聚酯类高分子。表 6-2 中列出了常见的可降解聚酯包括聚己二酸/对苯二甲酸丁二醇酯(PBAT)、聚丁二酸丁二醇酯(PBS)及聚羟基脂肪酸酯(PHA)对 PLA 的增韧改性。

表 6-2　PLA 与可降解聚酯共混后性能

聚　酯	添加量(wt%)	相容剂及含量	拉伸强度(MPa)	拉伸模量 E(GPa)	断裂伸长率(%)	冲击强度(kJ/m^2)	悬臂梁缺口冲击强度(J/m)	参考
—	—			3.04	7.1	3.2		[75]
PBAT	25			2.28	332.3	9.1		
PBAT	40		31.87		483.7	5.11		[76]
PBAT	40	Joncryl ADR 4370S-0.75phr	40.88		579.91	29.62		
PBAT	30	PLA-PEG-PLA 3%	54.5	1.14	173.4	—		[77]
—	—		70.4	1.82	7.4		23.6	[78]
PBS	10	MFC-EPI 2%	71.4	1.67	273.6		116.8	[78]
PBS	10	EGMA 12%	37		460	98		[79]
PBSA	40	Joncryl 0.6%			179	38.4		[80]
PHA	20		40	3.3	4	113		[81]

(1) PBAT

PBAT 是一种由 1,4-丁二醇、丁二酸和对苯二甲酸经过缩合聚合反应合成的聚酯，具有高韧性、高断裂伸长率和可生物降解等优良性能，是改性聚乳酸的理想材料之一。Gigante 等[75]通过熔融共混的方法制备了 PLA/PBAT 共混物，当 PBAT 的含量为 25 wt% 时，断裂伸长率和缺口抗冲击强度分别提高 332% 和 9.1 kJ/m^2，表明 PBAT 的加入在很大程度上改善了 PLA 的韧性。为了进一步提高 PLA 和 PBAT 之间的相容性，Wang 等[76]以多功能环氧扩链剂(ADR)为反应增容剂，采用熔融共混法制备了不同比例的 PLA/PBAT 共混物。PLA/PBAT/ADR(60/40/0.75)共混物的断裂伸长率和缺口冲击强度分别为 579.9%和 29.6 kJ/m^2，分别是纯 PLA 的 75.3 倍和 12.3 倍。冲击断裂面的剪切屈服变形结果表明，材料的高韧性可归因于反应性增容剂的环氧基与 PLA 和 PBAT 的末端羧基和羟基反应形成大量的支化共聚物。Ding 等[77]合成了不同链长的 PLA-PEG-PLA 三嵌段共聚物，采用乳化界面层法提高了 PLA/PBAT 共混物的界面结合力。当乙二醇/乳酸的比例为 2∶1 时，三嵌段共聚物对 PLA/PBAT 共混物具有良好的增容效果，PLA-PEG-PLA 加入后共混物的断裂伸长率高达 173.4%，是原始 PLA/PBAT 共混物的 8 倍。因此，PLA-PEG-PLA 三嵌段共聚物可以作为 PLA/PBAT 共混体系的有效相容剂，改善界面的相互作用，提高共混物的韧性。

(2) PBS 及其共聚物

PBS 是以 1,4-丁二醇和丁二酸为原料，经缩聚反应化学合成制得。PBS 是一种半结晶聚合物，玻璃化转变温度大约为−35℃，熔融温度为 114℃，力学性能优异，断裂伸长率超过 300%。He 等[78]将 PLA 与 PBS 共混，采用环氧微纤化纤维素(MFC-EPI)为相容剂制备复合材料。当添加 2 wt% MFC-EPI 时，PLA/PBS/MFC-EPI(90/10/2)复合材料的断裂伸长率提高到 273.6%，拉伸强度为 71.4 MPa，缺口冲击强度为 116.8 J/m。研究表明，MFC-EPI 的加入起到桥接 PLA 和 PBS 的作用，断裂过程中有助于能量转移和耗散，从而显著提高复合材料的拉伸和冲击韧性。Xue 等[79]通过对 PLA、PBS 及乙烯-丙烯酸甲酯-甲基丙烯酸缩水甘油酯(EGMA)三相进行熔融共混制备了超韧复合材料，合成路线如图 6-8 所示。EGMA 的加入改善了 PLA 与 PBS 相的相容性。与纯 PLA 相比，添加 10 wt% PBS 和 12 wt% EGMA 的三元共混物的冲击强度(98 kJ/m^2)提高了 32 倍，拥有优异的断裂伸长率(460%)，但拉伸强度损失了 40%。实验结果显示，在 PLA-PBS 界面形成了 PLA/PBS-*g*-EGMA 共聚物，并充当了连接这些相的“桥”。这些“桥”的数目随着 EGMA 含量的增加而增加，当受到外力时，这些“桥”将力从脆性 PLA 基质转移至韧性 PBS 相，转移导致 PBS 相发生形变，从而使得断裂能量耗散。Ojijo 等[80]将 PLA 和聚丁二酸己二酸丁二醇共聚酯(PBSA)熔融共混，用 Joncryl 作为混合物的相容剂。由于 Joncryl 的存在，在 PLA/PBSA 的两相混合界面形成非线性共聚物。在 PLA 中加入 40%的 PBSA 和 0.6%的相容剂后，PLA 的抗冲击强度从 4.6 kJ/m^2提高到 38.4 kJ/m^2，混合物的断裂伸长率从 6%增加到 179%。

(3) PHA

PHA 是由微生物合成的细胞内聚酯，是一种天然高分子生物材料，具有良好的生物相容性、生物可降解性和塑料的加工性能，可作为生物医用材料和生物可降解包装材料。Burzic 等[81]用两种不同无定形生物基多环芳烃含量的非晶态 PHA 共聚物对 PLA 进行力学改性，当 PHA-2 为 20%时，对共混物进行退火处理后，其拉伸模量为 3.3 GPa，拉伸

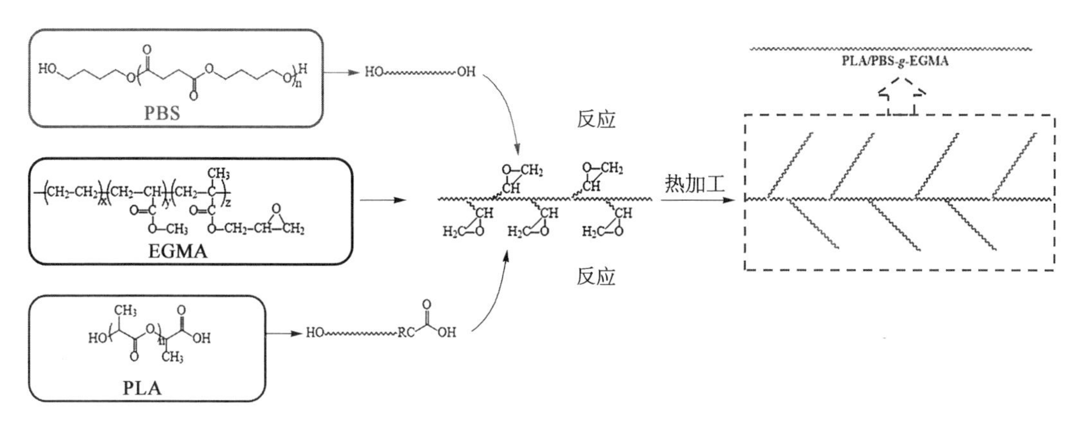

图 6-8　熔融共混过程中 PLA、PBS 和 EGMA 之间可能发生的原位反应(见彩插)[79]

强度、断裂伸长率和无缺口抗冲击强度分别为 40 MPa、3%和 113 kJ/m^2。

6.1.5　其他功能化改性

生物基 PA 的导电机理可以用逾渗理论进行描述。当导电填料质量分数小时,复合材料表现出绝缘体特征,当填料质量分数达到某一特定值时,复合材料电导率会发生突变,表明填料在基体中的分散状态发生了突变,形成了逾渗网络,随着填料质量分数继续增加,复合材料导电率也不会有大幅度提高。

对生物基 PA 进行电性能改性主要以改善材料导电和介电性能为主。Rashmi 等[82]在双螺杆挤出机中进行了 PA11 与石墨烯的熔融共混,发现制备的共混物中石墨烯均匀分散在 PA 基体中,随着石墨烯质量分数的提高,PA11 结晶温度和结晶度均有所增加,当石墨烯质量分数为 5%时,在 1 000 Hz 下介电常数达到 9.2,比纯 PA11 提高了 3 倍,电导率达到 5.2×10^{-6} S/m,共混物拉伸强度和模量比纯 PA11 分别增加 25%和 56%,断裂伸长率下降 80%。Leveque 等[83]在双螺杆挤出机中进行了 PA11 与层状硅酸盐填料的熔融共混,研究了填料类型(Cloisite20A、10A 和 Na^+)和质量分数对共混物薄膜压电和介电性能的影响,结果发现室温下共混物薄膜压电常数与结晶相和填料类型有关,CloisiteNa$^+$ 为填料的 PA11 共混物薄膜压电常数最高、极化性能最高、极化响应最大。他们还发现加入 5%硅酸盐填料后,共混物力学性能比纯 PA11 有所增加,拉伸模量从纯 PA11 的 840.5 MPa 增加到 1 107.5 MPa。

6.2　化学改性

6.2.1　支化改性

1. 聚酰胺类

为研究 PA4 几何结构对性能的影响,Kawasaki 等制备了一系列线性 PA4 和支化

PA4。研究发现多元酰氯化物是合成支化 PA4 的有效引发剂，支化结构对 PA4 的熔点没有显著影响，支化 PA4 比分子量接近的线性 PA4 拉伸强度有显著提高，且支化 PA4 的生物降解性优于线性 PA4[84]。利用多元酰氯引发制备了 PA4/6 三支化聚合物(图 6-9)，发现随着单体中己内酰胺比例的增加，共聚物熔点下降，热分解温度提高，且中间比例的断裂伸长率也有显著提高[85]。

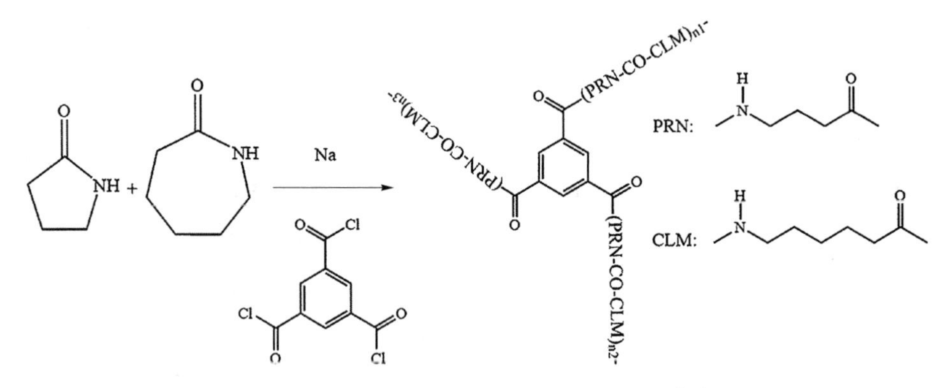

图 6-9　三支化聚酰胺 4/6 的合成与结构[85]

2. 聚酯类

为改善 PLA 的性能，Pasanphan 等[86]合成了四臂星形 PLA，并进行了甲基丙烯酸缩水甘油酯(GMA)功能化，结果显示 PLA-GMA 与 PLA 有很好的相容性，并且能够促进 PLA 结晶。进一步用电子束(EB)辐射诱导结构修饰，反应过程如图 6-10 所示，发现改性后的材料结晶性能、热性能和机械性能均得到改善。结晶过程的改变使 PLA 的断裂伸长率提高了 2 倍，材料柔韧性提高。EB 辐照后的材料表现出抗微波性能，有望应用于微波生物塑料领域。

6.2.2　共聚改性

1. 单体之间反应

通过共聚也会导致性能的改变。为得到分子量更高的 PA4/6 共聚物，韩国成均馆大学的 KimYJ 和建国大学的 YooYT 等也通过加入冠醚使活化后的单体阴离子的反应性增加，从而得到了收率和分子量更高的 PA4/6 共聚物。然而研究发现分子量对 PA4/6 共聚物的熔点及热学性能没有产生很大的影响，但是不同的 2-吡咯烷酮和 ε-己内酰胺的投料比得到的产物热性能有差异，ε-己内酰胺的比例越高，共聚物的热稳定性越高[87]。为进一步分析 PA4/6 共聚反应中两种单体的投料比和反应温度等的影响，该合作团队通过阴离子开环聚合制备了一系列不同投料比和同一投料比不同温度下反应的 PA4/6 共聚物，研究结果表明最终产物均趋向于无规共聚物，且产物结构组成与聚合温度显著相关，共聚物的热稳定性取决于其化学组成和序列分布，PA6 结构单元的混入更

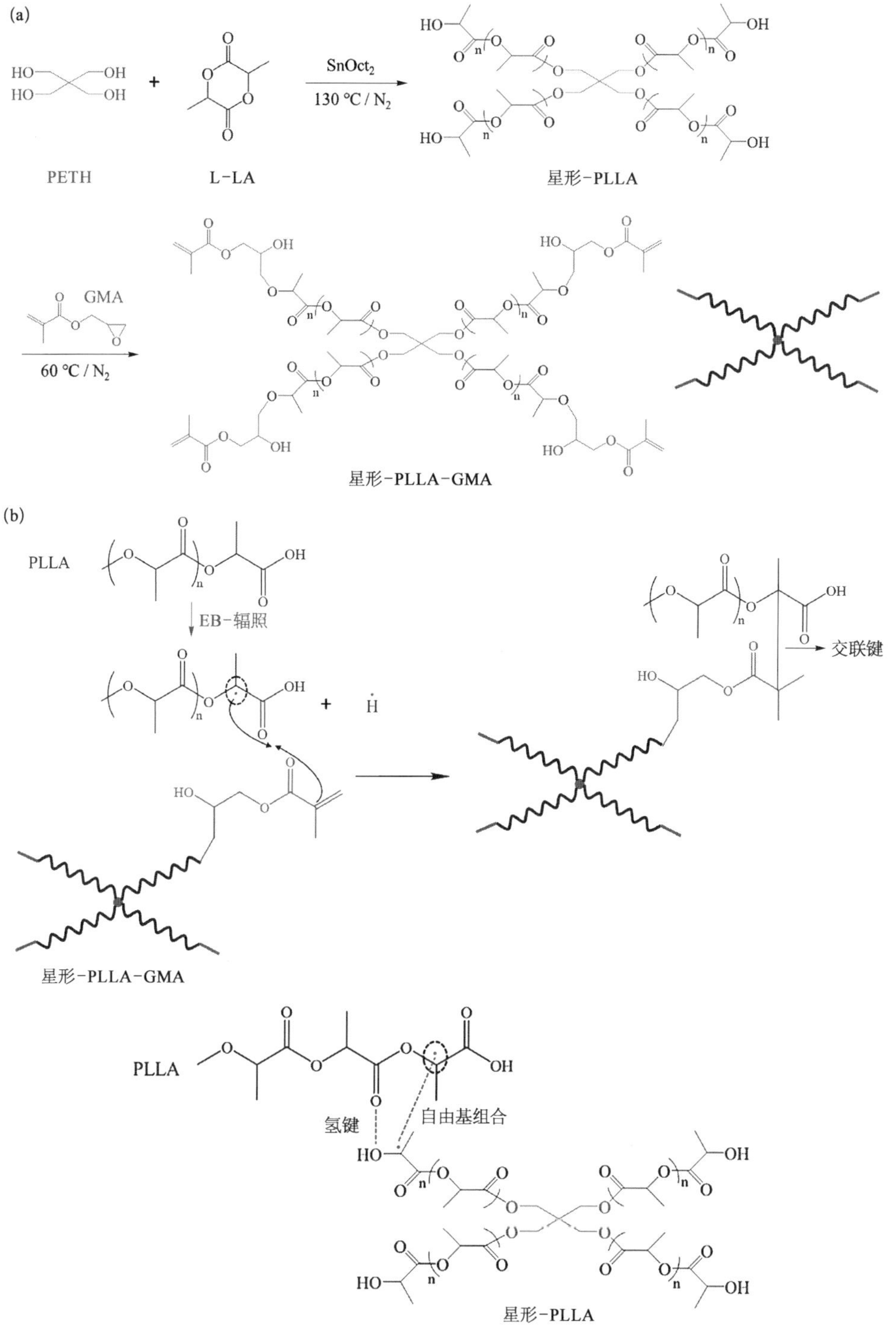

图6-10　PLA支化改性示意图(见彩插)

(a) 星形-PLLA和星形-PLLA-GMA的合成路线;(b) 在星形-PLLA和星形-PLLA-GMA存在下EB辐射诱导PLA改性的可能结构。

有利于熔点的降低和热稳定性的提高[88]，当共聚物中 PA6 的含量为 35%时，其起始降解温度和失重 50%时的温度分别为 292℃和 359℃，明显高于 PA4 的 270℃和 288℃。在此研究基础上，为解决 PA4 的热降解温度低于其熔融温度的问题，该合作团队研究了引发剂对最终产物热稳定性的影响，结果表明采用含芳香硝基的引发剂能够使 PA4 在低温区间(210～230℃)保持良好的热稳定性，且进一步印证了前面的结论，即 PA6 的结构单元的比例增加，则 PA4/6 共聚物的热稳定性增加。

巩学勇[89]以已内酰胺、PA66 盐、PA1010 盐为原料，制备了低熔点热黏合三元共聚酰胺，与均聚 PA 相比，共聚反应破坏了均聚 PA 链结构的规整性，使得分子链上的酰胺键不处在形成氢键的最佳位置之一，氢键密度降低，分子间的作用力减弱，共聚酰胺熔点普遍降低。

2. 嵌段共聚物

嵌段共聚也能够对 PA4 的性能产生明显改善作用。Kawasaki 等以 4,4′-偶氮二氰基戊酰氯为引发剂，通过 2-吡咯烷酮的开环聚合合成了含偶氮基团的 PA4(azo-PA4)，研究证明了 azo PA4 对乙烯基单体有引发活性，从而可通过自由基聚合法制备相关嵌段共聚物[90]。为研究无定形聚合物聚醋酸乙烯酯与结晶聚合物 PA4 通过嵌段共聚结合后表现出来的性质，Kawasaki 等进一步以 azo-PA4 为引发剂通过自由基聚合法合成了 PA4-聚醋酸乙烯酯嵌段共聚物(图 6-11)。研究表明，共聚物的熔融热、力学性能与组成呈线性关系，PA4 的含量增加，熔融热增加，拉伸强度提高，而断裂伸长率降低，嵌段共聚物表现出相分离，与单独的 PA4 和聚醋酸乙烯酯有很大不同[91]。

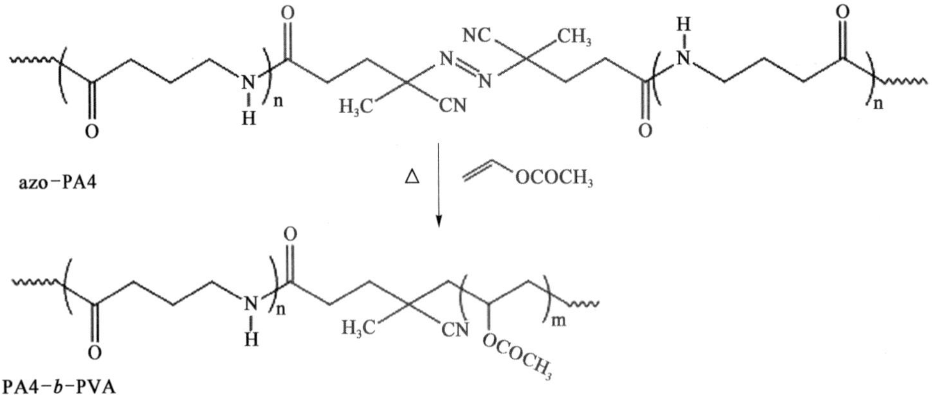

图 6-11 通过 azo-PA4 合成 PA4-聚醋酸乙烯酯嵌段共聚物(见彩插)

Park 等[92]合成了一种 PA4-聚氨酯(PU)-PA4 的三嵌段共聚物，并研究了 PA4 硬嵌段和 PU 软嵌段分子量差异对三嵌段共聚物作为热塑性弹性体的各种性能的影响，结果表明，共聚物的机械强度和熔点随 PA4 嵌段分子量的增加而增加，断裂伸长率随 PU 嵌段分子量的增加而增加。

为开发简单高效的PA4相关嵌段共聚物合成方法，Chen等[93]以聚L-丙交酯(PLLA)和PA4为原料，通过“点击”反应成功合成了PLLA-*b*-PA4嵌段共聚物(图6-12)，并研究了其电纺纤维的特性。研究表明，因PLLA与PA4不相容，由PLLA-*b*-PA4纺制的纤维存在微相分离，PLLA与PA4各自形成相区，快速结晶的PA4晶区会抑制PLLA的结晶，而由PLLA和PA4均聚物纺制的纤维存在宏观相分离而形成鞘芯结构(图6-13)，且PLLA主要积累在外层，因此得到了一种疏水纤维。由于这两种组分都是完全生物基和可生物降解的，这种新型纤维在生物医学、包装材料等领域具有潜在的应用前景。

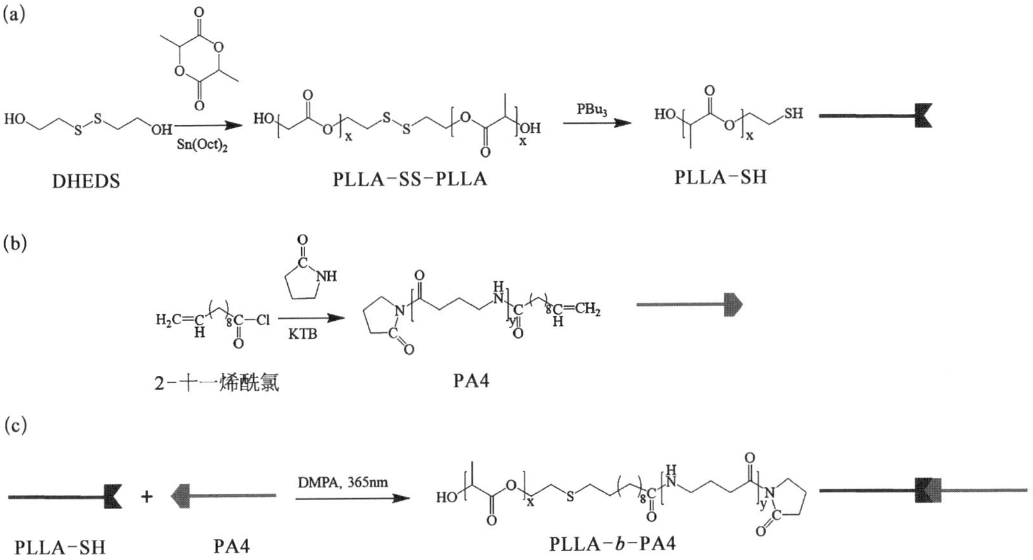

(a)

DHEDS　$Sn(Oct)_2$　PLLA-SS-PLLA　PBu_3　PLLA-SH

(b)

2-十一烯酰氯　KTB　PA4

(c)

PLLA-SH　+　PA4　DMPA, 365nm　PLLA-*b*-PA4

图6-12　制备PLLA-*b*-PA4两嵌段共聚物的“点击”反应方法(见彩插)

(a) PLLA-SH的合成；(b) 烯基化PA4的合成；(c) 通过硫醇-烯的“点击”反应合成PLLA-*b*-PA4[93]。

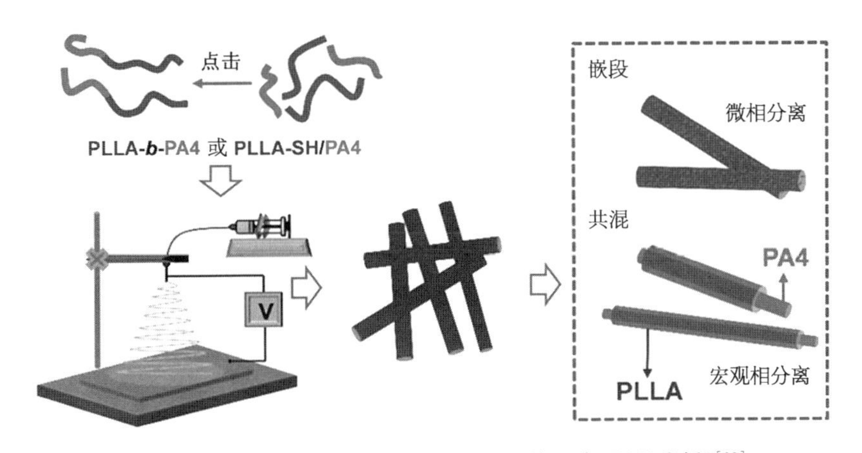

图6-13　嵌段共聚物和共混物的纤维结构示意图(见彩插)[93]

Rusu 等[94]制备出 PA6 和 PCL 的嵌段共聚物,并进行了热分析,结果发现在共聚成型过程中,酯单元通过氢键作用降低了体系的有序度,有利于结晶相缺陷的出现,起到增塑剂的作用,使得大分子的流动性增加。这一趋势随着聚已内酯链段含量的增加而变得更加明显。

高凤珍[95]用 PA6 预聚物和 PA11 预聚物为原料,制备嵌段共聚酰胺 611 工程塑料,PA6 预聚物的加入有助于提高嵌段共聚物的拉伸强度。Park 等[96]以废植物油水解产物为原料利用熔融缩聚法与 PA11 共聚,通过增加 PA 链的不规整性提高了其热和机械性能,并且发现材料具有一定的疏水性。

Dong 等[97]合成了系列基于 PA1012 结晶硬段和聚四亚甲基氧醚(PTMO)非晶软段的多嵌段共聚物(PEBA),大大改善了 PA1012 的韧性,由于大应变下聚醚软段发生了应变诱导结晶,制备得到的共聚物弹性体的真实应力-应变曲线偏离了塑性共聚物的经典高斯模型,使得 PA1012 成为弹性良好的工程塑料。

Gardella 等[100]通过两步合成方法,首先制备端氨基的 PA11 预聚体(即具有氨基端基和保护的羧基),然后作为大分子引发剂用于 *d* -丙交酯(或丙交酯)的开环聚合(图 6-14)。通过对丙交酯转化率的调节,得到了不同 PA11/PLA 比例的嵌段共聚物,通过分析发现 PA11 和 PLA 链段不会发生相分离,如 PLA/PA11 不相容共混物的情况。此外,与 PLA 均聚物相比,立体复合物具有更好的耐化学/耐热性,可提高材料的质量。

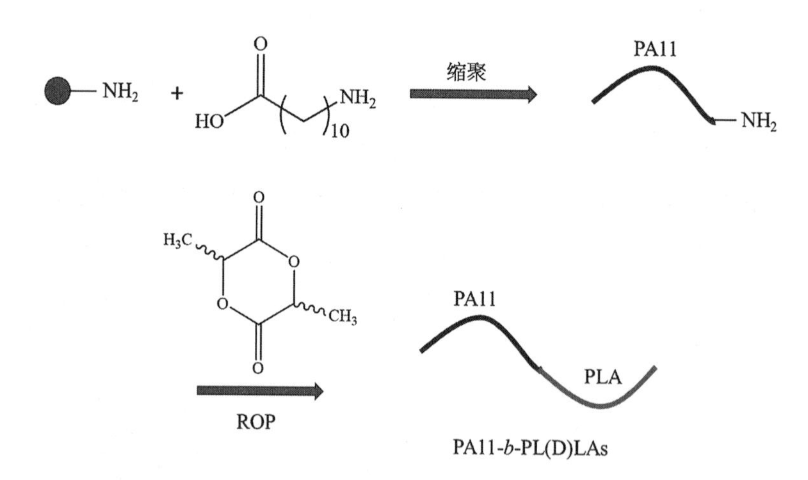

图 6-14 两步法合成 PA11/PLA 嵌段共聚物(见彩插)[100]

3. 接枝共聚物

接枝共聚能够改变聚合物的分子结构,从而影响材料的结晶性能和机械性能。Wen 等[98]采用"一锅法"在 SiO_2 纳米粒子上接枝长链 PLA,采用熔融复合法制备了 PLA/SiO_2-*g*-PLA 纳米复合材料(图 6-15)。结果表明,当 SiO_2 表面 PLA 的接枝率为 19.5%时,纳米粒子呈核壳结构。当 SiO_2-*g*-PLA 质量分数为 3 wt%时,PLA 纳米复合材料的综合性能最佳,结晶度高达 56.3%,断裂伸长率和冲击强度分别提高到 118.6% 和 14.5 kJ/m^2。

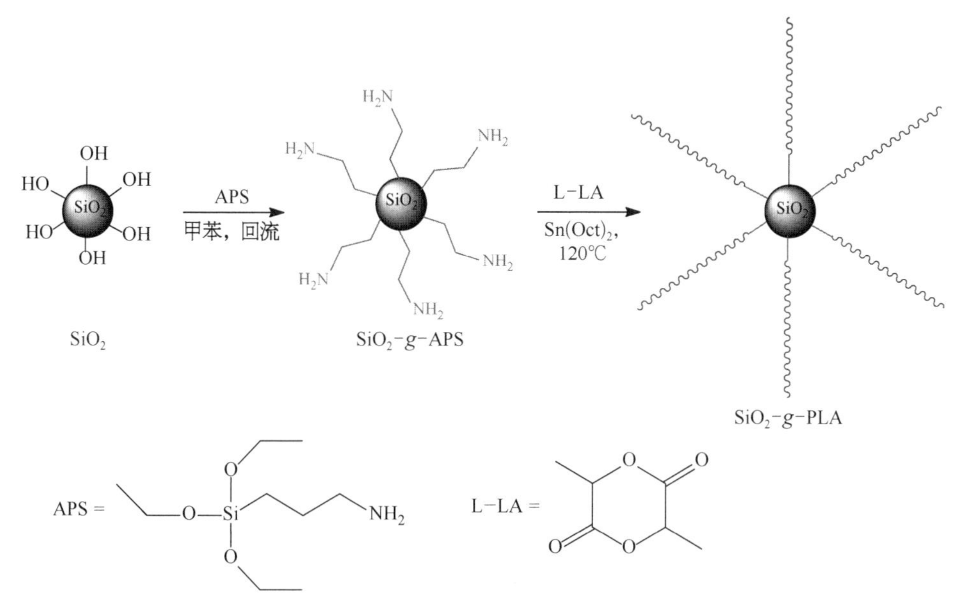

图 6-15　通过二氧化硅纳米颗粒的表面改性制备 PLA/SiO_2-g-PLA 纳米复合材料(见彩插)[98]

Hwang 等[99]以过氧化二异丙苯(DCP)为引发剂,将 MAH 接枝到 PLLA 上。随着 MAH 的加入,共混物的玻璃化转变温度和结晶度显著降低。PLLA 薄膜的热分解受 MAH 含量的影响,但力学性能基本不变。由于 MAH 支化反应或 PLLA 链之间的交联反应增加了链的缠结,分子量略有增加。

Lai 等[101]以树枝状引发剂和氨基蒙脱土(AMT)为引发剂,通过原位接枝聚合制备了树枝状 PA6/MMT 杂化材料(图 6-16)。结果表明,MMT 的氨基官能团是 PA6 聚合的引发剂,起到分支点和抑制球晶生长的作用。在 PA6 中加入 AMT 后,PA6 的 α 晶型降低,结晶度下降。随着 AMT 含量的增加,由于 AMT 对晶粒的细化作用,复合材料的强度和韧性逐渐提高。

6.2.3　端基改性

为了方便引入功能化基团,可对聚合物进行端基改性。Hedfors 等[102]提出了以化学选择性假丝酵母抗北极脂肪酶 B(CALB)为催化剂,直接合成硫醇端基聚己内酯的方法(图 6-17)。CALB 为化学选择性酶,所以不需要保护和去保护步骤。CALB 可使各种无保护的硫醇化合物很容易引发或终止 ε-己内酯的开环聚合,为功能化聚己内酯的研发提供了理论基础。

Popelka 等[103]研究了 L-丙交酯(LA)在 2-乙基己酸锡[$Sn(Oct)_2$]催化下开环聚合

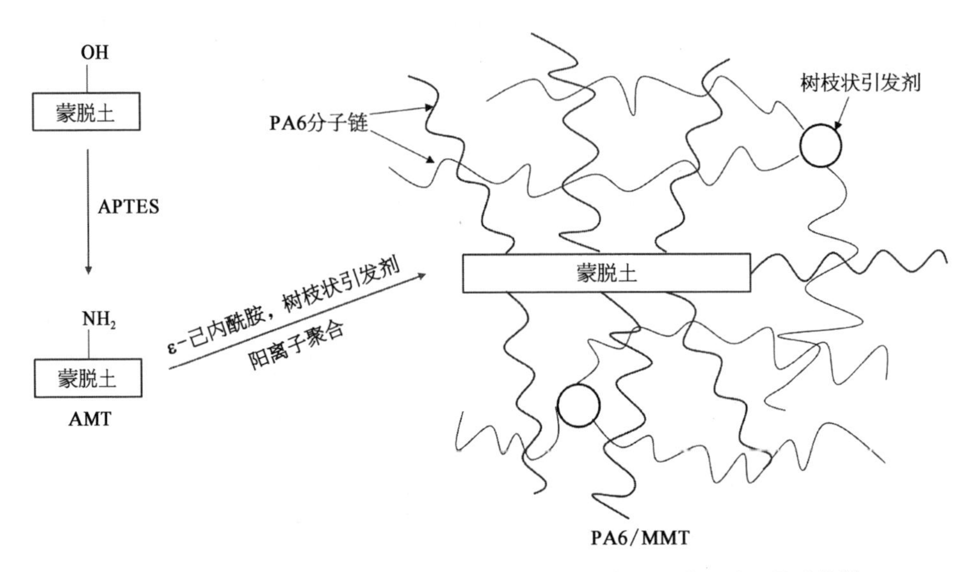

图 6－16　氨基官能化蒙脱土和树枝状引发剂引发 PA6 的阳离子聚合[101]

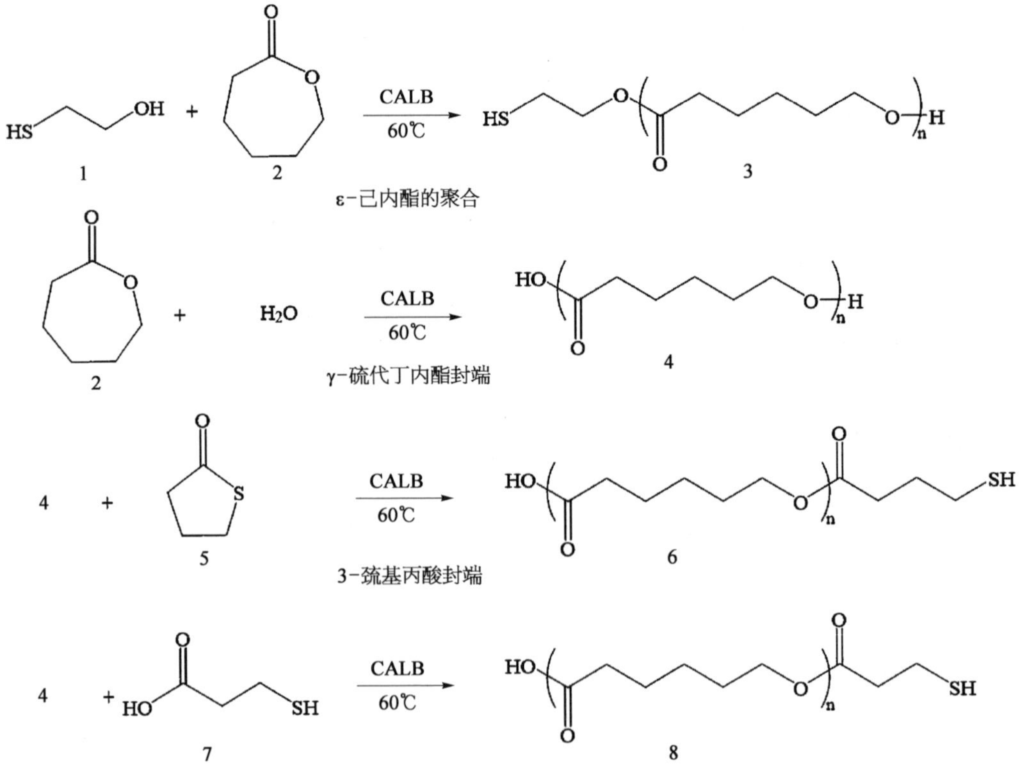

HS–CH₂CH₂–OH (1) + 2 —CALB, 60℃→ 3
ε-己内酯的聚合

2 + H_2O —CALB, 60℃→ 4
γ-硫代丁内酯封端

4 + 5 —CALB, 60℃→ 6
3-巯基丙酸封端

4 + 7 —CALB, 60℃→ 8

图 6－17　聚己内酯的末端巯基官能团化[102]

合成含硫醇端基的 PLLA 的 4 条路线(图 6 - 18)。研究将 4 种共引发剂：2 -磺基- 1 -醇、2 -[(2,4 -二硝基苯基)亚砜]乙烷- 1 -醇、2 -(三苯基亚砜)乙烷- 1 -醇和烯丙醇分别引入聚合物中，将端基转化为硫醇基团，并对所用合成方法的效率进行评价，发现共引发剂 2 -(三苯基亚砜)乙烷- 1 -醇的反应效果最好。

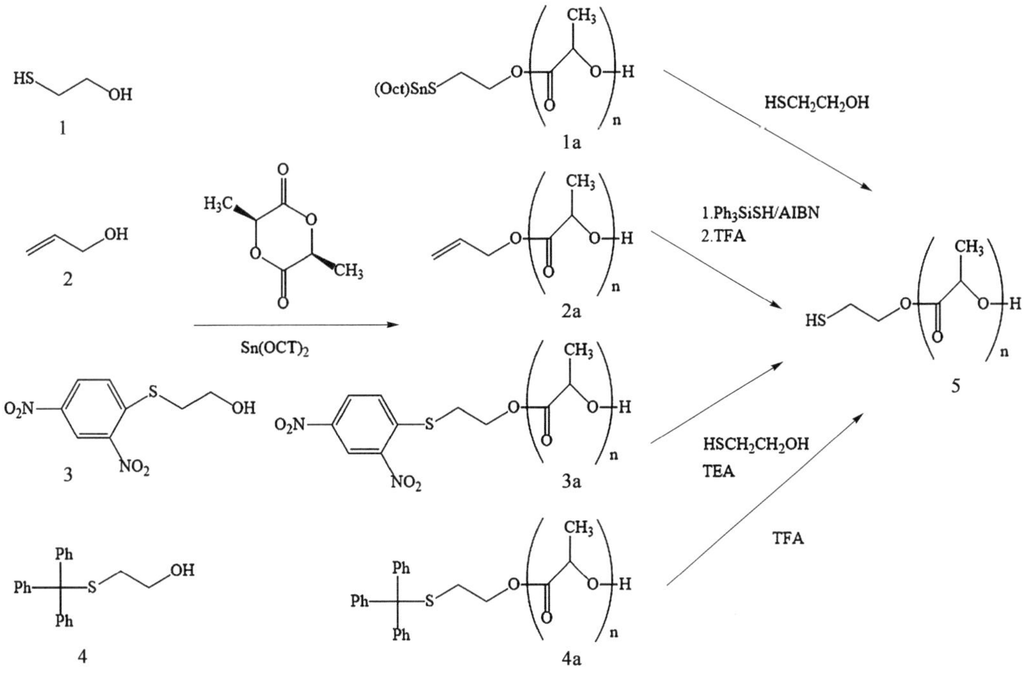

图 6 - 18　L -丙交酯(LA)在 2 -乙基己酸锡[$Sn(OCT)_2$]催化下开环聚合合成含硫醇端基的 PLLA 的 4 条路线[103]

参考文献

[1]　翁云宣，付烨. 生物分解塑料与生物基塑料. 北京：化学工业出版社，2010.

[2]　Fletes R C V, López E O C, Gudiño P O, et al. Ground tire rubber/polyamide 6 thermoplastic elastomers produced by dry blending and compression molding. Prog Rubber Plast Recycl Technol, 2021.

[3]　马芸芸，颜春，祝颖丹，等. 阴离子聚酰胺 6 增韧改性研究进展. 塑料科技，2017，45(2)：91 - 97.

[4]　朱建民. 聚酰胺树脂及其应用. 北京：化学工业出版社，2011.

[5]　Yu H, Yong Z, Ren W, et al. Comparison of the toughening effects of different elastomers on nylon 1010. J Appl Polym Sci, 2011, 121(6): 3340 - 3346.

[6]　刘乐文，尹朝清，丁明笃. 玻璃纤维增强聚丙烯/聚酰胺 6 合金的研究. 塑料工业，2020，48(10)：65 - 69.

[7]　Kawada J, Kitou M, Mouri M, et al. Super impact absorbing bio-alloys from inedible plants.

Green Chemistry, 2017, 19(19): 4503 - 4508.

[8] Quiles-Carrillo L, Montanes N, Fombuena V, et al. Enhancement of the processing window and performance of polyamide 1010/bio-based high-density polyethylene blends by melt mixing with natural additives. Polym Int, 2020, 69(1): 61 - 71.

[9] 李世杰,张英伟,王文志,等. 蒙脱土改性超支化聚酰胺 6 纳米复合材料的结晶与流变性能. 高分子材料科学与工程,2019,35(6): 59 - 65.

[10] Jeziórska R, Szadkowska A, Studziński M, et al. The use of modified silica to control the morphology of polyamide 11 and poly(phenylene oxide) blends. Polimery, 2021, 66(7 - 8): 399 - 410.

[11] Liu R, Han H, Wu X, et al. Construction of "core-shell" structure for improved thermal conductivity and mechanical properties of polyamide 6 composites. Polym Bull, 2020, 78(5): 2791 - 2803.

[12] Chen Y K, Wang W T, Yuan D S, et al. Bio-based PLA/NR-PMMA/NR ternary thermoplastic vulcanizates with balanced stiffness and toughness: "soft-hard" core-shell continuous rubber phase, in situ compatibilization, and properties. ACS Sustain Chem Eng, 2018, 6(5): 6488 - 6496.

[13] Huang J R, Fan J F, Cao L M, et al. A novel strategy to construct co-continuous PLA/NBR thermoplastic vulcanizates: Metal-ligand coordination-induced dynamic vulcanization, balanced stiffness-toughness and shape memory effect. Chem Eng J, 2020, 385: 123828.

[14] Huang D, Ding Y L, Jiang H, et al. Functionalized elastomeric ionomers used as effective toughening agents for poly(lactic acid): enhancement in interfacial adhesion and mechanical performance. ACS Sustain Chem Eng, 2020, 8(1): 573 - 585.

[15] Kang H L, Yao L, Li Y S, et al. Highly toughened polylactide by renewable Eucommia ulmoides gum. J Appl Polym Sci, 2018, 135(12): 46017.

[16] Wang Y, Liu J H, Xia L, et al. Fully biobased shape memory thermoplastic vulcanizates from poly(lactic acid) and modified natural eucommia ulmoides gum with co-continuous structure and super toughness. Polymers, 2019, 11(12): 2040.

[17] Liu H Z, Chen N, Shan P J, et al. Toward fully bio-based and supertough PLA blends via in situ formation of cross-linked biopolyamide continuity network. Macromolecules, 2019, 52(21): 8415 - 8429.

[18] Wu H, Hou A L, Qu J P. Phase morphology and pPerformance of supertough PLA/EMA-GMA/ZrP nanocomposites prepared through reactive melt-blending. ACS Omega, 2019, 4(21): 19046 - 19053.

[19] Lebarbé T, Grau E, Alfos C, et al. Fatty acid-based thermoplastic poly(ester-amide) as toughening and crystallization improver of poly(L-lactide). Eur Polym J, 2015, 65: 276 - 285.

[20] He Y, Yang Z T, Qu J P. Super-toughened poly(lactic acid)/thermoplastic poly(ether)urethane nanofiber composites with in-situ formation of aligned nanofibers prepared by an innovative eccentric rotor extruder. Compos Sci Technol, 2019, 169: 135 - 141.

[21] Zhang H C, Kang B H, Chen L S, et al. Enhancing toughness of poly (lactic acid)/Thermoplastic polyurethane blends via increasing interface compatibility by polyurethane elastomer prepolymer and its toughening mechanism. Polym Test, 2020, 87: 106521.
[22] Liu G C, He Y S, Zeng J B, et al. In situ formed crosslinked polyurethane toughened polylactide. Polym Chem-UK, 2014, 5(7): 2530-2539.
[23] Thakur S, Cisneros-Lopez E O, Pin J M, et al. Green toughness modifier from downstream corn oil in improving poly(lactic acid) performance. ACS Appl Polym Mater, 2019, 1(12): 3396-3406.
[24] Quiles-Carrillo L, Montanes N. Reactive toughening of injection-molded polylactide pieces using maleinized hemp seed oil. Eur Polym J, 2018, 98: 402-410.
[25] Agüero A, Lascano D, Garcia-Sanoguera D, et al. Valorization of linen processing by-products for the development of injection-molded green composite pieces of polylactide with improved performance. Sustainability, 2020, 12(2): 652.
[26] Wang Y, Hu Q E, Li T, et al. Core-shell starch nanoparticles and their toughening of polylactide. Ind Eng Chem Res, 2018, 57(39): 13048-13054.
[27] Dong X Y, Wu Z G, Wang Y, et al. Strikingly toughening polylactide by using novel core-shell starch-based nanoparticles with double polymer shells. Mater Lett, 2021, 289: 129400.
[28] Muiruri J K, Liu S L, Yeo J C C, et al. Synergistic toughening of poly(lactic acid)-cellulose nanocrystal composites through cooperative effect of cavitation and crazing deformation mechanisms. ACS Appl Polym Mater, 2019, 1(3): 509-518.
[29] Doganci M D, Aynali F, Doganci E, et al. Mechanical, thermal and morphological properties of poly(lactic acid) by using star-shaped poly(epsilon-caprolactone) with POSS core. Eur Polym J, 2019, 121: 109316.
[30] 王国全,王秀芬. 聚合物改性. 北京: 中国轻工业出版社,2008.
[31] Huda M S, Drzal L T, Misra M, et al. A study on biocomposites from recycled newspaper fiber and poly(lactic acid). Industrial & Engineering Chemistry Research, 2005, 44(15): 5593-5601.
[32] Feldmann M, Bledzki A K. Bio-based polyamides reinforced with cellulosic fibres-processing and properties. Composites Sci Technol, 2014, 100: 113-120.
[33] Oksman K, Skrifvars M, Selin J F. Natural fibres as reinforcement in polylactic acid (PLA) composites. Compos Sci Technol, 2003, 63(9): 1317-1324.
[34] Lebaupin Y, Chauvin M, Hoang T, et al. Influence of constituents and process parameters on mechanical properties of flax fibre-reinforced polyamide 11 composite. J Thermoplast Compos Mater, 2016, 30(11): 1503-1521.
[35] Oliver-Ortega H, Méndez J, Mutjé P, et al. Evaluation of thermal and thermomechanical behaviour of bio-Based polyamide 11 based composites reinforced with lignocellulosic fibres. Polymers, 2017, 9(10): 522.
[36] Sallem-Idrissi N, Velthem P V, Sclavons M. Fully bio-sourced nylon 11/raw lignin composites: thermal and mechanical performances. J Polym Environ, 2018, 26(12): 4405-4414.

[37] Xie X L, Yu Z Z, Zhang Q X, et al. Synergistic effect of SEBS-g-MA and epoxy on toughening of polyamide 6/glass fiber composites. Journal of Polymer ence Part B Polymer Physics, 2010, 45 (12): 1448 - 1458.

[38] Kuciel S, Kuźnia P, Jakubowska P. Properties of composites based on polyamide 10.10 reinforced with carbon fibers. Polimery, 2016, 61(2): 106 - 112.

[39] 葛铁军,杨洪毅,韩跃新. 硫酸钙晶须复合增强聚丙烯性能研究. 塑料科技,1997,1: 16 - 19.

[40] Wang L L, Dong X, Wang X R, et al. High performance long chain polyamide/calcium silicate whisker nanocomposites and the effective reinforcement mechanism. Chin J Polym Sci, 2016, 34 (8): 991 - 1000.

[41] Sahnoune M, Taguet A, Otazaghine B, et al. Effects of functionalized halloysite on morphology and properties of polyamide-11/SEBS-g-MA blends. Eur Polym J, 2017, 90: 418 - 430.

[42] Rohner S, Humphry J, Chaléat C M, et al. Mechanical properties of polyamide 11 reinforced with cellulose nanofibres from Triodia pungens. Cellulose, 2018, 25(4): 2367 - 2380.

[43] 李双庆,汤溢融,杨永波. 阻燃尼龙研究进展. 工程塑料应用,2020,48(2): 136 - 138.

[44] 许娜,范硕,李发学,等. 包覆型 MCA/PA6 复合材料的制备及其阻燃性研究. 合成纤维工业, 2019,42(2): 45 - 49.

[45] 伍小明,李明. 微胶囊红磷在塑料中应用的研究进展. 精细与专用化学品,2018,26(3): 7 - 10.

[46] 唐小强,任斌,李博,等. 氢氧化镁表面改性对阻燃 PA6 复合材料性能的影响. 工程塑料应用, 2018,46(12): 42 - 47.

[47] 金松,向宇姝,于杰,等. 一种新型烷基磷系阻燃剂的合成及其在尼龙 6 中的应用. 塑料工业, 2017,45(1): 9 - 13.

[48] Zhang S, Tang W, Gu X, et al. Flame retardancy and thermal and mechanical performance of intercalated, layered double hydroxide composites of polyamide 11, aluminum phosphinate, and sulfamic acid. J Appl Polym Sci, 2016, 133(20): 43370.

[49] 姜建洲,虞鑫海. 应用于 PA6 工程塑料的氮系阻燃剂的研究现状. 合成技术及应用,2014,29(3): 9 - 12,17.

[50] 马艳. 无机阻燃剂研究进展. 化工时刊,2014,28(4): 33 - 34.

[51] 李明英,樊张帆,张瑜,等. 纳米级三氧化二锑与 MCA 协同阻燃性能对 PA6 的影响. 塑料工业, 2008,36(12): 42 - 45.

[52] 杨业昕,李迎春,王盼,等. 滑石粉对 PA6/MCA 体系阻燃性能的影响. 塑料科技,2016,44(1): 64 - 68.

[53] Liu Y, Wang Q, Fei G X, et al. Preparation of polyamide resin-encapsulated melamine cyanurate/melamine phosphate composite flame retardants and the fire-resistance to glass fiber-reinforced polyamide 6. J Appl Polym Sci, 2006, 102(2): 1773 - 1779.

[54] 赵泽文,肖淑娟,于守武. 尼龙无卤阻燃研究进展. 塑料科技,2018,46(12): 128 - 132.

[55] 任杰,李建波. 聚乳酸. 北京: 化学工业出版社,2014.

[56] Sag J, Kukla P, Goedderz D, et al. Synthesis of novel polymeric acrylate-based flame retardants containing two phosphorus groups in different chemical environments and their influence on the

flammability of poly (Lactic Acid). Polymers, 2020, 12(4): 778.

[57] Zhu S, Gong W, Luo J, et al. Flame retardancy and mechanism of novel phosphorus-silicon flame retardant based on polysilsesquioxane. Polymers, 2019, 11(8): 1304.

[58] 郭宝华,张增民,徐军. 聚酰胺合金技术与应用. 北京: 机械工业出版社,2010.

[59] 周燕雪. 无卤阻燃聚酰胺 6 的研究进展. 东莞理工学院学报,2014,21(3): 59-64.

[60] 李明,李玉芳. 氢氧化铝及其复合体系阻燃应用研究进展. 乙醛醋酸化工,2017,25(3): 46-49.

[61] Li M, Cui H, Li Q, et al. Thermally conductive and flame-retardant polyamide 6 composites. J Reinf Plast Compos, 2016, 35(5): 435-444.

[62] Woo Y, Cho D. Effect of aluminum trihydroxide on flame retardancy and dynamic mechanical and tensile properties of kenaf/poly(lactic acid) green composites. Adv Compos Mater, 2013, 22(6): 451-464.

[63] Liu M X, Jia Z X, Jia D M, et al. Recent advance in research on halloysite nanotubes-polymer nanocomposite. Prog Polym Sci, 2014, 39(8): 1498-1525.

[64] Hao A, Wong I, Wu H, et al. Mechanical, thermal, and flame-retardant performance of polyamide 11-halloysite nanotube nanocomposites. J Mater Sci, 2015, 50(1): 157-167.

[65] Boonkongkaew M, Sirisinha K. Halloysite nanotubes loaded with liquid organophosphate for enhanced flame retardancy and mechanical properties of polyamide 6. J Mater Sci, 2018, 53(14): 10181-10193.

[66] Sun J, Gu X, Zhang S, et al. Improving the flame retardancy of polyamide 6 by incorporating hexachlorocyclotriphosphazene modified MWNT. Polym Adv Technol, 2014, 25(10): 1099-1107.

[67] 方海燕,李宏林,李雷. PA6 无机纳米复合材料的研究. 黑龙江工业学院学报: 综合版,2017,17(7): 35-38.

[68] 刘岩,张军. PA6/蒙脱土复合材料的炭层结构对阻燃性能的影响. 现代塑料加工应用,2012,24(2): 12-15.

[69] Li L L, Wu Z H, Jiang S S, et al. Effect of halloysite nanotubes on thermal and flame retardant properties of polyamide 6/Melamine cyanurate composites. Polym Compos, 2015, 36(5): 892-896.

[70] 李建华,黄雨薇,孙军,等. 碳纳米管与蒙脱土在尼龙 6 阻燃中的协同效应. 塑料,2018,47(4): 55-58,81.

[71] Wang L L, Dong X, Gao Y Y, et al. Transamidation determination and mechanism of long chain-based aliphatic polyamide alloys with excellent interface miscibility. Polymer, 2015, 59: 16-25.

[72] Gug J, Sobkowicz M J. Improvement of the mechanical behavior of bioplastic poly(lactic acid)/polyamide blends by reactive compatibilization. J Appl Polym Sci, 2016, 133(45): 43350.

[73] Heshmati V, Zolali A M, Favis B D. Morphology development in poly (lactic acid)/polyamide 11 biobased blends: Chain mobility and interfacial interactions. Polymer, 2017, 120: 197-208.

[74] Walha F, Lamnawar K, Maazouz A, et al. Rheological, morphological and mechanical studies of sustainably sourced polymer blends based on poly(lactic acid) and polyamide 11. Polymers, 2016,

8(3): 61.

[75] Gigante V, Canesi I, Cinelli P, et al. Rubber toughening of polylactic acid (PLA) with poly (butylene adipate-co-terephthalate) (PBAT): mechanical properties, fracture mechanics and analysis of ductile-to-brittle behavior while varying temperature and test speed. Eur Polym J, 2019, 115: 125 - 137.

[76] Wang X, Peng S X, Chen H, et al. Mechanical properties, rheological behaviors, and phase morphologies of high-toughness PLA/PBAT blends by in-situ reactive compatibilization. Compos Part B-Eng, 2019, 173: 107028.

[77] Ding Y, Feng W T, Lu B, et al. PLA-PEG-PLA tri-block copolymers: Effective compatibilizers for promotion of the interfacial structure and mechanical properties of PLA/PBAT blends. Polymer, 2018, 146: 179 - 187.

[78] He L, Song F, Li D F, et al. Strong and tough polylactic acid based composites enabled by simultaneous reinforcement and interfacial compatibilization of microfibrillated cellulose. ACS Sustain Chem Eng, 2020, 8(3): 1573 - 1582.

[79] Xue B, He H Z, Huang Z X, et al. Fabrication of super-tough ternary blends by melt compounding of poly(lactic acid) with poly(butylene succinate) and ethylene-methyl acrylate-glycidyl methacrylate. Compos Part B-Eng, 2019, 172: 743 - 749.

[80] Ojijo V, Ray S S. Super toughened biodegradable polylactide blends with non-linear copolymer interfacial architecture obtained via facile in-situ reactive compatibilization. Polymer, 2015, 80: 1 - 17.

[81] Burzic I, Pretschuh C, Kaineder D, et al. Impact modification of PLA using biobased biodegradable PHA biopolymers. Eur Polym J, 2019, 114: 32 - 38.

[82] Rashmi B J, Prashantha K, Lacrampe M F, et al. Scalable production of multifunctional bio-based polyamide 11/graphene nanocomposites by melt extrusion processes via masterbatch approach. Adv Polym Tech, 2018, 37(4): 1067 - 1075.

[83] Leveque M, Douchain C, Rguiti M, et al. Vibrational energy-harvesting performance of bio-sourced flexible polyamide 11/layered silicate nanocomposite films. Int J Polym Anal Charact, 2017, 22(1): 72 - 82.

[84] Kawasaki N, Nakayama A, Yamano N, et al. Synthesis, thermal and mechanical properties and biodegradation of branched polyamide 4. Polymer, 2005, 46(23): 9987 - 9993.

[85] Kawasaki N, Yamano N, Nakayama A. Synthesis, properties, and biodegradability of three-branched copolyamide (4/6). J Appl Polym Sci, 2020, 137(39): e49165.

[86] Pasanphan W, Haema K, Kongkaoroptham P, et al. Glycidyl methacrylate functionalized star-shaped polylactide for electron beam modification of polylactic acid: Synthesis, irradiation effects and microwave-resistant studies. Polym Degradation Stab, 2021, 189: 109619.

[87] Kim N C, Kim J H, Nam S W, et al. Synthesis and characterization of very high molecular weight nylon 4 and nylon 4/6 copolymers. Polymer Korea, 2013, 37(2): 211 - 217.

[88] Kim N C, Kamal T, Park S Y, et al. Preparation, chemical, and thermal characterization of

nylon 4/6 copolymers by anionic ring opening polymerization of 2-pyrrolidone and epsilon-caprolactam. Fiber Polym, 2014, 15(5): 899 - 907.

[89] 巩学勇. PA6/66/1010 低熔点三元共聚酰胺的研究. 大连: 大连轻工业学院,2004.

[90] Kawasaki N, Yamano N, Takeda S, et al. Synthesis of an azo macromolecular initiator composed of polyamide 4 and its initiation activity for the radical polymerization of vinyl monomers. J Appl Polym Sci, 2012, 126(S2): E425 - E432.

[91] Kawasaki N, Yamano N, Nakayama A. Polyamide 4-block-poly(vinyl acetate) via a polyamide 4 azo macromolecular initiator: Thermal and mechanical behavior, biodegradation, and morphology. J Appl Polym Sci, 2015, 132(37): 42466.

[92] Park K W, Kim D H, Kim H J. Preparation and characterization of polyamide4 (PA4)-polyurethane(PU)-PA4 triblock copolymers. Polymer Korea, 2014, 38(1): 9 - 15.

[93] Chen T, Zhong G C, Zhang Y T, et al. Bio-based and biodegradable electrospun fibers composed of poly(L-lactide) and polyamide 4. Chinese Journal of Polymer Science, 2019, 38(1): 53 - 62.

[94] Rusu E, Rusu G, Rusu D. Effects of temperature and comonomer content on poly (ε-Caprolactam-Co-ε-Caprolactone) copolymers properties: An evaluation of structural changes and dielectric behavior. Polym Eng Sci, 2019, 59(3): 465 - 477.

[95] 高凤珍. 嵌段共聚酰胺 6 11 的合成,表征及性能的研究. 太原: 中北大学,2006.

[96] Park M S, Lee S, Kim A R, et al. Toughened and hydrophobically modified polyamide 11 copolymers with dimer acids derived from waste vegetable oil. J Appl Polym Sci, 2019, 136 (10): 47174.

[97] Zhu P, Dong X, Wang D J. Strain-induced crystallization of segmented copolymers: deviation from the classic deformation mechanism. Macromolecules, 2017, 50(10): 3912 - 3922.

[98] Wen X. One-pot route to graft long-chain polymer onto silica nanoparticles and its application for high-performance poly(L-lactide) nanocomposites. RSC Adv, 2019, 9(24): 13908 - 13915.

[99] Hwang S W, Lee S B, Lee C K, et al. Grafting of maleic anhydride on poly(L-lactic acid). Effects on physical and mechanical properties. Polym Test, 2012, 31(2): 333 - 344.

[100] Gardella L, Mincheva R, Winter J D, et al. Synthesis, characterization and stereocomplexation of polyamide 11/polylactide diblock copolymers. Eur Polym J, 2018, 98: 83 - 93.

[101] Lai D W, Li Y H, Wang C H, et al. Inhibition effect of aminated montmorillonite on crystallization of dendritic polyamide 6. Mater Today Commun, 2020, 25(1): 101578.

[102] Hedfors C, Östmark E, Malmström E, et al. Thiol end-functionalization of poly (ε-caprolactone), catalyzed by Candida antarctica lipase B. Macromolecules, 2005, 38(3): 647 - 649.

[103] Popelka S, Rypáček F. Synthesis of polylactide with thiol end groups. Collect Czech Chem Commun, 2003, 68(6): 1131 - 1140.

第7章 生物基材料的应用开发

生物基可降解材料利用自然资源丰富的农、林、牧、海等生物品或废弃物为原料，在一定程度上减少了对石油等不可再生资源的依赖，生物基可降解的聚合物成为许多工业应用的替代材料，以控制不可生物降解塑料引起的环境破坏风险，具有绿色环保和可持续发展等优点。作为生物降解聚合物的代表，聚乳酸(PLA)、含酰胺聚合物、聚氨酯中都含有杂原子，它们可能会因酯基(—COO—)、酰胺键(—CONH—)或醚键(—O—)水解断裂而容易发生降解。此外，它们具有优良的机械性能、热性能和阻隔性能等，因此可以和市场上传统材料相媲美，具有广泛的应用前景。据统计，2015—2019年，我国生物降解塑料市场规模增长稳定，2019年市场行业规模高达61.47亿元(图7-1)，预计到2026年我国市场规模将达112亿元[1]，随着人们环保意识的增强和“限塑令”政策的实施，生物可降解塑料将会有较好的发展前景。在这里，本章主要介绍了聚合单体来源于生物质或由微生物生产的生物基可降解材料，如PLA、聚羟基脂肪酸酯(PHA)、聚丁二酸丁二醇酯(PBS)和聚丁内酰胺(PA4)以及第二大天然高分子甲壳素(CS)等可降解高分子在包装、农业、医用和纤维等领域的应用。

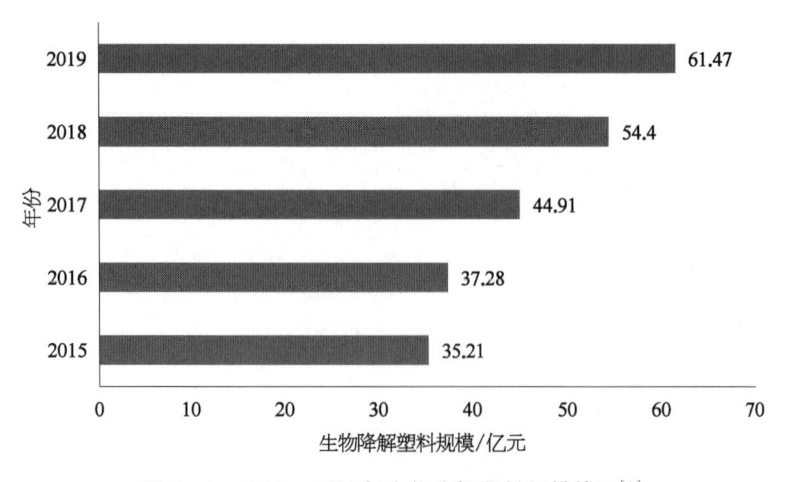

图7-1　2015—2019年生物降解塑料规模情况[1]

7.1　生物基材料在包装领域的应用

生物基塑料应用于各行各业，由聚乙烯(PE)、聚对苯二甲酸乙二醇酯(PET)和不可降解的聚酰胺(PA)组成的不可生物降解的生物基塑料，约占全球生物塑料产量的41.9%。可生物降解塑料包括PLA、PHA、淀粉混合物、PBS、聚己二酸对苯二甲酸丁二酯(PBAT)等，占全球生物塑料产量的58.1%，包装是其最大的应用领域，食品包装的生物源塑料占2020年生产的生物塑料总量的47%以上(99万t)。环境问题的压力和政府为减少塑料垃圾而采取的各种举措，食品包装、一次性餐具是生物基可降解塑料快速增长的主要动力[2]。

包装是生产、储存、配送、保鲜等单元操作的一个组成部分，它可以保护商品免受外界的生物、物理和化学等方面的侵害，因而在商品组成中具有一定的经济价值。包装的生命周期短，往往用过之后就被随意丢弃，重复使用和回收率较低，所以，包装废物是城市固体废物的重要组成部分。它主要由石油基聚合物制成，这些聚合物通常不可生物降解，一方面，垃圾填埋的措施会将垃圾长时间地留在垃圾填埋场，占用大量的土地资源；另一方面，垃圾焚烧的举措也将会产生二噁英等致癌物和酸性气体，对环境的破坏程度较大。近年来，利用可再生自然资源开发可生物降解的包装材料越来越受到关注，尤其是在欧盟国家。与不可再生原材料的传统材料相比，使用可生物降解材料预计对环境的影响较小。本节主要介绍了生物基可降解材料在食品包装和日用品包装领域的应用以及存在的不足之处。

7.1.1　食品包装

食品包装是保证食品安全的重要因素之一，它不仅可以防止食品的腐败和污染，还能够为生产、储存、运输和销售提供极大的便利，也具有保持食品本身稳定质量的功能。它既要方便食品的食用，又要首先展示食品的外观，吸引消费，具有超越物质成本的价值，成为食品商品的组成部分，能够为食品生产的厂家、流通企业和消费者带来一定的经济效应。

塑料树脂和薄膜作为食品包装的第一大行业，具有用量大、轻便和便于携带等诸多优点，目前广泛采用的是聚氯乙烯(PVC)、聚苯乙烯(PS)、聚酰胺(PA)、聚偏二氯乙烯(PVDC)、聚乙烯(PE)、聚丙烯(PP)等不可降解的材料。数据显示，食品包装塑料已占我国塑料生产总量的60%以上，软包装薄膜占食品包装塑料的55%[1]，因此可以看出食品包装塑料在我国拥有广阔的市场。

然而，这类不可降解塑料包装材料不可重复性使用，往往是一次性使用，丢弃后会严重污染环境。而采用生物基可降解材料做食品包装，使用过后可以回收进行堆肥处理，不会产生有害物质，且相比于传统的不可降解塑料，具有同样的印刷功能。目前，可用于食品包装的生物基可降解塑料主要是以 PLA、PBS、PHA 等为代表的聚酯类材料，它们有着诸多优点：① 原料来源广泛，可以通过微生物发酵法，从天然物质，如玉米、甜菜、甘薯、纤维素等淀粉类材料处获得原料；② 具有优良的气体阻隔性；③ 具有良好的耐油性和印刷性能；④ 具有较高的透明性；⑤ 部分生物基可降解材料如 PLA、CS 等具有优异的抗菌性能；⑥ 在自然环境合适的温度、湿度及 O_2 氛围下，这些生物基可降解材料可在较短的时间内被微生物通过新陈代谢降解为 CO_2 和 H_2O，有助于减少城市固体废物的问题。

1. 聚乳酸在食品包装的应用研究

2020 年 1 月 19 日，国家发展改革委、生态环境部公布《关于进一步加强塑料污染治理的意见》。意见明确指出，在 2020 年，率先在部分地区、部分领域禁止、限制部分塑料制品的生产、销售和使用。到 2022 年，一次性塑料制品消费量明显减少，替代产品得到推广，塑料废弃物资源化能源化利用比例大幅提升。2021 年 1 月起，市场上的可降解的塑料袋慢慢出现在大众视野，其中用量最多的是 PLA 可降解塑料袋。

PLA 的特性包括较高的透明度、光泽性和透气性，高模量，完全折叠性和缠结保持力，低温热封性和易开性，优异的柔韧性，高平整度和较好阻隔性能等，可替代 PS、PP、丙烯腈(ABS)等石化塑料[3]。通过熔融挤出、注塑、吹塑、发泡及真空成型等不同的加工方式，可将 PLA 制备成各种形状的产品，如食品容器(瓶子、托盘等)、薄膜、热收缩包装、透气包装、保香性包装、购物袋、垃圾袋等，主要用于食品包装领域[4,5]。例如，市场上很多糖果包装都采用 PLA 包装薄膜。这种包装薄膜的外观和使用性能与传统糖果包装薄膜相近，具有高透明性和优异的阻隔性，能更好地保留糖果的香味。PLA 目前用作有机沙拉、生菜、酸奶杯、冰淇淋等货架期较短的食品的包装，其复合材料也被用于瓶装水和酸奶的包装中，这些容器已达到了德国和欧盟其他国家的相关标准[6]。

除了具有优良的机械性能，PLA 还具有优异的抗菌性能，可用于水果和蔬菜的软包装。Niu 等[7]在 PLA 中加入改性过的纤维素(R - CNF)制得 PLA 膜，随后在膜上涂覆壳聚糖(CHT)，制备了抗菌食品包装用双层复合膜(R - CNF/PLA/CHT 复合膜)，实验结果表明 R - CNF/PLA/CHT 复合膜具有良好的抗菌性能。Fathima 等[8]研究发现 PLA 薄膜具有良好的抗菌作用，可以延长印度白虾在冷藏环境下的保质期。

PLA 与聚对苯二甲酸乙二酯(PET)和定向拉伸聚苯乙烯(PS)具有相似的物理及力学性能，还可通过吹塑方法制成包装瓶或饮料瓶等制品。目前，欧美等国家与地区已经开发并应用了以 PLA 为原料的包装材料，2000 年德国 Danone 集团首次将 PLA 材料用在商业有机酸奶杯的包装材料中，瑞士 McDonald's 公司也已经使用 PLA 材料包装新鲜沙拉。巴斯夫已生产出含有 45 wt%PLA 的可生物降解产品——Ecovio®，用于制造运输袋、可堆肥罐头内衬。此外，美国 Wal-Mart 公司自 2005 年起已经在草莓与豆芽的包装盒上使用 PLA 材料。2010 年意大利 PolenghiLAS 公司于欧盟区域内首次在瓶装柠檬汁上使用了 PLA 吹塑瓶[9]。

在食品包装领域中，聚乳酸由于具有安全无毒、可降解、透明性好等优点，可用于食品包装袋、保鲜膜、餐盒和餐具等。但由于聚乳酸的耐热性较差、耐磨性差，所以只适合在室温下使用或一次性产品，与此同时，缓慢的降解速度也是在处置包装薄膜等日用商品中存在的难题[10,11]，这些对于聚乳酸在包装领域广泛应用带来了巨大挑战。

2. 聚羟基脂肪酸酯在食品包装的应用研究

PHA家族是一类可生物降解的热塑性聚酯，其中常见的有聚-3羟基丁酸酯(PHB)、聚羟基戊酸酯(PHV)以及3-羟基丁酸酯和3-羟基戊酸酯的共聚物(PHBV)。PHA可由近300种微生物合成，真氧产碱杆菌(*Rlastonia eutropha*)为工业化生产PHA的微生物代表之一，可在自身体内积累达细胞干重90%以上的PHB。PHA具有较高CO_2和O_2阻隔性，所以较适用于新鲜食材的保鲜包装，如生肉、水果、净菜等鲜品。

PHA具有优异的成膜性能和印刷性能，它单独或与合成塑料或淀粉组合均可得到性能优良的食品包装薄膜，因此更适合商业用途。全球主要PHA基商品制造商包括宁波天安生物材料有限公司、Meridian(美国佐治亚州班布里奇)和Kaneka公司(日本)。

目前，很多PHA被用作高油食品、冷冻食品和有机食品的包装。Bucci等检验了食品包装使用PHB塑料的可能性，他们通过注射工艺将PHB用于制造包装，并通过尺寸测试(尺寸、容积容量、重量和厚度)和机械测试(动态压缩和抗冲击性)进行评估，与相同格式的PP(聚丙烯)包装进行比较。结果显示，在强度检测中，PHB的变形值要比PP的低50%，显现出较强的脆性。在耐高低温性能方面，PHB材料在高温下比PP材料好，低温时则PP材料较好。另外，采用PHB材料作为包装的人造黄油、蛋黄酱和奶油干酪的产品感官评价值在5%的水平上没有显著差异[12]。Levkane等[13]研究了巴氏杀菌对传统包装(PE、PP)和生物基包装(PLA、PHB)的肉类沙拉的影响，结果发现PHB薄膜可成功用于包装此类食品。Haugaard等[14]发现，与高密度聚乙烯(HDPE)相比，用PHB包装的橙汁模拟物和调味品会产生相同的质量变化，这意味着PHB在商业果汁和其他酸性饮料、调味品以及其他脂肪食品包装领域具有极大的应用潜力。

据www.ptonline.com报道，Danimer Scientific的所有生物聚合物，包括Nodax PHA，均已获得FDA的食品接触许可。Nodax PHA可在厌氧土壤、淡水和海洋环境中进行生物降解，并且是100%生物基的，生命周期短(图7-2)，另外用PHA制备的瓶子也具有良好的生物降解性(图7-3)，它还拥有7项TUV Austria认证以及工业和家庭可堆肥性声明，该公司在2020年11月宣布Danimer Scientific和Eagle饮料生产的可生物降解的吸管可用于快餐厅，这些吸管在2021年初提供给Eagle Beverage的QSR客户购买，说明PHA在包装行业，尤其是食品包装中具有潜在的应用前景。

但是，PHA的实际应用性却因其成本较高、生物合成出的产品质量不稳定、脆性较高和机械性能较差的缺陷受到了限制，特别是以PHB为代表，其结晶度可高达80%。所以，解决PHB的脆性问题是使得PHB应用于包装材料的重点：一方面可加入成核剂来加速结晶；另一方面可加入增塑剂来阻止结晶，从而达到提高产品柔韧性和断裂伸长率

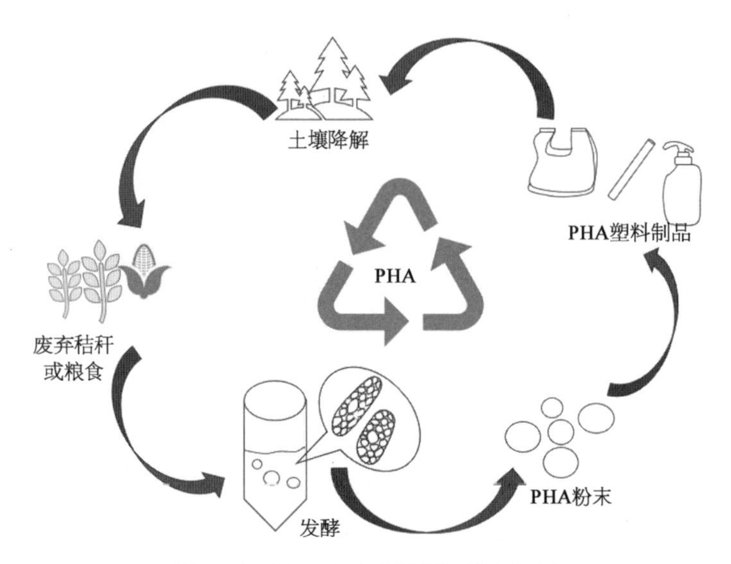

图 7－2　PHA 全生命降解周期示意图

图 7－3　用 PHA 制备的杯子和包装瓶[15]

的目的。为了使 PHA 能够应用于塑料行业，ICI(Imperial Chemical Industries)公司通过使分子主链结晶受阻合成了 Biopol，即 3－羟基丁酸和 3－羟基戊酸以任意比共聚的高分子 PHBV，其结晶度的降低是由于其分子链的规整性降低，因此，PHBV 是热成型和制造柔性生物塑料的理想选择。

3. 聚丁内酰胺在食品包装的应用研究

聚酰胺无毒无味，由于分子间氢键密度高，阻隔性好，能阻止 O_2 进入包装、防止水分和香气逸失，可用作食品和饮料包装。聚酰胺薄膜相对于其他通用塑料薄膜(如 PE 和 PP)，具有很好的 O_2 阻隔性、穿刺强度和撕裂强度、耐高温性能和印刷性能等诸多优势，同时相对于乙烯-乙烯醇共聚物(EVOH)、聚偏二氯乙烯(PVDC)等阻隔性材料，具有符合环保要求的优势。此外，聚酰胺薄膜还具有较高的透明度和安全性。但在实际应用中，很少直接使用单层聚酰胺薄膜，这是因为单层聚酰胺薄膜的热封性差、成本相对较高。此外,聚酰胺具有良好的力学性能和挤出加工性能,还可用作单层膜或多层膜中的阻隔层膜,作为多层膜的聚酰胺芯膜能提高多层膜的力学性能和阻隔性,例如,高阻隔层压线性低密度聚乙烯(LLDPE)-聚酰胺-乙烯-乙烯醇-聚酰胺- LLDPE 和中等阻隔层压 LLDPE -聚酰胺- LLDPE 等组合,以满足各种包装要求。

预计未来几年,在包装材料领域,全球聚酰胺的需求将以 4%的速率增长。主要用于食品的软包装,特别适用于油腻性食品和高温蒸煮食品的包装。作为聚酰胺家族中的聚丁内酰胺(PA4),其具有高强度、耐磨性和生物相容性等特点,并可在活性淤泥、海水和人体内降解,在食品包装方面具有极大的应用潜力。张添添等[16]以生物基 PA4 为主体,通过与具有抗菌和抗氧化功能的壳聚糖进行共混,采用流延法制备了一种可降解的 PA4 肠衣膜,结果显示,PA4 肠衣膜抗菌性能为 3.13[lg(CFU/ cm^2)],抗菌性能良好,在 4℃贮藏条件下,PA4 肠衣膜包装的猪肉香肠贮存期为 28 天,综合性能明显优于市售胶原蛋白肠衣。

4. 聚丁二酸丁二醇酯在食品包装的应用研究

聚丁二酸丁二醇酯(PBS)玻璃化转变温度远低于室温,具有良好的熔融加工能力和出色的机械性能,与广泛使用的聚乙烯(PE)和聚丙烯(PP)非常接近。20 世纪 90 年代,日本昭和公司以 PBS 为原料生产的商品名为 Bionole,可以用来制作各种包装材料。与聚己内酯(PCL)、PHA 等降解塑料相比,PBS 具有价格低廉、综合性能优异等特点;而与价格接近的 PLA 相比,PBS 又具有加工方便,可在普通塑料加工设备上直接加工,加工窗口较大,耐热性能好的特点,其热变形温度可以超过 100℃。但是高分子量的 PBS 脆性较大,断裂伸长率非常低,而使用扩链剂异氰酸酯能显著改善其伸长率[17]。刘孟禹等将 PBAT 和 PBS 共混后,经双螺杆挤出流延机组制备了共混膜,结果显示 PBAT 的加入降低了 PBS 的结晶度,增强了 PBS 薄膜的柔韧性,共混物的最大断裂伸长率达到 832.1%[18]。目前,将 PBAT 和 PBS 共混制备气调包装薄膜已有报道,PBS/PBAT 薄膜良好的气体透过性使得包装袋内的 CO_2 和 O_2 的浓度始终稳定在适宜保鲜樱桃番茄的范围内,有效地抑制了樱桃番茄的腐败变质,维持了其较好的感官品质和营养价值[19]。在这些可完全降解的脂肪族聚酯中,PBS 因成本相对较低和加工性能优异,成为最具有产业化前景的通用型降解塑料之一。

7.1.2 日用品包装

日用品包装材料是塑料行业的一大重要应用,其产品包括包装盒、包装瓶与塑料袋等。近年来不可降解塑料造成的“白色污染”问题日益严峻,因此可降解包装材料的开发与应用逐渐成为研究重点。随着可持续经济的发展,绿色包装不断取代传统包装。通过将 PLA 与其他聚合物混合加工的方式,包装的性能不断提高,因其具备良好的生物降解性、无毒安全、高透气性、高抗拉强度和优良的透明性等优势,通过真空成型和气压成型的方式,PLA 可被加工成各种薄膜制品,应用在保鲜膜、购物袋和真空包装等包装材料领域内,且目前包装领域是 PLA 的最大应用市场。PLA 可应用注射、挤出与吹塑等方法制备成各种类型的包装材料,与其他通用塑料相比,PLA 不仅具有生物降解性,还具有较高的透明性、良好的阻隔性与优异的力学强度与加工性能[6,20]。

PHA 不仅具有热塑性,还具有良好的生物可降解性,能完全被微生物降解为羟基脂肪酸,几乎不会造成环境污染,是一种新型的优良低碳环保材料,有望代替石化塑料,广泛用于制造购物袋、日化产品包装、器皿、女性卫生用品、包装袋等许多一次性用品,可减少对石化等不可再生资源的依赖,减少固体垃圾对环境的污染破坏。最早把 PHA 材料作为生物可降解塑料的商品是英国 ICI 公司,以 PHBV 为原料生产的商品名为 Biopol 的洗发水瓶成功投入德国市场,后被 Metabolix 公司收购了此产品的专利权和生产技术权。PHBV 已被多家公司,包括 Biomers、ADM、P&G、Metabolix、ICI、Biocycle 等开发为包装材料。2009 年资生堂中国在其瓶装洗发水上首次应用了 PHA 和高密度聚乙烯(HDPE)的复合材料。但是由于 PHA 产率低、纯化程序昂贵、商业化应用受限,在低附加值的日用品包装领域所占市场份额较少。

7.1.3 汽车领域

随着原料和加工技术的发展,生物基材料耐用品被开发出来,越来越多的生物基可降解材料在汽车内饰领域也展现出应用的潜力。PLA 由于脆性较大,抗冲击能力弱,所以用天然纤维来增强 PLA 的机械性能是一种较好的改进方法,纤维麻、苎麻、洋麻、稻草、焦麻、木材、椰壳纤维、黄麻、剑麻、竹、稻壳、油棕和亚麻等是较多用于 PLA 增强改性的天然纤维。有研究者用碱和硅烷处理后苎麻纤维增强 PLA,研究发现苎麻/PLA 复合材料比 PLA 具有更高的储能模量,且复合材料的拉伸、冲击和弯曲强度都比未改性的 PLA 有所提高,另外,经过苎麻纤维处理后的苎麻/PLA 复合材料热分解温度也有所提高[21]。此外,GMA 等[22]用热压成型的方式制备了平纹黄麻织物/PLA 复合材料,结果表明,复合材料平均拉伸强度、拉伸模量、弯曲强度、弯曲模量和冲击强度分别提高了约 103%、211%、95.2%、42.4%和 85.9%,这说明将天然纤维加入 PLA 中这一方法能够很好地提高 PLA 的整体性能。Ejaz 等[23]用热压模压的成型方式制作了 PLA/亚麻、PLA/黄麻和 PLA 样品/亚麻/黄麻(混合复合材料),研究结果显示,当单纤维添加量为 40%时,PLA 复合材料的拉伸性能最好,抗冲击性能也有所提高。以玄武岩纤维(BF)为增强材料,通过增强 PLA 拉伸力学性能使其满足汽车非金属产品的力学性能要求。为了增加两者之间的相互作用力,有研究者使用了硅烷偶联剂 KH550,KH550 分子的一端与 BF 表面的羟基反应形成化学键,而分子另一端的氨基与 PLA 分子的末端羟基或末端羧基反应形成化学键,进而提高了 BF/PLA 复合材料的拉伸强度[24]。2003 年,沙江子[25]报道日本 Toray 公司将 PLA 纤维(ECODEAR)制成了汽车内饰件,并已经正式生产。该公司正在开发用 PLA 纤维制备的车门、车座、轮圈、天棚和其他汽车内饰件,并尝试在备用轮胎盖中添加天然纤维红麻,目前已经向丰田汽车供应了备用轮胎盖和地毯。以上结果证明了聚乳酸复合材料可作为石油基材料的替代品应用到汽车产品研发中。

PLA 是一种相当脆的材料，其断裂伸长率较小、熔体强度差、热弯温度低和热稳定性差等[26]这些缺点使得 PLA 不宜加工和注射成型，在工业方面的应用存在一定的局限，其中，低韧性特性限制了其在许多需要在较高应力水平下发生塑性变形的工业应用中的使用。所以，解决 PLA 的不足并拓宽其使用范围与规模，仍然是当前科研工作者们的研究方向。

7.2　生物基材料在农业领域的应用

在农业中大量消耗不可降解塑料的后果是与废物管理不善相关的非环境污染不断增加。很多废弃的聚合物材料大多被焚烧，其中有很大一部分被留在田地或掩埋在地下，这将导致自然环境的退化，并且被占用的土地长期得不到恢复，影响土地的可持续利用。目前只有少部分的聚合物废弃物被回收，由于该过程具有高成本和劳动密集型的特性，从田间收集聚合物废弃物需要大量的工作，因此需要相当大的财政支出。生物基可降解材料在农业领域有着特殊的优势，尤其是在我国这样一个农业大国，农用地膜就是一个显著的例子。使用后的生物基可降解地膜在农业生产结束后，可以直接将地膜犁入地里，并非清理后再回收，切实提高了运营的经济性。

一般的塑料在自然界自行降解回归自然循环需要经历几十年甚至上百年的时间。而可降解的生物基材料可以在一年甚至几个月里降解掉，并且这些塑料可以利用微生物和酶的作用进行堆肥处理，肥料可以用于庄稼的生长，从而实现资源的最大化循环和利用。不易回收的生物基可降解材料可在太阳辐射、O_2、H_2O 和微生物的作用下降解，产物为无毒无害的小分子物质，不会留下有害残留物质。本节主要介绍了生物基可降解材料在种植业、林业和渔业等方面的具体应用。

7.2.1　在种植业领域的应用

地膜覆盖技术可提高作物产量，减少除草剂及杀虫剂的使用，还具有保湿、保肥等重要作用，已成为农业生产中的重要手段，因此被大面积推广使用。塑料地膜的广泛使用带来了许多环境问题，因为普通塑料需数百年才能降解，同时还伴随着大量有害物质的溶出。残留塑料地膜阻碍了土壤中水、气、肥之间的流动，造成土壤结构板结化，阻碍根系吸收水肥，降低土壤肥力并引起次生盐碱化，对农业生产和生态环境的可持续发展造成严重影响。农用地膜造成的土壤危害等已成为全球性的困扰，农业生产中，大量废弃的地膜等塑料制品破坏土壤结构、危害作物生长发育，严重影响土壤微生态系统平衡。近年来，生物基可降解塑料成为解决该问题的研究热点。

为了改善农作物的生长环境与提高农作物产量，地膜覆盖技术被广泛应用于农业生产领域。此外，目前地膜大多为聚乙烯材料，去除聚乙烯地膜的过程非常耗时（约 16 小时/公顷），且回收使用完聚乙烯地膜的过程非常复杂，即使在现代农业机器的辅助下，整个回收处理过程仍然需要大量人工，从而使得整个回收过程面临巨大的费用成本。虽然花费巨大,但是依然不能完全回收所有的废弃地膜,然而聚乙烯地膜在自然条件下无法降解又很难回收利用,常见的处理方式主要为掩埋或焚烧,这不仅是对资源的浪费,也给环境带来了污染。而生物基可降解材料地膜不仅保留了传统地膜抑制杂草、增温保墒等功能,而且还彻底解决了地膜使用后的回收与处理问题[27,28]。

PLA 可应用在地膜、滴灌管、温室大棚覆膜、农药化肥缓释材料等方面。任祥等[29]在甘肃定西干旱地区应用 PLA 地膜研究了其对燕麦产量和水分利用效率的影响,发现在土壤贮水量方面,PLA 地膜优于土垄,而土垄优于平作,覆盖 PLA 地膜燕麦的水分利用效率和籽粒产量比平作分别提高了 14%和 4%。杨林等[30]研究了 PLA 地膜对茶菊抑草效果和产量的影响,发现覆盖 PLA 膜在苗期相对抑草率为 52.2%,产量可增加 16.9%。Zhang 等[31]研究了 PE、PLA/PHA、淀粉-聚酯混合物与纤维素基地膜在土壤中的力学性能和降解行为,结果发现在土壤风化作用下淀粉-聚酯混合物和纤维素基地膜的力学性能显著下降,而 PLA/PHA 地膜仍具有与 PE 地膜相近的力学性能。PLA 农用地膜已有产品进入生产阶段,如巴斯夫公司扩大 PLA 生产线,研发出了 EcovioF 地膜(PLA 和 Ecoflex 可降解聚酯的混合物)[32]。此外,可降解地膜的相关研究发现,PLA/PBAT 覆盖物可在 3 个月内被降解,且作物的生物量损失仅为 5%左右[33]。在农业生产中,应用农用地膜可提高土壤温度、抑制杂草生长,但大规模废弃地膜会造成严重的土壤污染问题。而使用 PLA 为原材料制成的可降解农膜可减少环境和土壤污染。

PHA 和 PLA 等材料由于具有生物可降解性能,且降解时间可人为控制,已被作为缓释载体和环境修复材料应用于农业生产中。PHA 还可制成生化肥料、除草剂、杀虫剂的缓释载体,可使药效缓慢地释放,维持药效长久性,更利于农作物的生长[34]。从环境中去除污染物被称为环境修复或生物修复。在修复的过程中常常需要添加吸附剂,例如活性炭、沸石和聚合物。可生物降解的聚合物,例如 PCL、PBS、PHBV 和 PLA 具有环境修复的潜力[35]。这些聚合物通过吸收来自任何受污染系统的污染物(吸收机制)或通过向微生物供应碳和能量以促进反硝化机制起作用。由于其可作为原料使用且价格相对较低,因此目前很多研究都集中在 PLA 及其他可生物降解的聚合物在环境修复中的可能用途。但是,与其他可降解的聚合物(如 PCL)相比,PLA 对微生物活性的抵抗力更高[36]。在缓释载体应用方面,游胜勇等以 PLA - PEG 共聚物为壁材,通过复相乳液法制备出了缓释肥料[37]。也有研究者以 PLA 为壁材制备甲维盐缓释微球,结果表明其缓释性能明显[38]。此外,PLA、PHB 因具有良好的机械性能,可用于制作可降解育苗钵、育苗托盘等。

7.2.2 在林业领域的应用

在林业中,生物基可降解材料可用于果实保护套、堆肥袋、捆扎绳等。Bilck 等以热塑性淀粉和 PBAT 为原料,制成了淀粉基套袋以用于番石榴的生长。同时与 PP 无纺布套袋进行对比发现,该可降解塑料套袋的使用不会影响番石榴的品质[39]。中国科学院西北生态环境资源研究院敦煌戈壁荒漠生态与环境研究站/沙漠与沙漠化重点实验室以

PLA 为主要原料，首次编织成用于固沙的网格结构制品，通过立柱固定于沙面，形成类似于半隐蔽麦草沙障的 PLA 网格沙障，用以探索在高原极端环境下（透风率 20%～49%），PLA 网格沙障的使用寿命和防沙效果。结果表明，PLA 网格沙障不仅耐辐射、耐老化，且防沙效果好，植被前期、中期、后期的生长情况如图 7-4 所示，经 90 多天，沙障内的植被生长良好，因此，PLA 网格沙障可成为严酷气候环境下替代草方格的一种新型沙障[40]。

图 7-4　聚乳酸沙障的固沙效果（见彩插）[40]

(a) 固沙前的沙丘地貌；(b) 植被初期生长情况；(c) 植被中期生长情况；(d) 植被后期生长情况。

7.2.3　在渔业领域的应用

我国是水产养殖大国，尤其是改革开放后，为鼓励养殖渔业的发展，国家大力调整渔业发展政策，把水产养殖作为全国渔业发展的重点。2019 年全国的水产品产量为 6 480.36 万 t，其中，养殖产量为 5 079.07 万 t，占总产量的 78.38%[41]。

在渔业中，生物基可降解材料可用于钓鱼线、捕鱼网等。渔网材料主要包括聚乙烯和尼龙，90%以上结实耐用的渔网是用合成纤维加工而成的。尼龙是一种耐腐蚀、难降解的高分子材料，这些渔网过了使用年限后会造成很大的环保问题。同时，因捕鱼或养殖而被制造出来的渔具在废弃后不仅成为污染海洋环境的垃圾，也成了威胁海洋生物的“杀手”。有组织地将海洋回收的废弃渔网循环再利用是一个解决方法，但其涉及范围广，将渔网打捞回收的人工成本较大，且难度较高，回收利用程度低，回收过程复杂，不能从源头上解决问题。而 PA4 具有较高的强度、良好的耐磨性、耐冲击性、柔软性和合适的断裂伸长率，作为尼龙家族中的一员，在活性淤泥和海洋中具有可降解性，故将在渔业领域具有较好的应用前景。

7.3 生物基材料在医学领域的应用

近年来，临床上已经从用永久性植入材料替换丢失或损坏的组织，转变为用可帮助身体自我修复的再生支架材料。正是这一现状激发了医疗工作者和相关科研人员开发可生物降解材料的兴趣。目前，大约 70%～80%的生物医学植入物是由金属材料制成的。与这些材料相关的一些问题是可能出现应力屏蔽和与其腐蚀相关的生物并发症。陶瓷基材料，特别是那些基于磷酸钙的材料，一般是肌肉骨骼、口腔和颌面等应用的首选材料。然而，它们的使用主要受限于其固有的脆性、断裂强度低和制造困难。

采用可生物降解的内固定材料代替金属材料，可以避免应力屏蔽和二次取出的缺点。可降解内固定材料可稳定固定骨折，是理想的骨科内固定材料。天然可生物降解聚合物具有优良的生物相容性，但机械强度较差。合成生物降解材料可以人工调节降解速率，具有较好的机械强度，但在生物相容性方面存在不足。复合材料可以取长补短，因此，相对于前两种材料，它们具有明显的优势。用于生物医学应用的聚合物可以是可生物降解的或不可生物降解的，这取决于它们在植入生物系统时进行降解的能力。具有碳碳主链的聚合物对降解具有很强的抵抗力，而酯、酸酐、酰胺等形式的杂原子的存在使它们易于降解，可以避免组织愈合后手术移除植入物时的疼痛和感染，减少致癌性或其他由于腐蚀引起的生物效应。这些因素都会降低治疗的成本和患者的发病率。本节主要介绍了生物基可降解材料在人工支架、可吸收手术缝合线、骨钉、药物控制缓释载体、医用敷料等医用领域方面的应用。

7.3.1 组织工程支架

组织工程是一门发展中的科学技术，可用于改善多种临床情况，包括脊柱融合、关节置换、骨折不愈合和骨病理性丢失等。组织工程学是将具有特定生物学活性的组织细胞与生物材料相结合，在体外或体内构建组织和器官，以维持、修复、再生或改善损伤组织和器官功能的一门科学。组织工程的四要素主要包括种子细胞、生物材料、细胞扩增以及体内移植，其中，生物材料支架需要为细胞提供一个拥有充足营养和条件适宜的生长分化环境。以 PLA、PHA 等为代表的生物基材料具有优良的生物相容性、良好的力学特性、可塑性强和可调可控的降解性能,契合作为组织工程支架材料的要求。

PLA由于其生物可吸收性和生物相容性被广泛应用于组织工程支架材料[42]。可结合3D打印和静电纺丝构建人工椎间盘(IVD)复合支架,该支架是以PLA为框架结构,多孔聚(L-丙交酯)/八臂多面体低聚倍半硅氧烷[PLLA/POSS-(PLLA)8]纤维束制作纤维环(AF)制作而成,测试结果表明,该复合支架的结构和力学性能可以和天然体外诊断支架相媲美,另外,该支架的孔隙率和力学性能可以通过3D模型设计进行调节,说明了以PLA为基体通过3D打印的复合仿生IVD支架可以个性化地用于修复和再生[43]。使用静电纺丝技术制备的PLLA/3D微纤维支架已被应用于骨修复,利用3D打印制备的PLLA/羟基磷灰石和PLLA/羟基磷灰石/丝绸复合材料表现出接近原始骨组织的机械性能和良好的生物活性[44]。Timashev等[45]采用双光子聚合技术制备了聚乳酸骨再生支架(SSL支架),该支架能够为骨缺损患者提供骨髓间充质干细胞体外基因分化和形成体内新生骨时所需的微环境。

PHA因其良好的生物可降解性、组织相容性、较强的可塑性和表面可修饰性,在组织工程领域是非常理想的细胞支架材料。目前,已成功地在动物体内培育出了组织工程化的关节及气管软骨等,可代替人体缺失的组织或器官。Boeree等[46]研究了这种复合材料的特性,发现PHB可以刺激新骨的生成,羟基磷灰石和骨组织具有较好的亲和作用,二者复合后通过调节成分比例的不同,可以制成不同强度的骨修复材料。岳鹏举等[47]在PHBV支架上黏附软骨细胞,经体外培养28天,将其植入损伤的兔膝关节软骨部位,30天可形成与兔膝关节接合良好的表面平滑的膝关节软骨样结构,且无排斥现象发生。利用PHA加工成管状支撑培养内皮细胞,新血管形成后,支架被完全降解,可达到修复损伤组织的目的[48]。史培良[49]将新西兰兔的骨髓基质细胞注入PHB泡沫材料中,植入裸鼠背部皮下8周后,形成了大量的新骨组织。

7.3.2　可吸收手术缝合线

在用于植入人体的生物材料中,缝合线是用量最大的材料,每年有超过13亿美元的巨大市场。随着20世纪70年代初合成可吸收聚合物聚乙醇酸(PGA)的发展,可吸收聚合物缝合线开启了新的篇章。可吸收缝合线,指的是在手术缝合当中,缝合线植入人体组织后,能被人体降解吸收,并且不用拆线,而为免除拆线痛苦的一类新型缝合材料,可广泛应用于妇科、产科、外科、整形外科、泌尿外科、小儿科、口腔科、耳鼻喉科、眼科等手术和皮内软组织的缝合。根据缝合材料的可吸收程度,可吸收缝合线可分为羊肠线、高分子化学合成线和纯天然胶原蛋白缝合线。相比于其他两类天然的可吸收手术缝合线,生物基可降解高分子材料缝合线具有原料来源广泛、适合大批量生产、成本低,以及强度长期维持较高等优点。

1. PLA在可吸收手术缝合线领域的应用研究

PLA是一种具有优良的生物相容性和可生物降解的聚合物,经FDA批准可用作医用手术缝合线。据李孝红等[50]报道,PLA 在体内代谢的最终产物是 CO_2和 H_2O,中间产物乳酸也是体内糖代谢的正常产物,所以不会在重要器官聚集。聚乳酸及其共聚物作外科缝合线,在伤口愈合后自动降解并吸收,无须进行拆线处理。丙交酯具有 3 个光学异构体,即 L-丙交酯、D-丙交酯和 DL-丙交酯,PLA 可分为聚左旋乳酸(PLLA)、聚右旋乳酸(PDLA)和聚外消旋乳酸(PDLLA)3 个不同的种类。PLLA 和 PDLA 由于分子链排列较规整而具有较高的结晶度,而 PDLLA 是无定型材料,机械性能较差,因此后者的降解速率较快,PDLA 很少单独使用[51]。PLLA 因其良好的机械性能和更高的拉伸强度较适合于手术缝合线,在 20 世纪 60 年代就有 PLLA 作为手术缝合线的相关报道。

自 1962 年,美国 Cyanamid 公司推出首款聚乳酸手术缝合线以来,聚乳酸基可吸收缝合线的相关研究飞速发展,目前仍存在不少问题限制着这一体系产品的性能[52]。1975 年,聚乳酸-羟基乙酸共聚物(PLGA)(LA∶GA=90∶10)开始作为手术缝合线投入市场。目前通过合成更高分子量 PLA 并改进加工工艺以提升缝线的机械强度,并采用共聚、共混或接枝等方式进一步调控 PLLA 纤维力学性能和降解速率。与 PHBV 相比,PLA 更容易降解和结晶。He 等[53]将 PHBV 和 PLA 共混合制备了多丝纤维(图 7-5),使用 PHBV/PLA 多丝纤维作为医用缝合线植入大鼠体内,相比于羊肠线,PHBV/PLA 纤维的炎症反应较小,且具有较好的细胞亲和力,降解速率较小,因此,PHBV/PLA 多丝纤维具有作为手术缝合线的潜力。此外,为了提高生物学活性及抗菌消炎等功能,共混或掺杂药物也是研究者们重点研究关注的几种方式[54]。

2. 聚羟基脂肪酸酯在可吸收手术缝合线领域的应用研究

聚羟基脂肪酸酯具有良好的热塑性和弹性强度,由于其来自微生物发酵产物,可降低在植入过程中慢性免疫反应和细胞毒害的发生。PHB 和 PHBV 具有很好的生物相容性,将 PHB 和 PHB/PHV(PHBV)制作的手术缝合线植入肌肉组织中,切片观察结果显示,除了短期的术后反应外,聚羟基脂肪酸酯缝线的品质、强度和炎症时间同植入蚕丝相似,产生的炎症反应比植入羊肠线时显著降低很多,这表明 PHB 和 PHBV 相较于羊肠线在植入后会明显降低炎症的发生率。与此同时,PHBV 的纤维能够提供足够的机械强度来满足肌肉组织的要求[55,56]。Tepha 公司已经生产出了以聚羟基脂肪酸酯为原料的手术缝合线并获得了美国 FDA 的批准,其中由 P4HB 制成的 TephaFLEX ®缝合线是这些产品中应用最多的,在手术后无须拆线取出,可在人体内自然降解,为患者和医生提供了极大的便利。

3. 甲壳素在可吸收手术缝合线的应用研究

甲壳素(CS)具有生物相容性好、原料来源广泛、加工制造简便成本低、机械强度适中且体内环境稳定、具有抗菌消炎功能、可促进伤口愈合、消毒染色防腐处理简单等诸多优点[57]。20 世纪 70 年代起,以尤尼吉卡公司为代表的众多企业将可吸收手术缝合线原料的目光放在了资源丰富的 CS 上[58]。他们将高纯 CS 溶解于三氯乙酸等有机溶剂,利用湿法纺丝成型,通过调整溶剂和凝固剂改进纺丝和后处理工艺,制备出多种型号和性能

图 7-5　PHBV/PLA 手术缝合线[53]

的可吸收 CS 缝合线。

Goosen 等[59]研究表明，CS 缝合线在体内环境具有较好的耐受性。但与 PGA 等缝合线相比，其拉伸强度和耐酸腐蚀性能还存在一定欠缺，无法满足苛刻环境下高强度缝合的要求。为解决实际使用中的问题，苏秀榕等[60]利用甲壳素衍生产品壳聚糖制备了一种高性能手术缝线，体内实验表明，该材料无毒无害，在体内可保持较好的机械强度并且降解速率远高于作为对照的羊肠线。由于有关甲壳素和壳聚糖制备工艺、体内降解和免疫机制的研究尚未取得突破性进展，目前 CS 植入材料在临床上的运用还非常有限。此外，还有学者研究了海藻酸盐纤维在手术缝线中的应用，其为玫瑰糖醛酸和甘露糖醛酸组成的长链状共聚物，特殊的分子结构为海藻酸盐纤维提供了高吸收性、止血性和组织亲和性等良好的性能[61]。

7.3.3 骨钉

小到骨折治疗，大到开颅手术，都会用到起固定作用的骨钉。经过 20 年来对可生物降解金属材料的开发和加工的深入研究，镁基合金仍然是冶金实验室中，尤其是在骨科应用领域最受欢迎的研究对象。2019 年，中国科学院金属研究所与东莞宜安科技股份有限公司合作开发的可降解纯镁骨钉产品获得国家药品监督管理局的临床批件，成为我国第一个获得临床批件的可降解镁基金属Ⅲ类(植入类)医疗器械产品，意味着我国在该领域中的产品临床转化获得突破性进展。2021 年 6 月，空军军医大学西京医院利用本院自制可降解蚕丝螺钉，成功为一位股骨远端骨折的患者实施了内固定手术，这是世界上首款应用于人体手术固定的可降解医用蚕丝骨钉。

1. PLA 在骨钉领域的应用研究

在生物医药领域，人们一直在研究使用 PLA 材料代替金属医疗器械。相比于传统材料，PLA 具有无毒、无刺激、低免疫原性和生物降解性，且其降解产物乳酸对人体没有已知的毒性作用[62]。PLA 与生物活体组织接触后不会对其造成负面影响，相容性优良，除此以外，其水解后的产物羟基酸不会干扰组织愈合，且在局部组织中不会产生毒性或致癌作用，并可引入人体的三羧酸循环中，从体内排出[63]，PLA 材料在生物医学中可应用于骨钉、口腔材料可吸收骨固定植入物等方面[64,65]。在组织工程学的发展过程中，最开始采用的支架材料都是金属类材料，金属虽然具有良好的机械性能，但生物活性较差，而聚合物材料可以灵活设计不同组分和结构来达到预期性能，例如 PLLA/十八烷基胺-功能化纳米金刚石复合材料具有良好的生物相容性，并可抗血栓形成，在血管移植中有着广阔的应用前景。Ritz 等[66]分别测试了涂覆有胶原蛋白的 PLA3D 打印件的生物相容性，发现其内毒素污染水平明显低于 FDA 的限制，各类细胞在 PLA 的打印件上生长良好。力学强度较高的半晶型的 PLA 与玻璃纤维、聚乙醇酸、碳纤维、胶原蛋白、羟基磷灰石等其他聚合物或蛋白质结合，可应用于骨外科手术，如钢板、销钉、螺钉等[67-69]。

2. 聚羟基脂肪酸酯在骨钉领域的应用研究

聚羟基脂肪酸酯除了具有生物可降解性外，同时还具备优良的生物相容性，能够提供多种组织器官细胞生长的环境，且不具有致癌性，因此被大量应用于组织工程和医疗卫生领域。比如，PHB 具有良好的生物组织相容性，其单体 3-羟基丁酸在动物体内源性存在，在机体内可降解为 CO_2 和 H_2O，相比于其他聚酯类高分子材料，其释放的羟基酸单体引起的酸性和炎症反应较小。研究表明，血液中含有 0.3～1.3 mmol/L 浓度的 3-羟基丁酸，原核生物的细胞膜上存在低聚的 3-羟基丁酸，而这一现象几乎在真细菌、古细菌、植物和哺乳动物中都有发现[70]。因此，基于聚羟基脂肪酸酯材料的特性和优点，可将聚羟基脂肪酸酯材料制成骨修复材料与骨钉等骨内固定器械[71]。

7.3.4　药物控制缓释载体

油水两亲性聚合物制备的纳米颗粒通常具有可生物降解性和良好的生物相容性，因此引起药物缓控释领域学界的关注，越来越多的研究将其作为药物载体运用于肿瘤治疗。以 PLA 为代表的可降解聚合物，由于其可调的体内降解速度，在药物缓释领域的应用受到广泛关注，药物缓控释体系的构建保证了药物在体内长期维持在有效浓度，同时可消除或降低药物副作用，在体内植入或皮下注射领域有着优良的表现。

1. PLA 在药物控制缓释载体领域的应用研究

由于主链上大量酯键的存在，因此 PLA 是一种相对疏水的聚合物，导致其在体内环境使用时材料与细胞之间的亲和力较低[72]；此外，由于其缺乏足够的反应性侧链基团，纯 PLA 是一种相对化学惰性的聚合物，较难进行表面和本体改性。为解决聚乳酸高分子聚合物细胞亲和力低下及其较难改性带来的在药物传递方面的应用限制问题，研究者将 CS、聚乙二醇、聚多肽、聚丙烯酸类和聚氨酯等亲水物质链段引入疏水主链，合成 PLA 基两亲性共聚物，实现聚合物生物学性能改进。

聚乙二醇是一种常见的用作亲水链段改性 PLA 的物质。Ren 等[73]用生物素酰氯酯化改性的 PEG 与丙交酯共聚，通过纳米沉淀技术将共聚物制备成生物素化 PEG - PLA 纳米颗粒，并利用表面的生物素基团与转铁蛋白(Tf)和纳米颗粒偶联。将该负载蛋白的纳米颗粒注入 C6 胶质瘤荷瘤大鼠模型，脑切片的荧光显微镜观察结果直观地证明了 Tf 功能化的 PEG - PLA 纳米颗粒可以穿透进入体内肿瘤，流式细胞仪测量结果表明该纳米粒子在体外具有对肿瘤细胞的靶向能力。该生物素化的 PEG - PLA 纳米颗粒有望作为载体用于神经胶质瘤的药物靶向递送。

在治疗角膜疾病中，环孢素 A(CycA)这种药物可以通过免疫抑制、增加黏蛋白分泌水平等方式来治疗慢性干眼病，临床上长期用药安全，且不良反应较小。但是，作为脂溶性大分子肽类药物，CycA 因其不易溶于水而通常制成油性滴眼剂，这种油性滴眼剂因用量大而对患者的刺激性较大。而使用纳米颗粒(NPs)作为药物载体来控制包封物的释放，可以以较少的药用量靶向作用于眼部从而缓解这种刺激。因葡聚糖在其骨架上具有丰富的羟基，具有比 PEG 更高的羟基官能团密度，因此有研究者制备了聚(D,L -丙交酯)- b -葡聚糖(PLA - Dex)核壳结构的纳米颗粒，并在 Dex 表面进行了苯硼酸(PBA)的修饰，使得它可以在生理 pH 值下与眼部黏膜唾液酸的二醇基团形成复合物(图 7 - 6)。接着，借助疏水相互作用，在纳米颗粒的 PLA 内部疏水区域载入 CycA，这样，带有 CycA 的载体通过亲水外层的 PBA 可以进一步加强黏膜黏附，使得药物载体在角膜集中，从而延长药物在角膜表面的作用时间，有效改善干眼症状[74]。

γ -聚谷氨酸对人体无毒无害，且具有超强的亲水性，也可以取代 PEG 和 PLA 共聚制备两亲性嵌段共聚物。由于聚谷氨酸表面的氨基和羧基具有较强的反应活性，因此，Liang 等将半乳糖接在 γ -聚谷氨酸上，以半乳糖作为肝癌细胞的靶向分子，最终制得肝癌靶向性的纳米载体 Gal - P/NPs。与市售的紫杉醇制剂 Phyxol® 相比，用 Gal - P/NPs

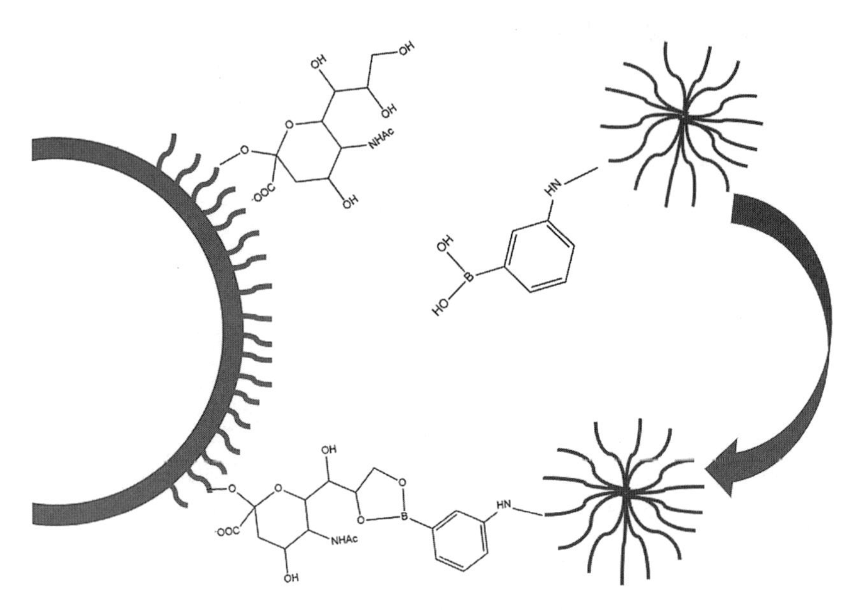

图 7-6 PBA 修饰的 PLA-b-dextran 纳米载体对视网膜细胞的特异性识别(见彩插)[74]

载有的紫杉醇抑制 HepG2 细胞生长的活性更加显著,注射包载有 Gal-P/NPs 的实验组能够更加有效地减小肿瘤大小,这说明以 PLA 为基体制备的具有肝癌特异性识别的 Gal-P/NPs 药物载体在靶向治疗肝癌方面具有极大的应用潜力[75]。

自组装聚酯胶束在药物缓释方面的应用受到众多关注,例如降解速度较快的非晶体 PLA 常被用作药物缓释辅料[76]。通过控制 PLA 载体的降解速度可实现药物的可控释放,保证药物长期维持在有效浓度,消除或降低副作用,尤其在体内植入或皮下注射领域有着优良的表现。Feng 等[77]制备了一种高效的抗肿瘤药物载体,以 4 臂乙二醇-(L-乳酸/聚 D-乳酸)-胆固醇嵌段共聚物(CSCM)和聚环糊精(PCD)为原料,在含有阿霉素(DOX)的水相中通过自组装制备了一系列聚乳酸立体复合胶束。该载药体系可进入肿瘤细胞内并持续释放 DOX,有望用于恶性肿瘤的治疗。陈鑫等[78]制备了负载紫杉醇、索拉非尼药物的聚(乳酸-羟基乙酸)微球,所得微球形态圆整,紫杉醇、索拉非尼在 37℃下体外环境缓慢释放,41 d 后药物释放率分别为 71.83%和 81.44%。

2. PHA 在药物控制缓释载体领域的应用研究

药物缓释系统的设计是一个具有广阔前景并且在快速发展的领域,除 PLA 基生物降解聚合物外,PHA 系列聚酯在药物包覆领域也已展开大量临床运用研究。在 20 世纪 90 年代初,PHA 因具有生物降解性和生物相容性就已作为药物载体的候选材料。利用 PHA 包覆药物后静脉注射或口服,通过使药物在体内逐渐释放,将患者血液或组织中的药物浓度控制在一个合适的范围,可延长药效,并使药效达到难以施药的部位。在生物体内,其最终可被降解为 CO_2 和 H_2O,不会对人体产生毒害。

PHA 可以以凝胶、微团、微球、纳米颗粒和多孔支架等多种形式进行载药,目前

PHB、PHBV和3-羟基丁酸酯和4-羟基丁酸酯的共聚物(P3HB4HB)等PHA共聚物均已被研究用来制备微纳米颗粒进行载药[48]。但是由于PHB的结晶度高达60%～90%，不易被生物体内的酶作用而降解，因此，共聚物P(HB-co-HV)因其较低的结晶度而在医疗领域有着更加广泛的应用。有研究者将抗生素舒巴坦钠-头孢哌酮整合到由聚(3-羟基丁酸-co-22 mol%-3-羟基戊酸酯)制成的载体中($1\times0.3\times0.3\ cm^3$，100 mg)，并植入人工感染金黄色葡萄球菌的兔胫骨。半个月后感染症状消退，1个月后几乎完全愈合[79]。Masood等通过乳化和溶剂蒸发方法制备了平均直径为200 nm的PVA/PHBV载药纳米颗粒，内含的药物为玫瑰树碱，可用于治疗肿瘤。相比于未载药颗粒，载药颗粒的平均直径略大。体外细胞毒性实验表明，未载药纳米颗粒只是充当安慰剂的作用，不仅没有影响肿瘤细胞的正常生长，而且还具有较好的生物相容性，从而不会干扰载药纳米颗粒和未包封药物结果之间的比较。结果表明，载有玫瑰树碱的PHBHV的纳米颗粒对肿瘤细胞的抑制作用甚至比未包封药物的抑制作用效果更好，这也说明了药物控制缓释载体可以提高药物的生物利用度[80]。

7.3.5　医用敷料

医用敷料，是用以覆盖伤口或其他创伤的医用材料。天然纱布是使用最早、最为广泛的一类敷料，但其不可降解和容易在创面粘连等问题限制了其在敷料运用上的进一步发展。而PLA、CS等生物基高分子材料，因具有良好的理化性能、生物活性，优异的生物相容性和生物降解性而在医用辅料应用研究领域备受关注。

1. PLA在医用敷料领域的应用研究

聚乳酸(PLA)纤维的模量介于聚酯和聚酰胺之间，具有较好的耐酸耐弱碱性，作为敷料使用时，接触药品广泛，且具有一定的延展性和舒适性。目前，包括纯PLA以及聚乳酸-聚乙二醇和聚(乳酸-乙醇酸)等改性聚乳酸在内的PLA基聚合物在伤口敷料的研究中备受关注。

PLA性能可调可控，可制备成无纺布、电纺纤维膜、凝胶微粒和纳米颗粒等多种敷料产品。日本Yagi等[81]将日本东丽工业公司无纺PLA布产品和传统纱布进行对比，研究两者用作伤口敷料时的表现。将两种敷料样品铺于小鼠的肝脏切面，结果显示由于PLA更细的纤维直径(≤1 μm)，PLA无纺布敷料更容易在伤口表面形成黏附，电镜下也观测到红细胞在PLA纤维上展现更好地黏附。此外，PLA敷料的平均止血时间和出血量分别仅为270 s和0.7 g，远优于普通纱布的495 s和2.1 g，表明该PLA无纺布产品可用作诸如肝脏微创手术等情形下的止血材料。Schneider等[82]将左旋乳酸-外消旋乳酸无规共聚物分别与肾上腺素(AD)和氨甲环酸(TA)止血剂进行混合，并通过静电纺丝制成轻薄柔软的纤维膜敷料。体外载药和释放实验结果显示，AD和TA在该敷料上的负载量可分别高达20 wt%和50 wt%，释放率分别为50%和85%。同时力学测试得出该敷料的拉伸强度可达14 MPa，更多的试验测试表明该敷料具有细胞毒性低、止血速度快等优点,适用于小创面手术的止血和难以固定场景的敷料使用。

利用多种生物活性材料复合或包覆 PLA 用于创伤修复也被临床证实是可行有效的。Lee 等[83]在电纺 PLA 纤维上包覆透明质酸-氯化铁混合物,制得一种凝胶微粒。该凝胶微粒可在外部磁场作用下像血小板一样,靶向聚集在出血位置,生成稳定的人工血栓,且可使血栓模量提高 300%、硬度提高 50%,起到类似纤维蛋白增加血栓强度的作用,从而有助于止血过程。美国 Lavik 等[84]通过黏附多肽包覆纯 PLA 聚合物合成了一种止血纳米颗粒,动物实验结果显示该颗粒快速止血可减少小鼠伤口出血量,提高小鼠存活率。此外,该纳米止血材料能够在高温条件下稳定保存,这些颗粒在 50℃的温度下储存 7 天仍能保持原有形貌,且在小鼠创伤修复实验中仍能高效止血,该止血材料有望在荒漠、战场等恶劣的储存和使用环境中运用。

除了纯 PLA 聚合物,PLA 共聚物也被广泛用于制造伤口敷料,如聚乙二醇(PEG)或聚乙醇酸(PGA)的引入可以有效提高聚乳酸的亲水性和组织黏附性。Phaechamud 等[85]将硫酸庆大霉素(GS)或甲硝唑(MZ)与聚合物共溶于二氯甲烷(DCM),通过玻璃板涂膜法制备了 PLLA/PEG 载药多孔膜,该膜料孔径约 20 μm,孔隙率约 50%。其中载 GS 多孔膜对金黄色葡萄球菌、奇异变形杆菌和绿脓杆菌有明显的抑制作用,而载 MZ 多孔膜对脆弱拟杆菌有抑制作用,并且两者抗菌活性均超过 7 天,该载药多孔膜有望运用于伤口的抗菌。此外,与 PLLA 相比,PLLA/PEG 载药多孔膜的结晶率、水氧透过率、降解速度和药物释放能力等性能都有明显提升。为防止术后出现肠粘连的现象,xia 等制备了三层屏障的伤口敷料,羧甲基壳聚糖(CMCS)海绵层中间夹着 PLGA/PLA-b-PEG 电纺层,前者起快速止血作用,后者主要是作为抗粘连材料。体内试验结果表明,该三层复合材料能够有效地降低腹膜内术后肠粘连的水平和发生率[86]。

2. 甲壳素在医用敷料领域的应用研究

甲壳素通过刺激血小板的黏附和聚集达到止血效果,这种功能来自其自身的高正电荷密度。用其为主要原料制备的伤口敷料具有抑菌、止血、良好的生物相容性、促进伤口愈合和组织生长等诸多优点。近年来,越来越多的 CS 基医用敷料被开发出来。

CS 敷料一般是由 CS、其他辅料或药物组成。在大鼠肝脏出血模型中,CS 海绵比凝胶海绵(GS)止血效果好且降解较快,说明 CS 止血性能优异,研究结果表明 CS 在脱乙酰度为 40%时具有较强的止血作用[87]。虽然 CS 具有一定的抗菌性能,但是不能够有效地抑制细菌的生长,因此,有很多研究都致力于提高 CS 的抗菌性能。其中,将能够抑制细菌生长的抗生素和 CS 共用制备医用敷料就是一种不错的选择,有研究人员制备了氨苄西林接枝壳聚糖(CSAP)海绵,该海绵经过细胞毒性实验验证,不仅具有良好的生物相容性,而且还能够加速伤口的愈合,增强了 CS 海绵的抗菌活性,能够显著地抑制金黄色葡萄球菌、白色念珠菌和大肠杆菌的生长。此外,还能减少抗生素的使用[88]。无独有偶,Ren 等[89]将 CS、丝素蛋白(SF)和载有广谱抗菌药二葡萄糖酸氯己定(CHD)的埃洛石纳米管(HNTs)通过静电纺丝技术成功制备了医用敷料,体外凝血实验结果表明,HNT 的加入能够加快凝血,而载药的 HNTs 能够将药物释放延长约 8 天。除了抗生素,金属纳米颗粒[90]也常作为一种添加物,如金属纳米粒子的加入会降低 CS 本身的抗菌性能,但由于金属螯合作用而提高了 CS 基敷料的整体抗菌性能。

CS 敷料作用的机理主要表现在促进伤口愈合、止血、吸湿保湿、镇痛和抑制瘢痕增生等,CS 敷料主要应用在皮肤表面的切口、烧烫伤和炎症处,目前相关生产企业有河南承东生物科技有限公司、湖北普爱药业有限公司、上海昌颌医药科技有限公司等。

7.4　生物基可降解纤维材料

2018 年,我国化学纤维的生产量达 5 011 万 t,其中合成纤维产量为 4 562.6 万 t,占世界化纤生产总量的 70%以上[91],这足以说明我国是一个化纤生产大国。涤纶、锦纶和腈纶等合成化纤不易降解,存在回收难的问题,无论是掩埋还是焚烧都将会对环境产生危害。而生物基可降解化学纤维作为有望缓解资源危机和环境污染的纤维新材料,以生物可降解高分子材料为原料,通过制备纺丝液、纺丝成型和后加工等一系列工序,所制备的产品不仅具有亲和舒适等优点,还具有生态环保等优势,对于实现我国可持续发展具有重要的意义。

化学纤维在生产过程中主要采用两大类纺丝方法:熔体纺丝(图 7-7)和溶液纺丝(图 7-8),其中溶液纺丝根据凝固方式的不同又可分为湿法纺丝和干法纺丝。生产企业往往会结合湿法纺丝和干法纺丝的优势采用干湿法纺丝的手段进行纺丝,这种纺丝方法特别适用于液晶聚合物的成型加工,因此又称液晶纺丝,目前采用这种方法生产的纤维有聚乳酸纤维、壳聚糖纤维和芳香族聚酰胺纤维等。

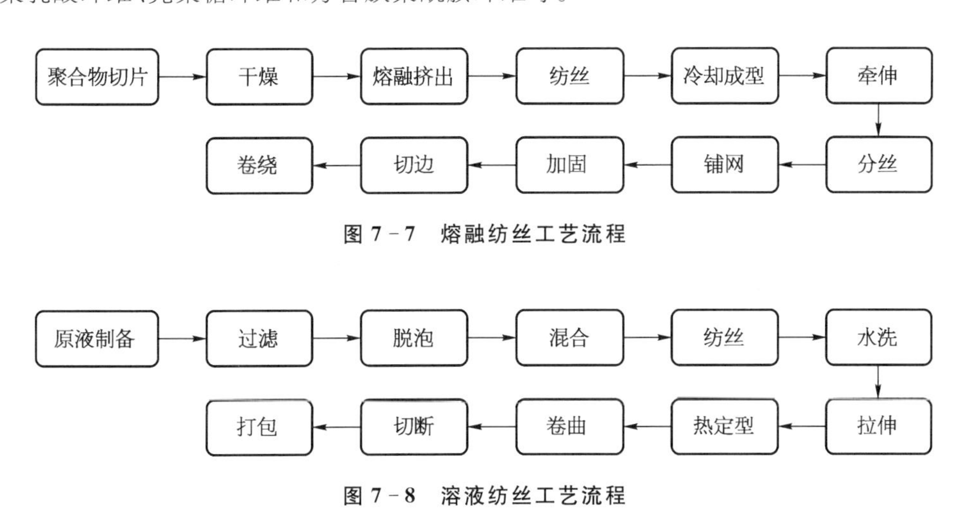

图 7-7　熔融纺丝工艺流程

图 7-8　溶液纺丝工艺流程

PLA 纤维的开发可追溯至 20 世纪 80 年代末,其开发由日本钟纺与岛津制作所共同合作完成,原料来自岛津制作所和 CDP 公司,并于 1995 年以商品名为“Lactron”投放市场。而我国于 2006 年才实现直纺 PLA 长丝的生产，其开发生产公司为常熟市长江化纤有限公司。2019 年，恒天长江生物有限公司建成了规模为 2 000 t/a 的连续聚合熔体直纺 PLA 长丝生产线。由于熔体直纺省去了切粒、干燥等程序，使得 PLA 纤维的生产成本大大降低，将是其未来发展的主要趋势。

目前，生产 PLA 纤维的纺丝工艺主要有熔体纺丝、湿法纺丝、干法纺丝以及干湿法纺丝，在生物基可降解材料中，仅 PLA 是可以大规模熔纺成具有足够强度的纺织纤维，几乎所有市售的 PLA 都是采用熔纺工艺制成的，因为该工艺不仅可以高速生产，而且环保经济。熔体纺丝也是目前研究和应用最多的 PLA 纤维制造方法。Ghosh 等探讨了不同纺丝速度和拉伸、热定型后处理方式对于 PLA 长丝形态的影响，结果显示，以 500 mm^{-1} 的纺丝速度生产的 PLA 几乎是无定形的，而 1 850 mm^{-1} 的速度下纺出来的丝的结晶度为 6%，经过拉伸和热定型处理后，PLA 长丝的结晶度比初纺丝的结晶度提高约 60%[92]。所以，影响 PLA 纤维力学性能的主要因素为熔体拉伸比、固态拉伸比和拉伸温度。另外，PLA 熔纺法最关键的问题之一是降解，在粉碎、纺丝和纺丝后操作过程中可能发生降解，所涉及的降解类型包括热水解、解聚和环状低聚、分子间和分子内酯交换。因此，为了防止主链上的酯键因 H_2O 分子裂解、解聚，在进行熔融纺丝之前必须对 PLA 进行充分干燥。

通过熔融纺丝制成 PLA 纤维制品，在纺织品领域有广泛应用。PLA 纤维的物理机械性能也十分出色，其纤维的性能比较如表 7-1 所示。基于 PLA 具有良好的抗菌性能和吸湿性能，Biovation® 开发了以 PLA 为原料的一次性抗菌擦拭布，PLA 纤维制品还可以作为毛巾和卫生棉等日用品的候选材料。此外，由于 PLA 具有吸湿排汗特性和优良的透气性，非常适合用作服装制作的材料，所以常与其他天然纤维或者合成纤维进行混纺，以用于内衣和运动服装面料，当制作成夹克时具有较高的回弹性，PLA 的耐洗涤能力已符合美国纺织化学家和染色师协会(AATCC)的标准。PLA 纤维有良好的抗紫外线性能、阻燃性、保持性和抗皱性，也可用于家用纺织物，如窗帘、地毯、床上用品等[93]。

表 7-1　聚乳酸纤维与常用纤维的性能比较[94]

纤维种类	尼龙 6	涤纶	腈纶	聚乳酸	黏胶纤维	棉花	真丝	羊毛
熔点(℃)	215	255	320*	130～170	—*	—+	—+	—+
强度(g/d)	5.5	6	44	6	2.5	44	44	1.6
吸湿(%)	4.1	0.2～0.4	1.0～2.0	0.4～0.6	11	7.5	10	14～18
比重	1.14	1.39	1.18	1.25	1.52	1.52	1.34	1.31
限氧指数数(%)	20～24	20～22	18	26	17～19	17	—	24～25
燃烧热(MJ/kg)	31	25～30	31	19	17	17	—	21
折射指数	1.52	1.54	1.5	1.35～1.45	1.52	1.53	1.54	1.54

*：腈纶和黏胶纤维在熔融时分解；+：棉花、真丝和羊毛分解而不熔融；—：无相关数据。

目前PHA纤维的制备方法主要有静电纺丝、熔融纺丝和干法纺丝。PHA对温度比较敏感，热加工时易分解，所以，其纤维生产的主要技术手段是静电纺丝，主要应用在医疗领域，如支架和医用缝纫线。PHA纤维加工生产的难题是[95]：纯PHA的结晶度高，柔韧性差，机械性能；成本高，染料可及度小；纺丝速度低，高倍拉伸不易实现。挤压成型PHA纤维一般应用于烟用过滤丝束、非织造布，以及汽车地毯的面纱等产品中。医用纺织品使用的生物基聚酯PHA主要是P4HB、P3HB4HB、PHA4400等。医用纤维的品种有PHA非卷曲短纤维和医用单丝，产品已在整形修复、再生医学、手术网和组织工程等方面使用[96]。

CS纤维是以来自虾蟹壳以及其他节肢动物外壳中的CS为主要原料，经溶解、凝固、拉伸等纺丝工艺制备的结构紧密和性能优异的生物质再生纤维，其强度一般为0.97～2.73cN/dtex。常见的CS的生产工艺有湿法纺丝、干湿法纺丝、静电纺丝以及液晶纺丝，其中湿法纺丝是工业生产中最常见的制备CS纤维的方法。我国的代表企业是海斯摩尔生物科技有限公司，该公司是全球集CS纤维研发、生产、加工和销售于一体的领军企业，并在2012年率先实现了千吨级纯CS纤维产业化生产。CS纤维制成的面料，经过整理后柔软舒适、有弹性，同时具有抗菌作用。目前，该公司已向市场推出了抗菌袜子、内衣、内裤、文胸、毛巾、床单、卫生巾等纺织用品，并远销海外十几个国家和地区，受到消费者的青睐。

与其他可生物降解聚酯材料如PLA、PHA相比，PBS价格低廉，具有良好的物理机械性能、耐热性和易加工成型等特点。但是，PBS由于分子量分布较宽、热稳定性较差、熔体强度低、可纺性差，限制了其在纤维领域的应用和开发。目前，绍兴九洲化纤有限公司有PBS熔融纺丝的专利报道，但PBS纤维的开发尚处于起步阶段，至今仍未产业化。顾晶君[97]在实验室制备了PBS初生纤维，但无法进行后牵伸。周邓飞[98]采用熔融缩聚法合成PBS后进行熔纺，结果表明，将温度控制在240～260℃、速度为2 000～2 400 m/min时，纺丝效果较好；另外，拉伸温度在90℃以下、拉伸速度在50 m/min以内、拉伸倍数在1.7倍以内时，纤维的热应力较小，拉伸顺利。

7.5　结语

由于生物基可降解材料具有优良的生物降解性能和生物相容性，对生态环境友好，所以，它们主要应用在生命周期较短和附加值较高的包装领域、纤维领域和医用领域。相比于目前市售的石油基材料，生物基可降解材料的发展较晚，开发工艺较不成熟，目前正处于产业化初期阶段，实际的有效产能有限，导致价格较高，且分别存在以下问题，如PLA脆性较大、PHA阻隔性能较差、PHA机械性能和耐热性差、PBS机械性能较差、PA4成本较高和尺寸稳定性差等，从而限制了这些生物基可降解材料的应用和推广。

生物基可降解材料可以从生物质可再生资源处获取原料，减少了对石油资源的依赖，并且在生物基可降解材料生产和使用的全生命周期中，对环境造成的压力远远小于不可降解材料。随着一次性不可降解塑料禁止出售政策和可降解塑料的推广政策的实施，在未来，我国可降解塑料的需求将持续增加。随着人口压力的增大和不可再生资源的减少，人们的环保意识也日益增强，生物基可降解材料的改性和开发技术也日趋成熟，更多经济、高效和科学的技术手段也在实施中。部分生物基可降解材料，如 PLA 已经能够充分满足人们生活和医用的需求，所以，生物基可降解材料将在包装、农业、医用、纤维等领域中有很大的发展和应用。

参考文献

[1] 产业信息网. https://www.chyxx.com/industry/202010/901791.html, 2020.

[2] European plastics. https://www.european-bioplastics.org/market/.

[3] 黄铄涵. Corbion：用于挤出、热成型、注塑及纤维纺丝的生物基 PLA 树脂. 国际纺织导报，2016，44(7)：14.

[4] 佟毅. 新型生物基材料聚乳酸产业发展现状与趋势. 中国粮食经济，2019，8：49－53.

[5] Tripathi N, Monika, Katiyar V. Poly(lactic acid)/modified gum arabic based bionanocomposite films: Thermal degradation kinetics. Polym Eng Sci, 2017, 57(11): 1193－1206.

[6] 侯哲. 聚乳酸可降解塑料食品包装研究进展及其设计应用. 塑料科技，2018，46(6)：131－134.

[7] Niu X, Liu Y, Song Y, et al. Rosin modified cellulose nanofiber as a reinforcing and co-antimicrobial agents in polylactic acid/chitosan composite film for food packaging. Carbohydr Polym, 2018, 183: 102－109.

[8] Fathima P E, Panda S K, Ashraf P M, et al. Polylactic acid/chitosan films for packaging of Indian white prawn (Fenneropenaeus indicus). Int J Biol Macromol, 2018, 117: 1002－1010.

[9] Castro-Aguirre E, Iniguez-Franco F, Samsudin H, et al. Poly(lactic acid)-Mass production, processing, industrial applications, and end of life. Adv Drug Del Rev, 2016, 107: 333－366.

[10] Rydz J, Sikorska W, Kyulavska M, et al. Polyester-based (bio) degradable polymers as environmentally friendly materials for sustainable development. Int J Mol Sci, 2014, 16(1): 564－596.

[11] Castro-Aguirre E, Iniguez-Franco F, Samsudin H, et al. Poly(lactic acid)—Mass production, processing, industrial applications, and end of life. Adv Drug Del Rev, 2016, 107: 333－366.

[12] Bucci D Z, Tavares L, Sell I. PHB packaging for the storage of food products. Polym Test, 2005, 24(5): 564－571.

[13] Levkane V, Muizniece-Brasava S, Dukalska L. Pasteurization effect to quality of salad with meat in mayonnaise. Foodbalt, 2008, 1: 69－73.

[14] Haugaard V, Danielsen B, Bertelsen G. Impact of polylactate and poly (hydroxybutyrate) on food quality. Eur Food Res Technol, 2003, 216(3): 233－240.

[15] Mehrpouya M, Vahabi H, Barletla M, et al. Additive manufacturing of polyhydroxyalkanoates (PHAs) biopolymers: Materials, printing techniques, and applications. Mater Sci Eng C, 2021,

127: 112216.
[16] 张添添,陈启明,赵黎明,等. 生物基聚丁内酰胺肠衣膜的性能分析. 食品科学,2021,42(3): 236-242.
[17] Fabbri M, Gigli M, Gamberini R, et al. Hydrolysable PBS-based poly(ester urethane)s thermoplastic elastomers. Polym Degrad Stab, 2014, 108(oct.): 223-231.
[18] 刘孟禹,王莉梅,宋志鑫,等. PBS/PBAT 共混薄膜的热学、力学及阻隔性能研究. 塑料科技, 2019,47(4): 41-47.
[19] 刘孟禹,钱玉娇,张敏欢,等. 改性 PBS 薄膜对樱桃番茄的自发气调保鲜效果. 食品工业,2019,40(8): 169-174.
[20] 段瑞侠,刘文涛,陈金周,等. 包装用聚乳酸的改性研究进展. 包装工程,2019,40(5): 109-116.
[21] Tao Y, Jie R, Li S, et al. Effect of fiber surface-treatments on the properties of poly(lactic acid)/ramie composites. Compos Part A Appl Sci Manuf, 2010, 41(4): 499-505.
[22] Khan G, Terano M, Gafur M A, et al. Studies on the mechanical properties of woven jute fabric reinforced poly(l-lactic acid) composites. J King Saud Univ Eng Sci, 2016, 28(1): 69-74.
[23] Ejaz M, Azad M M, Ur A, et al. Mechanical and biodegradable properties of jute/flax reinforced PLA composites. Fiber Polym, 2020, 21(11): 2635-2641.
[24] Liu S Q, Wu G H, Yu J J, et al. Surface modification of basalt fiber (BF) for improving compatibilities between BF and poly lactic acid (PLA) matrix. Compos Interface, 2019, 26(4): 275-290.
[25] 沙江子. 玉米可作汽车内装部件. 世界发明,2003,12: 20.
[26] Auras R, Lim L T, Selke S, et al. Poly(lactic acid): Synthesis, Structures, Properties, Processing, and Applications. John Wiley & Sons, 2011.
[27] 丁茜,余佳,蒋馨漫,等. 生物降解地膜材料的研究进展. 工程塑料应用,2019,47(12): 150-153.
[28] 余旺,王朝云,易永健,等. 国内生物降解地膜研究进展. 塑料科技,2019,47(12): 156-165.
[29] 任祥,王琦,张恩和,等. 覆盖材料和沟垄比对燕麦产量和水分利用效率的影响. 中国生态农业学报,2014,22(8): 945-954.
[30] 杨林,朱莉,李琳,等. 覆盖可生物降解地膜对茶菊抑草效果及生长的影响. 山西农业科学,2018, 46(4): 623-626,633.
[31] Zhang L, Sintim H Y, Bary A I, et al. Interaction of Lumbricus terrestris with macroscopic polyethylene and biodegradable plastic mulch. Sci Total Environ, 2018, 635: 1600-1608.
[32] 李驰宇. 生物可降解聚乳酸共混物造农用地膜. 国外塑料,2012,30(5): 64.
[33] Touchaleaume F, Martin-Closas L, Angellier-Coussy H, et al. Performance and environmental impact of biodegradable polymers as agricultural mulching films. Chemosphere, 2016, 144: 433-439.
[34] Kadouri D, Jurkevitch E, Okon Y, et al. Ecological and agricultural significance of bacterial polyhydroxyalkanoates. Crit Rev Microbiol, 2005, 31(2): 55-67.
[35] Perego G, Cella G D. Poly(lactic acid): synthesis, structures, properties, processing, and applications. Poly(Lactic Acid), 2010.

[36] Caruso G. Plastic degrading microorganisms as a tool for bioremediation of plastic contamination in aquatic environments. J Pollut Eff Cont, 2015, 3(3): 1 - 2.

[37] 游胜勇,戴润英,陈衍华,等. 复相乳液法制备可降解的缓释微胶囊肥料. 江苏农业科学,2015,43(11): 418 - 421.

[38] 朱欣妍,尹明明,陈福良. 甲维盐聚乳酸微球缓释性能及室内毒力的初步测定. 农药,2013,52(9): 653 - 655.

[39] Bilck A P, Roberto S R, Grossmann M V E, et al. Efficacy of some biodegradable films as pre-harvest covering material for guava. Sci Hortic, 2011, 130(1): 341 - 343.

[40] 屈建军,洪贤良,李芳,等. 聚乳酸(PLA)网格沙障耐老化性能及防沙效果. 中国沙漠,2021,41(2): 51 - 58.

[41] 本刊讯. 2019 年全国渔业经济统计公报. 中国水产,2020,(7): 2 - 3.

[42] Lin M, Firoozi N, Tsai C-T, et al. 3D-printed flexible polymer stents for potential applications in inoperable esophageal malignancies. Acta Biomater, 2019, 83: 119 - 129.

[43] Zhu M, Tan J, Liu L, et al. Construction of biomimetic artificial intervertebral disc scaffold via 3D printing and electrospinning. Mater Sci Eng C, 2021, 128: 112310.

[44] Zhang H, Fang J, Ge H, et al. Thermal, mechanical, and rheological properties of polylactide/poly(1,2-propylene glycol adipate). Polym Eng Sci, 2013, 53(1): 112 - 118.

[45] Timashev P, Kuznetsova D, Koroleva A, et al. Novel biodegradable star-shaped polylactide scaffolds for bone regeneration fabricated by two-photon polymerization. Nanomedicine, 2016, 11(9): 1041 - 1053.

[46] Boeree N R, Dove J, Cooper J J, et al. Development of a degradable composite for orthopaedic use: mechanical evaluation of an hydroxyapatite-polyhydroxybutyrate composite material. Biomaterials, 1993, 14(10): 793 - 796.

[47] 岳鹏举,赵建宁,何志伟,等. 聚羟基丁酸酯-羟基戊酸酯支架复合同种异体软骨细胞修复关节软骨缺损的实验研究. 医学研究生学报,2009,22(1): 20 - 23.

[48] 尹进,车雪梅,陈国强. 聚羟基脂肪酸酯的研究进展. 生物工程学报,2016,6: 726 - 737.

[49] 史培良,胡平,顾晓明,等. 聚羟基丁酸酯与骨髓基质细胞构建组织工程骨的实验研究. 解放军医学杂志,2001,26(4): 244 - 245.

[50] 李孝红,袁明龙,熊成东,等. 聚乳酸及其共聚物的合成和在生物医学上的应用. 高分子通报,1999,(1): 24 - 32.

[51] Middleton J C, Tipton A J. Synthetic biodegradable polymers as orthopedic devices. Biomaterials, 2000, 21(23): 2335 - 2346.

[52] 李良,李国明. 聚乳酸的合成现状及在生物医学领域中的应用. 安徽化工,2001,(6): 15 - 18.

[53] He Y, Hu Z, Ren M, et al. Evaluation of PHBHHx and PHBV/PLA fibers used as medical structures. J Mater Sci Mater Med, 2014, 25(2): 561 - 571.

[54] 史铁钧,董智贤. 聚乳酸的性能,合成方法及应用. 化工新型材料,2001,29(5): 13 - 16.

[55] Volova T, Shishatskaya E, Sevastianov V, et al. Results of biomedical investigations of PHB and PHB/PHV fibers. Biochem Eng J, 2003, 16(2): 125 - 133.

[56] Shishatskaya E I, Volova T G, Puzyr A P, et al. Tissue response to the implantation of biodegradable polyhydroxyalkanoate sutures. J Mater Sci Mater Med, 2004, 15(6): 719 - 728.
[57] 吴清基,刘世英,张敏. 甲壳质缝合线的制备及研究. 中国纺织大学学报,1998,(5): 18 - 22.
[58] 胡巧玲,张中明,王晓丽,等. 可吸收型甲壳素、壳聚糖生物医用植入材料的研究进展. 功能高分子学报,2003,16(2): 293 - 298.
[59] Goosen M F A. Applications of chitin and chitosans. Lancaster PA, 1997: 297.
[60] 苏秀榕,李太武,曾名勇. 用壳聚糖制备可吸收性手术缝合线的研究. 辽宁师范大学学报(自然科学版),1996,19(4): 321 - 329.
[61] 刘永莲,陈兵. 缝合材料及其临床应用. 中国医疗器械杂志,2001,25(2): 99.
[62] Singhvi M S, Zinjarde S S, Gokhale D V. Polymmactic acid (PLA): synthesis and biomedical applications. J Appl Microbiol, 2019, 127(6): 1612 - 1626.
[63] Tokiwa Y, Calabia B P. Biodegradability and biodegradation of poly(lactide). Appl Microbiol Biotechnol, 2006, 72(2): 244 - 251.
[64] Sakaguchi M, Kobayashi S. Effect of extrusion drawing and twist-orientation on mechanical properties of self-reinforced poly(lactic acid) screws. Adv Compos Mater, 2016, 25(5): 443 - 456.
[65] Kanno T, Sukegawa S, Furuki Y, et al. Overview of innovative advances in bioresorbable plate systems for oral and maxillofacial surgery. Jpn Dent Sci Rev, 2018, 54(3): 127 - 138.
[66] Ritz U, Gerke R, Goetz H, et al. A new bone substitute developed from 3d-prints of polylactide (pla) loaded with collagen i: An in vitro study. Int J Mol Sci, 2017, 18(12): 2569 - 2569.
[67] Hamad, K. Properties and medical applications of polylactic acid: A review. Express Polym Lett, 2015, 9(5): 435 - 455.
[68] Serra T, Mateostimoneda M A, Planell J A, et al. 3D printed PLA-based scaffolds: a versatile tool in regenerative medicine. Organogenesis, 2013, 9(4): 239.
[69] Liu A, Xue G H, Sun M, et al. 3D printing surgical implants at the clinic: A experimental study on anterior cruciate ligament reconstruction. Sci Rep, 2016, 6(1): 1 - 13.
[70] 陈国强,魏岱旭. 微生物聚羟基脂肪酸酯. 北京: 化学工业出版社,2014.
[71] Xu X Y, Li X T, Peng S W, et al. The behaviour of neural stem cells on polyhydroxyalkanoate nanofiber scaffolds. Biomaterials, 2010, 31(14): 3967 - 3975.
[72] Burg K, Holder W D, Culberson C R, et al. Parameters affecting cellular adhesion to polylactide films. J Biomater Sci, Polym Ed, 1999, 10(2): 147 - 161.
[73] Ren W, Chang J, Yan C, et al. Development of transferrin functionalized poly(ethylene glycol)/poly(lactic acid) amphiphilic block copolymeric micelles as a potential delivery system targeting brain glioma. J Mater Sci, 2010, 21(9): 2673 - 2681.
[74] Liu S, Jones L, Gu F X. Development of mucoadhesive drug delivery system using phenylboronic acid functionalized poly(D, L-lactide)-b-dextran nanoparticles. Macromol Biosci, 2012, 12(12): 1622 - 1626.
[75] Liang H F, Chen C T, Chen S C, et al. Paclitaxel-loaded poly(gamma-glutamic acid)-poly

(lactide) nanoparticles as a targeted drug delivery system for the treatment of liver cancer. Biomaterials, 2006, 27(9): 2051 - 2059.

[76] Peres C, Matos A I, Conniot J, et al. Poly(lactic acid)- based particulate systems are promising tools for immune modulation. Acta Biomater, 2017, 48: 41 - 57.

[77] Feng X-R, Ding J-X, Gref R, et al. Poly(beta-cyclodextrin)-mediated polylactide-cholesterol stereocomplex micelles for controlled drug delivery. Chinese J Polym Sci, 2017, 35(6): 693 - 699.

[78] 陈鑫,李翔,罗晓健,等. 紫杉醇-索拉非尼-聚乳酸-羟基乙酸载药栓塞微球的制备及体外释药特性研究. 中国药房,2019,30(10): 1327 - 1333.

[79] Yagmurlu M F, Korkusuz F, Gürsel I, et al. Sulbactam-cefoperazone polyhydroxybutyrate-co-hydroxyvalerate (PHBV) local antibiotic delivery system: In vivo effectiveness and biocompatibility in the treatment of implant-related experimental osteomyelitis. J Biomed Mater Res, 1999, 46(4): 494 - 503.

[80] Masood F, Chen P, Yasin T, et al. Encapsulation of Ellipticine in poly-(3-hydroxybutyrate-co-3-hydroxyvalerate) based nanoparticles and its in vitro application. Mater Sci Eng C, 2013, 33(3): 1054 - 1060.

[81] Wakabayashi T, Yagi H, Tajima K, et al. Efficacy of new polylactic acid nonwoven fabric as a hemostatic agent in a rat liver resection model. Surg Innov, 2019, 26(3): 312 - 320.

[82] Wyrwa R, Otto K, Voigt S, et al. Electrospun mucosal wound dressings containing styptics for bleeding control. Mater Sci Eng C, 2018, 93: 419 - 428.

[83] Birajdar M S, Halake K S, Lee J. Blood-clotting mimetic behavior of biocompatible microgels. J Ind Eng Chem, 2018, 63: 117 - 123.

[84] Lashof-Sullivan M, Holland M, Groynom R, et al. Hemostatic nanoparticles improve survival following blunt trauma even after 1 week incubation at 50 degrees C. ACS Biomater Sci Eng, 2016, 2(3): 385.

[85] Chitrattha S, Phaechamud T. Porous poly (DL-lactic acid) matrix film with antimicrobial activities for wound dressing application. Mater Sci Eng C, 2016, 58: 1122 - 1130.

[86] Xia Q, Liu Z, Wang C, et al. A biodegradable trilayered barrier membrane composed of sponge and electrospun layers: hemostasis and antiadhesion. Biomacromolecules, 2015, 16(9): 3083 - 3092.

[87] Huang X, Sun Y, Nie J, et al. Using absorbable chitosan hemostatic sponges as a promising surgical dressing. Int J Biol Macromol, 2015, 75: 322 - 329.

[88] Wu J, Su C, Lei J, et al. Green and facile preparation of chitosan sponges as potential wound dressings. ACS Sustain Chem Eng, 2018, 6(7): 9145 - 9152.

[89] Ren X, Xu Z, Wang L, et al. Silk fibroin/chitosan/halloysite composite medical dressing with antibacterial and rapid haemostatic properties. Mater Res Express, 2019, 6(12): 125409.

[90] Chakraborty P, Ghosh M, Schnaider L, et al. Composite of Peptide-supramolecular Polymer and Covalent Polymer Comprises a New Multifunctional, Bio-Inspired Soft Material. Macromol Rapid

Commun, 2019, 40(18): 1900175.

[91] 中国化学纤维工业协会. 2018 年中国化纤经济形势分析与预测. 北京: 中国纺织大学出版社, 2018.

[92] Ghosh S, Vasanthan N. Structure development of poly(L-lactic acid) fibers processed at various spinning conditions. J App Polym Sci, 2010, 101(2): 1210 - 1216.

[93] 谭震. 聚乳酸纤维混纺纱及其织物的力学性能研究. 青岛: 青岛大学,2008.

[94] 何虹. 环保生物降解型聚乳酸(PLA)纤维. 天津纺织科技,2005,43(2): 11 - 17.

[95] 郭静,相恒学,王倩倩. 聚羟基脂肪酸酯成纤技术的研究进展. 合成纤维工业,2010,33(4): 46 - 49.

[96] 芦长椿. 生物基聚酯及其纤维的技术发展现状. 纺织导报,2013,(2): 35 - 40.

[97] 顾晶君. 生物降解性聚酯聚丁二酸丁二醇酯(PBS)和聚对苯二甲酸—共—丁二酸丁二醇酯(PBST)的性能研究和纤维制备. 上海: 东华大学,2007.

[98] 周邓飞. 可生物降解 PBS 的合成及纤维制备. 杭州: 浙江理工大学,2016.

第8章

智能化生物基可降解材料

智能化材料是继天然材料、合成高分子材料、人工设计材料之后的第四代材料，具有智能的特点，是现代高技术新材料发展的重要方向之一，将支撑未来高技术的发展，使传统意义下的功能材料和结构材料之间的界线逐渐消失，实现结构功能化和功能多样化。有科学家预言，智能化材料的研制和大规模应用将导致材料科学发展的重大革命。而生物基可降解材料对未来新型环保材料世界的构成具有举足轻重的影响，两种"身怀绝技"的材料的结合将受到未来科研工作者们的青睐。本章归纳了目前生物基智能化材料的研究进展。

8.1 形状记忆材料

形状记忆材料的定义为：可以记住其原始形状，通过编程设计可以获得一个或多个临时的形状，当受到外界环境的刺激时，可以自发地从临时变形恢复到原始形状的材料。作为对比，形状记忆聚合物一般定义为：在一定的条件下具有一定初始形状的聚合物材料，当改变其初始形状完毕并固定外形后，通过外界条件的刺激，又可以恢复到其初始形状的一类高分子材料(图 8-1)。在本节，我们以最近研究较多且较为新颖的形状记忆生

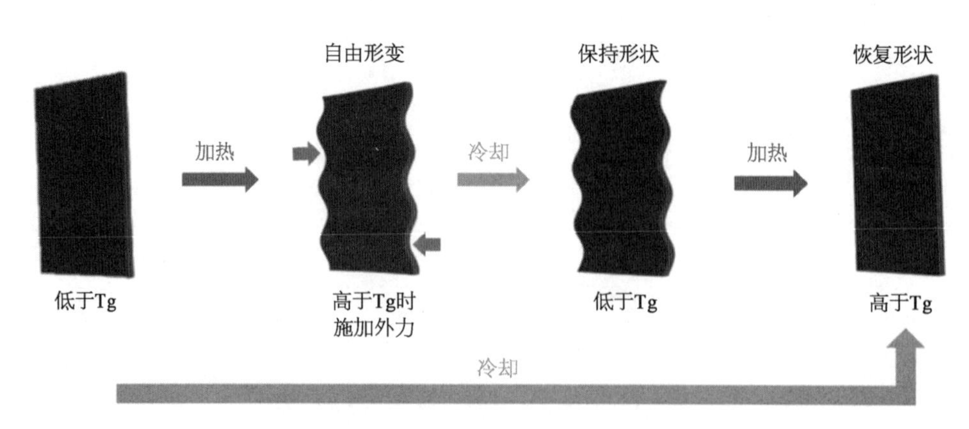

图 8-1　形状记忆聚合物的形状记忆机理分子模型示意图(见彩插)

物基可降解高分子材料为核心而展开。

如图8-1所示，形状记忆的原理主要分为4个步骤：① 聚合物材料成型冷却后形状记忆；② 在外力作用或者是其他因素如光照、热量的刺激下，非晶态部分因为橡胶弹体而产生自由形变；③ 在Tg(玻璃化转变温度)下冷却成型；④ 在自由形态中，通过加热升温高于Tg的手段以恢复形状。

作为一种生物基可降解材料，聚乳酸力学性能优良，具有很好的生物相容性与可降解性。如何将聚乳酸的优异特性和智能化材料的先进性结合起来是研究者们目前的关注点。鲁玺丽等[1]将聚ε-己内酯引入PLA中合成双组分共聚物，从而得到具有形状记忆功能的智能先进的共聚复合材料。聚ε-己内酯的增加使形状回复率变大，固定率减小，在组成物质相同的聚合物中，其相对分子量的增加提高了形状记忆功能。在调整材料的组成与结构后，能得到形状回复率和形状固定率较高的共聚复合材料，将在未来先进医疗方面具有优良的应用蓝图。张伟、唐文珺等[2,3]的研究课题是在低温下把聚乳酸和聚酰胺弹性体混合后获得形状记忆性能，且可在此前材料进行高弹性形变，然后研究其形状记忆机理和其冷变形条件下的性能。该团队的研究结果显示，弹性体的增加会降低复合材料的回复率，而在应变量减小后，材料的回复率与拉伸强度回复率均有相对增加。除此之外，他们最终研制得到了具有高形状回复力和较高回复速度的产品，可以在回复率没有变化的状态下缩短回复时间。姜继森等[4]制备了PLLA/聚乙醇酸共聚体，并深入探讨了其组成与记忆性能和力学性能之间的关系。此项工作表明组成比例为4∶1的聚合物材料具有最好的记忆性能。马艳等[5]将三枝化低不饱和度聚环氧丙烷/聚乳酸两嵌段共聚物作为原料，通过甲苯二异氰酸酯交联得到了具有降解性能的聚环氧丙烷/聚乳酸基聚氨酯。通过调整结构后得到具有低模量且高断裂伸长率的PLLA-PU材料，形变温度为96～153℃。另外，这种固定率为65%～100%，回复率为100%的先进材料在140℃温度下的回复时间远小于20 s，且韧性良好、可降解。Bertmer等[6]用紫外交联的方法制得了聚乳酸-乙二醇共聚物材料。具体的方法是：在90℃的熔融态中，将乳酸-乙二醇预聚物在光强为120 W/cm^{2}的紫外线下，照射25 min后制备得到有共价交联网络结构的聚乳酸-乙二醇共聚物材料，该材料具有非常突出的形状记忆功能。

Min等[7]首先将聚己内酯(PCL)和乙交酯共聚在一起，然后使用1,6-己烷二异氰酸酯(HDI)对材料进行耦合处理，制备出具有热塑性的共聚物。在此之后，通过精准地调整材料的组成和链段长度得到的材料记忆性能十分优异，其形状回复率和固定率都在90%以上。在改变降解所需时间的同时，能精确控制物理机械等方面的性能。zheng和zhou[8-10]探究了可降解聚-D乳酸以及聚L-乳酸和无机材料的复合对形状记忆行为的影响。使用PLA和β-磷酸三钙等材料复合制备获得了形状回复率为95%的形状记忆性能材料。Nagate等[11]将含有肉桂酸和己二酰氯基团的混合材料加入PCL/PLA共聚物中，得到三嵌段共聚化合物，这种材料的记忆效应好，回复率高达100%。值得注意的是，在后续研究中，他们将这种聚合物放入磷酸盐缓冲溶液里进行降解性能验证实验时发现，在 27 天以后，材料质量剩余 10%，说明该材料的降解性很好。除此之外，这种三嵌段共聚化合物具有生物相容性好、降解性好，以及玻璃化转变温度低的特质。郑志超等[12]以聚乳酸为原材料，通过物理共混的方式，以 PBS、PCL、PBS+PEG 为改性材料，以 Fe_3O_4 为掺杂材料，成功制备了驱动效果良好的形状记忆聚乳酸和具有磁驱动功能的形状记忆聚乳酸。

8.2 刺激响应生物基可降解材料

如今，越来越多的研究投入集中在刺激响应聚合物或智能聚合物上，这些聚合物逐渐取代了传统的聚合物材料并在各个领域的不同方向得到大量的应用[13]。当暴露于包括光、温度、酸碱度、离子强度、机械力(如压缩、拉伸和剪切)、生物分子和磁场或电场在内的外部或内部刺激时，刺激响应性聚合物将相应地发生结构和其他物理化学性质的改变，其多种性质，如润湿性、吸光度、颜色、磁性等也会发生变化(图 8-2)[14-21]。刺激响应性材料在一些生物基可降解材料中也有着广泛的应用，下面将按照响应分类来介绍这些生物基材料的应用概况。

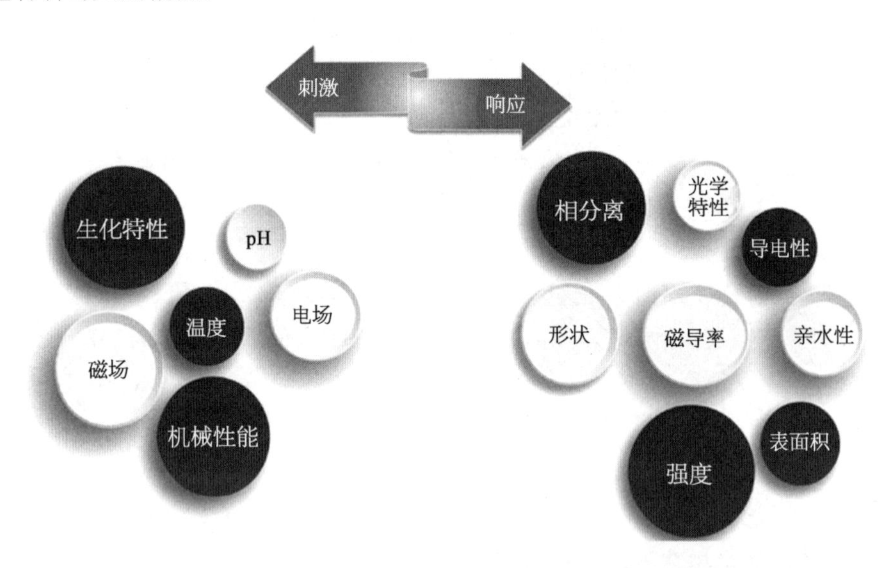

图 8-2 潜在聚合物的刺激方式对应响应变化示意图(见彩插)

近年来，人们对生物基或天然聚合物的化学改性越来越感兴趣，可获得的单体种类繁多，改性方法也日新月异。这为生物基聚合材料朝着智能化方向发展提供了更多的可能性。目前已经有不少的生物基可降解聚合材料可以对外部刺激作出反应，通过将生物基聚合物与其他材料结合，可获得具有生物相容性、可降解性、无毒等卓越性能的转型复合材料。生物基可降解聚合物在刺激响应方向的应用主要分以下几个方面。

8.2.1　智能药物输送系统

药物输送是指将药物精准地输送到人体内目标部位以达到治疗疾病的方法。药物输送系统是指综合调节药物在空间和时间上的分布以及药物在生物体内的剂量，以获得所需的浓度，同时保持药物在必要的时间内的效果水平，达到提高药物治疗效率的目的，降低成本和副作用的技术系统[22]。目前的药物输送系统已经进入了一个新时代，各种优良的药物释放系统纷纷出现，智能给药系统（也称为按需给药或智能给药系统）越来越受到人们的重视[23]。智能药物释放系统能够在适当的部位释放活性分子或药物，释放量可根据疾病的进展或生物体的某些生化特点或生物节律进行调整。智能药物释放系统旨在根据患者的生理状况、疾病的进展或昼夜节律调整释放部位和/或释放速率。与传统的预编程控制释放剂型不同，新装置旨在提供最适合每位患者需求的药物释放模式[24]。智能药物递送系统主要基于刺激响应聚合物，感知特定变量的变化并激活递送，这种现象是可逆的。生物基可降解聚合物因其独特的优势被广泛应用于药物输送领域。由于它们的生物降解性、生物相容性、天然丰度以及独特的化学结构和物理、化学及生物特性，在生物医学工程领域具有相当大的应用价值[25]。

8.2.2　智能水凝胶

水凝胶是模拟细胞外基质条件的理想材料，因其软组织生物相容性，药物易于分散在基质中而经常与医疗药剂相结合进行应用。特别受医学界关注的一点是，水凝胶可以通过选择包括合成和天然聚合物在内的各种原料来调节聚合物网络的物化特性，从而实现高度控制而在控释药物中获得灵活的运用。生物基可降解聚合物由于其高水溶性、良好的生物相容性和生物降解性，是形成水凝胶作为药物载体的良好候选材料[26]。因此，非常多的生物基聚合物水凝胶被制备并运用在包括光响应、超声波、磁场响应、pH 响应水凝胶、电场响应水凝胶以及机械响应等智能响应水凝胶材料中。

8.2.3　静电纺纳米纤维

许多生物基聚合物是很好的静电纺丝材料，包括聚乳酸、聚己内酯和天然聚合物，如明胶[27]、壳聚糖[28]和纤维素[29]。这些生物基聚合物具有良好的可纺性，同时还能显著提高纳米纤维的生物相容性和降解性。因此，用于静电纺丝的生物基聚合物越来越受到生物医学领域的关注。

静电纺纳米纤维膜在结构上类似于细胞外基质，生物基聚合物的使用可以显著改善电纺支架的生物相容性，而静电纺丝的可控制备过程和生物基聚合物的独特性质的有效结合具有更加吸引人的功能和优点（图 8－3）。因此，将电纺技术与刺激响应材料相结合，不仅可以在体外，也可以在体内复杂的环境中有效地控制纳米纤维的药物递送过程，从而使电纺材料得到更广泛的应用。

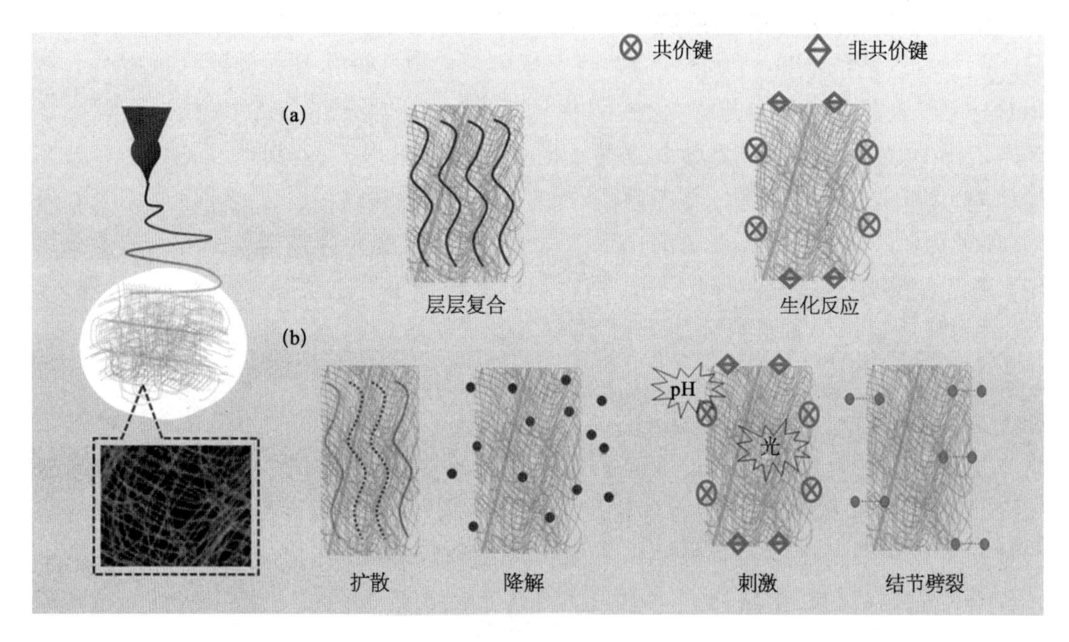

图 8-3 聚合物静电纺丝材料制备及控释药物的示意图(见彩插)

(a) 常见制备复合纺丝纤维垫的方法;(b) 复合纺丝纤维垫刺激响应控释药物的机理。

8.2.4 响应型智能食品包装

近年来,食品智能包装越来越受到重视。有专家将"智能包装"定义为"除了食品和周围环境之间的物理屏障作用之外,提供特定功能的任何类型的包装"。所谓"智能"包装是基于包装与食品和/或其直接环境的相互作用,可以简单地视为除具有传统食品的主要基本功能外升级后的增强系统。智能包装能够检测、感知、记录食品在整个食品链中的状态,追踪或传达有关食品在其生产运输乃至货架期、储藏期的质量和/或状态的信息。还可以响应由食品或外部环境刺激(包括光照、氧、水汽、微生物、机械应力等的影响)产生的各种刺激[30]。

生物基可降解材料由于其无毒、可降解、可选择性渗透、安全、杀菌能力强等特点,非常适合作为食品包装的候选材料。聚丁二酸丁二醇酯、聚乳酸等是生物基可降解材料中尤其适用于食品包装的材料,并且已经投产使用,以这些材料为原料制作的食品包装材质具有优异的机械性能和阻隔性能,并且在使用寿命结束时可生物降解。生物基聚合物包装材料还可以作为气体和溶质屏障,并通过提高质量来延长食品的保质期。此外,生物基聚合物包装材料是掺入各种添加剂,如抗氧化剂、抗真菌剂、抗菌剂、色素和其他营养物质的绝佳载体[31-33]。同时,通过在生物基可降解载体中加入活性物质来研发具有抗氧化以及抗腐抗菌功能的包装材料,或者将生物基可降解材料作为感应器的承载物质制备有效的食品检测生物传感器也是研究者们追捧的课题项目[34]。尽管与生物基可降解材料和可再生材料相关的科学研究领域越来越广阔,生产技术也越来越成熟稳定,但是将其加入食品智能响应包装的队列还需要更多的工作来评估每个潜在可行解决方案的真实环境和对社会环境经济的影响。

生物基可降解材料的概念逐渐为国人所熟悉,其国际影响力也越来越大。但目前针对生物基可降解材料的智能化研究还处于刚起步的阶段,较为成熟突出的成果多围绕聚乳酸以及其衍生聚合物,其他种类的生物基可降解材料的智能化研究工作开展得并不多。但是,利用其制备高性能的智能化材料的研究意义重大,在未来将是一个极其重要的研究方向。

参考文献

[1] 鲁玺丽,蔡伟,高智勇. 聚L-乳酸/聚ε-己内酯嵌段共聚物的形状记忆效应. 功能材料,2006,37(2): 1795-1797.

[2] 张伟,魏发云,张瑜. PLA\PAE复合材料的形状记忆效应及机理研究.南通大学学报. 2012,11(2): 52-56.

[3] 唐文珺,蔡伟. PLLA-PCL无规共聚物的冷变形形状记忆效应. 功能材料,2007(69): 89-93.

[4] 董文进,姜继森,谢美然,等. 形状记忆聚(乳酸-乙醇酸)(PLLGA)的制备及性能研究. 化学学报,2010,68(21): 2243-2249.

[5] 马艳,石文鹏,赵辰阳. 聚乳酸基可降解形状记忆聚合物的制备、结构与性能. 2011,6: 719-724.

[6] Bertmer M, Buda A, Blomenkamp-Hofges I, et al. Shape- memory polymer networks: Characterization with solid-state NMR. Macromolecules. 2005, 38(25): 3793-3799.

[7] Min C, Cui W, Bei J, et al. Biodegradable shape memory polylactide-co-poly (glycodide-co-caprolactone) multiblock copolymer. Polymers for Advanced Technology. 2005, 16(8): 608-615.

[8] Zheng X, Zhou S, Li X. Shape memory properties of poly(D, L-lactide)/hydroxyapatite composites. Biomaterials. 2006, 27(25): 4288-4295.

[9] Zhou S, Zheng X, Yu X. Hydrogen bonding interaction of poly(D, L-lactide) /hydroxyapatite nanocomposites. Chemical Materials. 2007, 19(13): 247-253.

[10] Zheng X, Zhou S, Yu X. Effect of in vitro degradation of poly(D, L-lactide)/β-tricalcium composite on its shape-memory properties. Journal of Biomedical Materials Research B. 2008, 86: 170-180.

[11] Huang X, Xu Z, Wang S, et al. J Polym Sci, Part A: Polym Chem, 2012.

[12] 郑志超. 聚乳酸基形状记忆聚合物的性能研究及其4D打印. 哈尔滨: 哈尔滨工业大学,2017.

[13] Gao S, Tang G, Hua D, et al. Stimuli-responsive bio-based polymeric systems and their applications. Journal of Materials Chemistry B, 2019.

[14] 张海璇,孟旬,李平. 光和温度刺激响应型材料. 化学进展,2008,20: 657-672.

[15] Kuckling D, Wycisk A. Stimuli-responsive star polymers. J Polym Sci A Polym Chem. Journal of Polymer Science Part A Polymer Chemistry, 2013, 51: 2980-2994.

[16] Xia F, Feng L, Wang S. Dual-responsive surfaces that switch between superhydrophilicity and superhydrophobicity. Advanced Materials, 2006, 18(4): 432 - 436.
[17] Jochum F D, Theato P. Temperature- and light-responsive smart polymer materials. Chemical Society Reviews, 2013, 42: 7468 - 7483.
[18] Liang S, Guan Y, Zhang Y. Layer-by-layer assembly of microgel colloidal crystals via photoinitiated alkyne-azide click reaction. Acs Omega, 2019, 4: 5650 - 5660.
[19] Wiggins K M, Brantley J N, Bielawski C W. Methods for activating and characterizing mechanically responsive polymers. Chemical Society Reviews, 2013, 42: 7130 - 7147.
[20] Sharifzadeh G, Hosseinkhani H. Biomolecule-responsive hydrogels in medicine. Advanced Healthcare Materials, 2017, 6: 1700801.
[21] Huang T. Stimuli-responsive electrospun fibers and their applications. Chemical Society Reviews, 2011: 2898 - 2899.
[22] Allen T M. Drug delivery systems: entering the mainstream. Science, 2004, 303: 1818 - 1822.
[23] Xiao H, Brazel C S. On the importance and mechanisms of burst release in matrix-controlled drug delivery systems. Journal of Controlled Release, 2001, 73: 121 - 136.
[24] Oh Y K, Senter P D, Song S C. Intelligent drug delivery systems. Bioconjugate Chemistry, 2009, 20: 1813 - 1815.
[25] Concheiro A L. Intelligent drug delivery systems: polymeric micelles and hydrogels. Mini Reviews in Medicinal Chemistry, 2008, 8: 1065 - 1074.
[26] He W. Intelligent hydrogels and their application. Inner Mongolin Petrochemical Industry, 2001: 45 - 47.
[27] Wang, He Y. Fabrication and characterization of electrospun gelatin-heparin; nanofibers as vascular tissue engineering. Macromolecular Research, 2013, 21(7): 860 - 869.
[28] Chen Z, Mo X, He C, et al. Intermolecular interactions in electrospun collagen-chitosan complex nanofibers. Carbohydrate Polymers, 2008, 72: 410 - 418.
[29] Frey M W. Electrospinning cellulose and cellulose derivatives. Polymer Reviews, 2008, 48(6): 378 - 391.
[30] 廖雨瑶,陈丹青,李伟,等. 智能包装研究及应用进展. 绿色包装,2016: 39 - 46.
[31] Han J H. Antimicrobial food packaging. Novel Food Packaging Techniques, 2003, 2001(2): 50 - 70.
[32] Imran H, Revol-Junelles A M, Martyn A, et al. Active food packaging evolution: transformation from Micro- to nanotechnology. Crit Rev Food Sci Nutr, 2010, 50(3): 799 - 821.
[33] Clarinval A M, Halleux J. Classification of biodegradable polymers. Cambridge UK: Woodhead Publishing Ltd, 2005(14), 3 - 31.
[34] Halonen, Palvolgyi, P S. Bio-based smart materials for food packaging and sensors — A review. Frontiers In Materials, 2020, 7(5): 6671 - 6683.

第三编

生物基材料的生命周期

第9章 生物基材料的降解

近几十年,塑料产品给人们生活带来了极大的便利,但由于不当处置,大量塑料制品在使用废弃后带来了许多环境问题。目前全球每年仅一次性塑料制品就达1.2亿t,只有10%被回收利用,另外12%被焚烧,而超过70%被丢弃到土壤、空气和海洋中[1]。因此,提高消费者对可生物降解聚合物材料的认识并将其引入市场是极为重要的。目前,我国生物可降解塑料仍然处于产业化初期,限塑令和禁塑令的发布更是给可降解塑料提供了巨大的市场机会。

9.1 基本概念

关于材料降解相关的定义逐渐细化。材料的降解是指材料的物理性质、化学性质以及其外观被破坏的过程。材料降解一般有热降解、氧化降解、光降解、生物降解、水解降解以及辐射降解等。下面将对可降解塑料及相关重要概念进行阐述。

9.1.1 可降解塑料

根据2020年9月中国轻工业联合会(CNLIC)颁布的规范指南,可降解塑料是指在自然界,如土壤、沙土、淡水环境、海水环境以及特定条件(堆肥化条件或厌氧消化条件等),由自然界存在的微生物作用引起降解,并最终完全降解变成CO_2或/和CH_4、H_2O及其所含元素的矿化无机盐以及新的生物质(如微生物死体等)的塑料。

9.1.2 光降解

光降解是指材料在光的作用下实现材料分子链断裂降解的过程[2]。在一定温度、湿度以及O_2环境下,材料分子链发生光氧化反应,材料分子链降解断裂为可溶性小分子物质,进而实现材料降解。由于受光照的限制,光降解材料的使用有较大的局限性[3]。自然光中的紫外线会在光降解材料的降解过程中发挥作用。光降解材料在吸收紫外线后,部分链段和基团处于激发状态,然后发生降解反应,使其化学键、化学链断裂。普通塑料对光照的吸收能力较低,且吸收速度有限,加入有色基团会使塑料进入活化状态,进而加速光的吸收[4]，最终导致塑料在氧、热、水等自然环境下的降解过程加快[5]。在聚乙烯中加入光敏性基团和物质，可以加速 PE 分子在光照下的光降解反应。光降解主要包括光化学降解和光氧化降解，高分子聚合物在吸收紫外光后会发生光化学降解反应，高分子长链分解为低分子量的短链，然后在空气中发生光氧化降解反应，降解成可被生物降解的低分子化合物，最终彻底分解为 CO_2 和 H_2O，整个过程被称为 Norrish 反应。Norrish 反应分为 Norrish Ⅰ 和 Norrish Ⅱ 反应，反应机理见图 9－1。光降解过程受诸多因素影响，主要为光敏剂种类、波长、大气条件和材料分子结构等。当分子中含有 C═O、—N═N—NH—、—NH—NH—、—S—、—O—、—CH_2N═N—以及—CH_2—CH_2—等基团时，易发生光降解。

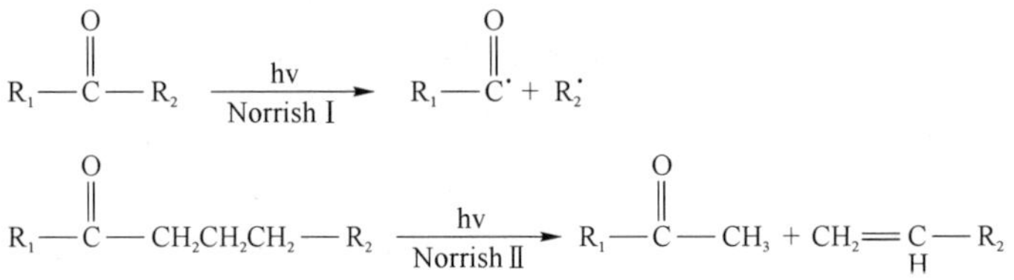

$$R_1-\overset{\overset{O}{\|}}{C}-R_2 \xrightarrow[\text{Norrish I}]{hv} R_1-\overset{\overset{O}{\|}}{C}\cdot + R_2\cdot$$

$$R_1-\overset{\overset{O}{\|}}{C}-CH_2CH_2CH_2-R_2 \xrightarrow[\text{Norrish II}]{hv} R_1-\overset{\overset{O}{\|}}{C}-CH_3 + CH_2{=}\underset{H}{C}-R_2$$

图 9－1　光降解 Norrish 反应方程式

以聚乳酸(PLA)为例(图 9－2)，PLA 在光降解过程中发生主链断链，形成 C═C 双键以及羧基端基，并且反应由 C═O 键的电子跃迁触发。当紫外线辐射穿透聚合物时，降解会通过整体腐蚀而继续进行，其中光会穿透聚合物，与聚合物的化学结构和结晶度无关，其强度也不会显著降低，光降解还会改变塑料的物理和光学特性。最显著的变化是视觉效果(泛黄)、聚合物力学性能的损失、相同分子量下的分子量变化和分子量分布变化。

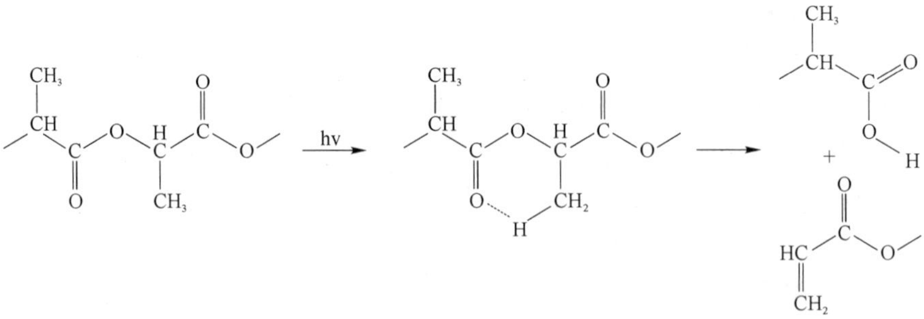

图 9－2　PLA 的光降解过程

9.1.3　热氧降解[6]

高分子材料的热氧降解实质上是分子链因发生氧化反应而断裂、交联，从而导致化学结构发生复杂变化的结果。塑料热氧降解主要表现为褪色、泛黄、失重、透明性下降、表面开裂、粉化等。PLA 在加工过程中容易发生热降解，从而导致质量分数降低以及加工时熔体的流变性和产品机械性能的下降。聚合物的热降解不仅关系到聚合物的处理，在分析其耐热特性、聚合物工艺(例如挤出或注射成型)以及应用途径等方面都具有重要意义。聚合物的热降解包括两个不同的反应，它们在反应器中同时发生。一种是分子链的无规则断裂，导致原料聚合物的分子量降低；另一种是 C—C 键的末端断裂，产生挥发性产物。聚合物的热降解遵循链端降解(也称为解链途径)(式 9-1、式 9-2)或无规降解途径(式 9-3)。

$$M_n^* \rightarrow M_{n-1}^* + M \tag{9-1}$$

$$M_{n-1}^* \rightarrow M_{n-2}^* + M \tag{9-2}$$

$$M_n \rightarrow M_X + M_Y \tag{9-3}$$

链段降解从链端开始，并依次释放单体单元。这种降解途径也称为解聚反应。这种反应与加成聚合中的扩散步骤相反，并且是通过自由基机理发生的。在这种降解中，聚合物的分子量缓慢降低，同时释放出大量单体。随机降解发生在沿聚合物链的任何随机点，聚合物链不需要带有任何活性位点就可以发生随机降解。这与缩聚过程相反，缩聚反应是指由一种或多种单体相互缩合生成高分子的反应，其主产物称为缩聚物。缩聚反应的单体为带有 2 个(或以上)反应官能团的化合物聚合时脱去小分子形成的聚合物，故聚合物的重复结构单元分子量比单体小。

9.1.4　水降解

有研究表明，在自然环境中，可生物降解材料的降解可大致分成两个过程：简单水解和酶催化降解。简单水解就是 H_2O 攻击聚酯分子中的酯键，使其分解为羧酸和醇的反应，主要受水解环境的温度、湿度、酸度以及聚合物本身的性质等因素影响。

以聚乳酸(PLA)的简单水解为例，PLA 的简单水解是由于分子链中含有酯键，酯键极易在氢离子的作用下断裂形成羧酸和醇，而主链游离端的羧基会对 PLA 降解起催化作用，随着降解的进行，羧基量增加，降解速率加快，形成自催化效应。

9.1.5　生物降解[7]

Albertsson 和 Karlsson 将生物降解定义为通过与生物体及其分泌产物相关的酶和/或化学分解作用而发生的反应。在这个过程中还必须考虑非生物作用，例如光降解、氧化和水解等。由于环境因素，这些非生物作用可能在生物降解之前或过程中代替生物降解而改变聚合物。因此，严格来说，“聚合物的生物降解”的定义是指在光降解、氧化和水解等非生物化学反应的辅助下，在好氧和厌氧条件和微生物的影响下，聚合物的物理化学性质的恶化和分子质量的降低，直至形成 CO_2、H_2O、CH_4 和其他低分子量产物。

生物降解一般分为两个阶段(图 9－3)：第一阶段是大分子解聚成较短的链。由于聚合物链的长短和许多聚合物的不溶性,该步骤通常在生物体外发生。细胞外酶(内切酶或外切酶)和非生物反应是造成聚合物链断裂的原因。在此阶段,聚合物与微生物之间的接触面积增加。第二阶段对应于矿化作用。一旦形成足够的小尺寸寡聚片段,它们就会被转运到细胞中,并被微生物同化,然后被矿化。根据 O_2是否存在,可将生物降解分为两类——有氧生物降解(在有氧条件下)和厌氧生物降解(在无氧条件下)。当没有残留物时,即当原始产品完全转化为气态产品和盐时,就会发生完全的生物降解或矿化。

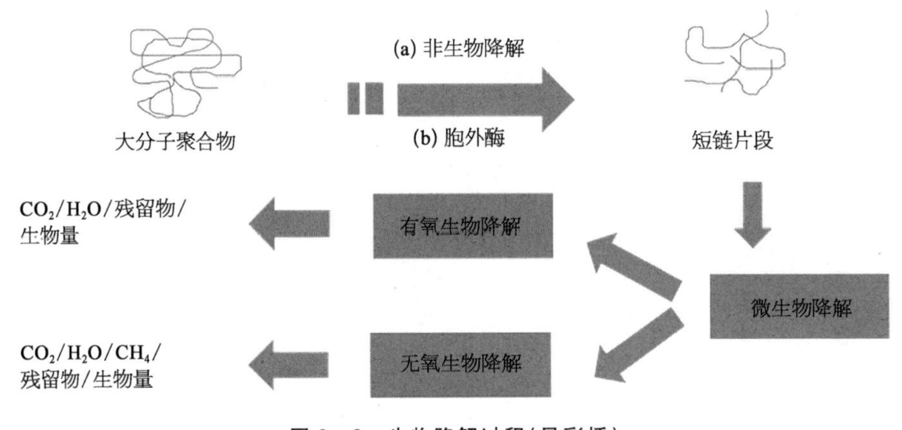

图 9－3　生物降解过程(见彩插)

9.2　降解性能评价方法

目前,被证实在短期内可发生自然降解的材料很多,但是材料种类和降解环境不同,降解速率也具有一定差异。为了标准化比较不同材料之间的降解性能,国际上已经给出了具体的评价方法(表 9－1)。

表 9－1　降解塑料标准

降解塑料类型	依据标准号	标准名称
淡水环境降解	GB/T 19276.1	水性培养液中材料最终需氧生物分解能力的测定,采用测定密闭呼吸计中需氧量的方法
	GB/T 19276.2	水性培养液中材料最终需氧生物分解能力的测定,采用测定释放的 CO_2的方法
	GB/T 32106	塑料在水性培养液中最终厌氧生物分解能力的测定,通过测定生物气体产物的方法

（续表）

降解塑料类型		依据标准号	标准名称
可堆肥化降解	可工业化堆肥	GB/T 19277.1	受控堆肥条件下材料最终需氧生物分解能力的测定，采用测定释放的 CO_2 的方法第一部分：通用方法
		GB/T 19277.2	受控堆肥条件下材料最终需氧生物分解能力的测定采用测定释放的 CO_2 的方法第2部分：用重量分析法测定实验室条件下 CO_2 的释放量
		GB/T 19811	在定义堆肥化中试条件下塑料材料崩解程度的测定
		GB/T 28206	可堆肥塑料技术要求
	可庭院堆肥	AS5810-2010	可庭院堆肥塑料技术规范
可土壤降解		GB/T 22047	土壤中塑料材料最终需氧生物分解能力的测定采用测定密闭呼吸计中需氧量或测定释放的 CO_2 的方法
海洋环境降解		ISO 18830	塑料海水沉沙界面非漂浮塑料材料最终需氧生物分解能力的测定通过测定密闭呼吸计内耗氧量的方法
		ISO 19679	塑料海水沉沙界面非漂浮塑料材料最终需氧生物分解能力的测定通过测定释放 CO_2 的方法
		ISO 22404	塑料暴露于海洋沉积物中非漂浮材料最终需氧生物分解能力的测定通过分析释放的 CO_2 的方法
污泥厌氧消化降解		GB/T 38737	塑料受控污泥消化系统中材料最终厌氧生物分解率测定采用测量释放生物气体的方法
高固态厌氧消化降解		GB/T 33797	塑料在高固态堆肥条件下最终厌氧生物分解能力的测定采用分析测定释放生物气体的方法

9.2.1　淡水环境降解

1. GB/T 19276.1

水性培养液中材料最终需氧生物分解能力的测定，采用测定密闭呼吸计中需氧量的方法。

(1) 测试原理：在水件系统中利用好气微生物来测定材料的生物分解率。试验混合物包含一种无机培养基、有机碳浓度介于 100～2 000 mg/L 的试验材料（碳和能量的唯一来源），以及活性污泥或堆肥或活性土壤的悬浮液制成的培养液。此混合物在呼吸计内密封烧瓶中被搅拌培养一定时间，试验周期不能超过 6 个月。在烧瓶的上方用适当的吸收器吸收释放出的 CO_2 测量生化需氧量（BOD）。生物分解的水平通过 BOD 和理论需氧量（ThOD）的比来求得，用百分率表示。

(2) 降解周期：180 天。

(3) 适用范围：天然和/或合成聚合物、共聚物或它们的混合物；含有如增塑剂、颜料或其他化合物等添加剂的塑料材料；水溶性聚合物。

2. GB/T 19276.2

水性培养液中材料最终需氧生物分解能力的测定，采用测定释放的 CO_2 的方法。

(1) 测试原理：在水性系统中利用好气微生物来测定试验材料的生物分解率。试验混合物包含一种无机培养基、有机碳浓度介于 100～2 000 mg/L 的试验材料(碳和能量的唯一来源)，以及活性污泥或堆肥或活性土壤的悬浮液制成的培养液。混合物在试验烧瓶中搅拌并通以去除 CO_2 的空气，试验周期依赖于试验材料生物分解能力，但不能超过 6 个月。微生物分解材料时释放出的 CO_2 可用合适的方法来测定。生物分解程度用释放的 CO_2 量和 CO_2 理论释放量($ThCO_2$)的比来求得，以百分率表示。

(2) 降解周期：180 天。

(3) 适用范围：天然和/或合成聚合物、共聚物或它们的混合物；含有如增塑剂、颜料或其他化合物等添加剂的塑料材料；水溶性聚合物。

3. GB/T 32106

水性培养液中最终厌氧生物分解能力的测定，通过测量生物气体产物的方法。

(1) 测试原理：在水性培养液中、无氧条件下测定塑料的生物分解能力。首先将消化污泥进行使用前洗涤，使其含有极少量无机碳(IC)，并稀释至总干固体浓度为 1～3 g/L。将有机碳(OC)浓度为 20～200 mg/L 的试验材料与消化污泥在温度为 35±2℃的密闭容器、厌氧条件下培养一段时间(通常不超过 60 天)。在此条件下，试验材料会生物分解为 CO_2 和 CH_4，CO_2 和 CH_4 的产生会导致试验容器顶部压力或体积增加，所以可以根据测定压力或体积的增加量来获得所释放的生物气体量。以上转化成生物气体和无机碳的总碳量，同试验材料本身所含的碳总量(可通过测量或分子式计算得到)的百分比，即为试验材料的生物分解百分率。

(2) 降解周期：60 天。

(3) 适用范围：天然和/或合成聚合物、共聚物或它们的混合物；含有如增塑剂、颜料或其他化合物等添加剂的塑料材料；水溶性聚合物。

9.2.2 可堆肥化降解

1. GB/T 19277.1

受控堆肥条件下材料最终需氧生物分解能力的测定，采用测定释放的 CO_2 的方法的第 1 部分：通用方法。

(1) 测试原理：本测定方法在模拟的强烈需氧堆肥条件下，测定试验材料最终需氧生物分解能力和崩解程度。使用的接种物来自稳定的、腐熟的堆肥，如可能，也可从城市固体废弃物中有机物的堆肥中获取。将试验材料与接种物混合后，导入静态堆肥容器。

在该容器中,混合物在规定的温度、氧浓度和湿度下进行强烈的需氧堆肥。试验周期不超过6个月。在试验材料的需氧生物分解过程中,CO_2、H_2O、矿化无机盐及新的生物质都是最终生物分解的产物。在试验中连续监测、定期测量试验容器和空白容器累计产生的CO_2量。试验材料在试验中实际产生的CO_2量与该材料可以产生的CO_2的理论量之比为生物分解百分率。

(2) 降解周期：180天。

(3) 适用范围：塑料等有机高分子材料。

2. GB/T 19277.2

受控堆肥条件下材料最终需氧生物分解能力的测定,采用测定释放的CO_2的方法第2部分：用重量分析法测定实验室条件下CO_2的释放量。

(1) 测试原理：旨在使用小型反应器测定试验材料的最终生物分解能力。通过控制堆肥容器的湿度、通氧率和温度,测定计算腐熟堆肥条件下试验材料的生物分解速率。试验材料由来自腐熟堆肥的接种物和惰性材料,如海沙混合而成。通过比较CO_2释放量与理论CO_2释放量($ThCO_2$)得到材料的生物分解率(以百分率表示)。当生物分解达到平稳阶段时结束试验。

(2) 降解周期：45天,最长可达180天。

(3) 适用范围：天然和/或合成聚合物,共聚物及它们的混合物;含有如增塑剂、颜料等添加物的塑料;水溶性聚合物;在试验条件下,不会抑制接种物中微生物活性的材料。

3. GB/T 19811

在定义堆肥化中试条件下,塑料材料崩解程度的测定。

(1) 测试原理：用于测定在定义的中试条件下,需氧堆肥试验中塑料材料的崩解程度。本标准规定的试验方法可用于测定在堆肥化过程中试验材料所受的影响及获得堆肥的质量,但不能用于测定试验材料的需氧生物分解能力。试验材料与新鲜的生物质废弃物以精确的比例混合后,置入已定义的堆肥化环境中。自然界中普遍存在的微生物种群自然地引发堆肥化过程,一般情况下,约在12周以后。试验材料的崩解性通过2 mm试验筛筛上物的试验材料碎片的量与总干固体量的比值来评价。

(2) 降解周期：12周或堆肥实际周期。

(3) 适用范围：塑料等有机高分子材料。

4. OECD 208

植物毒性试验要求。

(1) 测试原理：旨在评估化学物质对种子的发芽和生长所带来的潜在影响。在可堆肥塑料评价中,主要是评价生物降解材料堆肥化后的堆肥生态毒性。在试验过程中,发芽秧苗的平均存活率至少达到90%。

(2) 降解周期：植物生长时间。

(3) 适用范围：生物降解材料堆肥化后的堆肥。

5. AS5810—2010

可庭院堆肥塑料技术规范。

(1) 测试原理：标准规定了适用于家庭堆肥的塑料产品的要求和评价程序，当塑料产品中的各组分均满足全部要求时，才视为可家庭堆肥。符合本标准要求的塑料产品进行堆肥时并不一定可生产高质量的堆肥。

(2) 降解周期：针对生物分解性能(即材料原本的可生物分解性)，测试方法为GB/T 19277.1、19277.2，降解周期为365天；针对堆肥过程中的崩解性能，测试方法为GB/T 19811或ISO 20200，降解周期为180天；针对生物分解过程产生的不利影响，测试方法为OECD 208，降解周期为植物生长时间。

(3) 适用范围：塑料材料。

9.2.3 可土壤降解

GB/T 22047：土壤中塑料材料最终需氧生物分解能力的测定，采用测定密闭呼吸计中需氧量或测定释放的CO_2的方法。

(1) 测试原理：本标准规定了通过测定密闭呼吸计中需氧量或测定释放的CO_2量的方法，测定土壤中塑料材料最终需氧生物的分解能力。生物分解率通过生化需氧量(BOD)和理论需氧量(ThOD)的比或用释放的CO_2量和CO_2理论释放量($ThCO_2$)的比来求得，结果用百分率表示。

(2) 降解周期：180天。

(3) 适用范围：天然和/或合成聚合物、共聚物及它们的混合物；含有如增塑剂、颜料等添加物的塑料；水溶性聚合物；在试验条件下，不会抑制接种物中微生物活性的材料。

9.2.4 海洋环境降解

1. ISO 18830

塑料海水沉沙界面非漂浮塑料材料最终需氧生物分解能力的测定，可通过测定密闭呼吸计内耗氧量的方法。

(1) 测试原理：塑料制品被直接丢弃或随淡水流入远洋区(自由水域)，随后受材料密度、潮汐、洋流和海洋褶皱影响可能下沉到亚海岸并到达海底表面。许多生物降解塑料因密度大于1而趋于沉入海底。从表面(与海水的界面)至深层，沉积物状态从有氧到缺氧再到厌氧，呈现出急剧变化的氧梯度。本标准规定了一种通过测量密闭呼吸计中需氧量来确定塑料材料在海水与海底交界的海水沉沙界面处的需氧生物降解程度和速率的测试方法。需氧生物分解的测定也可以通过测量CO_2的释放量来实现。本方法是在实验室条件下对海洋中不同海水沉沙区域栖息环境的模拟，如在海洋科学中被称为亚滨海区的阳光可照射到的底栖带(光区)。生物分解水平通过生化需氧量(BOD)与理论需氧量(ThOD)之比求得，以百分率表示。

(2) 降解周期：2年。

(3) 适用范围：非漂浮塑料材料。

2. ISO 19679

塑料海水沉沙界面非漂浮塑料材料最终需氧生物分解能力的测定，可通过测定释放CO_2的方法。

(1) 测试原理：本标准规定了一种通过测定CO_2释放量来确定塑料材料在海水与海底交界的海洋沙质沉积物上沉积海水沉沙界面时的需氧生物降解的程度和速率的测试方法。该方法同样适用于其他固体材料。采用合适的分析方法可测定微生物降解过程中释放的CO_2。通过CO_2释放量与CO_2理论释放量($ThCO_2$)之比，得到材料的生物分解率(以百分率表示)。

(2) 降解周期：2年。

(3) 适用范围：非漂浮塑料材料。

3. ISO 22404

塑料暴露于海洋沉积物中非漂浮材料最终需氧生物分解能力的测定，可通过分析释放的CO_2的方法。

(1) 测试原理：用于确定塑料材料有氧生物降解程度和速率的实验室测试法。通过测量塑料材料在接触取自沙质潮汐带海洋沉积物时的CO_2逸出量，来确定生物降解率。用适当的分析方法测量微生物降解过程中逸出的CO_2。生物降解率用CO_2逸出量和理论量($ThCO_2$)之比确定，以百分比表示。

(2) 降解周期：2年。

(3) 适用范围：非漂浮塑料材料。

9.2.5　污泥厌氧消化降解

GB/T 38737：塑料受控污泥消化系统中材料最终厌氧生物分解率的测定，可采用测量释放生物气体的方法。

(1) 测试原理：评估塑料在受控污泥厌氧消化系统中的厌氧生物分解能力，该体系的固体含量不大于15%。该体系在污泥污水、牲畜粪便或垃圾的处理场中较常见。该方法旨在测定材料中的有机碳转化为CO_2和CH_4等生物气体的转化率。

(2) 降解周期：一般为60天。试验周期可以缩短或延长，直至达到分解平稳阶段，但是一般不超过90天。

(3) 适用范围：天然和/或合成聚合物，共聚物及它们的混合物；含有如增塑剂、颜料等添加物的塑料；水溶性聚合物；在实验条件下，不会抑制接种物中微生物活性的材料。

9.2.6　高固态厌氧消化降解

GB/T 33797：塑料在高固体分堆肥条件下最终厌氧生物分解能力的测定，可采用分析测定释放生物气体的方法。

(1) 测试原理：在高固体分厌氧消化条件下通过测定生物气体释放量来评价塑料厌氧条件下生物分解能力的方法。该方法以城市有机固体废弃物模拟典型的厌氧消化条件。试验材料被暴露在试验室内经过厌氧消化处理的家庭垃圾的接种物中。厌氧分解发生在高固体含量(总干固体含量大于 20%)的环境中，并且静置于未被混合的条件下。该试验方法用于测定试验材料中碳含量及其转化成 CO_2 和 CH_4 的百分率。

(2) 降解周期：15 天，如果 15 天时生物分解现象依然明显，可将培养期延长至试验材料的生物分解达到平稳期。

(3) 适用范围：塑料等有机高分子材料。

9.3 降解机理研究方法

随着近年来白色污染问题日益凸显，有关可降解材料降解过程的研究受到越来越多的关注，针对不同的生物可降解材料都提出了相应的降解机理假说，但这都需要经过系统的研究进行论证。在土壤、海水、堆肥等自然环境下，材料受环境温度、湿度、菌群分布、光照等影响，可能会发生不同的降解行为。为了阐明材料的降解机理，往往需要结合多种方法进行研究。一般来说，称重法、表观形貌观察法可直观反映材料的降解过程，如需进一步探索材料降解过程中发生的水解、酶解、氧化等变化，则需要对材料本身的结构以及环境因素进行综合分析，从材料的相对分子质量、官能团、结晶度、理化性质等不同层面展开深入研究。下面就分析材料降解过程及降解机理的主要研究方法进行介绍。

9.3.1 降解程度分析方法

1. 崩解程度(质量损失)

测试材料降解过程中的失重率是判断材料是否发生降解最为简单直接的方法。在 GB/T 19811—2005《在定义堆肥化中试条件下塑料材料崩解程度的测定》中规定了评定材料崩解程度的计算方法：

$$D_i = \frac{m_1 - m_2}{m_1} \times 100\% \qquad (9-4)$$

式中，D_i 为试验材料的崩解程度，用%表示；m_1 为试验开始时投入的试验材料总干固体量，单位为克(g)；m_2 为试验后收集得到试验材料总干固体量，单位为克(g)。

2. 需氧量/二氧化碳释放量

通过测量材料的质量损失来评定降解程度往往具有一定的局限性，如在土壤中填埋一段时间后取样，样品表面可能已经渗入土壤成分难以清洗，或者材料降解为小颗粒无法取样，这对计算材料的降解率具有很大影响。目前，国际上评定材料生物降解率的标准方法为通过测定密闭呼吸计中需氧量或测定释放的 CO_2 量，来评定土壤中塑料材料最终需氧生物分解能力。

GB/T 22047—2008《土壤中塑料材料最终需氧生物分解能力的测定——采用测定密闭呼吸计中需氧量或测定释放的二氧化碳的方法》规定了通过测定密闭呼吸计中需氧量或释放的 CO_2 量的方法，测定土壤中塑料材料最终需氧生物分解能力。将塑料材料作为唯一的碳源和能量来源与土壤混合，将混合物放在细颈瓶中，测定生化需氧量可通过测量在呼吸计内烧瓶中维持一个恒定体积气体所需氧的体积及自动地或人工地测量体积或压强的变化（或两者兼得），测定释放的 CO_2，可将不含 CO_2 的空气通过土壤，再测定试验材料生物分解期间释放的 CO_2 量。生物分解率通过生化需氧量和理论需氧量的比或用释放的 CO_2 量和 CO_2 理论释放量的比来求得，结果用百分率表示。测量过程中一般准备下列数量的试验瓶：① 两个盛装试验材料的烧瓶（F_T）；② 两个用于空白试验烧瓶（F_B）；③ 两个使用参比材料用于检测土壤活性的烧瓶（F_C）；④ 一个用于检查可能出现的非生物分解作用或非微生物变化作用如水解的烧瓶（F_S）；⑤ 一个用于检查试验材料对微生物活性可能的抑制作用的烧瓶（F_I）。

以测定 CO_2 释放量为例，计算生物分解百分率公式如下：

A. 试验材料的 CO_2 理论释放量

$$ThCO_2 = m \times \omega_C \times \frac{44}{12} \tag{9-5}$$

式中，$ThCO_2$ 为 CO_2 理论释放量，单位为毫克（mg）；m 为试验材料的质量，单位为毫克（mg）；ω_C 为试验材料中的含碳量，由化学分子式决定，由元素分析计算而得，用%表示；44 和 12 分别表示 CO_2 的分子质量和碳的原子质量。

用同样的方法计算参比材料以及试验瓶中试验材料与参比材料混合物的 CO_2 理论释放量。

B. 计算生物分解百分率

$$D_t = \frac{\sum(m)_T - \sum(m)_B}{ThCO_2} \times 100 \tag{9-6}$$

式中，D_t 为试验瓶 F_T 的每个测量间隔的生物分解百分率，单位为%；$\sum(m)_T$ 为从试验开始到 t 时间内从 F_T 瓶释放出的 CO_2 量，单位为毫克（mg）；$\sum(m)_B$ 为从试验开始到 t 时间内从空白瓶 F_B 瓶释放出的 CO_2 量，单位为毫克（mg）；$ThCO_2$ 为试验材料的 CO_2 理论释放量，单位为毫克（mg）。

用同样的方法计算土壤活性检测瓶 F_C 中参比材料的生物分解百分率。将每个烧瓶各个测定周期的 BOD 值或 CO_2 量和生物分解百分率编辑成表。对每个烧瓶，以时间为横坐标对 BOD 或 CO_2 释放量和生物分解百分率作曲线图，由生物分解曲线平稳阶段的平均值或最高值求得生物分解率的最大值来表征试验材料生物分解程度。

3. CH_4 生成量

在无氧条件下，有机化合物被微生物分解为 CO_2、CH_4、H_2O 及其所含元素的矿化无机盐以及新的生物质。在 GB/T 32106—2015《塑料在水性培养液中最终厌氧生物分解能力的测定：通过测量生物气体产物的方法》中提供了通过测定 CO_2 和 CH_4 的气体释放量来评价材料最终厌氧生物分解能力的一种试验方法。

无氧条件下，试验材料在微生物作用下分解为 CO_2 和 CH_4，这两种气体的产生会导致试验容器顶部压力或体积增加，所以一般可根据测定压力或体积的增加量来获得所释放的生物气体量。同时需要考虑的是，试验条件下，一部分 CO_2 会溶解在水性培养液中或转换成碳酸氢盐或碳酸盐，这部分 CO_2 所含的有机碳也是试验材料有机碳生物分解的一部分。

9.3.2 分子量分析方法

高聚物的分子量是高分子材料最基本的结构参数之一。通过测定材料降解过程中的分子量变化，可以帮助了解分子链的断链情况，对分析材料的降解机理具有重要的指导意义。

1. 黏度法

测定高聚物分子量的方法有很多种，如端基滴定法、渗透法、光散射法、超速离心法和黏度法等，不同方法所测得的平均相对分子量也有所不同。由于黏度法的设备简单、操作方便，因此应用最为普遍。黏度法测定分子量是基于大分子在溶解中移动产生的摩擦力，一般用黏度表征高聚物溶液在流动过程中所受阻力的大小，其所测得的平均相对分子量称为黏均相对分子量。

在一定的温度和溶剂条件下，特性黏度 η 与高聚物的相对分子质量 M 间的关系通常用下列经验方程表达：

$$\eta = KM^{\alpha} \tag{9-7}$$

式中，K 和 α 是与温度、溶剂及高聚物的本性有关的常数，通常对于每种高聚物溶液，要用已知平均相对分子量的高聚物求得 K 值和 α 值，然后用此 K 值和 α 值及同种待测高聚物溶液的特性黏度实验值可求得此待测高聚物的黏均相对分子量。对于许多高聚物溶液，可在有关手册或书中查得它们的 K 值和 α 值。

2. 凝胶渗透色谱法

聚合物的分子不是由具有相同分子量的分子组成，而是由具有不同分子量的组分按一定分布组成。目前测定聚合物的相对分子质量及其分布的最常用、快速和有效的方法是凝胶渗透色谱法(gel permeation chromatography，GPC)，它是基于聚合物分子尺寸，使聚合物的不同组分分离开的一种特殊的液相色谱。聚合物可在分离柱上按分子流体力学体积大小被分离开,将已知量的聚合物稀释溶液注射入溶剂流中,该溶剂流可携带其以平稳的速率通过凝胶渗透色谱柱,使用合适的检测器测定溶剂流中已分离的分子组分浓度。通过使用校正曲线,即可由保留时间和对应的浓度测定所分析试样的数均分子量($\overline{M}_n$)和重均分子量($\overline{M}_w$)。在测定聚合物特性时,分子量分布也是一项重要的参数,它可用聚合物分散度 D 表示,由下式给出:

$$D = \overline{M}_w / \overline{M}_n \tag{9-8}$$

9.3.3　表观形貌分析方法

在分析材料降解过程的方法中,观察材料表观形貌变化是最重要的环节之一,材料表面的侵蚀痕迹、裂解程度等都是材料降解行为的反应,对于分析材料降解机理具有重要意义。

1. 扫描电子显微镜

扫描电子显微镜(scanning electron microscope,SEM)是一种用于高分辨率微区形貌分析的大型精密仪器,通过高能电子束在试样上扫描,可获得材料的各种物理信息,通过对这些信息的接收、放大和显示成像,最终获得测试试样表面形貌的图像。与光学显微镜及透射电镜相比,扫描电镜制样简单,可直接观察样品表面的结构,同时景深大,图像富有立体感,能够直观地观察到高分子材料在降解前后的表面微观形貌变化。

2. 透射电子显微镜

透射电子显微镜(transmission electron microscope,TEM)是以波长很短的电子束作为照明源,用电磁透镜聚焦成像的电子光学显微镜。透射电镜同时具有两大功能:物相分析与组织分析。物相分析是利用电子和晶体物质作用可以发生衍射的特点,获得物相的衍射花样;而组织分析是利用电子波遵循阿贝成像原理,通过干涉成像的特点,获得各种衬度图像。透射电镜具有分辨率高、放大倍数高以及立体信息丰富等优点,广泛应用于材料科学方面的成分和结构分析领域,但是由于其成像原理,其样品的制备是具有破坏性的,而且采样率较低。

3. 原子力显微镜

原子力显微镜(atomic force microscopy,AFM)利用微悬臂感受和放大悬臂上尖细探针与受测样品原子之间的作用力,从而达到检测的目的,具有原子级的分辨率。相对于扫描电子显微镜,原子力显微镜最显著的优点在于可提供真正的三维表面图,并计算表面粗糙度,而电子显微镜只能提供二维图像。

9.3.4　结构分析方法

材料降解过程中往往会伴随结构的变化,通过分析降解过程中分子链断裂情况、结构中基团的变化、结晶度变化以及生成的组分等，可以帮助阐述材料的降解机理。

1. 傅里叶变换红外光谱

分子的振动能量比转动能量大，当发生振动能级跃迁时，不可避免地伴随有转动能级的跃迁，所以无法测量纯粹的振动光谱，而只能得到分子的振动-转动光谱，这种光谱称为红外吸收光谱。傅里叶变换红外光谱(fourier transform infrared spectroscopy, FTIR)是一种将计算机技术与红外光谱相结合的分析鉴定方法，主要由光学探测部分和计算机部分组成，当样品放在干涉仪光路中，由于吸收了某些频率的能量，使所得的干涉图强度曲线相应地产生一些变化，通过数学的傅里叶变换技术，可将干涉图上每个频率转变为相应的光强，而得到整个红外光谱图。根据光谱图的不同特征，可以鉴定未知物的官能团、测定化学结构、观察化学反应历程、区别同分异构体、分析物质的纯度等。

为了分析谱图的解析，通常把红外光谱分为两个区域，即官能团区和指纹区。波数 4 000～1 400 cm^{-1}的频率范围为官能团区，产生吸收主要是由于分子的伸缩振动引起的，常见的官能团在这个区域一般都有特定的吸收峰；低于 1 400 cm^{-1}的区域称为指纹区，其间吸收峰的数目比较多，这是由化学键的弯曲振动和部分单键的伸缩振动引起的，吸收带的位置和强度随化合物而异。不同化合物的指纹吸收是不同的，因此用已知物的指纹峰形和峰强度来鉴别同一化合物具有重要作用。

2. 拉曼光谱

拉曼光谱(raman spectra)是一种散射光谱。光照射到物质上发生弹性散射和非弹性散射，弹性散射的散射光是与激发光波长相同的成分，非弹性散射的散射光有比激发光波长长的和短的成分，统称为拉曼效应。拉曼光谱分析法就是基于拉曼散射效应，对与入射光频率不同的散射光谱进行分析以得到分子振动、转动方面信息，并应用于分子结构研究的一种分析方法，通过对拉曼光谱的分析可以知道物质的振动转动能级情况，从而可以鉴别物质，并分析物质的性质。

从本质上来说，拉曼光谱与红外光谱都是振动光谱，测量的都是基态的激发或者吸收，它们的能量范围相同。但不同的是，红外光谱检测的是分子振动时产生的偶极矩变化，对极性基团更为灵敏，而拉曼光谱对分子的形态以及极化度的变化较为敏感，对非极性基团灵敏。一些在红外光谱中的弱谱带，在拉曼光谱中可能为强谱带，二者在结构鉴定中互为补充作用。

3. 核磁共振谱

核磁共振(nuclear magnetic resonance spectroscopy, NMR)是研究原子核对射频辐射的吸收，它是对各种有机和无机物的成分和结构进行定性分析的最强有力的工具之一，有时亦可进行定量分析。核磁共振谱在强磁场中，原子核发生能级分裂，当吸收外来电磁辐射时，将发生核能级的跃迁，产生所谓 NMR 现象。因此，某种特定的原子核在给定的外加磁场中，只吸收某一特定频率射频场提供的能量，这样就形成了一个核磁共振信号。迄今为止，只有自旋量子数等于1/2的原子核，其核磁共振信号才能够被人们利用，经常为人们所利用的原子核有：^{1}H、^{11}B、^{13}C、^{17}O、^{19}F 和 ^{31}P。其中，在结构分析中最常用的为核磁共振氢谱（^{1}H NMR）和核磁共振碳谱（^{13}C NMR）。

核磁共振是有机化合物结构鉴定的一个重要手段，一般根据化学位移鉴定基团，由耦合分裂峰数、偶合常数确定基团联结关系，并根据各H峰积分面积定出各基团质子比。核磁共振谱可用于化学动力学方面的研究，如分子内旋转、化学交换等，由于它们都影响核外化学环境的状况，因此在谱图上都有所反映。

4. X射线衍射

X射线衍射（diffraction of X-rays，XRD）的基本原理为：当一束单色X射线入射到晶体时，由于晶体是由原子规则排列成的晶胞组成，这些规则排列的原子间距离与入射X射线波长有相同的数量级，因此由不同原子散射的X射线相互干涉，在某些特殊方向上产生强X射线衍射，衍射线在空间分布的方位和强度与晶体结构密切相关，物质组成、晶型、分子内成键方式、分子构型、构象等都会影响该物质产生的衍射图谱。在高分子材料的分析中，XRD是用于分析材料晶型和结晶度最主要的方法。

9.3.5　力学性能分析方法

材料性能的变化是材料分子链段、结晶度以及分子量等变化的重要反映，通过分析材料降解过程中性能的变化规律、变化速率等，一方面可直观得到材料降解过程的变化，另一方面结合结构表征的相关内容，可以帮助分析材料的降解机理。其中，最常见的性能测试即降解过程中力学性能测试。

材料的力学性能是指材料在不同环境（温度、介质、湿度）下，承受各种外加载荷（拉伸、压缩、弯曲、扭转、冲击、交变应力等）时所表现出的力学特征。高分子材料的结构是决定其力学性能的关键因素，除化学组成外，还包括相对分子质量及其分布、交联和支化、结晶度和晶体形态等结构因素。对于不同的材料、材料的不同形态，可测试的力学性能指标分为很多种，一般包括弹性指标、硬度指标、强度指标、塑性指标、韧性指标、疲劳性能、断裂韧度等。在目前关于材料降解性的研究中，材料形态以薄膜居多，一般通过测试其拉伸性能来评定材料力学性能的变化，主要的测试指标为表现材料强度的拉伸强度和表现材料韧性的断裂伸长率。

拉伸强度（σ_t）也称为抗张强度，是在规定的试验温度、湿度和拉伸速率下，在标准试样上施加拉伸负荷，至试样断裂时，单位面积上所承受的最大负荷，即：

$$\sigma_t = \frac{p}{bd} \tag{9-9}$$

式中，p 为试样断裂前承受的最大载荷；b 为试样的宽度；d 为试样的厚度。

拉伸前后的伸长长度与拉伸前长度的比值称断裂伸长率，用百分率表示。断裂伸长率可表示材料承受最大负荷时的伸长变形能力，其计算公式如下：

$$\varepsilon = \frac{(L - L_0)}{L_0} \times 100\% \tag{9-10}$$

式中，L 为试样断裂时标线的距离；L_0为原始标距。

通常将高分子材料样条置于拉力机上，以匀速进行拉伸，直至断裂。如将拉伸过程中试样所受到的应力及产生的形变记录下来，即得应力-应变曲线。具体操作标准可参考 GB/T 1040—2006《塑料拉伸性能的测定》。

9.4 生物基可降解材料的研究进展

9.4.1 聚乳酸

自然环境中，聚乳酸(PLA)降解可通过生物降解、水解、光解、辐射降解以及热降解等多种形式实现，其中，生物降解发挥着主要的作用。但由于环境因素对微生物种群和不同微生物本身的活性具有重要影响，所以 PLA 的降解与环境因素有关，如温度、湿度、pH、O_2的存在以及不同营养因素的供应等对 PLA 降解都具有重要影响。另外，PLA 降解效果还与本身的化学和物理性质(形态、孔隙率、力学强度、纯度、耐热性和抗电磁辐射性)有关[8]。一般来说，暴露在由 H_2O、O_2和天然微生物组成的适宜条件下，PLA 会分解为 H_2O、CO_2及少量其他的低聚物。PA4 在自然环境中的生物降解主要包括 4 种降解机制：水解降解、光降解、微生物降解以及酶解，其中以酶解与微生物降解机理最为重要[9]。

1. 水解降解

聚乳酸在潮湿条件下易发生水解降解，主要包括吸水、酯键断裂、可溶性低聚物扩散和碎片分解 4 个过程。聚乳酸吸收水分后，H_2O 分子自无定形区域开始，通过扩散进入酯键或其他亲水基团的周围，在酸性介质或碱性介质的作用下，酯键发生自由水解断裂，即酯化反应的逆反应。随后材料的分子量缓慢下降，当分子量小到可溶于水的极限值时，材料结构发生变形，样品开始溶解，生成可溶解的降解产物。酯键断裂后生成的乳酸低聚物会增加介质中羧酸基团的浓度，这些羧酸官能团可反向催化水解降解反应(图 9-4)。聚乳酸内部降解快于表面降解，这是因为具有端羧基的降解产物滞留于样品内，产生自加速效应，因此可将聚乳酸的水解降解看作是一个自我催化和自我维持的过程。

聚乳酸的水解降解过程主要由 4 个基本参数控制：吸水量、聚合物中链段的扩散速率、扩散系数以及降解产物的溶解度。这与化学结构、摩尔质量及分布、材料结晶度、材料形态以及水解条件等因素有关。研究表明[10]，当聚乳酸浸入 50%乙醇中时，降解速度更快，因为乙醇分子在聚合物基质中的扩散速度比 H_2O 分子快。由于水解过程

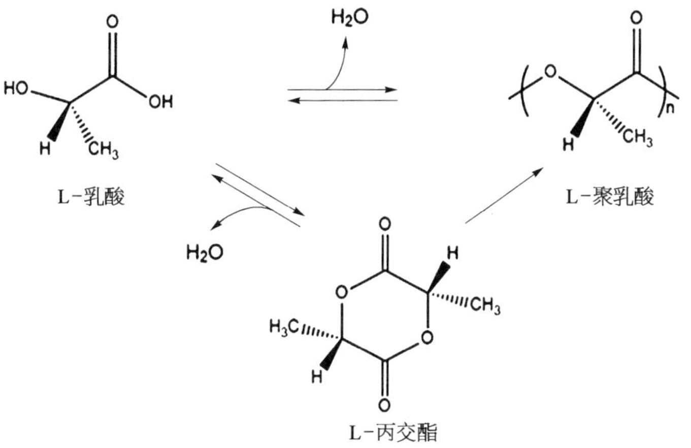

L-乳酸　L-聚乳酸　L-丙交酯

图9-4　聚乳酸水解降解机理[12]

优先在无定形区域进行,因此无定形聚乳酸的水解速度远高于半结晶型聚乳酸。除此之外,在聚乳酸中填充纳米粒子也会影响其水解速率,填料亲水性越强,降解效果越明显[11]。

2. 光降解

光照对聚乳酸的降解具有重要作用,光降解会促进材料的变化,从而影响其在生命周期中的特性。当前研究认为,聚乳酸的光降解机理是通过光离子化的转化引发的(Norrish Ⅰ),继而发生聚合物断链(Norrish Ⅱ),聚乳酸的Norrish Ⅱ反应机理如图9-5所示。

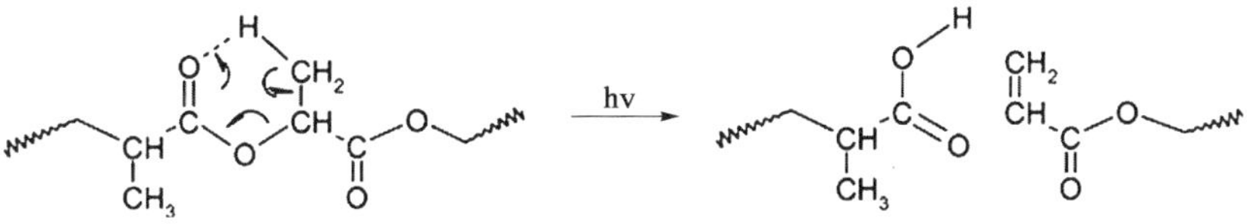

图9-5　PLA的Norrish Ⅱ反应

近几年有学者发现,在UV辐照PLA过程中,红外光谱1 845 cm^{-1}处条带逐渐显著,这意味着辐照过程中酸酐的形成,于是他们提出了以氢过氧化物为中间体的聚乳酸的光氧化自由机理:在紫外线照射下,PLA链中叔氢被提取,形成了自由基,随后自由基与氧反应形成过氧化物自由基,该自由基可轻易地从叔碳中提取另一个氢,进而形成氢过氧化物自由基,氢过氧化物的光解引发PLA链的断裂,如图9-6所示[13]。

3. 微生物降解

微生物对PLA的降解主要发生在水解之后,具备降解PLA能力的微生物首先会分泌胞外解聚酶靶向分解分子内酯键,解聚酶受到如丝素蛋白、弹性蛋白、明胶等诱导剂以及一些肽和氨基酸的刺激会加速降解,产生PLA低聚物、二聚体或单体。这些低分子量

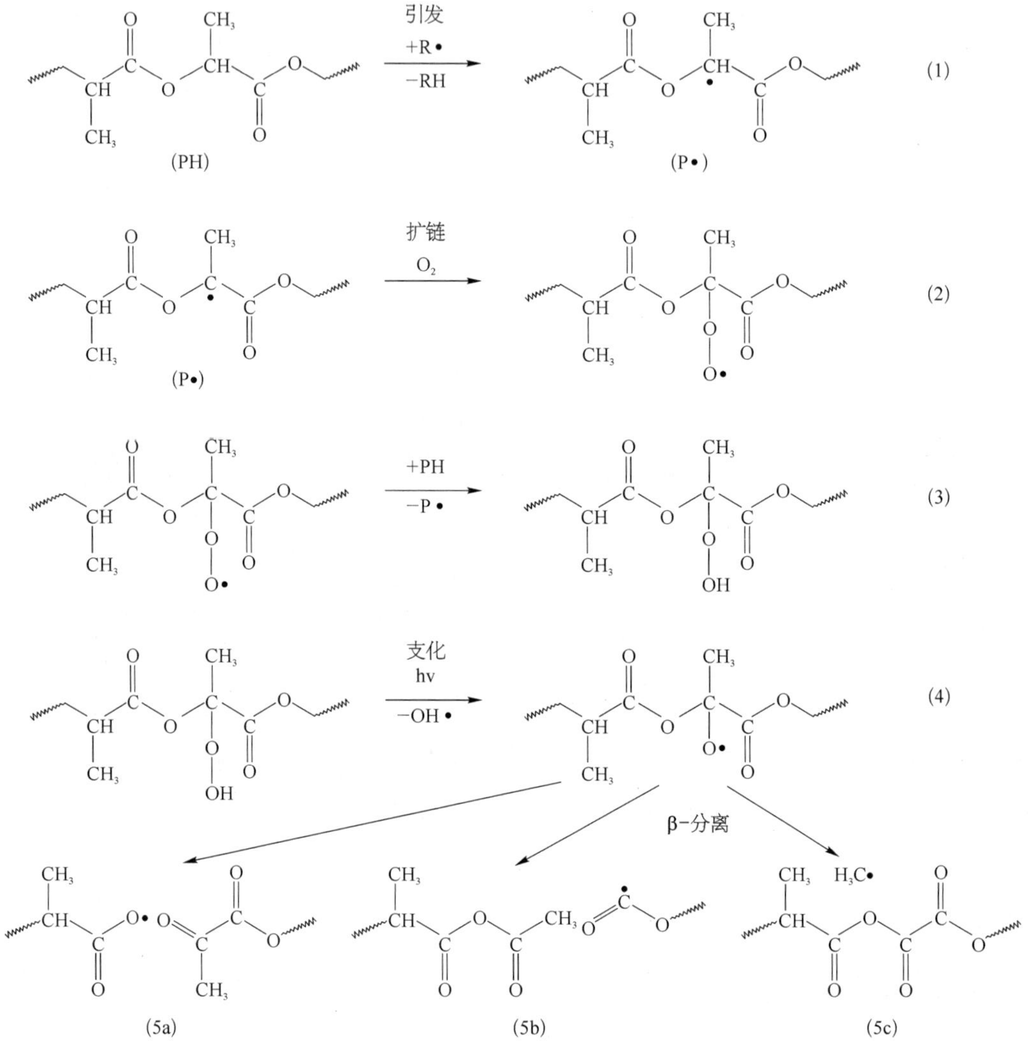

图 9-6 聚乳酸的光氧化自由机理

化合物可渗透微生物膜,在胞内酶的作用下进一步将低分子量化合物分解为 CO_2、H_2O 或 CH_4[14]。微生物吸收 PLA 降解产物是 PLA 降解过程的重要步骤,降解后生成的小分子也可为微生物生长提供营养物质。

与其他生物可降解材料相比,PLA 在土壤中的降解速率相对较慢。有研究表明,PLA 埋藏在土壤中 6 周后才会开始发生降解,完全降解需要数年时间,而在堆肥环境中 90 天内即可完全降解,在这个过程中,微生物起到了不可替代的作用。通过分析不同环境中能够降解 PLA 的微生物分布后发现,相比能降解其他聚酯类化合物的微生物,PLA 降解菌更难筛选得到。目前已发现的 PLA 降解菌约有几十种,其中大部分属于放线菌类,只有少数为真菌[15]。

4. 酶促降解

PLA生物降解的本质是微生物分泌解聚酶的作用结果。酶降解脂肪族聚合物一般包括两个步骤：首先是通过酶表面结合域结合到底物上，然后水解酯键得到相应产物。利用现代分子生物学技术已经可以实现从微生物中纯化和表征胞外PLA降解酶。

理论上讲，脂肪酶能够随机地切断聚酯主链的酯键，而PLA属于脂肪族聚酯，其单体乳酸之间是靠酯键进行连接的，脂肪酶应该对PLA具有降解作用。但研究发现，大部分商业脂肪酶对PCL、PBS等都呈现较好的活性，但几乎不能降解PLA，只有一种来自*Alcaligenes sp.*的脂肪酶PL，可以在55℃、pH 8.5的条件下经过20天实现对PLA的完全降解，推测认为这种酶的降解是以高温和高pH的水解为基础，对水解产物乳酸寡聚物的降解起主要作用。有人推测，脂肪酶能够降解各种低T_m、没有手性碳原子、在酯键和酯键之间具有大量亚甲基基团的无定型聚合物，但不能水解具有典型手性碳的聚酯，如PHB和PLA[16]。利物浦大学的Williams D F于1981年首次指出来自*Tritirachium album*的蛋白酶K对聚乳酸具有降解作用[17]，自此蛋白酶K就成为一种被普遍认同的PLA降解酶，并在PLA及其混合物的降解研究中广泛应用。受启发于蛋白酶K的降解作用，Oda等对56种可商购蛋白酶进行了PLA降解活性的测定，研究结果表明，某些碱性蛋白酶尤其是丝氨酸蛋白酶可降解PLA并产生大量乳酸，而酸性和中性蛋白酶对PLA基本上不具有降解能力[18]。除碱性蛋白酶外，脂肪酶[19]和角酯酶[20,21]也被报道具有降解PLA的能力。解聚酶的活性与环境的pH、温度以及PLA本身的性质有关。关于PLA解聚酶的最新研究结果表明，蛋白酶优先降解PLLA，而脂肪酶和角质酶更优先降解PDLA。

由于酯键在一定的高温环境下易发生断裂，因此PLA在高温下也会发生热降解。熔融状态下PLA的降解主要是由于PLA链端的分子内酯交换造成的，分子内酯交换生成乳酸的环状低聚物和丙交酯，该反应为可逆反应，生成的低聚物和丙交酯会重新插入线型的长链聚酯链段中，导致长链分子链变短，引起聚合物分子量下降，分子量分布变宽。由于PLA制备方法和生产工艺的不同，其热稳定性也存在较大差异，主要影响因素包括端基的结构、体系含水量、分子量、残留小分子以及加工工艺等。

除此以外，聚乳酸在人体内也具有良好的降解性，其在体内的降解过程称为溶蚀过程，是由不溶于水的固体变成水溶性物质的过程，主要包括吸水、酯键的断裂、可溶性寡聚物的扩散和碎片的溶解4个过程，与在自然环境中的降解过程基本一致。宏观上来说，聚乳酸在体内整体结构逐渐被破坏，体积逐渐变小，成为碎片，最后完全溶解而被人体吸收或排出体外；微观上来说，是分子链发生化学分解，分子量变小、交联度降低、分子链断开、侧链断裂等，最终变为水溶性的小分子而进入体液，被细胞吞噬并被转化和代谢。聚乳酸优异的机械性能、化学稳定性以及良好的生物相容性、可吸收性，使其在众多的材料中脱颖而出，在组织填充、细胞培养、药物载体等生物医学领域中发挥着不可替代的作用。

9.4.2 聚羟基脂肪酸酯

聚羟基脂肪酸酯(PHA)是由微生物利用碳源发酵而合成的脂肪族共聚聚酯，是一种生物聚酯，可作为微生物的碳源或能源物质在细胞营养不足的条件下使用。视单体结构不同，聚酯种类及性质也大不相同，最常见的有 3 种：聚 β -羟基丁酸酯(PHB)、聚 β -羟基戊酸酯(PHV)以及它们的共聚物——聚 β -羟基丁酸酯/聚 β 羟基戊酸酯(PHBV)。在各种自然环境中，如土壤、活性污泥、海水等，PHA 都表现出良好的生物降解性。

与聚乳酸不同，在自然环境下，PHA 可直接被微生物分泌的胞外酶酶解，目前已发现可降解 PHA 的微生物有上百种，包括细菌、霉菌和放线菌等都能分泌胞外解聚酶以分解 PHA，最终生成 CO_2和 H_2O 并释放能量。PHA 的降解过程受多种因素影响，主要包括：① 3 -羟基链烷酸酯重复单元的侧链长度；② 由于序列结构和制备方法变化而导致的材料形态差异；③ PHA 的样品几何形状，例如薄膜、颗粒、小球；④ 降解条件(pH、温度、酶等)[22]。

由于微生物的种类与其底物不同，其降解 PHA 的降解途径和降解产物也有一定差异。以 PHA 族材料中结构最简单的聚 β -羟基丁酸脂(PHB)为例，一般可将 PHB 在微生物作用下的分解分为胞内降解和胞外降解。胞内降解是合成细菌自身内源贮存物的活性降解，是以营养条件为变化依据的循环过程，当营养失衡又有碳源存在时，细胞就会大量积累 PHB，而当营养重新平衡时，PHB 又会被分解，其在胞内的代谢途径如图 9 - 7 所示。

胞内 PHB 是以非晶态存在且分子是可移动的。天然 PHB 颗粒具有特别的由蛋白和磷脂构成的表面层，该表面层对物理或化学胁迫敏感。图中第④步到第⑦步为 PHB 的胞内降解过程，在第④步，胞内无定型 PHB 颗粒在解聚酶作用下降解，形成单体和二聚体的混合物，二聚体随之在二聚体水解酶的作用下形成单体。在 PHB 的代谢中，最关键的酶是 3 -硐硫酯酶，它是一个双向调控酶，既参与合成又参与分解。当其催化合成时可以被高浓度的 CoA 抑制，由乙酰 CoA 激活；相反，当催化分解时，由 CoA 激活，被乙酰乙酰 CoA 抑制。可以认为，PHB 的降解与合成的平衡就是 CoA 和乙酰 CoA 之间的平衡。

PHB 的胞外降解是由微生物分泌的胞外 PHA 解聚酶利用外源性聚合体来降解 PHB 的，解聚酶水解胞外聚合体后生成水溶性产物，在平板上涂布可发现，在水解后菌落周围出现明显的透明圈，无论在厌氧还是有氧条件下，该反应都可以进行(图 9 - 8)。PHA 降解菌株已经从各种生态环境，包括土壤、堆肥、需氧型及厌氧型污泥、淡水和海水(包括深海)、入海口沉淀物及空气中分离得到，典型的有粪产碱杆菌(*Alcaligenes faecalis*)、勒氏假单胞杆菌(*Pseuclomoua lemoignei*)、德氏假单胞杆菌(*Pseudomonds*

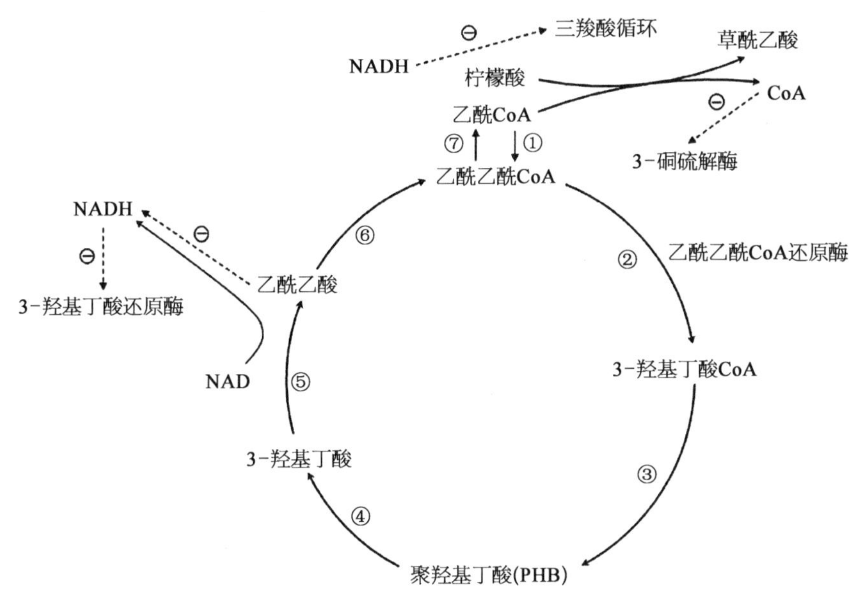

图9-7　PHB的胞内代谢途径

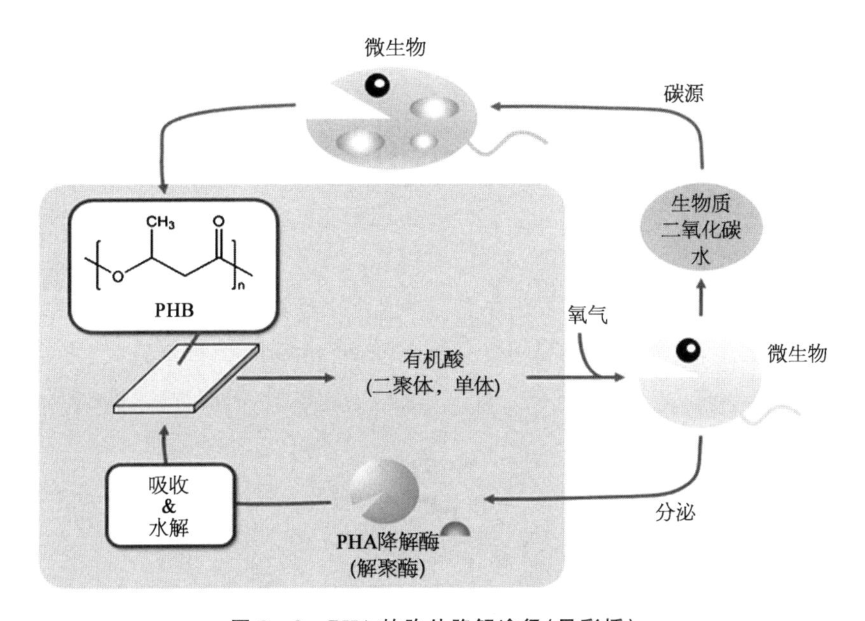

图9-8　PHA的胞外降解途径(见彩插)

delafieldii)、青霉菌(*Penicillium*)等。

PHA降解菌株可根据其降解聚酯的种类不同而进行区分,大部分已发现的细菌只能专一性降解短链和中链聚羟基烷酸,但也有部分细菌表现出降解聚酯的广泛性,其能够合成不止一种PHA解聚酶。以研究最为深入的PHA降解菌——勒氏假单胞杆菌(*Pseuclomouas lemoignei*)为例,该菌能合成至少 7 种胞外 PHA 解聚酶,其中一种胞外解聚酶对非晶态 PHB 具有专一性。PHB 在解聚酶作用下的水解中往往是多种解聚酶之间的协同作用,它们针对不同链长的分子有不同的底物专一性和 K_m 值[23,24]。

9.4.3 聚乙烯醇

由于聚乙烯醇(PVA)分子中含有大量亲水的羟基,因而具有强极性的分子结构,易溶于水、甘油、乙二醇等极性溶剂中。由于聚乙烯醇的 BOD 值很低,所以在过去的很长一段时间里,人们认为聚乙烯醇不可以被生物降解,直到 1973 年,Suziki 等325] 从土壤中分离了一株假单胞菌(*Pseudomonas broeoplis*),发现其可以产生一种聚乙烯醇降解菌,能够氧化并切断聚乙烯醇分子,自此以后,人们开展了诸多关于 PVA 生物降解性的研究。

自然环境中存在可以以 PVA 为碳源的微生物,能够吸收和降解在废水中溶解或呈胶体状态的 PVA,使其最终转化为 CO_2 和 H_2O。但与其他能够降解脂肪族高聚物的微生物相比,PVA 降解菌在种类和分布上要少得多,主要存在于长期含有 PVA 的污水和土壤中,包括细菌和真菌。细菌降解 PVA 的模式可分为两种:一种是菌株单独降解 PVA;一种是混合菌株协同降解 PVA。多数细菌在单独降解 PVA 时需要人工添加有机氮源或生长因子。目前发现的 PVA 降解细菌中,只有 *Pseudomonas* O - 3 和 *Pseudomonas vesicularis varpovalolyticul* PH 能够单菌降解,其余的细菌都不能单独彻底降解初始培养基中的 PVA。还有一种是通过协同作用降解 PVA 的共生菌,其中一株菌不直接降解或利用 PVA,但它能利用由其共生菌降解 PVA 所释放出来的一些代谢产物来维持生长。

PVA 降解酶主要包含 3 种:聚乙烯醇氧化酶(仲醇氧化酶)、聚乙烯醇脱氢酶和 β - 双酮水解酶(氧化型聚乙烯醇水解酶)。根据 Moden plastic 年鉴报道,当聚合物链中含有—CH_2CHOH—单元组分时,可发生以下生化反应,如图 9 - 9 所示。

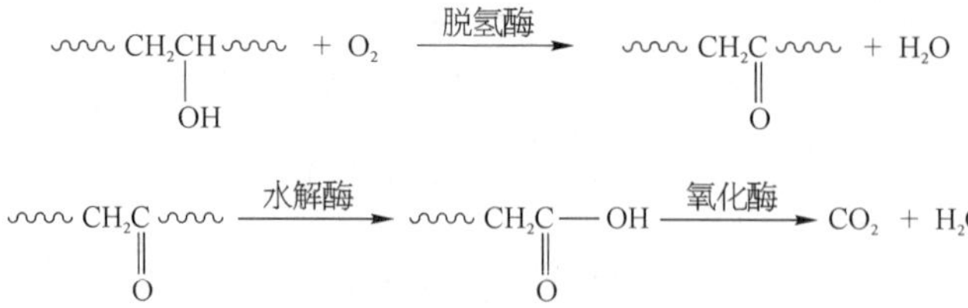

$$\sim CH_2CH(OH)\sim + O_2 \xrightarrow{\text{脱氢酶}} \sim CH_2C(=O)\sim + H_2O$$

$$\sim CH_2C(=O)\sim \xrightarrow{\text{水解酶}} \sim CH_2C(=O)-OH \xrightarrow{\text{氧化酶}} CO_2 + H_2O$$

图 9 - 9 PVA 酶解机理

到目前为止发现的 PVA 脱氢酶主要是一类需要吡咯并喹啉醌(PQQ)作为辅酶的脱氢酶,产生这类酶的菌株需要以 PQQ 作为生长因子,因此这类菌需要与另一种产生并分泌 PQQ 的菌株共生,才能对 PVA 进行降解。就所催化的底物而言,PVA 脱氢酶主要催化仲醇和PVA脱氢反应,对伯醇则无催化活性,因此该酶与乙醇脱氢酶的醌类酶是不同的。β-双酮水解酶又称氧化型PVA水解酶,最初是从可利用PVA做唯一碳源的*Pseudomonas*菌株发酵液中分离出来的。从该酶的作用底物来看,其仅对氧化型PVA具有催化活性,而对许多低分子量酮类化合物并无催化活性。PVA氧化酶对PVA的催化要求一般为碳链较长(分子量大于300 Da)且有暴露的羟基基团,在O_2的参与下,羟基基团被氧化成酮基基团,因此PVA氧化酶又叫作仲醇氧化酶。目前对这3种酶的催化机理研究已经了解得较为深入,但菌种不同,所产生的PVA降解酶的组合种类也不同。一种组合是细胞产生的聚乙烯醇氧化酶与β-双酮水解酶,另一种组合是细胞产生的聚乙烯醇脱氢酶与β-双酮水解酶。目前,研究者们对PVA降解酶催化PVA的降解机理也仍存在异议。

近几年逐渐出现关于真菌降解PVA的研究报道。降解木质素的担子菌类*Phanerochaete chrysoporium*对稠环芳烃化合物和人工合成大分子化合物等抗异型生物质的降解有很好的功效,利用其对PVA进行降解时,其产生的木质素过氧化物酶(LiP)可通过羰基双键的形成增加其不饱和度而降解PVA。真菌降解过程的第一部分主要发生在PVA链的非晶体部分,剩下的晶体部分则降解得很慢。Inés等[26]提出一条真菌的降解路线:首先自由基修饰成环氧化物,然后水解生成双键,这个假设通过红外与紫外光谱的分析得到,自由基阳离子体通过7个碳原子的重整而生成苯甲醛(图9-10)。

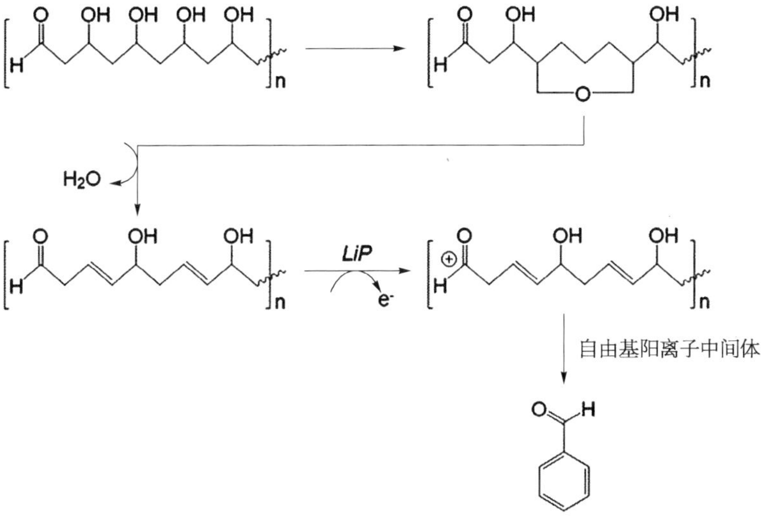

图9-10　*Phanerochaete chrysoporium*对PVA的生物降解途径

在溶液中,PVA的降解机理主要是聚合物链的内部随机断裂。第一步是1,3-羟基基团的氧化,由氧化酶和脱氢酶类的酶催化,生成β-羟基酮或1,3-二酮基团。后者易受β-二酮水解酶的催化,造成碳碳链的断裂,形成以羧基和甲基酮为端点的链。PVA的内部随机断裂不受聚合物结构因素的影响,但是聚合物的疏水性,如残余乙酰基的量对

PVA 脱氢酶的活性是有影响的，PVA 氧化酶也显示出对大分子显微结构的依赖性。经分离出的酶大部分都是胞外酶，但是有一种特殊的胞内酯酶能够水解参与的乙酰基，这主要是在部分醇解的 PVA 样品的最终胞内代谢过程中发生的[27]。

9.4.4 聚丁内酰胺

普通的聚酰胺在自然环境下难以被降解，它们的高度抗降解性主要是因其具有分子结构的高度对称性和链间强烈的氢键作用力，导致其具有高度有序的结晶形态，难以自然降解。聚丁内酰胺(PA4)的出现打破了这一现状，Hashimoto 等[28]在 1994 年首次探究了 PA4 在土壤中的生物降解性，发现 PA4 在农场土壤(堆肥 10 年以上)中发生降解，并在 4 个月内完全消失，而其他聚酰胺在土壤中放置近 15 个月后仍然存在。通过测定分子量发现 PA4 降解过程中分子量几乎保持不变，表明它被生物降解而非水解。而选用普通的校园土壤(未堆肥 10 年以上)进行降解测试时，PA4 未能降解，表明这种可降解 PA4 的微生物有选择性和特异性。进一步研究发现，PA4 在活性污泥中 28 天即可完全降解[29]，远高于在土壤中的降解速率，同时降解过程中伴随大量 CO_2 的产生，这与当前对可生物降解聚合物的要求完全相符。

进一步研究发现，PA4 在土壤、堆肥、活性污泥以及海水等自然环境中均表现出良好的生物降解性，在海水中 PA4 的降解率与聚酯 PHB 相同[30]，且随着在海水中孵育时间的延长，PA4 膜表面逐渐形成了一层生物膜，表明有微生物在 PA4 膜上生长。为了更深入了解 PA4 的降解机理，在活性污泥中筛选分离出了对 PA4 有明显降解效果的假单胞菌(*Pseudomonas* sp.)ND－10 和 ND－11[31]，将其接种在含有 PA4 作为唯一碳源的基本培养基上，通过分析降解产物，确定在该菌株作用下产生了 GABA 作为中间降解产物，最终降解产物为 CO_2 和 NO_3^-，说明该菌株是利用其胞外酶水解酰胺键对 PA4 进行降解。从海水中分离出一株 PA4 降解菌 MND－1，它属于链霉菌科(*Alteromonadaceae*)，这株菌种可以在没有其他微生物的情况下独自降解 PA4，降解产物中存在 GABA 和 GABA 低聚物，与 PA4 在土壤和活性污泥中的降解产物相同，这意味着 PA4 在海水、土壤与活性污泥中具有相同的降解机制。已有研究显示，PA4 优异的生物降解性与其亲水性有关，当通过嵌段、共聚、接枝等结构改性方式改造 PA4 时，其生物降解性会随其亲水性的降低而降低。

到目前为止，从自然环境中发现的 PA4 降解菌株包括从土壤中分离出的镰刀菌(*Fusarium* sp.)、寡养单胞菌(*Stenotrophomonas* sp.)和假黄单胞菌(*Pseudoxanthomonas* sp.)、从活性污泥中分离出的假单胞菌(*Pseudomonas* sp.)以及从海水中分离出潮间带杆菌(*Aestuariibacter* sp.)和链霉菌(*Alteromonadaceae* sp.)。Sasanami 等[32-33]成功从富含 PA4 的假黄单胞菌菌液中分离、纯化出 PA4 的降解酶，该酶被证实为是对酪蛋白活性低的金属蛋白酶，在 35℃、pH 7 环境中表现出最佳活性，可将 PA4 水解成 GABA 低聚物。

Nakayama 等[33]报道了关于 PA4 在生物体内的降解性的成果,他们在大鼠背部皮下分别植入 PLA 无纺布、PA4 无纺布、PA4 薄膜和 PA4 注塑样条,一个月后回收样品并测定分子量,发现 PA4 在体内比 PLA 更容易发生降解,由 PA4 和聚己内酯组成的共聚物在小鼠体内也发生了降解。除此之外,植入小鼠体内的 PA4 没有对周围组织产生影响,对其安全性评估也未显示出致突变性或细胞毒性,证明了 PA4 具有良好的生物相容性。

尽管当前已经可以将 PA4 的生物降解归因于自然环境中某些菌群产生的胞外酶的水解作用,但是关于降解酶的更多信息仍是未知的。同时,在自然环境下光、热等条件是否对 PA4 的降解具有一定催化作用,仍是未来亟待解答的问题。

9.5　生命周期评价

9.5.1　生命周期评价的起源和发展

生命周期评价(life cycle assessment,LCA)是一种对材料或产品进行环境表现分析的一种重要方法,目前在很多国家得到了应用,生命周期评价对改善产品现有生产工艺,提高资源能源的利用效率,降低污染物排放有重要作用。因此,生命周期评价在材料领域的应用,将对材料的绿色化以及材料产业的可持续发展起到巨大的指导和推进作用。

LCA 的概念起源于 20 世纪 60 年代末,当时主要是从保护原材料和能源的角度出发,以各种方法计算和分析资源和能源的供应和消耗状况,例如美国能源署开展的诸如“燃料循环”(fuel cycle)之类的研究。1969 年,由美国中西部资源研究所(mid west research institute,MRI)开展的针对可口可乐公司的饮料包装瓶进行评价的研究,首先将 LCA 用于资源、能源和环境影响综合评价。该研究对饮料的一次性塑料包装的可行性进行评估,比较了复用式的玻璃瓶包装与一次性塑料包装的整体环境影响,并最终确定了塑料包装的环境友好性。在此之后,美国和欧洲各国的其他公司也开展了多项以包装纸、包装盒等包装材料和容器为中心的产品评价,从此揭开了 LCA 发展的序幕。

20 世纪 70 年代初期,英国、德国、瑞典等一些国家相继开展了有关生命周期评价的研究,其中大多是以包装材料和容器为研究中心。20 世纪 70 年代中期能源危机爆发之后,环境问题的热点是能源问题,美、英等国政府进行了大量关于工业生产能量分析的研究,这些研究促进了当今 LCA 方法中能源消耗部分的进展。20 世纪 70 年代末石油危机平息之后,有关 LCA 的研究就不只局限于能流的分析。到了 20 世纪 80 年代中期,LCA 的发展进入了一个高潮,在这一时期环境影响的评估方法有了实质性的进展,如临界值法分别在瑞士和荷兰独立形成,环境优先级方法在瑞士发展起来。

20 世纪 80 年代末至 90 年代初,随着人们对产品和包装系统复杂关系认识的深入,渐渐发现每个系统都能够在资源与环境效益上有所改善,人们对资源与环境效益认识的加深,使得生命周期清单分析方法得到了很好的发展。

进入 20 世纪 90 年代,生命周期评价的发展进入了一个空前发展的时期,在这一阶段,生命周期评价中的很多问题都得到了统一与认可。1990 年 8 月,在美国召开的国际环境毒理学与化学学会(society of environment toxicology and chemistry,SETAC)研讨会上,与会者对 LCA 的概念和理论框架进行了详细的讨论与研究,并最终确定了"生命周期评价"的概念,从而统一了国际上的 LCA 研究,使 LCA 研究进入了规范化、稳定化发展的阶段。这一时期,LCA 研究在许多国家开始生根发芽,日本在 1995 年开始对一些典型材料进行生命周期评价。1998 年,日本经济、贸易和工业部门联合提出了一个发展产品的生命周期影响评价的 5 年计划,通常被称为 LCA 工程。同样是在 1998 年,西班牙出版了第一本有关 LCA 的图书,介绍了 LCA 的思想及概念,将国际上通行的 ISO 及 SETAC 标准翻译成为西班牙语。在意大利,从 1993 年就有大学开始研究 LCA,1998 年其国内的几家大公司,如 ABB、FIAT 开始运用 LCA 对其产品进行生命周期评价。

1993 年,SETAC 对 LCA 做了如下定义：通过确定和量化与评估对象相关的能源消耗、物质消耗和废弃物排放来评估某一产品、过程或事件的环境负荷;定量评价由于这些能源、物质消耗和废弃物排放所造成的环境影响;辨别和评估改善环境表现的机会。评价过程应包括该产品、过程或事件的寿命全过程,包括原材料的提取与加工、制造、运输和销售、使用、再使用、维持、循环回收,直到最终的废弃。

1997 年 ISO 修订的 ISO 14040 标准规定：LCA 是对一个产品系统的生命周期中输入、输出及其潜在环境影响的汇编和评价(图 9 - 11)。这里的产品系统是通过物质和能量联系起来的,具有一种或多种特定功能单元过程的集合。在 LCA 标准中,"产品"既可以指一般制造业的产品系统,也可以指服务业提供的服务系统。生命周期是指产品系统中前后衔接的一系列阶段,从原材料的获取或自然资源的生成,直至最终处置。

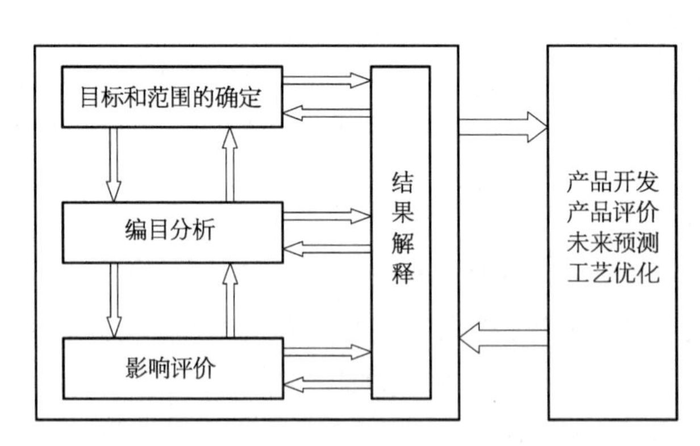

图 9 - 11　ISO 14040 技术框架[33]

从对 LCA 的两种阐述可以看出,LCA 的定义在其发展过程中不断地得到完善和充实,但基本的思想与方法并没有改变[33]。

LCA 的方法学框架早期习惯以 1990 年 SETAC 研讨会上确定的三角形模型。随着 LCA 方法的发展,1997 年 ISO 14040 标准以一种新的形式定义了 LCA 技术框架,LCA 评价过程包括目的与范围的确定、清单分析、影响评价和结果解释这4个组成部分(图3-12)。

9.5.2　生命周期评价的意义

当前LCA已广泛应用于人类社会的各个领域,对我们的经济社会运行、可持续发展战略、环境管理系统都带来了新的要求和内容,其意义在于以下几个方面：在工业企业部门,LCA的应用,有助于企业对产品系统的生态辨识与诊断、产品生命周期影响的评价与比较、产品改进效果的评价、生态产品设计与新产品开发、循环回收管理及工艺设计、清洁生产审计,对企业提高资源利用效率、优化生产工艺以及降低生产成本等方面进行支持;在政府环境管理部门和国际组织,社会产品体系之间相互作用、相互影响,都受到经济规律和生态规律的制约,因此在社会生产的各个方面运用LCA思想,将可以了解产业结构与社会环境问题间的关系,从而为地区和行业发展政策的制定提供依据;对消费者组织而言,产品的生产是以产品的出售实现其价值的,LCA的运用能够使消费者对产品的环境性能有直观的了解,消费者逐渐对存在环境污染问题的产品和企业予以排斥,增加了企业对污染问题的重视,促使其改善环境。

尽管LCA的应用对人类社会具有非常重要的意义,但它并不是完美无缺的。LCA在其研究理论与实际应用中都存在着一定的局限性,它的局限性可以从以下几个方面阐述：首先,客观性问题,LCA所处理的环境问题以及所采用的量化方法,都会对评价结果的客观性产生很大的影响;计算模型的局限性,将清单数据转换为环境损害的计算方法通常非常复杂和不确定,而生命周期清单分析或评价环境影响模型的假定条件又可能对某些潜在影响或应用并不适用;信息来源和数据质量问题,由于生命周期各个阶段的信息和数据有限,许多数据尤其是典型生产的数据无法获得,造成整个研究过程中一些环节数据的缺失;时间和地域的局限性,在不同的时间和地域范围内,因生产工艺、资源以及能源结构等因素使得同一种产品得到不同的环境清单数据,随着生产技术和工艺的更新,所得评价结果也只在某一段时间内有参考价值。

9.5.3　案例分析

1. 聚碳酸亚丙酯的生命周期评价[34]

1) 研究目的

半生物基材料聚碳酸酯——聚碳酸亚丙酯(poly propylene carbonate,PPC)是最近几年开始投入生产、使用的一种全生物降解塑料,主要应用于食品包装和医用领域。聚碳酸亚丙酯是由CO_2和环氧丙烷(propylene oxide,PO)在一定条件下聚合生成,其中CO_2的单元质量分数达到31%～50%,并且在强制堆肥条件下50～60天完全降解成H_2O和CO_2。目前,主要研究为以石油产品(环氧丙烷)和CO_2生产的聚碳酸亚丙酯的环境负荷状况,通过对聚碳酸亚丙酯进行全生命周期分析,定量地得出材料全生命周期各个阶段的环境负荷,找出聚碳酸亚丙酯生命周期过程中的主要环境负荷阶段、主要环境负荷工序以及主要环境负荷类型。

2) 研究的边界范围

根据研究的目的，确定研究的边界范围为原油开采、丙烯的生产、环氧丙烷的生产、聚合物的生产、使用以及最终的废弃处理的整个生命周期过程(图 9-12)。环氧丙烷生产中所消耗的 Cl_2、石灰等都在研究范围之内。聚合物生产过程中使用的 CO_2 来自水泥厂等企业净化处理后的废气，其生产过程不在研究范围之内，即实际研究内容为虚线框内的部分。涉及的环境影响类型分 5 种，包括人体健康损害、光化学效应、酸化效应、温室效应和不可再生资源消耗。系统的功能单位确定为生产 1 000 kg 产品所造成的环境负荷。

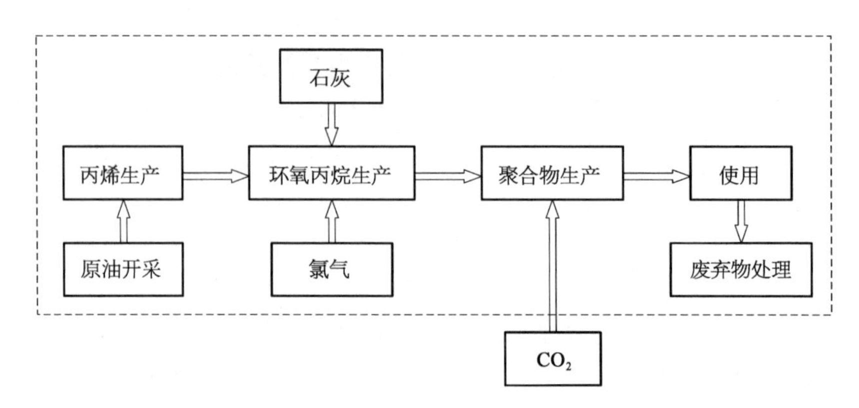

图 9-12 聚碳酸亚丙酯的系统边界[34]

3) 清单分析

PPC 的整个生命周期过程中环氧丙烷生产的能耗最大，占 PPC 生命周期总能耗的 39.17%，其次是聚合物生产和丙烯，分别占 PPC 生命周期总能耗的 36.74%和 21.12%。从各个工序的生产清单(表 9-2)可以看出 3 种产品能耗高的原因：环氧丙烷生产能耗主要是氯气生产所消耗的大量电力和生产环氧丙烷消耗的大量蒸汽造成的；丙烯生产阶段的能耗主要是燃料油和蒸汽的使用引起的，尤其是燃料油的使用，其单位热值是蒸汽热值的 10 倍；聚合物生产阶段的能耗则主要是因为蒸汽的大量使用。

表 9-2 聚碳酸亚丙酯的生命周期清单(kg/t)[34]

		原油开采	丙烯生产	环氧丙烷生产	聚合物生产	使　用	废　弃
资源能源输入	原煤	1.19E+00	1.94E+02	7.81E+02	7.12E+02	1.12E−01	4.84E−02
	原油	2.81E+02	9.20E+02	1.06E+01	1.09E+00	3.11E+00	1.34E+00
	天然气*	1.97E−03	8.44E+00	7.94E+00	8.14E−01	1.87E−04	8.05E−05
	原盐	—	—	6.97E+02	—	—	—

（续表）

		原油开采	丙烯生产	环氧丙烷生产	聚合物生产	使　用	废　弃
资源能源输入	水	—	3.16E+03	1.51E+05	1.00E+04	—	—
	石灰石	—	—	1.37E+02	—	—	—
	CO_2	—	—	—	－(4.80E+02)	—	—
废气排放	CO_2	7.52E+01	9.50E+02	2.14E+03	1.27E+03	7.86E+00	3.39E+00
	SO_2	1.93E−01	4.61E+00	1.18E+01	1.30E+01	8.45E−03	3.64E−03
	NO_X	1.87E−01	2.75E+00	8.20E+00	7.15E+00	1.32E−01	5.70E−02
	CO	7.27E−03	2.13E−00	1.99E+00	1.61E+00	6.53E−02	2.81E−02
	CH_4	7.35E−03	1.19E−01	2.65E+00	2.83E−01	1.30E−03	5.60E−04
	NMVOC	—	8.94E−02	3.35E−01	3.43E−02	3.82E−02	1.65E−02
	粉尘	9.22E−02	6.20E−01	1.29E+01	2.42E+01	1.71E+01	7.36E+00
废水	总计	5.72E+02	5.78E+02	2.85E+04	1.35E+02	1.81E+00	7.81E−01
废渣	总计	5.76E+00	4.00E−00	1.43E+03	1.05E+01	1.83E−02	7.87E−03
能耗	总计(MJ)	1.35E+03	1.10E+04	2.03E+04	1.90E+04	1.33E+02	5.71E+01
	比例(%)	2.60	21.12	39.17	36.74	0.26	0.11

*：单位 m^3/t。

由于生产过程中的废气主要来自能源燃烧所排放的废气，因此能耗大的环氧丙烷生产、聚合物生产和丙烯生产3个阶段的废气排放量也大，分别占总排放量的47.62%、28.83%和21.10%。

废水和废渣的排放主要在环氧丙烷的生产阶段，分别占整个生命周期过程相应排放的95.67%和98.6%，这主要是因为氯醇法生产环氧丙烷的过程中产生了大量的皂化废水和皂化废渣($CaCl_2$)。

(1) 分类

分类是将产品生命周期全过程中资源能源和污染物排放的清单数据归入不同的环境影响类型当中。其首要工作在于确定生命周期研究中所要关心的环境影响类型，而后将清单数据归入对应的环境影响类型当中(表9-3)。

由于SO_2和NO_X涉及多个影响类型，因此在计算过程中要对其进行分配。SO_2在酸化效应和人体健康损害之间为并联机制，因此SO_2在两种影响类型之间的分配系数均取0.5。NO_X在光化学效应与酸化效应之间是串联机制，因此两者之间分配系数为1；NO_X在酸化和人体健康损害效应之间为并联机制，两种影响类型分配系数均为0.5，因此NO_X在POPC、AP和HT之间的分配系数为1∶0.5∶0.5。

表 9-3　相关环境影响及类型参数[34]

环境影响类型	类 型 参 数	环境负荷项目
人体健康损害(HT)	kg(1,4-二氯苯当量)	粉尘、SO_2、NO_X
光化学效应(POCP)	kg(乙烯当量)	乙烯、NO_X、CO、NMVOC
酸化效应(AP)	kg(SO_2当量)	SO_2、NO_X
温室效应(GWP)	kg(CO_2当量)	CO_2、CH_4
不可再生资源消耗(ADP)	kg(锑当量)	煤、石油、天然气、石灰石

(2) 特征化

特征化是根据环境影响分类以及选用的计算模型,将得到的生命周期清单的数据转化为相应的环境影响指标。其中,矿产资源消耗特征化因子采用高峰博士计算出来的资源耗竭性特征化因子,结合各种污染物在不同环境影响类型之间的分配因子计算得到聚碳酸亚丙酯的特征化结果(表 9-4)。

表 9-4　聚碳酸亚丙酯生命周期各阶段的特征化结果[34]

影响类型	原　油	丙　烯	环氧丙烷	聚合物	使　用	废　弃	合　计
HT	2.04E−01	7.05E+00	1.63E+01	2.50E+01	1.41E+01	6.07E+00	6.87E+01
POCP	5.44E−03	1.38E−01	4.23E−01	2.58E−01	2.14E−02	9.21E−03	8.55E+01
AP	1.62E−01	3.27E+00	8.75E+00	8.98E+00	5.06E−02	2.18E−02	2.12E+01
GWP	7.55E+01	9.52E+02	2.20E+03	7.99E+02	7.89E+00	3.40E+00	4.03E+03
ADP	3.98E−02	1.30E−01	1.55E−03	1.95E−04	4.40E−04	1.90E−04	1.72E−01

(3) 归一化

为了进一步辨别不同环境影响类型的环境负荷相对大小,对得到的特征化结果进行归一化处理,即将每个环境影响类型的环境负荷总量作为基准值,用相应的环境负荷当量除以相对应的排放总量,可得到统一单位的数值。对聚碳酸亚丙酯进行归一化和等权重加权计算,得到了其生命周期各阶段以及整个生命周期过程的归一化结果(表 9-5)。

表 9-5　聚碳酸亚丙酯生命周期各阶段的归一化结果[34]

影响类型	原　油	丙　烯	环氧丙烷	聚合物	使　用	废　弃	合　计
HT	4.09E−15	1.42E−13	3.28E−13	5.02E−13	2.83E−13	1.22E−13	1.38E+12
POCP	1.20E−13	3.04E−12	9.29E−12	5.67E−12	4.70E−13	2.02E−13	1.88E−11

（续表）

影响类型	原 油	丙 烯	环氧丙烷	聚合物	使 用	废 弃	合 计
AP	5.42E−13	1.09E−11	2.93E−11	3.00E−11	1.69E−13	7.29E−14	7.10E−11
GWP	1.95E−12	2.47E−11	5.69E−11	2.07E−11	2.04E−13	8.80E−14	1.05E−10
ADP	1.86E−12	6.09E−12	7.25E−14	9.11E−15	2.06E−14	8.86E−15	8.06E−12
合计	4.48E−12	4.49E−11	9.59E−11	5.69E−11	1.15E−12	4.94E−13	2.04E−10

4）结果解释

特征化过程得到了每种环境影响类型的环境负荷值，但它们表示的仅是绝对总量，而归一化过程是计算环境负荷相对大小，归一化使不同环境影响类型间的单位壁垒得以打破，使得不同工序的环境影响及不同的环境影响类型之间可以进行比较。

2. 聚乳酸的生命周期评价[35]

聚乳酸的原料乳酸可以通过发酵玉米等粮食作物大规模获得，可以在一定程度上减轻石油资源日渐枯竭的问题。在自然环境中，聚乳酸材料能在微生物、水等的作用下，降解成 CO_2 和 H_2O，对环境无害，不会造成白色污染，如图 9－13 所示。

1）系统边界的确定

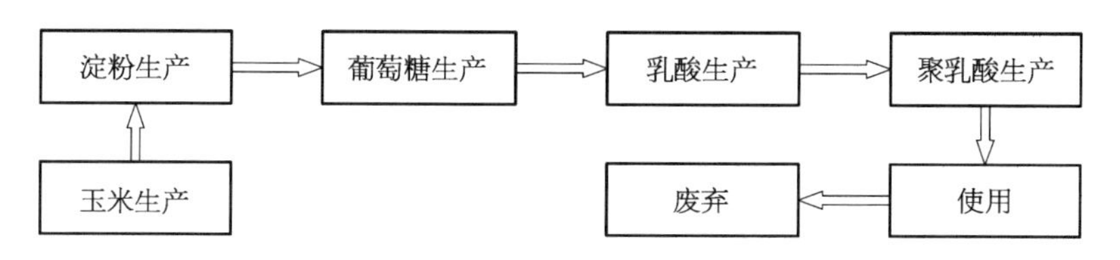

图 9－13 聚乳酸的系统边界[35]

2）清单分析

对聚乳酸生命周期内每个阶段的数据进行收集整理。将聚乳酸生命周期过程各个阶段的数据进行汇总，如表 9－6 所示。

聚乳酸整个生命周期过程中能耗最大的是生产阶段的乳酸生产工序，占总能耗的 56.56％，其次是葡萄糖生产和聚乳酸生产工序，分别占总能耗的 27.19％和 10.67％。在 3 个工序中，乳酸生产时主要是电力和蒸汽的消耗，而葡萄糖生产时是电力和燃料油的消耗，聚乳酸生产时主要是电力的消耗。

3）影响评价

（1）分类

根据研究所确定的环境影响类型，将 PLA 清单中所涉及的污染物划归到 5 种环境影响类型当中，如表 9－7 所示。

表 9-6　聚乳酸的生命周期清单[35]

		玉米生产	淀粉生产	葡萄糖生产	乳酸生产	聚乳酸生产	使　用	废　弃
资源能源输入	原煤	7.90E+01	1.18E+02	2.02E+02	2.16E+03	3.97E+02	1.12E−01	4.84E−02
	原油	2.09E+01	2.75E+00	4.41E+02	3.09E+01	9.24E+00	3.11E+00	1.34E+00
	天然气*	1.10E+01	2.05E+00	3.20E+00	2.31E+01	6.90E+00	1.87E−04	8.05E−05
	原盐	—	—	—	6.64E−01	—	—	—
	水	—	3.54E+03	1.84E+04	9.57E+02	—	—	—
	CO_2#	−(4.00E+03)	—	—	—	—	—	—
废气	CO_2	3.19E+01	2.27E+02	1.45E+03	4.04E+03	7.62E+02	7.86E+00	3.39E+00
	SO_2	1.81E−01	1.29E+00	5.91E+00	3.01E+01	4.34E+00	8.45E−03	3.64E−03
	NO_X	1.83E−01	1.35E+00	4.84E+00	2.35E+01	4.54E+00	1.32E−01	5.70E−02
排放	CO	4.51E−02	3.42E−01	5.57E+00	5.70E+00	1.15E+00	6.53E−02	2.81E−02
	CH_4	8.95E−02	6.85E−01	1.19E+00	7.72E+00	2.30E+00	1.30E−03	5.60E−04
	NMVOC	1.09E−02	8.66E−02	1.34E−01	9.75E−01	2.91E−01	3.82E−02	1.65E−02
	粉尘	9.83E−02	5.65E−01	1.46E+00	3.61E+01	1.90E+00	1.71E+01	7.36E+00
废水	总计	5.47E+01	3.39E+02	7.80E+02	3.82E+03	1.14E+03	1.81E+00	7.81E−01
废渣	总计	3.44E+00	1.56E−02	4.34E+01	3.14E+02	8.86E+01	1.83E−02	7.87E−03
能耗	总计(MJ)	9.54E+02	2.66E+03	2.28E+04	4.74E+04	8.94E+03	1.33E+02	5.71E+01
	比例(%)	1.15	3.21	27.48	57.15	10.78	0.16	0.07

*：单位为 m^3/t；#：植物吸收的 CO_2。

表 9-7　相关环境影响及类型参数[35]

环境影响类型	类型参数	环境负荷项目
人体健康损害(HT)	kg(1,4-二氯苯当量)	粉尘、SO_2、NO_X
光化学效应(POCP)	kg(乙烯当量)	NO_X、CO、NMVOC
酸化效应(AP)	kg(SO_s当量)	SO_2、NO_X
温室效应(GWP)	kg(CO_2当量)	CO_2、CH_4
不可再生资源消耗(ADP)	kg(锑当量)	煤、石油、天然气

由于SO_2和NO_X涉及多个影响类型,因此在计算过程中要对其进行分配。SO_2在酸化效应和人体健康损害之间为并联机制,故SO_2在两种影响类型之间的分配系数均取0.5。NO_X在光化学效应与酸化效应之间是串联机制,因此两者之间分配系数为1;NO_X在酸化和人体健康损害效应之间为并联机制,即两种影响类型分配系数均为0.5,因此NO_X在POPC、AP和HT之间的分配系数为1∶0.5∶0.5。

(2) 特征化

根据环境影响分类结果和相应的特征化因子,对聚乳酸进行归一化计算,其中,矿产资源消耗特征化因子采用高峰博士计算出来的资源耗竭性特征化因子,结合各种污染物在不同环境影响类型之间的分配因子计算得到聚乳酸的特征化结果(表9-8)。

表 9-8　聚乳酸特征化结果[35]

影响类型	玉米	淀粉	葡萄糖	乳酸	聚乳酸	运输	废弃	合计
HT	3.81E−01	1.34E+00	4.38E+00	4.52E+01	4.49E+00	1.41E+01	6.07E+00	7.59E+01
POCP	2.08E−02	8.31E−02	3.42E−01	1.22E+00	2.79E−01	2.14E−02	9.21E−03	1.97E+00
AP	2.95E−01	1.12E+00	4.65E+00	2.33E+01	3.76E+00	5.06E−02	2.18E−02	3.32E+01
GWP	−3.94E+03	2.41E+02	1.48E+03	4.20E+03	8.10E+02	7.89E+00	3.40E+00	2.80E+03
ADP	5.67E−03	3.96E−04	6.24E−02	4.51E−03	1.33E−03	4.40E−04	1.90E−04	7.49E−02

(3) 归一化

采用1995年全球范围内人体健康的损害效应、光化学效应、酸化效应、温室效应以及基于我国本土的矿产资源归一化基准,计算得到PLA的归一化结果,如表9-9所示。

4) 结果解释

表9-9给出了聚乳酸整个生命周期过程中各个工序的环境负荷,从中可以得知聚乳酸的整个生命周期过程中的环境负荷主要在材料生产阶段,从淀粉到聚乳酸整个生产阶

表 9-9　聚乳酸的归一化结果[35]

影响类型	玉　米	淀　粉	葡萄糖	乳　酸	聚乳酸	运　输	废　弃	合　计
HT	7.65E−15	2.68E−14	8.80E−14	9.07E−13	9.02E−14	2.83E−13	1.22E−13	1.52E−12
POCP	4.57E−13	1.83E−12	7.51E−12	2.68E−11	6.14E−12	4.70E−13	2.02E−13	4.34E−11
AP	9.87E−13	3.74E−12	1.55E−11	7.79E−11	1.26E−11	1.69E−13	7.29E−14	1.11E−10
GWP	−1.02E−10	6.25E−12	3.82E−11	1.09E−10	2.10E−11	2.04E−13	8.80E−14	7.25E−11
ADP	2.65E−13	1.85E−14	2.91E−12	2.11E−13	6.22E−14	2.06E−14	8.86E−15	3.50E−12

段的各个工序中乳酸生产是其环境热点，其他工序的环境负荷大小依次是葡萄糖、聚乳酸和淀粉生产。温室效应、酸化效应以及光化学效应在乳酸生产工序最为突出，结合清单分析，乳酸生产的能耗在聚乳酸整个生命周期过程中的能耗最大，高能耗造成了高排放，其他工序的环境负荷大小都与其能耗大小相对应。而不可再生资源消耗则主要在葡萄糖生产阶段，这主要是葡萄糖生产阶段的能源消耗以原油为主，乳酸能源消耗以煤炭为主，而煤多油少是我国的基本国情，因此在矿产资源消耗方面，原油的影响要远大于原煤的影响。

聚乳酸整个生命周期过程中的主要环境负荷类型为酸化效应和温室效应，两种环境影响分别占到总环境负荷的 47.85％和 31.28％，两种环境负荷都来自化石能源燃烧产生的酸性气体和温室气体排放，但由于玉米生产阶段吸收了大量的 CO_2，使聚乳酸的温室效应大大降低，造成酸化效应较温室效应更为突出。聚乳酸以生物质可再生资源为原料，致使其整个生命周期过程中不可再生资源的消耗很小。聚乳酸整个生命周期过程中各种环境影响的大小依次为：AP＞GWP＞POPC＞ADP＞HT。

参考文献

[1] 潘玉军，罗大伟. 浅谈生物基可降解材料. 今日印刷，2018，303 (12)：64-67.
[2] 金林宇，何思远，李丹，等. 可降解材料现状及其在海洋领域的研究进展. 包装工程，2020，41(19)：108-115.
[3] 韩阳阳，朱光明，李奔. 光降解聚合物研究进展. 中国塑料，2019，33(6)：132-138.
[4] 石巍，张军. 聚氯乙烯的紫外光降解机理及影响因素. 合成树脂及塑料，2006，23(4)：80-84.
[5] 李艳霞，李先国，段晓勇，等. 水体中壬基酚光降解机理研究. 中国环境科学学会，2012，70(17)：1819-1826.
[6] 吴茂英. 塑料降解与稳定剂(Ⅲ)：热氧降解与热氧稳定. 塑料助剂，2010，3：48-54.
[7] Luckachan G E, Pillai C. Biodegradable polymers-A review on recent trends and emerging perspectives. Journal of Polymers & the Environment, 2011, 19(3): 637-676.
[8] 史可，苏婷婷，王战勇. 可降解塑料聚乳酸(PLA)生物降解性能进展. 塑料，2019，48(3)：42-47.
[9] Zaaba N F, Jaafar M. A review on degradation mechanisms of polylactic acid: Hydrolytic,

photodegradative, microbial, and enzymatic degradation. Polymer Engineering and Science, 2020, 60: 2061 - 2075.

[10] Elsawy M A, Kim K H, Park J W, et al. Hydrolytic degradation of polylactic acid (PLA) and its composites. Renewable and Sustainable Energy Reviews, 2017, 79: 1346 - 1352.

[11] Iñiguez-Franco F, Auras R, Rubino M, et al. Effect of nanoparticles on the hydrolytic degradation of PLA-nanocomposites by water-ethanol solutions. Polymer Degradation and Stability, 2017, 146: 287 - 297.

[12] Paul M-A, Delcourt C, Alexandre M, et al. Polylactide/montmorillonite nanocomposites: study of the hydrolytic degradation. Polymer Degradation and Stability, 2005, 87: 535 - 542.

[13] Salac J, Šerá J, Jurca M, et al. Photodegradation and biodegradation of poly(lactic) acid containing orotic acid as a nucleation agent. Materials, 2019, 12(3).

[14] Qi X, Ren Y, Wang X. New advances in the biodegradation of Poly(lactic) acid. International Biodeterioration & Biodegradation, 2017, 117: 215 - 223.

[15] 李荣秋. 聚乳酸薄膜的降解行为及其降解性能快速检测方法研究. 成都: 西南科技大学,2016.

[16] Akutsu-Shigeno, Yukie, Teeraphatpornchai, et al. Cloning and sequencing of a poly(DL-lactic acid) depolymerase gene from Paenibacillus amylolyticus strain TB-13 and its functional expression in Escherichia coli. Applied & Environmental Microbiology, 2003.

[17] Williams D F. Enzymic hydrolysis of polylactic acid. Engineering in Medicine, 1981, 10(1): 5 - 7.

[18] Oda Y, Yonetsu A, Urakami T, et al. Degradation of polylactide by commercial proteases. Journal of Polymers and the Environment, 2000, 8(1): 29 - 32.

[19] Martin R T, Camargo L P, Miller S A. Marine-degradable polylactic acid. Green Chemistry, 2014, 16(4): 1768 - 1773.

[20] Kawai F. Polylactic acid (PLA)-degrading microorganisms and PLA depolymerases, green polymer chemistry: biocatalysis and biomaterials, American Chemical Society, 2010: 405 - 414.

[21] Kawai F, Nakadai K, Nishioka E, et al. Different enantioselectivity of two types of poly(lactic acid) depolymerases toward poly(l-lactic acid) and poly(d-lactic acid). Polymer Degradation and Stability, 2011, 96(7): 1342 - 1348.

[22] Tarazona N A, Machatschek R, Lendlein A. Unraveling the Interplay between abiotic hydrolytic degradation and crystallization of bacterial polyesters comprising short and medium side-chain-length polyhydroxyalkanoates. Biomacromolecules, 2020, 21 (2): 761 - 771.

[23] 王震. 聚羟基烷酸酯(PHAs)降解性机理的研究. 西安: 西北大学,2001.

[24] 次素琴. DS9713a 菌株的紫外诱变及其 PHB 解聚酶酶学性质的研究. 长春: 东北师范大学, 2004.

[25] Suzuki T. Some characteristics of Pseudomonas O-3 which utilizes polyvinyl alcohol. Agric Biol Chem, 1973, 37: 747 - 756.

[26] Mejía G a I, López O B L, Mulet P A. Biodegradation of poly (vinylalcohol) with enzymatic extracts of phanerochaete chrysosporium. Macromolecular Symposia, 1999, 148(1): 131 - 147.

[27] 董丽娟,雷武,夏明珠,等. 聚乙烯醇的生物降解. 中国生物工程杂志,2005,25(7): 28 - 33.

[28] Hashimoto K, Hamano T, Okada M. Degradation of several polyamides in soils. Journal of Applied Polymer Science, 1994, 54(10): 1579 - 1583.
[29] Hashimoto K, Sudo M, Ohta K, et al. Biodegradation of nylon4 and its blend with nylon6. Journal of Applied Polymer Science, 2002, 86(9): 2307 - 2311.
[30] Tachibana K, Urano Y, Numata K. Biodegradability of nylon 4 film in a marine environment. Polymer Degradation and Stability, 2013, 98(9): 1847 - 1851.
[31] Yamano N, Nakayama A, Kawasaki N, et al. Mechanism and characterization of polyamide 4 degradation by Pseudomonas sp. Journal of Polymers and the Environment, 2008, 16(2): 141 - 146.
[32] Yurika S, Masayoshi H, Haruka N, et al. Purification and characterization of an enzyme that degrades polyamide 4 into gamma-aminobutyric acid oligomers from Pseudoxanthomonas sp. TN-N1, Polymer Degradation and Stability, 2022, 197:109868.
[33] Yamano N, Kawasaki N, Ida S, et al. Biodegradation of polyamide 4 in vivo. Polymer Degradation and Stability, 2017, 137: 281 - 288.
[34] 魏薪,董超芳,肖葵,等. 材料生命周期评价方法与应用进展. 科技导报,2012,30(14): 75 - 79.
[35] 孟宪策. 聚碳酸酯和聚乳酸的生命周期评价. 北京: 北京工业大学,2010.
[36] 孟宪策,王志宏,龚先政,等. 聚乳酸的生命周期评价研究. 北京: 中国材料研究学会,2010.

第10章 材料的回收与综合利用

高分子聚合物材料是廉价、轻便、耐用的材料，可以很容易地制成各种产品，已经被广泛地应用。石油、天然气等不可再生资源是制造高分子聚合物材料制品的主要原料，其中大部分材料用于制造一次性包装产品或其他短使用寿命产品，这些产品往往在制造后一年内被丢弃。显然，现如今我们对高分子聚合物材料的使用是不可持续的，在使用和处置过程中产生了一系列的环境问题和资源浪费。因此，高分子材料的回收和再利用是减少这些负面效应的重要途径，这也成为目前高分子材料行业最活跃的研发领域之一。

本章将简单讨论聚合物材料的几种回收方法，包括但不限于生物基材料的回收和再利用。在世界范围内，根据聚合物材料的类型和用途，在回收数量和回收方式上，各地区呈现出明显差异。在未来，收集、分类和再利用技术和系统的进步，将为可回收聚合物材料的回收利用创造巨大机会。

10.1 聚合物材料回收概况

10.1.1 聚合物材料的生命周期

随着高分子聚合物材料工业的发展，生产成本逐步降低，应用领域不断扩大，产量逐年提高。但在未来的几十年中，聚合物废物处理和回收再利用将成为人类面临的关键挑战。对于高分子聚合物材料进行回收再利用，就必须对材料的生命周期进行理解和设计。材料的生命周期可用图10－1来描述，即原料是具有特定用途的，并可以进行生产和加工的产品。原料来源可以是化石资源、生物质，也可以是再生材料，前一章已详细阐述了材料的生物降解过程，本章将着重于材料回收。

当"使用"行为发生时，作为消费品的聚合物材料便开始了它的生命周期。在使用之后，物质实现了它的使用价值，而当它被作为垃圾丢弃时，其生命周期便终结。但是在此过程中，聚合物材料的物质性质并未发生变化。所以，如何合理地回收被丢弃后的材料，尽可能地简化生命周期，实现材料的高效回收和循环利用值得深入研究。

传统的化石来源塑料再生塑料工业已经建立，行业也在发展。但由于"绿色"塑料概

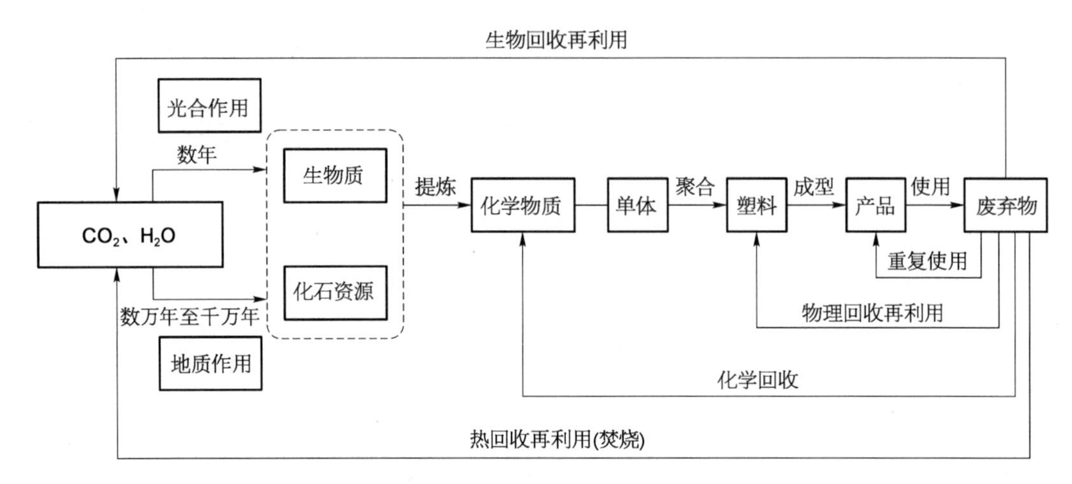

图 10-1 材料的生命周期循环

念的引入,使得传统回收技术面临着许多新的亟待解决的问题。此外,还存在分离成本、二次污染对再生材料质量和加工工艺的影响等问题。随着生物制造技术的发展,各种生物基材料的应用逐渐普及,石油基和生物基塑料将长期共存,共同生产可持续的、低成本的材料。所以在不久的将来,生物塑料和生物复合材料的推广使用将对再生塑料工业产生重大的影响。因此,必须开发包括生物基材料在内的高分子材料的绿色高效回收和综合利用技术,并有必要发展技术上可行、有效、高效和经济的回收系统和最终市场。

10.1.2 聚合物废物来源

聚合物废料按其来源可大致分为两类:一类是制造过程中产生的第一类固体塑料废料(solid plastic wastes,SPW),例如工业后(PI)废料,包括注塑流道、生产过程中产生的废料——倒下的产品、切片和切边。这些废料将在工业生产环节收集、再循环,而不会进入流通环节。一般来说,工业废料具有干净、聚合物组成明确等优点,且这种废料物流通常也是单流向的,不会被其他聚合物或非聚合物污染。就回收利用而言,这些通常都是优质的聚合物废物。另一类是消费后(PC)废料。废塑料的回收利用也因国家或地区的不同而有不同的规定,收集方案的严格程度也大不相同。一般情况下,消费后的塑料废料是混合物,其成分不明,可能受到有机部分(如食物残渣)或非聚合无机部分(如纸)的污染,废弃产品回收的成分比工业废弃产品更为复杂。但是,如果回收和初步处理一旦完成,工业后和消费后的废弃物的进一步处理是类似的。因此,废料组成成分等因素会很大程度地影响废物的有效回收率。

重复使用是更好的材料回收利用方法,可通过机械(通常导致颗粒化)或化学(通常导致单体结构化)方法,在回收过程中获取新原料。如不能回收聚合物废物,应尽可能回收能量。城市固体废弃物一般应尽量避免采用堆填的方法,因为该方法虽然处理成本较低，但会造成严重的污染。

10.1.3　聚合物材料的回收方法

降低材料浪费的最有效的方法是寻找替代品。许多国家都颁布了“禁塑令”，禁止塑料进入包装市场，以取代传统的化石高分子材料，但这样做不现实也不明智。随着现代包装工业的发展，塑料早已取代了大多数传统包装材料，如纸张、玻璃和金属，其原因既有塑料材料性能优良的因素，也有生产成本低廉的原因。同时，塑料包装材料在生产过程中消耗的能源比纸张、玻璃、金属等包装材料少得多。但是，塑料包装材料会在原材料和加工过程中造成资源损失，并且其生产过程中的三废等排放物也会对环境造成危害。

循环利用是减少固体废弃物最有效、最有希望的处理方法。通过回收利用提高材料的使用价值，在最理想的条件下，用可重复使用的材料代替一次性材料，是解决聚合物材料废弃物污染问题的一种重要可行的思路。该方法在循环路径中，历经时间较短，能耗较低。

聚合物的处理和回收过程可以分成四大类：再挤出（第一类）、机械（第二类）、化学（第三类）和能量回收（第四类）。机械回收（即二次回收或材料回收）涉及物理过程，而化学回收和处理（即第三级，包括对原料的回收）是用来生产化工产品的原料化学品。能量回收包括材料的完全或部分氧化，并产生热、能和/或气体燃料、油和碳，以及必须处理的副产品，如灰分。图 10－2 归纳了聚合物材料的回收再利用方法。

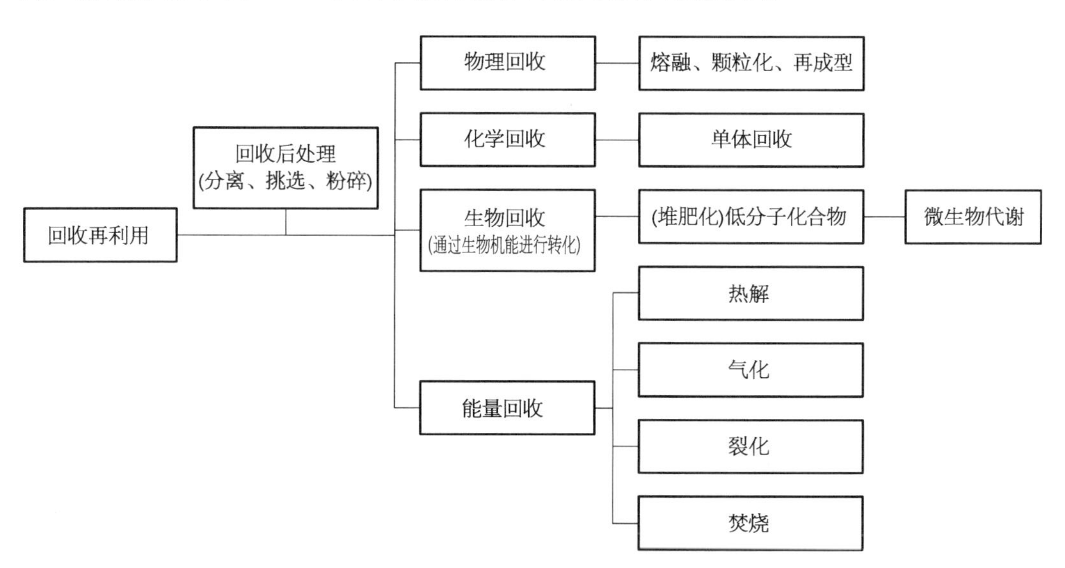

图 10－2　回收再利用的方法

在众多的处置与回收技术中，填埋处理、原形利用和简单再生这 3 种物理手段在实践中得到了大量的应用，目前比较成熟。反之，利用化学手段，改性再生、热分解、降解及热能回收等技术则还处于发展阶段。

如前面所述，一级回收是指回收工业后废料，通常是聚合物材料在加工成型过程中产生的废品裁剪下的边角料。工业后废料的最大特点是无污染，成分及含量明确。将废料与未用料混合后再用，回收率一般可达到 10%～25%。除非产品有特殊的性能和质量要求，大部分工业后废料将被一次性回收利用。从经济角度考虑，生产企业塑料的一次回收再利用的回收率较高，且比较容易实现。

二级回收是指对城市垃圾进行收集、压缩、粉碎、分离、净化、干燥后，以一种或多种形式进行再利用，其回收对象一般为消费后废物。对不同种类材料(金属、玻璃、纸张、高分子等)进行二次回收的困难在于分离。最常见的城市垃圾聚合物类型有 PE、PS、PP(聚丙烯)、PVC(聚氯乙烯)和 PET(聚对苯二甲酸乙二酯)，还有一些生物基聚合物材料，它们彼此之间大多是不相容的，而且两种或多种高分子材料的混合物会导致材料性能的显著下降。高聚物品种的有效分离是塑料再生方案具有可行性的前提，收集到低污染的单一品种高聚物，或者将不同种类的塑料分离，该过程效率高、成本低，因此，二次回收再利用将成为最好的解决方案。

化学法是指利用化学方法处理聚合物废料，使之发生解聚反应。普通产品可以经化学法得到单体、低聚物、化学物质及燃料等。以废弃聚合物为原料进行单体解聚，是最具经济价值的方法，其优越性超过了前面提到的所有回收方法，不仅可循环回收，而且可重新得到高质量的高分子制品。聚丙烯酸类聚合物(PMMA)的解聚工艺已经较为成熟，而且回收率很高。聚酯还很容易分解，包括醇解和水解。只要解聚工艺技术存在，且方法可行，高聚物废料的化学处理就具有极大的吸引力。这种化学解聚存在的问题是，一些高聚物(PS、PE 等)难以控制解聚或效果不好，高聚物中的杂质会影响解聚效果。

如果上述回收方法不可行，或回收的产品没有经济价值，则应根据高聚物的能量值进行回收。聚合物的来源通常是以石油为基质，其含能类似于烃类物质，是煤和纸张的 2 倍，是普通垃圾的 4 倍多，但是燃烧过程产生的有毒气体、重金属、有害有机物等会对环境造成危害。而燃烧的可行性则取决于能量利用率、排放能否有效控制以及对环境的危害。

随着聚合物回收再利用技术的不断发展，基础设施投资、可行市场的建立以及工业、政府和消费者参与的重要性日益凸显。通过生命周期评价(LCA)方法对生活垃圾进行评价，以确定在聚合物材料"从坟墓到坟墓"过程中与替代品相关的环境影响，从而找到最具有可持续发展的方案。目前使用的塑料有 90%是利用不可再生的化石能源合成的，回收利用被认为是一种可持续的做法，这意味着废物综合管理计划能够更加可持续地利用能源(图 10－3)，因此，必须将废物管理方案纳入塑料的生产周期和塑料固体废物(PSW)处理方案[1]。该计划可以帮助选择、应用适当的技术、过程和管理程序，达到特定的废物管理目标。国际废物管理的目标是满足社会的需要，挖掘废物预防、再利用和循环利用的潜力，控制处理过程中产生的废物，尽量减少环境影响，有效地利用资源。《国际废物管理周期》可以分为 6 个类别，即废物生产、废物处理、从来源分类和处理、收集分

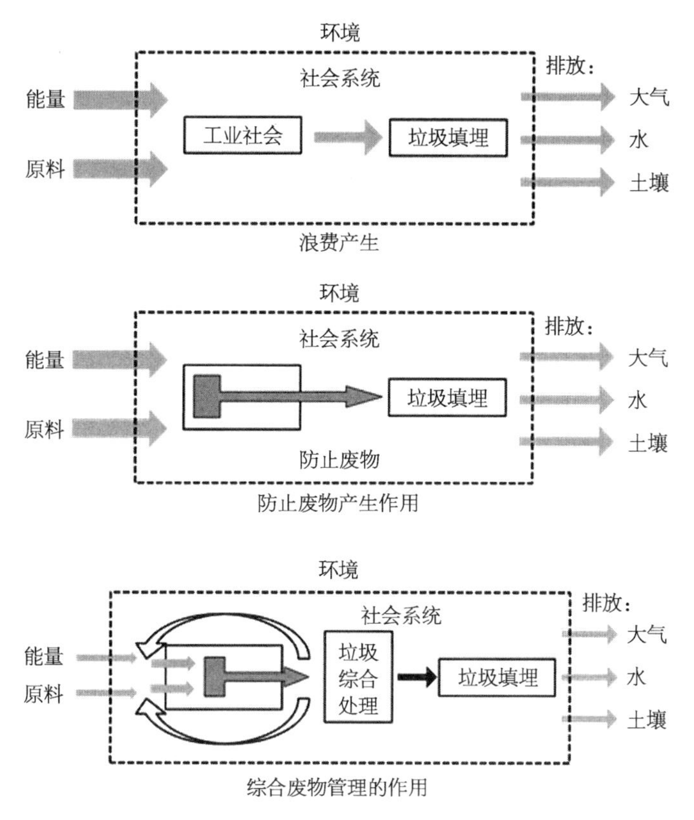

图 10－3　废物防止和废物综合管理的各自作用

离和处理、转运站处理和废物运输、处置。

回收链的每一步都要考虑到所有材料回收过程中的技术和经济可行性，以及先进回收方法的整体商业可行性。在化学回收和能量回收中，收集、处理和销售是成功的关键。现在，除了极个别的产品，这些技术还没有被大规模应用。然而，从长期来看，它们仍然具有发展的潜力。

10.1.4　开环回收与综合利用

根据循环经济的思想，材料回收可分为开环和闭环两种模式。在闭环循环中，回收的塑料被用来制造与原回收产品相同的产品。这种新产品可以完全由再生塑料制成，也可以与原塑料混合制成，这一稀释形式保证了产品可持续地循环使用。闭环回收是大多数 PET 包装产品的常用回收方法之一。在开环循环中，回收的塑料可用来生产不同于原来回收的塑料。

从本质上说，无论是开环循环还是闭环循环，它们都是根据新生产的产品来进行客观划分的，回收过程中并没有更多的附加价值。

基于“开环”思想，从废旧材料综合利用的角度出发，对其进行功能性再生，具有重要意义。利用废弃高分子聚合物作为主要原料开发的环境功能材料主要包括吸水性材料、孔隙性材料、吸收性材料、催化性材料、黏结性材料、还原材料以及能量转化材料等，这些材料在环境治理和工程应用方面都有很好的产业化前景。

10.2 机械回收

10.2.1 重用、分类与一次回收

人们会在日常生活消费时使用大量的塑料制品，但其中有一部分是一次性的，其只有一个生命期或循环期，在购买后很短的时间内就可能会变成废物(例如食品包装)。为了降低能源消耗，在大多数情况下，循环再利用的方式更为理想。

目前开发了多项分离和分类塑料废弃物的技术。对于回收行业来说，该技术必须要在短时间内实现分类识别，提高回收效率，并降低回收成本等目标，这样才具有大规模应用的价值。大多数分类技术都是基于密度分选，但实际上，大多数塑料的密度相近，因此还应当考虑到加工、成型方法对材料密度的影响，把密度作为分类依据的有效性是存在争议的。

针对密度分选方面存在的一些问题，研究者进行了一些改进。由于液态分离受润湿性、密度变化(与孔隙率、填料、颜料等有关)、粒度变小的形状因素和材料与其他材料的游离性等因素的影响，同时因润湿性不佳或由于表面污染而在塑料表面黏附气泡，也会导致单个片状材料漂浮在溶液中。因此在分离过程中，利用水力旋流器可提高密度分离效率，而利用旋流器产生的离心力可提高材料的润湿性能。

另一个分选塑料废料的实用方法是通过摩擦进行电分离，即只需相互摩擦，就能区分两种树脂。摩擦性电选机是根据表面电荷转移现象来区分材料的。塑料混合物在鼓体内相互摩擦使物料带上电荷，一种物料带正电，另一种物料带负电或中性[2]，从而达到分离目的。在摩擦电法中，颗粒直径为 2～4 mm 的材料纯度高，回收率也高。

分类是回收过程中最重要的一步，而废塑料的脱漆是回收厂面临的主要问题之一。涂层的存在会因产生集中应力而损害再生塑料的性能。磨削一般可用于除去涂层，例如通过简单的磨削可除去镀膜塑料中的铬，有时还可通过低温辅助来增强释放过程，并防止镀膜材料嵌入塑料颗粒中。虽然这种低温方法可以促进释放，但实际上还难以将塑料颗粒从涂料中分离出来。磨损是除去涂料和涂层的另一种方法，主要用于更大尺寸的整体零件。回收者还可使用溶剂蒸发法，将涂覆的塑料浸入溶剂，使涂覆的塑料释放出来，这种方法适用于去除光盘涂层。高温水解脱漆指的是在热水中水解涂料，使其从塑料中释放出来。但这些工艺技术往往需要对工艺条件进行精心控制，还不能达到大规模推广应用的要求。而且，在这些工艺的降解过程(主要是光氧化)中会降低这些回收产品的再销售价值。

目前回收的塑料废弃物大多为工业后废弃物，即工业过程中产生的废弃物。但工业

后废料的主要回收利用(一次回收)是将废料、工业塑料或单一聚合物塑料的边缘和部分重新引入挤压循环,以产生类似材料的产品,所用废塑料的形状、性能与原制品一致。但一次性回收仅适用于成分清楚、含量明确的半清洁废料,这个过程通常是塑料制品加工生产的一部分。例如对不合格 PE 箱体再注射成型,未达到规范要求的箱体将进行码垛,并再次进入循环或生产的最后阶段。

主要的回收过程还包括塑料在消费后的再挤压,家庭常常是这种废物物流的主要来源。然而,回收生活垃圾带来了许多挑战,其中之一就是选择性和分类回收。在资源丰富的地区收集相对少量的混合塑料,其经济价值值得关注。然而在很多国家,这反而导致了资源的消耗,并带来了巨大的运营成本。

10.2.2　机械回收的方法与步骤

机械回收又称二次循环,是将塑料固体废物(PSW)再利用,通过机械方式生产塑料产品的一种工艺。机械回收废塑料只适合于 PE、PP、PS 等单聚合物塑料,机械回收为聚合物材料的回收,特别是对泡沫和硬塑料的回收,开辟了一条经济可行的途径。在日常生活中,很多产品都来自机械回收工艺,如食品袋、管道、水槽、门窗型材、百叶窗和窗帘等,而处理机械回收产品的主要问题是废弃物的质量。垃圾越复杂,污染越严重,就越难进行机械回收。分选、洗涤和制备塑料废料对生产高质量、透明、洁净、均一化产品至关重要。而机械再循环过程中存在的降解和异质性是机械再循环面临的主要问题。在聚合过程中,由于聚合产物结构的不同,发生的许多化学反应如聚合物加成、聚合和缩聚在理论上都是可逆的,但能量或热量的供给会引起光氧化和机械应力,从而导致光降解和机械降解。

要把被回收的材料重新加工成新产品,首先要把废物转化为新的原料。这一阶段通常称为“垃圾结束”,在收集步骤完成后开始。通常情况下,这个过程包括以下步骤:① 分选:按形状、密度、大小、颜色或化学成分分选;② 包装:如果塑料没有在分类的地方处理,它通常被包装起来用于运输;③ 清洗:去除(通常为有机的)污染物;④ 磨料:减小从产品到薄片的尺寸;⑤ 混合和制粒:将片状颗粒再任意加工成颗粒,根据成分不同,PI 废物倾向于提前分离。所以,PC 垃圾的分类率要高于 PI 垃圾的分类率。

机械回收包括许多处理和准备步骤。机械再循环是一个耗资巨大的过程,所以应尽量减少这些步骤和工作时间。机械回收的第一步通常是把塑料缩小到更适合的形状(微粒、粉末或薄片)。一般情况下,回收方案通常包括以下步骤[3],如图 10-4 所示[4]。

10.2.3　分离方法

浮选法又称浮沉分离法,是以密度为基础的分离技术[5]。这是用于分离切碎薄片聚合物的主要方法,通常用水作浮选剂如。密度不到 1 g/cm^3 的高聚物(未填充的 PP 和 PE)在分离过程中会漂浮起来,而其他常见的高聚物(PS、PET、PVC、ABS 等)都会下沉。类似地,浮选法可以用比水稠密的介质来进一步分离槽部聚合物。然而,PC 废料中的许

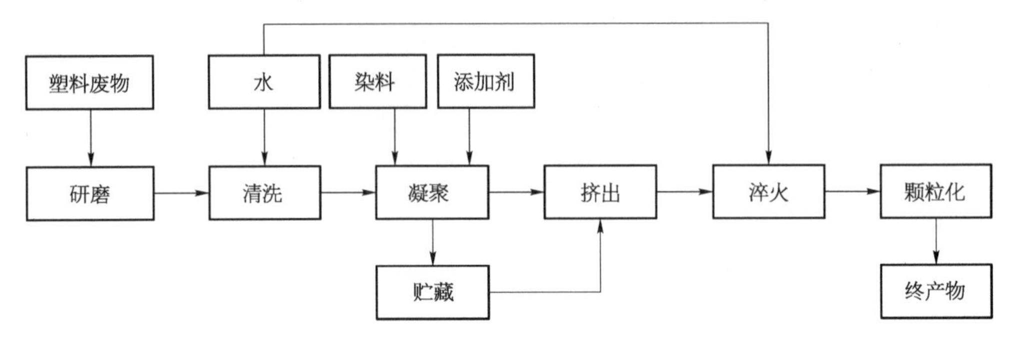

图 10－4　机械回收步骤

多聚合物都有"密度范围",而不仅仅是一个单一的密度值,而且这些范围常常相互重叠,使它们很难被有效地完全分离。图 10－5 展示了包装聚合物的典型密度范围[6]。

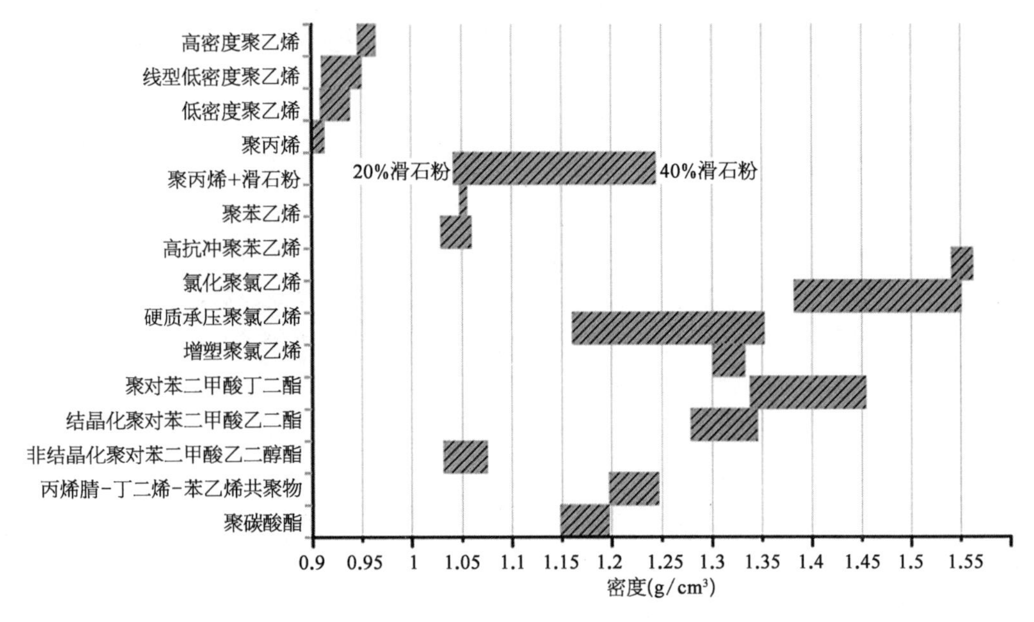

图 10－5　包装聚合物的典型密度范围

由于某些非熔体污染会不可避免地影响再生材料的再造粒或后续再加工过程,而熔体过滤是去除熔体中非熔体污染的一种有效技术。一般被除去的部件包括木材、纸张、老化的橡胶颗粒和熔点较高的聚合物(如 220℃处理 PP 时的 PET)。熔体滤池具有不同的筛目尺寸,筛孔越小,污染物去除能力越强。

除上文所述外,其他用于(或开发)分离混合聚合物的分离技术还有很多。

(1) 泡沫塑料

又称选择性浮选分离法,是另一种分离密度类似的聚合物的方法[7]。泡沫塑料浮选的基本原理是将气泡黏附(或不黏附)到所选择的聚合物表面,使之浮(或沉)起来。在前驱过程中,所选聚合物的表面特性将从疏水性转变为亲水性,或提高其亲水性[8]。目前,这一技术还没有被广泛应用于工业领域，正在进行大规模研究。该产品主要用于分离密度大于水的混合塑料，如 PS、PVC、PET、PC 或 POM 二元混合物[9]。

(2) 磁性密度分离(MDS)

MDS 是一种在密度基础上改进的技术，它起源于矿物加工工业。利用磁性液体(含氧化铁)作为分离介质，可以用一种特殊的磁场改变液体的密度[10]。MDS 可以用来在一步内分离多个聚合物。该系统已成功地用于从 MPO 中分离聚丙烯和聚乙烯[11]，以及从建筑和建筑垃圾中分离 PVC 和橡胶[12]。但这种方法仍以密度法为基础，而且具有重叠密度的聚合物级分仍会相互污染。

(3) X-射线检测

可以用来分离 PVC 容器，它的氯含量高，容易辨别[13]。

10.2.4 机械回收面临的挑战

机械回收的主要问题是聚合物在一定条件下会降解。特别是热、氧化、光、离子辐射、水解和机械剪切和作用下。高分子材料机械循环过程中主要有两种降解方式：后处理(热机械降解)和寿命期内的降解[14]。其中，最重要的是聚合物在再加工过程中的热机械降解。

熔融过程中，由于聚合物的加热作用和机械剪切作用，可造成热机械降解。在温度和剪切力的共同作用下，聚合物发生不同程度的降解反应[15]。在工业高分子中，最常见的降解机制为断链和支化。降解度与聚合物的种类、初始分子量、温度等因素有关，在降解过程中，由于各种复杂的机制同时存在，其中一个或几个机制可能起主导作用。一般情况下，热机械降解开始于碳-碳共价键的断裂，在聚合物主链上形成自由基。某些化学反应，如歧化反应，可能导致这些自由基断裂或交联(亦称分支)(图 10-6)。

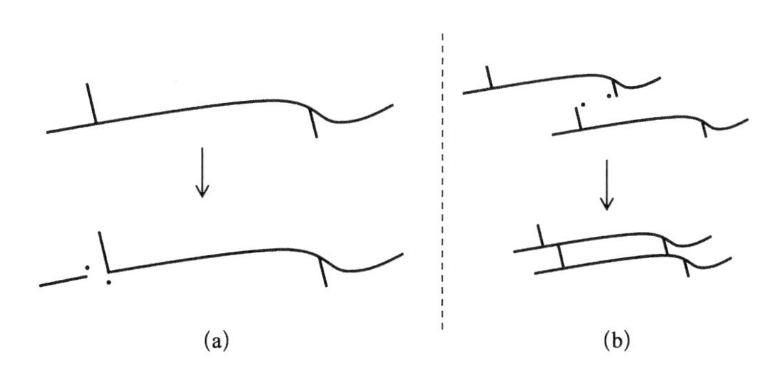

图 10-6 热机械降解高分子链自由基断裂与交联

(a) 随机断链；(b) 交联。

链断裂主要发生在末端侧基或聚合物主链上，使聚合物分子质量下降，进一步降低聚合物性能。链-支反应引起分子链间交联，分子量增加。聚丙烯是一个典型的断链反应，而 PE 的某些类型更容易发生链支化反应。两个反应都能在一定程度上释放不饱和的低分子挥发性成分。在某一降解时间内，聚丙烯样品因热机械降解而导致分子量下降,如图 10－7 所示[16,17]。除分子质量下降外,还观察到多分散性增强和分子质量分布改变现象,表明聚合物中存在不同的链长。如图 10－7b 所示,随着挤压周期的增加,材料的熔体流动指数(melt flow index,MFI)也呈线性增加,表明低分子量链段增加。

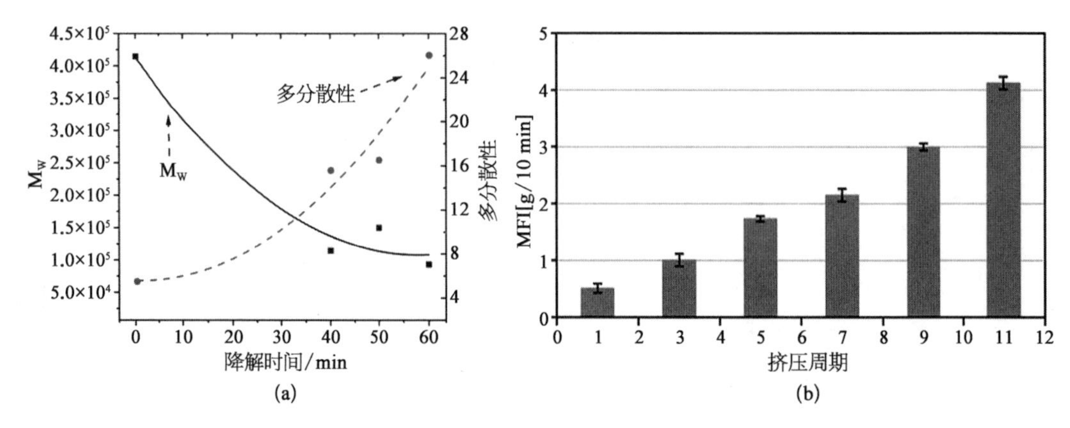

图 10－7　聚丙烯热机械降解后的性能变化

(a) PP 样品的分子量和多分散性演变;(b) 多次再加工 PP 样品的 MFI 演变。

高聚物分子质量的变化对高聚物的流变学和力学性能有重要影响。图 10－8a 是 PET 样品在一个回收过程中不同的挤压步骤下[14],样品断裂伸长率变化的趋势图。当第一次挤出时,分子量显著降低,而断裂伸长率则呈同样的下降趋势。一般来说,热-机械降解对力学性能有很大影响,主要针对断裂伸长率和冲击强度。如图 10－8b 所示,回收处理周期对 PA6 的冲击强度也有影响[18]。聚合物分子量的大小和分布与其强度参数有密切关系,对一些聚合物,回收后甚至会提高其机械强度。除力学性能和流变学性能的变化外,热力学性能也会影响热性能(如熔化温度、结晶等)和物理性能(表面特性、颜色等)。

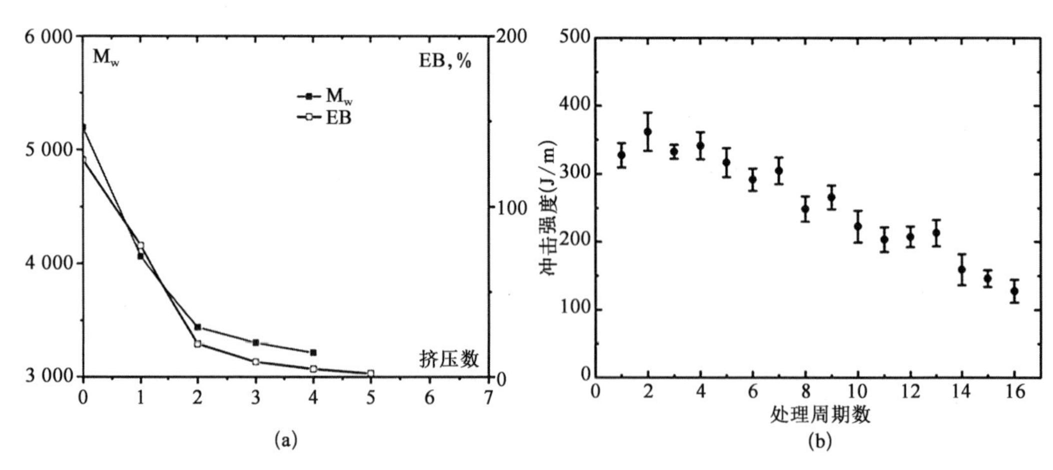

图 10－8　加工次数对力学性能的影响

(a) 分子量和断链伸长率与 PET 样品挤出次数的函数;(b) PA6 样品在多个加工循环中的冲击强度。

这些热力学降解效应可通过加入各种添加剂来降低。研究者们通过添加添加剂,比如热稳定剂来提高塑料的再生能力。由于热稳定剂在塑料的第一寿命期以及在处理过程中会被消耗掉,一般情况下,在回收过程中会重新加入热稳定剂。除热稳定剂外,还可加入抗冲改性剂、交联剂、颜料和填料等。

但是,塑料制品在使用过程中会受到热、氧、光、辐射、湿度以及机械应力等各种因素的影响,而导致塑料制品降解的主要原因是光氧化过程。这里的主要区别是空气环境中有 O_2,而机械回收处理设备中通常没有 O_2。这样就会在聚合物链上形成氧基,从而影响材料的最终性能。生命周期内的降解和热机械降解均可产生低分子的挥发物,而在固体状态下,这些挥发物大多包裹在聚合物大分子链中。但是,在再加工过程中,这些挥发性低分子会变成污染物,阻碍熔融物的有效再加工。这类挥发物是原始聚合物的微小(氧化)碎片,可通过各种分析技术(如质谱)进行鉴别[19]。这不仅会对产品的性能造成危害,而且也会对加工过程本身造成危害,尤其是某些污染物会腐蚀加工设备。为解决这一问题,需要对回收设备进行适当的除气处理。

10.2.5　机械回收生物基材料

生命周期评价将覆盖从原料的获取,到原料的生产、使用,直到废弃的整个过程。对生物基塑料,如聚乳酸进行机械回收是一种有效的回收方式。以 PLA 和淀粉基生物塑料为研究对象,采用 4 种不同的回收方法与机械回收工艺进行比较,单从环保方面考虑,焚烧、堆肥和厌氧发酵工艺明显不如机械回收。

PLA 是可回收性生物塑料中被研究最多的一种。PLA 在某些条件下,如 O_2 和 H_2O,可被生物降解。虽然聚乳酸的生物可降解性大大降低了其废料对环境的负面影响,但有关材料的回收以及对 PLA 性能变化的研究仍然十分重要。这首先是因为工业废料不可避免存在于各种工业过程中,废料被研磨,并与纯聚合物混合再成型以回收。PLA 薄片可通过改变加工设备和工艺参数,直接将其加工成可回收的 PLA 微粒。这种可回收的 PLA 颗粒可以和原来的 PLA 以 20%～50%的比例混合,这样不仅降低了材料的成本,而且还可以减少垃圾的填埋量,达到环保的目的。其次是重复使用产生的 PLA 废料,可以延长其使用寿命。例如,可用双螺杆挤出机挤出 PLA 颗粒,然后用实验室的注塑机压制成试样。PLA 的拉伸强度值并不受挤压循环次数的影响,这表明其相对分子质量的总降低量很小,挤压 10 次后,只减少了 5.2%(图 10－9)。此外,断裂伸长率的下降幅度也很小(2.2%～2.4%),且与挤压次数无关。随着挤压次数增加,冲击强度显著降低(挤压 10 次后,冲击强度为 20.2%),而熔体流动速率(MFR)和水蒸气和 O_2 的渗透速率显著提高。试样经 10 次挤压后,其 MFR 值比原试样高 3 倍以上。随着循环次数的增加,PLA 的热稳定性略有下降,冷结晶温度和熔点略有下降,而 PLA 对玻璃转变温度无明显影响[20]。

另外一项关于 PLA 材料(含 92%丙交酯和 8%D－丙交酯)的再处理研究表明,只有

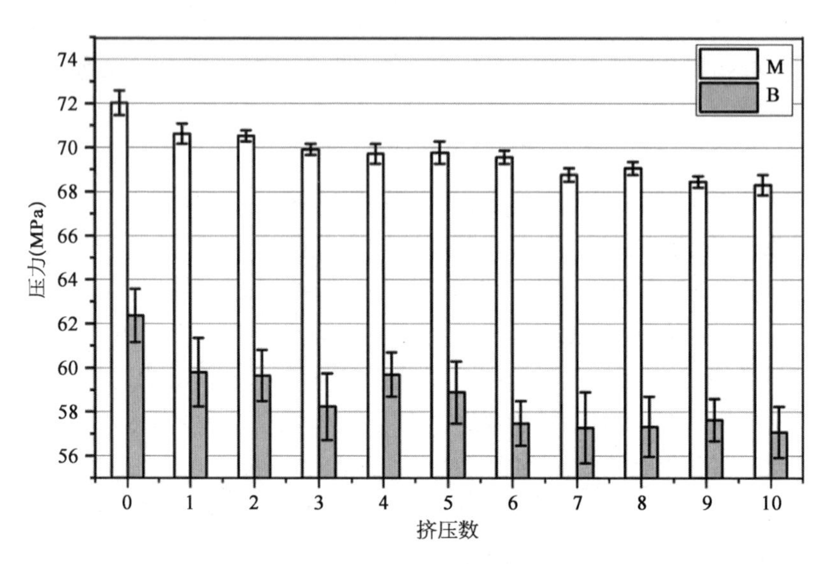

图 10－9 聚乳酸拉伸强度(σ_M)和断裂时拉伸应力(拉应力 σ_B)随挤压数的变化

拉伸弹性模量与注塑模具制品的热机械循环保持恒定。反之,应力应变、模量、硬度、流变等因素则在断裂时表现出明显的下降。图 10－10 展示了 PLA 黏度(η)随进样次数的变化[21],单次进样可显著降低 PLA 黏度(从 3 960 Pa · s 降到 713 Pa · s)。

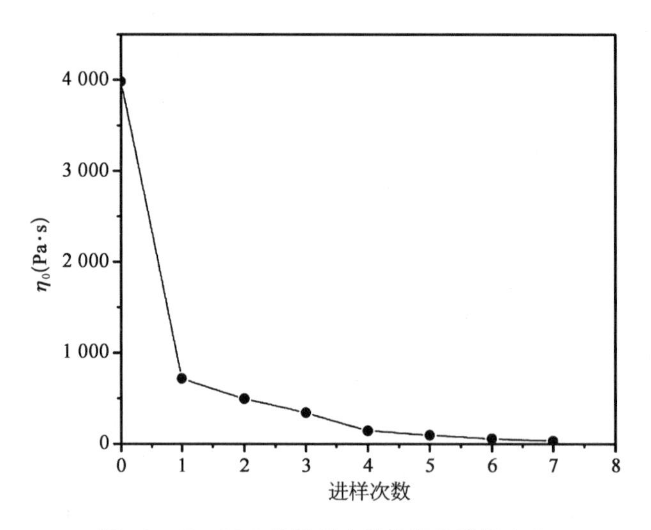

图 10－10 PLA 的零黏度随进样次数的变化

聚乳酸的黏度随进样的次数而变化。反复加工会造成黏度急剧下降,主要是因为在加工过程中断链造成 PLA 降解,从而使分子量明显下降。醌类化合物具有良好的稳定剂作用,能捕捉自由基,并在加工温度下保持 PLA 链长度。为降低聚乳酸的降解,将醌(PLA－Q)和环庚三烯酮(PLA－T)两种稳定剂混合使用。结果表明,PLA 降解的主要机制是通过自由基的形成而非水解。无定形 PLA(95.75 mol%L－乳酸和 4.25 mol%D－

乳酸)在热机械降解过程中发生了断链,这是因为尽管 PLA 在后处理过程中一直保持非晶态,但在差示扫描量热法和 DMTA 测试中发生了冷结晶,每一步后处理都会增加相变焓。原始 PLA(VPLA)和再加工 PLA(RPLA)的 DSC 数据列于表 10 - 1 中。该团队用多速率线性非等温热重实验模拟了原 PLA 和多次喷射 PLA 燃烧时的热特性[22]。图 10 - 11 是 VPLA(RPLA - 5)及再加工 RPLA(RPLA - 5)的损耗曲线[23]。

表 10 - 1　VPLA 和 RPLA 中 DSC 参数的演变

材　料	T_g(℃)	T_{CCO}(℃)	T_{CC}(℃)	ΔH_{CC}(j 克$^{-1}$)	ΔH_M(j 克$^{-1}$)
VPLA	52.2±0.1	106.2±1.7	123.5±0.2	2.21±0.01	2.19±0.04
RPLA - 1	56.7±0.1	105.6±0.3	117.3±0.3	23.37±0.14	23.83±0.67
RPLA - 2	56.5±0.2	102.0±0.1	110.2±0.4	28.52±0.34	29.77±1.70
RPLA - 3	56.7±0.3	101.2±0.6	109.1±1.0	28.32±0.60	27.33±0.97
RPLA - 4	56.8±0.1	100.1±0.3	107.3±0.5	27.41±0.51	26.94±0.52
RPLA - 5	56.6±0.1	99.6±0.2	106.4±0.1	28.53±0.73	28.31±1.04

T_g: 玻璃化转变温度;T_{CCO}和 T_{CC}: 冷结 DSC 中的诱导温度和峰值温度;ΔH_{CC}: 冷结晶焓;ΔH_M: 特定熔化焓。

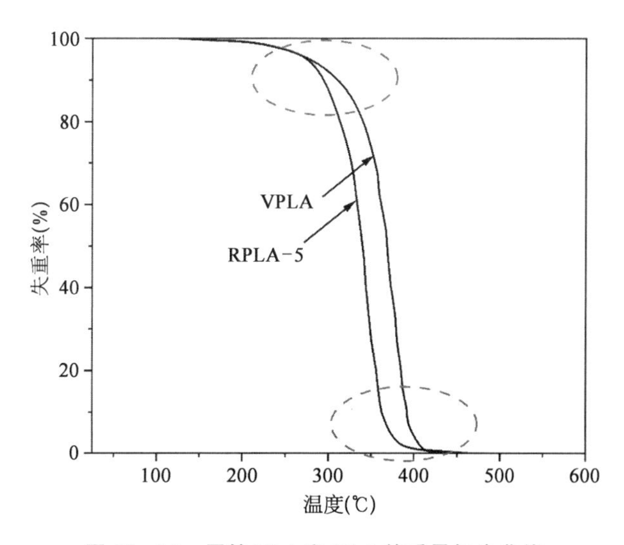

图 10 - 11　原始 PLA 和 PLA 的质量损失曲线

近期的研究表明,在采用三步再处理和纯 PLA 的加速湿热老化试验中,水扩散速率随再处理次数的增加而降低,随湿热老化温度的升高而提高。研究表明,温度刺激下的断链反应可引起降解。但由于聚合物基质中存在水分,也会出现水解断链,这对 PLA 的再加工和高温处理有明显影响。聚乳酸经多次后处理后,湿热老化的影响在高温下尤为明显[24]。已有研究表明,PLA 的加工特性与立体化学密切相关,如 L-和 D-对映体比例的影响等。少许 D-对映体(低于 1.5 wt%)可加速结晶过程。L-和 D-对映异构体的比例可在一定程度上影响结晶相的存在,这是由于非晶相与晶相的解偶联、链迁移率的降低以及机械性能的进一步修饰所致。

相较于 PLA,关于其他纯生物基聚酯机械再循环的研究相对较少。聚羟基脂肪酸酯(PHA)具有良好的力学性能和生物降解性能,特别是聚羟基丁酸酯(PHB)具有极高的机械特性,但其价格昂贵。聚羟基丁酸-共戊酸酯(PHBV)是 PHB 的共聚物,近年来,PHBV 已成功地通过机械回收利用。

10.2.6 机械回收生物基材料混合物

与纯生物塑料相似,有关生物塑料混合物的机械回收的相关研究也在进行中。由于可再生资源中的聚合物取代了部分石油基树脂,因此把生物基和石油基聚合物的混合物称为混合生物塑料,它们比纯合成聚合物具有更好的可持续性。除环保外,混合物的另一个优点是能克服纯净塑料的局限性。举例来说,纯 PLA 存在韧性差、抗冲击性和结晶性能差等缺点,它处于熔融状态时有热降解的倾向,这限制了它目前在食品包装领域的应用,也影响了 PLA 的可回收性。为克服纯 PLA 的缺点,将 PLA 与其他聚合物混合是一种经济可行的方法。另外一个典型案例是热塑性淀粉(TPS),其缺点有水分含量低、耐低温,以及淀粉经过再结晶后会出现脆性和增塑剂迁移等问题。为解决这些问题,可将 TPS 加入疏水性聚合物基质中,再对 TPS 与可生物降解和不可生物降解聚合物的不同混合物进行研究。

除合成塑料外,在现有的废弃塑料回收流程中还存在着生物基聚合物,这是生物塑料混合物回收中具有极高研究价值的另一个因素。PLA 和 PS 的混合物中 PLA 的成本与 PS 的降解性达到平衡,其性能介于纯 PLA 和纯 PS 之间,在医疗器械和包装产品中有着广泛的应用前景。PLA/PS 废料在多次加工过程中的材料循环利用和性能的变化,对改变共混物的使用环境,以及研究 PLA/PS 废料再利用都是一个十分重要的课题。PLA 混合物也可以通过机械方法回收利用。如图 10-12 所示,PLA/PS 共混聚合物的多重挤压和共混比例为 50/50(重量比)的注射试验表明,该共混物的应力和应变在 2 个处理周期内急剧下降,而杨氏模量在 4 个加工周期后降低了 26%。在 4 个加工周期后,观察到断裂应变下降幅度较大,分别为 73%和 79%。PLA/PS 共混物的表观黏度可达 3 100 Pa·s,且随加工次数的增加而减小,在每个加工周期后,其表观黏度均下降了 15%~30%,这是由于每个加工循环造成环分子量降低所致[25]。

此外,研究者们还进行了关于耐冲性改性 PLA 回收的研究。根据改性剂(10~15 wt%或 4~8 wt%)在 PLA 中的不同比例,两种以有机弹性体为基础的商用抗冲剂都被添加到 PLA 中。加入少量抗冲改性剂,可有效改善材料的力学性能。结果表明,再生材料硬度高,变形小,吸水性能和抗冲击性能均优于原材料[26]。经多次回收循环,部分机械性能仍有保留,但会导致冲击强度的显著下降(见表 10-2)。

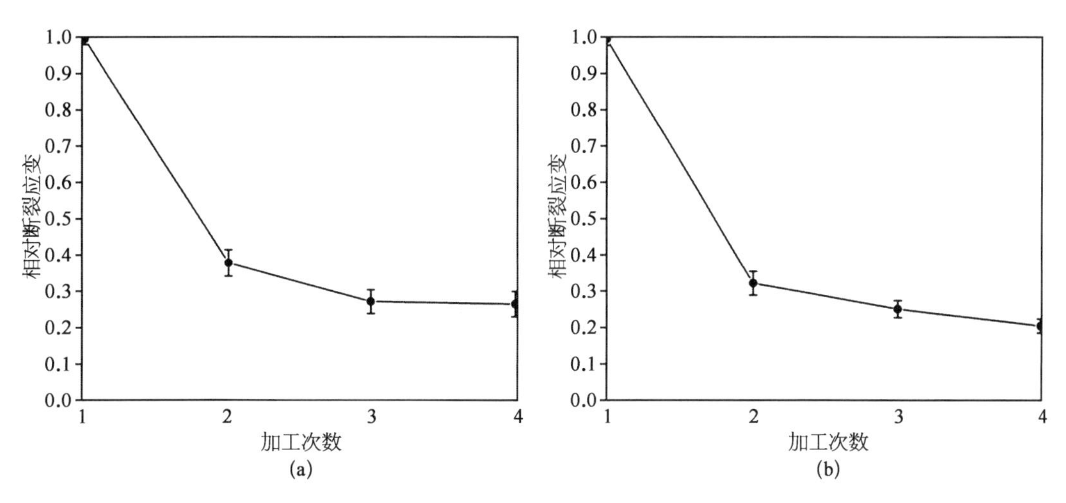

图 10-12　PLA/PS 共混物力学性能随加工次数的变化

(a) 断链相对应力;(b) 断链相对应变。

表 10-2　PLA /PS 共混物的悬臂梁式冲击强度(IS)和热变形温度(HDT)

循　　环	IS($J \cdot m^{-1}$)	HDT(℃)
PLA,参考	141±20	60.7±1.2
第一次回收	71±7	68±1
第二次回收	64±3	69±1
第三次回收	63±10	66±1

将苯乙烯类聚合物与 TPS 热塑性弹性体混合使用,是降低温室气体排放(GHG)的一个具有经济性的方式。这类混合生物塑料以 TPS 取代了部分石油基聚合物,并能保持其性能,降低成本,改善环境。另外,这种混合物可以循环使用,几乎不会有性能损失,而且有些混合物可以完全生物降解。然而,目前仍有许多生物塑料混合物的可回收性尚未被研究。

10.3　化学回收

化学回收是依据“可持续发展”的原则进行的高效回收的方法,其循环利用的方法是以废物为前体进行回收再利用,并开拓其新的应用领域,在各种工业和商业领域中生产高附加值产品。但是,必须指出,由于目前原材料成本、资金投入和经营规模等方面的限制,化学回收生产的聚合物往往成本比原料更加昂贵,远未达到工业化应用的条件。

10.3.1　化学物质的回收方法和途径

化学回收是指将塑料材料转变成更小的分子(通常是液体或气体)的回收过程。这类小分子可作为生产石油化工产品和塑料生产的原料。该工艺可视为一种解聚反应，其化学结构在化学回收前后必然发生变化。通过化学回收获得的产品可以作为燃料使用，从而形成了经济效益高、产率高、能耗低的可持续循环方式。某些化学循环与石油化学工业中所用的流程和方法相似，如热解、气化、液气加氢、蒸汽或催化裂化。

化学回收的最大优点是通过简单的预处理就能够回收被污染的多组分聚合物。鉴于化学回收工艺成本高且过程复杂，化学回收的目标应该是部分相对昂贵的材料。以此为基础产生的经济效益，可以使化学回收成为工业化可行的解决方案。对大多数廉价的原料而言，石油化工工厂的生产规模远远大于塑料工厂（6～10 倍），因此，单纯依靠加工废弃原料进行化学回收是不现实的，只能把回收原料作为常规原料的补充。

单体回收途径与其他回收途径在化学回收产品中存在本质区别。单体回收的目的是将回收的塑料废料用作聚合物合成反应的原料，而回收的其他产物通常作为燃料，以充分利用其潜在的热值。后一种方法以产物热利用为回收目标，其目的与焚烧聚合物废物再利用相同。

下面以 PET 裂解为例，介绍一些基本的化学回收方法和步骤。采用化学回收法回收 PET，可使其完全解聚为单体对苯二甲酸（PTA）、对苯二甲酸二甲酯（DMT）、双（2-羟基乙烯）对苯二甲酸二甲酯（BHETA）和乙二醇（EG）。根据所选用降解剂的不同，PET 解聚方法可分为醇解法、糖酵解、水解法和胺解/氨解法，醇解法主要解聚产物为对苯二甲酸二甲酯（DMT），糖酵解主要解聚产物为对苯二甲酸乙二醇酯（BHET），水解法主要解聚产物为对苯二甲酸（PTA），胺解/氨解法主要解聚产物为 PTA 的二胺化合物。图 10-13 总结了 PET 化学分解不同途径的选择，以及从 PET 解聚得到的产物。

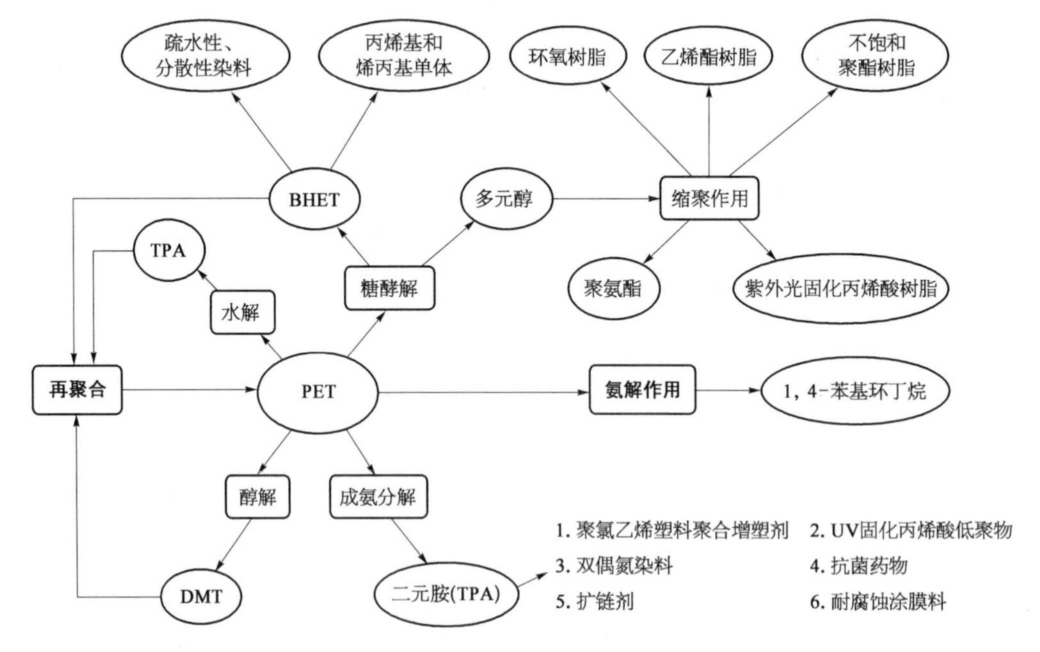

图 10-13　不同的 PET 分解方法及其产物、衍生物和增值产品

以高温高压(180～280℃,20～40 atm)对 PET 进行醇解,生成 DMT 和 EG。糖酵解和胺解/氨解产物可以作为增塑剂、交联剂、扩链剂、腐蚀抑制剂等增值产品,比如不饱和聚酯(UP)的生产,还包括前体树脂、聚氨酯、纺织染料、环氧树脂和乙烯基酯。

聚酯的水解是指 PET 在高温、中性、酸性或碱性条件下,在高温、高压下与水发生反应,使聚酯链断裂形成 TPA 和 EG。水解制备 TPA 的主要缺点是纯度低。而水是一种弱亲核性的试剂,反应一般较慢,且效率较低。

糖酵解是 PET 解聚合中最简单、最古老的方法,目前已成为一种商业回收 PET 的方法,并被杜邦、固特异、壳牌聚酯、Zimmer 和 Eastman Kodak 等国际知名企业采用[27]。在 180～250℃的糖酵解温度下,PET 与过量的乙二醇发生酯交换反应,生成对苯二甲酸双羟乙酯(BHET)。PET 的酵解可以使用乙二醇(EG)、二甘醇(DEG)、丙烯乙二醇(PG)、聚乙二醇(PEG)、1,4-丁二醇和己二醇等不同的二醇来进行。该工艺在无催化剂时反应速度慢,常采用酯交换催化剂。由于除形成单体外,还能形成特定分子量的低聚物,如 α、ω-二羟基物质(多元醇),因此,糖酵解是一种常用的回收方法。低聚物还可以用来合成聚合物,如不饱和聚酯、聚氨酯、乙烯基酯、环氧树脂等。在对回收 PET 的质量要求较高时,糖酵解是最佳的回收选择。但这种方法不适用于含有部分低分子量共聚物、色素或染料的原料。所以最适合回收利用的原料是 PI 废料[27]。废弃 PET 的糖酵解分为 3 个阶段:寡聚物、二聚体和单体。乙醇扩散到高分子材料中,引起高分子的溶胀,增加了扩散。然后乙二醇与链上的酯键发生反应,将 PET 降解成低聚合度馏分。在 PET 解聚过程中,反应参数,如反应时间、反应温度、催化剂浓度和 PET 试剂比是重要的影响因素,按重要性降序排序时,催化剂浓度>反应温度>反应时间[28]。

亚临界和超临界流体(如水和酒精)是极好的反应介质,可用于塑料解聚或分解。利用亚临界和超临界流体,在某些情况下,可以快速、选择性地分解聚合物。这样,与醚、酯或酰胺键的缩合聚合物可通过溶剂分解,转化成单体。事实上,这些缩聚物可以相对容易地解聚成单体,而不需要使用水或醇作催化剂。此外,不管有无催化剂,聚合物在亚临界和超临界流体中都能分解。复合塑料,如纤维增强塑料可被分解为更小的分子和纤维材料。

10.3.2　化学回收纯生物基材料

化学回收中,生物基聚合物分子可分解为小分子单体,然后再重新进入聚合过程。以聚乳酸为例,聚乳酸的化学反应经历了两个主要过程:一是 PLA 在高温下水解得到乳酸;二是 PLA 通过热降解制备 L-丙交酯,用于新 PLA 的聚合。PLA 水解为乳酸的化学回收过程,通常在高温、高压条件下进行,所得到的乳酸纯度高,可聚合成纯 PLA。这一循环生成的 PLA 构成了闭环循环的方式,从生命周期的评估角度来看,这一过程可称为“从摇篮到摇篮过程”。收率主要取决于操作条件,如温度、反应时间以及水料比例等。反应时间和温度对回收效率的影响较大(表 10-3)。

表 10-3　不同反应时间和温度对 PLA 转化为乳酸的影响

反应时间(min)	回收效率(%)				
	240℃	250℃	260℃	300℃	350℃
5	11.9	21.6	53.9	67.4	55.5
8	35.2	80.1	70.8	71.9	46.7
10	61.7	90.7	84.8	83.8	42.0
15	85.5	91.1	89.2	83.0	30.1
20	—	92.5	91.5	82.5	22.0
30	—	88.4	80.1	79.9	12.7

在其他生物聚合物中,化学回收也屡见报道。PHA 热解后,经化学回收可转化成乙烯基单体,经酶处理可转化成低聚物。纤维素酯是一种由可再生生物原料合成的可生物降解材料,由纤维素酯化制得的纤维素酯已成为具有重要生物学用途的材料。

生物回收是化学回收的可行替代方案。但生物回收所消耗的时间比机械回收或焚烧的方法要长,而且要求材料具有一定的生物可降解性。

有关生物塑料混合物的化学回收的研究,主要集中在分选方法、聚合物的热-机械降解和对物质杂质的敏感性的研究等方面。举例来说,由于密度相似,PLA 和 PET 无法通过人工分选或基于密度的分选方法进行简单分类,而且回收效率也不高。

已有研究实现了聚乳酸与 PET 的选择性回收,如聚乳酸解聚后再过滤回收未反应固体 PET 的混合方法。在用于催化 PET 废物糖酵解的 3 种催化剂中,醋酸锌的可溶性最好,效果最好。另外,乙酸锌对 PLA 可有效地进行醇解(在甲醇或乙醇中),生成乳酸酯,由于 PLA 被转换成液态单体,而 PET 在醇解条件下仍是未反应的固体,可滤除固体 PET,因此它是一种很有前景的纯 PLA 和混合 PLA/PET 化学回收方法。图 10-14 给出了 PLA 的醇解过程[30]。

目前,利用 PLA 降解酶对 PLA 进行降解的方法也已经被开发出来。利用酶对含 PLA 的塑料废弃物进行 PLA 回收利用,比用其他方法回收 PLA 在经济上更具竞争力。

由于结构上的不同,热塑性纤维素酯通常不能与石油基聚合物相混溶。乙酸丁酸纤维素(CAB)与不同石油基树脂共混后,可浸入丙酮溶剂中,CAB 基质可在石油树脂固态的情况下快速溶于 CAB。溶解的 CAB 再加入水,沉淀成固体形态,过滤后再循环使用。但是,各组分混合物化学回收的关键问题仍然是组分之间的分离。

10.3.3　生物基 PA、PUR 和 PC 的回收

现在大多数高性能塑料都是由矿物原料制成的,然而生物基工程塑料正在快速发展,可扩大生物基聚合物材料的应用领域和市场。生物基来源的工程塑料具有两大优

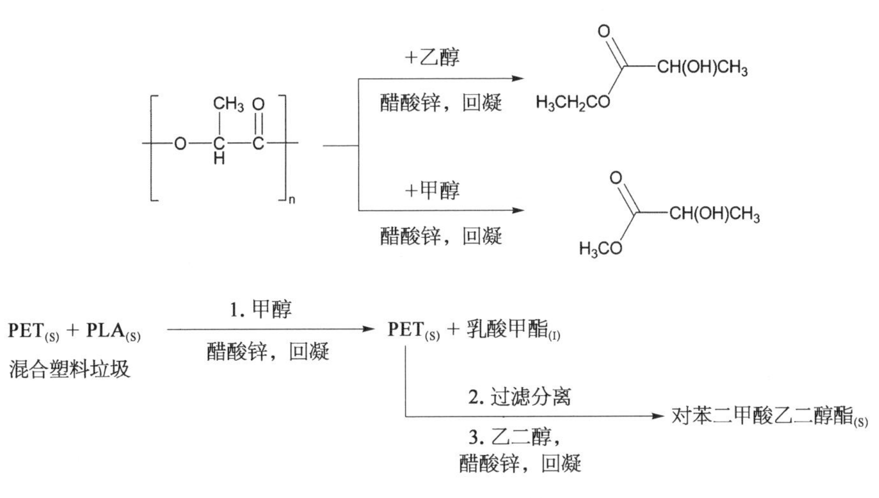

图 10－14　聚乳酸醇解

点：一是可再生原料所产生的低碳足迹，二是聚合工艺的回收能力和能效。举例来说，生产聚酰胺(PA)的中间体可采用若干可能的生物途径，如涉及生物基己二酸、六亚甲基二胺(HMDA)和己内酰胺的途径。从蓖麻籽中提取的蓖麻油是目前生物基 PA 的主要来源，其中的关键成分是癸二酸。据调查数据显示，全球超过 70％的癸二酸需求集中在 PA1010 和 PA610。

聚酰胺是一种热塑性塑料，可以再被磨成颗粒，然后再加工。用机械方法回收 PA 的主要问题是：目前主要是针对 PA6、PA66、PA612、PA11 和 PA12 等，其中几乎没有回收生物基 PA 的例子。源于蓖麻籽的生物基 PA11 是由法国化学公司 Arkema 工业化生产的。该聚合物与 PA66 有很好的相容性，并可利用 PA66 的回收方法，使地毯纤维得到回收，并在地毯寿命结束后转化为聚合物单体。

热塑聚氨酯(TPU)是一种不同链段相间的线型聚合物。这种链段有硬链段和软链段两种。这些硬段是由二异氰酸酯与短链二醇(即扩链剂)反应生成的，而软段则是由二异氰酸酯与长链双官能二醇(即多元醇)反应生成的。由于 3 种反应化合物的结构和/或分子量的变化，可能组合的数量几乎是无限的，因此可以用多种不同的方法来设计聚合物的结构。目前，由于生物基聚氨酯(bio-based polyurethane，BPU)可取代其石油基聚氨酯而引起广泛关注。由于迄今为止，还没有用生物基法来制备异氰酸酯的先例，所以目前的研究重点是用生物基多元醇替代化石多元醇。以蓖麻油为主要原料可生产生物多元醇，其实大豆油也广泛使用。但大豆油源 BPU 的力学性能较低，需要采用玻璃纤维或麻纤维对其进行强化。还可以用从柑橘中提取的柠檬烯油和工业生产过程中产出 CO_2 来制备环氧化物，如用一氧化柠檬烯和 CO_2 催化共聚，制备性能类似于聚苯乙烯(PS)的热塑性聚碳酸柠檬烯酯。此外，还可以用二氧化柠檬烯与多官能胺(例如柠檬酸的氨基酰胺)交联制得碳酸二柠檬烯，这样就可以在不使用异氰酸酯的情况下生产基于萜烯的多种交联生物 PU。BPU 和其他塑料一样,可以通过机械回收或化学回收的方式回收,但其回收一直是一个难点。

在 BPU 废料回收中,传统的方法是采用机械再研磨法,在新配方中采用再生料填充法。举例来说,可以用碎料块和黏合剂回收 BPU 软泡沫塑料,制成地毯垫、运动垫、缓冲垫及类似产品。多种来源的 BPU 零件(如汽车、冰箱、工业装饰品等)可制成颗粒,并与强黏合剂或聚氨酯体系进行混合,再在加热和压力条件下制成板材或模具。主要用于隔音,如家具和地板等。聚氨酯的化学回收包括糖酵解、水解、热解、氢化等,但是与用原料制备相比,在大多数情况下,这种方法不具有经济竞争力。

聚碳酸酯(PC)具有良好的性能,如抗冲击、透明、耐高温和尺寸稳定性等,不像大部分其他热塑性塑料,PC 能够在承受大的塑性变形时不被破裂。因此,在常温下,可采用如弯折刹车等钣金工艺对其进行加工成形。目前,以生物基 PC 代替其他高分子材料已受到广泛关注。因为传统的 PC 是由双酚 A 和光气合成的,所以有毒气体光气和双酚 A 经常会导致污染,并引发操作危险。近年来,以 L-酒石酸为原料,在 80℃条件下,可通过不同来源的 4 种市售脂肪酶对 PC 单体进行三步聚合。以三亚甲基酯碳酸 2-(2-苄氧基乙氧基)为原料,合成了一种新的具有侧链伯羟基的水溶性 PC。采用萜烯二酚和碳酸二苯酯进行熔融聚合,无须任何催化剂,也可成功合成 PC。可通过各种常用的热塑性塑料加工方法对 PC 进行加工,但 PC 的可加工性较差,导热系数低,加工温度较高(约 300℃)。此外,PC 在熔化状态下对金属表现出较强的黏附性,使得其加工难度大,黏度要求高。由于回收再循环步骤会降低 PC 的机械性能,所以在再循环 PC 中可能需要使用抗冲改性剂来达到理想的性能水平。

再循环时的另一个可行方案是将分子量增加到足够大。在再加工过程中,缩合的热塑性塑料(如 PET、PBT、PA、BPA-PC 和 TPU)和它们的混合物会被水解、醇解、热分解等。其主要原因是加工缩合的热塑性塑料在高温(约 300℃)下发生了快速的降解反应,导致分子量的下降以及力学和热性能的严重下降。这就阻碍了将大量工业后缩聚物废料再处理用于要求严格的工程应用。要克服这个障碍,有时需要增加聚合物的分子量。使用反应性链延长剂,是提高低分子缩聚物分子量的方法之一。这些增链剂在常规的混合物中,如在塑料熔体挤出机中可与聚合物的官能链端发生反应,以获得较高相对分子质量的再生原料。

10.3.4 化学回收生物复合材料

生物复合材料包括石油基体、生物基体聚合物基体、玻璃纤维、天然纤维增强材料、原始聚合物、再生聚合物等。对所有生物复合材料来说,重要的是要考虑到其对非生物降解、吸水和生物降解过程的敏感性,以确保材料在使用寿命期间的结构和功能稳定。

有关热塑性而非热固性生物基质复合材料的研究正逐步开展,究其原因是其可回收性。将天然纤维与生物聚合物基质混合后,每一种组分都来自可再生资源,而这些生物复合物可能是可堆肥的,因此可以作为玻璃纤维的替代材料加以应用。

除可生物降解性外,生物复合材料的可回收利用性使其更有价值。这一回收方案可减少原材料消耗,延长产品的使用时间,降低碳消耗,从而延长其寿命,减少对环境的影响。可堆肥亚麻/PLLA 的力学性能与玻璃纤维/PP 相当,且其复合性能优于大麻/PP 和剑麻/PP 复合材料。如图 10-15 所示,机械回收后可保留不同纤维含量(重量百分比为 20%和 30%)的亚麻纤维,研究者对其生物复合材料进行拉伸性能研究,直至第 3 次注射循环结束。后处理导致其分子量的下降、纤维长度的减少和纤维束的分离[31]。但 3 次循环后,生物复合材料的性能(不加入原聚合物)仍是该材料可回收性的重要指标。PLA/亚麻复合材料主要用于汽车工业。机械再循环使用 PLA/亚麻可导致抗张强度(23%)、冲击强度(8%)和 E 模量(5%)降低,并相应降低 PLA 的摩尔质量。研究表明,纤维长度的减少是导致纤维力学性能下降的重要原因。

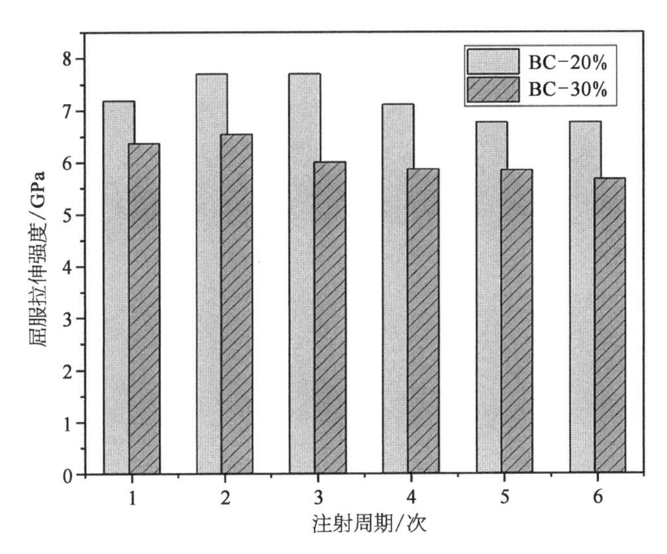

图 10-15 含 20%纤维(BC-20%)和 30%纤维(BC-30%)的 PLLA/亚麻复合纤维生物复合材料的拉伸屈服强度随注入周期的变化

此外,也有学者对生物降解聚合物基体及其纤维素增强复合材料的回收能力进行了研究。采用化学热磨机械浆(CTMP)纤维分别对 3 种可生物降解基质(PLLA、脂肪族聚酯和淀粉基质)进行增强。对高性能 PLA 复合材料的研究结果表明,经洋麻纤维增强的 PLA 具有较高的冲击强度、耐高温、模塑性能好等优点,并于 2004 年和 2006 年分别被应用于 PC 元件和手机外壳。经热可逆交联的 PLA 具有极好的形状记忆能力和可恢复性,例如可改写的形状记忆。将生物复合材料进行研磨,然后作为增强材料使用,也是一种循环利用的方法。现在,已经有可再生的 PLA 通过稻壳和洋麻纤维增强后作为一种可再利用的强化材料。

一般认为,由于复合材料对热机械降解更加敏感,生物聚合物增强复合材料比纯热塑性基质可回收性更低。正因为如此，堆肥被视为处理此类材料的主要废物处理途径。但正如前面所提到的，研究者们已经尝试了复合材料的回收，比如可堆肥的亚麻/多聚赖氨酸(PLL)。一般情况下，为了确保天然填料增强的生物复合材料(以合成或生物聚合为基础的热塑性基)的可回收性，并在几个后处理周期内保持其力学性能。材料将被反复加工使填料与基体的界面粘合力增强，从而提高经再加工的生物复合材料的热稳定性。但由于生物复合材料的重复循环使用，导致聚合物材料出现了不同程度的降解、分子量的降低和结晶度的增加。如何促进生物复合材料的化学回收仍待进一步深入研究。

10.4 能量回收

10.4.1 裂解

热分解是一种普遍的应用技术，适用于目前还没有被机械地回收利用，但被焚烧和/或被倾倒到垃圾填埋场的塑料废物，如 PE/PP/PS 混合材料、多层包装、纤维增强复合材料、聚氨酯建筑和废料清理等。而多层复合膜材料要比其替代的金属、纸张和玻璃容器更难回收。这一典型的多层包装材料的结构如图 10-16 所示[32]。这类材料大多数是聚乙烯，它能使包装体积较大，结构相对完整。若需较高的韧性，包装公司一般选择 PET，饮料容器首选的树脂。EVOH(EVOH)常应用于食品包装应用，因为它比 PE、PET 或尼龙更能有效地阻断 O_2。

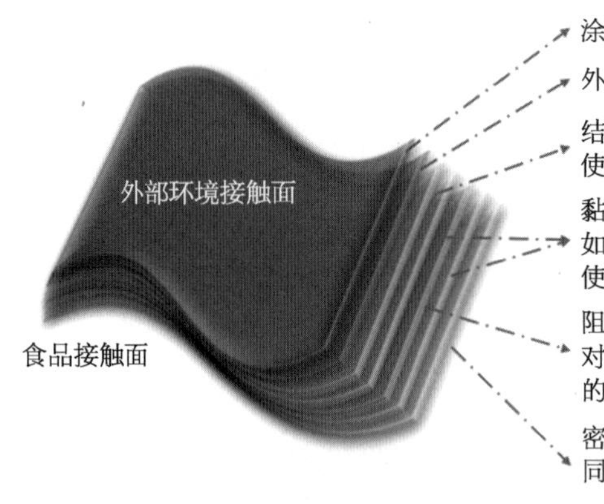

图 10-16 食品包装材料多层体系结构

不同于机械回收，热解回收方法可以处理高污染物质，如汽车碎纸机的残渣，以及高度异质塑料混合物，从而提高了加工相对于原料成分的灵活性。考虑到实际回收中往往难以实现可行的分选，或对所有不同类型塑料进行分选，经济性成为热解回收的主要优点。

无氧时，裂解在中等到高温(500℃，1～2 atm)条件下进行，高温可以破坏聚合物的宏观结构并产生小分子产物[33]。裂解产物可以分解成三部分：气体、液体和固体残渣[2]。目前广泛应用的是新型涡旋反应器技术的工艺过程，这种工艺也可用于配置有传统分选部分的传统塑料废料热解厂的设计。已经有多个具有代表性的塑料废料热解示范工厂建成并投入运行，如表 10-4 所示[34]。

表 10-4　示范工厂运行状态

过　程	地　点	容　量	状　态
茂上纪子	日本	3 t/天	操作
北京罗伊科酒店	中国	6 节/天	未知状态
札幌/东芝	日本	14.8 克拉/年	操作
阿尔蒂斯	日本	未知	商业应用
高斯勒·埃维特茨	德国	1.85 km/年	未知状态
不断变化的世界技术	美国	10 毫伽/年	演示版

热分解的难点在于反应的复杂性。按照其主要的分解途径，不同的聚合物会产生完全不同的产物。某些杂质的存在也会影响产物的产量比重，例如某些含氧化合物的存在就会导致甲醇或甲醛的产生。PE、PP、PS 和 PVC 占聚合物产量的 80%左右(图 10-17)[35]。虽然裂解工艺简单，但目前只有规模较大的裂解工艺才经济可行。

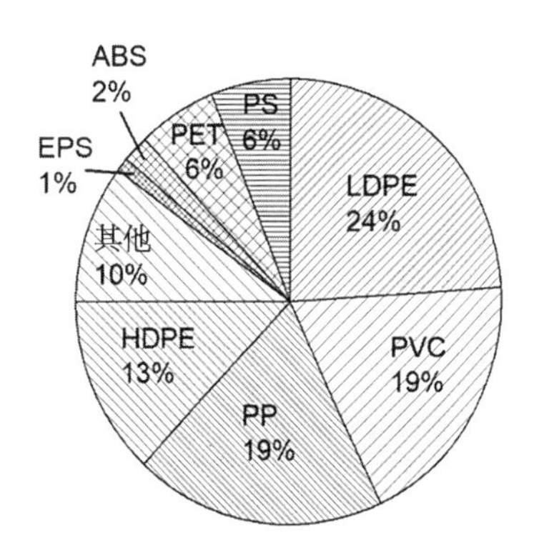

图 10-17　欧洲聚合物分类的平均塑料消耗

聚氯乙烯热解过程中的另一个主要问题是原料中存在 PVC。由于酸性物质对设备材料的耐腐蚀性要求非常高，即使原料中卤素的含量很少，也不能作为燃料或石油化学原料使用。一般使用的规范要求氯含量不得超过 10 ppm[36]。针对 SPW 过程中 PVC 污染物的特点，提出了在低温(300℃)条件下裂解 PVC 污染物的方法[37]。热解反应条件下，塑料熔融降解，PVC 降解，其他类型的塑料几乎不受影响，脱氯效果可达 98%。通过加入 $CaCO_3$、CaO、$NaHCO_3$、$NaCO_3$、$NaCO_3$ 或 NH_3，可以中和废水中残留的氯化物。

如图 10-18 所示，一级裂解反应器可为多种设计类型[38]。其主要设计为鼓泡式流化床、搅拌釜式反应器和螺杆/奥格式反应器，并已经过广泛的验证。流化床反应器由于具有产品的均一质量和较高的转化率等诸多优点而成为塑料裂解的最佳选择。

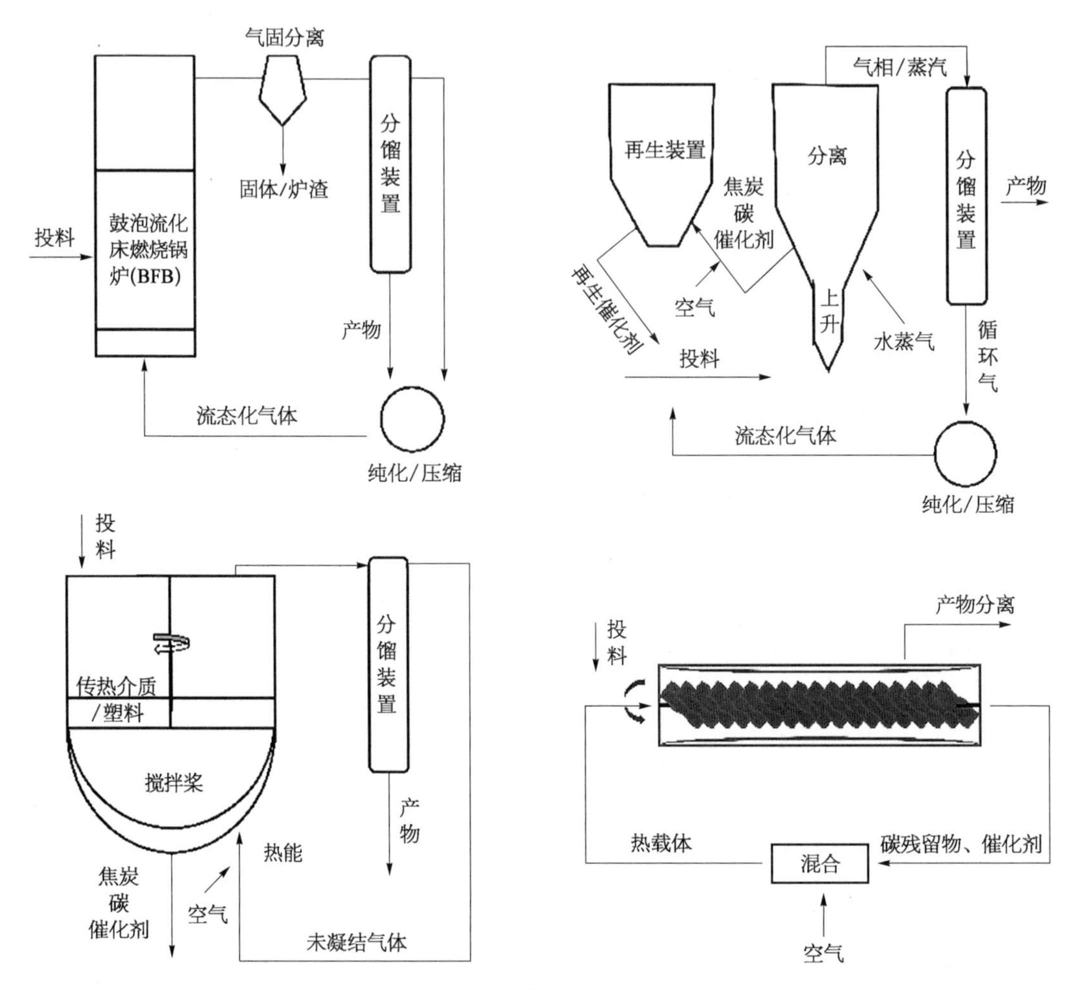

图 10-18　塑料废物热解的不同设计

反应产物主要分为 3 种：气体、液体和焦炭。反应釜温度对各馏分间的质量分布影响较大。除温度外，塑料热解过程中有很多影响产品组成的因素，包括聚合物的宏观结构、微混合程度、气体停留时间、温度和流化气体等。为了提高生产效率，并使得利润最大化，有必要对生产过程进行详细的建模，从而达到前所未有的效果。虽然聚合物降解、自由基降解机理和动力学十分复杂，但是利用热解方法回收废旧塑料的重要性是不容置疑的。热解法与机械法、化学单体回收法相比，成本更低，工艺流程更简单，因此将热解法应用于工业生产更有实际意义。

10.4.2　气化与加氢裂化

气化是热解技术的一种，它能从废物中产生燃料或可燃气体。气化过程中，几乎所有由有机物质组成的原料都会被部分氧化转化成气态混合物。这一过程需要氧化剂，它们通常是蒸汽和纯氧或者只是空气的混合物,但通常可采用空气作为气化剂。在汽化过程中,原料要经过多次反应,因而既能放热又能吸热,但整个过程都是吸热的。产生的更高的热效率可用于发电。

到目前为止,TEXACO 是最常见、最有名的气化技术。将塑料废料温和地裂解(解聚)为液化步骤中的可合成重油以及一些可凝结和不可凝结的气体馏分。所生产的石油和冷凝气被注入夹带式气化炉。气化是 O_2 和蒸汽在 1 200～1 500℃作用下进行的。通过多种清洁工艺(包括脱除 HCl 和 HF),可生产出清洁干燥的合成气,主要是 CO 和 H_2,以及少量 CH_4、CO_2、H_2O 和一些惰性气体,图 10 - 19 列出了 TEXACO 制气工艺流程[39]。

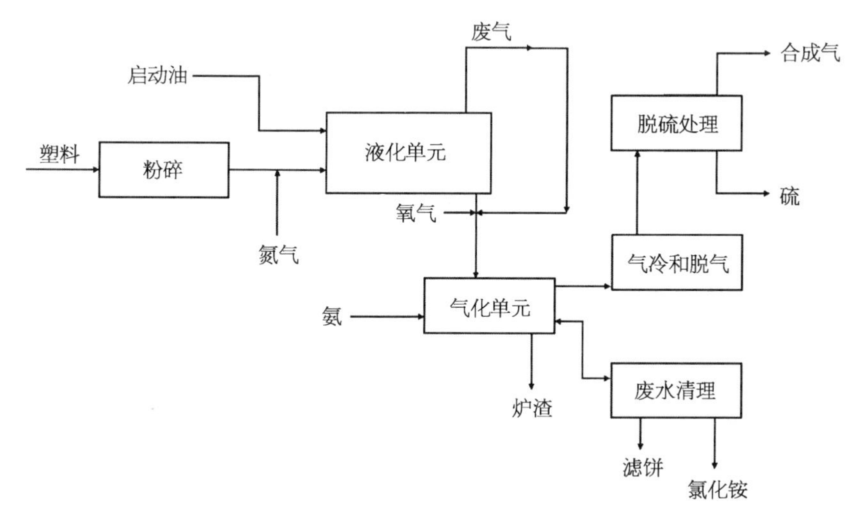

图 10 - 19　TEXACO 制气工艺流程图

甲醇化合成气体是气化回收的一个重要应用方向。如图 10 - 20 所示,甲醇是世界上产量最大的化学物质之一,用于生产诸如甲醛、乙酸和甲胺等多种工业化学品。可通过多种途径生产甲醇,包括 CH_4 氧化途径和合成气催化途径,后者在工业中应用最广泛[39]。合成气转化为甲醇需要在高温和高压下进行,反应本身是放热的,并受到平衡的限制。对反应器设计来说,这是一个关键因素,要注意防止转化方向失控和催化剂严重失活的情况出现。由此产生的甲醇可分别通过甲醇 - 烯烃(MTO)和甲醇 - 汽油(MTG)在烯烃或类石油产品的生产中进一步用于合成气的甲醇化。

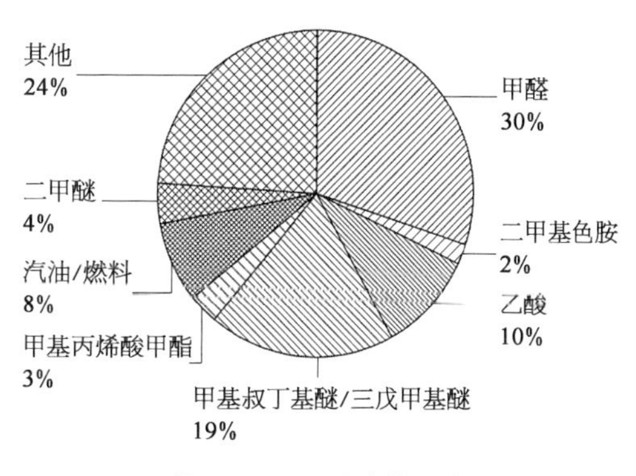

图 10 - 20　甲醇的用途

ZnO/CrO 是第一个用于生产甲醇的催化体系。反应堆在高温(350℃)和高压(250～300 atm)条件下运行。20 世纪 20 年代中期,巴斯夫发展了这项技术。随着合成气净化技术的发展,易中毒的铜催化剂得到了重新开发。1966 年,ICI(帝国化学工业公司)引进了一种新型活性更高的催化剂 $Cu/ZnO/Al_2O_3$。这样,反应器就能在较低的温度(220～275℃)和压力(50～100 atm)条件下运行,此工艺的一般程序见图 10-21[41]。催化反应对硫敏感。合成气的优选纯度应保证硫元素含量在 0.1 ppm 以下,以保持 Cu 的活性并使 Cu 的活性保持在 5 年以上[40]。

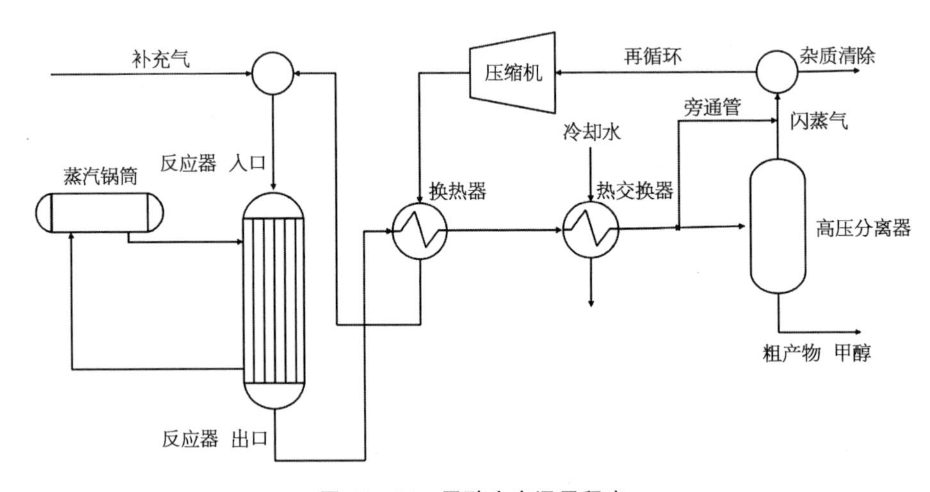

图 10-21　甲醇生产通用程序

虽然已有文献介绍了甲醇的工业规模应用,但这种方法在未来的突破还需要进一步的实验工作,以此来改进设备的设计并优化产品。该领域的相关进展将有助于改进气化反应器并扩大其应用范围。

在催化裂化塑料的过程中,最大的不同是氢气的加入。这一过程是在上升的氢气压力(约 70 个大气压)和 375～400℃的环境中进行的,可以使用 Ni/S 催化剂或 NiMo/S 催化剂。因为原来的 SPW 中存在无机物,塑料首先被液化并过滤掉不能蒸馏的物质。通常通过低温热解来进行,然后液体被输送到带催化剂的流化床上。氢气的存在可以明显提高产品质量,提高 H/C 比,降低芳族含量。通过对各种类型催化剂的实验,已证明石蜡具有较高的收率,能提高塑料热解液的收率。其他的主要优点是,对杂原子处理得非常好,不会产生有毒产品,如二噁英等。

虽然在目前阶段,对加氢裂化产业的报道很多,但由于许多经济性和操作问题,这些技术或者已经停止使用(工业规模已经停止),或者仍处于研究阶段。在现阶段,如何尽量降低成本、提高产品质量,仍然亟待深入研究。

10.4.3　热解气化产物毒性

能量回收的定义是指通过燃烧废物来产生热、蒸汽和电。在原料回收工艺中,由于生产成本的限制，其利用价值并不高，因此，采用焚烧法处理废料更为理想。

由于塑料来自原油，因此在燃烧时，与石油和城市固体废物相比，塑料材料会产生很高的热量，表 10-5 列出了许多单一聚合物塑料的热值。因为塑料具有很高的发热量，所以是一种方便的能源。能量回收技术得到了广泛的关注和重视，但实际应用中最关键的问题是焚烧产生的有毒有害物质，以及这些物质对环境的污染。

表 10-5　单一聚合物塑料的热值

物　　品	发热量(MJ/kg)
聚乙烯	43.30～46.50
聚丙烯	46.50
聚苯乙烯	41.90
煤油	46.50
瓦斯油	45.20
重油	42.50
石油	42.30
家用 PSW 混合物	31.80

气态产物及其在各种热解条件下产生的毒性是目前需要解决的重要问题。这里列举了 7 种常见塑料，分别为丙烯腈-丁二烯-苯乙烯、尼龙、聚酯、聚乙烯、聚苯乙烯、PVC 和硬聚氨酯泡沫。对聚氨酯泡沫、CO(CO)和氰化氢(HCN)来说，它们是在超过 100 种气体产品中发现的主要有毒物质。对聚氯乙烯而言，热分解的主要产品是氯化氢、苯和不饱和烃类。如果存在 O_2，常见的燃烧产物包括 CO、CO_2 和 H_2O。聚氯乙烯火灾中的主要有毒产品是氯化氢和一氧化碳，前者会对人的感官和肺造成强烈刺激，后者会造成窒息。若把 PVC 材料的燃烧毒性(根据其 HCl 含量)与纯净的 HCl 试验相比较，会发现许多产品暴露后的毒性似乎可以用所产生的 HCl 来解释，含有氯油的产品会导致严重的部件腐蚀和环境毒素释放。催化裂化能够抑制氯代烃的生成，降低反应温度，缩短反应停留时间，提高产品的选择性，因此优于传统裂解工艺。

10.5　局限、挑战与机遇

如前文所述，塑料循环利用是一个复杂而重要的课题。这个问题不只是科学技术和方法的更新，更涉及公众的环保意识、城市垃圾处理设施的建设等社会治理问题。其中，对产品进行“生态化设计”和“从摇篮到坟墓”的生命周期分析是优化塑料循环利用的两个有力手段。

近年来，随着国家相关政策法规的出台，消费者对气候变化、环境保护等问题的认识不断深入，生物基材料的发展将迎来新的机遇。生物基并不代表可生物降解，反之亦然。因此，生物基聚合物不应被视为塑料废弃物的全部解决方案——它们仍然需要建立健全完善的回收再利用体系。由于植物在光合作用过程中吸收 CO_2，生物基聚合物的碳足迹比石化聚合物或替代品要低。值得指出的是，回收再利用的方法并不是中性或无能量消耗的，因为聚合、加工、分销和回收都需要能源，而目前的能源结构以化石燃料为主。生物降解塑料的周期是限制其大规模应用的另一因素。即使是生物基聚合物也不会在一夜之间降解或堆肥，有些生物基聚合物也需要长达数年的时间来降解，而许多堆肥设施不会采用这些材料，因为它们在堆肥中会留下一些塑料残留物。

有人认为生物基材料不可回收，只能生物降解，这样的概念显然是错误的。生物基聚合物不一定都是可生物降解的或可堆肥的，比如 PLA 或 PHA 只有在适当的条件下才是可生物降解或可堆肥的；而其他产品，如生物基 PE，却不可生物降解或堆肥，因此需要将其回收利用以延长生命使用周期。相反，一些可生物降解或可堆肥的聚合物，如 PCL 却是基于石油生产的。因此，合理的回收处理方法不一定与原料的性质相关。

对于不可生物降解或不可堆肥的生物基聚合物来说，如果它们在化学分子层面上与石化基聚合物相同，可以简单地被纳入此类石化基化合物再循环利用方法中。如果这类生物基聚合物在没有进行充分废物处理的情况下直接丢弃到环境中，它们将会与同种石化聚合物具有相同的寿命，因为它们的化学分子是相同的。

为了使回收具有经济可行性，聚合物必须达到一定的使用体量。但是，到目前为止，生物基聚合物的应用和推广尚有局限，离实现一个客观的、值得回收的塑料使用量还很远。含生物基聚合物成分的混塑回收也面临着诸多挑战。

机械回收再循环为聚合物材料的再利用提供了一个有效而简单的方法，但被再循环的聚合物经常受到各种来源的污染，从而导致所产生的原料机械性能较差。高吸水率和水热降解的敏感性也是许多生物塑料的一个突出缺点。吸水会降低增强材料与树脂之间的界面强度，从而影响生物复合材料的生产。现在，我们还不能完全了解生物复合物中各种成分之间的相互作用，以及在加工过程中它们是如何影响热稳定性和降解产物的形成的。

当机械回收的限制降低了经济价值时，可以采用其他方法，如化学回收等，但化学回收通常需要很高的能量消耗，这使得回收成本非常昂贵，同时，化学回收往往会采用复杂的工艺，而且只适用于某些特定的生物聚合物。

机械性、化学性、堆肥性和焚烧性回收这 4 种不同回收方式各有特点，优劣兼备。在有些情况下，机械回收和化学回收都是不容易实现的。举例来说，在生物基复合材料中，由于生物基基质和/或增强纤维对热处理的敏感性，如果基质是可生物降解的，则最好的方式是堆肥。但是，堆肥过程必须在工业水平上进行。虽然回收材料的质量和加工成本是回收过程中的关键问题，但实际情况表明，回收天然纤维增强热塑性塑料的工艺非常经济，但是缺乏可重复性。如不能找到更好的方法，热解、燃烧等增值技术也可作为管理生物基再生塑料废弃物的可行解决方案。焚烧可部分回收生物塑料和生物复合材料的潜在热能，因此可作为最终选择。

要使"绿色"塑料得到最大程度的有效利用，不仅需要科学家、工程技术人员解决工艺过程中的各种科技问题，更重要的是要通过各种科普宣传教育、塑料制品适当分类和系统管理，使废物循环再利用，从而提高公众对各种塑料的认识。

参考文献

[1] Kirkby N, Azapagic A. Municipal solid waste management: can thermodynamics influence people's opinions about incineration. John Wiley & Sons, Ltd, 2005.

[2] Al-Salem S M, Lettieri P, Baeyens J. Recycling and recovery routes of plastic solid waste (PSW): A review. Waste Management, 2009, 29(10): 2625 - 2643.

[3] Zia K M, Bhatti H N, Bhatti I A. Methods for polyurethane and polyurethane composites, recycling and recovery: A review. React Funct Polym, 2007, 67(8): 675 - 692.

[4] Aznar M P, Ca Ballero M A, Sancho J A, et al. Plastic waste elimination by co-gasificationwith coal and biomass in fluidized bed with air in pilot plant. Fuel ProcessTechnol, 2006, 87(5): 409 - 420.

[5] Ignatyev I A, Thielemans W, Vanderbeke B. Recycling of polymers: a review. Chem Sus Chem, 2014, 7(6): 1579 - 1593.

[6] Callister W, Rethwisch D. Materials science & engineering. Wiley & Sons, 2010.

[7] Censori M, La M, Carvalho F, et al. Separation of plastics: The importance of kinetics knowledge in the evaluation of froth flotation. Waste Manage, 2016, 54: 39 - 43.

[8] Fraunholcz N. Separation of waste plastics by froth flotation — a review, part I. MinerEng, 2004, 17(2): 261 - 268.

[9] Wang C Q, Wang H, Fu J G, et al. Flotation separation of waste plastics for recycling—A review. Waste Manage, 2015, 41(7): 28 - 38.

[10] Rem P, Di Maio F, Hu B, et al. Magnetic fluid equipment for sorting secondary polyolefins from waste. EnvironEngManageJ, 2013, 12: 951 - 958.

[11] Serranti S, Luciani V, Bonifazi G, et al. An innovative recycling process to obtain pure polyethylene and polypropylene from household waste. Waste Manage, 2015, 35(1): 12 - 20.

[12] Luciani V, Bonifazi G, Rem P, et al. Upgrading of PVC rich wastes by magnetic density separation and hyperspectral imaging quality control. Waste Manag, 2015, 45(11): 118 - 125.

[13] Arvanitoyannis I S, Bosnea L A. Recycling of polymeric materials used for food packaging: Current status and perspectives. Food Rev Int, 2001, 17(3): 291 - 346.

[14] La Mantia F P. Recycling of PVC and mixed plastic waste. Chem Tec Publishing, 1996.

[15] Beyler C L, Hirschler M M. Thermal decomposition of polymers. SFPE Handb of Fire Protect Eng, 2002, (2): 110 - 131.

[16] Qian S, Igarashi T, Nitta K H. Thermal degradation behavior of polypropylene in the melt state: molecular weight distribution changes and chain scission mechanism. Polym Bull, 2011, 67(8): 1661 - 1670.

[17] Delva L, Ragaert K, Degrieck J, et al. The effect of multiple extrusions on the properties of montmorillonite filled polypropylene. Polymers, 2014, 6(12): 2912 - 2927.

[18] Su K H, Lin J H, Lin C C. Influence of reprocessing on the mechanical properties and structure of polyamide 6. J of Mater Process Tech, 2007, 192: 532 - 538.

[19] Xiang Q, Xanthos M, Mitra S, et al. Effects of melt reprocessing on volatile emissions and structural/ rheological changes of unstabilized polypropylene. Polym Degrad Stab, 2002, 77(1): 93 - 102.

[20] Enkiewicz M, Richert J, Rytlewski P, et al. Characterisation of multi-extruded poly(lactic acid). Polym Test, 2009, 28(4): 412 - 418.

[21] Pillin I, Montrelay N, Bourmaud A, et al. Effect of thermo-mechanical cycles on the physico-chemical properties of poly(lactic acid). Polym DegradStab, 2008, 93(2): 321 - 328.

[22] Badia J D, Stroemberg E, Karlsson S, et al. Material valorisation of amorphous polylactide. Influence of thermo-mechanical degradation on the morphology, segmental dynamics, thermal and mechanical performance. Polym DegradStab, 2012, 97(4): 670 - 678.

[23] Badia J D, Santonja-Blasco L. Reprocessed polylactide: Studies of thermo-oxidative decomposition. Bioresour Technol, 2012, 114: 622 - 628.

[24] Badia J D, Santonja-Blasco L, Martinez-Felipe A, et al. Hygrothermal aging of reprocessed polylactide. Polym Degrad Stab, 2012, 97(10): 1881 - 1890.

[25] Hamad K, Kaseem M, Deri F. Effect of recycling on rheological and mechanical properties of poly(lactic acid)/polystyrene polymer blend. J Materials Sci, 2011, 46(9): 3013 - 3019.

[26] Roberto, Scaffaro, Marco, et al. Preparation and recycling of plasticized PLA. Macromol Mater Eng, 2010, 296(2): 141 - 150.

[27] Scheirs J. Polymer recycling: science, technology, and applications. Focus on Catalysts, 1998, 2006(9): 8.

[28] George N, Kurian T. Recent developments in the chemical recycling of postconsumer poly (ethylene terephthalate) waste. Ind Eng Chem Res, 2014, 53(37): 14185 - 14198.

[29] Faisal M, Saeki T, Tsuji H, et al. Recycling of poly lacticacid into lactic acid with high temperature and high pressurewater. Trans Ecol Environ 2006, 92: 225 - 233.

[30] Sánchez A C, Collinson S R. The selective recycling of mixed plastic waste of polylactic acid and polyethylene terephthalate by control of process conditions. Eur Polym J, 2011, 47(10): 1970 - 1976.

[31] Antoine L D, Isabelle Pn, Alain B, et al. Effect of recycling on mechanical behaviour of biocompostable flax/poly(l-lactide) composites. Compos Part A: Appl Sci Manuf, 2008, 39(9): 1471 - 1478.

[32] Tullo, Alexander H. The cost of plastic packaging. Chemical & Engineering News Edition of the

American Chemical Society, 2016.

[33] Angyal A, Miskolczi N, Bartha L. Petrochemical feedstock by thermal cracking of plastic waste. J Anal Appl Pyrolysis, 2007, 79(1-2): 409-414.

[34] Butler E, De Vlin G, Mcdonnell K. Waste polyolefins to liquid fuels via pyrolysis: review of commercial state-of-the-art and recent laboratory research. Waste Biomass Valori, 2011, 2(3): 227-255.

[35] Brems A, Baeyens J, Dewil R. Recycling and recovery of post-consumer plastic solid waste in a European context. Therm Sci, 2012, 16(3): 669-685.

[36] Bhaskar T, Uddin M A, Kaneko J, et al. Liquefaction of mixed plastics containing PVC and dechlorination by calcium-based sorbent. Energ Fuel, 2003, 17(1): 75-80.

[37] Sadat-Shojai M, Bakhshandeh G R. Recycling of PVC wastes. Polym Degrad Stabil, 2011, 96(4): 404-415.

[38] Butler E, De Vlin G, Mcdonnell K. Waste polyolefins to liquid fuels via pyrolysis: review of commercial state-of-the-art and recent laboratory research.. Waste Biomass Valori, 2011, 2(3): 227-255.

[39] Brems A, Dewil R, Baeyens J, et al. Gasification of plastic waste as waste-to-energy or waste-to-syngas recovery route. Natural Science, 2013, 5(6): 695-704.

[40] Spath P L, Dayton D C. Preliminary Screening-Technical and Economic Assessment of Synthesis Gas to Fuels and Chemicals With Emphasis on the Potential for Biomass-Derived Syngas, 2003.

[41] Abrol S, Hilton C M. Modeling, simulation and advanced control of methanol production from variable synthesis gas feed. Comput Chem Eng, 2012, 40(5): 117-131.

索　引

图　　版

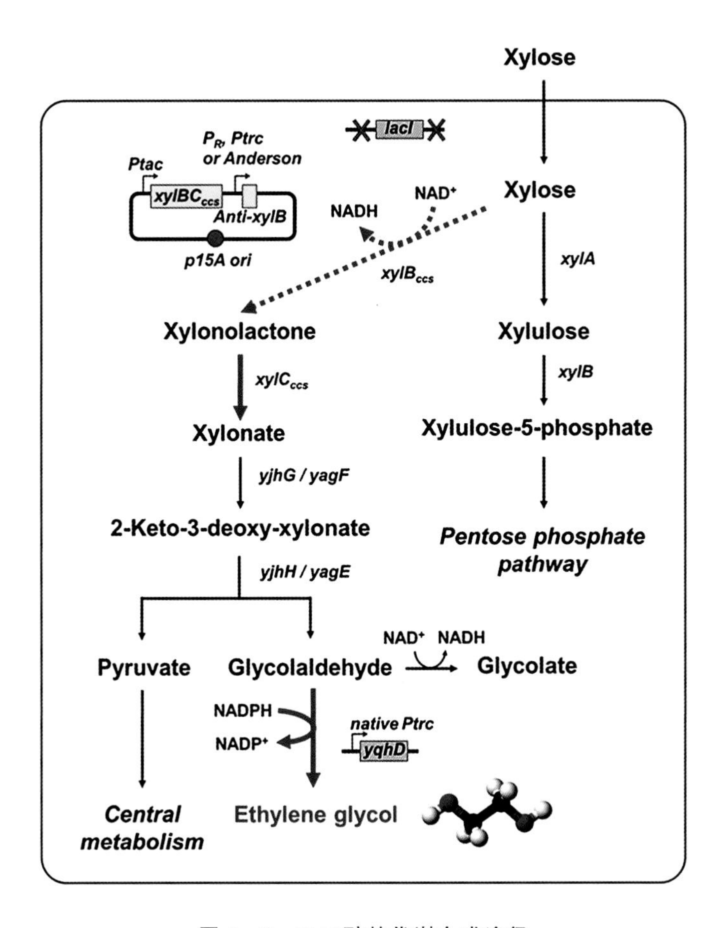

图 2－9　乙二醇的代谢合成途径

xylose，木糖；xylulose，木酮糖；xylulose－5－phosphate，5－磷酸木酮糖；xylonolactone，木糖酸内酯；xylonate，木酸盐；2－keto－3－deoxy－xylonate，2－酮基－3－脱氧木酸盐；pyruvate，丙酮酸；glycolaldehyde，羟乙醛；glycolate，羟基乙酸；ethylene glycol，乙二醇。

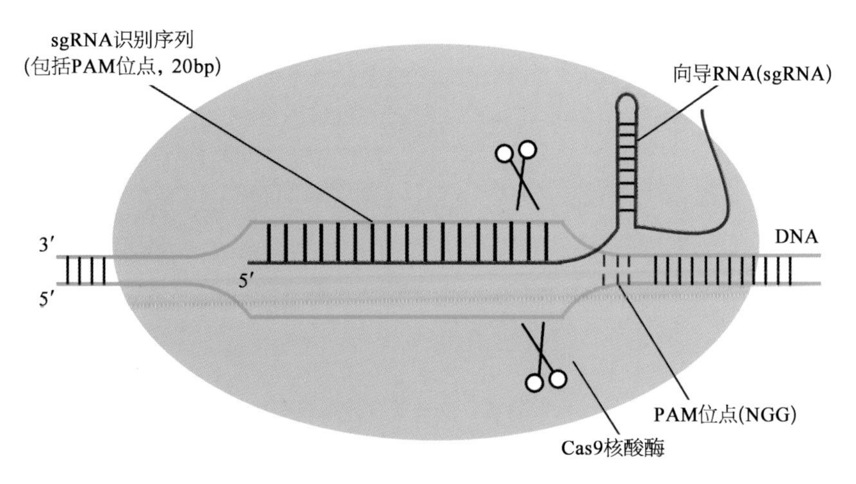

图 3－2　Crisp /Cas9 技术原理

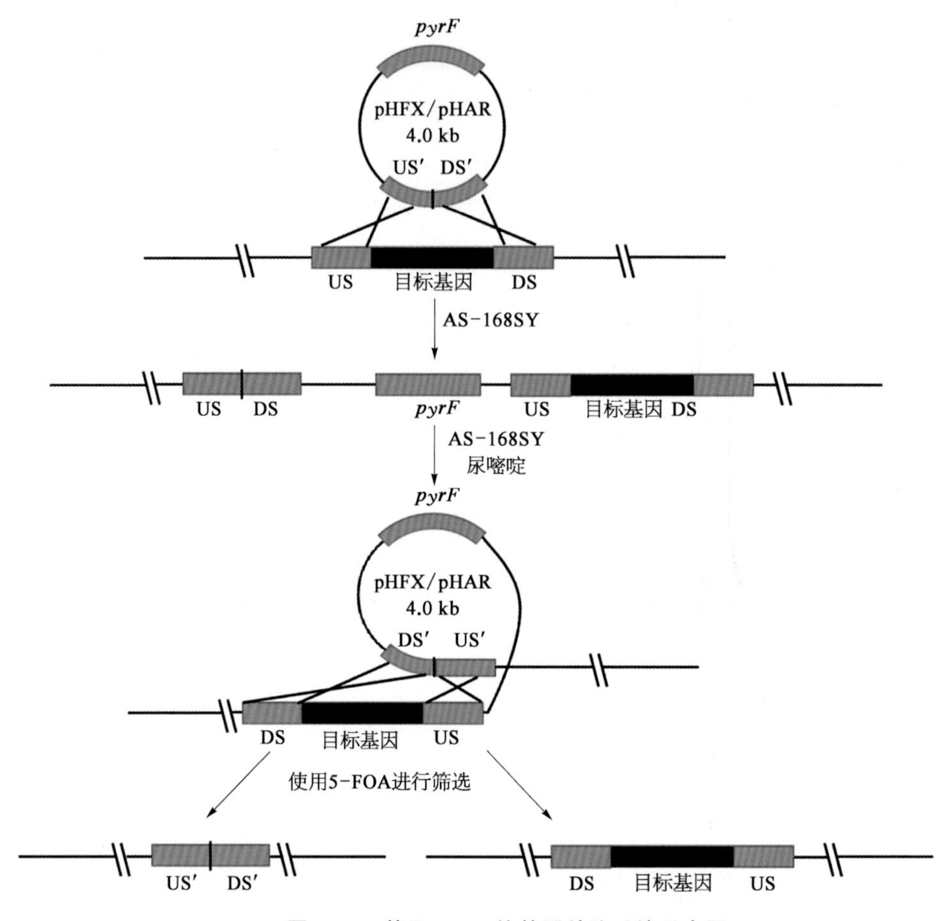

图 3-3 基于 *pyrF* 的基因敲除系统示意图

US/US′,待敲除目的基因的上游片段;DS/DS′,待敲除的目标基因的下游片段;Target,目标基因;5-FOA,5-氟乳清酸;*pyrF*,乳清酸核苷-5-磷酸脱羧酶的编码基因。

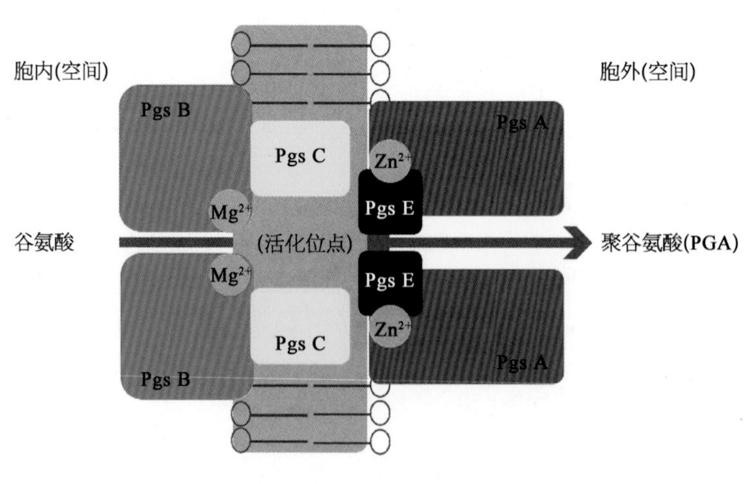

图 3-12 聚谷氨酸合成酶复合体细胞定位示意图

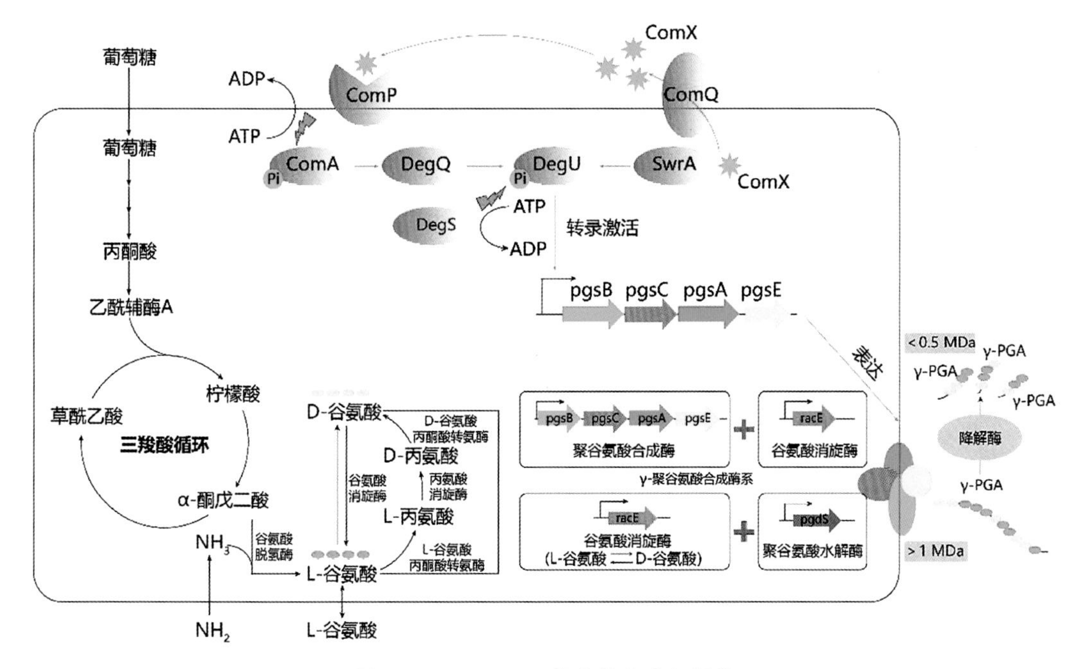

图 3-13　γ-PGA 的生物合成与调控

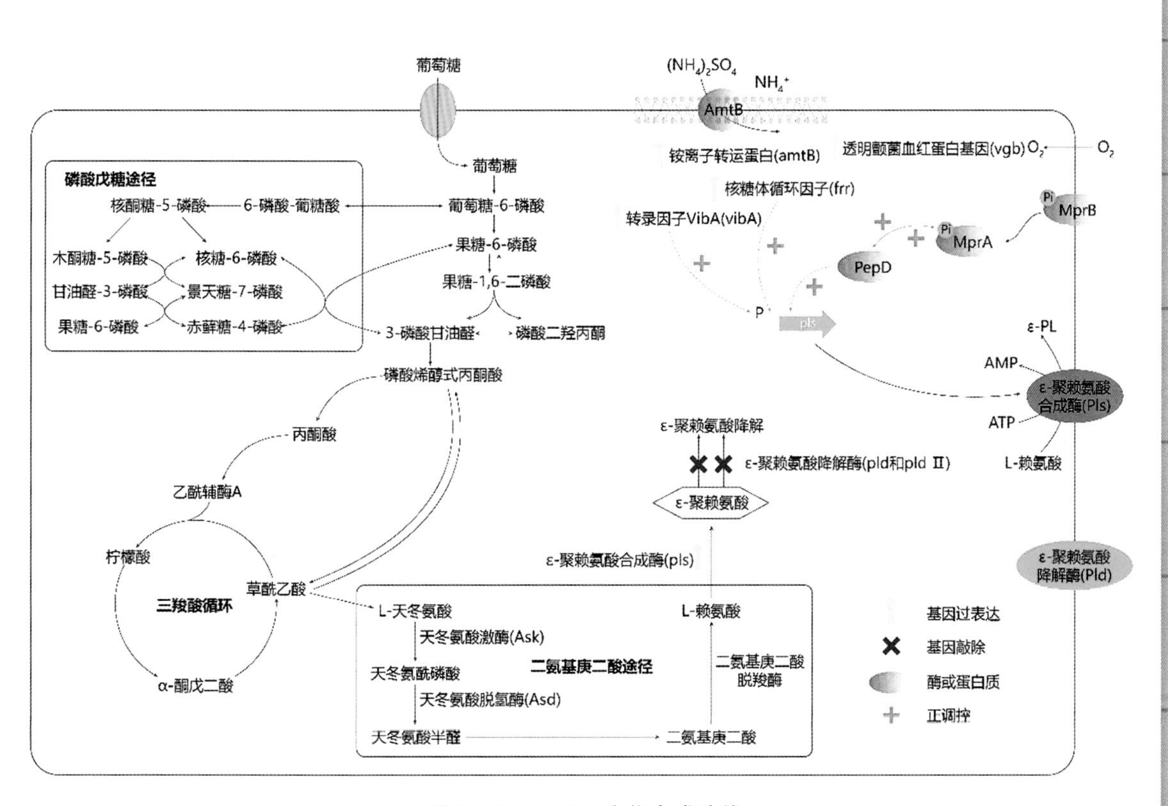

图 3-15　ε-PL 生物合成路线

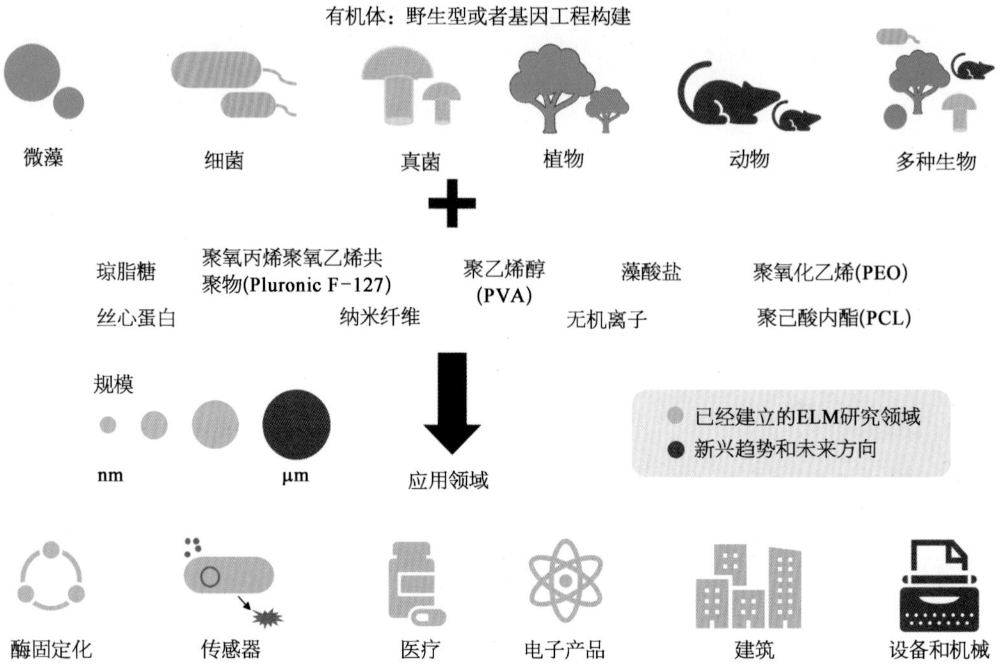

有机体：野生型或者基因工程构建
微藻
细菌
真菌
植物
动物
多种生物
琼脂糖
聚氧丙烯聚氧乙烯共
聚物(Pluronic F-127)
聚乙烯醇
(PVA)
藻酸盐
聚氧化乙烯(PEO)
丝心蛋白
纳米纤维
无机离子
聚己酸内酯(PCL)
规模
nm
μm
应用领域
已经建立的ELM研究领域
新兴趋势和未来方向
酶固定化
传感器
医疗
电子产品
建筑
设备和机械

图 4-3　活体工程材料的组成与研究领域

(a)
基因模块的设计
接收信号与输出
工程酵母菌
共培养
细菌纤维素
液体培养基
K. rhaeticus
S. cerevisiae
转化酶
蔗糖
葡萄糖/
果糖
细菌纤维素
UDP-葡萄糖
(b)
细菌纤维素层
包含有分泌蛋白的功能化
细菌纤维素
液体层
(c)
头孢硝噻
β-内酰胺酶

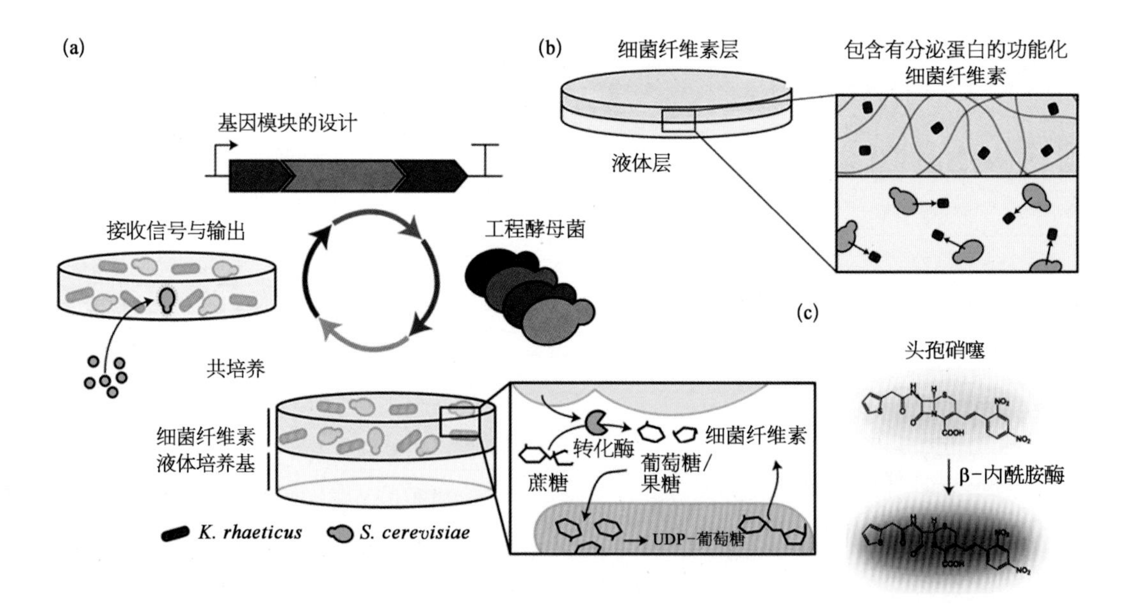

图 4-4　使用工程多糖作为结构基质进行 ELM 制造

(a) 基于康普茶设计合成功能化工程活体材料的原理图；(b) 酿酒酵母细胞(绿色)分泌一种蛋白质(红色)，它并入细菌纤维素层(灰色)；(c) 头孢硝噻通过 β-内酰胺酶从黄色底物转化为红色产物。

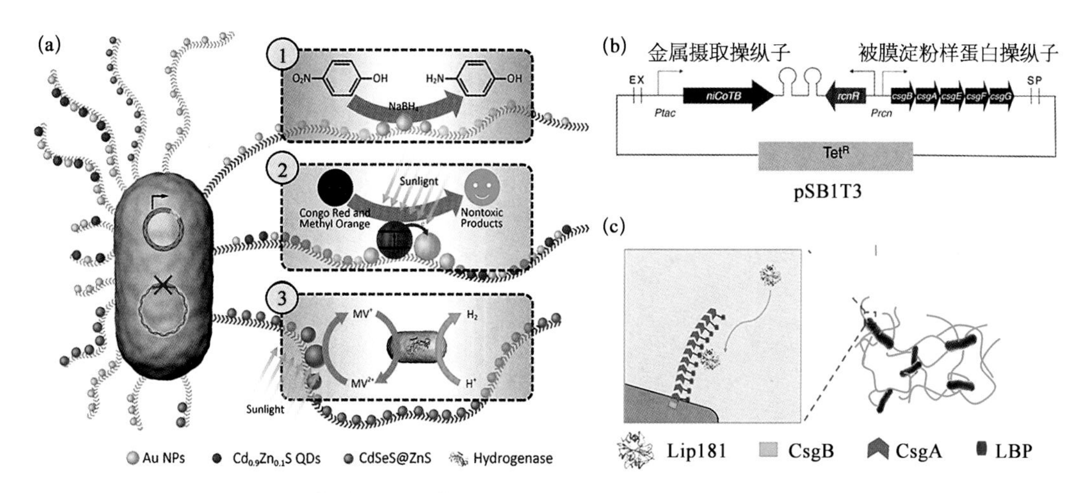

图 4-5　大肠杆菌生物被膜淀粉样蛋白作为工程活体材料支架的相关研究

(a) ① 生物被膜锚定的 Au NP 可将有毒的对硝基苯酚(PNP)可循环催化还原为无害的对氨基苯酚;② 生物被膜固定的多相纳米结构(Au NPs/$Cd_{0.9}Zn_{0.1}S$)基于光诱导电荷分离,光催化有机染料降解为低毒产物;③ 生物被膜锚定的量子点与工程菌株耦合使光诱导制氢成为可能,电子以甲基紫精(MV)为媒介从量子点转移到氢化酶(PAP)。(b) 生物被膜锚定金属捕获蛋白 NicoT,用于捕获金属镍和钴。(c) 生物被膜通过脂肪酶结合肽 LBP 固定脂肪酶 Lip181。

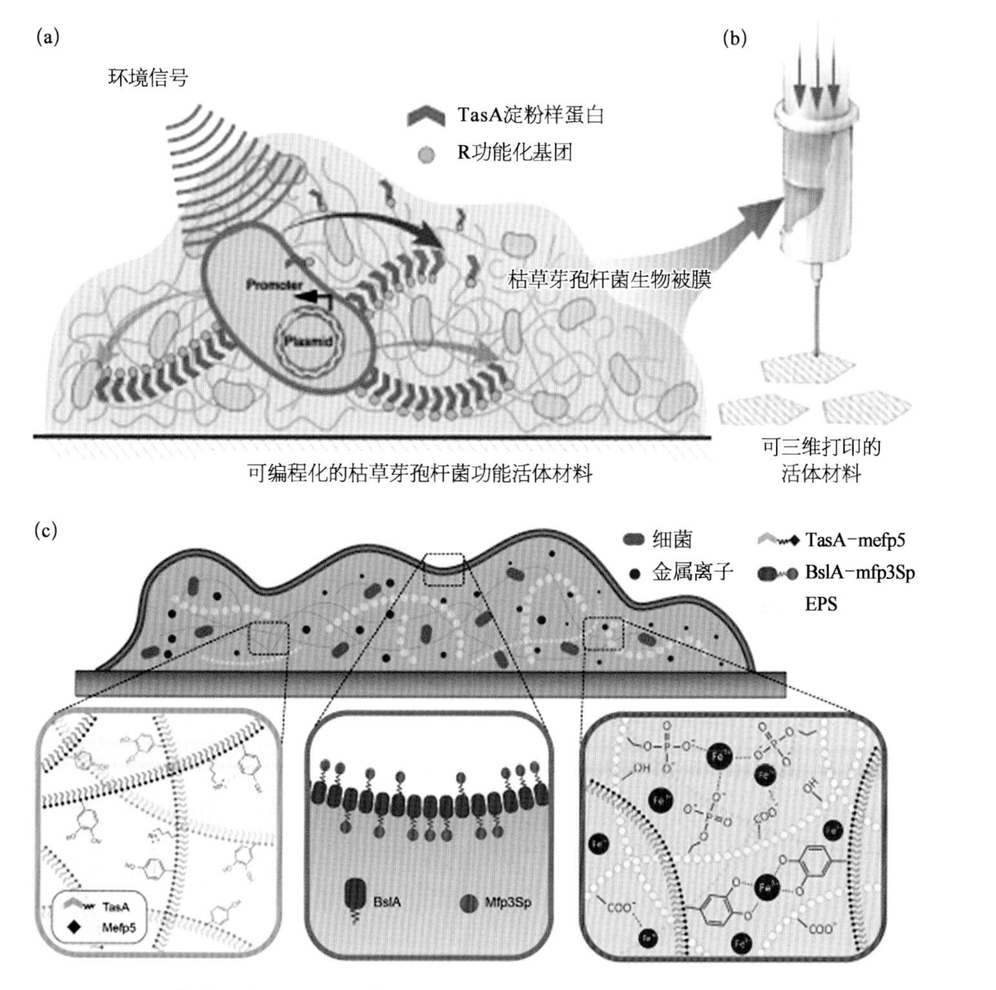

图 4-6　枯草芽孢杆菌生物被膜作为工程活体材料展示平台及活体胶水应用示意图

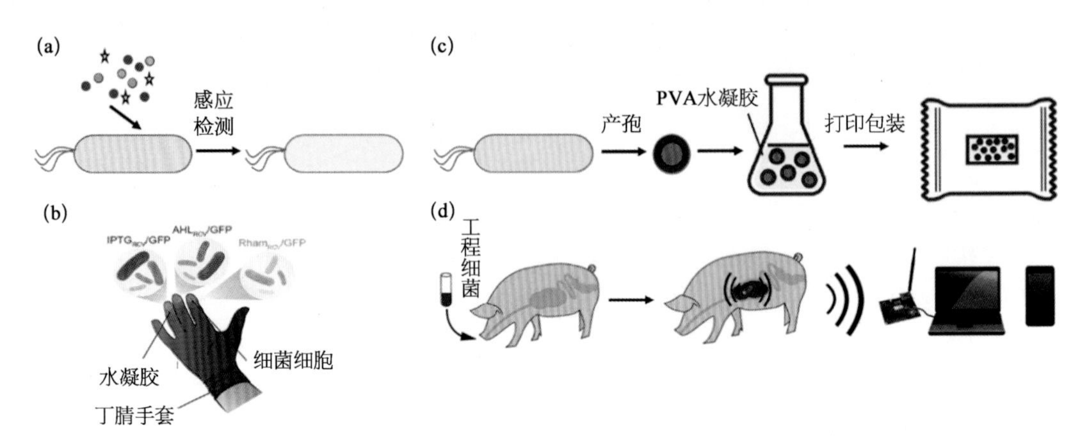

图 4－7 活体材料作为生物传感器

(a) 改造过的细菌可以封装在基质中,用于检测和响应分析物产生的荧光信号;(b) 三维打印的活体文身用于检测小分子;(c) 枯草芽孢杆菌封装在材料中,用于检测和杀死致病菌金黄色葡萄球菌;(d) 小药丸可检测肠出血通过无线传输检测结果。

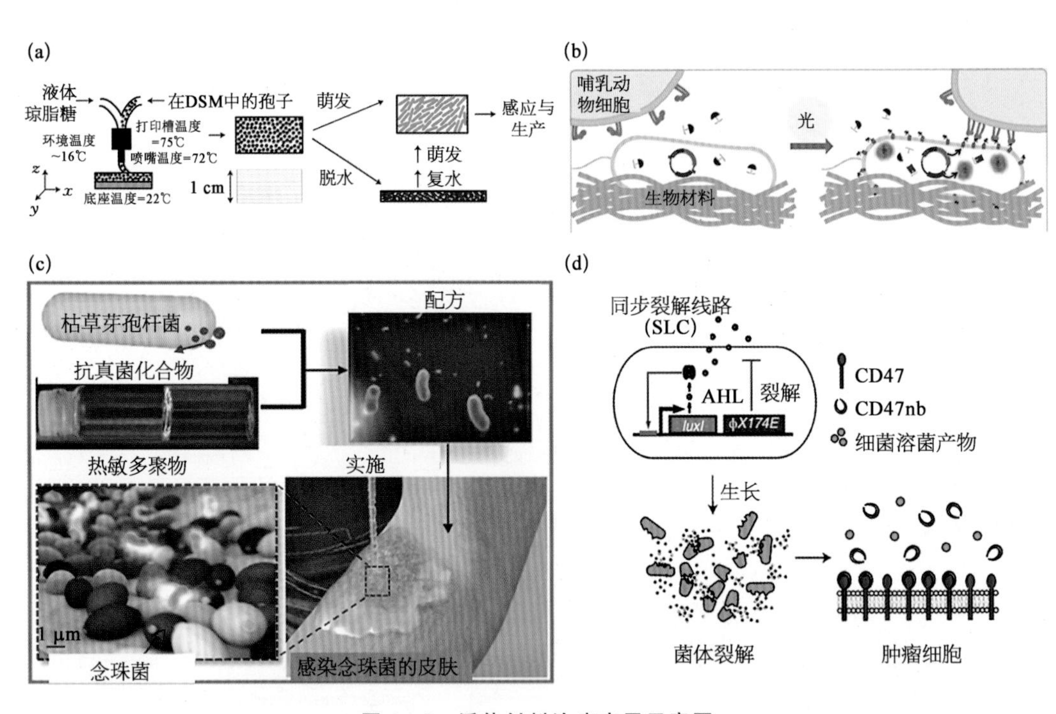

图 4－8 活体材料治疗应用示意图

(a) 打印枯草芽孢杆菌孢子用于活体材料;(b) 转基因细菌通过分泌代谢物操纵哺乳动物细胞的行为;(c) 枯草芽孢杆菌被包裹在热敏水凝胶中,用于抗真菌感染的皮肤治疗;(d) 含有同步裂解线路的大肠杆菌生长达到一定数量并诱导噬菌体裂解蛋白 ϕX174E 的表达,导致细菌裂解并释放一种组成型生成的抗 CD47 阻断纳米抗体,该纳米抗体与肿瘤细胞表面的 CD47 结合,从而达到治疗的效果。

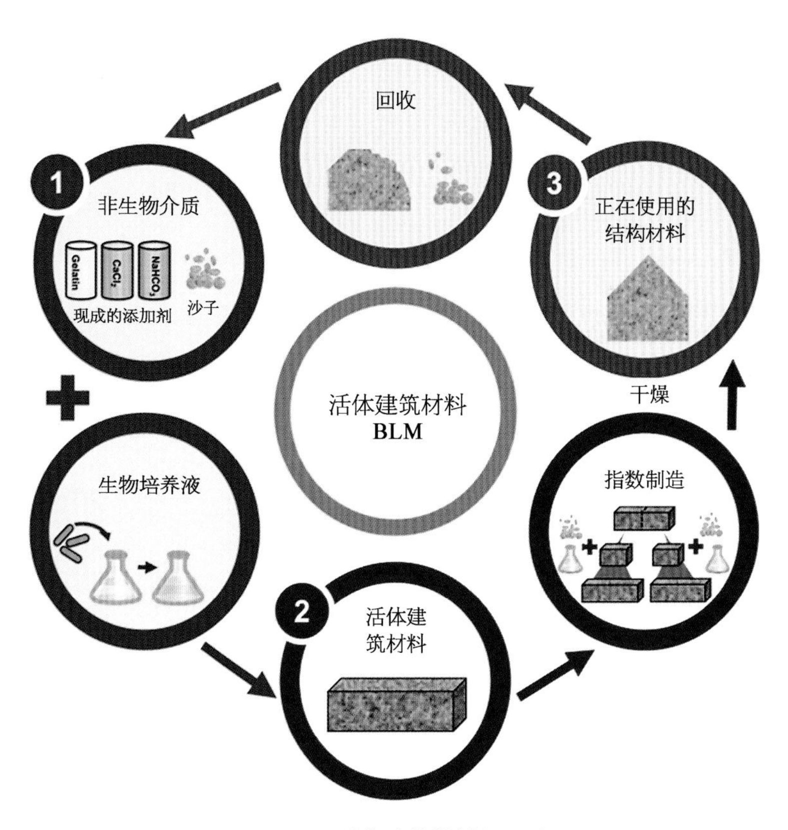

图 4-9 活体建筑材料(LBM)

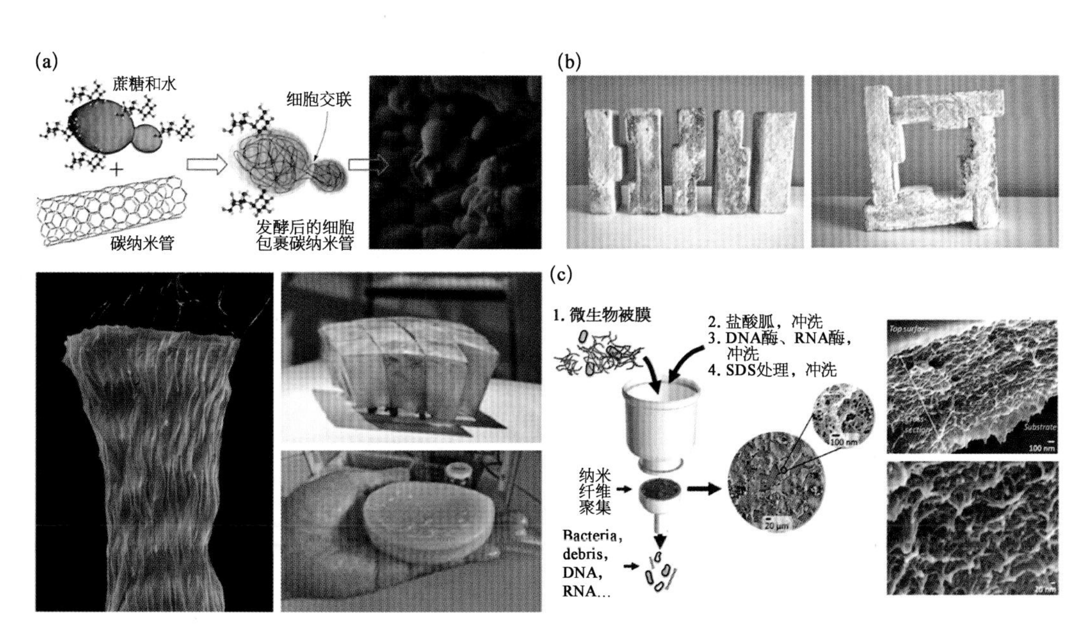

图 4-10 活体材料的规模化生产

(a) 碳纳米管和酵母细胞发酵组装的示意图和外观图。(b) 用于建筑领域的菌丝体砖，当砖块放在一起时，菌丝相互生长，砖块将有机地融合在一起生长。在黄麻丝支撑架上由细菌纤维素制成的建筑材料，细菌纤维素组成模块化几何物体。(c) 批量生产制备的生物被膜工程活体材料，右侧的扫描电镜图像显示提取的层状 ELM 淀粉样蛋白材料。

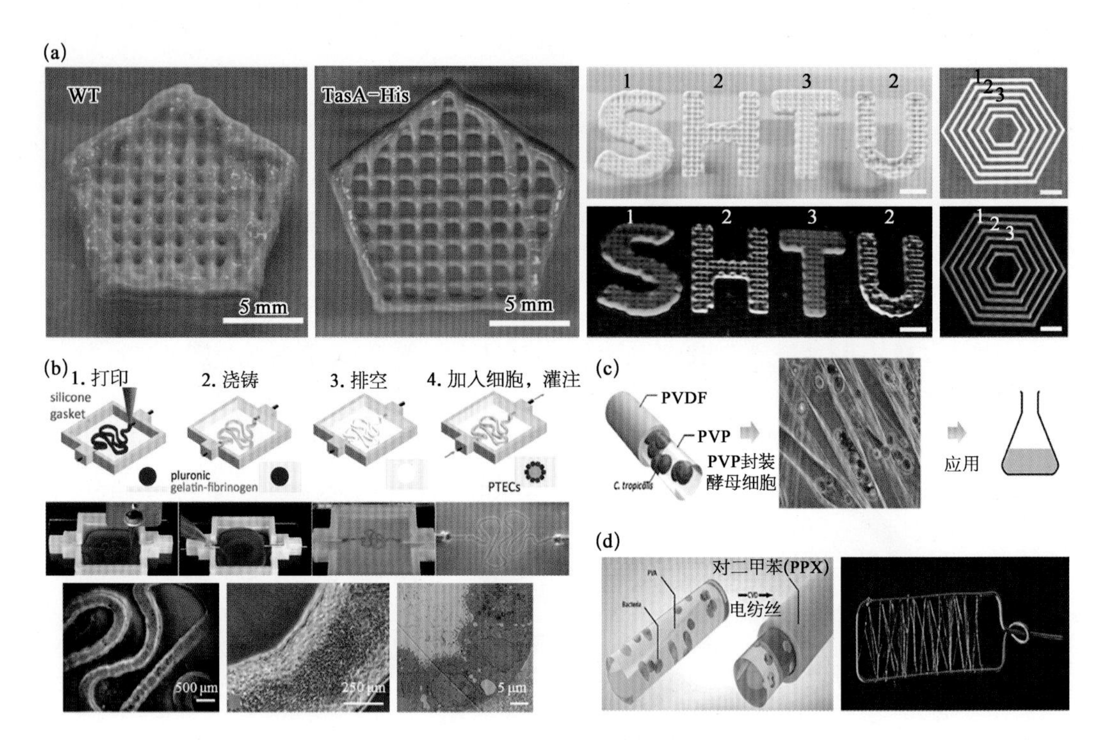

图 4-11　工程活体材料的制造与加工

(a) 分别为野生型生物被膜(WT)和 TasA-HisTag 生物被膜(TasA-His),以及 TasA-HisTag 生物被膜绑定量子点纳米颗粒后的 3D 打印图案。在正常(顶部)和紫外线(底部)下拍摄的 3D 打印结构的数码照片,比例尺均为 5 mm。(b) 顶部: 使用来自 Lewis 实验室的易挥发墨水的 3D 组织打印过程的示意图和照片,此处用于制造模拟肾小管的结构;底部: 接种近端小管上皮细胞后,流经打印小管的剪切应力诱导 ECM 的形成和细胞的功能化,形成极化组织,6 周后 3D 打印小管中细胞的相差图像以及 TEM 横截面。(c) 将酵母细胞嵌入水溶性聚乙烯吡咯烷酮(PVP)核基质中,并用聚偏二氟乙烯-共六氟丙烯(PVCF)外壳包裹。在中间面板中,封装的酵母细胞以紫色显示。(d) 使用聚乙烯醇(PVA)核制备电纺活细菌复合纤维,随后通过化学气相沉积涂覆疏水性聚对二甲苯壳(PPX)(左);将纤维安装在可用于净化的线框上(宽 5 cm)(右)。

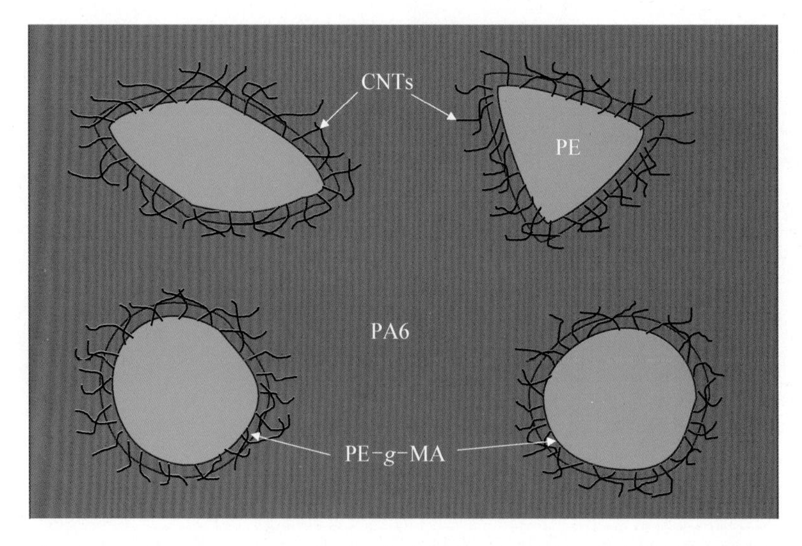

图 6-1　PE/PE-*g*-MA/CNTs 复合材料 TEM 图和“核壳”结构示意图

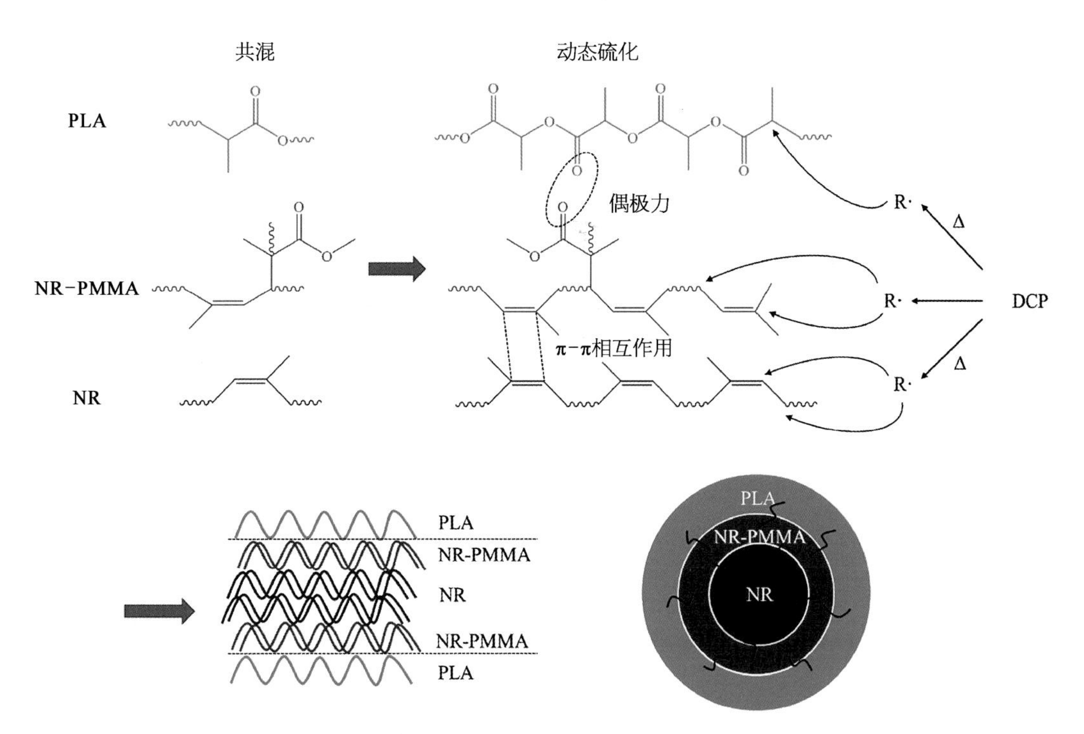

图 6-2 聚乳酸和橡胶相界面以及最终核壳橡胶相结构的原位增容示意图

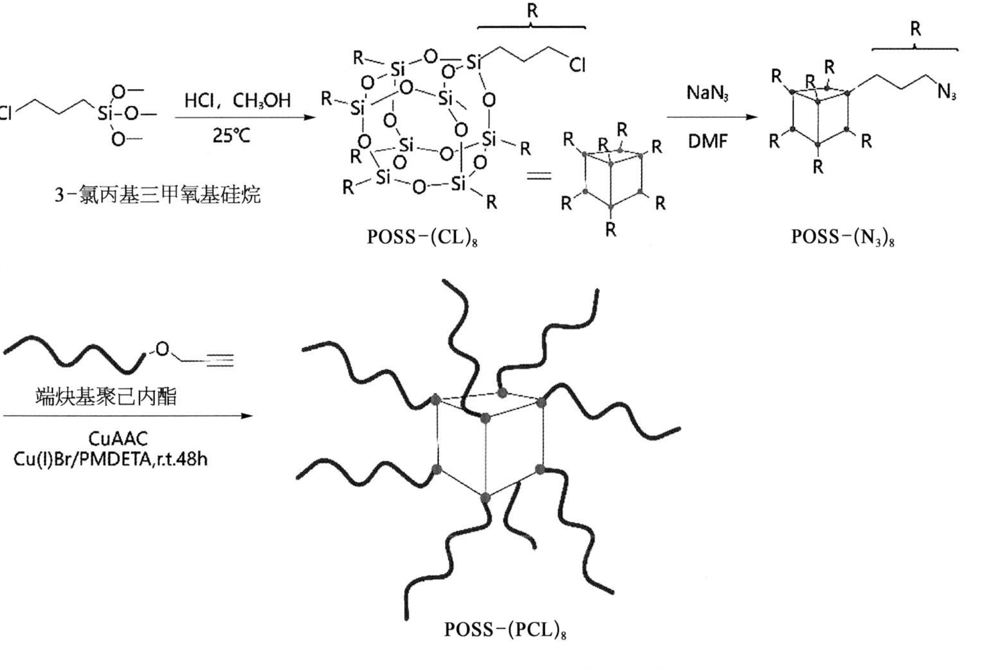

图 6-5 PCL 八臂星形聚合物的制备路线

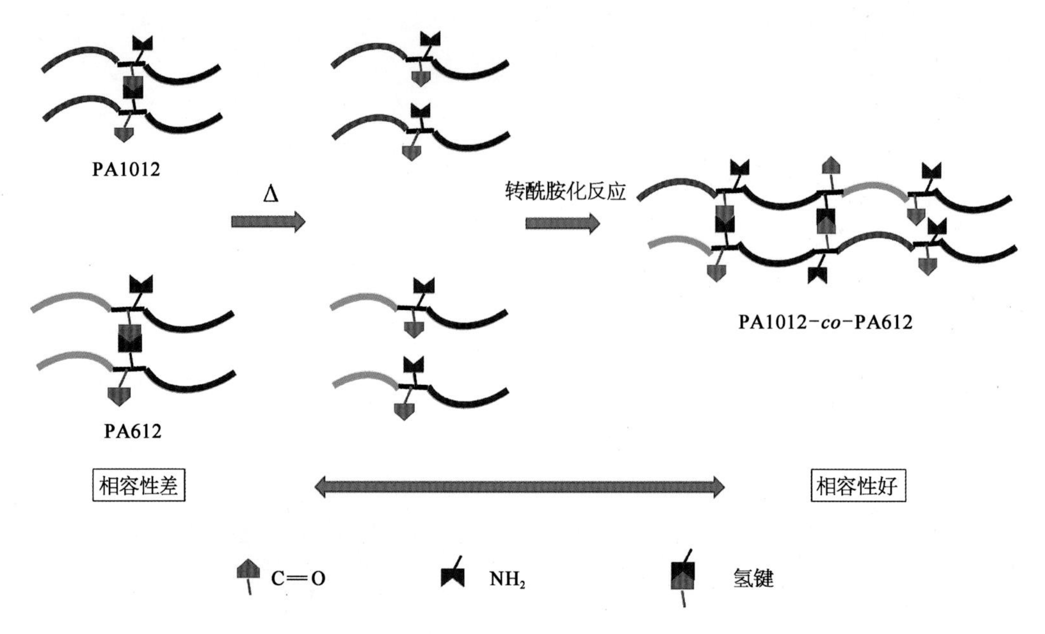

图 6-6 PA1012/PA612 共混相容性增强机理

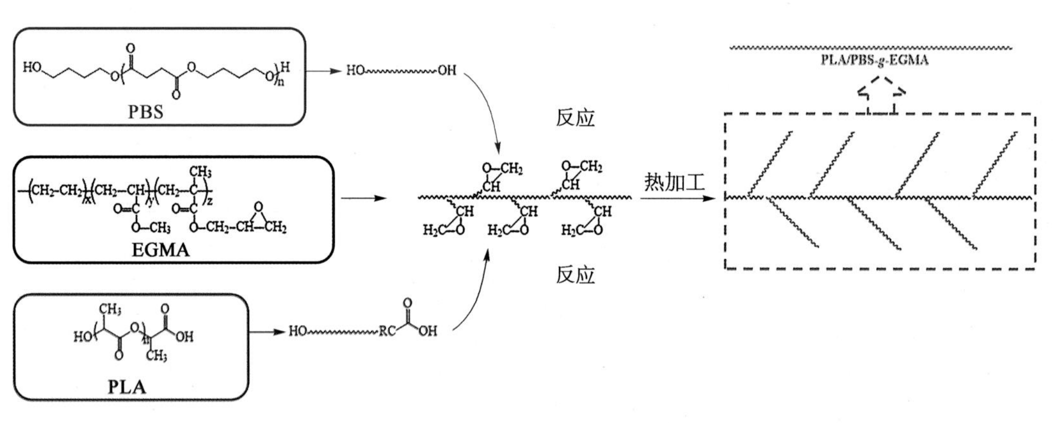

图 6-8 熔融共混过程中 PLA、PBS 和 EGMA 之间可能发生的原位反应

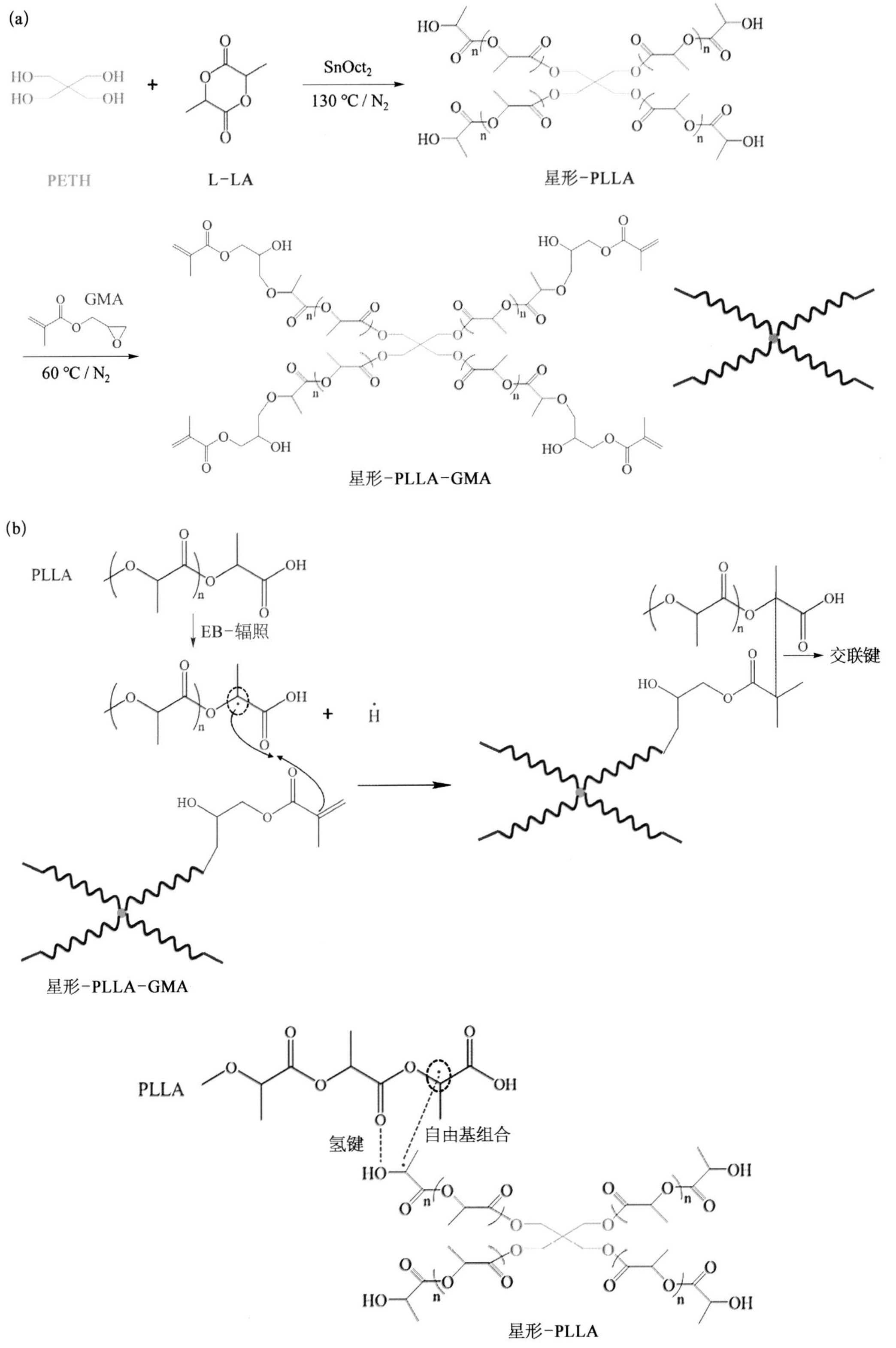

图 6-10　PLA 支化改性示意图

(a) 星形-PLLA 和星形-PLLA-GMA 的合成路线；(b) 在星形-PLLA 和星形-PLLA-GMA 存在下 EB 辐射诱导 PLA 改性的可能结构。

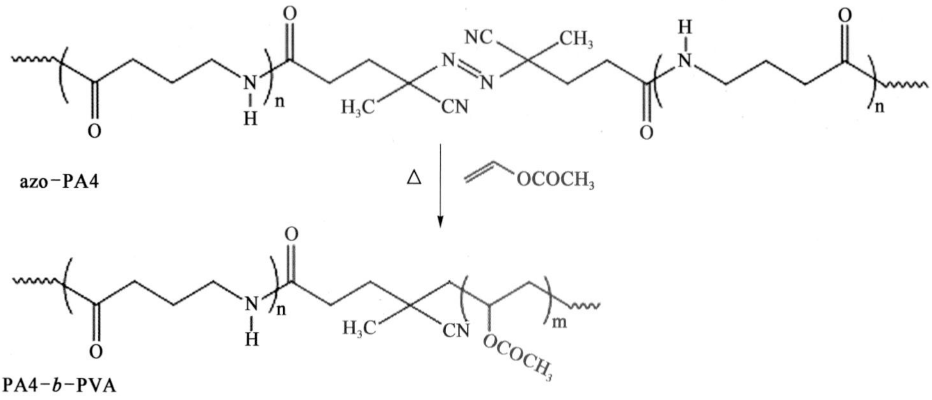

图 6-11　通过 azo-PA4 合成 PA4-聚醋酸乙烯酯嵌段共聚物

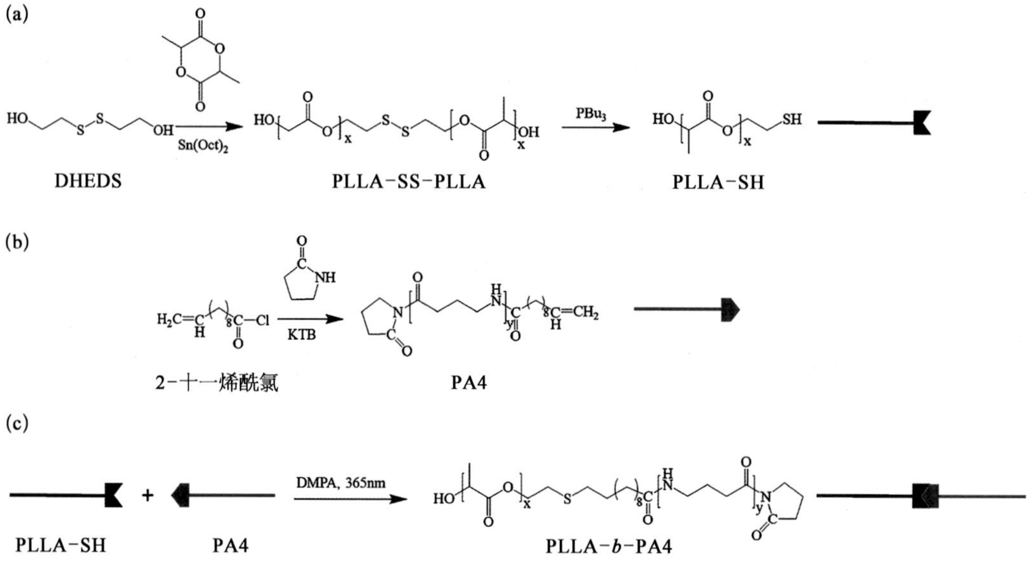

图 6-12　制备 PLLA-*b*-PA4 两嵌段共聚物的“点击”反应方法

(a) PLLA-SH 的合成；(b) 烯基化 PA4 的合成；(c) 通过硫醇-烯的“点击”反应合成 PLLA-*b*-PA4。

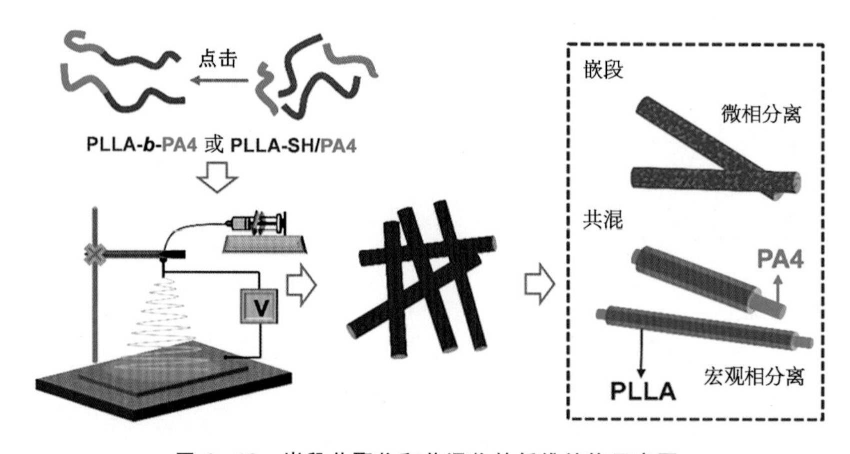

图 6-13　嵌段共聚物和共混物的纤维结构示意图

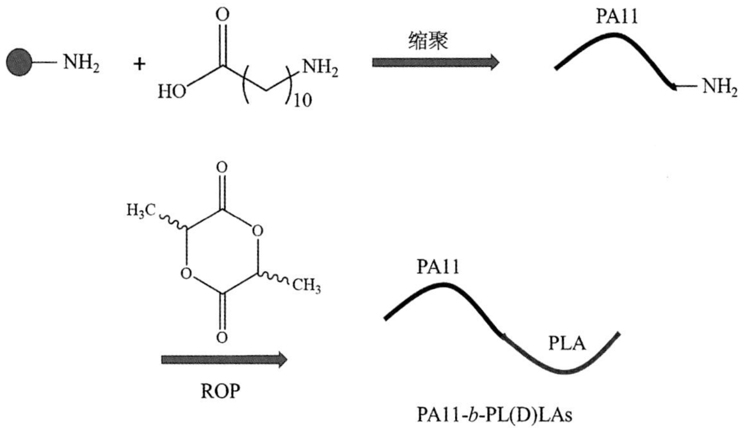

图 6-14　两步法合成 PA11/PLA 嵌段共聚物

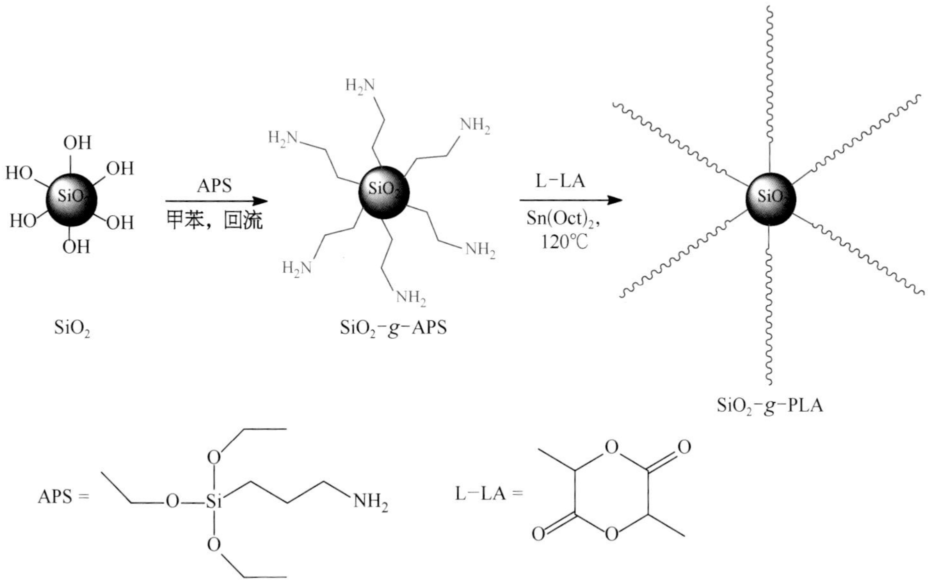

图 6-15　通过二氧化硅纳米颗粒的表面改性制备 PLA/SiO_2-g-PLA 纳米复合材料

图 7-4　聚乳酸沙障的固沙效果

(a) 固沙前的沙丘地貌;(b) 植被初期生长情况;(c) 植被中期生长情况;(d) 植被后期生长情况。

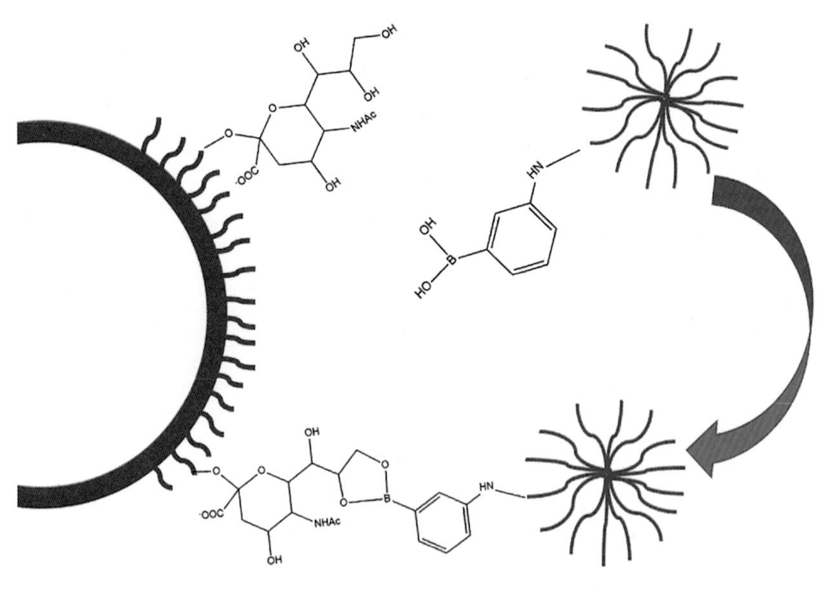

图 7-6　PBA 修饰的 PLA-b-dextran 纳米载体对视网膜细胞的特异性识别

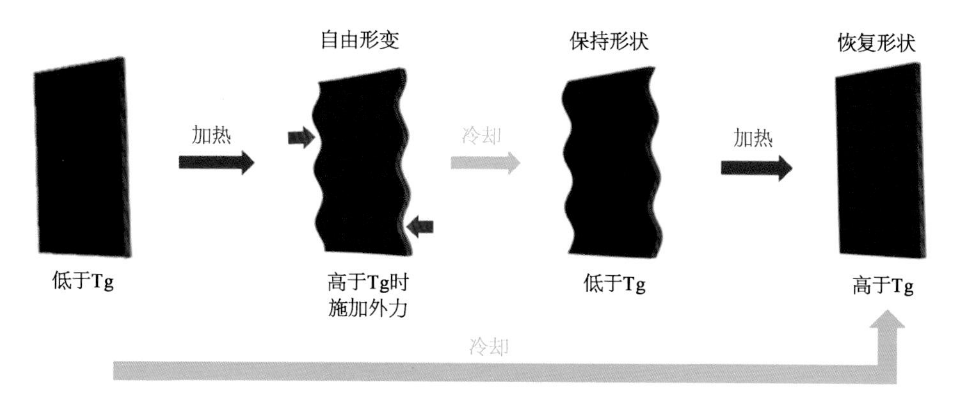

图 8-1 形状记忆聚合物的形状记忆机理分子模型示意图

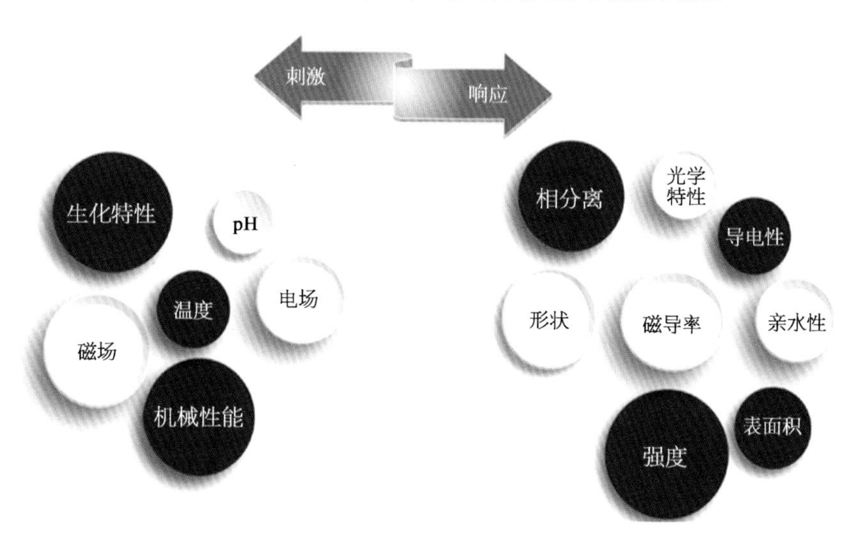

图 8-2 潜在聚合物的刺激方式对应响应变化示意图

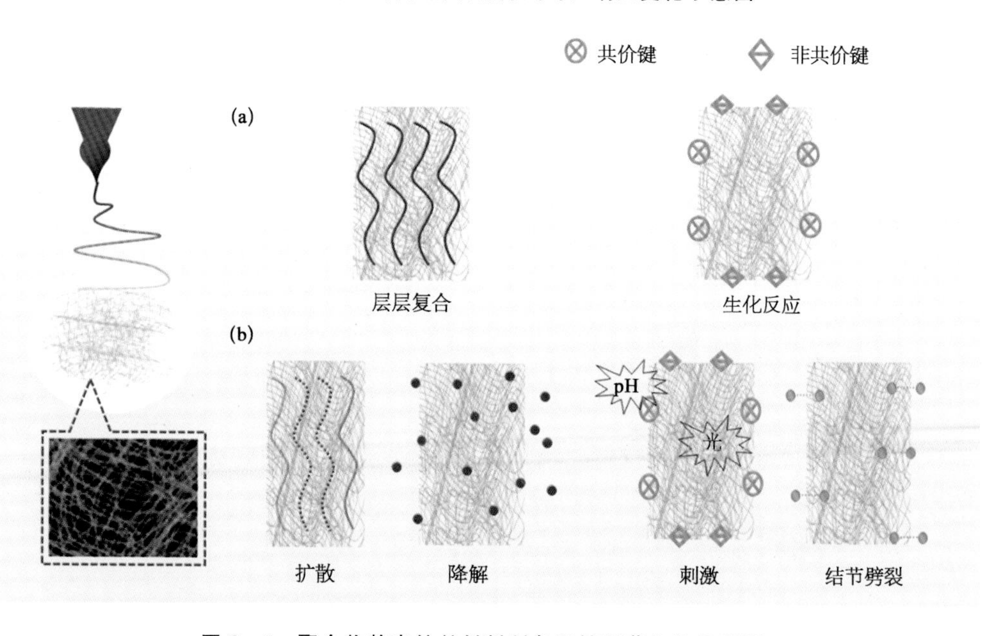

图 8-3 聚合物静电纺丝材料制备及控释药物的示意图

(a) 常见制备复合纺丝纤维垫的方法；(b) 复合纺丝纤维垫刺激响应控释药物的机理。

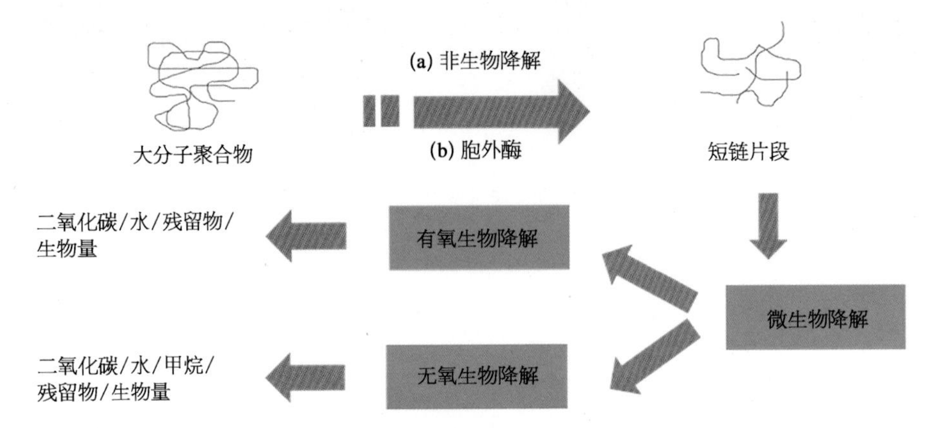

图 9-3　生物降解过程

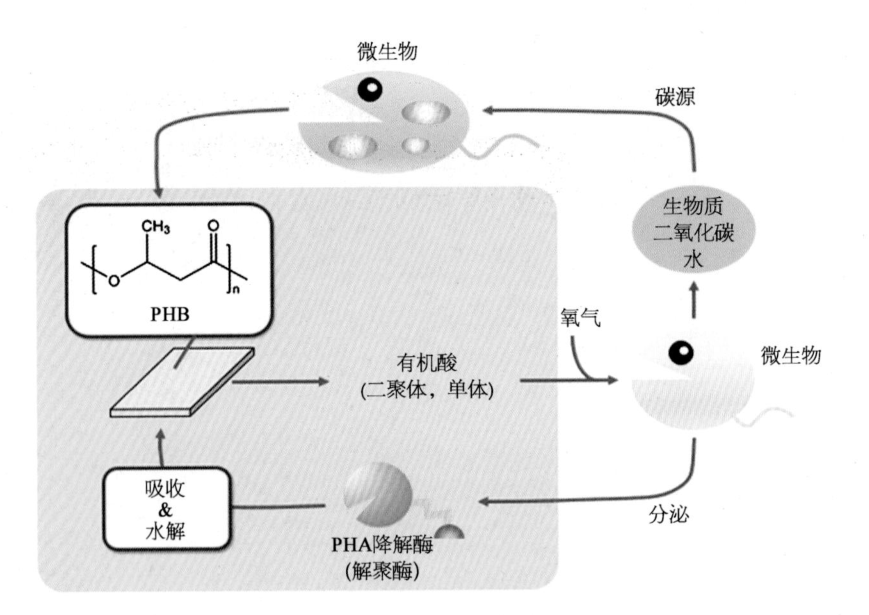

图 9-8　PHA 的胞外降解途径